学术引领系列

中国学科发展战略

水科学及相关交叉学科发展战略

国家自然科学基金委员会
中国科学院

科学出版社
北京

内 容 简 介

水的分子构成非常简单，但水科学研究却极具有挑战性。本书以各种形态的水为研究对象，详细介绍了水的基本性质及其在物理、化学、生命、能源和环境等不同过程中所起的重要作用。特别地，本书梳理了水科学基础研究的发展脉络，对近年来水科学取得的重要研究成果进行了细致评估，对当前水科学前沿问题和发展方向进行了分析。书中详细列出了未来 5～10 年内水科学的前沿问题和关键难点，指明我国科学家未来参与国际竞争、并有望取得突破性进展的重大方向。本书还对我国水科学发展以及专业人才培养提出了政策建议。

本书可供参与国家政策制定的专家和科技管理人员借鉴参考，也适合对水科学问题和水基础研究感兴趣的大学生、研究生、教师、专业研究人员、从事相关工作的技术开发人员以及热爱水科学的公众阅读。

图书在版编目（CIP）数据

水科学及相关交叉学科发展战略 / 国家自然科学基金委员会，中国科学院编. —北京：科学出版社，2021.4
（中国学科发展战略）
ISBN 978-7-03-068514-8

Ⅰ. ①水… Ⅱ. ①国… ②中… Ⅲ. ①水-科学研究-学科发展-发展战略-中国 Ⅳ. ①P33-12

中国版本图书馆 CIP 数据核字（2021）第 059403 号

责任编辑：钱 俊 陈艳峰 / 责任校对：杨 然
责任印制：吴兆东 / 封面设计：陈 敬

科 学 出 版 社 出版
北京东黄城根北街 16 号
邮政编码：100717
http://www.sciencep.com

北京虎彩文化传播有限公司 印刷
科学出版社发行 各地新华书店经销
*
2021 年 4 月第 一 版 开本：720×1000 B5
2021 年 4 月第一次印刷 印张：33
字数：627 000

定价：248.00 元

（如有印装质量问题，我社负责调换）

中国学科发展战略

联合领导小组

组　　长：高鸿钧　李静海

副 组 长：秦大河　韩　宇

成　　员：王恩哥　朱道本　陈宜瑜　傅伯杰　李树深

杨　卫　王笃金　苏荣辉　王长锐　姚玉鹏

董国轩　杨俊林　冯雪莲　于　晟　王岐东

张兆田　杨列勋　孙瑞娟　陈拥军

联合工作组

组　　长：苏荣辉　姚玉鹏

成　　员：龚　旭　孙　粒　高阵雨　李鹏飞　钱莹洁

薛　淮　冯　霞　马新勇

项目主要参与人员名单

项目负责人：杨国桢 院士	中国科学院物理研究所
项目秘书：邵晓萍	中国科学院物理研究所
沈元壤 院士（外籍）	美国加州大学伯克利分校 （University of California，Berkeley）
匡廷云 院士	中国科学院植物研究所
朱道本 院士	中国科学院化学研究所
王恩哥 院士	中国科学院
江　雷 院士	中国科学院理化技术研究所
高鸿钧 院士	中国科学院物理所
佟振合 院士	中国科学院理化技术研究所
费昌沛 研究员	中国科学院化学研究所
胡　钧 研究员	中国科学院上海应用物理研究所
方海平 研究员	中国科学院上海应用物理研究所
曹则贤 研究员	中国科学院物理研究所
孟　胜 研究员	中国科学院物理研究所
靳常青 研究员	中国科学院物理研究所
罗　毅 教授	中国科学技术大学
闻利平 研究员	中国科学院理化技术研究所
江　颖 研究员	北京大学
田传山 研究员	复旦大学
袁　荃 教授	湖南大学
刘小平 研究员	中国科学院文献情报中心

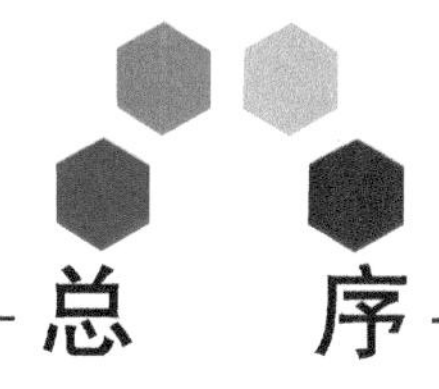

总　序

白春礼　杨　卫

17世纪的科学革命使科学从普适的自然哲学走向分科深入，如今已发展成为一幅由众多彼此独立又相互关联的学科汇就的壮丽画卷。在人类不断深化对自然认识的过程中，学科不仅仅是现代社会中科学知识的组成单元，同时也逐渐成为人类认知活动的组织分工，决定了知识生产的社会形态特征，推动和促进了科学技术和各种学术形态的蓬勃发展。从历史上看，学科的发展体现了知识生产及其传播、传承的过程，学科之间的相互交叉、融合与分化成为科学发展的重要特征。只有了解各学科演变的基本规律，完善学科布局，促进学科协调发展，才能推进科学的整体发展，形成促进前沿科学突破的科研布局和创新环境。

我国引入近代科学后几经曲折，及至上世纪初开始逐步同西方科学接轨，建立了以学科教育与学科科研互为支撑的学科体系。新中国建立后，逐步形成完整的学科体系，为国家科学技术进步和经济社会发展提供了大量优秀人才，部分学科已进入世界前列，有的学科取得了令世界瞩目的突出成就。当前，我国正处在从科学大国向科学强国转变的关键时期，经济发展新常态下要求科学技术为国家经济增长提供更强劲的动力，创新成为引领我国经济发展的新引擎。与此同时，改革开放30多年来，特别是21世纪以来，我国迅猛发展的科学事业蓄积了巨大的内能，不仅重大创新成果源源不断产生，而且一些学科正在孕育新的生长点，有可能引领世界学科发展的新方向。因此，开展学科发展战略研究是提高我国自主创新能力、实现我国科学由“跟跑者”向“并行者”和“领跑者”转变的一项基础工程，对于更好把握世界科技创新发展趋势，发挥科技创新在全面创新中的引领作用，具有重要的现实意义。

学科发展战略研究的核心是结合科学技术和经济社会的发展需求，在分析科学前沿发展趋势的基础上，寻找新的学科生长点和方向。在这个过程中，战略科学家的前瞻引领作用十分重要。科学史上这样的例子比比皆是。在 1900 年 8 月巴黎国际数学家代表大会上，德国数学家戴维·希尔伯特发表了题为“数学问题”的著名讲演，他根据过去特别是 19 世纪数学研究的成果和发展趋势，提出了 23 个最重要的数学问题，即“希尔伯特问题”。这些“问题”后来成为许多数学家力图攻克的难关，对现代数学的研究和发展产生了深刻的影响。1959 年 12 月，美国物理学家、诺贝尔奖得主理查德·费曼在加利福尼亚理工学院举行的美国物理学会年会上发表了题为“物质底层大有空间——一张进入物理新领域的请柬”的经典讲话，对后来出现的纳米技术作出了天才的预见。

学科生长点并不完全等同于科学前沿，其产生和形成不仅取决于科学前沿的成果，还决定于社会生产和科学发展的需要。1841 年，佩利戈特用钾还原四氯化铀，成功地获得了金属铀，可在很长一段时间并未能发展成为学科生长点。直到 1939 年，哈恩和斯特拉斯曼发现了铀的核裂变现象后，人们认识到它有可能成为巨大的能源，这才形成了以铀为主要对象的核燃料科学的学科生长点。而基本粒子物理学作为一门理论性很强的学科，它的新生长点之所以能不断形成，不仅在于它有揭示物质的深层结构秘密的作用，而且在于其成果有助于认识宇宙的起源和演化。上述事实说明，科学在从理论到应用又从应用到理论的转化过程中，会有新的学科生长点不断地产生和形成。

不同学科交叉集成，特别是理论研究与实验科学相结合，往往也是新的学科生长点的重要来源。新的实验方法和实验手段的发明，大科学装置的建立，如离子加速器、中子反应堆、核磁共振仪等技术方法，都促进了相对独立的新学科的形成。自 20 世纪 80 年代以来，具有费曼 1959 年所预见的性能、微观表征和操纵技术的仪器——扫描隧道显微镜和原子力显微镜终于相继问世，为纳米结构的测量和操纵提供了“眼睛”和“手指”，使得人类能更进一步认识纳米世界，极大地推动了纳米技术的发展。

作为国家科学思想库，中国科学院（以下简称中科院）学部的基本职责和优势是为国家科学选择和优化布局重大科学技术发展方向提供科学依据、发挥学术引领作用，国家自然科学基金委员会（以下简称基金委）则承担着协调学科发展、夯实学科基础、促进学科交叉、加强学科建设的重大责任。继基金委和中科院于2012年成功地联合发布“未来10年中国学科发展战略研究”报告之后，双方签署了共同开展学科发展战略研究的长期合作协议，通过联合开展学科发展战略研究的长效机制，共建共享国家科学思想库的研究咨询能力，切实担当起服务国家科学领域决策咨询的核心作用。

基金委和中科院共同组织的学科发展战略研究既分析相关学科领域的发展趋势与应用前景，又提出与学科发展相关的人才队伍布局、环境条件建设、资助机制创新等方面的政策建议，还针对某一类学科发展所面临的共性政策问题，开展专题学科战略与政策研究。自2012年开始，平均每年部署10项左右学科发展战略研究项目，其中既有传统学科中的新生长点或交叉学科，如物理学中的软凝聚态物理、化学中的能源化学、生物学中生命组学等，也有面向具有重大应用背景的新兴战略研究领域，如再生医学，冰冻圈科学，高功率、高光束质量半导体激光发展战略研究等，还有以具体学科为例开展的关于依托重大科学设施与平台发展的学科政策研究。

学科发展战略研究工作沿袭了由中科院院士牵头的方式，并凝聚相关领域专家学者共同开展研究。他们秉承“知行合一”的理念，将深刻的洞察力和严谨的工作作风结合起来，潜心研究，求真唯实，“知之真切笃实处即是行，行之明觉精察处即是知”。他们精益求精，“止于至善”，“皆当至于至善之地而不迁”，力求尽善尽美，以获取最大的集体智慧。他们在中国基础研究从与发达国家“总量并行”到“贡献并行”再到“源头并行”的升级发展过程中，脚踏实地，拾级而上，纵观全局，极目迥望。他们站在巨人肩上，立于科学前沿，为中国乃至世界的学科发展指出可能的生长点和新方向。

各学科发展战略研究组从学科的科学意义与战略价值、发展规律和研究特点、发展现状与发展态势、未来5～10年学科发展的关键科学问题、发展思路、发展目标和重要研究方向、学科发展的有效资助机制与政策建议等方面进行分析阐述。既强调学科生长点的科学意义，也考虑其重要的社会价值；既着眼于学科生长点的前沿性，也兼顾其可能利用的资源和条件；既立足于国内的现状，又注重基础研究的国际化趋势；既肯定已取得的成绩，又不回避发展中面临的困难和问题。主要研究成果以“国家自然科学基金委员会—中国科学院学科发展战略”丛书的形式，纳入“国家科学思想库—学术引领系列”陆续出版。

基金委和中科院在学科发展战略研究方面的合作是一项长期的任务。在报告付梓之际，我们衷心地感谢为学科发展战略研究付出心血的院士、专家，还要感谢在咨询、审读和支撑方面做出贡献的同志，也要感谢科学出版社在编辑出版工作中付出的辛苦劳动，更要感谢基金委和中科院学科发展战略研究联合工作组各位成员的辛勤工作。我们诚挚希望更多的院士、专家能够加入到学科发展战略研究的行列中来，搭建我国科技规划和科技政策咨询平台，为推动促进我国学科均衡、协调、可持续发展发挥更大的积极作用。

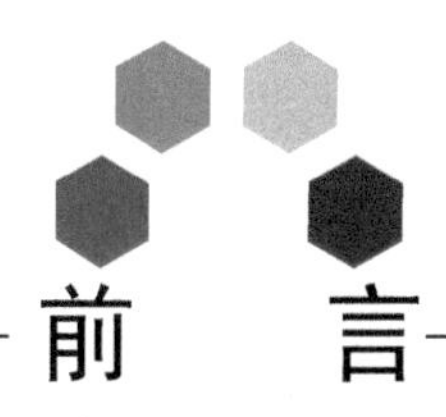

前　言

在项目组成员的共同努力下，我们完成了“水科学及相关交叉学科发展战略”研究工作，现将研究报告正式出版。

自然界中水是唯一一种以固、液、气三态共存的物质，在许多物理、化学、生命科学和资源环境等不同的现象和过程中起着重要作用。水塑造了地球的形态，几乎参与了地球上所有重要的过程，从而成为地球上最独特和最重要的物质。

水分子构成非常简单，就是 H_2O。但从科学的角度却极具挑战性：结构复杂，常以分子团的形式存在；结构易变，缺乏刚性；结构奇异，常常呈现出明显的量子特性。因此水有很多独特甚至反常的性质。有关水科学问题的研究，长期以来已成为备受关注的重要研究领域。

水是生命得以发生和维持的源泉。水是人类社会可持续发展必需的物质，“水”以及“能源”问题曾被列为人类未来 50 年发展的最大挑战，受到了各国的高度重视。对于水的科学问题的深入研究，特别是从原子分子层面去理解水的结构、性质以及与其他物质相互作用，必将对生命科学、能源、材料、环境等诸多领域中的重要应用和技术发展带来巨大变革。

在欧美等西方国家，水资源还不是一个紧迫的问题，他们不需要也没有把水科学研究作为国家重要战略来考虑。而对于中国及众多发展中国家，水的问题是有待解决的重大问题，我们有责任在这方面做出贡献，这也是选择发展重大科技领域的一次难得的机遇。

本书认真梳理了水科学基础研究的发展脉络，对近年来水科学取得的重要研究成果进行了细致的评估，对当前水科学前沿问题和可能取得突破的方向进行了科学的分析。本报告详细列出了未来 5～10 年内水科学的相关前沿问题、关键难点，并分析了我国科学家能够参与国际竞争并取得突破性成果的基础。共收集专题研究报告 11 份（集中在本书“第 4 章”），包括体相水、原子尺度上界面水的研究、亲疏水问题、界面水与催化、水与物质的输运、生物结合水的结构功能和动力学、水科学实验方法、水科学的理论与计算、水合物及能源应用、海水淡化、基于加气水滴灌的土壤环境调节机理等方向。这些专题报告涉及基础科学、农业、资源、制造和能源诸多领域，提出了一些紧迫且有望取得突破的研究课题，并给出了一些前沿问题的恰当的研究途径。本书还对我国水科学的发展以及水科学专门研究人才的培养提出了政策建议。

水科学研究因其固有的难度和复杂性构成了对一国之综合研究能力的挑战；同时，水科学研究还是解决社会可持续发展困局之不可或缺的前提。我们希望水科学研究能够引起国家的高度重视，尽快从基础层面上深入全面地开展水科学各领域的研究，为应对国家发展所面临的水困局提供有效的知识支撑和技术支撑。

书中的不当之处，敬请读者们批评指正。

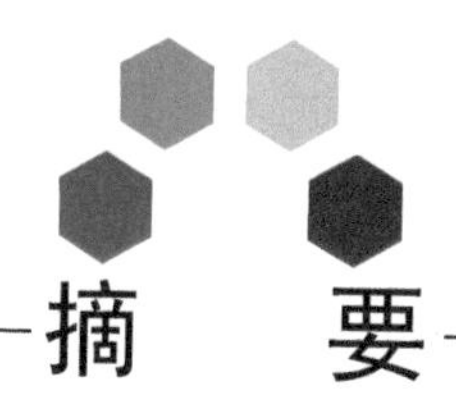

摘　要

一、水科学研究的意义与战略价值

自然界中水以固、液、气等形式同时存在，在许多物理、化学、环境、气象、地质和生命等不同的现象和过程中起着重要作用。水分子结构从化学意义上非常简单，就是 H_2O，但从物理的角度却极具挑战性：结构复杂，常以分子团的形式存在，缺乏刚性，且呈现出明显的量子特性。水塑造了地球的形态，几乎参与了地球上所有重要的过程，使地球成为了宇宙中最独特的星体。水有很多独特的甚至反常的性质，正是因为水的诸多反常性质的存在，地球上才有了丰富多彩的生命。关于水有大量悬而未决或者引起争议的问题，长期以来都是重要的科学研究对象，是最值得人类关切的物质。

水是社会可持续发展必需的物质，“水”以及“能源”问题曾被列为人类未来 50 年的最大挑战，受到了各国的高度重视。无论是解决水资源缺乏问题、水污染防治以及由水带来的腐蚀问题，还是基于水的能量利用和制造问题，以及生命与健康领域的问题，都建立在对水及其参与的相关过程有深入、正确认识的基础上。理解水的结构和性质及其在生物过程中的作用，足以给生物学、农业、人类健康带来革命性的变革。许多制造业，比如半导体工业（可水洗是前提）、制药和纳米材料制造方面，水都扮演了不可替代的角色。水科学的研究以及从水科学着眼的各相关学科的交叉研究是解决人类社会可持续发展所必需面对的课题。

由于水自身固有的复杂性，水科学有大量悬而未决的问题。

人类对水的认识存在严重的不足，而从水的视角在原子分子层面去理解相关的生命、环境、能源和化学物理过程还处于刚起步的阶段，但它恰恰又是问题的关键所在。越来越多的研究人员意识到水基础科学是现代科学和技术中的关键问题之一。水基础研究成为人类未来所面临的核心挑战之一。

深入开展水科学基础前沿的战略研究，将水科学基础研究的知识、技术与方法引入相关学科，为从水科学的角度在分子、原子层面上研究和解决相关领域中遇到的重大基础性问题提供咨询与学术支撑，这对于促进诸如环境、能源、生命与健康等涉及人类社会可持续发展的重大领域的进步都具有重要的意义。

二、水科学及相关交叉学科的发展态势

由于水在地球表面各种物理、化学、生物、地质学等过程中的重要作用，水的研究在美国、英国等科技强国都得到了重视。水的研究由来已久，在欧洲早已开展。美国国家科学基金会（NSF）、美国能源部科学办公室、美国国立卫生研究院、英国工程与自然科学研究理事会近年来高度重视、积极布局、持续资助水科学的基础研究。近十年间（即 2009～2019）NSF 在水的基本性质探索等水基础科学方向每年资助 100 多个项目，每年资助经费约 4000～7000 万美元。自 1962 年至 2018 年，共举行了 14 次“冰的物理和化学会议”。自 1970 年起，高登会议（Gordon Research Conferences）每两年举办一次水和水溶液的会议，曾以“水和水溶液的结构”“水和水溶液的化学物理”为题；自 1992 年起，改成以“水和水溶液”为题。自 2006 年开始，国际上每年举行一次“水的物理化学和生物学”会议，共同探讨水科学的前沿问题。

水科学基础研究领域论文整体呈现加速增长的趋势。近十年间全球在水科学基础研究领域共计发表 SCI 研究论文约 83000 篇，论文数量平均增长率为 7.9%，最近五年论文数量平均增长率为 10.6%。在水科技应用领域，十年间共发表水科技应用论文

67000 篇，论文数量整体呈现增长趋势，论文数年均增长率为 9.8%。但必须看到，我们在水科学基础研究方向上还未能深度耕耘，缺乏有影响的突破性成果。

目前水科学基础研究主要聚焦于水的结构、水的物理化学性质、多维光谱、水-固界面、水的物态、纳米受限水、冰晶形成、核量子效应、水凝胶、催化分解水等数十个主题。在技术发展上，各种光谱学技术、电子谱学、扫描探针技术、同步辐射技术、中子散射技术、量子化学理论的迅速发展，以及计算机运行速度的提高，大大增强了人们研究水微观结构与性质的能力，同时其他领域的科学研究以及应用需求，包括空间生命探索，也极大地刺激了水基础科学的研究，使得近年来水基础科学的研究不断取得突破性进展。

相比于美国、欧洲、日本等发达国家，我国对水科学的基础问题的关注和投入有限，研究方向比较分散，研究水平有待进一步提高，缺乏从国家战略层面对水科学基础理论和实验技术发展的统一规划和引导。目前我国的水资源利用和管理问题涉及社会、经济、政治、科技等方面的宏观领域，还未深入水科学的基础问题。鉴于这些情况，我国科学家积极呼吁和组织水科学基础研究，于 2008 年、2017 年分别召开了“水科学研究中的若干基础前沿问题”和“中国海水提铀未来发展研讨会”香山科学会议。举办了“水文水资源与水环境研究前沿”和“旱区农业高效用水及生态环境效应”等水科学主题的双清论坛。2013 年中国科学院学部在中国科学院学术会堂召开了“水科学基础研究进展”科学与技术前沿论坛。2015 年北京大学水科学研究中心举办了“从分子到全球尺度的水科学”研讨会。通过这些会议，科学家们共同探索水科学研究的前沿问题和未来发展方向。

近年来我国科学家逐步认识到水科学基础研究的科学意义，并在很多学科方向上开展研究，取得了一些国际瞩目的研究成果，比如纳米尺度水的浸润研究、滤水薄膜的离子装订技术、氢键的核量子效应、冰的临界成核、水催化过程的原位探测，等等。目前我国研究人员在水科学基础及其交叉学科研究方面已经积聚了足够的研究实力和研究经验，研究设备也已经达到国际水平，有能力多方向开展水科学的基础前沿研究。

三、近期主要研究方向和存在的问题

当前水基础科学发展的主要挑战是如何从分子水平上理解水结构、动力学和特性。以下列出水科学基础研究和技术发展中具有代表性的方向和挑战性的问题。

1. 体相水的基本结构和性质

液态水的分子结构尚不清楚，目前仍在激烈的辩论中。在传统的“静态”图像中，液态水分子的第一壳层配位存在有 3～4 个氢键，形成四面体网络。但基于 X 射线吸收和 X 射线拉曼散射光谱在亚飞秒时间尺度进行动态测量显示液态水中大多数水分子与相邻水分子形成一维链状或环状局部结构，与传统“静态”图像形成了鲜明的对比。这有待于在不久的将来用新型探针对氢键网络的结构及其超快的动力学特性进行更精确的测量，并得到合理的理论解释。

水（冰）的相图极其复杂，并且在各种压力和温度下显示出 16 种以上的结晶相和许多无定形相。通过快速冷却液体或在低温下压缩冰晶形成的非晶冰至关重要，因为它可以用作了解液态水和玻璃质材料局部结构的有效的通用模型。由于水在 160K 和 230K 之间的温度下非常易于结晶，非晶冰和过冷液态水之间的相空间难以达到。因此，它被称为“无人区”。目前对过冷水的性质和相行为的实验检测仍然面临着巨大的挑战。甚至有证据表明存在液相到液相的转变。

水在温度 T=647K 和压力 P=22MPa 时存在超临界点，在该点以上液相和气相之间的差异消失。但是，在这种极端条件下仍然存在氢键。因此，确定氢键在什么条件下将完全消失是一个有趣的科学问题。一个相关的问题是，大气中是否存在水单体、二聚体、团簇和小液滴/颗粒，对确定我们星球物理环境的“宜居性”

起着核心作用。

在许多方面，水（冰）不同于普通液体（固体），与水（冰）相关的独特属性称为水异常。水表现出 70 多个异常性质，比如水的密度在 4℃时最大，水的比热容在 36℃时最小，而在−45℃时最大。这些异常现象是否与恒温动物的体温有关，或者说经过数十亿年的进化，哺乳动物和鸟类的体温是否直接来自于水环境的异常性质仍然是一个悬而未决的问题。一些水异常现象比如 Mpemba 效应仍存在争议，需要更准确的科学措辞和解释。这些异常是否是水的独有性质还有待进一步研究。

氢元素（H）在决定水的特殊性质时起着至关重要的作用，而它到底发挥什么作用却常常是未知的。H 与另一种负电性元素之间形成的氢键是造成各种水异常的原因。由于 H 的质量小，人们广泛怀疑 H 的量子效应在形成的水和氢键的分子结构中起着不可或缺的作用。确定氢核的量子效应如何影响水的静态和动态特性是解开水奥秘的主要挑战之一，需要在理论和实验工具上取得进一步的发展。

2. 表界面上的水结构

了解水的一个重要方面是了解水与其他物质（包括固体表面和生物分子等）如何发生相互作用，这都附着表面来发生。许多重要的过程都涉及表面水。其次，很多物质表面自然地存在着水的环境，特别是普通情况下近室温的条件下，许多物质性质及对这些性质的研究都必须考虑表面水层的影响。表面水显示出与体态水完全不同的物理性质，但是这些物理性质差异对表面分子行为的影响程度并不是很清楚。最后，研究水和材料表面之间的相互作用也是发现和控制水的结构和性质的有用方法。

表面可以作为研究水–物质相互作用的理想模型系统，在文献中受到了很多关注。随着表面科学探针的飞速发展，有关水结构和电子相互作用的信息现在已经有了前所未有的分子尺度细节，但仍存在许多问题需要解决。表面水的结构是有争议的。除了极少数例外（例如 Ru 和 Pt 等单晶金属表面），许多材料表面上水的精确分子结构都是未知的。大多数材料具有复杂的表面结构，本身可能无法很好地定义。用理论很难预测这些复杂表面上水的分子结构。另外，由于水的高表面张力，甚至在疏水表面处，表面水层也比体相水更致密，这可能导致异质材料表面上的分子结构差异。从结构、扩散行为和热学性质来看，在通常条件下表面水看起来像“冰”一样也是有争议的。然而，无论水分子在表面上处于液态还是固态/类固体状态，分子和氢键网络都必定是动态的，这增加了表征表面水结构的难度。从实验数据间接推测的水团簇和全覆盖水层的结构模型是否正确，或者目前密度泛函理论中描述多体量子相互作用的交换相关泛函是否足够准确，仍有待于进一步的研究。为了消除这些不确定性，必须提高理论方法的准确性和实验探针的分辨率。

3. 表面亲疏水问题

材料表面的性质，包括机械性质（即润滑性）、化学反应性、亲水性以及表面和界面的其他功能，对水润湿极为敏感。对于纳米级非液态的水结构，传统表征水浸润状态的接触角的宏观概念不再适用。必须开发一种代替平均表面张力测量、在分子水平上能够表征表面浸润性的新方法。除了对润湿性进行微观表征外，还需要进一步在分子尺度理解表面浸润特性。一个著名的例子是表面水层本身“不亲水”。

在过去的几十年中，超亲液界面因其在各个领域的广泛应用引起了科学界极大的兴趣。超亲液界面是指表面对液体具有极端浸润行为，其接触角接近 0 度，包括超亲水界面、超亲油界面、超双亲界面等。超亲液界面在数十亿年的生物进化过程中得到了高度发展。超亲液界面通常用于防卫和水收集，界面上的薄水层可以保护生物免受污染物和昆虫的侵害。

受到自然界这些有趣发现的启发，科学家们开发了各种超亲液人工界面材料。为了实现工业应用，寻找低成本高效率的制备超亲水界面的方法有极大的需求。人们制备了新颖的超亲水水凝胶，为基于超亲液界面的油水分离奠定基础。此外，超亲油人工材料及其在油水分离方面的应用也是当前的研究重点。超亲液界面的另一个里程碑是发现超双亲界面。考察人工超亲液系统在超亲水、超亲油和超双亲界面中的演变，可以清楚地看到该领域越来越受到关注，极端液体润湿行为的突出优势使其在工业领域得以广泛应用。

4. 界面水与催化

通过光分解从水中生产氢气用作燃料，代表了通过可再生能源解决未来全球能源需求的重要一步。但是，从阳光到氢气的能源效率仍然很低（1%～2%），并且该过程中使用的材料价格昂贵。为了使光解水成为可行的替代方案，必须开发具有更高光催化活性和效率的新材料。目前绝大多数工作是基于材料制备和器件优化的宏观尺度光化学研究，其主要目标是通过试错法提高光解水的能量转化效率和系统的稳定性，降低材料和器件成本。相对较少的理论研究基本上局限于理想材料的原子结构计算和能带位置的比较，基本上不涉及光解水一般性的微观机制探讨，特别是光激发条件下的水分解的原子、电子动力学过程的研究更是缺乏。需要加强界面水催化机制研究。

光催化分解水之外，水还参与很多表面催化过程。水和催化的作用主要表现在以下几个方面：①水是最常见溶剂。和有机溶剂相比，对环境更友好。有机反应在水中进行不会造成环境污染。所以利用水溶性反应取代传统的有机溶剂中进行的反应更为“绿色”环保。②水分解提供清洁能源。水解过程也可以同时用来产生高价值化工产品，从而减少化石能源的开采。③水参与或者协助大量重要的基本催化反应。④利用催化反应分解水中的有机物也是当前废水处理最为常见的方法之一。在以上这些方面，如何增加催化剂效率、有效降低二次污染是其中的关键问题。

5. 受限水和输运现象

受限水研究是水科学领域的新兴分支。受限水主要是指液体水被限制在界面，或者微纳米的孔洞内部，也称为低维水。受限水在自然界中广泛存在，其流动性、输运性、动力学、结构、凝结、蒸发等各个方面都和体相水有显著不同。受限会改变水的结构和动力学。空间受限会导致各种新颖的现象，其中许多仍然鲜为人知。受限水还以各种方式决定了相应环境的结构和功能，包括极性有序、分子作用、黏度、耗散和构象转换等。受限水溶液中的水合离子增加额外的复杂度，因为在受限环境中离子配位数、水合结构，以及离子-离子的相互作用都不同于体相水溶液。

限域结构中水与物质的输运研究，对于解决界面化学和流体力学中的遗留问题十分关键。近年来,研究人员采用分子动力学模拟和实验手段研究低维限域结构中水与物质的输运。这些研究涉及多个学科的交叉融合，需要物理学、化学、微纳流控学、材料学、生物学、地质学、摩擦学、纳米科学、工程学等多个学科的合作研究来进一步推动。这些研究在海水淡化、可控物质和水输运、能量转换、纳米限域化学反应、纳米材料制备等领域能够发挥重要作用。

6. 生物水

水是地球上生命的媒介。所有生物分子都在水中生存，所有生物过程都在水溶液中进行。生物水成为生命活动中不可或缺的有机组成部分，其在维护生物大分子的结构、稳定性，以及调控动力学性质和生理功能等方面起着决定性的作用。

生物水是维持生物分子的功能必不可少的要素，但人们目前对生物水的功能理解还不够，许多研究还仅仅把水当作一种溶剂。事实上，水会主动地参与界面特性中，进而产生生物功能。水分子作为细胞和分子生物学中的主动参与者，会通过自身的变构效应和直接参与，影响生物分子表面的结冰成核行为、诱导催化、质子传输等，但人们在这方面的理解还远远不够。

目前人们对生物水的结构和功能得到一些共识。相对于体相水，生物分子表面水分子的局域密度增加了 25%。在体相水中，氢键连接的水分子之间的极化增加了偶极矩和介电常数，而生物体系中观察不到水分子氢键极化。相对于体相水，生物水动力学变慢很多，主要表现在水合层水分子之间氢键断裂的平均速率比体相水中的断裂速率要慢。正是因为生物水的复杂性以及其与体相水的差异，引起了人们对生物水研究的极大兴趣，已经成为当今新兴的重要科学前沿问题之一。

7. 水科学实验方法

体相和界面水的常规研究手段主要是谱学和衍射技术，包括核磁共振、氦原子散射、X 射线衍射、低能电子衍射、红外吸收谱、中子衍射和散射谱、吸收光谱和转动谱、非线性光谱等。然而这些技术由于探测原理的局限性，空间分辨能力都局限在几百纳米到微米的量级，得到的信息往往是众多水分子叠加在一起之后的平均效应，无法得到单个氢键的本征特性和氢键构型的统计分布。而水分子受局域环境的影响明显，导致对水的纳米甚至原子尺度特性的分析和归因往往很困难，一般需要结合复杂的理论计算和模拟。

近年来具有原子级空间分辨的扫描探针技术，包括扫描隧道显微镜和原子力显微镜等多种技术，被广泛应用于表/界面上水体系氢键构型的实空间探测，取得了许多重要的进展。新型扫描探针技术的应用协助研究者成功获得了水分子的亚分子级分辨成像，成功实现了对表面水中氢原子的实空间定位，同时针尖增强的非弹性隧道谱技术通过探测水分子的各种振动模式，从而在能量空间获取了氢原子自由度的信息，也为原子尺度上界面水的研究打开了新的大门。

目前大多数高分辨的技术手段都需要超高真空和低温的极端环境，这时候水的结构与常温常压下的液体水具有很大的差别。其次，虽然理解液体水的物理和化学性质对于人类的日常生活和生命活动至关重要，但是液体水的微观成像及动力学研究非常困难，尤其是很难探测局域环境对水的结构和动力学的影响。最后，水中很多动力学过程，如质子转移、能量弛豫、氢键成键和断键等，通常发生在超快的时间尺度（飞秒）。要解决这些问题和挑战，就需要发展新的实验技术。

水科学实验技术的进一步发展方向包括利用金刚石中氮缺陷-

空位作为探针的扫描探针技术；将扫描隧道显微镜和超快激光技术结合，同时实现原子级别的空间成像和飞秒级别的时间分辨；在原子力显微镜悬臂上镀上金属以实现对于水体系同时进行原子尺度结构成像和电学表征，等等。

8. 水科学的理论与计算

基于计算机技术的发展，数值模拟研究不仅为实验提供辅助，还从深层次探索物理机制和规律，并提供预言，更为理论分析和实验工作提供参考。地球上参与各种物理、化学和生物过程的水绝大部分以界面/受限水的形式存在，因此在微观甚至分子、原子层面上水的性质和行为，才是理解水在各种物理、化学和生物过程中之角色的关键。理论研究与数值模拟研究为更好地理解这些过程与机制提供了契机。在水的性质研究方面，国内外在理论和经典分子动力学模拟研究上已经取得一些重要进展。甚至一些理论模拟工作已经走在实验研究之前，为实验提供可靠的依据和研究方向。

9. 能源、环境、农业等领域重要应用中的水科学问题

水资源问题已与人口、粮食、能源、环境等问题被列为全球经济发展的优先主题。随着人类生活水平的提高和经济的飞速发展，全球正面临着可获取淡水资源和能源紧缺的双重严峻挑战。我国是联合国认定为世界上 13 个贫水国家之一，随着经济和社会的飞速发展，水的问题逐渐成为严重制约我国高速发展的瓶颈。

天然气水合物因其储量大、分布广、能量密度高、清洁无污染等诸多优点，被认为能够替代煤、石油等传统化石燃料成为新一代的能源。水合物研究的科学问题可以分为基础研究和实际应用两个方面：基础研究包括基本结构、成核机理及动力学过程、相平衡多相相图、非化学计量比等；实际应用包括天然水合物的成藏/开采以及通过水合物的主客体结构对气体的存储、输运以及分离等。我国虽然在天然气水合物研究和勘探开发方面起步相对较晚，但进步很快。在多年勘探调查的基础上，已证实我国南海北部、青藏高原冻土带、沿海珠江口盆地等地蕴藏丰富的天然气

水合物资源，并在南中国海神狐海域成功试采天然气水合物，刷新了持续产气时间和产气总量两项世界纪录。我国预计将在 2030 年左右实现天然气水合物商业开采。

海水淡化目前已经成为了解决淡水资源危机的最重要途径之一，被列为重点领域和优先主题，是提供淡水资源储备量的最有前景的技术和方法之一。海水淡化的方法主要可以分成两大类：膜分离法和热分离法。热法水脱盐分离是利用热能蒸发分离淡化海水，主要包括多级闪蒸和多效蒸馏等技术；膜法水脱盐是利用膜材料实现水和盐的分离，以反渗透技术为主，还包括电渗析和膜蒸馏等技术。此外，利用其他绿色清洁能源实现水脱盐的技术也越来越受关注，包含太阳能、风能和核能等能源，其中太阳能以其特有的高效、环保、无污染等特点，在海水淡化技术中逐步成为研究热点。我国对于海水淡化产业十分重视，海水淡化产业正处于高速发展的黄金期，许多大规模的海水淡化工程正在陆续建工，对国内海水淡化技术相关的知识产权保护也逐渐出台，展现出极好的发展前景。

土壤是粮食安全、水安全和更广泛的生态系统安全的基础。传统农业采用的大水漫灌方式用水量大，还会破坏土壤团粒结构，造成土壤板结、土地盐碱化等土壤退化现象。最根本的出路在于节水，地下滴灌技术节水效果非常明显。研究发现，加气滴灌对作物生长、产量及品质都会有显著影响；更有人尝试从加气滴灌对土壤环境的调节方面解释其对土壤肥力的四大因素（水、肥、气、热），以及营养和矿物质等的影响。目前加气滴灌增加作物产量、提高作物品质的机理仍未统一，仍需要进一步的深入研究。

此外，在实际应用中还有大量有关水的重要问题需要我们关注，比如自然环境和人类活动所共同造就的水污染问题、腐蚀问题、水循环、气候问题等；需要大力发展在效率和成本方面都大大改善的新型材料和水处理技术，比如膜技术等。

四、政策建议

水基础科学研究事关国家可持续发展战略的顺利实施，是解决水资源以及环境、地质、气象、能源、制造等领域中与水相关基础问题的前提。考虑到水科学的复杂性特点和目前我国水科学研究基础薄弱、研究力量与研究内容自发分散的事实，我们提出以下几点建议。

1. 加强对水基础科学研究的重视和资助

水科学基础研究有重大意义，但在国家战略层面缺乏足够关注，研究尚处于自发状态，学科体系不完整，缺少对水基础科研活动的系统组织、引导和支持，对水基础科学战略地位、深度和广度缺乏认识。积极布局、加速发展我国水科学的基础研究，是促进我国民生建设，保障国家安全，实现社会可持续发展，提高我国经济、尖端科学、重大工程等方面的发展水平的迫切需要。

目前我们亟需加强对水科学基础性研究的重视。鉴于水基础研究的战略意义和多学科交叉特点，应当有来自于多个渠道的专项研究资助水基础科学研究。比如，基金委、科技部、中科院、教育部、环保部等中央部委以及各级地方机构应设立水基础研究的专项经费，大大提高水科学基础研究的经费。据估计，目前用于水科学基础研究经费占与水相关研究总经费还不足 1%。在与水应用直接相关的行业中，比如水利、资源、环境、生物、医学、制药等行业，也应积极协调、统筹、参与到水基础科学研究，并把水基础科研活动及其在本行业的应用结合起来，以期强化水利用、水治理等技术性问题中的基础科学研究，提高相关技术性和工程性问题决策的科学性和有效性。对当前有迫切需求的水科学重大问题，应尽快组织力量攻关。

2. 组建水科学研究基地

我国目前对水科学基础理论研究和实验技术发展尚无统一的规划和引导，对于水基础科学这种处于战略地位的科学研究仍是放任自流的状态。更令人担忧的是，目前有用“水资源”研究发展规划简单代替水基础研究发展规划的倾向，这会造成很大的迷惑和更大的危害。水资源研究的发展常常需要在水基础科学层面产生突破。这种状况对于水这种关系到国计民生、且处于紧迫状态的基础科学问题的解决会带来不利的影响和相当的破坏。

水科学研究对国家之可持续发展的重要性已经为许多国家所认识到。我们急需从国家层面统筹协调水科学发展，组建水科学研究基地。我国一些科研院所已经建立了一些与水问题相关的研究中心，但主要力量仍然放在水资源的开发、利用和保护上。从事水基础科学研究的专门研究机构或平台亟待加强。我们呼吁国家和相关部门重视水基础科学问题的研究，统一规划、引导，加强专业研究力量，制定水科学基础研究的发展战略。比如在学术协调上，应当在中国科学技术协会或专业学会里组织水基础科学专业委员会，以组织、带领水科研活动，强化和提升我国水科学基础研究的整体水平。

3. 积极推动水科学研究的多学科交叉

水科学是涉及物理学、化学、材料学、生物学和工程学等众多学科的一门综合性学科。由于科学技术的进步和水环境污染的复杂性，从事水科学研究的科研人员需要具备物理学、化学、生物学、材料学、工程学等多方面的基础知识，才能很好地进行水科学相关的研究工作。这对从事水科学研究人才提出了较高的要求。目前国内外从事水科学研究的人员多半是以给水排水、环境工程或其他相关工程学科为背景。这类学科的人才培养多以解决水污染控制工程中的实际问题为导向，偏重于实践知识的学习和工程应用，而在水科学研究所需的学科基础知识方面有较大的欠缺，缺乏认识、分析和解决水科学基础问题的知识背景，尤其是在物理和化学等基础学科方面的知识相对匮乏。因此，依靠现有模式和学科组织水科学研究，难以开展高水平的研究工作。

当前我国应大力鼓励系统开展以水科学为主线的交叉学科研究。强化对水科学研究之新理论、新方法、新技术与新设备研发的支持，以此为基础引领水的表征（监测）、获取（再生）与利用方面之新技术和新设备的研发。

4. 加强水科学基础研究和应用研究的交流合作

我们需要大力推进水基础研究和清洁水、清洁能源工业应用项目的结合，并且加强水问题研究上多学科的协作，比如和气候、地理、能源、纳米技术等相关学科的合作，联合各个水基础和应用科学的研究团体，逐步建立从基础研究到实际应用的统一体系，推动我国水科学技术方面的创新和可持续发展。

水的问题涉及人类生活和社会生产的各个方面，在不同层次上有着不同的要求。当今局限于水资源的宏观管理和宏观调节的传统水污染治理、清洁水处理的工程应用方法已不能满足新世纪生产生活的需要。我们应该承认，随着认识程度的演化，存在着从基础研究到应用研究、从工业工程性生产到综合水资源治理等一系列方面的研究团队和生产团体，涉及物理、化学、生物、地理、卫生、环境、医疗等各个学科。我们建议统筹这些水问题的方方面面，联合从基础到应用和跨多个学科的研究团体，逐步建立从基础到实际应用乃至工业生产的统一体系，促进基础研究、工业应用、水资源治理各环节之间相互交流和良性循环。

5. 建立水科学人才培养体系

水科学研究是一项长期的十分艰巨的任务，一定要放到国家的层面上综合考虑和全面部署。目前需要尽快启动系统的水科学研究人才的培养计划。开展水科学知识的收集整理、普及，以及不同层次之水科学教材的编纂工作，大力加强水基础交叉科学教育体系，培养未来从事水科学研究的高层次人才。

人才培养主要内容包括：①宽理化基础培养的理论和实验教学。面向水科学发展前沿，瞄准国际一流水平，强调前瞻性、先进性和实践性，重点进行水科学核心课程教学的基础上，强化物理、化学和数学学科方面的核心课程。②高科研素质、创新人才发展的实践教学。实行学生导师制度和实习制度，通过实践研究，培养水科学领域的创新型复合人才。③以本科教育为基础的本-硕-博水科学研究英才培养体系。引导并鼓励学生瞄准水科学重大科学问题前沿，自主选题，开展水科学方面的科研工作。

6. 加强水科学的国际合作

水科学方面的挑战是一个全球性问题，其最终解决依赖于全体研究者的合作与交流。由于全球人口的快速增长，地球环境和水资源面临着巨大压力。在我国已经开展的水科学基础研究活动中，大部分研究处于自发状态，现有的零星研究缺乏与国际社会协同的努力，缺乏明确的方向和目标。目前非常需要在全球范围内与不同国家、不同研究团体加强水科学基础研究的合作，特别是在理解水和物质相互作用的基础问题和水处理新材料开发利用等方面，促进对关系到重要民生的水污染治理、清洁水处理、防冰等人类社会的共同问题的最终解决。

开展水基础科学研究的最终目的在于为全球社会发展和科学进步服务，构建人类社会命运共同体，解决人类发展过程中所面临的环境和能源挑战。发现面向这些重大应用的水科学新知识，开发水处理新技术，并制定长期的目标规划和每一步的发展任务是目前我国水科学发展的当务之急。

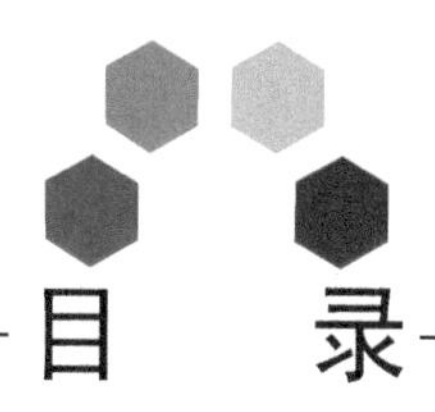

目　录

第1章 水科学研究的科学意义与战略价值

曹则贤

水是自然界最丰富、最重要的物质，水塑造了地球的形态，使得我们的地球成为了这个宇宙中最独特的星体。水分子结构从化学意义上非常简单，就是 H_2O，但从物理的角度却极难对付：结构缺乏刚性且更具量子特性。因此，水有很多独特的甚至反常的性质。正是因为水以及水的诸多反常性质的存在，地球上才有了丰富多彩的生命。水可以表现出蒸汽、液体、晶体、无定形相和玻璃态等不同状态。水与地球上的各种过程息息相关，在许多物理、化学、环境和生物等相关过程中发挥至关重要的作用，加之关于水有大量悬而未决或者引起争议的问题，因此长久以来水都是重要的科学研究对象。水是社会可持续发展必需的物质，“水”以及“能源”问题曾被列为人类未来 50 年的最大挑战，受到了各国的高度重视。

水也是最独特的、最值得人类关切的物质，它几乎参与了地球上所有重要的过程，在物理、化学、环境、气象、地质和生命等诸多过程中发挥至关重要的作用。水科学的研究以及从水科学着眼的各相关学科的交叉研究是解决人类社会可持续发展所必须面对的课题。无论是解决水资源缺乏问题、水污染防治以及由水带来的腐蚀问题，还是基于水的能量利用和制造问题，以及生命与健康领域的问题，都建立在对水及其参与的相关过程有深入、正确认识的基础上。由于水自身固有的复杂性，水科学有大量悬而未决的问题，人类对水的认识存在严重的不足，而从水的视角在原子、分子层面上去理解相关的生命、环境、能源和化学物理过程还处于刚起步的阶段，但它恰恰又是问题的关键所在。

水是生命发生的前提，是生命体最基本的组成部分。理解生物水的结构和性质对理解其在生物过程中的作用、对生物结构和功能的影响具有重大意义，这足以给生物学、农业、人类健康带来革命性的变革。土壤中蕴含足够的水是其中可以产生生命以至于生长粮食作物的前提。水土保持和灌溉等事关国家发展战略，这就要求对水与土壤的相互作用，水在土壤中的输运以及水自土壤蒸发等问题应该有科学的认识。我国水资源贫乏，且分布不均，通过水科学研究发展出节水农业是保障国家粮食需求的正确途径。地球气圈中存在大量的水，可以到达全球各个角落，若通过水科学的研究发展出自支持的集水系统，这是解决局部水资源缺乏的最有效途径。气象意义上水的循环（相变与输运）过程是影响人类生存环境的最关键的因素。此外，水在生物体的能量应用过程中扮演重要角色，水也为地壳储存能源（如可燃冰）提供了一种有效的方式。与水有关的能量储存和应用对水科学研究提出了新的挑战。

地球上的水绝大部分以体相水的形式存在，却更多地是在不同尺度上以界面水的形式参与各种物理、化学、生物和地质等过程的。水对表面的浸润行为一直是物理学、材料学等研究领域的一个基本科学问题。理论上，水对界面的浸润性对固液界面上水的结构与性质、固液界面的流动阻尼、水的蒸发速度、蛋白质折叠以及生物分子的功能等都有重要影响。人们逐渐认识到，在许多实际应用中，如水的过滤及处理、水的聚集和铺展、表面腐蚀、水中化学反应与水催化过程和自清洁材料的制备等，都与界面的浸润性质密切相关。此外，在许多制造业，比如半导体工业（可水洗是前提）、制药和纳米材料制造方面，水都扮演了不可替代的角色。物质表面的浸润特性成了水科学的关键研究内容，研究的范围也从宏观浸润扩展到微观浸润，以及微观尺度与宏观尺度的耦合。进一步地，水-固界面上的化学反应过程是当前亟需得到认知的关键，有助于解决腐蚀等问题。

将水作为关键角色的一些自然过程罗列在一起，则更能看出水科学研究的科学意义与战略价值，这包括：

（1）水在生命体中的结构、功能与过程；

（2）水在气象过程中的角色与作用；

（3）水在地质过程中的角色与作用；

（4）人体水管理与疾病；

（5）土壤水保持与灌溉中的科学问题；

（6）水参与的化学反应过程（催化、腐蚀等）；

（7）水的富集与海水淡化；

（8）水在制造业中的应用；

（9）水参与的能量存储与转化过程，等等。

这些问题显然都是关系到人类生存和社会可持续发展的重大问题。掌握系统、正确、详细的水科学知识是解决相关领域中重大问题的关键。有必要强调的一点是，仅就单纯的水而言，它也是极为独特的物质。它的结构：①具有相当大的弹性，②具有多层次动态结构，③因为氢离子而强烈地表现出量子行为，因此水科学研究对理论和实验技术都提出了更加严苛的挑战。水科学研究本身具有不可替代的学术意义。

深入开展水科学基础前沿的战略研究，认真思考水科学研究存在的重大问题和取得突破的可能途径，将水科学基础研究的知识、技术与方法引入相关学科，为从水科学的角度在分子、原子层面上研究和解决相关领域中遇到的重大基础性问题提供咨询与学术支撑，这对于促进诸如环境、能源、生命与健康等涉及人类社会可持续发展的重大领域的进步都具有重要的意义。

第2章 水基础科学研究的内容和特点

孟　胜

自然界中的水非常丰富。水以海洋、湖泊、河流和泥沼的形式覆盖了大约 70%的地球表面。水约占人体重量的 58%～67%。自然界中水以固、液、气等形式同时存在，并且在许多不同的现象和过程中起着重要作用，比如岩石风化和土壤冻结，地球的温度调节和酸碱平衡，离子迁移和蛋白质折叠，催化和腐蚀，以及云的形成、闪电和降雨等。在宇宙空间的彗核和星际尘埃中也发现了水。

水不仅丰富而且重要，且其物理性质也十分独特。水有很多奇特的性质，其中许多仍然是未知的。例如，水的熔点和沸点温度比相似大小的分子的预期值要高得多。水在 4℃时具有最大密度，这违反物质热胀冷缩的一般规律。压力既能导致液态水冻结，又能导致冰融化。仅有几个分子层的水膜的黏度仅增加了 2～3 倍，而不像其他液体黏度随液层变薄发散[1]。水具有极高的热容，这是生物能够存在以及地球环境具有热稳定性的基础。

近年来，人们对从分子层次理解水及其特殊性质（或称为水异常）的兴趣日益浓厚。越来越多的研究人员意识到水基础科学是现代科学和技术中的关键问题之一，越来越多的研究工作致力于加深我们对水的基础理解。无论是通过可再生能源（例如水力发电），替代能源技术（例如新型电池和燃料电池技术）还是化石燃料发电（例如石油和天然气），水与能源生产紧密相连。另外，与水有关的工业过程的操纵和优化在食品和环境科学中也起着至关重要的作用。水基础研究（包括水分解和水净化研究）成为人类未来所面临的核心挑战之一。

水基础科学是涉及物理学、化学、材料学、生物学和工程学等众多学科的一门综合性学科。人们越来越意识到水基础科学是物理、化学、生物学以及一些工程科学等学科的基石，但目前水科学研究仍然是一个突出的挑战，也是跨学科研究的一个很好的例子。水基础研究的课题涉及物理学、化学、生物学、材料学、工程学等多方面的基础知识，条目繁多，内容丰富，这对从事水科学研究提出了很高的要求。

本书试图从分子水平讨论水基础科学发展的当前进展和挑战。我们专注于水科学基础研究和技术发展中具有代表性和挑战性的关键问题，这些问题位于当前水研究活动的最前沿。讨论的重点是我们对分子层次上水结构、动力学和特性的理解，并由此简单总结当前水基础科学研究的主要内容和特点。

1. 体相水的基本结构和性质：包括液体水结构、水相图、水的异常物性等

液态水的分子结构。液态水的分子结构尚不清楚，目前仍在激烈的辩论中。首先，到底使用什么参数来表征液态水的分子结构是有争议的。所选参数应在理论上定义明确，并在实验中易于检测。建议的参数包括每个水分子的氢键的平均数（N_{HB}）、游离 OH 基团的数目、氢键的寿命以及相邻氢键的时空相关性。这些参数在理论模型中很容易获得（尽管精度未知），但是要在实验中直接进行探测则具有很大的挑战性。这些参数还对探测它们的确切条件和实验探针本身敏感。基于 X 射线吸收和 X 射线拉曼散射光谱，Wernet 等人在 2004 年提出在亚飞秒动态测量中液态水在 298K 时每个水分子平均氢键数 N_{HB} 为 2.2[2]。该结果意味着在室温下 80%的水分子仅被同时用作氢键受体和氢键供体的两个氢键结合。这样，液态水中大多数水分子与相邻水分子形成一维链状或环状局部结构。这种图像与中子和 X 射线衍射数据得出的传统“静态”图像形成了鲜明的对比。在传统的“静态”图像中，液态水分子的第一壳层配位存在有 3～4 个氢键，形成四面体网络。Wernet 等人的最新结果也不同于基于流行的经验力场（例如 SPC 模型）和从头算密度泛函理论的分子动力学模拟的结果。这些模拟中 80%的水分子具有 4 个氢键。随后，Smith 等人进行的 X 射线吸收实验给出了一个不同的值，液态水的平均值为 N_{HB}=3.3[3]。用拉曼光谱法，林等提出存在非氢键的 OH 基团的证据，但发现

非氢键的 OH 的比例仅为 3%[4]。所以液态水的分子结构仍然是一个未知问题，目前的共识集中在 N_{HB}=2.8。这有待于在不久的将来用新型探针对氢键网络的结构及其超快的动力学特性进行更精确的测量，并得到合理的理论解释。

低温和高温下水的相变。水（冰）的相图极其复杂，并且在各种压力和温度下均显示出 15 种以上的结晶相和许多无定形相。此外，限制在纳米尺度的水会呈现出许多新的相。此外，通过快速冷却液体或在低温下压缩冰晶形成的非晶冰至关重要，因为它可以用作了解液态水和玻璃质材料局部结构的有效的通用模型。低密度（～0.96g/cm^3），高密度（～1.17g/cm^3）和极高密度（1.26g/cm^3）的非晶冰被确定为三个不同的相，它们可以在大气压力和 77K 下存在。这些非晶相之间的结构和过渡是有争议的。由于水在 160K 和 230K 之间的温度下非常易于结晶，非晶冰和过冷液态水之间的相空间难以达到。因此，它被称为“无人区”[5]。而且，在水研究方面，对过冷水的性质和相行为的实验检测仍然面临着巨大的挑战。甚至有证据表明存在液相到液相的转变。在宏观应用中，这些各种相变的细节可能很重要，因为它们常常与温度和压力的变化有关（例如水管爆裂），或对材料性能的依赖性很强（例如利用聚合物膜进行水过滤）。

临界点附近水的氢键。水在温度 T=647K 和压力 P=22MPa 时存在超临界点，在该点以上液相和气相之间的差异消失。但是，在这种极端条件下仍然存在氢键。因此，确定氢键在什么条件下将完全消失是一个有趣的科学问题。人们发现，在 673K 和 40MPa 时，每个水分子仍存在大约 1 个氢键，在更高的温度（873K）和压力（134MPa）下，每个分子的氢键数量减少至 0.6[6]。一个相关的问题是，大气中是否存在水单体、二聚体、团簇和小液滴/颗粒，对确定我们星球物理环境的“宜居性”起着核心作用。例如，尽管大气中水二聚体的浓度很低，但在 298K 时，仍有 4.6%的阳光被水二聚体吸收[7]。因此，研究水及其复合物在各种波长下的光吸收，进而研究水和纳米颗粒的热学、化学和电学性质至关重要。

“水异常”是否独特？在许多方面，水（冰）不同于普通液体（固体），与水（冰）相关的独特属性称为水异常。水表现出多个异常性质；这些异常中的一些是众所周知的，比如在 4℃时水的密度最大（该性质使得水结冰后浮在密度大、表面张力也很大的液体水面上，从而在冬天的极寒环境中保持水体温度）。其他一些异常现象比较鲜为人知，例如水的比热容在 36℃时最小，而在−45℃时最大。这些异常现象是否与恒温动物的体温有关，或者说经过数十亿年的进化，哺乳动物和鸟类的体温是否直接来自于水环境的异常性质，仍然是一个悬而未决的问题。一些水异常现象仍存在争议，需要更准确的科学措辞和解释。一个例子是 Mpemba 效应[8]，该效应指出热水比冷水结冰的速度更快。有人争辩说，只有含有大量溶解气体或其他污染物的水才会表现出这种效果，而其他人则认为纯净水也能表现出相同的行为。造成这种影响的确切原因很复杂，其中一个或多个因素，如过冷、热梯度引起的对流和蒸发可能是主要因素。为了充分理解 Mpemba 效应以及其他的水异常性质，深入的研究工作仍正在进行中。时至今日，这些效应本身仍是争论的焦点。另一方面，这些异常是否是水的独有性质还有待进一步研究。人们发现，原本仅归因于水的某些异常可以很好地推广到其他固体和液体。例如，包括 Si、Ge 和 SiO_2 的框架结构固体的密度也是随温度的上升而增加[9]。因此，致力于研究水的异常而获得的准确数据，也许最终可以用来研究更一般的凝聚态物质系统。

核量子效应和半裸的质子？氢元素（H）在决定水的特殊性质时起着至关重要的作用，而它到底发挥什么作用却常常是未知的。当氢元素和其他元素进行化学结合时，通常它被认为是“半裸质子”（即其外层仅有的一个电子又被其他元素吸引而偏离），而不是中性的“原子”。H 与另一种负电性元素之间形成的氢键是造成各种水异常的原因。由于 H 的质量小，人们广泛怀疑 H 的量子效应在形成的水和氢键的分子结构中起着不可或缺的作用。所以，基于经验力场或从头算电子结构计算的传统的水模型中，将 H 当作经典点粒子可能是远远不够的，需要修正。

最近的研究进展表明，H 的量子效应在确定水的基本性质方面起着关键作用。由于核量子效应的存在，H 的分布更加非局域化，从而调节了氢键的强度。比如，普通液态水（H_2O）表现得像温度升高了 5～30℃的氘代水（D_2O）[10]。Parrinello 等发现氢核的量子效应使得液态水中的 OH−传输过程中质子转移的势垒从 55meV 降低到 15meV，从而显著提高了质子转移/隧穿的可能性[11]。对于气相的 $H_3O_2^-$团簇和液态水中的水合 H_3O^+团簇，该势垒被核量子效应完全清除了。扫描隧道显微镜（STM）实验中观察到水二聚体在 Pd（111）上的快速扩散，可能来自于水二聚体通过氢核的量子隧穿进行氢键重组[12]。从更一般的意义上讲，H 的量子效应可能用来解释为什么用 D_2O 灌溉的植物比用 H_2O 灌溉的植物生长得慢得多，以及为什么 D_2O 对许多动物有毒。确定氢核的量子效应如何影响水的静态和动态特性是解开水奥秘的主要挑战之一，需要在理论和实验工具上取得进一步的发展。

2. 表界面上的冰/水结构

了解水的一个重要方面是了解水与其他物质（包括固体表面和生物分子等）如何发生相互作用，这都借着表面来发生。许多重要的过程都涉及表面水。例如，水的净化和光解是通过表面吸附和相互作用进行的。其次，很多物质表面自然地存在着水的环境，特别是普通情况下近室温的条件下，许多物质性质及对这些性质的研究都必须考虑表面水层的影响。表面水显示出与体态水完全不同的物理性质，但是这些物理性质差异对表面分子行为的影响程度并不是很清楚。最后，研究水和材料表面之间的相互作用也是发现和控制水的结构和性质的有用方法。

固体表面可以作为研究水-物质相互作用的理想模型系统，在文献中受到了很多关注。随着表面科学探针的飞速发展，有关水结构和电子相互作用的信息现在已经有了前所未有的分子尺度细节。在 Ru（0001）上发现了厚度≤0.1Å 的平面水层，随后将其解释为半离解的水膜（H_2O+OH）[13]。相对于 Pt（111）的（1×1）表面晶格，Pt（111）上的润湿水层表现出复杂的（$\sqrt{39}\times\sqrt{39}$）-R16.1°图案，形成包含五边形和七边形缺陷环的氢键网络[14]。在低覆盖率下，水在 Cu（110）上形成一维链，完全由五元环组成[15]。所有这些在分子水平上具有直接信息的发现都导致研究人员抛弃了 20 世纪 80 年代初推测的表面水的传统“双层”模型。传统“双层”模型认定，表面上水的第一层结构类似于体相冰中的一层水，这些水层主要由褶皱六元环组成。尽管这些最新进展极大地丰富了我们有关表面水的结构和行为的一般知识，但仍存在许多问题需要解决。

表面水的结构是有争议的。除了极少数例外（例如 Ru 和 Pt 等单晶金属表面），许多材料表面上水的精确分子结构都是未知的。大多数材料具有复杂的表面结构，本身可能无法很好地定义。用理论很难预测这些复杂表面上水的分子结构。另外，由于水的高表面张力，甚至在疏水表面处，表面水层也比体相水更致密，这可能导致异质材料表面上的分子结构差异。从结构、扩散行为和热学性质来看，在通常条件下表面水看起来像“冰”一样也是有争议的。然而，无论水分子在表面上处于液态还是固态/类固体状态，分子和氢键网络都必定是动态的，这增加了表征表面水结构的难度。

即使吸附在真空环境下的干净单晶模型表面，水层结构也存在争议。Cerdá 等人借助 STM 获得水吸附在 Pd（111）表面高分辨率实空间图像，观察到了水层的玫瑰花瓣结构——“雪”的微观形态[16]。但是，最新的密度泛函理论计算表明，与玫瑰花瓣结构相比，全覆盖的水单分子层稳定在每水分子 30～50meV，但是在 STM 实验中却从未观察到全覆盖的水单分子层[17]。从实验数据间接推测的水团簇和全覆盖水层的结构模型是否正确，或者目前密度泛函理论中描述多体量子相互作用的交换相关泛函是否足够准确，仍有待于进一步的研究。为了消除这些不确定性，必须提高理论方法的准确性和实验探针的分辨率。

3. 表面亲疏水问题

材料表面的性质，包括机械性质（即润滑性）、化学反应性、亲水性以及表面和界面的其他功能，对水润湿极为敏感。对于纳米级非液态的水结构，传统表征水浸润状态的接触角的宏观概念不再适用。必须开发一种代替平均表面张力测量、在分子水平上能够表征表面浸润性的新方法。孟等人提出，表面浸润可以通过表面上水分子的吸附能与表面上邻近水分子间形成的氢键能的比例表示[18]。因此，可以定义一个新的微观参数，即氢键能与水吸附能之比 $\omega=E_{\mathrm{HB}}/E_{\mathrm{ads}}$，表示表面浸润性。粗略地说，$\omega=1$ 是亲水和疏水作用的边界（其中 $\omega<1$ 表示亲水相互作用，而 $\omega>1$ 表示疏水作用）。甚至可以建立起 ω 和接触角 θ 之间的简单对应关系，对于某些表面粗略有 $\theta=180°-108°/\omega$[19]。计算得出的润湿性数据表明，$\omega_{\mathrm{Ru}}\leqslant\omega_{\mathrm{Rh}}<\omega_{\mathrm{Pd}}\leqslant\omega_{\mathrm{Pt}}\leqslant\omega_{\mathrm{Au}}$，给出了 Ru>Rh>Pd>Pt>Au 的浸润顺序，与实验一致。本质上来说，表面浸润次序是由于水-金属相互作用的变化产生的，因为表面处水分子间的氢键能没有明显变化。

除了对润湿性进行微观表征外，还需要进一步在分子尺度理解表面浸润特性。一个著名的例子是表面水层本身“不亲水”。另外，朱等发现浸润角对表面晶格常数具有非平凡的依赖性。虽然表面能随晶格常数增加单调降低，但与冰的晶格常数相匹配的晶格表面处观察到亲水性呈现奇异的最大值。

在过去的几十年中，超亲液界面因其在各个领域的广泛应用引起了极大的兴趣。超亲液界面是指表面对液体具有极端浸润行为，其接触角接近 0 度，包括超亲水界面、超亲油界面、超双亲界面等[20, 21]。超亲液界面在数十亿年的生物进化过程中得到了高度发展。超亲液界面通常用于防卫和水收集。超亲水界面，如哺乳动物角膜和鱼鳞，带有一层薄薄的液体，可以有效地防止污染物附着。另一种情况是从雾气中收集水，比如蜘蛛丝和沙漠甲虫。水榕叶子在水下永久湿润，界面上的薄水层可以保护植物免受污染物和昆虫的侵害。猪笼草是一种非常特殊的植物，由于其超亲水滑溜的口缘结构，它可以捕杀昆虫[22]。一些无根植物，如粗叶泥炭藓和松萝凤梨，进化出超亲水多孔或多层结构来收集雾中的水。沙漠植物，例如仙人掌，已经进化出具有特殊结构的锥形刺以收获水蒸气。值得注意的是，有一个名为紫叶芦莉草的超双亲植物，水和油都能在其表面完全铺展。

受到自然界这些有趣发现的启发，科学家们开发了各种超亲液人工界面材料。

1953 年 Bartell 和 Smith 在玻璃基板上通过气相沉积法沉积了金和银，首次获得了超亲水表面（水的接触角约 7°）[23]。在金的表面通过俄歇电子能谱表征其表面清洁度，得到直接证据表明水可以浸润只含很少的碳和氧的金表面。另一方面，随着高效半导体器件的需求增多，硅清洗技术得到了广泛的研究，并且在 1959 年发现超亲水的硅表面（水的接触角接近 0 度）[24]。后来人们制备了一种新颖的超亲水水凝胶，为基于超亲液界面的油水分离奠定基础。为了实现工业应用，寻找低成本、高效率的制备超亲水界面的方法有极大的需求。最近，郑等发现一个低成本的、简便的喷涂方法，可以在各种非导电基板上制备大面积超亲水表面图案化[25]。此外，超亲油人工材料及其在油水分离方面的应用也是当前的研究重点。

超亲液界面的另一个里程碑是发现超双亲界面。1997 年，藤岛及其同事首次报道了超双亲的二氧化钛表面，发现紫外线照射后，水、甘油三油酸酯和十六烷均可以在二氧化钛表面完全铺展，获得接近 0 度的接触角[26]。2007 年，Kako 等首次报道了光诱导的超双亲复合氧化物，十二烷和水都可以在其表面完全铺展，接触角接近 0 度[27]。他们发现总表面能以及气固界面的极性部分的表面能在光致转化过程中增加。此外，Choi 等在聚对苯二甲酸乙二醇酯表面涂覆了超双亲二氧化硅/聚氨酯混合涂层，制备成一个典型的超双亲复合结构[28]。2017 年，人们通过一种简便的方法制备薄且均匀的聚合物薄膜，制备超双亲硅晶片表面[29]。考察人工超亲液系统在超亲水、超亲油和超双亲界面中的演变，可以清楚地看到该领域越来越受到关注，极端液体润湿行为的突出优势使其在工业领域得以广泛应用。

4. 界面水催化问题

当前人类发展面临严峻的能源危机。化石燃料作为目前最主要的能源，其数量有限，预计会在本世纪内被更加清洁、便宜、可循环的新能源所代替。人们迫切期望在数十年内实现 100%可再生的能源利用。太阳能取之不尽，自然地成为了未来最具前景的能源选项之一。只含有氢、氧元素的水在地球上大量存在，水被光解产生的氢气在燃烧利用后又会生成水，不仅避免了化石燃料的碳污染，而且可以循环利用。若可以实现高效率、低成本、安全、稳定的光催化分解水产氢，即实现“人工光合作用”，人们就获得了可持续发展的理想能源形式。因此，自 1972 年在实验室中被首次发现[30]以来，光解水研究成为当前的重要科学前沿和热门课题。

水如何在光催化剂上分解？虽然光催化分解水制备氢气是当前的研究热点，目前绝大多数工作是基于材料制备和器件优化的宏观尺度光化学研究，其主要目标是通过试错法提高光解水的能量转化效率和系统的稳定性，降低材料和器件成本。相对较少的理论研究基本上局限于理想材料的原子结构计算和能带位置的比较。这些研究均基于传统的半导体材料光分解水的（宏观）图像，即要求材料的能隙和可见光的频率相匹配，且要求半导体材料的导带高于氢还原反应的电势，价带低于氧气产生反应的电势。这些已有的理论研究基本上不涉及光解水一般性的微观机制探讨，对其中的原子过程及反应路径少有分析，特别是光激发条件下的水分解的原子、电子动力学过程的研究更是缺乏。

通过光分解从水中生产氢气（H_2）用作燃料，代表了通过可再生能源解决未来全球能源需求的重要一步。但是，从阳光到 H_2 的能源效率仍然很低（1%～2%），并且该过程中使用的材料价格昂贵。为了使光解水成为可行的替代方案，必须开发具有更高光催化活性和效率的新材料。在这方面，近年来见证了在开发用于水光解的高效新材料方面的快速进展，实例包括 MoS_2 和 WS_2 纳米薄片、用于光电催化的纳米管材料、铜离子注入、在可见光中活化的 ZnO 纳米棒光阳极[31]等。

光催化分解水之外，水还参与很多表面催化过程。随着化学能源工业的快速发展，催化反应（特别是多相催化）已经成为化学工业的核心部分。80%的工业制成品中催化都扮演着关键作用，而水又是其中不可或缺的角色。水和催化的作用主要表现在以下几个方面：①水是最常见溶剂。和有机溶剂相比，对环境更友好。有机反应在水中进行不会造成环境污染。所以利用水溶性反应取代传统的在有机溶剂中进行的反应更为“绿色”环保。②水分解提供清洁能源。水解过程也可以同时用来产生高价值化工产品，从而减少化石能源的开采，并降低石化（煤化）工业所造成的水污染。③水参与或者协助大量重要的基本催化反应，例如 CO_2 还原可用于减少温室气体排放、水煤气反应可生成高附加值化学品，等等。④利用催化反应分解水中的有机物也是当前废水处理最为常见的方法之一。在以上这些方面，如何增加催化剂效率、有效降低二次污染是其中的关键问题。所以，正确认识水与催化的关系及其相互作用，对于解决上述关系国计民生的重大需求具有决定性意义。

5. 受限水和输运现象

受限水研究是水科学领域的新兴分支。受限水主要是指液体水被限制在界面，或者微纳米的孔洞内部，也称为低维水。受限水可分为一维受限水和二维受限水，它们在自然界中广泛存在，例如颗粒和多孔材料中、细胞周围和细胞内、大分子、超分子和凝胶中。受限水的流动性、输运性、动力学、结构、凝结、蒸发等各个方面都和体相水有显著不同。

受限会改变水的结构和动力学。此外，空间受限会导致各种新颖的现象，其中许多仍然鲜为人知。例如，中子散射测得液态水的氧-氧径向分布函数中的峰在水受限时会变得更加弥散[32]。限制在碳纳米管中的水分子形成了许多体相水中没有发现的新相，比如具有正方形、五边形、六边形和七边形环的冰纳米管可以在直径从 1.1～1.4nm 的碳纳米管中形成[33]。水的这些新结构不仅在科学上令人关注，而且为水的运输和净化应用提供了新的机会。

受限水还以各种方式决定了相应环境的结构和功能，包括极性有序、分子作用、黏度、耗散和构象转换等。此外，受限水溶液中的水合离子增加额外的复杂度，因为在受限环境中离子配位数、水合结构以及离子-离子的相互作用都不同于体相水溶液。最近研究显示，大的阴离子倾向于结合在水溶液的表面，而小的阴离子和阳离子则留在水溶液内部[34]。受限水的这些行为将在未来几年引起越来越多的关注。

另一方面，限域结构中水与物质的输运研究，对于解决界面化学和流体力学中的遗留问题十分关键。近年来，研究人员采用分子动力学模拟和实验手段研究低维限域结构中水与物质的输运，如对一维纳米通道中的分子动力学模拟和水浸润性的研究，外部环境（如温度和电压）对限域结构中水浸润性的调控，以及低维限域结构中的液体输运研究；对二维纳米通道中的分子动力学模拟、液体浸润性以及液体输运；纳米通道限域结构在物质输运、纳米限域化学反应和纳米材料制备等领域的应用等。这些研究涉及多个学科的交叉融合，需要物理学、化学、微纳流控学、材料学、生物学、地质学、摩擦学、纳米科学、工程学等多个学科的合作研究来进一步推动。这些研究在海水淡化、可控物质和水输运、能量转换、纳米限域化学反应、纳米材料制备等领域能够发挥重要作用。最近人们提出了“量子限域超流体”的概念，并用于解释纳米通道中超快物质的输运现象[35]。在此基础上可以将该概念进一步拓展，通过低维限域结构中水与物质输运这一主题对现有学科布局提出远大设想。

6. 生物水

水是地球上生命的媒介。所有生物分子都在水中生存，所有生物过程都在水溶液中进行。水在生物学中的作用可以通过许多不同复杂程度的例子来证实。水是许多蛋白质中固定位置的天然成分。所谓的“生物水”，是指受限于蛋白质、酶、DNA、RNA 或细胞膜等生物分子紧邻的溶剂化层内的水分子，是水的一种重要的存在状态。水的氢键可将不同的生物分子或生物分子的不同部分结合在一起（例如，在核糖核酸酶中的水桥）。水既是使 DNA 和蛋白质保持其天然状态的缓冲剂，又是使 DNA 与蛋白质相互作用的信使。生物水成为生命活动中不可或缺的有机组成部分，其在维护生物大分子的结构、稳定性以及调控动力学性质和生理功能等方面起着决定性的作用。与蛋白质结合的水分子的行为不仅直接影响到蛋白质折叠构象转变的途径与速率，还调控着蛋白质玻璃化温度转变、离子通道开关、质子和能量转移、蛋白-蛋白识别、配体和药物结合、酶催化等关键过程。对于许多蛋白质而言，水合作用必须达到一定程度，其功能才能正常实现。此外，细胞膜上的水分子为许多生物化学反应、离子传输、信息交换、基因调节、免疫应答、细胞组装等过程提供独特的环境，并影响着这些生物过程。氢化酶将水分解成氢和氧，产生额外的电子，这是驱动植物光合作用的关键过程。即使树已经死了，水也可以被输送到 100 米高的树顶，能够达到的压强是大气压强所能承受的 10 倍。

对于水在生物中的作用，目前存在两个有争议的概念：“生物功能水”（Biological Water）和“生物分子附近的水”（Water in Biology）[36, 37]。“生物功能水”这个概念是 Nandi 和 Bagchi 在 1997 年提出来的，他们把生物分子溶剂化层中距离生物分子最近的水称为生物水。随着人们发现生物分子与其表面水两者的结构和动力学行为的密不可分，“生物功能水”这个概念也不断地被扩大。例如，Philip Ball 等人甚至把生物功能水认为是本身能够承载一定生物功能的特殊生物分子[38]。但是 Jungwirth 等人则对这个概念持不同的意见，认为并没有直接证据证明生物分子表面的水自身能够承载生物功能，细胞内“生物分子附近的水”承载生物功能仅仅是一种假设状态，因而认为用“Water in Biology”这个概念更恰当[37]。本章把这两者均笼统地称为生物水。

生物水是维持生物分子的功能必不可少的要素，但人们目前对生物水的功能理解还不够，许多研究还仅仅把水当作一种溶剂。事实上，水会主动地参与界面特性中，进而产生生物功能。Philip Ball 2017 年在《美国科学院院刊》发表的综述文章[39]（Ball，2017）中指出，水分子作为细胞和分子生物学中主动参与者，会通过自身的变构效应和直接参与，影响生物分子表面的结冰成核行为、诱导催化、质子传输等，但人们在这方面的理解还远未可知，因此水为什么作为“生命之源”的谜题目前仍未有最终答案。

我们对生物水的认识还远远落后于对体相水的了解。原因主要有两方面：①生物分子附近水的复杂氢键网络结构每时每刻都在发生超快的断裂与再构过程，并与周围水分子产生协同作用，从而不仅影响到形成氢键水分子的振动频率，而且影响到近邻水分子以及远层水分子的氢键形态。②生物分子表面组成很复杂，使得生物分子周围的水分子处于不同的环境中，使得生物分子与水分子之间的相互作用非常微妙，水合层内水分子必须与生物分子有足够强的相互作用来保证生物分子的稳定，但又不能太强，以至于阻碍表面位点或抑制生物分子结构变化。

尽管如此，人们仍然对生物水的结构和功能得到一些共识。相对于体相水，生物分子表面水分子的局域密度增加了 25%[40]。在体相水中，氢键连接的水分子之间的极化增加了偶极矩和介电常数，而生物体系中观察不到水分子氢键极化[41]。相对于体相水，生物水动力学变慢很多，主要表现在水合层水分子之间氢键断裂的平均速率比体相水中的断裂速率要慢，例如球蛋白或含亲水基团的胶束表面上的水分子动力学慢[42]。

正是由于生物水的复杂性以及其与体相水的差异，引起了人们对生物水研究的极大兴趣，生物水研究已经成为当今新兴的重要科学前沿之一。生物水的复杂性在于，水的结构和功能与由生物分子、离子和其他水分子组成的周围环境紧密耦合，为任何实验和理论研究提供了庞大而复杂的系统。水的液态，尤其是其流动性和动力学性，是定量现场测量和理论建模的另一个基本挑战。此外，作为介质的水的远程极化使得难以将界面水（即与生物分子紧密接触的活性水分子）与溶液中的整体介质区分开。借助于 X 射线衍射、中子散射、介电弛豫、核磁共振、荧光光谱以及分子动力学模拟等技术，人们在不同时间和长度尺度上对结合水的功能、结构与动力学行为有了许多新的认识。这些技术的发展使研究人员可以从大量水中辨别离子、分子和表面周围的水分子的壳结构，是朝着定量现场测量这个方向有希望的进展。

7. 环境中的水：水污染消除（水净化）、水资源保护利用等

世界上每个国家都有特定的水污染问题，必须解决这些问题，才能为人们和工业提供清洁和充足的水。获得用于住宅和商业用途的清洁水是所有工业化国家的基石，并且随着全球经济的持续发展和增长，水的需求只会继续增加。一旦污染物进入水系统，水污染可能来自多种不同的来源，并且极难控制和处理。地下水和地表水（例如湖泊和河流）都可能受到污染源的影响，某些水污染物可能是水的天然成分，从而阻止了水被用作饮用水或工艺用水（例如制盐和天然有机物）。

一些污染问题是地理区域的地质和环境所特有的（例如，世界范围内地下水中自然存在高砷含量的位置）。其他污染问题源于人为来源和工业活动，以及水处理策略和政策。例如，中国北方干旱，水资源匮乏、人口激增和经济激增，造成了严重的缺水问题，并促使我国开展节水和供水工程。在美国的西南地区（例如加利福尼亚州、亚利桑那州、内华达州和新墨西哥州）长期遭受缺水之苦，诸如科罗拉多河渡槽和几条咸水之类的海水淡化项目已用于缓解水需求。中美两国都因各种工农业活动而遭受工农业污染。这些国家所面临的挑战是如何在工业和经济成功与环境可持续性实践之间取得平衡，以允许持续获取和保护自然资源[43]。

在其他国家，主要的水污染问题仍然是微生物污染。世界上许多人仍然缺乏获得不受细菌和其他可能导致疾病和死亡的生物污染的清洁水的基本途径。对于这些国家和居住在那里的人民而言，缺乏资金、水处理方法，以及对水进行净化处理的简单培训，阻碍了日常活动中清洁水供应的显著改善。对于这些人和这些国家来说，甚至每天获取足够的饮用水来做饭和喝水也是一个挑战。除了基本的生存需求外，日常生活用水有限还带来许多相关的挑战，包括增加患病和感染的风险以及减少教育和就业机会，因为每天获取淡水所需的时间（这项活动主要由妇女和年轻女孩承担）大大减少了可用于学校或企业经营等活动的时间。

在水处理厂中已经使用了许多传统的处理方法，这些方法对于一系列污染物仍然有效。但是，随着对有限水资源的需求增加以及社区越来越多地朝着水循环和再利用战略发展，水污染物的数量和复杂性继续增加。此外，随着工业和消费产品的不断发展和数量增加，我们很可能会看到出现在我们水资源中的污染物的数量和类型的增加。此外，随着针对特定类型水污染物的检测策略也不断改进，将识别出以前未被发现的污染物，从而提高了人们对不同水源中污染物的类型和浓度水平的普遍认识。随着全球对水的需求增加，必须使用越来越多的受损水源来补充传统的淡水湖泊、河流和地下水。由于所有这些因素，需要在处理效率和污染物去除效率方面都能够提供改善的水质的处理材料和技术。新颖且经过改进的技术必须具有成本效益，才能与现有的传统技术竞争。

几种关键的传统处理工艺包括砂滤、溶气浮选、沉淀和絮凝、沉淀、颗粒状活性炭和氯化（即消毒）。在过去的 60 年里人们开发了膜技术，现在膜技术也是一种重要的水处理方法，其重要性不断增长[44]。膜通常由聚合物或陶瓷材料制成，并且可以设计成具有特定的孔径或孔径范围。通常，膜被用作对特定尺寸范围的水污染物的物理屏障，并充当过滤器或具有不同孔径尺寸的筛子，去除大于膜孔径的污染物，并允许较小的污染物和水分子通过膜。现在已经开发了多种膜，可用于不同的污染物类型和大小，甚至针对特定行业设计的膜配置和技术也不同（例如，牛奶生产，啤酒生产，盐水淡化，溶剂分离）。如今商业化的膜技术可用于去除大至颗粒物和胶体（5～10μm 尺寸范围），小至一价盐离子（如钠或氯，0.1～1nm）的污染物。

另一方面，如何保护有限的水资源已经成为世界上的一个重要问题。水资源是全球工业、农业、能源以及经济增长的基石，是人类生存和经济发展不可缺少的资源。水资源作为一种人类生产生活最为基础性的资源，其可持续发展是关乎当今全球社会发展的最为重大的战略问题之一。随着人类生活水平的提高和经济的飞速发展，全球正面临着可获取淡水资源和能源紧缺的双重严峻挑战。自 20 世纪初至今，全世界的淡水资源消耗量增加了 6 倍左右，与人口增长问题相比，全球消耗淡水量的速度比人口增长的速度高出约两倍，水资源匮乏已经逐步成为当今世界各国都高度关注的核心问题。随着中国经济市场的飞速崛起，水资源短缺也必然是中国正在面临的一个严峻问题，与能源利用、城市化及现代化议题息息相关。水资源匮乏问题已与人口、粮食、能源、环境等问题被列为全球经济发展的优先主题，是亟需解决的核心问题，显然还在随着全球性环境污染加重、能源资源短缺等问题愈演愈烈。

水的蒸发是地球上水循环的重要环节。以往对于宏观蒸发过程的研究中，更多地是关注水分子在较厚水层表面的蒸发，如江河湖海表面的蒸发。而近年来的研究发现，无论是在亲水表面还是疏水表面上，纳米尺度的水是普遍存在的。同样在自然界中，在土壤表面、植物叶子表面以及动物皮肤表面，也都存在着这样极少层的水。这部分水的蒸发速度非常关键，将影响植物、动物的生存，造成土壤的沙化等。因而研究界面上少层水的蒸发过程无论对于理解生命活动还是开发和保护有限的水资源都更为重要。在此类蒸发过程中，由于表面上的水层是纳米尺度，水分子的蒸发会受到固体表面性质很大的影响，很可能表现出与宏观尺度下水的蒸发过程不同的性质。基于表面上介观尺度水滴的蒸发情况，对于不同的表面性质，曾有一些关于水滴蒸发的理论模型，如钉扎模型（蒸发过程中水滴和界面的接触面积保持不变），以及收缩模型（蒸发过程中水滴和表面的接触角保持不变）。而随后的实验发现，微观尺度下的水滴的整个蒸发过程中存在着从符合钉扎模型到符合收缩模型的一个转变[45]。同时，实验中也发现蒸发过程中水滴的半径和时间满足幂次关系，但当表面只剩下极少量水时蒸发规律会发生很大变化。实验结果指出，固体表面性质对小水滴的蒸发速度的影响比气液界面情况对水滴蒸发速度的影响更大。另外对于完全浸润表面上的水层的蒸发过程的实验研究也发现，100～1000Å 厚度的水层在蒸发过程中不是均匀减少的[46]。这些结果都显示了表面上纳米尺度极少量水的蒸发规律会和宏观下有很大不同。Nagata 等用理论模拟的方法研究了微观气液界面水分子的蒸发，提出了水分子蒸发的能量来自于周边水分子氢键的变化[47]。但对于微观界面的一些性质，如表面浸润性质、表面粗糙度以及表面热传导性质等对微观界面上纳米尺度少量水的蒸发的影响还缺乏比较系统的理论规律。同时对于微观界面的温度、气流、离子分布都将会对水的蒸发规律有很大的影响。

土壤是粮食安全、水安全和更广泛的生态系统安全的基础。我国水资源贫乏，且分布不均。传统农业采用的大水漫灌方式用水量大，还会破坏土壤团粒结构，造成土壤板结、土地盐碱化等土壤退化现象。国务院先后颁布“水十条”和“土十条”应对我国日益严峻的环境问题。要实现国家新增 1000 亿斤粮食生产能力，关键在水，最根本的出路在于节水，发展节水农业正成为国家战略。地下滴灌技术节水效果非常明显，水的有效利用率超过 95%；而且使用加气后的水进行滴灌，还能增加作物产量，提高作物品质。

研究发现，加气滴灌对作物生长、产量及品质的影响因素主要有：滴头埋深、滴灌频率、灌水量、作物生育期以及加气设备和方式等；更有研究者尝试从加气滴灌对土壤环境的调节方面解释其对土壤肥力的四大因素（水、肥、气、热）以及营养和矿物质等的影响。目前加气滴灌增加作物产量、提高作物品质的机理仍未统一，仍需要进一步的深入研究。

8. 海水淡化

解决全球淡水资源缺乏问题是人类面临的一个十分严峻而迫切的问题。根据 2011 年水资源报告显示，全球水的总量为 13.86 亿立方千米，其中有 97.47%被盐化，可直接利用的淡水资源仅占总水量的 2.53%。在这些淡水中又有 2/3 以冰川和积雪等固态形式存在，1/3 存在于含水层、潮湿的土壤和空气中，直接使用较为困难。人类生产生活中可利用的淡水资源，主要来源是湖泊淡水、河流水以及浅层地下水，这些淡水的储水量仅占全部淡水资源量的 0.3%，所以人类真正有效利用的淡水资源量每年仅为 9000 立方千米。目前，全球共有 80 多个干旱、半干旱国家，其中约 15 亿人口面临淡水不足，有 26 个国家的 3 亿人口生活在完全缺水环境中。我国的情况更为严重，人均淡水资源量为 2039.2 立方米，仅为世界平均水平的 24.8%，是联合国认定为世界上 13 个贫水国家之一，水资源不足逐渐发展成为严重制约我国高速发展的瓶颈。预计 2050 年，全世界将有超过 40%的人口将生活在水资源缺乏的压力之下。

采用先进的技术将海水淡化是解决全世界淡水资源不足问题的一大契机[48, 49]。海水淡化是指从海水中分离盐和纯水的过程，从浓盐海水中直接分离出低盐淡水，或分离出海水中的各种盐都可以达到淡化海水的目的。海水淡化的方法主要可以分成两大类：膜分离法和热分离法。热法水脱盐分离是利用热能蒸发分离淡化海水，主要包括多级闪蒸和多效蒸馏等技术；膜法水脱盐是利用膜材料实现水和盐的分离，以反渗透技术为主，还包括电渗析和膜蒸馏等技术。除此之外，利用其他绿色清洁能源实现水脱盐的技术也越来越受关注，包含太阳能、风能和核能等能源，其中太阳能以其特有的高效、环保、无污染等特点，在海水淡化技术中逐步成为研究热点。

海水淡化目前已经成为了解决淡水资源危机的最重要途径之一，被列为重点领域和优先主题，是提供淡水资源储备量的最有前景的技术和方法之一。2015 年 *MIT Technology Review* 将海水淡化这一技术评选为有望颠覆世界的十大突破性技术之一。全世界已经建成海水淡化工厂共 1.3 万多座，其淡水日产量可达 3500 万吨，这些淡水资源中 80%用于人类饮用水，解决了 1 亿多人民的供水问题，但距离完全解决全世界的水资源匮乏问题，这仅仅只是一小步，正处于高速成长期。因此，海水淡化在解决全世界水资源缺乏问题上有着至关重要的地位。我国对于海水淡化产业十分重视，海水淡化产业正处于高速发展的黄金期，许多大规模的海水淡化工程正在陆续建设，对国内海水淡化技术相关的知识产权保护也逐渐出台，展现出极好的发展前景。

9. 水科学高分辨实验方法

体相和界面水的常规研究手段主要是谱学和衍射技术，包括核磁共振、氦原子散射、X 射线衍射、低能电子衍射、红外吸收谱、中子衍射和散射谱、吸收光谱和转动谱等。然而这些技术由于探测原理的局限性，空间分辨能力都局限在几百纳米到微米的量级，得到的信息往往是众多水分子叠加在一起之后的平均效应，无法得到单个氢键的本征特性和氢键构型的统计分布。而水分子受局域环境的影响明显，导致对水的纳米甚至原子尺度特性的分析和归因往往很困难，一般需要结合复杂的理论计算和模拟。

近年来，具有原子级空间分辨的扫描探针技术（scanning probe microscope，SPM），包括扫描隧道显微镜（scanning tunneling microscope，STM）和原子力显微镜（atomic force microscope，AFM）等多种技术，被广泛应用于表/界面上水体系氢键构型的实空间探测，取得了许多重要的进展。新型扫描探针技术的应用协助研究者成功获得了水分子的亚分子级分辨成像，成功实现了对表面水中氢原子的实空间定位，同时针尖增强的非弹性隧道谱技术通过探测水分子的各种振动模式，从而在能量空间获取了氢原子自由度的信息，也为原子尺度上界面水的研究打开了新的大门[50, 51]。

非接触式原子力显微镜为界面水提供了高的水平分辨率，但是针尖靠近样品时，要控制针尖对水层的微扰。在室温大气环境下，针尖靠近样品时，针尖上的水和样品表面的相互作用，会导致测量误差。基于非接触式原子力显微镜的静电力显微镜，利用静电的相互作用，施加了偏压的针尖距离样品表面 10～20nm，避免了针尖和样品之间的接触[50]。

目前大多数高分辨的技术手段都需要超高真空和低温的极端环境，这时候水的结构与常温常压下的液体水具有很大的差别。虽然理解液体水的物理和化学性质对于人类的日常生活和生命活动至关重要，但是液体水的微观成像及动力学研究非常困难，尤其是很难探测局域环境对水的结构和动力学的影响。其次，水中很多动力学过程，如质子转移、能量弛豫、氢键成键和断键等，通常发生在超快的时间尺度（飞秒），而扫描探针技术的时间分辨由于电路带宽的限制只能到微秒。要解决这些问题和挑战，就需要发展新的扫描探针技术。

近期一种新型的利用金刚石中氮缺陷-空位（NV）作为探针的 SPM 技术提供了一种理想的在室温大气下非侵扰式成像的可能[52]。由于其原子级别的尺寸和靠近钻石表面（<10nm），常常被用作纳米尺度的磁力计。它的孤对电子基态是自旋平行的三重态，但是可以通过激光极化并且通过自旋依赖的荧光读出。长的相干时间（0.1～1ms）使得这个固态的量子探测器在大气环境下稳定并且容易被微波序列串相干地调控。这使得对于类似于水中质子的自旋涨落这样极其微弱的信号可以在 5～20nm 的范围内被探测到。同时，激发或者是读取的激光光束的功率是在几十毫瓦这样一个低的量级，加热的效应可以忽略不计。因此，NV-SPM 是最有可能实现对于水结构非侵扰成像的工具。NV-SPM 可以和低温超高真空兼容，也可以在大气和溶液环境下工作。包裹 NV 色心的钻石又是非常惰性的，可以适用于各种恶劣的环境，并且相干时间在一个大的温度范围（4～300K）内变化很小[53]。NV-SPM 可以在纳米尺度进行核磁共振。这意味着精细地调节微波脉冲序列赋予 NV-SPM 一系列的高分辨率（～10kHz）、高带宽（直流到～3GHz）的谱学的能力。这样就为探测到单个水分子内的质子磁共振信号提供了一种可能。这是一个合适的连接超高真空和现实条件的实验技术。

扫描隧道显微镜仪器的电子学带宽通常被限制在兆赫兹范围。但是氢键网络的动力学过程通常是在皮秒或者飞秒的量级。这些过程包括质子转移、氢键的形成和断裂、氢键结构中的能量弛豫。这样的时间尺度的差别导致扫描隧道显微镜仅仅能够探测到初态和末态，却不能给出中间态或者过渡态的信息。如果能够将扫描隧道显微镜和超快激光技术结合，就可以同时实现原子级别的空间成像和飞秒级别的时间分辨。具体的实验中，有时间延迟的两束带激光被聚焦到扫描隧道显微镜中的针尖-样品结上，进而先后激发样品表面的分子。如果分子被激发，会在隧穿电流中引起一个瞬态的改变。进一步，如被第一束激光激发的分子在未弛豫的状态下被第二束激光照射，第二束激光将不会引起电流的变化。改变不同的延迟时间，就可以得到平均隧穿电流的变化。这些电流变化是可以被扫描隧道显微镜电学系统捕捉到的，所以唯一限制时间分辨的是激光脉冲的宽度。

激光结合的扫描隧道显微镜已经成功地被运用到半导体表面，主要集中于研究载流子动力学以及自旋弛豫动力学[54, 55]。如果要运用到水分子体系，需要进一步提高信噪比，并确保水分子在光照下的稳定。此外，激光对于扫描隧道显微镜针尖的热扰动是一个棘手的问题。许多研究组提出了不同的限制或者消除激光的热效应。总之，激光结合的扫描隧道显微镜技术是一个用来研究表（界）面的氢键体系动力学的极有利的工具。在不久的将来，可以预见激光扫描隧道显微镜会成为单分子层面研究超快动力学的强有力手段，并将改变许多对于水-固体界面的认识。

水的相图非常复杂，在不同的温度和压强下可以得到不同的相。很多的晶体结构是在低温和高压下的亚稳态。低温下的结构中，通常氢键都是有序排列的，随着压强的增大，水分子通过弯曲氢键，形成紧密的环型或者是螺旋形的网络，最终能够得到更高密度的结构。但是缺乏一种能够局域对于水分子施加压力并能够原位表征的手段。具有超高分辨成像能力的非接触式原子力显微镜，如果牺牲部分分辨率，切换成接触模式，就可以实现对于局域强压下水分子行为的表征，局域氢键网络结构的变化就能够反映在力谱中，也就是说能够看到随着压强的变化悬臂的受力存在突变或者不连续。另一方面，改变压强变化的速率，也许能得到平衡态以外的一些非平衡条件下的亚稳态。最重要的是，水分子结构的改变对应于能量的变化，力谱中可能会存在能量耗散导致的迟滞效应。利用原子力显微镜的空间分辨，可以在水和固体界面的不同位置进行力谱的探测，进而能够给出特征位置水分子的结构变化，从而帮助分析和理解水和界面之间的相互作用。

仅仅利用力对于水分子的结构进行表征显得有些不足，可以通过在 AFM 悬臂上镀上金属实现对于水分子结构的电学表征。利用这种方法可以验证 Pt（111）表面多层水的铁电性。与水分子化学结构相似的硫化氢被证实在高压下超导，这种高压诱导的结构和电学性质的变化是否会发生在水分子上引起了人们极大的兴趣。导电悬臂无疑给 AFM 的测量提供了更宽的维度，可以对水分子强压下奇异的电学性质进行系统的测量。

10. 水基础科学理论方法发展

理论研究是科学研究的主要手段之一。基于计算机技术的发展，数值模拟研究不仅为实验提供辅助，还从深层次探索物理机制和规律，并提供预言，更为理论分析和实验工作提供参考。水是自然界最丰富、最重要的物质，有很多独特的甚至反常的性质，在许多物理、化学、环境、大气和生物等相关过程中发挥至关重要的作用。地球上参与各种物理、化学和生物过程的水绝大部分以界面/受限水的形式存在，因此在微观甚至分子、原子层面上水的性质和行为，才是理解水在各种物理、化学和生物过程中之角色的关键。理论研究与数值模拟研究为更好地理解这些过程与机制提供了契机。在水的性质研究方面，国内外在理论和经典分子动力学模拟研究上已经取得一些重要进展。例如，通过分子动力学模拟，Cottin-Bizonne 预言特殊纳米结构可以达到大大减小表面对水阻尼的目的，并很快得到实验证实[56]（Cottin-Bizonne et al.，2003）；通过直径约为 1nm 的很细的纳米碳管的水流量可以达到宏观理论的约一千倍的实验结果[58]，与 2003 年的理论预言相一致[57]。甚至一些理论模拟工作已经走在实验研究之前，为实验提供可靠的依据和研究方向。例如，通过分子动力学模拟，2001 年发表在 *Nature* 上的直径约为 1nm 的很细的纳米碳管的水分子成单链的这一理论预言在 2008 年得到实验证实[59]。

水在表面和纳米通道内的许多问题及其物理机理依然不清楚。例如，对纳米通道内水流的行为缺乏一个完整的理解，影响了一些对中国有重大战略价值的课题，例如污水处理和海水淡化等应用。这些需要进一步的理论研究。

目前仍然缺乏对二维界面水特性与表面材料之间关联的统一物理理解，特别是纳米尺度的特殊性和水分子的有序、协同导致的特殊相互作用。这些性质的理解对介电常数、界面热导、界面阻尼、结冰成核，以及理解生物大分子的动力学性质包括折叠行为、船舶表面去污、人体内人工支架的稳定和土壤保护等的发展都有重要影响。二维界面水的宏观性质与微观性质之间的差别目前仍未得到充分的重视，许多宏观一致的行为在微观下截然不同。在水的二维微观性质研究方面，国内外在理论和经典分子动力学模拟研究上已经取得一些重要进展。比如，Huang 等人预言了表面接触角与表面阻尼之间的一般关系，这表明宏观接触角与微观阻尼的一致性[60]。

相对于纯水的界面行为，含盐离子的水溶液的界面行为更加普遍和复杂，通常认为非极性的分子或表面与纯水或者含盐离子的水溶液相互作用时，一般仅存在非常弱的相互作用（如范德瓦耳斯相互作用），但是近年发现了一些存在于离子和非极性分子或表面之间的新型非共价键相互作用，例如 Sunner 等人发现的一种新型的非共价键相互作用：阳离子-π 相互作用[61]。这种新型的非共价键作用的强度明显强于那些传统的非共价键相互作用，如氢键、离子对（盐桥）以及亲疏水相互作用等。这些新发现的离子与非极性分子或表面之间的相互作用在经典的动力学模拟和其导致的水溶液界面行为中通常会被大家所忽略，目前也没有很好的模拟手段来处理。

水的结冰行为广受关注，特别是其动力学过程难以从实验上直接观察到。界面附近的异质成核行为对抗冻材料设计等有重要影响，广泛应用在机翼表面除冰，食物保存等。然而，目前经典成核理论已经被证实存在颇多问题和缺陷，但遗憾的是，目前人们仍只能做一些修正性的工作，例如动态成核理论、平均场动力学成核理论等，却难以找到一个完整的且能准确预言成核的理论。虽然分子动力学模拟方法一直被认为是研究成核问题的最好的方法之一，但由于水的结冰成核问题耗时多，计算量大，水的结冰成核问题实际上仍然未得到解决。例如，在材料界面水的异质成核方面还有许多争议，有人认为表面亲疏水性、表面晶格是否与冰的晶格匹配以及表面的刚性等因素都是影响冰成核的因素[62, 63]。

在界面水参与的催化过程及光解水机制等领域，目前的理论研究比较有限。相对较少的理论研究基本上局限于理想材料的原子结构计算和能带位置的比较。这些研究均基于传统的半导体材料光分解水的宏观图像，即要求材料的能隙和可见光的频率相匹配，且要求半导体材料的导带高于氢还原反应的电势，价带低于氧气产生反应的电势。这些已有的理论研究基本上不涉及光解水一般性的微观机制探讨，对其中的原子过程及反应路径少有分析，特别是光激发条件下的水分解的原子、电子动力学过程的研究更是缺乏。需要大力发展突破绝热近似的第一性原理动力学计算和模拟方法。

11. 水基础科学研究的基本特点

随着扫描隧道显微镜、原子力显微镜、同步辐射光源等现代实验技术的迅猛发展，配合较传统的表面分析手段，如低能电子衍射谱、紫外光电子能谱等，人们对于水——特别是分子尺度上的细节——这个最常见又最复杂的基本物质体系的了解越来越多。比如 Cerdá 等人利用 STM 可以观察到水在 Pd（111）表面上形成的“雪花”细微形貌：由只有几十个水分子组成的带状和玫瑰花瓣状的六角环编织结构等[16]。

针对水基础科学的研究手段常常存在着一些固有的特点：

（1）通常的实验探测技术（离子束、电子束、电流等）常常具有较大的破坏性；

（2）只对界面敏感的探测技术非常缺乏；

（3）实验手段常常仅具有有限的空间分别率和时间分辨率等。

特别是由于水分子体系的特殊“脆弱性”（连接水的氢键强度为一般化学键的 1/10 到 1/5）和复杂性（水有超过 15 种的体相和不计数量的“纳米相”），仅仅利用现有的实验技术探讨水和表面作用的基础问题仍遇到很大的挑战。正如知名德国科学家 D. Menzel 感慨地说：“任何关于水的发现和见解都具有极大的争论性和模糊性。”所有这些都要求理论和实验方法进一步协同发展，互相验证。我们需要在理论上，特别是利用现代强大的计算模拟技术和量子力学知识从分子尺度上研究、模拟水的行为，与相关实验研究一起为人类解决光分解水制造氢气（或糖分）、处理水污染、研究界面与水和生物分子相互作用等重大科学问题作贡献。

参考文献

[1] Raviv U，Laurat P，Klein J. Fluidity of water confined to subnanometre films. Nature，2001，413（6851）：51-54.

[2] Wernet P，Nordlund D，Bergmann U，et al. The structure of the first coordination shell in liquid water. Science，2004，304：995-999.

[3] Smith J D，Cappa C D，Wilson K R，et al. Energetics of hydrogen bond network rearrangements in liquid water. Science，2004，306（5697）：851-853.

[4] Lin K，Zhou X G，Liu S L，et al. Identification of free OH and its implication on structural changes of liquid water. Chinese Journal of Chemical Physics，2013，26（2）：121-126.

[5] Debenedetti P G，Stanley H E. Supercooled and glassy water. Physics Today，2003，15（6）：R1669.

[6] Sahle C J，Sternemann C，Schmidt C，et al. Microscopic structure of water at elevated pressures and temperatures. Proc. Natl. Acad. Sci. U.S.A.，2013，110（16）：6301-6306.

[7] Tretyakov M Y，Serov E A，Koshelev M A，et al. Water dimer rotationally resolved millimeter-wave spectrum observation at room temperature. Physical Review Letters，2013，110（9）：093001.

[8] Mpemba E B，Osborne D G. Cool? Physics Education，1969，4（3）：172-175.

[9] Jabes B S，Nayar D，Dhabal D，et al. Water and other tetrahedral liquids：Order，anomalies and solvation. Journal of Physics Condensed Matter，2012，24（28）：284116.

[10] Paesani F, Voth G A. The properties of water: Insights from quantum simulations. Journal of Physical Chemistry B, 2009, 113, 5702-5719.

[11] Tuckerman M E, Marx D, Parrinello M. The nature and transport mechanism of hydrated hydroxide ions in aqueous solution. Nature, 2002, 417: 925-929.

[12] Ranea V A, Michaelides A, Ramirez R, et al. Water dimer diffusion on Pd{111} assisted by an H-bond donor-acceptor tunneling exchange. Physical Review Letters, 2004, 92 (13): 136104.

[13] Feibelman P J. Partial dissociation of water on Ru (0001) . Science, 2002, 295 (5552): 99-102.

[14] Nie S, Feibelman P J, Bartelt N C, et al. Pentagons and heptagons in the first water layer on Pt (111) . Physical Review Letters, 2010, 105 (2): 026102.1-026102.4.

[15] Carrasco J, Michaelides A, Forster M, et al. A one-dimensional ice structure built from pentagons. Nature Materials, 2009, 8 (5): 427-431.

[16] Cerdá J, Michaelides A, Bocquet M L, et al. Novel water overlayer growth on Pd (111) characterized with scanning tunneling microscopy and density functional theory. Physical Review Letters, 2004, 93 (11): 116101.

[17] Feibelman P J. DFT versus the “Real World” (or, Waiting for Godft) . Topics in Catalysis, 2010, 53 (5-6): 417-422.

[18] Meng S, Wang F G, Gao S. A molecular picture of hydrophilic and hydrophobic interactions from ab initio density functional theory calculations. Journal of Chemical Physics, 2003, 119 (15): 7617-7620.

[19] Meng S, Zhang Z, Kaxiras E. Tuning solid surfaces from hydrophobic to superhydrophilic by submonolayer surface modification. Physical Review Letters, 2006, 97 (3): 036107.

[20] Tian Y, Su B, Jiang L. Interfacial material system exhibiting superwettability. Advanced Materials, 2014, 26 (40): 6872-6897.

[21] Su B, Tian Y, Jiang L. Bioinspired interfaces with superwettability: From materials to chemistry. Journal of the American Chemical Society, 2016, 138 (6): 1727.

[22] Chen H, Zhang P, Zhang L, et al. Continuous directional water transport on the peristome surface of Nepenthes alata. Nature, 2016, 532: 85-89.

[23] Bartell F E, Smith J T. Alteration of surface properties of gold and silver as indicated by contact angle measurements. The Journal of Physical Chemistry, 1953, 57 (2): 165-172.

[24] Feder D O, Koontz D E. Symposium on cleaning of electronic device components and materials. The Soc., 1959.

[25] Zheng S, Wang D, Tian Y, et al. Coatings: Superhydrophilic coating induced temporary conductivity for low-cost coating and patterning of insulating surfaces. Advanced Functional Materials, 2016, 26 (48): 9017.

[26] Wang R, Hashimoto K, Fujishima A M, et al. Light-induced amphiphilic surfaces. Nature, 1997, 388 (6641): 431-432.

[27] Kako T, Ye J. Photoinduced amphiphilic property of $InNbO_4$ thin film. Langmuir, 2007, 23 (4): 1924-1927.

[28] Bui V-T, Liu X, Ko S H, et al. Super-amphiphilic surface of nano silica/polyurethane hybrid coated PET film via a plasma treatment. J. Colloid Interface Sci., 2015, 453, 209.

[29] Zhu Z, Tian Y, Chen Y, et al. Superamphiphilic silicon wafer surfaces and applications for uniform polymer film fabrication. Angew. Chem. Int. Ed., 2017, 56: 5720.

[30] Fujishima A, Honda K. Electrochemical photolysis of water at a semiconductor electrode. Nature, 1972, 238 (5358): 37-38.

[31] Osterloh F E. Inorganic nanostructures for photoelectrochemical and photocatalytic water splitting. Chem. Soc. Rev., 2013, 42: 2294-2320.

[32] Soper A K, Bruni F, Ricci M. Water confined in Vycor glass. II. Excluded volume effects on the radial distribution functions. J. Phys. Chem., 1998, 109: 1486.

[33] Koga K, Gao G T, Tanka H, Zeng X C. Formation of ordered ice nanotubes inside carbon nanotubes. Nature, 2001, 412: 802-805.

[34] Zhao Y, Li H, Zeng X C. First-principles molecular dynamics simulation of atmospherically relevant anion solvation in supercooled water droplet. J. Amer. Chem. Soc., 2013, 135: 15549-15558.

[35] Wen L, Zhang X, Tian Y, et al. Quantum-confined superfluid: From nature to artificial. Science China Materials, 2018, 61 (8): 1027-1032.

[36] Nandi N, Bagchi B. Dielectric relaxation of biological water. The Journal of Physical Chemistry B, 1997, 101 (50): 10954-10961.

[37] Jungwirth P. Biological water or rather water in biology? The Journal of Physical Chemistry Letters, 2015, 6: 2449.

[38] Ball P. Water as an active constituent in cell biology. Chemical Reviews, 2008, 108 (1): 74-108.

[39] Ball P. Water is an active matrix of life for cell and molecular biology. Proc. Natl. Acad.

Sci. USA，2017，114：201703781.
[40] Levitt M，Sharon R. Accurate simulation of protein dynamics in solution. Proceedings of the National Academy of Sciences，1988，85（20）：7557-7561.
[41] Bhattacharyya K. Nature of biological water：A femtosecond study. Chem. Commun.，2008，（25）：2848-2857.
[42] Jana B，Bagchi S P. Hydration dynamics of protein molecules in aqueous solution：Unity among diversity. Journal of Chemical Sciences，2012，124：317.
[43] Pomeranz K. The great Himalayan watershed：Water shortages，mega-projects and environmental politics in China，India，and Southeast Asia. Asia Pac J，2009，7（30）：3195.
[44] Elimelech M，Phillip W A. The future of seawater desalination：Energy，technology and the environment. Science，2011，333：712-717.
[45] Li G F，Flores S M，Vavilala C，et al. Evaporation dynamics of microdroplets on self-assembled monolayers of dialkyl disulfides. Langmuir，2009，25（23）：13438-13447.
[46] Elbaum M，Lipson S G. How does a thin wetted film dry up? Physical Review Letters，1994，72（22）：3562–3565.
[47] Nagata Y，Usui K，Bonn M. Molecular mechanism of water evaporation. Physical Review Letters，2015，115：236102
[48] Shannon M A，Bonn P W，Elimelech M，et al. Science and technology for water purification in the coming decades. Nature，2008，452（7185）：301-310.
[49] Elimelech M，Phillip W A. The future of seawater desalination：Energy，technology，and the environment. Science，2011，333（6043）：712-717.
[50] Hu J，Xiao X D，Ogletree D F，et al. Imaging the condensation and evaporation of molecularly thin films of water with nanometer resolution. Science，1995，268（5208）：267-269.
[51] Guo J，Meng X Z，Chen J，et al. Real-space imaging of interfacial water with submolecular resolution. Nature Materials，2014，13（2）：184-189.
[52] Maze J R，Stanwix P L，Hodges J S，et al. Nanoscale magnetic sensing with an individual electronic spin in diamond. Nature，2008，455（7213）：644-647.
[53] Thiel L，Rohner D，Ganzhorn M，et al. Quantitative nanoscale vortex imaging using a cryogenic quantum magnetometer. Nature Nanotechnology，2016，11（8）：677.
[54] Terada Y，Yoshida S，Takeuchi O，et al. Real-space imaging of transient carrier dynamics by nanoscale pump–probe microscopy. Nature Photonics，2010，4（12）：

869-874.

[55] Yoshida S, Aizawa Y, Wang Z H, et al. Probing ultrafast spin dynamics with optical pump-probe scanning tunnelling microscopy. Nature Nanotechnology, 2014, 9 (8): 588.

[56] Cottin-Bizonne C, Barrat J L, Bocquet L, et al. Low-friction flows of liquid at nanopatterned interfaces. Nature Materials, 2003, 2 (4): 237-240.

[57] Kalra A, Garde S, Hummer G. Osmotic water transport through carbon nanotube membranes. Proc. Natl. Acad. Sci. USA, 2003, 100 (18): 10175-10180.

[58] Holt J, Park H, Wang Y, et al. Fast mass transport through sub-2-nanometer carbon nanotubes. Science, 2006, 312 (5776): 1034-1037.

[59] Hummer G, Rasaiah J C, Noworyta J P. Water conduction through the hydrophobic channel of a carbon nanotube. Nature, 2001, 414 (6860): 188-190.

[60] Huang D M, Sendner C, Horinek D, et al. Water slippage versus contact angle: A quasiuniversal relationship. Physical Review Letters, 2008, 101 (22): 226101.

[61] Sunner J, Nishizawa K, Kebarle P. Ion-solvent molecule interactions in the gas phase. The potassium ion and benzene. J.Phys.Chem, 1981, 85 (13): 1814-1820.

[62] Fitzner M, Sosso G C, Cox S J, et al. The many faces of heterogeneous ice nucleation: Interplay between surface morphology and hydrophobicity. Journal of the American Chemical Society, 2016, 137 (42): 13658-13669.

[63] Qiu Y, Odendahl N, Hudait A, et al. Ice nucleation efficiency of hydroxylated organic surfaces is controlled by their structural fluctuations and mismatch to ice. Journal of the American Chemical Society, 2017, 139 (8): 3052-3064.

第3章 水科学及其相关交叉学科国内外研究动态

刘小平　吕凤先

水是自然界最丰富、最基本、最重要的物质，也是人们研究最多却又最不了解的物质。水的研究由来已久，水科学研究在欧洲早已开展，并注意到了固体水结构的极端复杂性，在 1965 年就有 *Physics of Ice* 一类的专著出现。水存在很多种固相结构，目前已知有 16 种三维冰结构，此外还有多种二维冰结构和 1935 年发现的无定形固态水结构。液体水，包括过冷水，也有不同结构；超冷区也存在液体相，结冰条件和液体存在条件存在交叠造成了“无人区”，这些都决定了水科学研究难度高的特点。当前，水科学的研究是最具挑战性的前沿领域。由于水体系的复杂性，水的研究还存在很多争议，能确切解决的问题还很有限。例如，2005 年，水的结构被 *Science* 杂志列为 125 个科学难题之一。水的局部微观结构新一轮争论的焦点包括：水分子间通过氢键形成什么样的局部微结构、水是多组分体系还是连续的整体、每个水分子的平均氢键数目、氢键排列方式、氢键网络大小、水分子的转动和振动动力学、水的量子效应等。目前水存在第二临界点和液-液相变的推测也遭遇激烈的争论。

3.1 水科学总体发展现状

1. 水科学基础研究领域发表 SCI 论文数量的年度变化趋势

我们检索了 ISI Web of Science 科学引文索引扩展库（SCIE）2009～2018 年水科学基础研究领域的研究论文，共计 83606 条。检索日期为 2019 年 11 月 8 日。具体检索式见附录。本报告利用 Web of Knowledge 的分析工具对数据进行了清洗和统计。2009～2018 年，水科学基础研究领域论文整体呈现增长的趋势（图 3.1.1），2009～2018 年，论文数量平均增长率为 7.9%[①]，其中前五年（2009～2013 年）的论文数量平均增长率为 4.5%。后五年（2014～2018 年）的论文数量平均增长率为 10.6%。

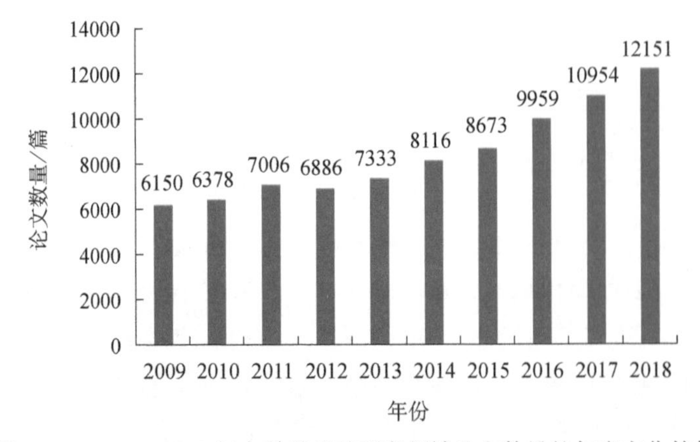

图 3.1.1　2009～2018 年水科学基础研究领域论文数量的年度变化趋势

2. 水科学基础研究领域发表论文 TOP10 国家

论文数量从研究规模反映了世界各国研究水平的主要现状。2009～2018 年，水科学基础研究领域论文的统计数据表明（表 3.1.1，图 3.1.2）：位居前 10 位的国家分别是中国、美国、德国、日本、印度、法国、英国、西班牙、韩国和意大利。在世界范围内的 83606 篇论文中，中国有 20678 篇，约占世界总量的 24%。美国有 17806 篇，约占世界总量的 21%。中国的发文量约是美国的 1.2 倍。

① 年均增长率计算公式为：[（CN/C1）1/（N−1）−1] *100%

表 3.1.1　2009～2018 年水科学基础研究领域发文量居前 10 位的国家

国家/地区	论文数量/篇	占世界论文份额/%
中国	20678	24.7
美国	17806	21.3
德国	6619	7.9
日本	6552	7.8
印度	4921	5.9
法国	4661	5.6
英国	4498	5.4
西班牙	3157	3.8
韩国	3150	3.8
意大利	3054	3.7

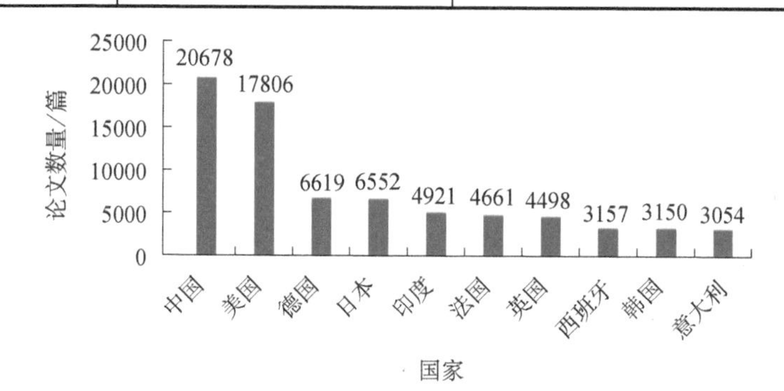

图 3.1.2　2009～2018 年水科学基础研究领域发文量居前 10 位的国家

3. 水科学基础研究领域发表论文 TOP10 机构

2009～2018 年，水科学基础研究领域 SCI 论文发文机构排名前 10 位的研究机构依次是中国科学院、法国国家科学研究院、美国能源部、俄罗斯科学院、德国马克斯·普朗克学会、德国亥姆霍兹联合会、印度理工学院、意大利国家研究委员会、日本东京大学、西班牙高等科学研究理事会。排名前 10 位的机构中，中国科学院排名第一。有 9 个国家：中国、法国、美国、俄罗斯、德国、印度、意大利、日本、西班牙对该领域的研究都很重视（表 3.1.2，图 3.1.3）。

表 3.1.2　2009～2018 年水科学基础研究领域机构 SCI 论文发文量及占世界份额

机构	论文数量/篇	占世界份额/%
中国科学院	4203	5.0
法国国家科学研究院	3083	3.7
美国能源部	2856	3.4
俄罗斯科学院	1537	1.8
德国马克斯·普朗克学会	1343	1.6
德国亥姆霍兹联合会	1309	1.6
印度理工学院	1076	1.3
意大利国家研究委员会	868	1.0
日本东京大学	791	0.9
西班牙高等科学研究理事会	777	0.9

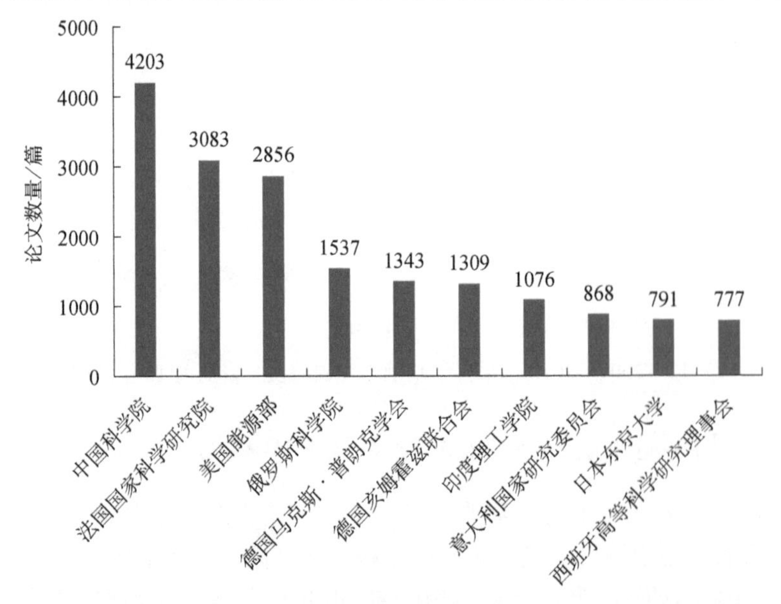

图 3.1.3　2009～2018 年水科学基础研究领域 SCI 论文发文量机构排名

2009～2018 年，水科学基础研究领域 SCI 论文发文中国机构排名前 10 位的研究机构依次是中国科学院、清华大学、南京大学、天津大学、山东大学、吉林大学、华南理工大学、大连理工大学、北京大学和西安交通大学（表 3.1.3）。

表 3.1.3 2009～2018 年水科学基础研究领域 SCI 论文发文量中国机构排名（前 10 位）

机构	论文数量/篇	占世界份额/%
中国科学院	4203	5.0
清华大学	635	0.8
南京大学	550	0.7
天津大学	528	0.6
山东大学	535	0.6
吉林大学	432	0.5
华南理工大学	432	0.5
大连理工大学	425	0.5
北京大学	409	0.5
西安交通大学	409	0.5

4. 水科学基础研究领域发表论文 TOP10 资助机构

2009～2018 年，水科学基础研究领域 SCI 论文资助机构排名前 10 位的依次是：中国国家自然科学基金委员会、美国国家科学基金会、美国能源部、日本文部省科技厅、美国卫生部、德国研究基金会、日本科学促进会、欧盟、加拿大自然科学与工程研究委员会、英国工程与自然科学研究委员会（表 3.1.4）。

表 3.1.4 2009～2018 年水科学基础研究领域 SCI 论文基金资助机构排名（前 10 位）

基金资助机构	论文数/篇	占世界份额/%
中国国家自然科学基金委员会	14214	17.0
美国国家科学基金会	5777	6.9
美国能源部	4546	5.4
日本文部省科技厅	3380	4.0
美国卫生部	2088	2.5
德国研究基金会	2058	2.5
日本科学促进会	2000	2.4
欧盟	1820	2.2
加拿大自然科学与工程研究委员会	1563	1.9
英国工程与自然科学研究委员会	1449	1.7

5. 水科技应用领域 SCI 论文数量的年度变化趋势

本报告检索了 ISI Web of Science 科学引文索引扩展库（SCIE）2009～2018 年水科技应用领域（海水淡化、污水处理、水净化）的研究论文，共计 67001 条。检索日期为 2019 年 11 月 8 日。具体检索式见附录。本报告利用 Web of Knowledge 自带的分析软件对数据进行了清洗和统计。

2009～2018 年，共检索到水科技应用领域论文 67001 篇，水科技应用领域论文整体呈现增长趋势，论文年均增长率为 9.8%。其中，前五年（2009～2013 年）的论文平均增长率是 9%，后五年（2014～2018 年）论文平均增长率是 11.2%（图 3.1.4）。

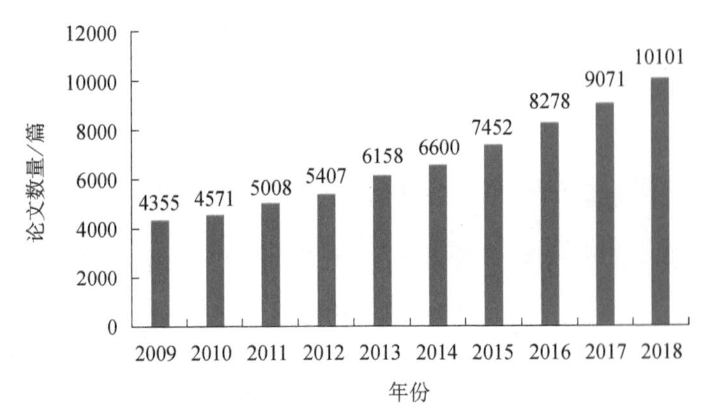

图 3.1.4　2009～2018 年水科技应用领域论文数量的年度变化趋势

6. 水科技应用领域发表论文 TOP10 国家

2009～2018 年，水科技应用领域论文的统计数据表明（表 3.5）：位居前 10 位的国家分别是中国、美国、印度、西班牙、加拿大、英国、德国、澳大利亚、日本、韩国。其中中国和美国在水科技应用领域的研究水平令其他国家望尘莫及。在世界总计 67001 篇论文中，中国有 16198 篇，约占世界总量的 24.2%；而美国有 12608 篇，约占世界总量的 18.8%（表 3.1.5，图 3.1.5）。

表 3.1.5　2009～2018 年水科技应用领域发文量居前 10 位的国家

国家	论文数量/篇	占世界份额/%
中国	16198	24.2
美国	12608	18.8

续表

国家	论文数量/篇	占世界份额/%
印度	4181	6.2
西班牙	3619	5.4
加拿大	2790	4.2
英国	2688	4.0
德国	2581	3.9
澳大利亚	2540	3.8
日本	2365	3.5
韩国	2325	3.5

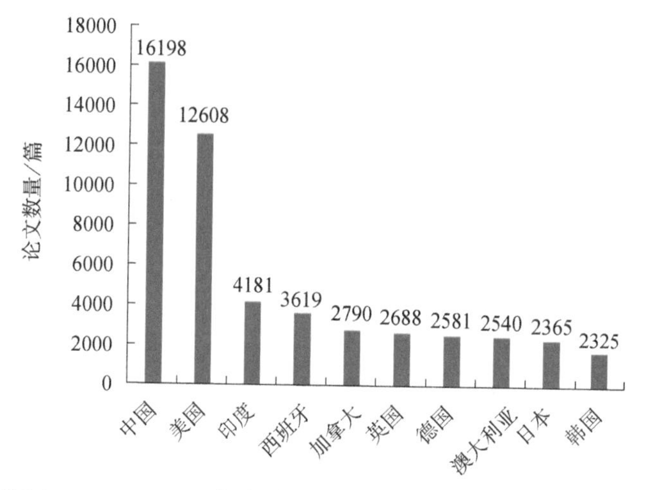

图 3.1.5　2009～2018 年水科技应用领域发文量居前 10 位的国家

7. 水科技应用领域发表论文 TOP10 机构

2009～2018 年，水科技应用领域 SCI 论文发文机构排名前 10 位的研究机构依次是中国科学院、法国国家科学研究院、哈尔滨工业大学、清华大学、同济大学、印度理工学院、印度科学工业研究理事会、美国环境保护署、西班牙高级科学研究理事会和德国亥姆霍兹联合会。排名前 10 位的机构中，中国科学院排名第一，中国机构占有 4 个，体现了中国对水科技应用领域的研究很重视（表 3.1.6）。

表 3.1.6　2009～2018 年水科技应用领域 SCI 论文发文量世界机构排名（前 10 位）

机构	论文数/篇	占世界份额/%
中国科学院	2701	4.0
法国国家科学研究院	999	1.5
哈尔滨工业大学	913	1.4
清华大学	854	1.3
同济大学	739	1.1
印度理工学院	688	1.0
印度科学工业研究理事会	684	1.0
美国环境保护署	604	0.9
西班牙高级科学研究理事会	558	0.8
德国亥姆霍兹联合会	527	0.8

2009～2018 年，水科技应用领域 SCI 论文发文中国机构排名前 10 位的研究机构依次是中国科学院、哈尔滨工业大学、清华大学、同济大学、浙江大学、南京大学、山东大学、北京大学、华南理工大学和大连理工大学（表 3.1.7）。

表 3.1.7　2006～2015 年水科技应用领域 SCI 论文发文量中国机构排名（前 10 位）

中国机构	论文数/篇	占世界份额/%
中国科学院	2701	4.0
哈尔滨工业大学	913	1.4
清华大学	854	1.3
同济大学	739	1.1
浙江大学	525	0.8
南京大学	479	0.7
山东大学	376	0.6
北京大学	371	0.6
华南理工大学	331	0.5
大连理工大学	305	0.5

8. 水科技应用领域发表论文 TOP10 资助机构

2009～2018 年，水科技应用领域 SCI 论文资助机构排名前 10 位的依次是：中国国家自然科学基金委员会、美国卫生部、美国国家科学基金会、欧盟、巴西国家科学技术发展委员会、加拿大自然科学与工程技术研究理事会、日本文部省科技厅、美国环境保护署、巴西高等教育人才发展协会、西班牙教育和科学部（表 3.1.8）。

表 3.1.8　2009～2018 年水科技应用领域 SCI 论文资助机构排名（前 10 位）

资助机构	论文数量/篇	占世界份额/%
中国国家自然科学基金委员会	10180	15.2
美国卫生部	2157	3.2
美国国家科学基金会	1580	2.4
欧盟	1578	2.4
巴西国家科学技术发展委员会	997	1.5
加拿大自然科学与工程技术研究理事会	973	1.5
日本文部省科技厅	847	1.3
美国环境保护署	633	0.9
巴西高等教育人才发展协会	621	0.9
西班牙教育和科学部	592	0.9

附录：检索策略

（1）水科学基础研究检索策略：

检索时间：2019-11-08

检索式：TS="water molecule*" or TS="*water interface*" or TS="Water* interface*" or TS="Interfacial water" or TS="Protein-Water" or TS="water at interface*" or TS="Water on graphene" or TS=" water at nano scale" or TS="*water nanoparticle*" or TS="*water* nanofluid*" or TS="nanobubbles" or TS="CONFINED WATER" or TS="Nanoconfined Water" or TS=（"water based" NEAR/3 nanoparticles）or TS="water based nanofluid*" or TS="water based nanoparticle*" or TS="water hybrid nanofluid*" or TS="Water-Gas Shift " or TS="Water-oxidation " or TS="Water-reduction" or TS="Water reduction" or TS="Water Photooxidation" or TS="Water oxidation " or TS="Electrolysis of water" or TS="water decomposition" or TS="water electrolysis" or TS="Water splitting" or TS="decomposition of water" or TS="Reaction of Water" or TS="bound water" or TS="cell water" or TS="free water" or TS="water structure" or TS="Structure of water" or TS="Structure and Density of Water" or TS="Water dimer" or TS="Crystal Water" or TS="Propert* of water" or TS="molecular model of water" or TS="Polarizable Water Model" or TS="Density of water" or TS="subcritical water" or TS="water under negative pressure" or TS="supercooled water" or TS="superionic water" or TS="ice nucleation" or TS="Two Dimensional Ice" or TS="spin ice"

文献类型：ARTICLE，LETTER，REVIEW，PROCEEDINGS PAPER，

排除 Web of Science 类别：（ WATER RESOURCES ）

时间跨度：2009～2018

索引：SCIE

（2）水科技应用领域检索策略（海水淡化、污水处理、水净化）检索策略

检索时间：2019-11-08

检索式：TS=（"water purification"or"disinfection of water"or"decontamination of water"or"purification of water" or "water sterilization" or “wastewater reuse” or "wastewater treatment" or "waste water reuse" or "sewage water treatment" or "sewage water disposal" or “wastewater disposal" or "sewage water reuse" or "waste water treatment" or "waste water disposal" or "treatment of wastewater" or "seawater desalination" or "sea water desalination" or "drinking water" or "potable water"）

文献类型：ARTICLE，REVIEW，LETTER，PROCEEDINGS PAPER

排除 Web of Science 类别：（WATER RESOURCES）

时间跨度：2009～2018

索引：SCIE

3.2 国际上对水科学研究的资助情况

由于水在地球表面各种物理、化学、生物、地质学等过程中的重要作用，水的研究在美国、英国等科技强国都得到了重视。美国国家科学基金会（NSF）、美国能源部科学办公室、美国国立卫生研究院、英国工程与自然科学研究委员会高度重视、积极布局、持续资助水科学的基础研究。近十年，即 2009～2018 年，NSF 每年资助 100 多个项目，每年资助经费 4000～7000 万美元，资助研究人员探索水的基本性质。例如，2017 年，NSF 资助的水科学基础研究项目有：①“瞬态物种的光引发动力学：氢键

团簇”项目，项目经费约 44 万美元。重点研究内容：水与芳香分子二聚体预解离的能量流动途径；环状三聚体和具有特定 HCl 和水亚基的四聚体的氢键解离能的测量；纳米尺度水样本与质子的相互作用。②“广泛可调腔增强超快光谱和氢键网络动力学”项目，项目经费约为 50 万美元。③“水系统中电子动力学的量子模拟”项目，项目经费为 15 万美元。④“蛋白质水合和相互作用的计算表征”项目，资助经费为 50 万美元。⑤“用于研究生物分子水合作用的新型低温离子迁移谱仪”项目，项目经费约 45.5 万美元。⑥“用于太阳能水分解的金属-绝缘体-半导体光电极的工程局部电导率”项目，项目经费 33 万美元。⑦“生物过渡金属氧化物作为水氧化电催化剂”项目，项目经费 12 万美元。⑧“了解 Mn 促进水氧化的机理”项目，项目经费约 45 万美元。2018 年，NSF 资助了：①“用分子模拟探讨软约束中的晶体成核”项目，项目经费为 50 万美元。②“利用水的动态介电行为来理解和预测聚合物复合材料损伤的进展”项目，项目经费约 51 万美元。重点研究内容包含：描述水-聚合物相互作用与拓扑结构、纳米空隙含量、极性和纤维增强环氧树脂的湿热老化之间的联系；将吸收的分子水的响应与动态、疲劳和冲击载荷引起的多尺度损伤联系起来；使用神经网络技术提取控制损伤进展的显著变量，用于推导机械理解损伤的分子前体；将实验和神经网络得出的见解与最先进的多尺度、多物理场模拟技术的物理基础相协调。③“了解固体酸催化烃化学中水的积极和有益作用”项目，项目经费约 20 万美元，研究水如何与催化剂和原料相互作用具有重要意义。④“生物分子和界面中的活化和非线性动力学”项目，项目经费约 46 万美元。再例如，2017 年，英国工程与自然科学委员会资助的水基础科学研究项目有：①“远离平衡的核旋转的多学科研究平台”项目，经费约 148 万英镑。②“电化学水解制氢”项目，经费约 15 万英镑。③“膜纳米孔中的疏水门控：纳米级水”项目，经费约 38 万英镑。

3.3 水科学研究的重要国际会议

自 2006 年开始，国际上每年举行一次“水的物理化学和生物学”会议，共同探讨水科学的前沿问题。2016 年的会议主题主要包括：液态水的两相结构，水的记忆和秘密，水涡流研究，质子和浮动的水桥，纤维素吸收水分作为水质变化的指标，从 DNA 分子到水网络的转移是否能解释生命的起源？碳酸氢盐水溶液体系的过程中水的作用，水的全息性质，一种新的可再生能源生产技术——从蒸馏水和稳态水中收集能量，红外光对蛋白质界面水分的影响以及蛋白质自组装和蛋白质表面相互作用的影响，通过扰动纯水产生的超分子水结构的意外紫外荧光行为，迭代程序突出水分子在纯水中的分子聚集体的形成—迭代纤维素水等。2017 年的会议主题主要包括：在自然界的飞行中水的作用，溶剂诱导蛋白质折叠和蛋白质组合的影响，水的功能研究，亲水性和疏水性相互作用，从材料到活细胞，水和人类新陈代谢的奥秘，硫磺、水和光：将我们的健康结合在一起的纽带，作为正常和癌症人体组织中的“水合指纹”的界面水和悬空水，水体结构异常“活”光谱变化，电光成像技术分析水的结构特性，通过细胞内水的动力学调节糖酵解振荡，磁旋转器对水体排斥区的影响，用激光、磁铁、晶体、几何和意识改变水的性质，作为测量和理解水的新技术的水生动物学，无机物表面上的水，新的演化综合体是否应该承认“水的记忆”以及水体系自组织的趋势？从每年的会议报告主题可以看出，水科学是一门交叉学科，研究水的物理、化学、生物等特征。

自 1970 年起，高登研究会议每两年举办一次水和水溶液的会议，曾以“水和水溶液的结构”“水和水溶液的化学物理研讨”为题。自 1992 年起，改成以“水和水溶液”为题。自 2014 年以来，在“水和水溶液”的基础上，又增加了副标题，突出了具体的研讨内容。2014 年以“水的实验和理论研究进展”为副标题，主题包括水的异常现象、水和水溶液的结构和动力学、疏水溶剂化、生物分子溶剂化热力学与动力学、从相图研究水的相变、受限水、水溶剂化动力学。2016 年，以“水的基本性质和实际应用”为副标题，主题包括水性质的基础研究、普通环境与极端环境中的水、水与其他物质的相互作用、水的界面研究、成核与冰、水与生物（肽、DNA、蛋白质等）以及从水分子到水问题的研究。2018 年，以“水：驱动生命、医药、能源和环境”为副标题，主题包括水氢键动力学、带电界面水与电化学储能、疏水门控与相互作用、环境中的水、含离子液体和电解质的水、材料中水与仿生设计、水与生命起源、生物系统和医学中的水、水研究未来的挑战。

自 1962 年至 2018 年，共举行了 14 次“冰的物理和化学会议”。2014 年的会议在美国的汉诺威举行，主题包括冰的稳定和亚稳定阶段、冰的体积特性、冰的表面性质、冰的缺陷、冰雪的相变和晶体图案、笼型水合物、冰和生物学、冰薄膜、在空间和大气中的冰、冰的化学和物理反应、冰雪应用物理等。2018 年的会议在瑞士的苏黎世举行，主题包括冰与生命、表面、界面和核化、冰相、无定形冰和玻璃化转变、水晶生长、微观结构和力学、冰层过程（从冰川摩擦、变形和损伤力学、雪动力学和光化学到海冰热力学。

3.4 水科学研究取得的重要进展

各种光谱学技术、电子谱学、扫描探针技术、同步辐射技术、中子散射技术、量子化学理论的迅速发展，以及计算机运行速度的提高，大大增强了人们研究水微观结构与性质的能力，同时其他领域的科学研究以及应用需求，包括空间生命探索，也极大地刺激了水基础科学的研究，使得近年来水基础科学的研究不断取得突破性进展。

2004 年，*Science* 杂志将水结构与水的化学性质方面的研究成果评选为十大突破性研究进展。2009 年，*Accounts of Chemical Research* 杂志的专刊介绍了多维光谱研究水分子的成果。人们还根据水科学研究的特点，开发新的谱学方法和实验设备。在红外、拉曼等线性光谱基础上发展的多维振动光谱，对非均相环境中的分子提供选择性的光谱探测，还可以提供复杂凝聚相分子结构与动力学方面的详细信息，使水的动力学过程研究成为可能，自 2006 年起，斯坦福大学研究人员利用泵浦探针技术研究受限水分子振动和取向弛豫时间随水滴大小和界面性质的变化规律，提出了描述位于较大受限孔内受限水分子中 OH 伸缩振动谱和振动弛豫时间的“Core/Shell”模型。2009 年，Tokmakoff 还采用泵浦探针技术，获取了与振动弛豫、振动消相干、分子再定向等动力学过程相关的特征时间。2017 年，日本名古屋大学对过冷水中违反/遵守斯托克斯—爱因斯坦关系的时间尺度进行了研究，证明了与结构松弛、氢键断裂、应力松弛和动态非均质性相关的各种时间尺度的温度依赖性可以明确地分为两类，“违反”或“遵守”的广义斯托克斯-爱因斯坦关系。美国田纳西大学和橡树岭国家实验室对一般条件下在分子尺度对真实空间的水分子进行了实时的观察，研究发现水分子在空间和时间上与第一和第二近邻分子之间的耦合强烈相关，实验还表明氢键的量子力学性质可能影响其动力学。

水-固体界面研究近年来也取得了令人瞩目的进展，如 2010 年 *Science* 杂志报道了高酸性条件下乙醇在金和铂表面的氧化反应效率会明显提高的实验结果，其原因被归结于界面水直接参与了该化学反应；对于 TiO_2 不同表面的水分子结构研究发现台阶位点的化学活性低于无缺陷表面的化学活性这一出乎意料的结果。德国普朗克研究所发现水分子在铂表面台阶位置与平滑表面具有不同结构，进而导致不同的分解路径和机理。这些进展为人们理解水在催化反应中的作用机制提供了一些重要的前提条件。2018 年，荷兰埃因霍温技术大学研究发现烷烃中的水分子具有推动水分子与共溶氢键相互作用的焓能。

水的状态研究获重要进展。水不只有气、液、固三个状态，水还可以同时显示固态和液态两个状态，即超离子态，科学家将其命名为“超离子水”，这是科学家布里奇曼（Percy Bridgman）教授在 20 世纪 30 年代提出的一种假设。在极其高温和高压的条件下，水之中的氢原子和氧原子的连接方式发生变化，其中氧原子形成晶体状态，而氢原子变成液体状态。这时的水的结构已经不是我们平时所见的那杯水、那块冰或那片水汽，而是一种“水冰”。它不是普通概念的“冰水”。提出此种推想的布里奇曼教授后来因为发展出极端状态物理领域而获得 1946 年诺贝尔奖，但是几十年来无人能在实验室证实这种“水冰”是否存在。2018 年，美国劳伦斯利弗莫尔实验室科学家证实，水冰是存在的。科学家联想到，海王星和天王星那里的极端状态下，很可能存在这种超离子水。科学家还表示，证实这种超离子水的存在之意义不仅在于展现原子世界的奇妙，而且能促进新材料的开发。近年来，科学家还证实水有更多种状态。2016 年 4 月，美国能源部橡树岭国家实验室首次发现水分子在极端条件下可以呈现出量子态，即水在一种低温的极端状态下，发生隧穿效应的水分子表现出量子运动，可穿透周围的隔墙。这是在经典力学里无法发生的一种现象。2017 年 6 月，瑞典斯特格尔摩大学的科学家报告，X 射线观测在低温下水结冰的状态，发现其过程极为复杂，其中的水分子在密度高和低的状态之间不断地转换。

纳米受限水的研究获重要进展。在自然界中，大部分的水以体相水的形式存在，在体相水中，水分子与邻近的四个水分子通过氢键作用形成四面体的结构。但是在自然界和科学研究当中，水多以受限水的形式存在于某些蛋白质结构周围或无机的孔洞当中。纳米受限水是指受限于纳米空间（如纳米孔、纳米缝、纳米管）当中的水，其普遍存在于有机和无机的纳米结构中。受限水与体相水的差异主要体现在水的动力学及热力学性质的改变，如相变、水分子及小分子输运、黏性、润湿特性等，这些性质对于化学、生物、地理、材料科学与技术等领域都有重要意义。2018 年，加拿大卡尔加里大学艾伯塔分校和中国石油大学研究了温度刺激可以通过调节界面和黏性阻力来操纵纳米受限的水流，随着温度的升高，亲水性纳米孔中的水流动性降低，而疏水性纳米孔中的水流动性增强至少 4 个数量级，特别是在具有受控尺寸和原子级光滑壁的碳纳米管中。

低温液态水温度测量取得重要进展。2018 年，德国科学家研究了测量低温液态水的温度的方法。在某些条件下，水可以以低于其凝固点的液态存在，但可靠地测量这种“过冷”水的温度具有挑战性。德国科学家将微米尺寸的水滴喷射到真空中，液滴由于蒸发变冷发生收缩，通过用激光测量液滴尺寸来确定水的温度，液滴尺寸测量精度达到 10nm，通过计算得出水温为 −42.6℃。

冰晶形成影响因素研究取得重要进展。2017 年，美国犹他大学化学系对经典的冰晶成核理论提出修正，表明对于新出现的微晶，具有无序堆垛的冰比六边形冰更稳定，并且导致冰成核速率比经典成核理论预测的高 3 个数量级以上。

水的核量子效应研究获得重要进展。“水的结构是什么”是 *Science* 杂志在创刊 125 周年的特刊中提出的 21 世纪 125 个亟待解决的科学前沿问题之一。水的结构之所以如此复杂，其中一个很重要的原因就是源于水分子之间的氢键相互作用。人们认为氢键的本质为经典的静电相互作用，由于氢原子核质量很小，其量子效应在室温下都会非常明显。核量子效应的系统实验研究是最近十多年才开始兴起，常规手段是光谱、核磁共振、X 射线晶体衍射、X 射线散射、中子散射等谱学和衍射技术。新兴的核量子效应的研究手段包含基于扫描隧道显微镜和非接触式原子力显微镜的高分辨成像和谱学技术。研究人员使用这两种新技术进行了表面水的核量子效应和体相水的核量子效应研究。2000 年，加州大学欧文分校首次观察到 Cu（001）表面单个氢原子的隧穿行为，通过同位素试验确定了从经典热扩散到量子隧穿的转变温度为 60K（−213℃）。2008 年，日本京都大学发现了氢核的量子隧穿效应，并且发现水分子二聚体中氢键供体和受体之间角色的转换与氢核的量子隧穿效应有关。由于氢键网络中的氢核具有很强的关联性，因此氢键体系中的氢核转移会涉及多个量子的行为。2012 年，日本京都大学发现 H_2O-（OH）$_n$（n=2～4）氢键链状结构会发生多个氢核的逐步隧穿行为。2015 年，北京大学实现了 NaCl（001）表面上单个水分子四聚体团簇内氢核转移的实时跟踪，直接观察到了氢核在水分子团簇内的量子隧穿动力学过程，并且通过完全的和部分的同位素替换实验确认了这种隧穿过程由 4 个氢核协同完成。2018 年，北京大学通过全量子化计算发现，这种协同隧穿比逐步隧穿具有低得多的自由能势垒。核量子效应还包含氢核的量子涨落，北爱尔兰贝尔法斯特女王大学在 20 世纪 50 年代发现氘核替换氢核使氢键的强度增加，2011 年，英国伦敦大学学院计算得出，氢核的量子效应会弱化弱氢键，强化强氢键。2016 年，剑桥大学利用转动光谱等技术观察到了气相水团簇中的氢核协同隧穿过程。

水凝胶是由亲水的聚合物链在水中发生交联后形成的，研究人员对水凝胶进行了大量的研究，水凝胶的性能也得到了很大程度的增强，应用的领域也不断扩大。但是，哈佛医学院指出，水凝胶的几个关键难点还一直未解决：水凝胶的临床医学应用还需要更严格的测试，美国食品药品监督管理局（Food and Drug Administration，FDA）只批准了少数几种水凝胶在临床的应用；水凝胶的力学性能还需要再增强，从而能应用到更多的领域；水凝胶配方与先进生物制造技术的结合具有很大的潜力，但是还需要进行严格优化，从而满足合适的生物制造需求；印制水凝胶结构可能是动态调节的，在材料设计的时候，需要考虑时间维度，形成 4D 打印。

催化分解水的研究获得重要进展。2017 年，哈佛大学、美国斯坦福直线加速器中心、新加坡科技局材料研究与工程研究院、丹麦技术大学共同研究了水分解的电化学催化剂的理论与实验研究进展，描述了一个系统框架，阐明催化这些反应的趋势，可以为新催化剂开发提供指导，同时突出了需要解决的关键问题：到目前为止，迄今已知的催化剂能力有限，原因可以追溯到不同吸附中间体的能量之间存在的尺度关系所设定的限制，因而需要一种新的催化剂设计范例来规避这些约束，特别是需要调整一种中间体相对于另一种中间体的稳定性。此外，迄今仍然很难理解的电极-电解质界面的许多细节仍有待研究：在反应条件下，界面附近的溶剂、阳离子和阴离子的原子和分子水平描述，以及涉及质子/电子转移的关键基本步骤的动力学和反应障碍。2017 年，瑞士保罗谢尔研究所对高活性钙钛矿纳米电催化剂水分解机理进行了研究。2018 年，美国劳伦斯伯克利国家实验室研究了钒酸铋光阳极中电荷载体传输的纳米尺度成像，通过原子力显微镜绘制钒酸铋的形态和功能异质性之间的相关性。

3.5 水科学国内发展现状

水是环境的最主要成分，清洁用水是生活和生产的基本保障，水也是未来解决能源问题的主要途径，水科学基础与应用基础研究的影响会辐射整个水问题的方方面面，水基础科学关乎国计民生，我国已经认识到了水科学研究的重大意义，给予了一定的关注。2011 年 1 月 29 日，中共中央、国务院发布“一号文件”，即《关于加快水利改革发展的决定》，这是新中国第一次全面部署水利改革，彰显我国对水问题的重视。我国 2006 年发布的《国家中长期科学和技术发展规划纲要（2006—2020 年）》，超前部署重大专项、前沿技术和基础研究等内容，使我国在 2020 年前建设成为创新型国家。2016 年国务院发布的《“十三五”国家科技创新规划》和 2017 年科学技术部联合教育部、中国科学院、国家自然科学基金委员会共同制定的《“十三五”国家基础研究专项规划》，都强调持续加强基础研究、强化目标导向的基础研究、聚焦国家重大战略任务的基础研究，以科技创新为引领，加速迈进创新型国家行列，加快建设世界科技强国。国家自然科学基金委员会重大项目资助了“太阳能催化制氢与二氧化碳转化耦合研究”“水科学先进实验技术研究”“水科学若干关键基础问题研究”“多孔配合物及其衍生物用于电催化分解水及高效燃料电池还原”“水在矿物、熔体和流体之间的分配行为及其电导率效应”“土壤水盐动力学过程与量化表征”“表面水的结构和动力学研究”和“受限水的结构与性能研究”等。国家自然科学基金委员会国家杰出青年科学基金 2010～2017 年期间资助了 9 项水科学项目，创新研究群体项目资助了 5 项水科学项目，主要涉及废水、污水处理，水合物，水文学水动力学等领域。国家自然科学基金委员会优秀青年科学基金项目资助了“燃料电池用质子交换膜中定向质子/水传输路径设计与机制”和“生物界面水的微观性质”等。2010 年 12 月，中国科学院知识创新工程重要方向项目部署“水科学基础问题研究计划”。2011 年 9 月，中国科学院知识创新工程重要方向项目部署“水的微观结构、动力学及其应用研究”。2014 年 4 月，中国科学院部署重点项目“微结构中水的行为及其调控”。2015 年，中国科学院数理学部部署“水科学学科发展战略研究”项目。但是，相比于美国、欧洲、日本等发达国家，我国对水科学的基础问题的关注和投入有限，缺少从国家战略层面对水科学基础理论和实验技术发展的统一规划和引导。

我国的香山科学会议分别于 2008 年、2017 年召开了“水科学研究中的若干基础前沿问题”研讨会、“中国海水提铀未来发展研讨会”。双清论坛举办了“水文水资源与水环境研究前沿”和“旱区农业高效用水及生态环境效应”2 期与水科学有关的讨论。2013 年 6 月，中国科学院学部在中国科学院学术会堂召开了“水科学基础研究进展”科学与技术前沿论坛。2015 年 1 月，北京大学水科学研究中心举办了“从分子到全球尺度的水科学”研讨会。通过这些会议，科学家们共同探索水科学研究的前沿问题和未来发展方向。

目前我国各高校和科研院所已经建立了一些与水问题相关的机构，如北京大学水科学研究中心、北京师范大学水科学研究院、南京大学水科学研究中心、郑州大学水科学研究中心、杭州水处理技术研究开发中心等。除了北京大学水科学研究中心以外，这些研究中心的主要力量仍然放在水资源的开发、利用和保护上。我国从事水基础科学研究的专门研究机构或平台亟待加强建设，水基础科学研究的专业力量需要加强。

近年来，我国科学家逐步认识到了水科学基础研究的科学意义，并在很多学科方向上开展研究，取得了一些国际瞩目的研究成果。例如，常温下不亲水的纳米水层的研究，在实空间观测分子间氢键和配位键相互作用从而实现了分子间局域作用的直接成像，"室温冰"的发现，浸润性微观判据的提出，水溶液玻璃化普适性规律的获得，等等。中国科学院上海应用物理研究所开展了水与土壤相互作用的初步研究，发现含气滴灌技术能导致土壤孔隙的连通性增加。关于水参与的各种过程，特别是液体界面化学、水参与的催化现象，中国科学技术大学、中国科学院大连化学物理研究所、中国科学院物理研究所等单位都有突出的研究成果。中国科学院理化技术研究所在利用海水发电方面取得了重要突破。2015 年，中国科学院合肥物质科学研究院观察到了体相冰中的氢核协同隧穿过程。2017 年，清华大学研究了纳米受限空间内水团簇的异常扩散机制，指出其室温下在石墨烯层间的快速集体扩散可实现高效的质量输运。研究发现，由于纳米尺度的空间限制，水分子的团簇具有层状结构，当水分子受限于具有晶体结构的石墨烯壁间时，甚至会在室温形成一定的晶体结构，即二维冰。2017 年，湖南大学研究发现水分子与冠醚的氧原子形成氢键以产生超分子聚合物。中国科学技术大学、北京大学等单位发展了多种研究水分子结构的光谱学微观表征手段以及多尺度理论模拟方法，具备了在不同尺度上研究水科学问题的先进实验和理论模拟条件。2016 年，北京大学发现水分子的氢原子表现出显著的非简谐零点振动，拉伸振动与弯曲振动之间的竞争决定了核量子效应对氢键强度的影响，同时，也发现了氢核的量子效应会弱化弱氢键，强化强氢键。2018 年，北京大学通过发展原子水平上的高分辨扫描探针技术和针对轻元素体系的全量子化计算方法，制备出单个离子水合物团簇，搞清楚了其几何吸附构型，还发现了一种有趣的幻数效应：包含有特定数目水分子的钠离子水合物，具有异常高的扩散能力，即比其他水合物"跑得快"。中国科学院化学研究所在亲疏水表面设计、微通道中水输运、水参与的能量输运过程研究方面处于国际领先地位。中科院大连化学物理研究所采用多种方法进行水分解制氢，主要包含：宽光谱响应材料 Z 机制全分解水、表面等离激元光催化水分解，以及模拟自然光合作用体系光电分解水等方法。2017 年，中科院大连化学物理研究所对表面等离激元光催化水分解机理进行研究，确认金属-半导体界面可同时作为热空穴的捕获位点和水氧化的反应中心，并实现了可见光下水的完全分解。2018 年，中科院大连化学物理研究所基于仿生的概念，通过将部分氧化的石墨烯和空穴储存层相结合提高光生电荷分离效率，进而提升光电催化分解制氢的效率。2018 年，中科院化学研究所、中科院理化技术研究所与清华大学合作，通过对石墨烯材料的形貌调控，实现其在非掺杂、不负载助催化剂条件下的高效电催化分解水析氢。

应该说，我国国内研究人员目前在水科学基础及其交叉学科研究方面已经积聚了足够的研究实力和研究经验，有能力多方向开展水科学的基础前沿研究。水科学问题已经引起了国内科学界的重视，且当前我国科研人员已经具备了系统深入开展水科学研究的实力，研究设备也已经达到国际领先水平。

目前我国的水资源利用和管理问题涉及社会、经济、政治、科技等方面的宏观领域，还未深入到水科学的基础问题。水科学基础研究的内涵为：利用物理学和化学的基础知识，发展新的理论方法和先进的实验设备，在原子、分子层次上研究水结构以及水与其他物质材料表面的相互作用过程和规律，揭示其微观机理，并提出解决关键工业技术的方案。因此，积极布局、加速发展我国水科学的基础研究，对促进我国民生建设，保障国家安全，提高我国经济、尖端科学、重大工程等方面的建设水平，加速我国科技强国的建设，具有重要战略意义。

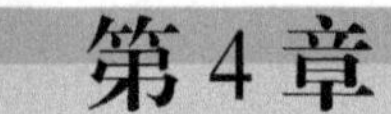

第4章 水科学关键科学问题和重要研究方向

4.1 水科学实验新方法

江　颖　裘晓辉　赵红卫　张立娟　于晓辉
叶树集　刘韡韬　田传山　罗　毅

4.1.1 背景和重要性

水在宇宙中以不同的形态有着广泛的分布，也是地球上生命最赖以生存的重要物质。水分子是由一个氧原子和两个氢原子构成的相对简单的小分子，然而，当水分子之间连接成氢键网络，会体现出丰富复杂的结构和物理化学特性，支撑了水在诸多物理、化学、生物等过程中的关键作用[1]。在庆祝 *Science* 创刊 125 周年之际，该刊公布了 125 个最具挑战性的科学问题，其中就包括“水的结构如何？” 2015 年，《德国应用化学》杂志也将水的相关问题列入未来 24 个关键化学问题（位列第 4）。近几十年来，人们通过理论方法和实验技术的不断革新，在分子尺度上尝试揭示水在体相和表（界）面的微观结构和微观过程，取得了一系列进展。但是，由于水分子间氢键作用的特殊性以及氢键网络结构的多样性和超快动态演化特性等原因，水的基础问题的研究仍然面临着巨大的困难和挑战。尤其是在探测技术方面，现有手段或灵敏度不足，或难以原位表征，导致很难提供完备的实验数据解析水的氢键网络特性。德国科学家 D. Menzel 评述道：“任何关于水的发现和见解都具有极大的争论性和模糊性”[2]。因此，发展水科学实验的新技术和新方法是水基础科学研究的核心任务之一。

水在许多物理、化学和生物过程中的功能特性是通过界面实现的，例如自然界超疏水表面（荷叶）、腐蚀、自组装生物膜，等等。在分子层次探索界面处水的微观结构、动力学过程、电荷转移等，对于理解和操控水的特性有着关键的作用。界面水实验研究的主要难度在于，界面处水分子的数量远小于体相背景的水，且其特征谱和体相水往往十分相近，而且水分子间的氢键网络易受外来探测的影响。虽然基于真空环境已发展了许多成熟的表面分析技术，但大多难以直接应用于研究界面水，主要的困难有：①需要超高真空环境，如电子探针技术；②难以探测被覆盖的隐藏界面；③表（界面）分辨能力有限；④对界面水结构具有破坏性；⑤缺乏元素、化学键等关键特征的鉴别能力；⑥单一实验技术提供的信息有限，难以充分了解其界面结构，等等。因此，人们亟需开发新型的界面敏感的微观实验技术和方法，包括可适用于复杂环境（例如非真空、液态环境等）的非线性光谱学，具有化学键识别功能和高灵敏、高空间分辨的扫描探针技术，可识别局域核自旋结构的高分辨磁共振空间成像技术以及综合界面实验分析方法等。这些新技术将会有力地推动界面水科学的发展，促进人们对界面微观水的物理特性和化学特性的认识，进而有助于研发基于界面的水光电分解制氢、水质净化等关系着重大民生议题的新技术。

水的体相有许多迷人的相态和特性吸引着人们的研究兴趣。熟知的例子包括水结成固体时密度降低，4℃时密度最大，表面张力大等。这些常见的反常性质恰恰是维系地球环境和生命的重要因素。不仅如此，在高压等极端环境下，水会展现出全新的结构及物性。压力作为一个基本物理维度，可以有效缩短物质中原子的间距，增加相邻电子轨道的重叠，从而改变物质的晶体结构、电子能带结构和原子（分子）间的相互作用，实现对水的状态和性能在较大范围的有效调控。目前已知水的高密度结构就有 17 种之多。近期，高压条件下形成的气体水合物引起了广泛关注，例如在海底和冻土地区储量丰富的可燃冰已被多个国家列为新型战略能源[3]。同时，气体水合物也有望成为存储氢气体、捕获和封存二氧化碳的备选方案。因此，体相水的研究既涵盖了探索水在特殊条件下形成的新相态和物性，还关系着未来可持续性发展的能源与环境议题。然而，实验研究体相水的困难仍然是缺乏原位探测手段。红外与拉曼光谱学、X 射线谱学、太赫兹谱学等是表征水的结构与物性的常规手段。将这些谱学分析技术应用到复杂条件下的原位探测，还需要在开发和改善光源、拓展频谱范围、发展测量方法、综合实验平台等方面寻求突破。

4.1.2 研究现状（包括目前研究的主要内容和国内外研究状况等）

看似结构简单的水分子连结成的氢键网络对诸多参数极其敏感，例如温度、压强、电场、溶液环境、界面、受限尺度，等等。揭示氢键网络的微观结构和动力学需要多维参数空间的观测，因此，发展和改进实验方法是水基础科学研究的核心任务之一[1]。结合我国近些年在水基础科学领域的研究特色，本节将简要介绍若干实验方法学的研究进展和现状。

1. 新型扫描探针技术进展和应用

表（界）面水不仅涉及水-水相互作用，还涉及水-固体相互作用，这两种相互作用的竞争，决定了表（界）面水的很多独特性质，比如界面水的氢键网络构型、质子转移动力学、水分子分解、受限水的反常输运等。研究表（界）面水的常规的实验手段，如光谱、核磁共振、X 射线晶体衍射、中子散射技术，往往都受限于空间分辨能力的限制（几百纳米到微米的量级），可以给出众多水分子的平均效应，而无法提供单个氢键的本征特性和氢键构型的统计分布。具有原子级分辨能力的扫描探针技术可以弥补这一缺陷。近年来，新型扫描探针技术的发展使得人们可以在单分子甚至亚分子尺度上对表（界）面水展开细致的实空间研究，取得了许多重要的进展，大大加深了人们对于表（界）面水的认识。以下将着重介绍几种代表性的扫描探针技术及其在表（界）面水体系中的应用，包括：超高真空扫描隧道显微术、单分子振动谱技术、电化学扫描隧道显微术和非接触式原子力显微术。

1）超高真空扫描隧道显微术

由于水-水相互作用与水-表面相互作用之间的微妙竞争关系，固体表面的水往往非常复杂，且对于表面的缺陷异常敏感。为了得到精细的氢键网络结构，原子尺度的表征往往是更有说服力的。扫描隧道显微镜（STM）就是这样一种精密的仪器，它主要利用针尖电子与分子轨道之间的隧穿来获得分子的电子结构信息，可以对固体表面的吸附分子进行单分子甚至亚分子级别的成像，在实空间观察到单个水分子和复杂的氢键网络结构。

因为 STM 实验需要导电的样品，所以过去二十年大部分工作集中在金属表面的水。单个水分子的 STM 图像通常表现为位于金属原子顶位的圆形突起，并且没有任何内部结构[4, 5]。主要原因有两个，首先是水的前线轨道是远离费米能级的，其次是水和金属传导电子的杂化可能淹没了分子轨道的信息。水在金属表面的团簇化和浸润已经被很好地总结在一些综述文章中[6-11]。基本的共识是，固体表面的水层吸附并没有普适模型，通常获得的结构是水分子间氢键相互作用和水-金属成键相互作用的精细平衡，因而导致了各种各样的不同于传统“双层冰”模型的氢键网络结构，比如：Cu（110）[12-14]，Ag（111）[15, 16]，Pd（111）[17, 18]，Pt（111）[19-24]，Ru（0001）[17, 18, 21, 25]以及 Ni（111）[26]。

实验上，STM 需要导电的衬底，但是仍有两种办法可以使得 STM 研究绝缘体表面：一是在金属衬底表面生长超薄的绝缘体薄膜，这样来自针尖的电子仍然可以有一定的概率透过绝缘体薄膜，隧穿到金属衬底；二是在绝缘体中进行掺杂，诱导出自由载流子。近年来，利用 STM 研究绝缘衬底上的水分子引起了很大的关注，主要集中在金属氧化物和碱金属卤化物[27-32]。水吸附在金属氧化物表面的研究进展可参见本书 4.9 节相关部分的介绍。这些 STM 研究水分子的一个限制是无法分辨水分子中的 OH 的指向，进而不能给出氢键网络的拓扑结构。

近期，郭静等人成功地实现了在 NaCl（001）/Au（111）表面上单个水分子（图 4.1.1）以及水的四聚体的亚分子级分辨成像[29]。该技术的关键是通过针尖-样品的相互作用来调控水分子的前线轨道，使得最高占据分子轨道（highest occupied molecular orbital，HOMO）和最低未占据分子轨道（lowest unoccupied molecular orbital，LUMO）往费米能级附近移动。这使得研究人员可以在零偏压附近对水分子进行高分辨轨道成像，避免了高能隧穿电子对分子的扰动。基于以上的轨道成像方法，单个水分子的空间取向可以确定下来，进而提供了在团簇结构中分辨氢键方向的可能。实验上发现不同的氢键方向可以导致两种手性的水四聚体。超高空间分辨的 STM 捕捉到了这两种结构转换，进一步分析发现质子协同隧穿在氢键结构转变中扮演着重要角色[33]。此外，这种四聚体是 NaCl（001）表面上二维冰的组成基元[34]，形成不同于传统六角双层冰的结构，其中包含了高浓度的 Bjerrum D-型缺陷。

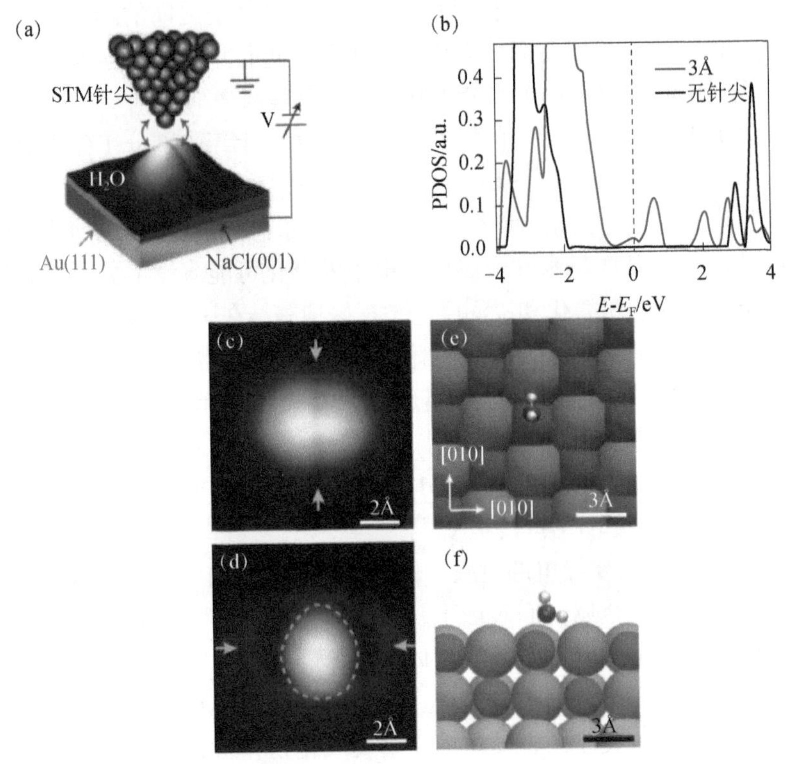

图 4.1.1　NaCl（001）表面上单个水分子的 STM 图像

（a）实验装置示意图，其中蓝色双箭头表示针尖与分子之间的耦合作用；（b）考虑针尖和不考虑针尖时计算得到的 NaCl（001）表面单个水分子的投影态密度；（c）和（d）分别为单个水分子的 HOMO 和 LUMO 轨道 STM 图像；（e）和（f）单个水分子在 NaCl（001）表面的吸附俯视图和侧视图（图摘自文献[29]）

2）非弹性电子隧道谱技术及其在水-固界面的应用

基于 STM 的非弹性电子隧道谱（inelastic electron tunneling spectroscopy，IETS）是研究水分子之间的氢键强度、氢键动力学、同位素效应等问题的有效手段。该技术的核心思想是通过高度局域化电子的非弹性隧穿来激发单个水分子的振动，从而获取单分子尺度上的振动模式信息[35-37]。如图 4.1.2 所示，当隧穿电子的能量足以激发分子的振动时，会打开新的非弹性隧穿通道，这直接导致了电流的增大。由于非弹性激发只依赖于电子能量的大小而与电流的方向无关，所以正负偏压都会得到 IETS 信号，从而形成关于原点中心对称的谱图，这个特征往往被当做判断是否为非弹性激发的标准。

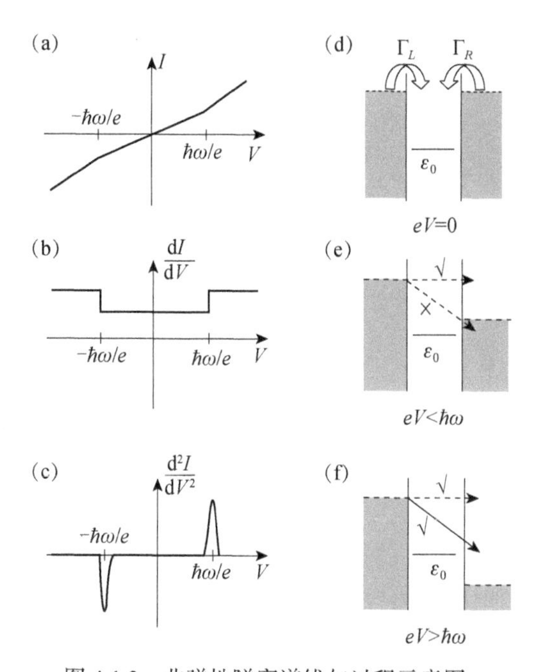

图 4.1.2　非弹性隧穿谱线与过程示意图

（a）～（c）I-V、$\mathrm{d}I/\mathrm{d}V$ 和 $\mathrm{d}^2I/\mathrm{d}V^2$ 的示例图，非弹性电子隧穿的信号出现在阈值电压 $\hbar\omega/e$，ω 是振动的角频率；（d）～（f）是非弹性过程的示意图（图摘自文献[38]）

通常的 IETS 信号只有百分之几的微分电导变化[38]，这对于 STM 系统的机械稳定性要求极高。为了进一步提高信噪比，提升水分子的非弹性散射截面，郭静等人发展了针尖增强的 STM-IETS 技术[53]。他们首先利用绝缘的 NaCl 薄层减少了水分子和金衬底的耦合，使得电子可以在分子中停留更长的时间，提高了电-声作用的概率。其次，他们利用氯原子吸附的 STM 针尖调节分子前线轨道与费米能级之间的能量差，从而有效增加费米能级附近的电子态密度，从而实现了水分子的近共振激发 IETS。针尖增强的 IETS 信噪比非常高，相对电导变化接近 30%，比传统 IETS 提高了一个量级（图 4.1.3）。因此，利用针尖增强 IETS 可以非常精确地识别水分子的不同振动模式（包括：拉伸、弯曲、转动等）。得益于它的超高精度，实验人员甚至可以从 OH/OD 伸缩模式的红移定量得到氢键的强度[54]。值得一提的是，他们进一步通过 H/D 的同位素替代实验给出了单键尺度上核量子效应对氢键强度的影响，澄清了氢键的量子本质[55]。

2004 年，Kawai 等人率先将光谱学中的行为光谱学（action spectroscopy，AS）引入到 STM 中[42]。在反应产额（例如：扩散、转动、断键等）随偏压

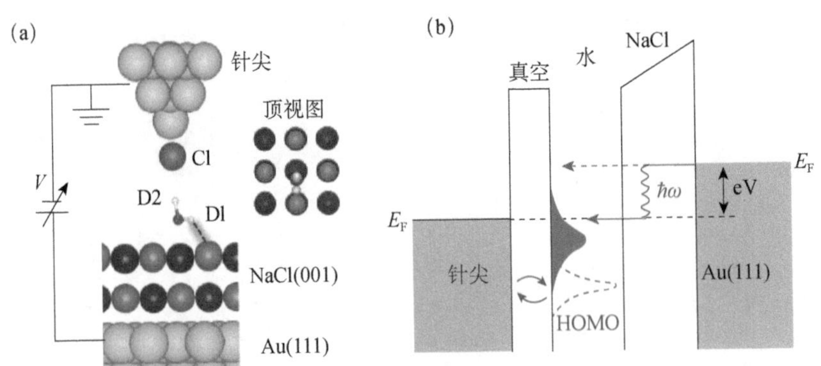

图 4.1.3 单个水分子针尖增强的非弹性隧道谱

（a）实验体系示意图。单个水分子（D_2O）竖直吸附在 NaCl（001）/Au（111）衬底上。红色、白色、金色、绿色、紫色小球分别代表 O，D，Au，Cl^-和 Na^+。（b）针尖增强的 IETS 信号的原理示意图。（图摘自文献[53]）

的关系图中，与反应相关的振动激发和电子激发都会呈现对应的电压阈值[4, 43-45]。通常认为 IETS 谱会受限于倾向规则（propensity rule）[46-48]，也即特定的振动模式是否能被激发需要考虑到前沿轨道的对称性，但是 AS 可以突破这个限制，探测许多 IETS 中禁阻的振动模式。此外，IETS 会涉及弹性隧穿通道与非弹性隧穿通道之间的竞争，而 AS 谱图则不受弹性隧穿的影响，其解释相较于 IETS 会容易许多。

作为一种与 IETS-STM 互补的手段，STM-AS 已经被成功运用到许多水相关的体系中，例如：单个水分子的选择性分解[27]、氢键的辨别[49]、氢原子转移路径中的识别[50-52]。近期，彭金波等人利用 AS 发现了水合钠离子在 NaCl（001）表面扩散的幻数效应。如图 4.1.4 所示，通过 STM 的非弹性激发可以诱导水合钠离子的横向扩散，包含三个水分子的钠离子水合物对应的阈值偏压总是比其他钠离子水合物小。通过详细的理论计算，他们发现离子水合物与衬底表面的对称性匹配程度导致了三个水分子的水合物扩散势垒更低，扩散速度更快，对应于一种全新的动力学幻数效应[41]。

3）电化学扫描隧道显微镜及其在水-金属界面探测的应用

水和金属的相互作用在诸如多相催化、电化学中发挥着重要作用，如电极表面水分解产生氢气和氧气的过程。因此对水在金属表面的行为研究尤为重要。电化学扫描隧道显微镜（electrochemical scanning tunneling microscopy，EC-STM）的发明，能够原位得到固液两相的反应信息，同时具有原子分辨的能力。EC-STM 能够在原子尺度上对电极表面进行原位实空间成像，同时

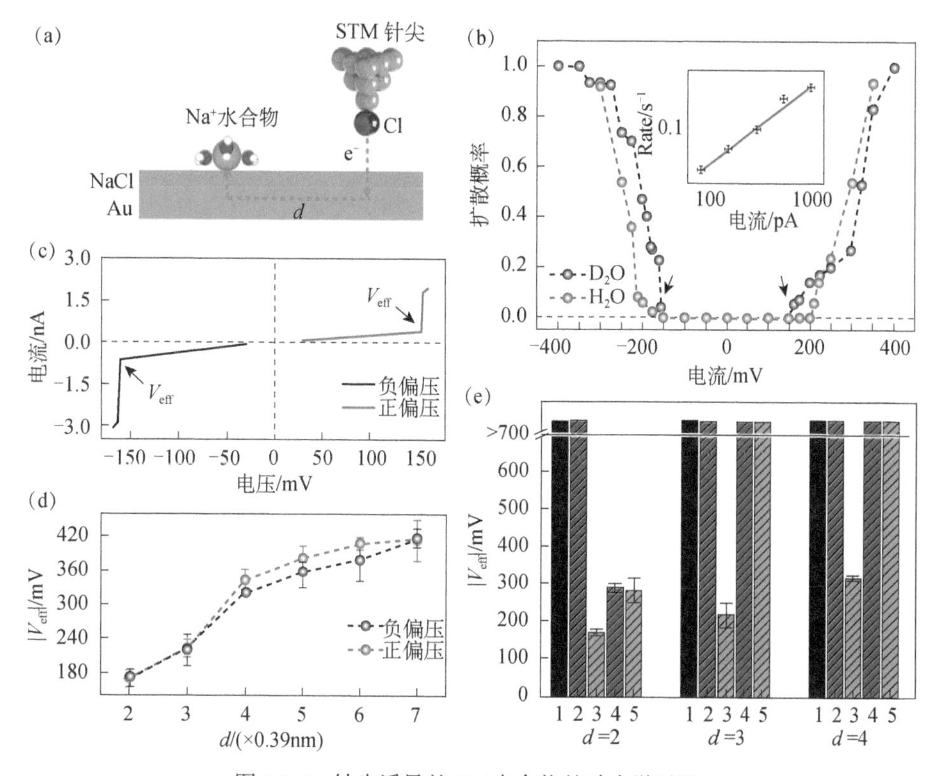

图 4.1.4 针尖诱导的 Na^+水合物的动力学过程

（a）STM 针尖诱导的在针尖距离为 d×NaCl（001）晶格常数处的 Na^+水合物非弹性电子激发的示意图。金衬底在其中作为媒介，NaCl（001）晶格常数为 0.39nm。（b）在距离 CO 针尖 d=4 的条件下，$Na^+\cdot 3D_2O$ 和 $Na^+\cdot 3H_2O$ 的扩散概率与电压依赖关系。电压的持续时间是 1.2s，且扩散的概率是从 50 个事件中统计出来的。插图展示了在 d=2 的条件下 CO 针尖 170mV 电压下 $Na^+\cdot 3D_2O$ 的扩散概率随电流的依赖关系。实线是对数据用指数关系的最小二乘法拟合，$R\propto I^N$，其中 N=1.02±0.08，可见是一个单电子激发。（c）$Na^+\cdot 3D_2O$ 在距离 Cl^-针尖 d=2 的条件下的电压电流关系，电流会在 V_{eff} 处有一个跳变。（d）在 Cl^-针尖的条件下，$Na^+\cdot 3D_2O$ 的正负偏压的 V_{eff} 对于距离依赖关系的一致性。（e）在 d=2，3 和 4 条件下，对于不同的 $Na^+\cdot nD_2O$（n=1～5）的 V_{eff} 的比较（图摘自文献[41]）

得到固液界面的信息，因此迅速成为了解析电极表面结构和研究固液界面上动力学过程的重要工具。1986 年，Sonnenfeld 等人最早利用 STM 获得了水和水基电解液中石墨和金膜的结构信息[56]。然而早期实验只有两个电极（针尖和样品电极），无法控制电极电位。由于针尖在装置中也起到电极的作用，所以在尖端会有极化效应和电化学的电荷转移反应，因此需要良好和稳定的针尖环境。1988 年 Siegenthaler 等人引入了参比电极（例如 Ag/AgCl）组成了三电极体系，通过双恒电位同时控制两个电极电位[57]。后来许多课题组（Wandlowski[58]，Weaver[59]）也做出了改进性的工作。

图 4.1.5 是 EC-STM 的工作原理图。它有 STM 部分和电化学部分组成。电化学部分由三电极系统组成，分别是工作电极、参比电极、对电极，三者置于电解池中。通过双恒电位仪控制针尖和样品的电极电位，从而发生电化学过程，整个过程由 STM 记录下来。STM 部分中针尖也是另一个工作电极，同时组成了第二个三电极系统。通过前置放大器放大电流，得到样品表面形貌信息。

通常在 EC-STM 中，流过针尖的电流有几个分量：（a）STM 隧穿电流；（b）针尖/电解液之间电化学反应的法拉第电流；（c）针尖/电解液界面之间双电层之间发生的充放电电流。法拉第电流和充放电电流要比隧道电流的设定值要高（隧道电流是 nA 数量级，典型的法拉第电流是 mA 数量级），如果不采取适当的措施，二者将会以不同的方式影响 STM 的成像结果（有时甚至不能成像）以及 STM 图像的重复性，而且还会使 STM 的实验数据难以解释。

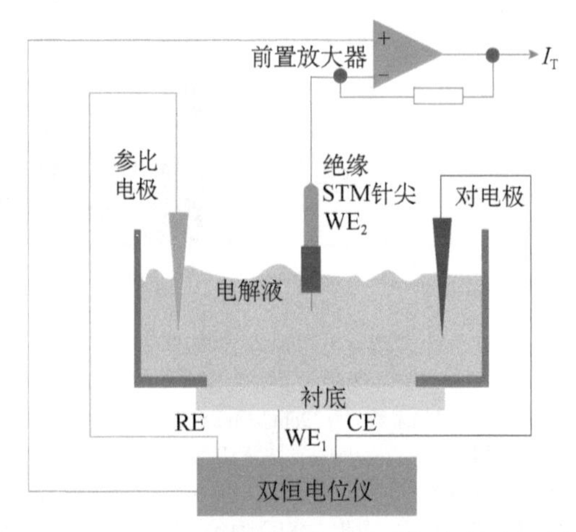

图 4.1.5　EC-STM 工作原理示意图（双恒电位控制针尖和样品的电位）

因此，EC-STM 工作中要考虑的是设法抑制和隔离针尖上的法拉第电流和充放电电流，目前解决这一问题的方法有两种：一是利用探针封装技术[60]，可以做到将针尖金属侧面覆盖有机高聚物等绝缘体而只露出尽可能小的探针金属尖端，这样可以产生隧道电流的同时又可以极大地抑制法拉第电流和充放电电流；二是利用 Itaya 小组等人发展起来的四电极系统，它相当大程度上克服了 STM 在电化学研究上的困难[61]。

电解液的隧穿机制现在还不是很清楚，仍需要进一步进行研究。与在真空中的隧穿过程不同，在电解液中的隧穿势垒要比真空中低。一方面的解释是金属表面由于吸附了水而功函降低；另一方面原因是由于水分子的氢原子和氧原子的运动和分布，金属表面势能出现二维网络极值的震荡，而不再是常数[62]。

EC-STM 自发明以来，在诸多领域发挥着不可替代的作用，比如，研究电极表面结构、吸附质层的结构，研究吸附动力学、生长机理和表面相转变等。金属电极表面水的吸附构型对理解催化过程有着重要的意义。H_2O 和 H_3O^+有助于稳定阴离子，减小它们之间的静电排斥力；同时有助于连接阴离子形成二维结构。2000 年，德州农工大学的 Youn-Geun Kim 等人利用 EC-STM 研究了硫酸溶液里面的 Pd（111）表面阴离子吸附的稳定构型[63]。文中利用原子级尖锐的 STM 针尖得到了高质量的图像，并且从原子尺度上分析表面高度致密的分子内和分子间结构。如图 4.1.6（a）所示，H_3O^+和 H_2O 和 SO_4^{2-}被明确地区分出来，并且归属了 H_2O 层和 H_3O^+层。

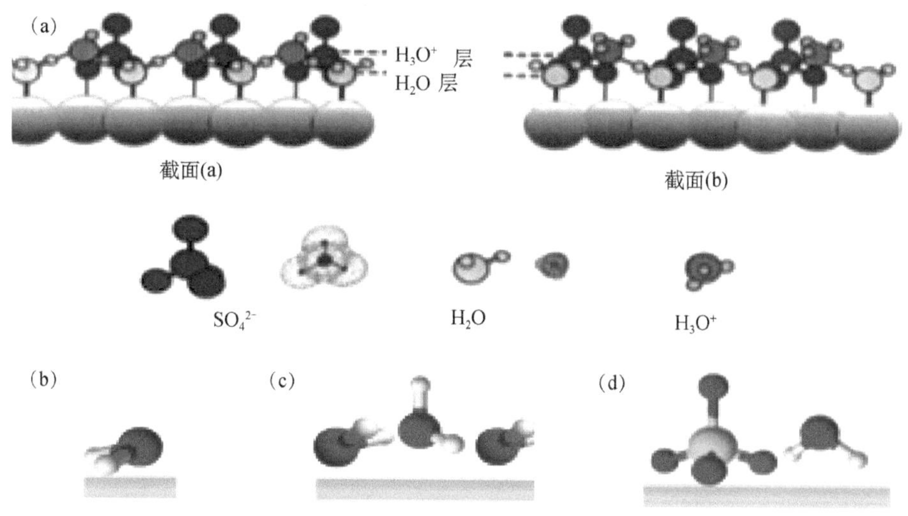

图 4.1.6　硫酸溶液中水分子离子吸附结构图

（a）Pd（111）上 H_3O^+、H_2O 和 SO_4^{2-}吸附结构侧视图；

（b）～（d）金电极上水的吸附结构模型（图摘自文献[63, 64]）

2011 年莱顿大学的 Nuria Garcia-Araez 等人研究金电极表面受电势控制的硫酸水溶液中水吸附结构[64]。如图 4.1.6（b）～（d），他们利用表面增强红外吸收谱（surface-enhanced infrared absorption spectroscopy，SEIRAS）发现水吸附受到电极电势的影响。在 $0<E<0.5$V 时，如图 4.1.6（b），水分子中氢原子离金属表面更近，同时氧原子的孤对电子和电极表面相互作用。同时也有一些水合物的存在，例如 $H_5O_2^+$、$H_7O_3^+$和 $H_9O_4^+$（图中未画出）。在 $0.5<E<0.8$V 时，如图 4.1.6（c），水吸附构型呈现冰的形状。密度泛函计算认为这是在 Au（111）上最稳定的构型。在 $E>0.8$V 时，如图 4.1.6（d），水分子开始和吸附的硫酸根离子配位，特别是水分子通过氢键桥接临近的硫酸根阴离子。

2007 年，Osamu Sugino 等人利用有效屏蔽介质法（effective screening medium，ESM）研究了施加了负偏压的水-铂金属界面。研究表明，带电金属表面的水分子会形成严格的层状结构，其中氢原子会指向表面，从而增加屏蔽能力[65]。

EC-STM 为 STM 提供了电化学的环境，为在水溶液中研究电子隧穿过程创造了条件。和真空中不同，隧道结内填充着水而不是真空，电子隧穿的势垒和隧穿距离会发生明显的变化。1995 年亚利桑那州立大学的 A. Vaught 等人研究了在 Pt-Ir 针尖和 Au（111）表面水层间距离和隧穿电阻的关系[66]。如图 4.1.7（a）中发现了隧穿电阻和距离呈现非指数的依赖关系，这和在超高真空环境中观察到的现象呈现鲜明的对比。他们猜测其中一个原因是在针尖靠近样品时水分子的构型发生了变化。1998 年，浦项科技大学的 Y. A. Hong 等人研究表明隧穿势垒高度强烈地依赖于极性[67]。图 4.1.7（b）表明在正的样品偏压和高电场的情况下，样品表面第一层水分子被极化，水分子中的氧朝下，并且侧向方向压缩，因此隧穿概率会减小。随着偏压的增加，氧原子密度会增加，同时隧穿概率会进一步下降；样品加负偏压，表面的水层会反向极化，这样隧穿会更加容易。但是这种隧穿的不对称并不能完全用水的取向改变去解释，因为如果 STM 涉及两个电极，如果两个电极上水分子的行为相同，那么隧穿始终是对称的。隧穿的不对称有可能还和 STM 针尖的形状有关，在针尖尖端，水分子可能排列成了不同的形状。

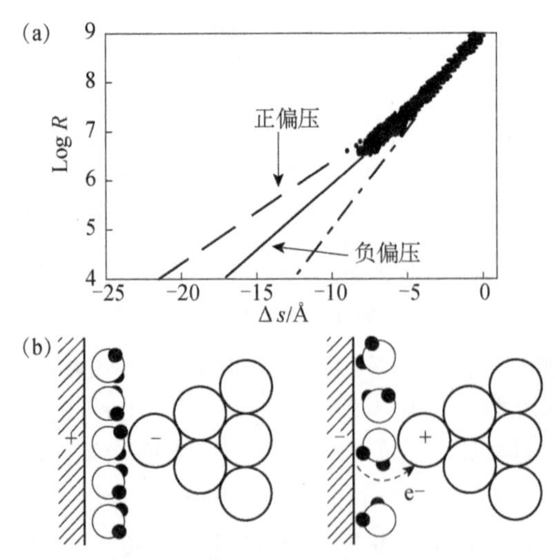

图 4.1.7　隧道电阻与针尖高度关系图与不同偏压下水层排布图

（a）隧穿电阻的对数（Log10）和针尖样品距离关系图；（b）正负样品偏压时表面水层排列。正偏压侧向方向水层压缩；负样品偏压水层结构开放（图摘自文献[66]）

EC-STM 在催化领域发挥着重要的作用。其中析氢反应和氧还原反应由于在产氢、储能等方面的巨大的应用而受到广泛的关注。2017 年 Jonas H. K. Pfisterer 等人利用 EC-STM 研究异质催化剂中活性位点的问题[68]。作者使用了单原子层 Pd 岛覆盖的 Au（111），如图 4.1.8（a）和（b），当 STM 针尖扫过台面时，此时没有析氢反应发生，隧道电流噪音水平是近似一样的；当针尖越过台阶时，析氢反应发生，此时隧道电流上出现了明显不同的噪音。图 4.1.8（c）是大气下在 0.1 M 硫酸下 Au/Pd 的边界，调节电压在 Pd 上发生析氢反应，在活性较低的 Au 上不发生。从图 4.1.8（d）中可以看出，在边界处催化活性明显变化，因此利用水的析氢反应证明了异相催化剂活性位点的问题。

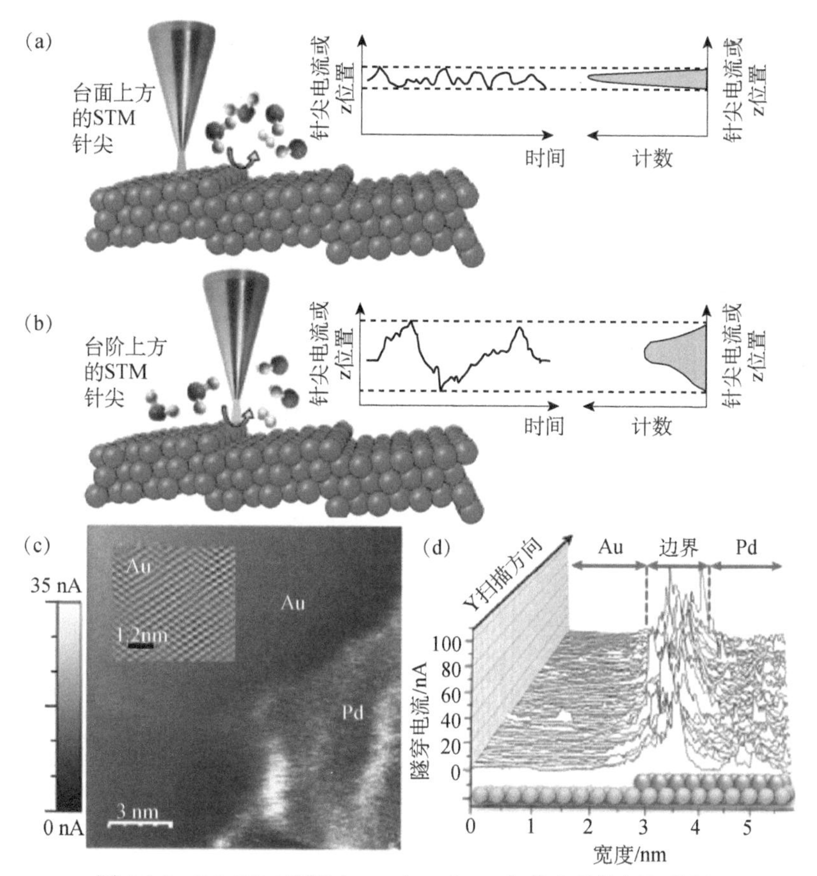

图 4.1.8 EC-STM 探测在 Au（111）Pd 岛的边界的析氢分析

（a），（b）检测活性位点的图示。当针尖和样品的环境改变时，如样品表面（a）台面、（b）台阶时，隧穿势垒随时间发生变化。在这种情况下，当针尖越过台阶时相对在台面上扫描时电流噪音更可能出现。（c）0.1M 硫酸条件下发生析氢反应时在 Au（111）Pd 岛的边界的 STM 图，插图是 Au（111）基底的原子分辨。（d）是（c）图中每条线扫描的细节图（图摘自文献[68]）

EC-STM 兼具电化学环境和 STM 原子分辨的优势，在水科学研究中水吸附构型、水极化、水催化等领域具有重要应用，也能进一步帮助解决水科学的基础研究和工业应用等方面问题。

4）非接触式原子力显微镜及其在表/界面水领域的应用

在研究绝缘样品方面，原子力显微镜（atomic force microscope，AFM）具有不可替代的优势[69]。AFM 通过末端粘有尖锐针尖的悬臂梁扫过样品表面，通过悬臂梁的弯曲来间接获得形貌信息。针尖和样品之间由吸引力和排斥力成分组成。吸引力主要有范德瓦耳斯力、静电力和化学吸引力，排斥力主要是泡利排斥力。范德瓦耳斯力来源于原子和原子之间的局域瞬时偶极作用；针尖和样品之间的电势差或功函差可以产生静电力，这两者认为是长程力，短程力有短程化学吸引力和泡利排斥力。一般认为，长程力没有原子成像的能力，只是成像的背景力，要得到高分辨的成像必须要针尖逼近到离被测样品的表面非常近的地方。AFM 有两种不同的工作模式：接触模式（静态模式）和非接触模式（动态模式，即 NC-AFM）[70]。NC-AFM 悬臂是由机械激励驱动其在共振频率（f_0）下振动，它的振幅（A）一般在 10nm 以下，针尖可以在距离样品相对较近的情况下稳定工作且针尖不会撞到样品表面，对样品表面造成损害。

NC-AFM 分为振幅调制（AM）和频率调制（FM）两种[71]。AM-AFM 中是以固定的频率和固定的振幅产生激励，当针尖靠近样品时，由于针尖和样品相互作用，悬臂梁的振幅会发生变化。因此，振幅可以用来作为样品表面成像的反馈信号。在 AM 模式中，振幅响应时间 $\tau\approx 2Q/f_0$，其中品质因子 Q 值代表振动的稳定性，Q 值越大，每一次振动中能量损耗越小。在真空中 Q 值达到 10^5 后，AM 模式信噪比有所提高，但是扫描速度会非常慢。所以 AM 模式在真空中不大适用。而 FM-AFM 则解决了这个问题，它的反馈维持振幅恒定，测量针尖和样品之间作用力梯度引起的共振频率的偏移（Δf）。AM 模式主要在大气和液相中工作，而 FM 模式应用于超高真空的环境中，两种模式均为 NC-AFM 的发展做出了重要的贡献。

图 4.1.9 是 NC-AFM 的信号检测原理的框图[72]。它是由振幅控制模块和频率测量模块组成。悬臂发生偏转后产生信号进入带通滤波器，然后分别进入锁相环（PLL）、相位调节器和交流直流转换器。基于 PLL 的频率调制解调器测量频率偏移信号，并将其转化为电压信号。相位调节器调节悬臂振动激励信号和悬臂振动信号相位相差 $\pi/2$，使激励信号最小。交流直流转化器

将悬臂偏转振幅转化为直流信号，与振幅设定值比较后提取能量耗散信号。相位调节器和交流直流转换器共同组成振幅控制模块。NC-AFM 成像模式由频率偏移的反馈开与关可以分为恒频率偏移模式和恒高度模式。恒频率偏移时，反馈打开通过实时记录压电陶瓷管的高度得到表面形貌信息；恒高度模式时，反馈关闭后针尖和样品距离不变，记录频率偏移信号得到恒定高度下频率偏移图。

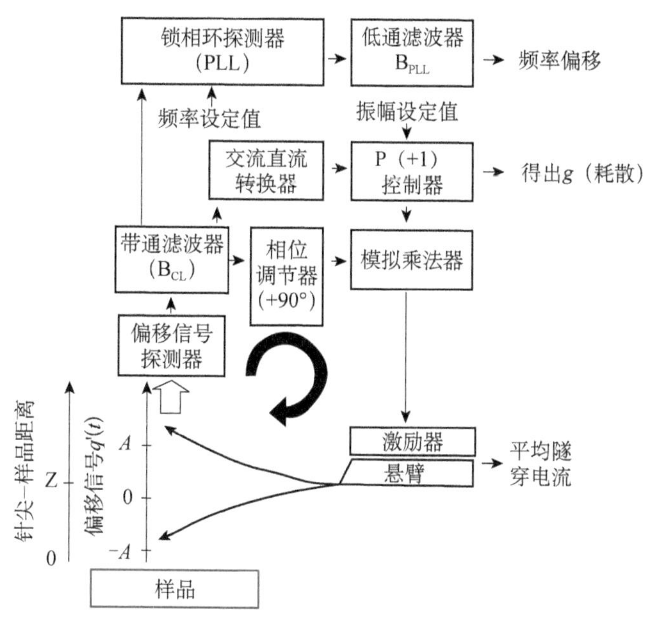

图 4.1.9　NC-AFM 的信号检测原理框图（恒定振幅控制和频率偏移控制）

（图片摘自文献[73]）

1998 年，德国雷根斯堡大学的 Franz J. Giessibl 发明了 qPlus 传感器。它由具有压电自检测的石英音叉作为力传感器，其中一个悬臂固定，另一个悬臂处于自由状态，末端粘有针尖提取隧道电流信息，同时可以得到力的信号。石英音叉弹性常数 k 一般为 $1800\mathrm{N \cdot m^{-1}}$，共振频率为 32～200kHz。相比于传统的激光检测的 Si 悬臂来说具有比较高的 Q 值，并且石英音叉硬度相对较大，针尖可以距离样品更近，可以得到样品分子内或者分子间的信息。qPlus 传感器在成像分辨率上具有极大的优势，推动了 NC-AFM 在原子尺度上化学成像的发展。2009 年，苏黎世 IBM 实验室的 Leo Gross 等人利用 CO 修饰的针尖在 5K、恒高度模式下得到了并五苯分子的高分辨图像，这是科学家第一次在实空间得到分子的化学结构信息[74]。

NC-AFM 的迅猛发展在水科学领域也发挥了重要的作用。NC-AFM 为界面水提供了高的水平分辨率，但是针尖靠近样品时，要控制针尖对水层的微扰。在室温大气环境下，针尖靠近样品时，针尖上的水和样品表面的相互作用，导致测量的误差。基于 NC-AFM 的静电力显微镜（scanning polarization force microscopy，SPFM）[75, 76]，它利用的静电相互作用，施加了偏压的针尖距离样品表面 10～20nm，避免了针尖和样品之间的接触。

1995 年胡钧等人利用发明的 SPFM 研究了室温下云母片上水的凝聚和蒸发过程[77]。利用 SPFM 可以对两个过程进行直接成像。凝聚过程中水相可以分为两种，25%湿度时，形成直径小于 1000Å 的二维水的团簇；高于25%的湿度时，形成大的二维岛状的水层，这个岛状的水层和云母的晶格相关；随着湿度的增加，岛状生长会在湿度为 45%的时候完成。水的蒸发过程同样可以观测到。如图 4.1.10，对于岛状的水层，作者发现针尖和样品接触后会诱导接触点处水的凝聚。针尖退回后，通过 SPFM 可以对过量的水形成的分子层厚的岛进行成像。水岛的边界经常是角度为 120°的多边形，通过比较云母片的晶格，可以得到边界的方向和云母的晶体学方向相关。因此作者得到了分子层厚的水层有着冰类似结构的结论，即“室温下的冰”。

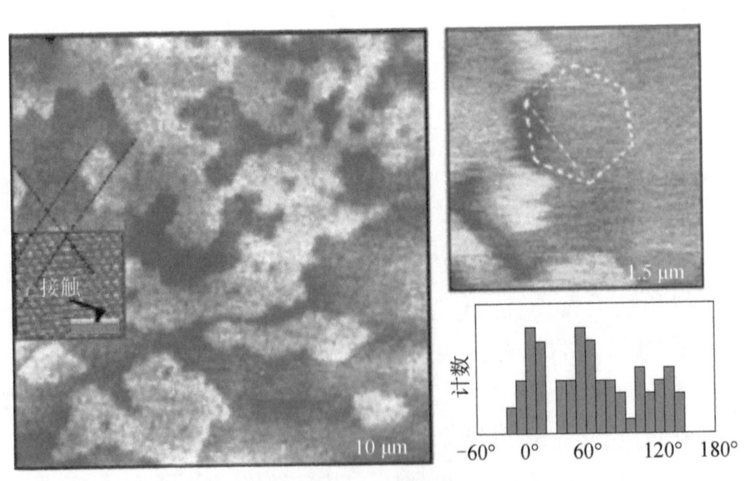

图 4.1.10　云母上水结构的 SPFM 图

亮的区域对应着第二层水，暗的区域为第一层水。边界处趋向于五元环，较小图案处为六边形状，它的方向和云母晶格相关（图摘自文献[77]）

2011 年 Sergio Santos 等人利用 AM 模式的 AFM 测量了水层的高度[78]。在研究中，样品表面分为干燥和润湿区域。作者考虑了针尖、样品及相应上下水层三者相互作用的区域：Wnc、Wc 和排斥力区域。Wnc 区域对应于针尖和样品的水层都没有被扰动的情况；Wc 区域定义为水层被扰动，但是针尖和样品没有接触；排斥力区域为针尖和样品接触。通过实验和模拟在 Wnc 区域无论是干燥和润湿区域得到的是水层的真实高度。

2010 年 Ke Xu 等人利用石墨烯覆盖在云母片上的水层上，研究了水吸附层的吸附高度。结果表明，第一层和第二层水的吸附高度为 0.37nm 左右，这和单层冰的高度相同，得到室温下吸附在云母片上的第一、二水层为冰的结构的结论[79]。石墨烯的作用是固定水的吸附层，为在室温下探测表面水创造了条件。如图 4.1.11 通常在接近 0℃时冰的层间距为 $c/2$=0.369nm，这个和观察到的大约 0.37nm 结果相近。并且（f）图中箭头所指的方向指明第一层水岛的边界大约为 120°，这证明了在云母上第一层水也有冰的性质，是对前述用 SPFM 研究水工作的进一步发展。

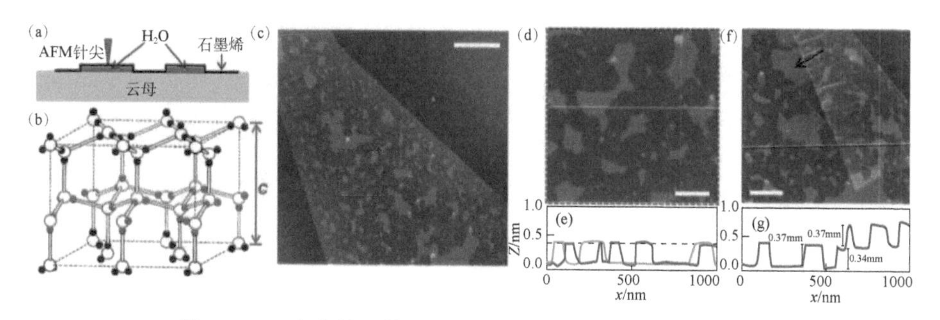

图 4.1.11　在自然环境下利用石墨烯观察云母上第一层水

（a）AFM 针尖探测石墨烯覆盖的水；（b）冰的结构；（c）云母上单层石墨烯的 AFM 图；（d）为（c）图中蓝色方块区域；（e）图为横线处（绿色）和另一样品（紫色）的高度信息；（f）另一样品的 AFM 图，单层石墨烯片的边缘发生了折叠；（g）图为横线处（红色）的高度信息（图摘自文献[79]）

2010 年，Kenjiro Kimura 等人利用 AFM 的 FM 模式原位研究了云母表面的特定晶体位点的水结构[80]。他们利用力谱逐点成像的方法，得到了针尖与表面相互作用力的二维分布。如图 4.1.12，（a）、（b）图分别是云母表面结构模型和 AFM 图。（c）图是 FM 模式测得的表面水结构。图中可以看出，在水和云母的边界处，水分子渗透到了云母六元环的中心；同时可以从图中区分出云母表面的三层水的位置。但是水结构在表面上不是相同的，如图（c）中所示，橙色椭圆处作者认为是云母表面吸附的钾离子或者钾离子的水合物。这种不均匀性来源于表面电荷分布的不同，而且第三层水受表面结构的影响要比第一、二层水要小。同年，Takeshi Fukuma 等人利用 3D-SFM（three-dimensional scanning force microscopy）的 FM 模式得到了云母上六边形上吸附水分子和横向水层的三维分布，研究表明靠近水环境的云母表面存在表面弛豫[81]。2013 年，Elena T. Herruzo 等人将这种三维的思路扩展到双模 AFM 上，它采用在两个频率下同时激励微悬臂的方式。这样不仅增加了二维方向的分辨率，而且可观测性大大提高。同时，他们还对 Fukuma 的工作进一步发展，能够在 10pN、2Å 和 40s 的分辨率下对云母上水层进行成像。图 4.1.12（d）是云母-水的三维图，左图显示在靠近云母时，观测值的震荡周期与水层宽度一致；右图界面上的微扰可以分析得到云母上的原子结构。这些研究显示了 NC-AFM 在研究水结构的重要作用，极大推动了水科学的发展[82]。

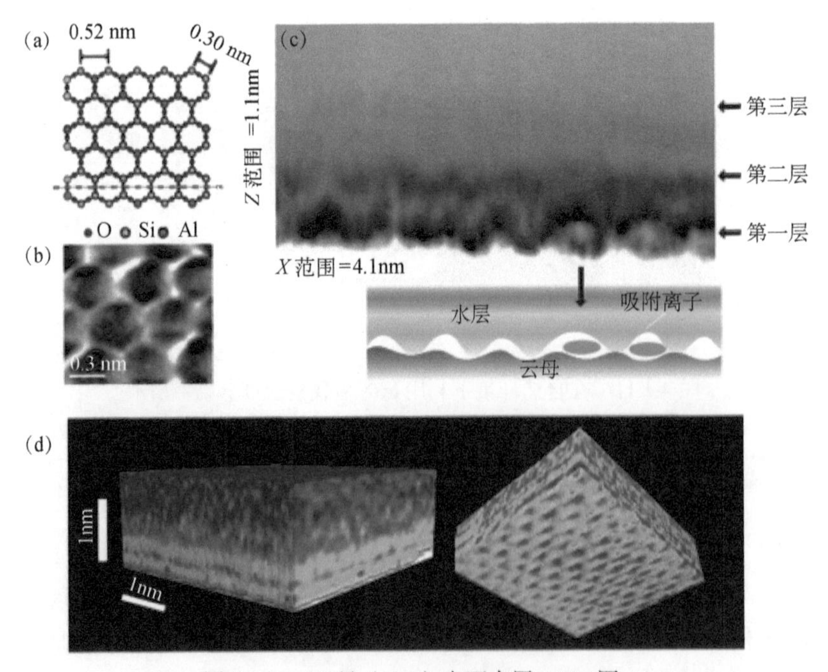

图 4.1.12　云母（001）表面水层 AFM 图

（a）云母（001）表面结构的图示和（b）浸在水中的云母的 AFM 图；（c）二维水合结构力谱成像和图例。图中橙色椭圆处可能是吸附在表面的钾离子或者钾离子水合物；（d）水-云母界面的三维图，两图分别显示了水层结构和云母的原子结构（图摘自文献[80]）

室温下人们利用 NC-AFM 的许多模式来对表面水层进行成像和表征。随着低温技术的发展，水科学的研究也进入了新的领域，如在原子尺度上获得表面冰或者水的本征结构和动力学等。2013 年，北京大学的彭金波等人利用 qPlus NC-AFM 在液氦温度下研究了 NaCl（001）表面上水团簇的高分辨成像，并且研究了成像的机理[83]。实验和理论模拟比较后，关键在于在较大的针尖样品距离处探测 CO 针尖和极性水分子之间的高阶静电力。如图 4.1.13，图（a）是基于 qPlus 技术的 NC-AFM，它的针尖尖端修饰了 CO 分子。图（b）是由电四极矩针尖探测到的水分子图像。

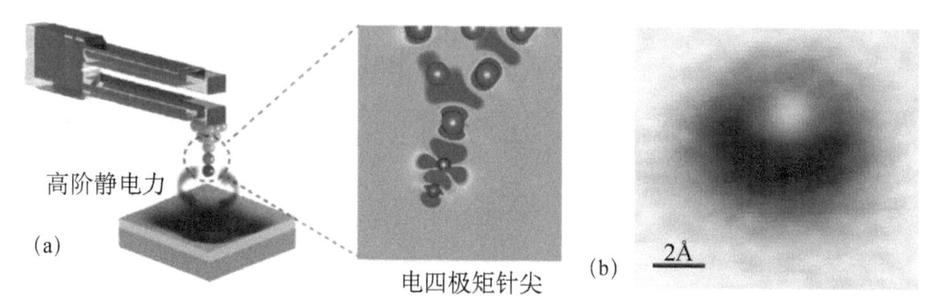

图 4.1.13　qPlus 非接触式原子力显微镜示意图与单个水分子 NC-AFM 图像
（a）qPlus NC-AFM 的图示（CO 修饰的针尖）；（b）单个水分子 NC-AFM 图像

基于这种高阶静电力成像，他们可以清晰地分辨水分子中氧原子和氢原子的位置。此外，由于 CO 针尖和水分子之间的高阶静电力相当弱，可以在没有任何扰动的情况下对很多弱键合的水分子团簇及其亚稳态进行成像。2018 年该课题组研究不同数目钠离子的水合物在 NaCl（001）表面上的迁移过程。他们发现，钠离子与三个水分子形成的水合物相对其他水合物在表面上扩散得快。计算表明，这种高的迁移率来源于这种水合物的亚稳态结构，其中水分子可以以较小的势垒旋转。同时从该水合物中去除或者增加一个水分子都要增加扩散的势垒。该研究从原子分子尺度上分析表面水合物的扩散行为，为进一步理解表面水合离子传输提供了思路[41]。

由于在表面浸润过程中水层的缺陷具有重要的影响，2017 年，Akitoshi Shiotari 等人同样在液氦温度下利用 qPlus NC-AFM 和 CO 功能化的针尖研究了水网络的缺陷等问题[73]。图 4.1.14 是一维水链三种终止端的高分辨 AFM 图像。除此之外，他们还研究了水-羟基网络和氢键的重排。从而对水网络在原子尺度上的缺陷进行了实空间的表征，为进一步理解界面水的结构提供了进一步的实验证据。

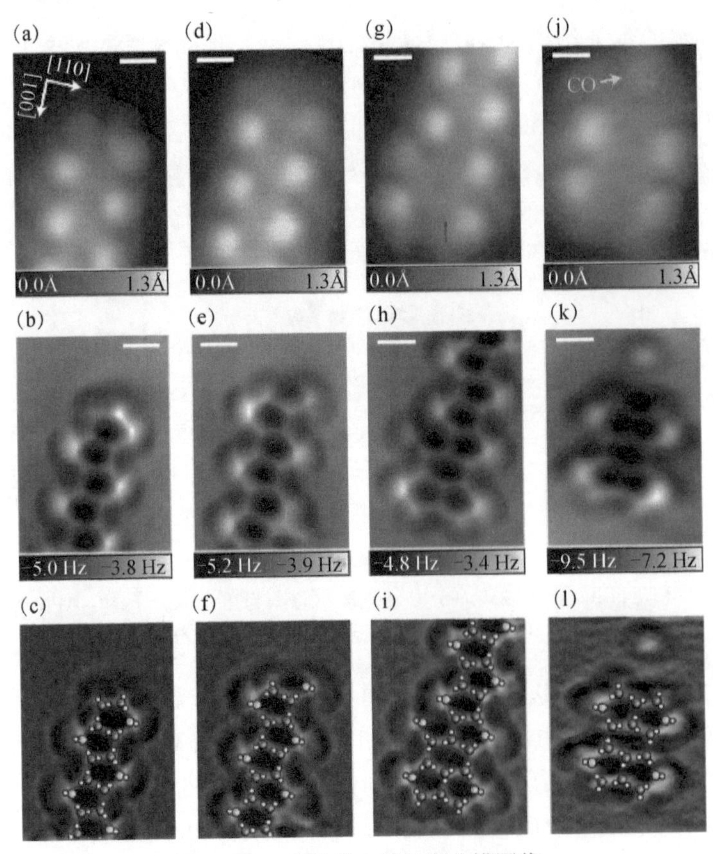

图 4.1.14　水链终止端的高分辨图像

五元环水链终止端 STM（上）和 AFM（中）图，原子结构图像（拉普拉斯滤波后）（下）。（a）～（c）五元环终止；（d）～（f）五元环终止端有一个额外的垂直的水分子；（g）～（i）五元环和六元环融合；（j）～（l）四个五元环组成的团簇，标尺：5Å（图片摘自文献[73]）

NC-AFM 的快速发展为水科学的研究带来了新的机遇，同时也促进了该技术的发展。总之，在原子、分子层面上操纵水以及理解水在界面处的行为，将会对水科学的发展提供新的契机。

2. 光谱技术的进展和在水科学中的应用

光学技术往往是探测材料物性最有效的手段。在过去的几十年中，激光技术和非线性光学的进步为材料科学研究提供了许多新机遇[84]。在激光科学快速发展的促进下，新型光谱技术如雨后春笋般涌现，并被广泛应用于探索材料科学的新领域。例如原子和分子的激光冷却、激光探测材料中的超快动力学、精密光谱，这些都已被授予了诺贝尔奖。传统光谱技术，如拉曼散射、傅里叶红外光谱等，作为谱学分析的常规手段，很早就用于水科学的研究，促进了人们在微观层面对水的结构的认识。由于水的氢键网络的多样性和复杂性，水科学的实验研究极具挑战性。因此，新兴的光谱技术往往会很快应用于水的物性的探测。本部分将简要介绍（界面）非线性光谱、红外和拉曼光谱以及太赫兹光谱等技术在水科学中的应用。

1）表面敏感的非线性光谱技术

1961 年，Franken 等用红宝石激光器在石英晶体中首次观察到了二倍频效应，标志着非线性光学的诞生[85]。随后，纳秒（10^{-9} 秒）、皮秒（10^{-12} 秒）乃至飞秒（10^{-15} 秒）激光脉冲的实现使人们很容易获得瞬时的高强度光场，各种非线性现象应运而生，推动了光谱学的革命性的发展，在物理、化学、生物、材料等诸多领域中发挥了不可替代的作用。

光照射到物质上时，光的高频电磁场驱动物质中的电荷振荡。当光场很弱，激发振子的振幅很小，近似于对光场的线性响应；随着光场的增大，非简谐振动变得不可忽略，高阶非线性响应越来越显著。相较于线性光谱，非线性光谱可以揭示更深层次的分子结构的信息。20 世纪 80 年代，美国加州大学伯克利分校的沈元壤教授课题组率先运用二次谐波（second harmonic generation，SHG）与和频光谱（sum-frequency spectroscopy，SFS）研究了表面分子的吸附，并迅速在表面催化等领域的研究中获得令人瞩目的成就[86]。迄今为止，这是唯一可以提供水表面（界面）振动谱的实验技术。通过 SFS 振动光谱，人们可以在分子层面上获得表面（界面）的结构信息。尤为重要的是，它可以被应用到复杂的原位环境下，包括各式气体、液体、固体与水形成的界面，而且对温度、压强等没有苛刻的要求。

SFS 技术具有非常高的表面灵敏度，它的独到之处在于它可以为我们提供表面谱，尤其是表面分子振动谱，不仅可以用来研究单一材料的表面，还可以研究异质界面。如图 4.1.15（a）所示，两束频率分别为 ω_1 和 ω_2 的激光打到样品上，会产生反射和透射的和频光 $\omega=\omega_1+\omega_2$（图中只显示了实验中常采用的反射和频光）。探测的 SF 信号由下式给出：

$$S(\omega=\omega_1+\omega_2)\propto\left|\hat{e}\cdot\left(\ddot{\chi}_{\mathrm{S}}^{(2)}+\frac{\ddot{\chi}_{\mathrm{B}}^{(2)}}{\mathrm{i}\Delta k}\right):\hat{e}_1\hat{e}_2\right|^2 \tag{4.1}$$

这里 $\overleftrightarrow{\chi}_{\mathrm{S}}^{(2)}$ 和 $\overleftrightarrow{\chi}_{\mathrm{B}}^{(2)}$ 分别为所研究材料表面和体的非线性极化率，单位矢量 $\hat{e}_i$ 描述第 i 束光的偏振方向，Δk 波矢失配。作为一个二阶非线性光学过程，在电偶极近似下和频光无法在中心反演对称的材料体内产生（即 $\overleftrightarrow{\chi}_{\mathrm{B}}^{(2)} \approx 0$），但是在材料的表面和界面中心反演对称破缺使得 SF 过程可以发生($\overleftrightarrow{\chi}_{\mathrm{S}}^{(2)} \neq 0$)。因此，SF 技术具有很好的表面（界面）分辨能力，被广泛用于研究表面（界面）的问题。

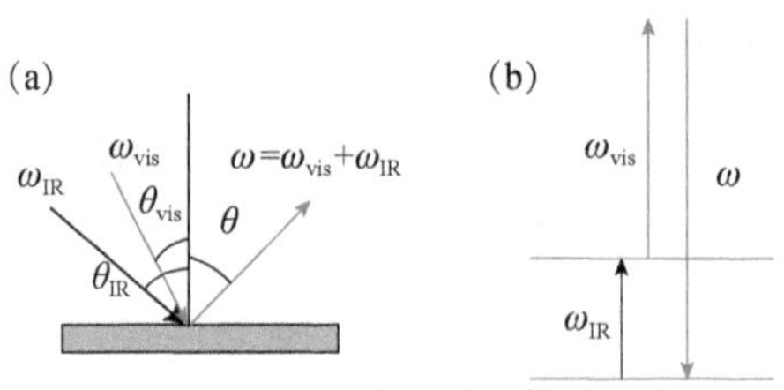

图 4.1.15　和频振动光谱的简单示意图

表面二阶极化率 $\overleftrightarrow{\chi}_{\mathrm{S}}^{(2)}$ 包括共振和非共振的贡献。当 ω_1 趋近分子振动能级，$\overleftrightarrow{\chi}_{\mathrm{S}}^{(2)}$ 可以被描述为

$$\overleftrightarrow{\chi}_{\mathrm{S}}^{(2)} = \left[\overleftrightarrow{\chi}_{\mathrm{NR}}^{(2)} + \sum_q \frac{\overleftrightarrow{A}_q}{(\omega_1 - \omega_q + \mathrm{i}\Gamma_q)}\right] \tag{4.2}$$

其中，$\overleftrightarrow{\chi}_{\mathrm{NR}}^{(2)}$ 是非共振项，$\overleftrightarrow{A}_q$、ω_q 和 Γ_q 分别为第 q 个振动能级的张量强度、共振频率，以及阻尼衰减常数。从以上两个式子很容易看出，如果 ω_1 扫描至某一振动跃迁（参见图 4.1.15（b）)，SF 信号就会共振增强，从而 SFVS 可以给出振动谱。众所周知，表面的振动谱直接关联着表面分子结构。除了表面（界面）分辨能力，SFVS 还具有探测亚分子单层高灵敏度。同时，作为一类相干激光光谱技术，它还具有高频谱分辨、空间分辨，以及超快时间分辨等优势。由于产生的 SF 光具有很好的指向，SFS 可以帮助我们在恶劣环境下原位监控样品的表面（界面)，利用 SFVS 研究水以及冰的表面就是很好的例子[87, 88]。

如图 4.1.16 所示，在一个典型的 SFS 实验装置中，一个皮秒或飞秒高功率激光泵浦光参量系统，再配合上倍频、和频、差频混频技术，可以得到 200nm～20μm 连续可调的相干光源。频率分别为 ω_1 和 ω_2 的脉冲激光在时间上和空间上重合于样品表面，产生的 SF 信号通过适当的滤光被光子倍增管收集。

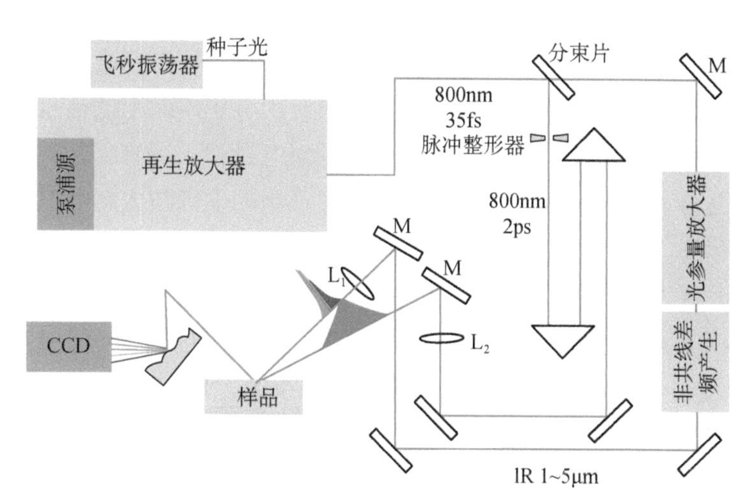

图 4.1.16 基于飞秒激光系统的和频振动光谱仪

和其他互补的技术和理论计算相结合，SFS 可以用来研究许多重要的基础问题，包括：①在分子层面上水的表面（界面）结构以及它在外因素影响下如何变化；②各种分子和离子是否会吸附在表面（界面），遵循什么样的吸附动力学以及和水的表面（界面）结构的关联；③水表面（界面）化学反应（例如光催化反应）的微观过程；④水表面（界面）反应的动力学过程等。所有这些复杂问题都直接关系着涉及水表面（界面）的科学与技术的革新，例如水污染处理、绿色清洁能源（水裂解）等。

传统的 SFS 实验方法由于只能测量 $\chi^{(2)}(\omega)$的振幅而没有测量相位，因此无法直接提供界面共振谱。这导致了不同研究组对相同的 SFS 光谱的分析可以产生很大分歧[89]。在过去若干年里，SFS 技术得到了大力改进，使得在水的表面（界面）问题的研究方面取得一系列重要的实验突破[87, 89-102]。在技术方面，最为显著的革新是相位敏感的 SFS[99]。一般而言，表面（界面）的 SF 光学响应函数 $\chi^{(2)}(\omega)$包含实部和虚部，换言之，包含振幅和相位。相位敏感的 SFS 技术可以从实验上测量振幅和相位，从而直接获得界面的共振谱和相应分子的平均极向取向，在实验室得到完备的共振谱学表征。

SFS 在表面科学中的典型应用是液体的界面，尤其是水溶液的气-液界面、液-液界面以及固-液界面。固-液界面研究的难点在于它们是介于两种凝聚态块材间的隐藏界面，不但大多数常规表面技术难以研究，有些体系——比如电化学界面——甚至连光子都难以穿透。历经数百年的发展，电化学在能源、医药等诸多领域有着极其关键的应用[103, 104]，然而因为上述实验技术上的困难，至今人们对电化学反应过程中分子层面上的信息仍知之甚少，包括界面分子种类、构型，以及反应的瞬态过程，等等。常规的表面振动光谱通过红外光获取界面的分子信息，而常用的电极与电解液对红外光都有强烈的吸收，光子无法从任何一侧进入发生反应的界面处。为解决这一难题，Liu 等人采用了金属薄膜——比如金膜——作为工作电极，通过表面等离激元共振将红外光场高效耦合到其与电解液的界面（图 4.1.17（a）)，确保了测量结果来自于所关心的电化学界面本身，同时也利用表面等离激元的场增强效应提高了非线性光谱的表面探测灵敏度[101]。通过这一方法，成功探测到金-水界面上硫醇自组装单分子层在不同电化学电位的原位光谱（图 4.1.17（b）)，发现在还原脱附的情况下，硫醇自组装膜在电极附近保持了出乎意料的高度有序性，并可反复在电极上重新吸附、组装；但在氧化脱附时，氧化后的硫醇分子在水中的溶解度增高，因而可以更快地扩散到电解液中，使得该脱附反应不再可逆。可以看到，一旦获取了分子层面的光谱信息，即便是硫醇电化学脱附、吸附这一早已被广泛研究的常见的电化学反应，依然可以从中获取新的信息。进一步，该研究组将表面等离激元 SFS 光谱应用到了水界面的研究。借助光学反常透射的原理，他们设计了金属纳米光栅的结构来进一步增强耦合红外在金属、水界面处的场强[105]（图 4.1.17（c)，(d)），并成功获得了金电极在氧化还原过程中界面水的伸缩振动光谱。相比于利用局部热点的常规场增强光谱，该实验技术保证了混频信号源于平整的电极表面，同时拥有着非线性混频光谱的全部优点，尤其是信号的相干性，使我们可以直接读取表面化学键的偶极取向。这类信息对理解电化学反应的微观机制十分关键，也是对其他利用散射信号的光谱技术的有力补充。

水的界面因电荷转移或化学反应等原因往往会聚集界面电荷层。带电水界面由标准的界面电双层（electric double layer，EDL）模型描述，它包含最紧邻界面几个分子层厚的 Stern 层以及扩散层（diffuse layer)。Stern 层内，水分子、水和离子与带电界面通过氢键、经典库仑力、范德瓦耳斯力等相互作用，形成界面所特有的氢键结构网络，它的结构至关重要，因为该层中的分子会直接参与界面的物质和能量转移，主导了界面的物理、化学特性和功能。1992 年起，传统 SHG/SFG 被用于探测带电界面，但无法区分两个层，

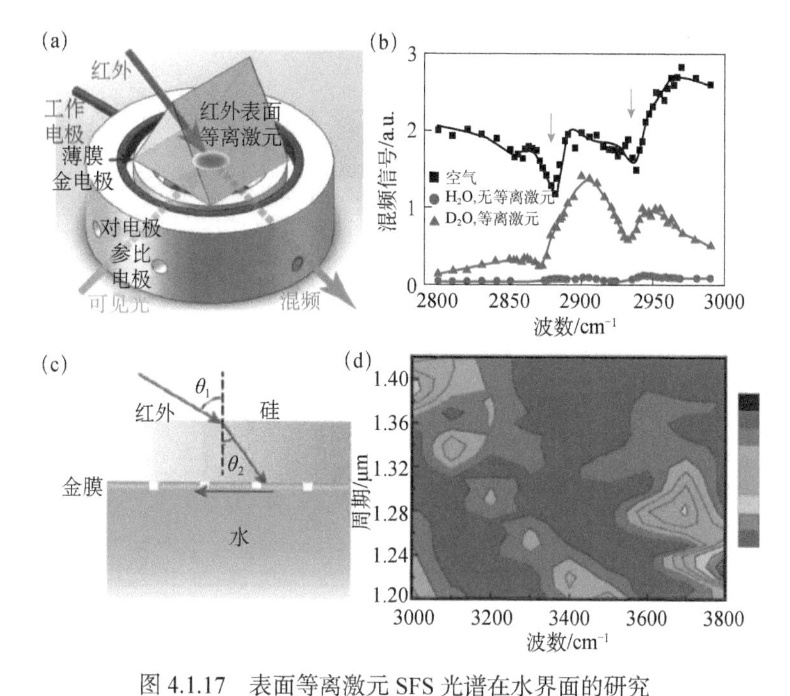

图 4.1.17　表面等离激元 SFS 光谱在水界面的研究

（a）利用 Kreschmann 构型实现金属电极与电解液界面红外表面等离激元的激发与（b）金电极/水溶液界面硫醇分子自组装膜的原位光谱[101]；（c）利用纳米光栅实现金属电极与电解液界面红外表面等离激元的激发[105]；（d）纳米光栅金电极/水溶液界面场强对红外频率与光栅周期的依赖关系[105]

导致 Stern 层的结构信息被扩散层信号所淹没。2016 年，Wen 等人在该方向获得了突破[102]。如图 4.1.18 所示，通过修正原有和频光谱理论在描述 EDL 时的缺陷，设计了新的实验方案，定量得到扩散层中水分子的和频谱（$\chi^{(3)}$），从而可以将扩散层贡献去除，首次得到界面 Stern 层的振动谱并揭示了其微观结构。作为展示该技术方案的例子，他们研究了脂肪酸单分子膜在水表面的带电界面体系。获得的实验光谱表明界面结构强烈依赖于体内水溶液 pH 值以及 Na^+的浓度。该结果获得了分子动力学微观模拟结果的支持。这是实验上首次获得界面 Stern 层的振动谱。同时，他们测量得到的扩散层中直流电场诱导的体相水的和频光谱相应的非线性极化率谱；该谱可以用于研究任何其他带电的水界面。这项新技术为在微观尺度深入研究带电水界面的物理结构和化学反应微观路径提供了独特实验手段。

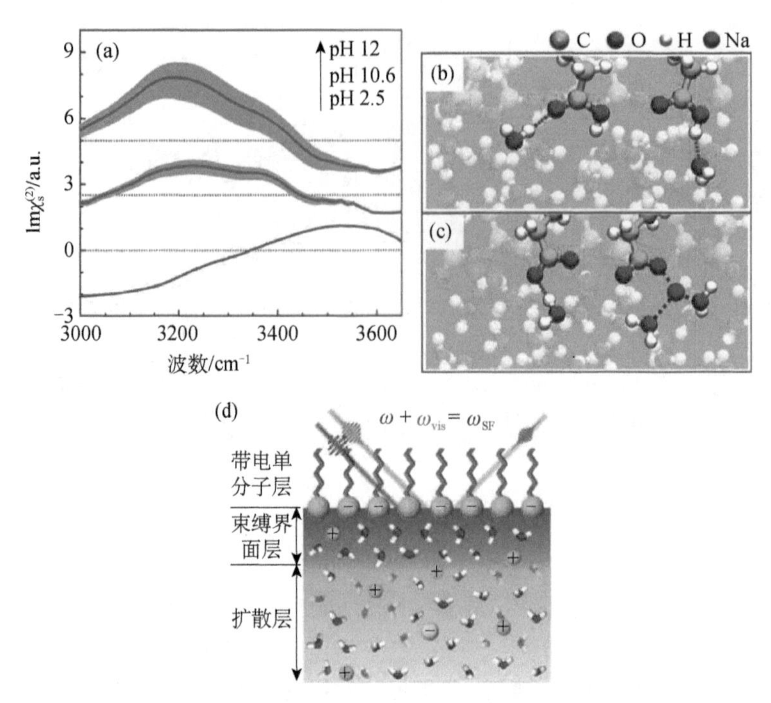

图 4.1.18 （a）实验获得的最紧邻界面的 Stern 层在不同 pH 下的振动光谱；（b）和（c）是在不同 pH 之下分子动力学模拟获得的界面微观结构；（d）带电界面双电层结构和脂肪酸单分子膜/水界面和频光谱实验示意图（图片摘自文献[102]）

近些年，研究者发现当盐溶液在石墨烯上流过时，会在石墨烯两端产生电压。对这一现象的解释是当液滴向前流动时，液滴前端先吸附的正离子会吸引石墨烯中的电子，而后端脱附的离子会释放原来吸引的电子，这就使石墨烯外电路的电子有了定向流动，从而产生电压。这是一种有望将雨滴、河流、海洋潮汐的动能转化成电能的新型能源器件。但其中因为石墨烯是一种二维材料，它不能完全屏蔽基底与水溶液的相互作用，所以目前大家并不知道在发电过程中石墨烯与其下面基底的功能分别是什么。Yang 等人利用和频光谱揭示了该发电器件的微观机理（图 4.1.19）[106]。通过替换不同基底发现，与盐溶液中正离子相互作用的是基底的极化基团；石墨烯在此过程中是作为一层透明的导电薄膜存在的，它不会直接吸附离子。基于上述认识，他们将石墨烯下的基底换成极性可调的铁电薄膜，通过调节薄膜的极性，可以控制该器件的发电效率。

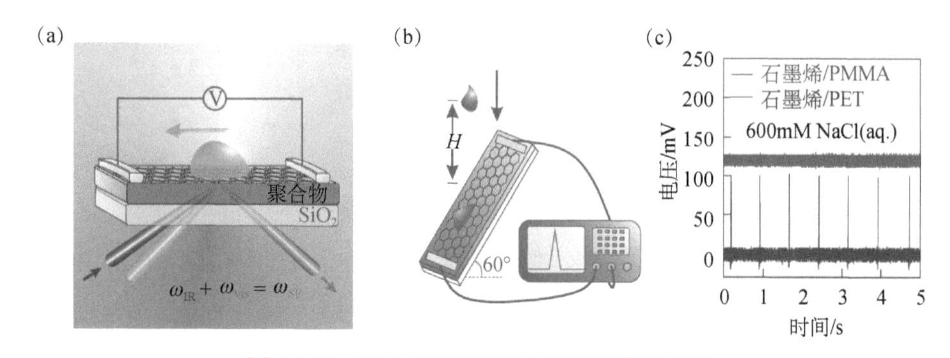

图 4.1.19　SFG 在石墨烯发电界面的研究应用

（a）和频光谱原位测量石墨烯发电界面的实验示意图；（b）和（c）展示了水溶液滴从石墨烯表面流过产生电脉冲的测试装置图和电压信号（图片摘自文献[106]）

可燃冰（甲烷水合物）是一种清洁、高能效、储量丰富的新型战略资源。自然界常见的 S-I 型结构的可燃冰晶体，由两个十二面体与六个十四面体组成；每个多面体由水分子连接，中间嵌入一个甲烷分子，对应甲烷的摩尔分数可达 15%。虽然可燃冰结晶的热力学条件非常容易实现（0～10℃和几十至一百大气压（数百米至一千米海底）)，然而，甲烷分子几乎难以溶解在水中，其成核预期会非常困难。这显然与自然界储量丰富可燃冰的现实相悖。至今，可燃冰是如何高效率成核、结晶这一基本问题仍然是个未解之谜。Liang 等人将 SFS 技术应用于高压环境下的水界面，首次在实验上直接观测到了甲烷水合物高效成核的关键过程（图 4.1.20）[107]。他们发现，虽然甲烷难溶于水，但高压甲烷分子会扩散进入水的表面，形成远高于体相浓度的甲烷-水混合薄层。在该界面混合层，甲烷分子首先嵌入水分子连接成的笼状物，嵌有甲烷的水合笼状物则可溶于水中，形成高浓度的溶液，为结晶提供了先决条件。该工作还发现，嵌入甲烷的水合笼状物是一种稳定的结构，即使将可燃冰晶体融化，该笼状结构依然长时间存在。融化的溶液中大量存留的笼状物，使再结晶变得更加快速，即可燃冰结晶的“记忆效应”。该研究成果揭示了界面对甲烷-水笼状结构合成的催化作用，解释了自然界可燃冰高效率生成谜团，为研发高效率合成（气体储存）或抑制（预防输气管路堵塞）甲烷、氢气等水合物的新技术奠定了必要的基础。

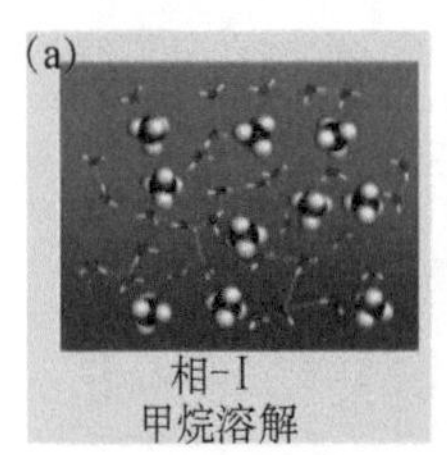

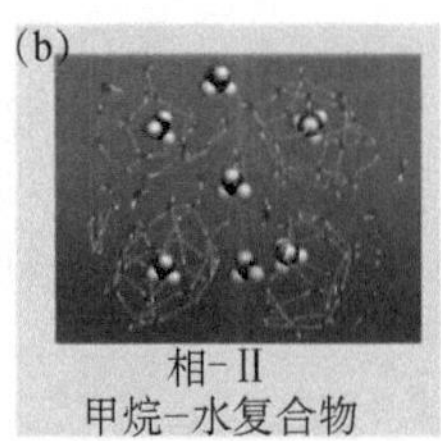

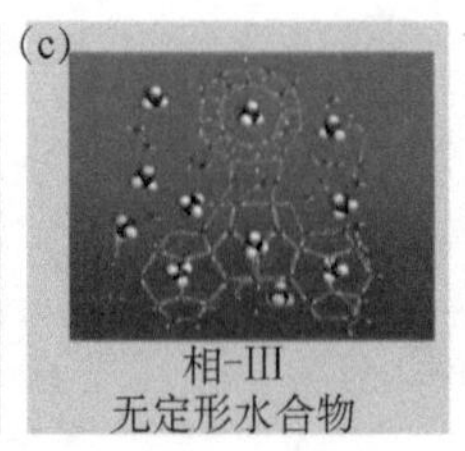

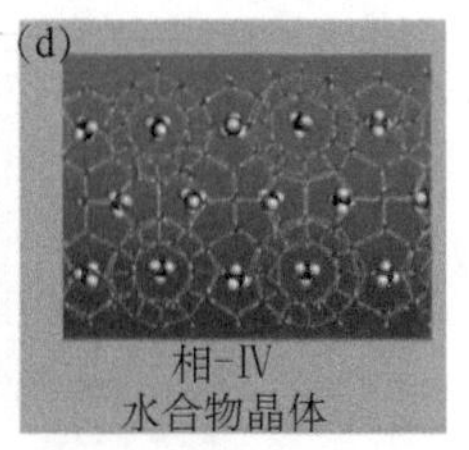

图 4.1.20　甲烷水合物在甲烷-水气液界面的生成过程示意图（图片摘自文献[107]）

2）红外与拉曼光谱技术

合理准确地测量与描述水分子间的相互作用是了解水分子结构与性质的基础。分子间相互作用很难直接测量，只能从其光谱、物化特性等变化测量中间接获得。红外、拉曼光谱等分子振动光谱技术作为现代分析技术的重要手段，因为其可以在分子水平上实时、原位、免标记地识别分子结构与动力学信息，且对小至 0.01Å 核坐标的变化还非常敏感[108]，在物质结构标定中发挥其他手段无法代替的作用，可提供分子环境和运动行为的直接信息。由于水分子的振动模式强烈依赖于水体系间的氢键环境，其振动光谱峰位置、宽度、强度、谱形及偏振特性等随分子间相互作用不同而改变，因而通过判断水分子的振动光谱可以得到较为准确的水分子局域结构，局部相互作用和微观动力学，以及捕获氢键的局部激发状态等。因此，分子振动光谱技术已经发展成为研究水分子结构和动力学的重要工具[109-111]。多篇发表在 *Chemical Reviews* 上的综述已系统总结了水分子的振动光谱与动力学研究进展[110, 111]。

在线性光谱技术应用方面，Nauta 和 Miller 等人最早使用红外光谱研究液氦中的水团簇结构，发现了由 6 个水分子形成的环状三维结构[112]；Mallamace 等人利用红外光谱实验发现了过冷受限水中的低密度液相[113]；利用红外光谱可以分析出液态水的平均氢键数目，比如，Raichlin 等人发现存在三配位或二配位的水分子[114]，Max 等人分析出水的平均氢键数目为 4 个[115]。红外光谱除了用来研究液体水结构外，还被用于研究溶剂与水分子之间的相互作用[116]。

与红外吸收光谱来源于分子的偶极矩跃迁比较，拉曼光谱则来源于分子的极化率改变，其对自由 OH 振动更加敏感[117]。拉曼光谱也已被广泛用来研究纯水[118]、电解质溶液[119]和高分子溶液[120]，研究温度、压强和离子等环境条件对液体水以及水团簇氢键网络结构的影响[121-123]以及无定形固体水结构[124]。Yoshimura 等人利用拉曼光谱研究了无定形固体水结构，获得了其不同相间的相图，并在高密度无定形固态水与低密度无定形固态水转换过程中观测到液态水的存在。值得一提的是中国科学技术大学刘世林教授课题组在该方面取得了卓有成效的进展。他们利用高灵敏、高分辨拉曼光谱技术探索了液体水的微观结构，直接观察到水中的自由-OH，在实验温度范围内存在约有 3%~4%的自由-OH，液体水中水分子主要是以 DDAA 和 DDA 的形态存在，当温度升高时，DDAA 的水分子转变成为 DDA 的水分子，水分子平均氢键数介于 3 与 4 之间[125-127]。

总体而言，通过红外和拉曼等线性振动光谱技术，人们可以观测水分子的平动、摆动、-OH 的弯曲振动和伸缩振动。不过，水分子具有很强的氢键网络结构，导致谱带加宽，给谱图的分析带来很大的困难。为了克服该困难，人们往往利用同位素技术，将 HOD 稀释于 D_2O 或 H_2O 中，获得没有局域耦合作用的 OH 或 OD 振动模式，进而大大简化 OH 或 OD 的谱学特征[121]。

在红外、拉曼等线性振动光谱基础上发展的 Pump-Probe 和二维红外等超快时间分辨振动光谱，不仅对非均相环境中的分子提供选择性的光谱探测，而且还可以提供复杂凝聚相分子结构与动力学方面的详细信息，为研究液体水的氢键结构和动力学提供新的视窗[128, 129]。例如，Tokmakoff 课题组利用互为补充的时间分辨拉曼、时间分辨二维红外光谱技术以及空间遮蔽光学克尔效应光谱技术，研究了稀释于 D_2O 中的 OH 伸缩振动频率波动动力学，获得了与局域分子运动和分子重排相关的时间尺度分布等液态水氢键网络的动力学特征，他们发现在短时间尺度上，振动弛豫表现为约 180fs 的欠阻尼氢键振荡，而长时间尺度的结果则表明氢键网络的集合结构重排时间约为 1.4ps；各向异性随时间的衰变测量给出了 50fs 和 3ps 两个时间参数，他们将其分别归于低频摆动和转动弥散[130, 131]。

非线性超快振动光谱技术亦被用来研究水与有机分子的相互作用以及纳米受限空间中水分子行为[132-136]。例如，Pshenichnikov 小组研究了四甲基尿素分子疏水基周围水分子 OH 伸缩振动的氢键强弱的变化，获得了疏水溶质如何影响氢键网络结构与动力学的详细信息[132]。Rezus 等人利用 Pump-Probe 技术研究有机水溶液，发现有机分子每个甲基周围存在 4 个运动很慢的水分子，这 4 个水分子不能构成传统意义上疏水基团附近的类冰状水[133]。相比之下，Stirnemann 等人利用二维红外光谱，同时结合分子动力学模拟，研究了蛋白质疏水表面水分子的动力学特性，其结果表明疏水表面附近的水分子的 OH 键会指向疏水表面，在疏水表面附近没有形成氢键的水分子构象调整速度要远快于体相水分子[134]。

总的来说，这些非线性超快振动光谱技术能有效提供水分子的超快动力学以及水非均质化学特性等重要信息，这些技术有望发展成为研究受限水和生物水的结构与特性，阐明生物分子与其结合水之间耦合终极关系的强有力非介入性新技术。与国际同行相比，我国在这方面的研究尚处于起步阶段。

3）太赫兹技术在水科学研究中的应用

太赫兹（terahertz，THz）波介于毫米波和红外线之间，通常指频率在0.1~10THz 范围的电磁波，物质在这一波段的光谱响应包含有丰富的物理化学信息。水是极性物质，对太赫兹波有非常强的吸收。太赫兹波能量在毫电子伏特量级，与氢键、范德瓦耳斯力等相匹配。利用太赫兹波段水的强吸收以及敏感响应，使太赫兹技术在水相关研究方面独具特色。近年来太赫兹光谱技术在水的微观结构、超快动力学和界面水研究等方面取得了非常大的进展[137-139]。

采用飞秒激光的太赫兹时域光谱技术是一种相干探测方法，可以同时获得被检测物质的振幅和相位信息，通过数据转换可以直接得到样品的吸收系数和折射率，进而获得物质的复介电常数和介电性质。由于太赫兹脉冲具有皮秒脉冲宽度，可以被用来进行时间分辨的光谱测量，获得样品的动态信息。目前使用最广泛的太赫兹实验装置是太赫兹时域光谱系统（terahertz time-domain spectroscopy，THz-TDS），其典型的系统结构如图 4.1.21 所示。图 4.1.21 为基于光电导天线的太赫兹时域光谱系统，将飞秒激光分为两束，一束聚焦入射在加有偏置电压的光电导天线上，激光激发的载流子在电场作用下定向移动，从而辐射出太赫兹波，经离轴抛面镜准直聚焦至样品处，透过样品的太赫兹波从而包含有样品的低频振动信息，再通过两个抛面镜收集聚焦至探测天线。另一束激光经过光学延迟线（delay line）后聚焦至探测天线，激光激发的载流子在太赫兹电场作用下定向移动，产生电流，通过测量电流的大小即可得到太赫兹电场分布。光学延迟线的作用是改变探测光脉冲和太赫兹脉冲的相对时间，探测不同延迟的电场强度，从而获得整个太赫兹时域波形。

水蒸气在太赫兹波段有丰富的指纹吸收光谱，这些特征信号在大气及环境探测和监测等中有重要的应用[140]。太赫兹时域光谱技术在研究水的微观结构和性质方面具有独特的优势，它可以直接测量在室温热平衡下发生的低频平移和转动，并用于如质子在水溶液中的结构动力学[141]，受限水的介电性质[142]等水科学的相关研究。

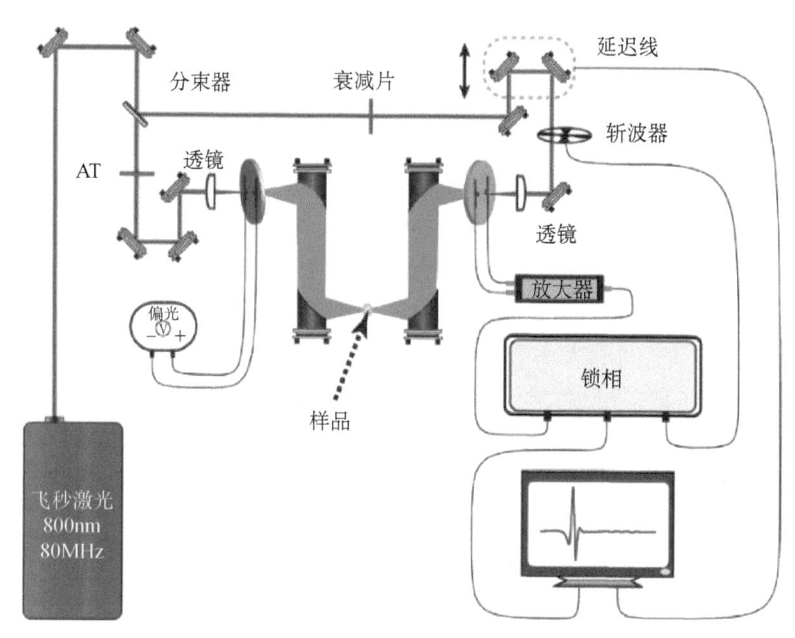

图 4.1.21　典型的太赫兹时域光谱系统示意图[143]

近年来，太赫兹时域光谱技术在研究界面水方面也取得了诸多进展。界面水及其动力学行为在蛋白质折叠和发挥生物学功能方面具有重要的作用。德国 Havenith M.课题组等[144, 145]利用太赫兹时域光谱技术，观察到蛋白质溶剂化层中的水与周围体相水有着不同特性。通过实验探测和分子动力学模拟研究发现一个蛋白质可以影响其周围 1000 个左右的水分子，在没有蛋白质参与的情况下，水分子的运动很像没有组织的"迪斯科"舞蹈，但有了蛋白质的统帅，水分子的运动则像节奏精致的小步舞。这些使人们从微观上清楚地观察到蛋白质对周围水的影响程度及影响方式。Tielrooij K. J.等[146]利用飞秒红外光谱和太赫兹介电光谱实验技术，研究了不同阴阳离子盐溶液中离子与水分子的相互作用，发现离子对水氢键作用的影响范围远远超出了离子的第一水壳层。在利用太赫兹时域光谱技术研究盐酸和盐溶液中质子水化过程的介电响应中，观察到质子的添加导致液态水的介电响应显著地下降，相当于溶解每个质子需要 19±2 个水分子[141]。至今，离子对水分子之间氢键网络的影响是长程作用或短程作用还存在争议。Funkner 等人[147]利用宽带太赫兹傅里叶变换光谱和分子动力学模拟研究了二价盐溶液的太赫兹吸收光谱，发现离子与它们的第一水壳层之间存在非常强的耦合，但是没有观察到长程的影响，认为离子对水化层的作用有限。最近，Havenith M.等[148]通过使用太赫兹-傅立叶变换红外光谱（THz-FTIR）研究盐溶液中阴阳离子附近水合特性及动力学，分析了水化壳内部的强水合作用和弱水合模式，进一步分析发现阴阳离子的水合作用存在协同性。然而，目前一些基础的问题仍然有待解决，如离子对水中氢键网络的影响范围，离子水化的非特异性太赫兹共振吸收所对应的结构和动力学过程，以及理解离子溶液中溶剂共享和溶剂分离的分子机制，这将成为水科学研究中持续关注的热点。

研究表明，水在不同受限空间中的太赫兹吸收特性与体相水有明显区别，并且与受限空间的大小有关。利用太赫兹技术研究受限空间水的微观特性近年来取得了诸多进展[149-151]。最近，如图 4.1.22 所示，Zhu 等[152]理论研究发现特定强度和频率的太赫兹电磁波能有效地破坏一维受限空间水的氢键网络，使一维受限水的渗透发生相变，进而导致膜的渗透改变，体相水则不会出现这种情况。这一研究为理解水通道蛋白发挥生物学功能如渗透压变化、水的吸收、体温调节和活细胞体积变化等提供了帮助和理论指导。

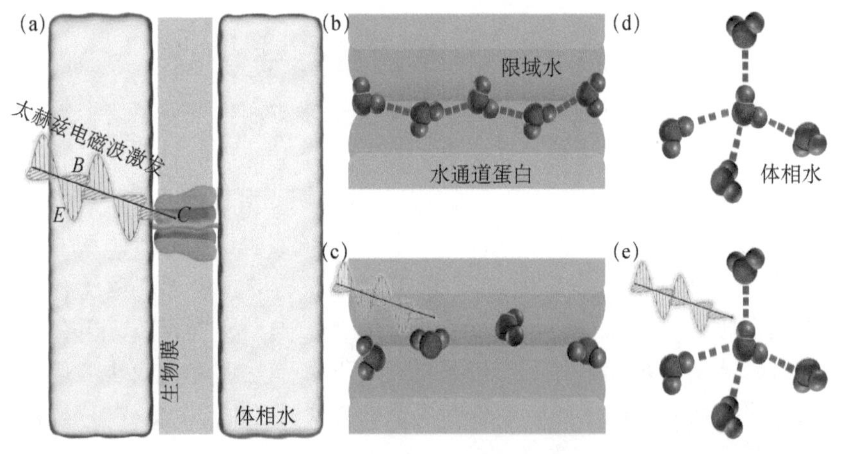

图 4.1.22　一维受限水在太赫兹电磁波刺激下，在膜上水通道蛋白中渗透相变示意图[152]

最近，Peter Z. 等[153]利用太赫兹泵浦-光学探测实验，并结合分子动力学和 Langevin 动力学方法，对水的偶极矩的瞬态取向进行研究，通过改变泵浦和探测光的时间延迟，揭示了水在太赫兹电场激发下的弛豫过程，通过克尔效应分析了水的极化等微观动力学特点。Shalit A. 等[154]利用二维拉曼-太赫兹实验系统，研究了水氢键形成过程中的分子间集体模式的动力学过程，实验结果表明氢键网络的非均匀分布是存在的，时间跨度约 100fs。该实验方法还成功用于探索盐溶液中离子对水氢键网络弛豫动力学的影响。

液态水具有较强的极性，且对太赫兹波有强吸收，因此在作为太赫兹源的研究中并不被看好，不过最近科学家发现，用飞秒激光激发水膜可以产生宽带太赫兹辐射，通过改变水膜的厚度及与入射激光的夹角，还可实现辐射的增强[155, 156]。这些实验进展为水相关的研究提供了新思路和启发。

3. 同步辐射技术在水科学研究中的应用

同步辐射是一种性能优异的光源，具有高通量、高亮度、高准直性、优良的脉冲时间结构、偏振及波长可调等其他工具不可替代的优点。相关同步辐射技术是研究各种材料和体系以及新奇量子现象的首选实验手段。目前 X 射线吸收谱学（XAS）、光电子能谱（XPS）、X 射线拉曼散射谱（XRS）、X 射线发射谱（XES）、X 射线成像等技术已经用来研究水、水溶液和界面水的氢键网络结构、溶质-水的相互作用和界面的相互作用，成为研究常态和极端条件下水的氢键结构及其动力学的有力工具，在受限体系、界面成像、界面催化等水科学的微观基础研究领域开始发挥不可替代的重要作用。

不同于扫描探针显微镜技术，基于同步辐射的多种谱学技术具有化学元素和化学环境（化学价态）的分辨能力，因而一直以来是研究材料物理化学性质的重要手段。早在 20 年前，同步辐射技术就被用于水和水溶液的相关研究。例如，X 射线吸收谱（XAS）可以探测物质的局部非占有态的电子结构；光电子能谱（XPS）可以用来研究水、水溶液和界面水的氢键网络结构、溶质-水的相互作用和界面的相互作用，是研究常态和极端条件下水的氢键结构及其动力学的有力工具。X 射线相衬/吸收成像技术主要用于增强具有不同的折射系数或厚度梯度较大材料的边界和界面信息，因此这种独特的能力特别适用于研究水-气和水-固界面。下面分别就水本身结构研究，界面成像和原位界面反应等介绍相关研究。

1）同步辐射技术研究水基本结构问题

水一直被认为是一种由氢键连接的具有随机和无序的网状分子形态，其氢键振动涨落很快，氢键断裂并重新形成的过程大概在飞秒到皮秒量级。水及其与凝聚态物质间的氢键相互作用导致了它们在常态和极端条件下的独特的原子和电子结构，从而表现出不同的性能（如温度低于 277K 时密度迅速减小，生物细胞中的水溶剂通道等）。因而水科学的核心问题就是氢键的微观结构。解决这一基本问题，有助于推动对许多物理、化学和生物过程的理解。

从 2002 年起，开始利用同步辐射谱学技术研究水的近边吸收谱和氢键结构，并开始受到普遍的重视，同时也引起了一些争议[157-162]。典型的代表，如 Wernet 等利用 XAS 和 XRS 方法发现，液态水中大多数水分子含有两个氢键并形成环状或链状网，而在冰中则是 4 个氢键的四面体结构网[160]。紧接着，Smith 等测量了随温度变化（−22℃～15℃）的 XAS 谱，发现水的吸收谱特征有很强的温度依赖性，认为体相的水以四面体形式存在，含 4 个氢键[161]。两个研究组的观点是相互冲突的。此后，多个研究组从时间分辨的角度对水的结构进行了研究，进一步探讨和验证水的氢键模型。但基本上后续的研究还都是支持传统的四配位的理论，例如 Hermann 等依然认为传统的四配位结构是合理的[162]。Odelius 等利用 X 射线发射谱监测芯态衰退过程，获取水和重水中 O 的 1s 电子在飞秒尺度内的寿命等信息，从动力学角度尝试建立新的氢键模型[163]。Fuchs 等人利用高分辨 XAS 和 XES 谱观察到液态水展现出很强的同位素效应，研究了氢键构型及 O 的 1s 基态电子的超快衰减时间尺度[164]。除变温实验外，Fukui 等比较了水中 O-K 边 XRS 在不同压强下的变化，发现氢键数量随着压强的变化呈现出先增加后减少的趋势，有助于理解氢键在极端条件下的变化性质[165]。

2）同步辐射软 X 射线吸收谱/发射谱研究水溶液中水分子结构

X 射线吸收谱探测的是物质的局部非占有态的电子结构，X 射线发射谱探测的是物质的局部占有态的电子结构，两种技术是研究水溶液体系中水参与反应前后电子结构变化的最有力工具。2003 年，Guo 等利用 X 射线发射谱技术测量了液体甲醇、水以及二者的混合物的 O 的发射谱，发现纯甲醇中分子以氢键结合的链状和环状四面结构和八面结构为主，而混合物中结构是不连续的[166]。随后，他们设计了用于测量水溶液的液体池装置，利用 XAS 在超高真空下研究了水、NaCl、NaOH 水溶液中 O 1s 的近边吸收谱，发现阳离子影响了体相水的结构，使得峰位向高能段移动[167]。最近，Velasco-Velez 等设计了专门用于测量 X 射线吸收谱的液体池，研究水在电极表面的结构变化，如图 4.1.23 所示，测量了水/金电极表面的电化学反应。发现界面水的结构和体相水具有不同的结构。这种方法可以测量接近表面 1nm 范围内水溶液在反应过程中的变化，为进一步研究更多的水溶液体系提供了比较好的原位反应测试方法[168]。

3）水-固和水-气-固界面二维/三维成像和化学分析研究

同步辐射谱学方法对于水科学的研究主要集中在电子结构变化和化学成

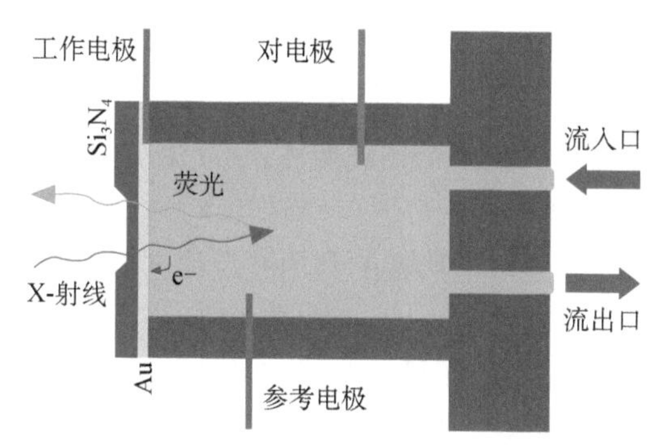

图 4.1.23　原位电化学池结构图（图片引自文献[168]）

分变化。这些方法的不足之处在于不能形象地给出水在各种形态下的真实二维/三维结构图像。物质的结构对于物质的性能具有重要的影响，因此对于物质结构成像的研究是近十年来研究的热点。

X 射线相衬成像技术主要用于增强具有不同的折射系数或厚度梯度较大材料的边界和界面信息，因此这种独特的能力特别适用于研究水-气和水-固界面。如 Scheel 等利用 X 射线成像技术研究水-沙粒界面的形貌和水的表面张力[169]；Wang 等利用超快 X 射线相位成像技术研究水的融合过程和浓稠液体喷射动力学过程[170]；Fezzaa 等利用超快 X 射线相衬全场成像技术研究两滴水在空气中早期的界面融合过程[171]；Weon 等利用 X 射线成像技术研究水-空气界面的张力与 X 射线辐照时间的关系[172]，以及生物大分子中水的存在形态和水污染中的微量元素的分布等。最近，Hu 等利用 X 射线相衬成像技术研究了水/荷叶界面，具有微米和纳米突起的材料表面，发现在水/固界面存在一 14μm 厚的气层，这一发现为解释荷叶和合成材料的超疏水性提供了直接的证据[173]。上述研究为同步辐射 X 射线成像在受限水性质的研究和应用奠定了基础。

除了 X 射线相衬成像外，软 X 射线显微技术也是同步辐射技术中非常重要的成像技术。软 X 射线的波长远小于可见光波长，因此可以获得高于光学显微镜的分辨率。由于软 X 射线与物质相互作用的特点使之适用于较厚的生物样品（厚度到几个微米，它是典型的完整细胞的线度），不需要脱水、切片和染色。因此它可直接观测活的生物样品。在辐射损伤允许的剂量下，分辨率仍可达到 10nm。利用同步辐射光源产生的单色可调波长的软 X 射线还可以实现样品的高分辨率微区元素分析。在此基础上发展的 X 射线 CT 技术和全场成像技术为我们无损地获得水在各种形态下的三维结构提供了可能。传统的 X 射线成像技术主要基于吸收衬度和几何光学近似。吸收衬度来源于样品结构和成分对 X 射线吸收系数的差异。但是对于 C、H、O 等轻元素物质，他们对 X 射线的吸收比较小，因此难以获得清晰的图像。随着同步辐射光源的应用，水窗技术得到了快速的发展，使得无损地获得水在各种形态下的三维结构成为可能[174]。利用全场成像技术、CT 技术和低温冷冻技术相结合实现了对活细胞的三维成像[175, 176]。

扫描软 X 射线显微是一个典型的利用波带片进行成像的方法。其主要原理是将入射的光聚焦成极小的斑点，形成微探针，利用微探针对样品进行逐点扫描，从而形成一幅完整的图像[177]。典型的例子，如 Johansson 等将聚苯乙烯、聚丙烯酸酯和水装入微米级孔径毛细管内进行 CT 扫描，结合软 X 射线谱学技术，区分了三种成分在三维空间的结构[178]。Yao 等将软 X 射线透射成像和 Nano-CT 技术结合，研究了吞噬细胞中含钆纳米粒子的空间分布和对细胞功能的影响[179]。

固-液界面和水中存在的纳米级气泡是近二十年来研究的热点。前期研究的方法主要依靠原子力显微镜对于表面形貌和稳定性进行研究[180-182]。但对纳米气泡为什么能够稳定存在的机制还不清楚。环境水体净化的一个重要方向是溶氧研究，通过“纳米气泡”把空气和氧气更加有效地注入到污染的水体里面，可以有效抑制厌氧菌的生长[183]。同步辐射软 X 射线谱学显微的分辨率优于 30nm，同时具有高的能量分辨率，可对纳米气泡在水溶液中的三维形态分布及动力学过程进行观察，得到纳米气泡内部的化学信息。最近，Zhang 等利用同步辐射软 X 射线谱学显微技术成功地对亚微米气泡进行了成像和稳定性研究，进一步获得了单个纳米气泡内部的化学信息[184, 185]。利用硬 X 射线荧光吸收技术结合纳米颗粒示踪技术研究了不同溶液中产生纳米气泡的浓度和大小，发现碱性溶液较酸性和盐溶液更容易产生高浓度的纳米气泡[186]。这些数据为解释纳米气泡高的稳定性和水中携带高浓度的氧气提供了重要的数据支持。

4）同步辐射近常压 X-射线光电子能谱在固-水界面原位反应和结构信息分析中的应用

近十年发展起来的同步辐射近常压 X-射线光电子能谱（ambient pressure XPS，APXPS）是一种研究界面水结构和吸附信息非常有用的工具。该技术可以在接近 5Torr 的压强下进行测试，可以用来研究界面冰、水和离子溶液与水蒸气在接近于和高于熔点的温度下达到平衡时的表面信息。

主要基本原理是，由于样品处在较高压环境中，而 X 射线源和电子能量分析器须保持在超高真空环境中，故 X 射线通过薄氮化硅或铝膜窗隔离后照射样品，或采用多级差分泵系统；电子能量分析器则由光电子接收小孔以及差分泵实现与样品环境隔离。因为 APXPS 实验中气压升高的主要障碍是气体的弹性散射和非弹性散射导致的光电子衰减。为突破此限制，需通量很大的聚焦 X 射线产生更多的光电子，并减短光电子在气相中的路径。现代的 APXPS 将同步辐射和静电透镜与多级差分泵系统结合，能很好地克服这一困难。2000 年，首台第一代 APXPS 系统在伯克利先进光源（ALS）投入运行[187]，现已发展到第三代[188, 189]，可工作在更高压强（5Torr 或更高），且可进行角分辨 XPS、高空间分辨（~20μm）XPS 以及高时间分辨率（~10ns）XPS。图 4.1.24 给出了几种静电透镜与多级差分泵系统结合的方式，主要考虑是在保证一定通量下，光阑孔径和样品处压强的平衡。

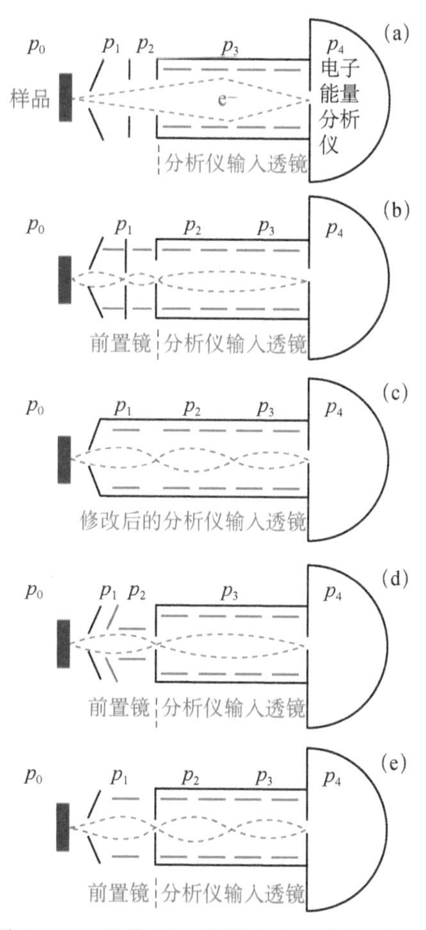

图 4.1.24　近常压 X-射线光电子能谱原理图

（a）在标准分析器前加差分泵；（b）～（e）不同类型的差分泵镜系统。（a）所示的由于孔径的限制，电子接收效率很低；而改进后（b）～（e）电子在各级孔径处聚焦，接收效率大为提高（图片引自文献[190]）

利用同步辐射近常压 X-射线光电子能谱技术，主要进展集中在水分子在固体界面、离子液体界面上的吸附和反应，以及在催化和电解中参与反应的研究。2007 年，Ketteler 等利用同步辐射近常压 X-射线光电子能谱研究了水在 TiO_2（110）表面的成核动力学。在气压 1.5Torr 和温度（$265K<T<800K$）范围内，OH 基团可以作为成核点吸附更多的水分子。进一步给出，水分子吸附到这些成核点上的吸附焓大约 70kJ/mol，高于体相中水的热熵 45kJ/mol[191]。Broderick 等研究了在一定水蒸气压的情况下水进入离子液体（1-butyl-3-methylimidazolium acetate）/蒸汽界面几纳米的化学变化。实验发现，在 10^{-3}Torr 以上水开始进入到界面区域，到 5Torr 时达到最大值。界面水分子的摄入速度比体相速度快得多。结合分动力学，他们认为在界面水发生了相变，进而影响了阴离子和阳离子的电子结构环境[192]。Domingo 等利用同步辐射近常压 X-射线光电子能谱研究了水在氧化物界面原位吸附、分解和氧化过程。通过分析 O 1s 吸收谱，他们发现了不同类型的氧吸收，推断在不同的水蒸气压力下，界面存在一个氧化还原过程。表面过氧化氢离子引发了氧化还原反应并被 X 射线辐射所加强，导致了更高过氧化氢离子的产生[193]。

原位研究不同气体氛围、不同压力和温度条件下界面吸附和反应是近常压 X-射线光电子能谱技术的最明显的优势，这里只介绍几个典型的界面水在催化剂界面的吸附和反应。其他研究可以参考文献[190]。比较典型的例子是，水在 Cu 表面特别是 Cu（110）表面的吸附和反应过程，对水煤气变换反应和制备甲醇机理的理解尤为重要。Andersson 等利用同步辐射近常压 X-射线光电子能谱研究了不同湿度（19%～0.003%）和温度（275K～520K）下，水分子在 Cu（110）界面上的吸附行为，发现在 RH<0.01%下检测到 OH 基团的存在，在 RH>0.01%得到了 H_2O—OH 混合相。他们解释为水分子在这样低的湿度下存在是因为 OH 基团和水分子之间存在氢键结合导致的[194, 195]。同时发现在比较高的湿度 32%（1.3mbar，268K），在 Cu（111）表面上存在自由的水分子和 OH 基团[196]。最近，Wen 等研究发现多孔材料中纳米金属在催化过程中发生了水煤气变换反应，特别是氧空位的产生在提高催化效率方面发挥了重要作用[197]。

4. 水科学的原位高压综合实验分析方法

高压水的相图的完善与发展一直是高压科学领域以及水科学领域的重大

基础科学问题，同时也与能源、环境、地球科学、宇宙学以及国防等几个领域息息相关。目前，国际上对于水的高压低密度结构-气体笼型水合物的研究是非常重视的，一方面这与长期以来人们缺乏对水低密度相的研究和深刻理解有关；另一方面，也因为笼型水合物的代表——可燃冰在世界范围内具有巨大的储量而被看作是未来的清洁能源相关。因此，世界上诸多部门和实验室开展了这方面理论和实验的研究，如美国地质调查局、美国科罗拉多矿业大学（世界上享有盛誉的水合物研究中心）、美国林肯大学、日本东京大学、德国马普所、哥廷根大学等。近年来，人们在相关领域的研究也取得了一系列的重大进展，如在 2014 年哥廷根大学与法国中子源合作发现了中水的新的低密度结构的稳定性模型，引起了领域内的轰动，对于可燃冰的勘探与开采以及运输均具有重大的意义。

对于水的高压高温区域的相图的研究理论模拟一直领先于实验，这主要是实验手段的匮乏所造成的，随着同步辐射光源的发展以及实验室超快光谱等实验手段的突破，近些年来人们正取得一系列的重大进展，如第 18 相高温高压超离子冰的发现。目前，在这一领域国际上有诸多部门和实验室在进行相关的研究，如美国 DARPA 的相关项目、美国卡内基地球物理实验室、劳伦斯利弗莫尔国家实验室、布鲁克海文国家实验室，等等。

对于高压水科学的研究，最重要的是拓展高压实验手段并原位集成的多种精细探测方法，另外，也要重视多种极端环境如高压-低温、高压-高温的结合。就高压实验方法而言，目前应用到高压水科学研究的主要有三种，分别为：①气体高压，②液体高压，③金刚石对顶砧高压。这三种手段各有所长，如图 4.1.25 所示，就压力而言，气体压腔较低，通常为几十 MPa 到几百 MPa 范围，液体压腔可以达到几个 GPa，而金刚石对顶砧可以达到几百个 GPa 的量级；就温度范围而言，这三种压力腔体都可以完美地和极低温环境结合达到 mK 的量级，而当金刚石对顶砧与激光加热相结合时可以达到几千 K 的高温；就样品尺寸而言，通常气体压腔可以容纳最大的样品尺寸，甚至能够达到分米的量级，液体压腔中的样品尺寸通常为毫米级别，金刚石对顶砧中的样品仅仅为微米级别。下面我们将对这三种高压形式做简要的介绍。

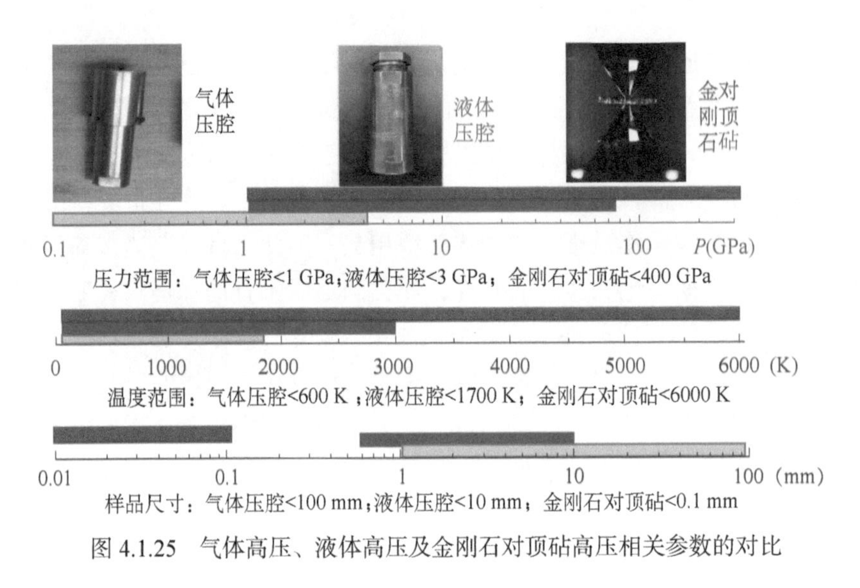

图 4.1.25　气体高压、液体高压及金刚石对顶砧高压相关参数的对比

1）气体高压

气体高压的发展是现代高压科学和技术的起源，其历史可以追溯到许多个世纪以前。古代人们需要控制水的供应，已经应用了压力技术设备（例如采用提升水的阿基米德螺旋）。第一台高压釜是 Papin 于 1680 年建造的，利用这台反应釜，Boyle 在 1662 年提出了理想气体常温下压力与容积关系的定律：$PV=$常数。在这之后 J. A. C. Charles 于 1787 年和 L. J. Gay-Lussac 于 1802 年发表了理想气体的状态方程式：$PV=nRT$。随着材料学和力学的进步，在 20 世纪中叶，人们已经能够将活塞-圆筒式的高压设备提升至 GPa 的量级。这对于人们研究高压气体的物理学行为以及高压气体化学行为甚至高压生物学都起到了至关重要的作用，但是与其他超高压形式，如大腔体压机和金刚石对顶砧压机相比，气体高压能达到的压力范围还是很小，这使得其进一步的普及和应用受到了很大的限制。在 20 世纪 90 年代，由于人们对能源和环境问题的关注，气体高压再一次受到人们的广泛关注。以气体笼型水合物、水资源等重要的交叉科学对大容积气体高压腔体提出了新的需求。与中子散射相结合，原位气体高压对解决 H、O 等轻元素相关的能源和环境问题发挥了巨大的作用。

就气体压腔的设计而言，最重要的是高压筒壁的强度能否承受内部的气体压力，其次为密封的形式。筒壁的强度主要受制于所选材料的屈服强度，同时人们也可以利用多层筒壁的形式进一步增加压力范围。值得一提的是，为了实现某些特殊的目的，人们必须选取特定的材料，从而达到特定的目的。如为了实现与中子的结合，人们必须选取中子透过率高或是没有中子衍射峰的材料——钛锆合金及铝合金；而当人们想和低温磁场结合时，往往采用高热导且无磁性的材料——铍铜合金。对于腔体的密封方式，根据压力及温度范围的不同，也选用不同的方式，低压常温往往选取传统的 O 型环密封，但是在低温及更高的压力，金属环以及其他不同角度匹配度的锥面密封也是非常重要的形式。

除了核心压力腔体之外，气体高压还需要特定的加压装置进行压力的加载。通常在气体压力小于 2kMPa 时，我们只需要一级气压加载装置；而在更高的压力区间下，则需要采用二级加压的方式。如图 4.1.26 左所示，中国科学院物理研究所的极端条件实验室搭建的二级推进气体高压加载装置，第一级加压装置可将气体从气瓶压力加压至 2kMPa 左右；而它可作为第二级加压装置的输入气源，并再次加压 5 倍左右，至 1GPa 的压力。右图展示了两种气体高压的压力腔体，上端为铝合金腔体，下面为钛锆合金腔体，这两种均是为气体高压中子衍射设计建造，而铝合金腔体的设计及实验压力达到了 600MPa，这也是目前国际上气体高压中子衍射的最高压力。

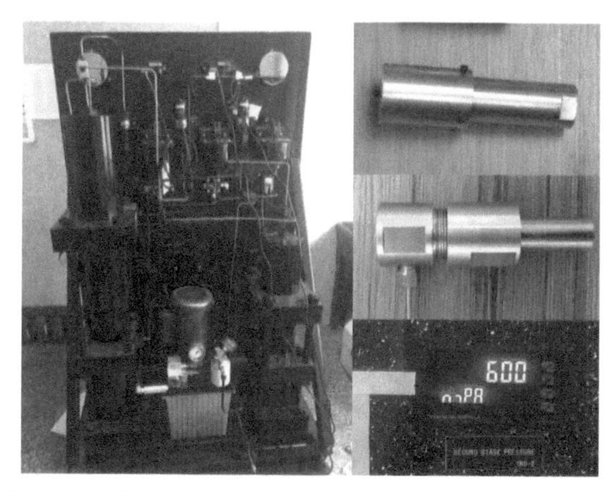

图 4.1.26　气体高压整体框架（左）及高压腔体（右上）
达到的 600MPa 超高气体压力（右下）

气体高压装置在研究低压范围内水的相变以及水的低密度体系-气体笼型水合物具有至关重要的作用，与中子衍射结合，能够对水的微观结构、动力学信息给出定量的表征，这是其他手段很难达到的。

2）液体高压

液体压力腔体是高压设备中的一种类型，通常液体压力腔体所指的是活塞圆筒结构的腔体。液体压力腔体的压力极限适中，比气压设备高，比固体高压设备低，压力极限在 2GPa 左右，使用灵活方便，且易于在低温和磁场环境中集成。另外，液体高压腔体中的样品尺寸依然可以保持毫米的级别，这对于诸多对样品量有要求的表征手段如中子散射等可以满足探测要求。

组合圆筒液体压力腔体模型及剖面图如图 4.1.27 所示，主要部件为：内筒、外筒、活塞、压紧螺母、密封管、垫块等。内筒及外筒的材质及尺寸直接决定了液体压力腔体的压力极限。外筒使用的材料为硬化铍铜合金，屈服强度 1.0GPa 以上。内筒使用的材料为 NiCrAl 合金，该材料为此类高压腔体的关键，它的屈服强度可达 2GPa 以上，硬度可以达到 57HRC。铍铜合金和 NiCrAl 合金这两种材料均无磁性。

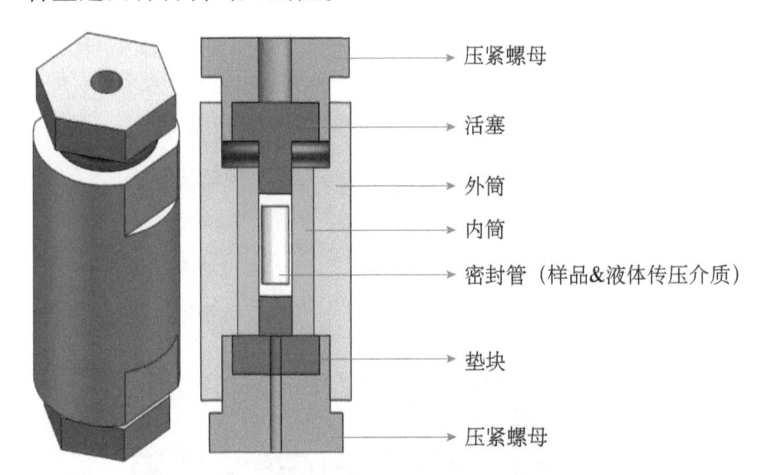

图 4.1.27　组合圆筒模型及剖面图

对液体压力腔体进行加压的方式比较简单，可分别采用压片机进行手动加压或自动加压，如图 4.1.28 所示。首先，将样品装入聚四氟乙烯密封管中，加入液体传压介质全氟三丁胺，把密封管放入液体压力腔体，然后进行加压。当加载力达到目标压力后，通过扳手将液体压力腔体上的压紧螺母进行拧紧，从而将加载力锁住。目前，这种压力腔体主要进行中子散射、高压电输运等方面的研究。液体高压系统在高压水科学的研究中发挥了巨大的作用，它可以比较精确地确定 2GPa 以下的相变压力，对于第Ⅱ到第Ⅶ相高压相图做出了重要的贡献。

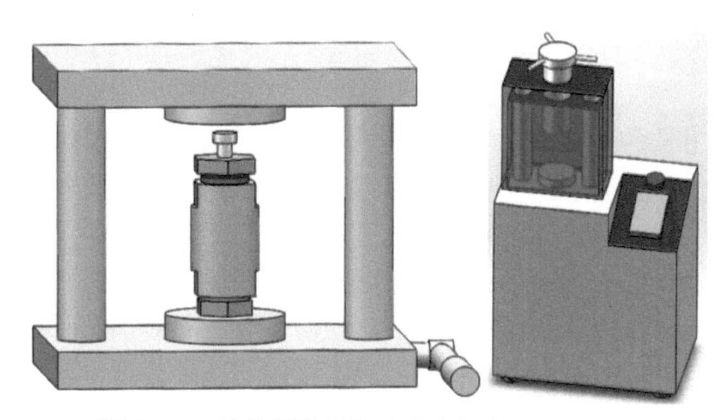

图 4.1.28　液体压力腔体手动及自动加压示意图

3）金刚石对顶砧高压

金刚石压腔实验技术是目前静态高压研究领域中最主要的实验手段之一。该实验装置的核心设备包括金刚石压砧、支撑加压和外部机械装置三个部分。原理剖面图及实物切面图如图 4.1.29 所示，金刚石压砧系统通常是由一对金刚石对顶砧和金属密封垫组成的。金刚石对顶砧起到加压和窗口的作用，密封垫构成的样品腔对获得静态高压非常关键，并对砧面起到了保护作用。之所以选择金刚石作为该技术的核心器件，不仅是因为它的高硬度，还考虑到其从紫外到红外光谱范围的透明性、电绝缘性、热稳定性。在超高压实验中，即使当带有颜色的金刚石被用于光学窗口时，只要窗口的光谱性质我们充分了解，实验的结果依然是有效而准确的。此外金刚石也具有较小的体积、操作灵活性高等特点。

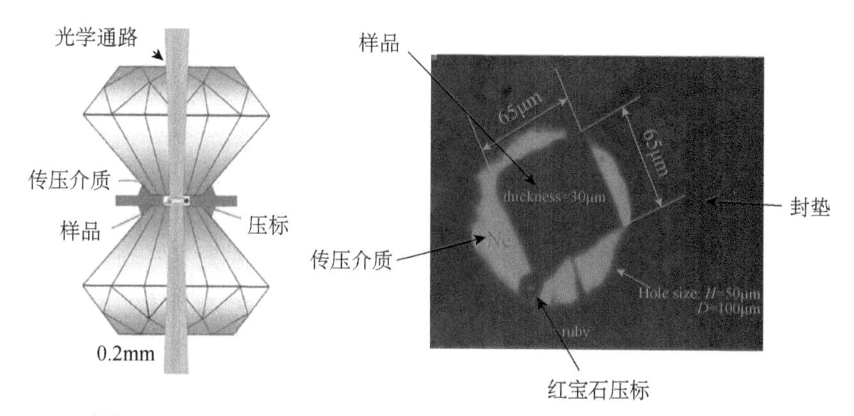

图 4.1.29　金刚石对顶砧高压实验技术的原理剖面图及实物切面图

另外，压机的选择与金刚石的台面形状是压力产生大小的关键，目前国际上主要采用对称型（symmetry）和 Bassett 型。其中，对称型金刚石压腔结构简单，使用灵活，在高压实验中最为常用。它的活塞-圆筒系统较短，活塞的长度和直径比例为 1∶2，垂直于金刚石砧面的入口和出口方向上开口角度很大，信号可以从轴向收集，因此适用于拉曼光谱、穆斯堡尔谱等高压原位测试。Bassett 型金刚石压腔的显著特点在于螺旋进动式的加压方式。实验中驱动连接活塞的螺母沿着螺纹进动，使两个金刚石对顶砧互相挤压，且压力可以随时锁定，因而加压过程非常稳定精确。这种设计可以得到结构简单紧凑、体积小巧的金刚石压腔系统。利用硬化处理过的导热性能良好的铍铜材料制成的 Bassett 型金刚石压腔可以原位测量样品在高压低温下的电磁性质。针对不同用户需求与不同压机种类相适配，应选取不同类型金刚石，例如，针对布里渊散射测量为主，需要采用大开角设计的托快与金刚石匹配；针对拉曼散射测量，需要采用低荧光金刚石；针对电输运测量，需要采用硬度较高的 I 型含氮金刚石。其次不同类型金刚石压砧匹配不同型号压机使用，并根据不同实验压力范围的需求，订制不同砧面尺寸的压砧，通常在 50GPa 以内，可使用无倒角的金刚石压砧；50～200GPa 之间，将设计具有一级倒角的金刚石压砧；200GPa 以上，更多的是使用具有二级倒角的金刚石压砧。

金刚石对顶砧高压技术可以广泛地与低温、高温、磁场等环境结合（图 4.1.30），如集成到激光加热光路中同时实现超高压-超高温的环境，这对于研究水的超离子态具有至关重要的作用。同时，这种高压技术可以搭载多种探测手段和形式，如在 PPMS 中进行高压电输运测量；在同步辐射衍射线站进行高压水结构研究；在同步辐射非弹性散射线站以及常规的实验室光谱系统进行水的高压谱学研究，等等。应用这种高压手段，人们成功地将高压水科学推进到百万大气压的级别，并逐步发现了 17 种不同相结构。

总而言之，高压水科学的研究得益于高压技术的发展以及与其他探测手段的有效结合。在未来的发展过程中，我们既需要进一步发展高压技术使得在高压条件下获得更多的样品尺寸和体积，从而获得更强的样品信号；同时必须注重与其他新发展的探测手段的结合，如超快光谱、基于量子传感的探测手段，等等。

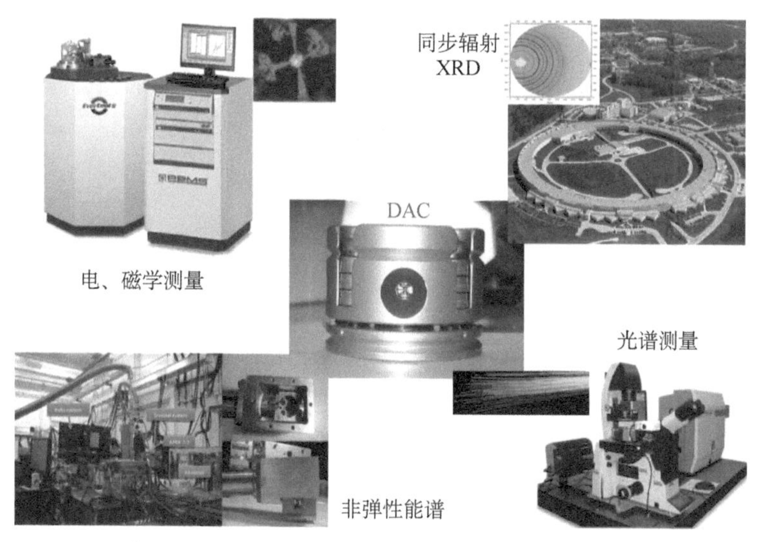

图 4.1.30　金刚石对顶砧与其他探测手段的有机结合

4.1.3　展望

水是生命之源，是人类赖以生存和发展的珍贵自然资源。近年来，由环境污染导致的清洁水资源短缺问题越发严峻，亟需高效、经济、绿色的净水处理技术。而净水技术的核心涉及污染物在水和净水材料界面的物理过程和化学过程。因此，为了更好地认识、利用以及保护水资源，我们需要深入对水及其界面的物理化学特性的理解。

以界面水为例，界面的水分子形成的氢键结构往往和体内分子不同，它强烈地依赖水分子和界面材料的相互作用。从分子层次上，探索水界面的微观结构和反应过程，一些关键性的基础问题需要回答，其中包括①在分子层面上水的表面（界面）结构以及它在外因素影响下如何变化；②各种分子和离子是否会吸附在表面（界面），遵循什么样的吸附动力学以及和水的表面（界面）结构的关联；③水表面（界面）化学反应（例如光催化反应）的微观过程；④水表面（界面）反应的动力学过程，等等。所有这些复杂问题都是直接关系着涉及水表面（界面）的科学与技术的革新，例如水污染处理、绿色清洁能源（水裂解）。这类复杂问题需要各方面的专家长期齐心协力，才能有所突破。

目前，人们对水的理解非常有限，很多基础问题有待研究。缺乏有效的分析测量手段是阻碍水基础学科发展的主要因素。国内外的一些研究组在这一领域有一定的进展，然而，由于氢键网络体系的复杂性，所能解决的问题还很有限。系统性地结合多技术、多学科的研究氛围需要加强。本节将展望研究人员未来 5～10 年针对水科学基础研究在扫描探针、光谱、同步辐射等技术领域期望发展的新实验方法。

1. 扫描探针技术

从 20 世纪 90 年代初，扫描探针技术就开始用于界面（尤其是金属表面）水的研究，并且取得了丰硕的成果，这大大加深了人们对于界面水的结构和性质的认识，并对表面浸润水层的传统双层冰模型提出了挑战。近些年，人们逐渐将扫描探针技术扩展到更为复杂的绝缘体或者半导体表面和原位电化学环境，揭示出界面水很多新奇的物理和化学现象。在技术上，扫描探针技术的空间分辨率已经从单个水分子水平逐渐推向了亚分子级水平，使得在实空间和能量空间获取氢核的自由度成为可能，进一步推动了表面水的微观研究。

到目前为止，大部分高分辨扫描探针技术研究的界面水体系还比较简单和理想化，主要集中在表面上的水团簇、亚单层和单层水，如何将扫描探针技术应用于多层水和真实固液界面的研究将是未来的一个重要课题。最近发展起来的亚分子级分辨 AFM 成像技术显示出了很好的潜力，有望能在这个方向上发挥重要的作用。同时，我们也意识到，表（界）面水的研究还面临着很多问题和挑战，需要发展全新的扫描探针技术、氮缺陷-空位（NV）色心技术、超快 STM 和高压环境扫描探针技术。这三个极具潜力的扫描探针新技术的详细讨论请参见 4.9.4 节。

2. 同步辐射技术

随着基于同步辐射 X 射线成像技术的日新月异，高能量分辨、高空间分辨、大视场、大景深的成像方法是人们梦寐以求的目标。波带片成像与光栅相位衬度成像方法的结合是目前最有可能实现这一目标的有效方法，波带片可以提供高分辨，光栅成像可以提供大视场、高衬度，因而发展基于波带片的光栅相位衬度成像是当前发展的趋势。同时，发展软 X 射线纳米探针 CT 方法、水窗技术等相关技术平台，都将为水科学的研究提供最具创新性的方法。另外，近几年迅速发展起来的 X 射线相干扫描衍射成像技术，是一种无透镜显微成像技术，它利用局域性的探针对样品进行扫描，相邻扫描点的探针照明区域相互重叠。每一个扫描点处样品在远场的衍射图样被记录，并利用相位恢复迭代算法重建得到样品图像。电子叠层衍射（ptychography）方法可以对非晶样品进行成像，且成像分辨率理论上仅受限于 X 射线的波长，可以实现 10nm 以下的空间分辨率。有望和 nano-CT 技术结合起来研究含水样品的三维结构，同时给出高分辨的空间结构和化学信息。

以纳米气泡为例，目前已经证明微纳米气泡在水污染处理、水稻种植和水产养殖等方面具有重要的应用，但对其中的机制并不清楚。水处理中微纳米气泡水可有效改善底泥、抑制厌氧菌群的繁殖；利用微纳米气泡的水进行灌溉，发现可以将有机栽培的番茄产量提高 23%。纳米气泡还会影响种子发芽和作物生长，且与纳米气泡的种类有关。利用同步辐射技术获得纳米气泡和细菌、土壤颗粒、污染物的界面相互作用将有助于解释其在各个领域中发挥作用的机制并指导其开展更高效的应用。

高空间分辨、高时间分辨、高能谱分辨相结合的同步辐射实验技术也将显著促进界面催化机理的研究，如光催化表面电子激发态的结构和动力学以及表面光催化制氢过程的机理、表面电子激发态的结构以及动力学、表面缺陷对表面光化学的影响、表面原子分子迁移动力学、光催化制氢动力学等研究。

3. 界面综合谱学分析技术

固体与水形成的界面是自然界和工程技术领域极为重要的一类体系，它直接关系着诸多热点问题，例如，利用太阳能对污水净化处理、光水解、异质催化、矿物溶解、吸附脱附反应、腐蚀，甚至生命的起源与演化等。但是，由于可以探测该复杂界面的实验技术手段的匮乏，人们对这些过程的理解、认识远远不足。

和频光谱（SFS）和二次谐波（SHG）是过去 30 年间为研究表面和界面而发展起来的具有非常高表面灵敏度的光学手段，可以提供表面和被覆盖界面的电子谱和振动谱，从而在分子层面上获得表面（界面）的结构信息。它可以被应用到复杂的原位环境下，包括各式气体、液体、固体与水形成的界面，而且对温度、压强等没有苛刻的要求。在过去若干年里，SFVS 和 SHG 的成功应用大大加深了人们对氧化物/水界面的结构的认识[198]。

尽管 SFS 和 SHG 在研究氧化物/水界面的微观结构方面收获颇丰，然而，要深入全面地了解该类复杂界面体系，单一技术的不足尤为突出。①该类技术的探测灵敏度基本上是亚单层，对于某些界面化学反应中产生的低浓度中间产物和自由基，SFVS 可能会很难探测到；②空间分辨率受限于光波的衍射极限，因此，空间分辨率只能达到亚微米级别；③由于没有充分的已知数据库可以参考，实验上测量到的光谱很难解谱，因此，由光谱推导结构信息就存在诸多限制；④由于中远红外光源很难穿透氧化物材料和水，探测界面氧化物的结构受限。因此，结合多种表面敏感的实验手段是研究金属氧化物/水界面的必要方案。

针对 SFVS 和 SHG 技术的优势和薄弱环节，结合近些年发展的高分辨 AFM、衰减全反射傅里叶红外（ATR-FTIR）技术、表面等离激元共振技术（surface plasmon resonance，SPR）、表面 X-射线衍射和散射以及光电子谱技术，多种技术的优势互补，可实现系统性地深入研究水界面的微观结构，既包括固体的表面结构，也包括界面水的氢键网络结构和吸附分子与离子的结构。AFM 具有表面原子级的分辨能力，可提供固体表面的局域微观原子、分子排列（如再构、表面缺陷等）和表面电荷分布等重要信息。ATR-FTIR 技术基于光内反射原理，具有较好的表面灵敏性，可以原位探测固液界面，获取表层的化学成分与结构信息，被广泛应用于研究吸附过程、表面化学特性与结构、电化学反应、催化反应机制等[199-202]。SPR 通过激发导电材料与电介质界面的等离激元实现界面探测，具有较高的表面敏感度[203]，在化学和生物种类分析上获得广泛应用。尤其自 2000 年以来，SPR 技术在固液界面生物分子探测与传感领域取得了重大进展[204-206]。通过与荧光相结合形成表面等离激元增强荧光（SPEF）方法，可以观测固液界面的生物大分子吸附过程，并被运用到界面的酶吸附、蛋白酶降解等研究工作中[207]。除运用传统的平板结构（光栅或棱镜耦合）SPR 外，微纳结构的 SPR 传感器、光纤传感器、等离激元腔等结构也被广泛采纳，已逐渐成为一种通用的表面分析与生物传感探测技术[204, 207]。表面 X-射线衍射和散射技术适用于有序的表面结构探测，例如晶体氧化物表面结构以及吸附在其表面有序部分的水分子、溶质分子的空间位置。近些年发展起来的高压光电子谱技术使其探测液相界面成为可能[208, 209]。这些表面分析技术的相辅相成，有助于澄清界面的微观反应过程等重要信息[101, 210, 211]，有机会开辟水界面科学研究的全新方向。

参考文献

[1] 孟胜，王恩哥. 水基础科学理论与实验. 北京：北京大学出版社，2014.

[2] Meng S and Wang E. Physics，2011，40（5）：289.

[3] He K. Modern Chemical Industry，2018，38（4）：1-4.

[4] Motobayashi K，Matsumoto C，Kim Y and Kawai M. Surface Science，2008，602（20）：3136-3139.

[5] Shimizu T K，Mugarza A，Cerda J I，Heyde M，Qi Y B，Schwarz U D，Ogletree D F and Salmeron M. Journal of Physical Chemistry C，2008，112（19）：7445-7454.

[6] Verdaguer A，Sacha G M，Bluhm H and Salmeron M. Chemical Reviews，2006，106（4）：1478-1510.

[7] Hodgson A and Haq S. Surface Science Reports，2009，64（9）：381-451.

[8] Feibelman P J. Physics Today，2010，63（2）：34-39.

[9] Carrasco J，Hodgson A and Michaelides A. Nature Materials，2012，11（8）：667-674.

[10] Maier S and Salmeron M. Accounts of Chemical Research，2015，48（10）：2783-2790.

[11] Guo J，Bian K，Lin Z R and Jiang Y. Journal of Chemical Physics，2016，145（16）：160901.

[12] Kumagai T，Okuyama H，Hatta S，Aruga T and Hamada I. Journal of Chemical Physics，2011，134（2）：024703.

[13] Carrasco J，Michaelides A，Forster M，Haq S，Raval R and Hodgson A. Nature Materials，2009，8（5）：427-431.

[14] Forster M，Raval R，Hodgson A，Carrasco J and Michaelides A. Physical Review Letters，2011，106（4）：046103.

[15] Michaelides A and Morgenstern K. Nature Materials，2007，6（8）：597-601.

[16] Morgenstern K. Surface Science，2002，504（1-3）：293-300.

[17] Tatarkhanov M，Ogletree D F，Rose F，Mitsui T，Fomin E，Maier S，Rose M，Cerda J I and Salmeron M. Journal of the American Chemical Society，2009，131（51）：18425-18434.

[18] Maier S，Stass I，Mitsui T，Feibelman P J，Thurmer K and Salmeron M. Physical Review B，2012，85（15）：155434.

[19] Nie S，Feibelman P J，Bartelt N C and Thurmer K. Physical Review Letters，2010，105（2）：026102.

[20] Standop S，Redinger A，Morgenstern M，Michely T and Busse C. Physical Review B，2010，82（16）：161412.

[21] Maier S，Lechner B A J，Somorjai G A and Salmeron M. Journal of the American Chemical Society，2016，138（9）：3145-3151.

[22] Lechner B A J, Kim Y, Feibelman P J, Henkelman G, Kang H and Salmeron M. Journal of Physical Chemistry C, 2015, 119 (40): 23052-23058.
[23] Nie S, Bartelt N C and Thurmer K. Physical Review Letters, 2009, 102 (13): 136101.
[24] Thurmer K and Nie S. Proceedings of the National Academy of Sciences of the United States of America, 2013, 110 (29): 11757-11762.
[25] Maier S, Stass I, Cerda J I and Salmeron M. Physical Review Letters, 2014, 112 (12): 126101.
[26] Thurmer K, Nie S, Feibelman P J and Bartelt N C. Journal of Chemical Physics, 2014, 141 (18): 18C520.
[27] Shin H J, Jung J, Motobayashi K, Yanagisawa S, Morikawa Y, Kim Y and Kawai M. Nature Materials, 2010, 9 (5): 442-447.
[28] Merte L R, Peng G W, Bechstein R, Rieboldt F, Farberow C A, Grabow L C, Kudernatsch W, Wendt S, Laegsgaard E, Mavrikakis M and Besenbacher F. Science, 2012, 336 (6083): 889-893.
[29] Guo J, Meng X Z, Chen J, Peng J B, Sheng J M, Li X Z, Xu L M, Shi J R, Wang E G and Jiang Y. Nature Materials, 2014, 13 (2): 184-189.
[30] Peng J B, Guo J, Ma R Z, Meng X Z and Jiang Y. Journal of Physics-Condensed Matter, 2017, 29 (10): 104001.
[31] Fester J, Garcia-Melchor M, Walton A S, Bajdich M, Li Z, Lammich L, Vojvodic A and Lauritsen J V. Nature Communications, 2017, 8: 14169.
[32] Mu R T, Zhao Z J, Dohnalek Z and Gong J L. Chemical Society Reviews, 2017, 46 (7): 1785-1806.
[33] Meng X Z, Guo J, Peng J B, Chen J, Wang Z C, Shi J R, Li X Z, Wang E G and Jiang Y. Nature Physics, 2015, 11 (3): 235-239.
[34] Chen J, Guo J, Meng X Z, Peng J B, Sheng J M, Xu L M, Jiang Y, Li X Z and Wang E G. Nature Communications, 2014, 5: 4056.
[35] Jaklevic R C and Lambe J. Physical Review Letters, 1966, 17 (22): 1139.
[36] Stipe B C, Rezaei M A and Ho W. Science, 1998, 280 (5370): 1732-1735.
[37] Ho W. Journal of Chemical Physics, 2002, 117 (24): 11033-11061.
[38] You S F, Lu J T, Guo J and Jiang Y. Advances in Physics-X, 2017, 2 (3): 907-936.
[39] Morgenstern K and Nieminen J. Physical Review Letters, 2002, 88 (6): 4410.
[40] Kumagai T, Kaizu M, Okuyama H, Hatta S, Aruga T, Hamada I and Morikawa Y.

Physical Review B，2009，79 (3)：035423.

[41] Peng J，Cao D，He Z，Guo J，Hapala P，Ma R，Cheng B，Chen J，Xie W J，Li X Z，Jelinek P，Xu L M，Gao Y Q，Wang E G and Jiang Y. Nature，2018，557：701-705.

[42] Kawai M，Komeda T，Kim Y，Sainoo Y and Katano S. Philosophical Transactions of the Royal Society of London Series a-Mathematical Physical and Engineering Sciences，2004，362 (1819)：1163-1171.

[43] Sainoo Y，Kim Y，Okawa T，Komeda T，Shigekawa H and Kawai M. Physical Review Letters，2005，95 (24)：246102.

[44] Kim Y，Motobayashi K，Frederiksen T，Ueba H and Kawai. Progress in Surface Science，2015，90 (2)：85-143.

[45] Motobayashi K，Kim Y，Arafune R，Ohara M，Ueba H and Kawai M. Journal of Chemical Physics，2014，140 (19)：194705.

[46] Ohara M，Kim Y，Yanagisawa S，Morikawa Y and Kawai M. Physical Review Letters，2008，100 (13)：136104.

[47] Paulsson M，Frederiksen T，Ueba H，Lorente N and Brandbyge M. Physical Review Letters，2008，100 (22)：226604.

[48] Lorente N，Persson M，Lauhon L J and Ho W. Physical Review Letters，2001，86 (12)：2593-2596.

[49] Motobayashi K，Arnadottir L，Matsumoto C，Stuve E M，Jonsson H，Kim Y and Kawai M. ACS Nano，2014，8 (11)：11583-11590.

[50] Kumagai T，Shiotari A，Okuyama H，Hatta S，Aruga T，Hamada I，Frederiksen T and Ueba H. Nature Materials，2012，11 (2)：167-172.

[51] Kumagai T，Kaizu M，Hatta S，Okuyama H，Aruga T，Hamada I and Morikawa Y. Physical Review Letters，2008，100 (16)：166101.

[52] Kumagai T. Progress in Surface Science，2015，90 (3)：239-291.

[53] Guo J，Lu J T，Feng Y X，Chen J，Peng J B，Lin Z R，Meng X Z，Wang Z C，Li X Z，Wang E G and Jiang Y. Science，2016，352 (6283)：321-325.

[54] Rozenberg M，Loewenschuss A and Marcus Y. Physical Chemistry Chemical Physics，2000，2 (12)：2699-2702.

[55] Guo J，Li X Z，Peng J B，Wang E G and Jiang Y. Progress in Surface Science，2017，92 (4)：203-239.

[56] Sonnenfeld R and Hansma P K. Science，1986，232 (4747)：211-213.

[57] Lustenberger P, Rohrer H, Christoph R and Siegenthaler H. Journal of Electroanalytical Chemistry, 1988, 243 (1): 225-235.

[58] Li C, Pobelov I, Wandlowski T, Bagrets A, Arnold A and Evers F. Journal of the American Chemical Society, 2008, 130 (1): 318-326.

[59] Gao X P and Weaver M J. Journal of the American Chemical Society, 1992, 114 (22): 8544-8551.

[60] Christoph R, Siegenthaler H, Rohrer H and Wiese H. Electrochimica Acta, 1989, 34 (8): 1011-1022.

[61] Itaya K and Tomita E. Surface Science, 1988, 201 (3): L507-L512.

[62] Schmickler W. Chemical Reviews, 1996, 96 (8): 3177-3200.

[63] Kim Y G, Soriaga J B, Vigh G and Soriaga M P. Journal of Colloid and Interface Science, 2000, 227 (2): 505-509.

[64] Garcia-Araez N, Rodriguez P, Navarro V, Bakker H J and Koper M T M. Journal of Physical Chemistry C, 2011, 115 (43): 21249-21257.

[65] Sugino O, Hamada I, Otani M, Morikawa Y, Ikeshoji T and Okamoto Y. Surface Science, 2007, 601 (22): 5237-5240.

[66] Vaught A, Jing T W and Lindsay S M. Chemical Physics Letters, 1995, 236 (3): 306-310.

[67] Hong Y A, Hahn J R and Kang H. Journal of Chemical Physics, 1998, 108 (11): 4367-4370.

[68] Pfisterer J K, Liang Y C, Schneider O and Bandarenka A S. Nature, 2017, 549 (7670): 74.

[69] Binnig G, Quate C F and Gerber C. Physical Review Letters, 1986, 56 (9): 930-933.

[70] Garcia R and Perez R. Surface Science Reports, 2002, 47 (6-8): 197-301.

[71] Albrecht T R, Grutter P, Horne D and Rugar D. Journal of Applied Physics, 1991, 69 (2): 668-673.

[72] Giessibl F J. Reviews of Modern Physics, 2003, 75 (3): 949-983.

[73] Shiotari A and Sugimoto Y. Nature Communications, 2017, 8: 14313.

[74] Gross L, Mohn F, Moll N, Liljeroth P and Meyer G. Science, 2009, 325 (5944): 1110-1114.

[75] Hu J, Xiao X D and Salmeron M. Applied Physics Letters, 1995, 67 (4): 476-478.

[76] Hu J, Xiao X D, Ogletree D F and Salmeron M. Surface Science, 1995, 344 (3): 221-236.

[77] Hu J, Xiao X D, Ogletree D F and Salmeron M. Science, 1995, 268 (5208): 267-269.

[78] Santos S and Verdaguer A. Materials, 2016, 9 (3): 182.

[79] Xu K, Cao P G and Heath J R. Science, 2010, 329 (5996): 1188-1191.

[80] Kimura K, Ido S, Oyabu N, Kobayashi K, Hirata Y, Imai T and Yamada H. Journal of Chemical Physics, 2010, 132 (19): 194705.

[81] Fukuma T, Ueda Y, Yoshioka S and Asakawa H. Physical Review Letters, 2010, 104 (1): 016101.

[82] Herruzo E T, Asakawa H, Fukuma T and Garcia R. Nanoscale, 2013, 5 (7): 2678-2685.

[83] Peng J B, Guo J, Hapala P, Cao D Y, Ma R Z, Cheng B W, Xu L M, Ondracek M, Jelinek P, Wang E G and Jiang Y. Nature Communications, 2018, 9: 122.

[84] Shen Y R. Physics, 2012, 41 (2): 71-81.

[85] Franken P A, Hill A E, Peters C W and Weinreich G. Physical Review Letters, 1961, 7.

[86] Shen Y R. Fundamentals of Sum-Frequency Spectroscopy. New York: Cambridge University Press, 2016.

[87] Wei X, Miranda P B and Shen Y R. Physical Review Letters, 2001, 86 (8): 1554-1557.

[88] Tian C. Study of water interfaces with phase-sensitive sum frequency vibrational spectroscopy. Advances in Multi-Photon Processes and Spectroscopy. Lin S. H., Villaeys A A, Fujimura Y. Singapore: World Scientific, 2015, 22: 163-193.

[89] Tian C S and Shen Y R. Chemical Physics Letters, 2009, 470 (1-3): 1-6.

[90] Du Q, Superfine R, Freysz E and Shen Y R. Physical Review Letters, 1993, 70 (15): 2313-2316.

[91] Wei X and Shen Y R. Physical Review Letters, 2001, 86 (21): 4799-4802.

[92] Ji N, Ostroverkhov V, Tian C S and Shen Y R. Physical Review Letters, 2008, 100 (9): 096102.

[93] Tian C, Ji N, Waychunas G A and Shen Y R. Journal of the American Chemical Society, 2008, 130 (39): 13033-13039.

[94] Tian C S and Shen Y R. Proceedings of the National Academy of Sciences of the United States of America, 2009, 106 (36): 15148-15153.

[95] Tian C S and Shen Y R. Journal of the American Chemical Society, 2009, 131 (8):

2790.
[96] Zhang L，Singh S，Tian C，Shen Y R，Wu Y，Shannon M A and Brinker C J. Journal of Chemical Physics，2009，130（15）：154702.
[97] Zhang L，Tian C，Waychunas G A and Shen Y R. Journal of the American Chemical Society，2008，130（24）：7686-7694.
[98] Liu W T，Zhang L N and Shen Y R. Chemical Physics Letters，2005，412（1-3）：206-209.
[99] Ostroverkhov V，Waychunas G A and Shen Y R. Physical Review Letters，2005，94（4）：046102.
[100] McGuire J A and Shen Y R. Science，2006，313（5795）：1945-1948.
[101] Liu W T and Shen Y R. Proceedings of the National Academy of Sciences of the United States of America，2014，111（4）：1293-1297.
[102] Wen Y C，Zha S，Liu X，Yang S，Guo P，Shi G，Fang H，Shen Y R and Tian C. Physical Review Letters，2016，116（1）：016101.
[103] Nielsen M，Bjorketun M E，Hansen M H and Rossmeisl J. Surface Science，2015，631：2.
[104] Stamenkovic V R，Strmcnik D and Lopes P P. Nature Materials，2017，56（15）：4211.
[105] Liu Z，Xu Q and Liu W. Chinese Journal of Chemical Physics，2016，29（1）：87.
[106] Yang S，Su Y，Xu Y，Wu Q，Zhang Y，Raschke M B，Ren M，Chen Y，Wang J，Guo W，Shen Y R and Tian C. Journal of the American Chemical Society，2018，140（42）：13746-13752.
[107] Liang R，Xu H，Shen Y，Sun S，Xu J，Meng S，Shen Y R and Tian C. Proceedings of the National Academy of Sciences of the United States of America，2019，116（47）：23410-23415.
[108] Frontiera R R and Mathies R A. Laser Photonics Rev.，2011，5：102.
[109] Skinner J L，Auer B M and Lin Y S. Adv. Chem. Phys.，2009，142：59.
[110] Bakker H J and Skinner J L. Chem. Rev.，2010，110：1498.
[111] Perakis F，Marco L D，Shalit A，Tang F，Kann Z R，Kühne T S D，Torre R，Bonn M and Nagata Y. Chem. Rev.，2016，116.
[112] Nauta K and Miller R E. Science，2000，287：293.
[113] Mallamace F，Broccio M，Corsaro C，Faraone A，Majolino D，Venuti V，Liu L，Mou C Y and Chen S H. Proc.Natl. Acad. Sci. USA，2007，104：424.

[114] Raichlin Y，Millo A and Katzir A. Physical Review Letters，2004，93：185703.
[115] Max J J and Chapados C. J. Chem. Phys.，2011，134：164502.
[116] Hecht D，Tadesse L and Waiters L. J. Am. Chem. Soc.，1992，114：4336.
[117] Gorbaty Y E and Bondarenko G. Russ. J. Phys. Chem. B，2012，6：873.
[118] Walrafen G E. Water-A Comprehensive Treatise. Frank F. New York：Plenum Press，1，1971.
[119] Lilley T H. Water-A Comprehensive Treatise. Frank F. New York：Plenum Press，1971，3，1971.
[120] Maeda Y and Kitano H. Spectrochim. Acta A，1995，51：2433.
[121] Corcelli S A and Skinner J L. J. Phys. Chem. A，2005，109：6154.
[122] Kawamoto T，Ochiai S and Kagi H. J. Chem. Phys.，2004，120：5867.
[123] Burikov S A，Dolenko T A，Velikotnyi P A，Sugonyaev A V and Fadeev V V. Optics Spectrosc.，2005，98：235.
[124] Yoshimura Y，Mao H K and Hemley R J. J. Phys.：Condens. Matter，2007，19：425214.
[125] Lin K，Liu S L and Luo Y. Sci. Sin. Phys. Mech. Astronomica，2016，46：057003.
[126] Lin K，Zhou X G，Liu S L and Luo Y. Chin. J. Chem. Phys.，2013，26：121.
[127] Lin K，Zhou X G，Liu S L and Luo Y. Chin. J. Chem. Phys.，2013，26：127.
[128] Wright J C. Annu. Rev. Phys. Chem.，2011，62：209.
[129] Yagasaki T and Saito S. Acc. Chem. Res.，2009，42.
[130] Fecko C J，Eaves J D，Loparo J J，Tokmakoff A and Geissler P L. Science.，2003，301：1698.
[131] Roberts S T，Ramasesha K and Tokmakoff A. Acc. Chem. Res.，2009，42：1239.
[132] Bakulin A A，Liang C，Jansen T L C，Wiersma D A，Bakker H J and Pshenichnikov M S. Acc. Chem. Res.，2009，42：1229.
[133] Rezus L A and Bakker H J. Physical Review Letters，2007，99：148301.
[134] Stirnemann G，Rossky P J，Hynes J T and Laage D. Faraday Discuss.，2010，146：263.
[135] Lee J，Maj M，Kwak K and Cho M. J. Phys. Chem. Lett.，2014，5：3404.
[136] Groot C C M，Velikov K P and Bakker H J. Phys. Chem. Chem. Phys.，2016，18：29361.
[137] Tielrooij K J，Garcia-Araez N，Bonn M and Bakker H J. Science，2010，328（5981）：1006-1009.

[138] Skinner J L. Science, 2010, 328 (5981): 985-986.

[139] Cole W T S, Farrell J D, Wales D J and Saykally R J. Science, 2016, 352 (6290): 1194-1197.

[140] van Exter M, Fattinger C and Grischkowsky D. Optics Letters, 1989, 14 (20): 1128-1130.

[141] Tielrooij K J, Timmer R L A, Bakker H J and Bonn M. Physical Review Letters, 2009, 102 (19): 198303.

[142] Boyd J E, Briskman A, Colvin V L and Mittleman D M. Physical Review Letters, 2001, 87 (14): 147401.

[143] Liu M, Yang Q, Xu Q, Chen X, Tian Z, Gu J, Ouyang C, Zhang X, Han J and Zhang W. Journal of Physics D: Applied Physics, 2018, 51 (17): 174005.

[144] Ebbinghau S, Kim S J, Heyden M, Yu X, Heugen U, Gruebele M, Leitner D M and Havenith M. Proc. Natl. Acad. Sci. U.S.A., 2007, 104 (52): 20749-20752

[145] Heyden M, Sun J, Funkner S, Mathias G, Forbert H, Havenith M and Marx D. Proceedings of the National Academy of Sciences, 2010, 107 (27): 12068-12073.

[146] Tielrooij K J, Garcia-Araez N, Bonn M and Bakker H J. Science, 2010, 328 (5981): 1006-1009.

[147] Funkner S, Niehues G, Schmidt D A, Heyden M, Schwaab G, Callahan K M, Tobias D J and Havenith M. Journal of the American Chemical Society, 2012, 134 (2): 1030-1035.

[148] Schwaab G, Sebastiani F and Havenith M. Angewandte Chemie-International Edition, 2019, 58 (10): 3000-3013.

[149] Yang J, Tang C, Wang Y D, Chang C, Zhang J B, Hu J and Lu J H. Chemical Communications, 2019, 55 (100): 15141-15144.

[150] Folpini G, Siebert T, Woerner M, Abel S, Laage D and Elsaesser T. Journal of Physical Chemistry Letters, 2017, 8 (18): 4492-4497.

[151] Boyd J E, Briskman A, Sayes C M, Mittleman D and Colvin V. Journal of Physical Chemistry B, 2002, 106 (24): 6346-6353.

[152] Zhu Z, Chang C, Shu Y S and Song B. Journal of Physical Chemistry Letters, 2020, 11 (1): 256-262.

[153] Zalden P, Song L, Wu X, Huang H, Ahr F, Mücke O D, Reichert J, Thorwart M, Mishra P K, Welsch R, Santra R, Kärtner F X and Bressler C. Nature Communications, 2018, 9 (2142): 2141-2147.

[154] Shalit A, Ahmed S, Savolainen J and Hamm P. Nature Chemistry, 2017, 9 (3): 273-278.

[155] Jin Q, E Y, Williams K, Dai J and Zhang X-C. Appl. Phys. Lett., 2017, 111: 071103

[156] Zhang L L, Wang W M, Wu T, Feng S J, Kang K, Zhang C L, Zhang Y, Li Y T, Sheng Z M and Zhang X C. Physical Review Applied, 2019, 12: 014005.

[157] Myneni S, Luo Y, Näslund L Å, Cavalleri M, Ojamäe L, Ogasawara H, Pelmenschikov A, Wernet P, Väterlein P, Heske C, Hussain Z, Pettersson L G M and Nilsson A. J. Phys.: Condens. Matter, 2002, 14: L213-L219.

[158] Parenta P, Laffon C, Mangeney C, Bournel F and Tronc M. Journal of Chemical Physics, 2002, 117: 10842-10851.

[159] Kashtanov S, Augustsson A, Luo Y, Guo J H, Sathe C, Rubensson J E, Siegbahn H, Nordgren J and Ågren H. Physical Review B, 2004, 69: 024201.

[160] Wernet P, Nordlund D, Bergmann U, Ogasawara H, Cavalleri M, Näslund L Å, Hirsch T, Ojamäe L, Glatzel P, Odelius M, Pettersson L G M and Nilsson A. Science, 2004, 304: 995.

[161] Smith J D, Cappa C D, Wilson K R, Messer B M, Cohen R C and Saykally R J. Science, 2004, 306: 851.

[162] Hermann A, Schmidt W G and Schwerdtfeger P. Physical Review Letters, 2008, 100: 207403.

[163] Odelius M, Ogasawara H, Nordlund D, Fuchs O, Weinhardt L, Maier F, Umbach E, Heske C, Zubavichus Y, Grunze M, Denlinger J D, Pettersson L G M and Nilsson A. Physical Review Letters, 2005, 94: 227401.

[164] Fuchs O, Zharnikov M, Weinhardt L, Blum M, Weigand M, Zubavichus Y, Bär M, Maier F, Denlinger J D, Heske C, Grunze M and Umbach E. Physical Review Letters, 2008, 100: 027801.

[165] Fukui H, Huotari S, Andrault D and Kawamoto T. J. Chem. Phys., 2007, 127: 134502.

[166] Guo J, Luo Y, Augustsson A, Kashtanov S, Rubensson J E, Shuh D K, Ågren H and Nordgren J. Physical Review Letters, 2003, 91: 157401.

[167] Guo J, Tong T, Svec L, Go J, Dong C and Chiou J-W. J. Vac. Sci. Technol. A, 2007, 25: 1231-1233.

[168] Velasco-Velez J J, Wu C H, Pascal T A, Wan L F, Guo J, Prendergast D and

Salmeron M. Science，2014，346：831-834.

[169] Scheel M，Seemann R，Brinkmann M，Michiel M D，Sheppard A，Breidenbach B and Herminghaus S. Nature Materials，2008，7：189-193.

[170] Wang Y，Liu X，Im K S，Lee W，Wang J，Fezzaa K，Hung D L S and Winkelman J R. Nature Physics，2008，4：305-309.

[171] Fezzaa K and Wang Y. Physical Review Letters，2008，100：104501.

[172] Weon B M，Je J H，Hwu Y and Margaritondo G. Physical Review Letters，2008，100：217403.

[173] Hu Z，Sun M，Lv M，Wang L，Shi J，Xia T，Cao Y，Wang J and Fan C. NPG Asia Materials，2016，8：e306.

[174] Kirz J，Jacobsen C and Howells M. Q Rev Biophys，1995，28：33-130.

[175] Le Gros M A，McDermott G and Larabell C A. Structural Biology，2005，15：593-600.

[176] Schneider G，Guttmann P，Heim S，Rehbein S，Mueller F，Nagashima K，Heymann J B，Müller W G and McNally J G. Nature Methods，2010，7：985-987.

[177] Horowitz P and Howell J A. Science，1972，178：608.

[178] Johansson G A ，Tyliszczak T ，Mitchell G E ，et al. Journal of Synchrotron Radiation，2010，14（Pt 5）：395-402.

[179] Yao S，Fan J，Chen Z，Zong Y，Zhang J，Sun Z，Tai L Z R，Liu Z，Chen C and Jiang H. IUCrJ，2018，5：141-149.

[180] Lou S，Ouyang Z，Zhang Y，Li X，Hu J，Li M and Yang F. J. Vac. Sci. Technol. B，2000，18：2573-2575.

[181] Zhang L，Zhang Y，Zhang X，Li Z，Shen G，Ye M，Fan C，Fang H and Hu J. Langmuir，2006，22：8109-8113.

[182] Borkent B M，Dammer S M，Schönherr H，Julius G and Lohse V D. Physical Review Letters，2007，98：204502.

[183] Pan G and Yang B. Chem Phys Chem，2012，13：2205-2212.

[184] Zhang L，Zhao B，Xue L，Guo Z，Dong Y，Fang H，Tai R and Hu J. Journal of Synchrotron Radiation，2013，20：413-418.

[185] Zhang L，Wang J，Luo Y，Fang H and Hu J. Nuclear Science and Techniques，2014，25：060503.

[186] Ke S，Xiao W，Quan N，Dong Y，Zhang L and Hu J. Langmuir，2019，35：5250-5256.

[187] Ogletree D F, Bluhm H, Lebedev G, Fadley D S, Hussain Z and Salmeron M. Review of Scientific Instruments, 2002, 73: 3872-3877.

[188] Grass M E, Karlsson P G, Aksoy F, Lundqvist M, Wannberg B, Mun B S, Hussain Z and Liu Z. Rev Sci Instrum, 2010, 81: 053106.

[189] Schumachera N, Boisenab A, Dahlb S, Gokhalec A A, Kandoic S, Grabowc L C, Dumesicc J A, Mavrikakisc M and Chorkendorffa I. Journal of Catalysis, 2005, 229: 265-275.

[190] Starr D E, Liu Z, Hävecker M, Knop-Gericke A and Bluhm H. Chem. Soc. Rev., 2013, 42: 5833-5857.

[191] Ketteler G, Yamamoto S, Bluhm H, Andersson K, Starr D E, Ogletree D F, Ogasawara H, Nilsson A and Salmeron M. J. Phys. Chem. C, 2007, 111: 8278-8282.

[192] Broderick A, Khalifa Y, Shiflett M B and Newberg J T. J. Phys. Chem. C, 2017, 121: 7337-7343.

[193] Domingo N, Pach E, Cordero-Edwards K, Pe´rez-Dieste V, Escudero C and Verdaguer A. Phys. Chem. Chem. Phys., 2019, 21: 4920-4930.

[194] Andersson K, Ketteler G, Bluhm H, Yamamoto S, Ogasawara H, Pettersson L G M, Salmeron M and Nilsson A. J. Phys. Chem. C, 2007, 111: 14493.

[195] Andersson K, Ketteler G, Bluhm H, Yamamoto S, Ogasawara H, Pettersson L G M, Salmeron M and Nilsson A. J. Am. Chem. Soc., 2008, 130: 2793.

[196] Yamamoto S, Andersson K, Bluhm H, Ketteler G, Starr D E, Schiros T, Ogasawara H, Salmeron L G M P M and Nilsson A. J. Phys. Chem. C, 2007, 111: 7848.

[197] Wen C, Zhu Y, Ye Y, Zhang S, Cheng F, Liu Y, Wang P and Tao F. ACS Nano, 2012, 6: 9305-9313.

[198] Tian C S and Shen Y R. Surface Science Reports, 2014, 69 (2-3): 105-131.

[199] Hind A R, Bhargava S K and McKinnon A. Advances in Colloid and Interface Science, 2001, 93 (1-3): 91-114.

[200] McQuillan A J. Advanced Materials, 2001, 13 (12-13): 1034.

[201] Andanson J-M and Baiker A. Chemical Society Reviews, 2010, 39 (12): 4571-4584.

[202] Zaera F. Chemical Reviews, 2012, 112 (5): 2920-2986.

[203] Kretschm E. Zeitschrift Fur Physik, 1971, 241 (4): 313.

[204] Homola J. Chemical Reviews, 2008, 108 (2): 462-493.

[205] Phillips K S and Cheng Q. Analytical and Bioanalytical Chemistry, 2007, 387 (5):

1831-1840.

[206] Roh S，Chung T and Lee B. Sensors，2011，11（2）：1565-1588.

[207] Roy S，Kim J H，Kellis J T，Poulose A J，Robertson C R and Gast A P. Langmuir，2002，18（16）：6319-6323.

[208] Favaro M，Jeong B，Ross P N，Yano J，Hussain Z，Liu Z and Crumlin E J. Nature communications，2016，7：12695-12695.

[209] Velasco-Velez J-J，Wu C H，Pascal T A，Wan L F，Guo J，Prendergast D and Salmeron M. Science，2014，346（6211）：831-834.

[210] Cai W，Vasudev A P and Brongersma M L. Science，2011，333（6050）：1720-1723.

[211] Chen C K，Decastro A R B and Shen Y R. Physical Review Letters，1981，46（2）：145-148.

4.2 水科学的理论与计算

方海平 雷晓玲 孟 胜

4.2.1 背景介绍

理论研究是科学研究的主要手段之一。基于计算机技术的发展，数值模拟研究不仅为实验提供辅助，还从深层次探索物理机制和规律，并提供预言，更为理论分析和实验工作提供参考。水是自然界最丰富、最重要的物质，有很多独特的甚至反常的性质，在许多物理、化学、环境、大气和生物等相关过程中发挥至关重要的作用。地球上参与各种物理、化学和生物过程的水绝大部分以界面/受限水的形式存在，因此在微观甚至分子、原子层面上水的性质和行为，才是理解水在各种物理、化学和生物过程中之角色的关键。理论研究与数值模拟研究为更好地理解这些过程与机制提供了契机。例如，通过分子动力学模拟，Cottin-Bizonne 预言特殊纳米结构可以达到大大减小表面对水阻尼的目的（Cottin-Bizonne et al., 2004），并很快得到实验证实；2006 年发表在 *Science* 的关于“通过直径约为 1 纳米的很细的纳米碳管的水流量可以达到宏观理论的约一千倍”的实验结果（Holt，Park et al., 2006）与 2003 年的理论预言相一致的（Kalra et al., 2003）；基于量子力学第一性原理计算，D'Angelo 等人完成了含有金属离子的水微观结构的 X 光吸收谱解谱工作（D'Angelo et al., 2002）。近年来，通过对水合离子–π 效应的理解，理论预言了离子在含芳香环表面的石墨烯、石墨表面的聚集（Shi et al., 2013），通过修饰碳纳米管口实现有效盐水中去盐（Liu et al., 2015），光用离子控制石墨烯膜间距等（Chen et al., 2017）并获得实验的支持（Joshi et al., 2014；Tunuguntla et al., 2017）并用于对离子的筛分（Chen et al., 2017）。

本章将综述水的微观性质的理论研究与数值模拟研究概况，研究中碰到的问题及可能的解决方案，侧重受限于纳米管道内的（准）一维水、二维固体表面上的（准）二维水、生物材料界面水、微观界面水蒸发和光催化分解水机制的理论研究与数值模拟研究工作。这些理论研究为污水处理、海水淡化等技术的发展，干旱地区控制生命水的蒸发，在极干燥环境中收集水，基于对生物分子的理解的药物设计和清洁能源方面提供一定的参考。期望可为水的高效利用、环境保护和资源优化等关系国家可持续发展的重大问题的解决提供科学基础和技术支撑。

随着计算机技术的发展，在水的性质研究方面，国内外在理论和经典分子动力学模拟研究上已经取得一些重要进展。这些进展不仅仅为实验提供辅助，还从深层次探索物理机制和规律，并提供理论预言。例如，2006 年，Li 等人（Li et al.，2006）用分子动力学模拟解释了经过氟化修饰的表面转变为超疏水表面的实验，他们认为表面氟化基团与水之间的小的范德瓦耳斯相互作用是导致表面超疏水的原因。通过分子动力学模拟，Hummer 等人在 2001 年的工作（Hummer et al.，2001）中发现束缚在纳米碳管中的水分子会有特异的一维有序结构，并发现水流在这样的碳管中拥有特别快的流动速度，这些理论预测都已经得到了实验的证实。在一些二维材料表面上，水的浸润行为以及流动行为也有很多重要进展。2003 年，Cottin-Bizonne（Cottin-Bizonne et al.，2003）预言特殊纳米结构可以达到大大减小表面对水阻尼的目的。2009 年，王春雷和方海平等提出在某些特异修饰的表面的第一水合层表现出特异的有序特性，大大减小了该水合层内部互相之间形成的氢键个数，并会导致常温下“不完全浸润的有序单层水”的效应（Wang et al.，2009），该理论预测结果很快得到了实验及理论的证实。2010 年，德国的 Lützenkirchen 等人（Lutzenkirchen et al.，2010）发现在蓝宝石 C 平面（sapphire c-plane）表面，存在冰状的水层，且可能体现出一定的疏水性，从侧面验证了这个预言。

但是，水在表面和纳米通道内的许多问题及其物理机理依然不清楚。一维纳米通道内的水的问题及其物理机理也依然不清楚。例如，对纳米通道内水流的行为缺乏一个完整的理解，影响了一些对中国有重大战略价值的课题，例如污水处理和海水淡化等应用。自 2005 年以来，多个实验表明碳纳米管膜由于界面阻尼小，因而具有很好的水透过能力（Holt et al.，2006），可以作为性能极佳的海水脱盐膜材料。至今十年过去，尽管碳纳米管膜的合成制造技术已经有了极大的提高，然而并没有相关实验表明碳纳米管膜具有良好的海水脱盐效果。

另一方面，仍然缺乏对二维界面水特性与表面材料之间关联的统一物理理解，特别是纳米尺度的特殊性和水分子的有序、协同导致的特殊相互作用的理解仍然不够全面，而这些性质的理解对介电常数、界面热导、界面阻尼、结冰成核，以及理解生物大分子的动力学性质包括折叠行为、船舶表面去污、人体内人工支架的稳定和土壤保护等的发展都有重要影响。此外，二维界面水的宏观性质与微观性质之间的差别目前仍未得到充分的重视，许多宏观一致的行为在微观下截然不同。然而，这种一致性最近受到了很大挑战（Shi et al.，2014；Guo et al.，2015）。在水的二维微观性质研究方面，国内外在理论和经典分子动力学模拟研究上已经取得一些重要进展，这些进展不仅仅为实验提供辅助，还从深层次探索物理机制和规律，并提供理论预言。在一些二维材料表面上，水的浸润行为以及流动行为也有很多重要进展。2003年，Netz 等人预言了表面接触角与表面阻尼之间的一般关系（Huang et al.，2008），这表明宏观接触角与微观阻尼的一致性。然而，许多后续工作的例子发现，这种一致性在许多材料体系中并不能成立（Tocci et al.，2014）。

相对于纯水的界面行为，含盐离子的水溶液的界面行为更加普遍和复杂，通常认为非极性的分子或表面与纯水或者含盐离子的水溶液相互作用时，一般仅存在非常弱的相互作用（如范德瓦耳斯相互作用），但是近年发现了一些存在于离子和非极性分子或表面之间的新型非共价键相互作用，例如 1981 年 Sunner 等人（Sunner et al.，1981）发现的一种新型的非共价键相互作用：阳离子-π 相互作用。在他们的实验中发现了一个令人吃惊的现象：非极性的苯分子与钾离子之间存在非常大的结合能。2002 年，Alkorta 等人（Alkorta et al.，2002）、Deyà 等人（Quiñonero et al.，2002）和 Mascal 等人（Mascal et al.，2002）的课题组研究证实了阴离子-π 相互作用的存在。这种新型的非共价键作用的强度明显强于那些传统的非共价键相互作用，如氢键、离子对（盐桥）以及亲疏水相互作用等。这些新发现的离子与非极性分子或表面之间的相互作用在经典的动力学模拟和其导致的水溶液界面行为中通常会被大家所忽略，目前也没有很好的模拟手段来处理。

水的结冰行为广受关注，特别是其动力学过程难以从实验上直接观察到。界面附近的异质成核行为对抗冻材料设计等有重要影响，广泛应用在机翼表面除冰、食物保存等。然而，目前经典成核理论已经被证实存在颇多问题和缺陷，但遗憾的是，目前人们仍只能做一些修正性的工作，例如动态成核理论、平均场动力学成核理论等，却难以找到一个完整的且能准确预言成核的理论（Sosso et al.，2016）。虽然分子动力学模拟方法一直被认为是研究成核问题的最好的方法之一，但由于水的结冰成核问题耗时多，计算量大，水的结冰成核问题实际上仍然未得到解决。例如，在材料界面水的异质成核方面还有许多争议，有人认为表面亲疏水性、表面晶格是否与冰的晶格匹配，以及表面的刚性（Fitzner et al.，2015；Qiu et al.，2017）等因素都是影响冰成核的因素。

生物水是维持生物分子的功能必不可少的要素，但人们目前对生物水的功能理解还不够，许多研究还仅仅把水当作一种溶剂。事实上，水会主动地参与界面特性中，进而产生生物功能。研究人员发现室温环境下水分子会主动嵌入由羧酸为终端的烷链自组装而成的二维仿生膜表面，增强了仿生膜的稳定性并使原本超亲水表面展现显著的疏水特性（Guo et al.，2015）。然而，人们对生物水的生物功能还不够清楚，正如 *Nature* 杂志前编辑 P. Ball 2017 年在《美国科学院院刊》发表的综述文章（Ball，2017）中指出，水分子作为细胞和分子生物学中的主动参与者，会通过自身的变构效应和直接参与，影响生物分子表面的结冰成核行为、诱导催化、质子传输等，但人们在这方面的理解还远远不够，因此水为什么作为“生命之源”的谜题目前仍未有最终答案。

如何保护有限的水资源已经成为世界上的一个重要问题，而水的蒸发是地球上水循环的重要环节。以往对于宏观蒸发过程的研究中，更多地是关注水分子在较厚水层表面的蒸发，如江河湖海表面的蒸发（Kohler et al.，1967；Eames et al.，1997；Ramanathan et al.，2001）。而近来的研究发现无论是在亲水表面（Miranda et al.，1998；Stevens et al.，2008；Sharp et al.，2010）还是疏水表面上（Tsai et al.，2009；Das et al.，2010），界面上纳米尺度的水是普遍存在的。同样在自然界中，在植物叶子表面（Jones，1957；Grncarevic et al.，1967）、土壤表面（Zarei et al.，2010）及动物皮肤表面（Potts et al.，1990），也都存在着这样极少量的水，而这部分水的蒸发速度将影响植物以及动物的生存，以及造成土壤的沙化等。因而研究界面上少量水的蒸发过程无论对于理解生命活动还是开发和保护有限的水资源都更为重要。在此类蒸发过程中，由于表面上的水很少（纳米尺度），水分子的蒸发会受到固体表面性质很大的影响，从而可能表现出与宏观尺度下水的蒸发过程不同的性质。基于表面上介观尺度水滴的蒸发情况，对于不同的表面性质，曾有一些关于水滴蒸发的理论模型，如钉扎模型（蒸发过程中水滴和界面的接触面积保持不变）（Birdi et al.，1989），以及收缩模型（蒸发过程中水滴和表面的接触角保持不变）（Picknett et al.，1977）。而随后的实验发现，微观尺度下的水滴的整个蒸发过程中存在着从符合钉扎模型到符合收缩模型的转变（Li et al.，2009）。同时，实验中也发现蒸发过程中水滴的半径和时间满足幂次关系（power law），但当表面只剩下极少量水时蒸发规律会发生很大变化（Shahidzadeh-Bonn et al.，2006）。2009 年的实验结果指出，固体表面性质对小水滴的蒸发速度的影响比气液界面情况对水滴蒸发速度的影响大

（Shin et al.，2009）。另外对于完全浸润表面上的水层的蒸发过程的实验研究也发现，100Å～1000Å 厚度的水层在蒸发过程中不是均匀减少的（Elbaum et al.，1994）。这些结果都显示了表面上纳米尺度极少量水的蒸发规律会和宏观下有很大不同。理论研究方面，Nagata 等用理论模拟的方法研究了微观气液界面水分子的蒸发，提出了水分子蒸发的能量来自于周边水分子氢键的变化（Nagata et al.，2015）。但对于微观界面的一些性质如表面浸润性质、表面粗糙度以及表面热传导性质等对微观界面上纳米尺度少量水的蒸发的影响还缺乏比较系统的理论规律。同时对于微观界面的温度、气流、离子分布都将会对水的蒸发规律有很大的影响。

当前人类发展面临严峻的能源危机。化石燃料作为目前最主要的能源，其数量有限，预计会在 21 世纪内被更加清洁、便宜、可循环的新能源所代替。人们迫切期望在数十年内实现 100%可再生的能源利用。太阳能取之不尽，自然成为了未来最具前景的能源选项之一。只含有氢、氧元素的水在地球上大量存在，水被光解产生的氢气在燃烧利用后又会生成水，不仅避免了化石燃料的碳污染，而且可以循环利用。若可以实现高效率、低成本、安全、稳定的光催化分解水产氢，即实现“人工光合作用”，人们就获得了可持续发展的理想能源形式。因此，自 1972 年在实验室中被首次发现以来，光解水研究成为当前的重要科学前沿和热门课题。虽然光催化分解水制备氢气是当前的研究热点，目前绝大多数工作是基于材料制备和器件优化的宏观尺度光化学研究，其主要目标是通过试错法提高光解水的能量转化效率和系统的稳定性，降低材料和器件成本。相对较少的理论研究基本上局限于理想材料的原子结构计算和能带位置的比较。这些研究均基于传统的半导体材料光分解水的（宏观）图像，即要求材料的能隙和可见光的频率相匹配，且要求半导体材料的导带高于氢还原反应的电势，价带低于氧气产生反应的电势。这些已有的理论研究基本上不涉及光解水一般性的微观机制探讨，对其中的原子过程及反应路径少有分析，特别是光激发条件下的水分解的原子、电子动力学过程的研究更是缺乏。

4.2.2 研究现状

1. 在（准）一维生物和纳米管道中水的独特流动特性

利用反渗透法进行海水淡化和污水处理是获取淡水的重要方法。反渗透法的关键部分是由上面嵌入了大量水通道的过滤膜。这些水通道能让水快速地同时阻止某些物质（例如离子）的通过。但是，常规的膜技术已经几十年没有大的进展，而且如何降低能耗依然是大问题。生物水通道是细胞膜上能够让水快速通过同时阻挡离子的蛋白（其发现者 2003 年获诺贝尔化学奖）（Denker et al.，1988）。人们一直希望水在类似的纳米尺度受限空间内的特殊性质可用于设计水通道。从 2001 年到 2003 年，美国的 Hummer 等发表文章（Hummer et al.，2001；Berezhkovskii et al.，2002；Dellago et al.，2006），理论提出纳米碳管中的水具有超高的流量，这个预言在 2006 年得到实验的验证（Holt et al.，2006）。

人们对纳米水通道的基本物理性质还有许多不清楚的地方。纳米水通道和周围的水溶液中都有电荷存在，在纳米和分子尺度，热噪音的效应不可忽略。水通道由于热噪音引起力学形变和电荷移位是否会影响水通道的开或关状态？在有效电信号下，通或关的状态是否迅速响应？这一直是科学家们关注的重要问题。研究人员运用分子动力学模拟方法，对水在生物分子构型和功能中的重要性开展了一系列研究工作，发现纳米水通道具有优异力学开关特性（Wan et al.，2005）（图 4.2.1）和电学开关特性（Li et al.，2007），并阐明了相关的物理机理。在噪音力学信号下，其“通”或“关”的状态不受干扰，而在有效力学信号导致足够大的通道壁形变下，“通”或“关”的状态迅速响应；只有在外界电荷非常近时，通道才会响应，迅速关闭。这些结果有助于理解生物分子在信号传递过程中如何保持极好信噪比的分子机制，并对设计人工分子机器也具有一定的启示性。研究人员通过巧妙设计，让水分子在电场的牵引下，列队通过细小到仅容单个水分子通过的纳米碳管（Gong et al.，2007）。需要说明的是，这个纳米水泵不是一个孤立的平衡体系，而是非平衡体系，需要借助外界能量来控制电荷的位置，否则它们会被热运动和电荷与水分子间相互作用驱动，离开其初始位置，导致水流消失。在数值模拟时，如果我们将电荷固定在其初始位置，也可以得到类似的单向水流，这并不违反热力学第二定律。考虑到分子力程（包括范德瓦耳斯相互作用和电相互作用）都比原子间的间距大，因此，如果管道是单壁的，纳米管外面的结构会对管内水流有明显影响。在管道两端有压强差的情况下，分子动力学模拟显示，当外面两块板间距离改变时，通过管道的净流量有近 2 倍的差异（Gong et al.，2008）。这是由于管道内部的水分子与管外结构的相互作用势明显与两块板间距离相关。板间距离越大，势能越小，对应的净流量越大。这里所发现的物理机理从最近对单、双壁碳纳米管内的水流区别得到了进一步证实。研究人员还发现，在纳米碳管内表面修饰了一个乙酸分子，设计了具有开关特性的质子通道（Gu et al.，2011）。

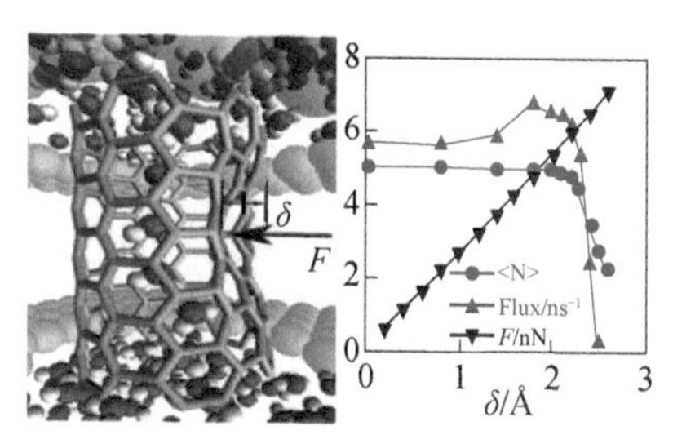

图 4.2.1　左图为通过向内压碳管上的一个原子来减小通过碳管内水流的方法示意图；右图为管道内水分子的净流量和水分子个数随着管道形变程度的变化

人们已经知道，对于单壁碳纳米管，管内的水可以与管外的电荷发生强相互吸引作用。这与一般认识也不太一样：水分子尽管具有极性，但每个水分子都是中性的，如果任由它在自由空间各个方位等概率转动，这个水分子与固定电荷的相互作用在长时间尺度下的平均值是零。但约束在纳米尺度上的水分子不能自由转动，其方位受到约束，导致其与电荷的相互作用势在长时间尺度下的平均值依然足够大。理解了这一点，我们就可以期望管外的电荷移动可以驱动管内的水分子运动（Xiu et al.，2009）。如果管内水中含有生物分子，那么通过操控管外的电荷来驱动管内的水-生物分子复合体，可以使不同的分子相互靠近，以便发生相互作用，甚至化学反应。这样我们将会看到在常规条件下难以产生的很多动力学行为和产物。需要说明的是，在现有的实验条件下，可以在原子力显微镜或扫描隧道显微镜的针尖上修饰电荷，或加偏压，使其带净电荷，从而实现对纳米管内水-生物分子混合体位置的操控。我们认为，该理论设计是实现纳米管中的实验室（lab in nanotube）构想的关键技术。

2005 年以来，多个实验表明碳纳米管具有很好的水渗透能力（Holt et al.，2006），人们预期其在海水淡化、重金属水污染治理、纳米流体器件制作、离子筛分以及人工生物通道等方面有着巨大的应用前景（Elimelech et al.，2011），然而经过十几年的努力，人们依然难以获得可以去除离子并保持高速水流的有效碳纳米管脱盐膜。至今十年过去，尽管碳纳米管膜的合成制造技术已经有了极大的提高，然而并没有相关实验表明碳纳米管膜具有海水脱盐效果。研究人员采用经典力场与量子力学计算相结合的手段，提出造成这一困局的关键是离子会阻塞碳纳米管。造成这种阻塞的关键原因是离子与碳纳米管中的芳香环之间存在20世纪80年代才发现的阳离子-π相互作用。研究发现即使离子水合以后，仍然与碳纳米管之间存在着强的阳离子-π相互作用。基于此物理机理，研究人员提出了两种可能的改进方案，即管口修饰饱和基团以及施加电场，两者都可以在保持100%的脱盐率的条件下，将碳纳米管在盐水中的水渗透性能提高到接近（>60%）其在纯水中的性能（Liu et al., 2015）（图4.2.2），该研究工作被英国的*Chemistry World*以《纳米碳管海水脱盐膜研究可以重回正轨》为题进行了专门报道（*Nanotube desalination could be put back on track*）。

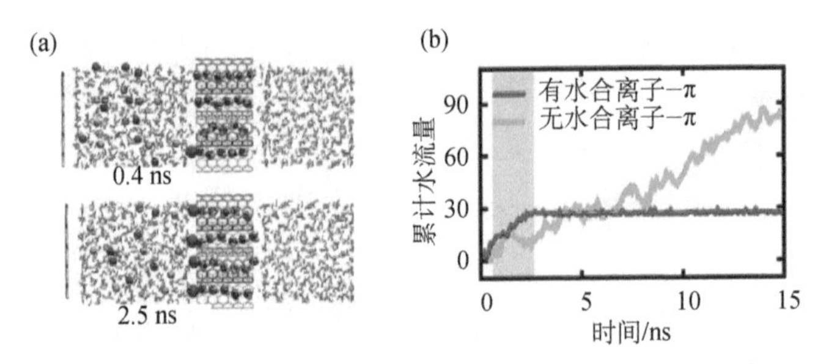

图4.2.2 （a）添加水合离子-π作用后的模拟结果，显示钠离子会堵塞管口，蓝色、绿色、红色、白色和青色小球分别代表钠离子、氯离子、氧原子、氢原子和碳原子；（b）碳管内的水流随时间的变化

事实上，海水淡化膜要处理的是含离子盐溶液，而不是纯水。不幸的是，目前对碳纳米管中盐溶液的真实性状，如管内溶液的浓度、离子的分布、动力学行为等，都一无所知。这严重阻碍了碳纳米管在含离子溶液相关领域中的应用（包括海水淡化）。从盐溶液中水合离子与具有多芳香环的表面（例如石墨、石墨烯、碳纳米管等）之间存在强水合离子-表面作用这一理论研究结果出发，发现盐在碳管内自发超高富集现象：管内盐浓度可以比管外稀溶液盐浓度高一百到一万倍（Wang et al., 2018）（图4.2.3）。该结果挑战了传统上人们认为管子内外盐浓度相当的常识。这一发现首次从实验上给出了在稀盐溶液中碳纳米管内部盐溶液的分子尺度信息。同时，这一发现也表明，当碳纳米管浸泡在海水浓度甚至更低浓度的稀溶液中，碳纳米管内的自发盐富集堵塞了碳管，阻挡了碳纳米管内水的流动。

2. 二维固体表面上的（准）二维水的性质

人们很早就发现，在带微纳结构的表面水浸润问题上，经典的Young方

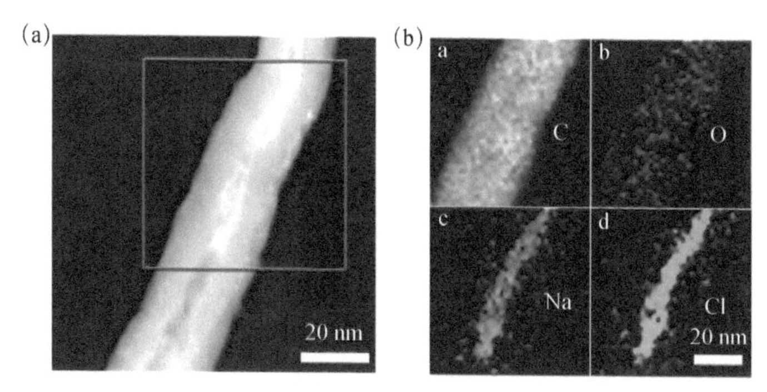

图 4.2.3　稀盐溶液里面离子在碳纳米管内高度富集

程可能无法适用。一些早期理论已经研究了二维固体表面的粗糙结构（几十到几百纳米）和表面水的性质之间的关系。二十世纪三四十年代，Wenzel（Wenzel，1936）和 Cassie（Cassie et al.，1944）提出了理论来理解粗糙表面的浸润状态及其描述方程，前者是液滴完全浸润粗糙表面（液滴与表面之间无空气成分），后者是液滴与粗糙表面间仍有空气存在，这两个模型分别称之为 Wenzel 模型和 Cassie 模型。但值得注意的是，近年来关于 Wenzel 态和 Cassie 态两个方程的争论却越来越多，争论的焦点在于如何应用 Wenzel 方程和 Cassie 方程，以及表面粗糙结构对两态的影响，尤其是两态转变的影响。同时对于微观液滴，线张力的影响也不可忽略。线张力是液滴在固体表面上时，固液气三相接触线上的过剩自由能所引起的（Amirfazli et al.，2004）。与理想固体表面相接触的静态液滴，线张力可以解决实际测量的有限大小的液滴接触角与理论值之间的矛盾，从而引入对宏观尺度下 Young 方程所预言的接触角的修正。许多分子模拟的工作发现，线张力的数值可正可负（Amirfazli et al.，2004；Guo et al.，2005）。这些理论已经在实验上得到许多应用，通过修饰这种粗糙的微纳结构，人们在实验上大规模制造超疏水材料（Gao et al.，2004；Jiang et al.，2004），这为相关仿生界面及智能应用材料的应用提供了可能。

仅从上述理论去理解二维界面水浸润性质还远远不够，人们发现，界面水分子存在一些分子尺度的微观结构。一些理论模拟发现，当微观受限环境下或当二维固体表面与水之间的相互作用较强时，水分子会受限在固体表面，并重新自组装自身的氢键网络和结构，从而在固体表面上会形成许多有趣的二维结构。曾晓成课题组理论预言，在疏水平面之间，会形成双层六边形的冰结构，且双层之间形成稳定的氢键（Koga et al.，1997）；后来，他们还发现受限空间内会形成不同的冰结构，即中密度的六边形冰和高密度的四边形的冰（Zhao et al.，2014）。波士顿大学的美国科学院院士 E. Stanley 等通过理论模拟预言，随着温度和受限空间内水的密度变化，受限水会发生六边形-四边形-无序状态的复杂相变行为（Han et al.，2010）。王恩哥院士领导的课题组很早就开展了二维界面水的研究，包括金属以及盐吸附的水的微观浸润性质和微观结构的研究，并取得了一系列研究成果，提出金属表面水存在弱氢键（Meng et al.，2002），发现之前盐表面的水分子团簇都不是最稳定的构型，并提出了一种全新的水在盐表面的四聚体吸附结构（Guo et al.，2014）。随着实验观测技术的进一步发展，例如原子力显微镜、光谱技术的发展，人们逐渐开始有条件研究，并发现了水在界面上的一些特异的微观结构。1995 年，胡钧等在云母表面用原子力显微镜（AFM）发现了由有序的二维氢键网络结构组成的极薄水层体现出“类冰”结构（Hu et al.，1995），这一结果展现水分子在固体表面会有序化的特性，而这种有序的水也被称为“类冰的水”。随后，这一结果被后续的分子动力学模拟所证实（Odelius et al.，1997）。

在二维界面水和离子溶液的性质方面，人们认识到微观尺度水的结构对表面浸润性质影响很大。研究人员重新审视了传统的亲疏水理论，发现宏观表现为疏水的很多表面（有很清楚的水滴存在）在分子尺度表现出很亲水的特性（表面有纳米水层），并提出“分子尺度亲水性”的概念。具有分子尺度亲水性的表面上既可以存在宏观的水滴，也可以存在分子尺度厚度的水层。目前这样的表面有三类：第一类是表面上亲水基团或者电荷的排列导致表面上的第一层水结构有序，该水层不完全浸润水，即水滴可以稳定在水层上（Wang et al.，2009；2011；2019）；第二类是传统的具有芳环的疏水碳基表面，由于碳基表面与水合离子之间的强非共价键作用，可以使分子厚度的带电盐溶液薄膜稳定存在于碳基表面上（Shi et al.，2014）；第三类是室温环境下水分子嵌入由羧酸为终端的烷链自组装而成的二维仿生膜表面，与表面的羧酸形成完整稳定的复合结构，这种结构增强了仿生膜的稳定性并使原本超亲水表面展现显著的疏水特性（Guo et al.，2015）。这些工作不仅已经获得国内外实验组的验证，并引发了许多国际学者在理论及实验上的后续工作，他们在滑石（Rotenberg et al.，2011）、金属铂（100）（Limmer et al.，2013）、羟基化的氧化铝表面和羟基化的二氧化硅表面（Phan et al.，2012）、蓝宝石（Lützenkirchen et al.，2010；2018）、尾端为羧基（-COOH）的自组装表面（James et al.，2011）、牛血清蛋白-Na_2CO_3 膜表面（Wang et al.，2013）和锐钛矿型 TiO_2 和金红石表面（Lee et al.，2014）上都看到了理论所预言的“分子尺度亲水性”现象；2013 年，《自然·材料》对常温下“分子尺度亲水性”现象给予了评述（Ball，2013）。

对第一类“分子尺度亲水性”表面，研究人员通过理论模拟，发现常温下的液态水在一个特定的表面上可以不完全浸润水单层，即发现水滴在一层单分子水层上的稳定存在，称之为常温下“不完全浸润的有序单层水”，如图 4.2.4 所示。导致这种奇异的常温下“不完全浸润的有序单层水”的关键机制是，固体表面的特殊电荷排布，使得吸附在固体表面的单层水表现出特定的有序行为。这种特定的有序使得该单层水的水分子之间的氢键数目大大增加，从而使该单层水与其上的水之间的氢键成键概率降到很低，进而显著减少该单层水与上面水分子的相互吸引作用。这种相互作用的减小造成该单层水上面的水聚成液滴，表现出该单层水的疏水特性。分子动力学模拟表明，随着表面上特殊电荷的电量增加，在一定范围内，液滴的接触角随着表面极性的增强而逐渐增大，表现出越来越疏水的表观特性。这实际上是表面微观结构和晶格大小诱导的常温下水的有序-无序相变造成的，且该相变在常温常压下就可发生（Wang et al.，2019）。水分子氢键网络与表面结构之间的匹配性是关键因素。水分子之间氢键的能量在该临界偶极长度区间内（2.6～3.0Å）达到极值，在这个偶极长度区间内，界面的电荷强吸附作用帮助水分子自发地形成有序的六边形氢键网络，而一旦离开这个偶极长度区间，氢键网络无法维持该稳定结构，导致这种氢键网络的对称性发生破缺，进而体现出无序行为。在应用方面，这种界面水的有序结构会带来表面阻尼的变化，使得超亲水表面上能够减阻（Wang et al.，2015），有望应用于水处理过程中的过滤膜表面减阻，植入人体的血管支架的小阻尼可以减小血液流动的减阻等。一般认为，亲水表面阻尼大，疏水表面阻尼小，当表面超亲水时，如何设计低阻尼且拥有卓越抗污染特性和生物兼容性的材料，成为有重要应用前景的问题。研究人员发现超亲水表面水的二维有序结构可以明显地减小固液界面的阻尼，这是由于二维水的有序特性导致了界面第一/二层水之间阻尼的减小，进而减小了整体的界面阻尼。

第二类分子尺度亲水性现象，发生在带有离子的水溶液滴到传统的具有芳环的疏水碳基表面时（Shi et al.，2014）。由于碳基表面上的苯环与水合离子之间的强非共价键作用（阳离子-π 作用），这使得阳离子可以富集在固液界面上。此时，阳离子对水分子有很强的亲和性（即阳离子亲水），可以使分子厚度的带电盐溶液薄膜稳定存在于碳基表面上。此时，由于表面仍是疏水的石墨表面，宏观上表面仍存在液滴，但微观上阳离子吸附造成的水膜处于固体表面和液滴之间，此时宏观疏水与微观亲水现象共存。

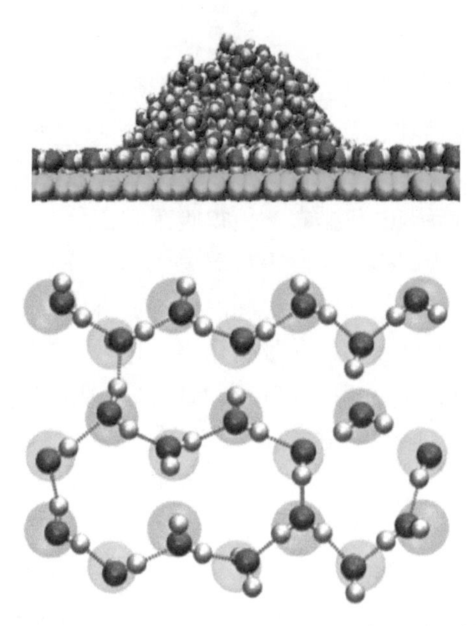

图 4.2.4　上图为第一类分子尺度亲水性，即常温下“不完全浸润的有序单层水”现象，此时，液滴与水层共存；下图为界面第一层水的六边形有序结构和氢键网络，红色和蓝色分别代表了表面上的正电荷和负电荷

第三类是室温环境下水分子嵌入由羧酸为终端的烷链自组装而成的二维仿生膜表面，与表面的羧酸形成完整稳定的复合结构，复合结构内部的水分子与羧基基团形成了完整的氢键网络，减小了复合结构与其上水分子间的氢键形成概率，这种结构增强了仿生膜的稳定性并使原本超亲水表面展现显著的疏水特性（Guo et al.，2015），如图 4.2.5 所示。量子力学计算表明，水分子积极参与复合结构的形成，羧基自组装单层膜的羧基结构会因为水分子的嵌入而发生变化。特别是，水分子会直接影响自组装膜体系的正式结构和反式结构的能量，使得表面膜会因为水分子的吸附而形成不同的构型，进而影响表面的浸润特性。另外，表面羧基自组装单层膜的链密度，也会影响表面的分子尺度亲水性的特性，当链密度适中的时候，水分子可以嵌入膜并形成稳定复合结构，从而造成“分子尺度亲水性”现象，而当链密度密集的时候，相邻羧基基团间距太小，不足以使水分子嵌入并成氢键，此时，表面体现出一般的完全亲水性质。这些结果与过去 20 多年的 40 个不同文献报道的实验值相符，解决了以羧酸为终端的烷链自组装仿生表面水性质这个长达 25 年的谜团。

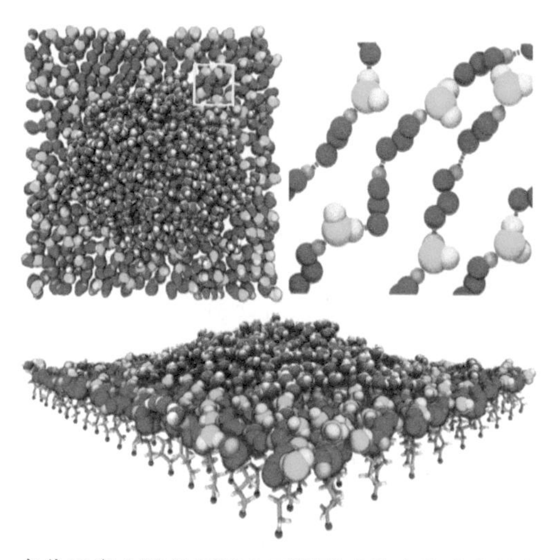

图 4.2.5　水分子嵌入羧基基团表面所形成的完整稳定的复合结构，以及其上面形成的纳米水滴

羧基的碳、氧和氢原子分别显示为蓝色、紫色和白色，嵌入羧基基团表面的水分子的氧原子显示为绿色，其他水分子的氧原子显示为红色，氢键显示为红色虚线

除了上述“分子尺度亲水性”现象，研究人员还通过理论模拟发现一些特殊的亲疏水现象。例如，一些有电偶极的二维结构表面也具有疏水性，这是由于固体表面的电偶极长度存在一个临界值（Wang et al.，2012），当表面的电偶极长度小于该临界值，固体表面上的水分子无法“感受”到固体表面的电偶极的吸引作用。2012 年，美国课题组 Wong 等在实验上发现类似现象，当表面电偶极很短的时候，水会体现出明显的非局域特性，即疏水表面的特性（Coridan et al.，2012）。曾晓成课题组的工作用量子计算方法发现氮化硼（BN）表面上尽管存在极性，但 BN 表面接触角仍非常大，体现出疏水特性（Liu，2012）。2013 年，孟胜课题组发现亲水表面上第一层水的二维结构依赖于晶格常数，（Zhu et al.，2013）并导致表面接触角产生非单调变化，而疏水表面上则不存在这一现象。这与界面水层的结构有关，当表面晶格常数与体相水的 O—O 距离的界面投影相等时，界面致密水层的微观结构会被破坏，从而更接近体相水的特征。而在疏水表面，表面晶格基本不改变界面水层的结构。随着新的材料的出现，如单层石墨烯材料的发现，这些分子尺度厚的纳米二维材料的浸润特性引起了人们广泛的兴趣，人们通过理论模拟和实验发现当把单层石墨烯材料放置到金属 Cu 和 Si 基底表面上时，整体体现出的不是石墨烯的浸润性，而是基底材料的浸润性，即石墨烯对表面浸润

体现出“透明”特性（Rafiee et al.，2012）。这是由于石墨烯表面太薄，只有分子尺度厚，使得表面能穿透该单层原子与其上的水分子间有强相互作用。

二维界面水的结冰成核行为广受关注，其动力学过程难以从实验上直接观察到，因此，分子动力学模拟方法一直被认为是研究成核问题的适当方法。但由于水分子间的氢键会形成复杂的无序三维氢键网络，这会使得成核过程中的能量面非常的复杂，水的结冰成核问题仍然未得到解决。目前，仅在 2002 年有 *Nature* 文章报道过利用分子动力学模拟方法模拟出了超冷水的成核行为（Matsumoto et al.，2002）。二维界面水成核行为对抗冻材料设计等有重要影响，广泛应用在机翼表面除冰、食物保存等。研究人员研究较多的是 AgI（Zielke et al.，2015；Zielke et al.，2016）以及一些矿物（Sosso et al.，2016）表面。界面水的这些表面结冰行为一直存在许多争议，例如，一般认为这种结冰成核行为与表面亲疏水性，表面晶格与冰的晶格匹配，以及表面的刚性等因素都有关系，但哪一个因素是关键，目前仍未可知。研究人员发现，在 AgI 表面上，阳离子 Ag 在表面上时，界面水容易结冰成核，而阴离子 I^- 在表面上时，水不容易成核（Zielke Bertram et al.，2015）。人们还试图用成核理论来理解水的结冰成核行为，但经典成核理论已经被证实存在颇多问题和缺陷（Sosso et al.，2016）。目前人们仍只能做一些修正性的工作，例如动态成核理论、平均场动力学成核理论等，却还未找到一个完整的理论准确预言成核的理论。

相对于纯水的界面行为，含盐离子的水溶液的界面行为更加普遍和复杂，通常认为非极性的分子或表面与纯水或者含盐离子的水溶液相互作用时，一般仅存在非常弱的相互作用（如范德瓦耳斯相互作用）。包含有芳环结构的碳基材料和生物分子，例如石墨、碳纳米管、富勒烯和芳环氨基酸、DNA 核酸碱基等，广泛活跃在科学研究、工业生产、生活应用等各个领域。离子在芳环结构上的分布会直接影响到含该结构材料的特性和应用，如表面/界面带电行为、溶液中的悬浮或凝聚、表面修饰以及生物分子的功能、结构和稳定性等。这使得如何精确地刻画离子和芳环之间的作用一直备受人们所关注。苯环本身是中性和无极性的，而其衍生物芳环结构也一般是中性或者具有极弱的极性。过去一般认为，芳环和离子的主要作用是范德瓦耳斯（van de Waals）作用，相互作用较弱。但在 20 世纪 80 年代，科学研究发现在气相条件下芳环结构和离子之间存在着远强于范德瓦耳斯作用的相互作用，这种作用被称为离子-π 相互作用。包含芳环结构的生物分子，往往存在于生物体内的溶液环境下，而碳基材料也广泛应用在盐溶液环境中。在盐溶液环境下，由于水的屏蔽效应，离子与芳环结构的作用较气相下有着很大的削弱，离子容易脱离芳环进入溶液，导致单个离子在芳环上的驻留时间较短。同时，又缺乏研究水合离子–π 作用所对应的计算方法，特别是缺少包含这一作用的经典力学力场参数用于相关经典分子动力学模拟，以及适合第一性原理理论来模拟计算的水合离子–π 模型。2011 年之前，在“Web of Science”仅能搜索到少数几篇研究水合离子–π 作用（hydrated cations-π）的文章（Cabarcos et al.，1999；Rodriguez-Cruz et al.，2001；Vaden et al.，2004；Xu et al.，2005；Miller and Lisy，2006；Rao et al.，2009）；而在同期离子–π 作用（cation-π）的研究工作多达数千篇。这些因素共同导致长久以来溶液环境下的水合离子–π 作用一直被认为可以忽略，对于水合离子–π 的研究处于停滞的状态。

从 2008 年开始，通过研究含芳环表面与溶液中大量离子之间的相互作用，基于统计物理思想的多粒子体系研究的启发，研究者认为仅仅从一个水合离子与芳环结构的作用来看待这个问题缺少对这一复杂系统的完整理解。尽管水溶液中一个离子在芳环结构的驻留时间比较短，但当溶液中离子有一定的浓度时，其他离子也会驻留在芳环结构表面，水溶液中多离子体系在芳环表面较短驻留时间的叠加效应会导致可观的离子效应，芳环结构表面可以持续吸附不同的离子导致表面有离子的时间非常长。该想法后来在以水合钠离子（水和钠离子比为 20∶1）与苯环这个简单体系的计算得到验证：在整个 10ns 模拟时间里，单个钠离子在苯环表面的平均驻留时间仅 0.2ns，而整个苯环结构上有离子驻留的时间长达 3.8ns，接近整个模拟时间的 40%。所以，当溶液中离子浓度达到一定程度时，单个离子无法长期驻留在芳环表面，这种强水合离子–π 作用也会不断吸引离子到达芳环表面，使得芳环表面总体有离子的时间比不可忽视，且在一些含芳环表面甚至可以出现离子的富集现象。因此，水合离子–π 作用在溶液中的芳环表面特性研究有着不可忽视的重要性。石国升和方海平等人从基本的统计物理思想出发，结合了第一性原理量化理论与经典动力学理论的优势，对溶液中含芳环表面这一体系的各个组成部分受到水合离子–π 作用，而表现出来的特殊行为展开研究，并通过相应的实验手段对理论研究的相关结果进行了复现和验证，并开发了相应的含水环境下水合离子–π 相互作用的相关经典力场生成软件。相继开展了以下工作：

- 水合离子–π 作用导致离子在石墨烯表面形成富集。

相关理论与实验研究表明，水合离子–π 作用不可忽视，在溶液中含芳环材料特性研究中有着非常重要的作用。即使离子在水合条件下与碳基芳环结构表面，离子–π 仍然有较强作用，约为氢键的 2～3 倍（Shi et al.，2011），发现 F^-/Br^- 等阴离子在水溶液中与石墨烯之间依然存在着比较强的水合离子–π 相互作用，而 Cl^- 则较弱（Shi et al.，2012）。结合上述量子力学计算，开发了离子分别与类石墨烯表面及生物分子中芳环结构间的阳离子–π 相互作用的经典力场参数，并自主开发了该力场生成软件，获得软件著作权，其生成的力场可以直接添加到常用的经典分子动力学模拟软件中，如 NAMD。结合自主研发软件的理论模拟发现溶液中的类石墨（如石墨烯/氧化石墨烯、碳纳米管、富勒烯等）表面会发生离子的富集现象，同时因为石墨烯与溶液中 Na 离子的相互作用强于与 Cl 离子的相互作用，使得表面 Na 离子数量多于 Cl 离子（Shi et al.，2013）。这一富集现象会导致水分子通过盐离子的“中介”稳定地吸附在石墨烯表面，使宏观疏水的石墨烯表面形成盐溶液薄膜（图 4.2.6），这一现象得到了实验的证实（Joshi et al.，2014；Shi et al.，2014）。

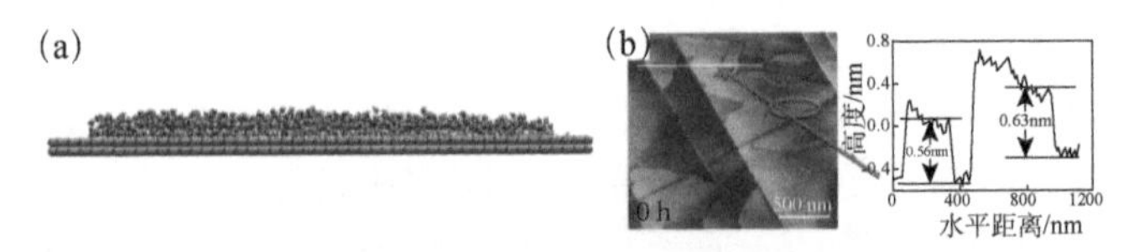

图 4.2.6 （a）理论模拟预测疏水的石墨烯表面上存在带正电的纳米盐溶液层；（b）AFM 实验中观察到了纳米厚度的盐溶液薄层

● 离子精确“装订”石墨烯膜用于离子筛分和海水淡化研究。

层状堆叠的（氧化）石墨烯膜具有超薄、高水流量、节能等特点，在海水脱盐和污水净化、气体和离子分离、生物传感、质子导体、锂电池和超级电容等领域有着广泛应用前景。但是，对只有纸厚度的万分之一的石墨烯纳米片，进行精确控制来实现石墨烯膜内片层间距到 1nm 并且精度达 1Å，其困难可想而知。更具挑战的是，氧化石墨烯膜在水溶液中还会发生溶胀导致分离性能和控制效果的严重衰减。为此，大量科研工作者曾经付出了诸多的努力，如利用纳米技术操控、膜间修饰小分子等技术，但依然不能如愿。近期，理论实验相结合，研究者发现通过利用不同阳离子，达到精确控制水溶液中氧化石墨烯膜的片层间距的效果（Chen et al.，2017）（图 4.2.7）。从水合阳离子–π 作用的物理机制出发，利用第一性原理模拟，发现水合阳离子更容易吸附在氧化石墨烯芳环与含氧官能团交界处，并在此处形成桥墩一样的支撑。不同阳离子的水合半径各不相同，从而达到控制吸附有水合离子的两层氧化石墨烯膜层间距的效果。其中钾离子的水合离子半径最小，控制的氧化石墨烯膜层间距也最小。利用密度泛函理论计算，得到水合离子在氧化石墨烯膜层间的吸附结构与吸附能，发现水合钾离子进入层间之后发生形变，使得层间的水合钾离子半径进一步减小，导致钾离子控制的氧化石墨烯膜可以过滤包含钾离子在内的所有阳离子。通过实验，研究人员证实了利用不同阳离子精确控制氧化石墨烯膜层这一方案的可行性，实现了不同水合阳离子控制的氧化石墨烯膜层间达到 1Å 精度的控制。通过合作，实现了钾离子处理的膜过滤所有离子包括其本身，维持水分子通过；让钠离子处理的膜，可有效过滤除钾离子外所有离子同时还能维持水分子通过。提出并实现了用水合离子自身精确控制石墨烯膜的层间距，展示了其出色的离子筛分和海水淡化性能，并用理论计算，依托上海光源相关实验阐明了机理。

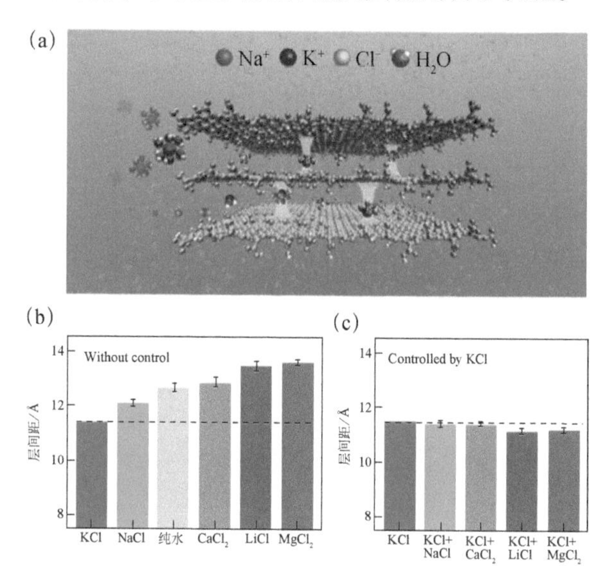

图 4.2.7 （a）氧化石墨烯膜层间距在不同溶液（KCl，NaCl，LiCl，$CaCl_2$，$MgCl_2$ 和纯水）下的 XRD 测量；（b），（c）氧化石墨烯膜在不同混合溶液下的层间距（XRD 测量）

● 常温常压下的氯化二钠和氯化三钠等反常化学计量比晶体。

日常吃的食盐，氯化钠晶体，由一份钠对应一份氯构成。事实上，常温常压下氯化钠（NaCl）是唯一完全由钠和氯元素形成的晶体。然而有趣的是近期研究者理论实验相结合，常温常压条件下成功制备氯化二钠（Na_2Cl，钠氯元素比 2∶1）和氯化三钠（Na_3Cl，钠氯元素比 3∶1）等具有反常化学计量比的二维晶体（图 4.2.8）。这些特殊的二维晶体被称之为“反晶”（Shi，Chen et al.，2018）。受到石墨烯与溶液中离子的水合离子–π 作用，多层石墨烯表面与内部在不饱和的 NaCl 离子溶液中也会出现离子的富集，表面富集足够多的阴阳离子会呈周期性排列，形成二维晶体；考虑到阳离子与芳香环之间的作用远强于阴离子与芳香环之间的作用，表面吸附的阳离子会比阴离子更多，因此得到的周期性二维晶体包含更多的钠，形成氯化二钠和氯化三钠。通过量子化学计算，预言了二维晶体的晶体结构，并采用 XRD、EDS 等多种实验手段，在浸泡于半饱和氯化钠溶液的石墨烯膜和天然石墨粉表面，证实了氯化二钠和氯化三钠二维晶体的存在。氯化二钠和氯化三钠具有常规的氯化钠晶体所不具有的电子结构，因此应该具有全新的电学、磁学、光学等特殊性质。具有反常化学计量比的晶体曾经在超高压下被发现（Zhang et al.，2013）。相信这个常温常压下制备的反晶具有巨大的学术和应用前景。还需指出的是，这样的二维晶体生成于远低于饱和浓度的盐溶液中（传统上只有在饱和的盐溶液中才能结晶析出晶体）。这种生成反晶的方法可广泛应用于生成由其他元素构成的反晶中，从而获得各种新材料。氯化二钠、氯化三钠晶体的发现，颠覆了我们中学教科书中常温常压条件下，食盐晶体中钠氯元素比总是 1∶1 的常识（分子式 NaCl）。这样的二维晶体生成于远低于饱和浓度的盐溶液中（传统上只有在饱和的盐溶液中才能结晶析出晶体）。该研究被 *Nature Chemistry* 在“News & Views”里以《超值二维材料》（*2D materials worth their salt*）为题进行了专门报道（Oganov，2018）。

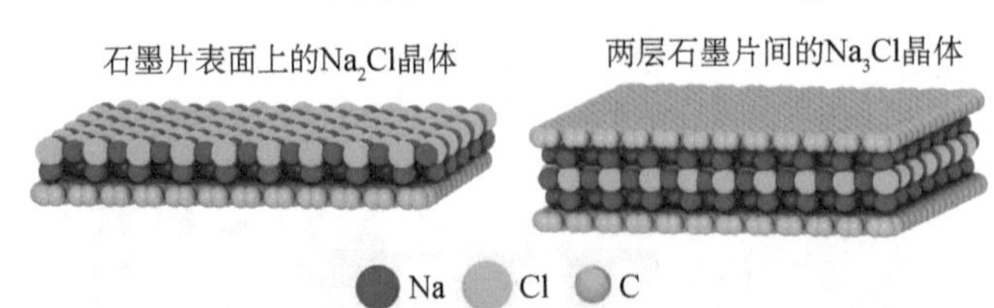

图 4.2.8　常温常压条件下，半饱和盐溶液中的离子在石墨烯膜上生成 Na_2Cl（钠氯元素比 2∶1）和 Na_3Cl（钠氯元素比 3∶1）反常化学计量比的二维晶体

3. 生物水的理论研究

早在 16 世纪时，人们已经意识到水对于生命的本质作用。与通常意义上普通的水不同，人们把存在于生物分子表面的溶剂层中与生物分子最临近区域中的水分子，称为“生物水”。20 世纪 60 年代，生物水的概念被提出，生物水的名词也从 1997 年开始被使用。近期的研究聚焦在生物分子，包括蛋白质、核酸以及生物膜等，与周围水分子之间的强耦合相互作用方面，并通过这种耦合来理解生物水的生物功能（Pal et al.，2004；Ball，2017）。

生物膜是生物重要的组成部分，对于维持生物生命起到重要的作用。由磷脂分子在水环境中自组装而成的双层脂膜，磷脂的亲水头部朝外与水接触，两个疏水尾链指向脂膜内部，作为一个半可渗透性的屏障，将细胞与细胞之间和细胞内部的器件之间分隔开来，维持着细胞和细胞器的内部环境，保证相应功能的实现。在生物膜与纳米结构体发生相互作用的过程中，水分子的行为表现得更为复杂。作为细胞的外层保护屏障，细胞膜与一般的蛋白质结构不同，纳米材料首先要与细胞膜发生相互作用，才能进入细胞。在研究具有二维平面结构的石墨烯破坏细胞的分子机理中，理论研究发现石墨烯可能是通过大量抽取细胞膜上的磷脂分子来破坏细胞膜结构，从而导致细胞死亡的（Shi et al.，2013）。如图 4.2.9 所示，在石墨烯抽取细胞膜中的磷脂分子的作用过程中，水分子被发现起到关键作用，水分子直接参与且主动地将磷脂分子的亲水端“拉”出细胞膜的磷脂双分子层结构，而后磷脂分子的疏水尾部沿着石墨烯的疏水板面爬出。这一过程直接印证了 *Nature* 前顾问编辑在《化学评论》上的评论（Ball，2008），“水分子不是简单的生命溶剂，而是以复杂和本质性的方式主动与生物分子发生作用”。

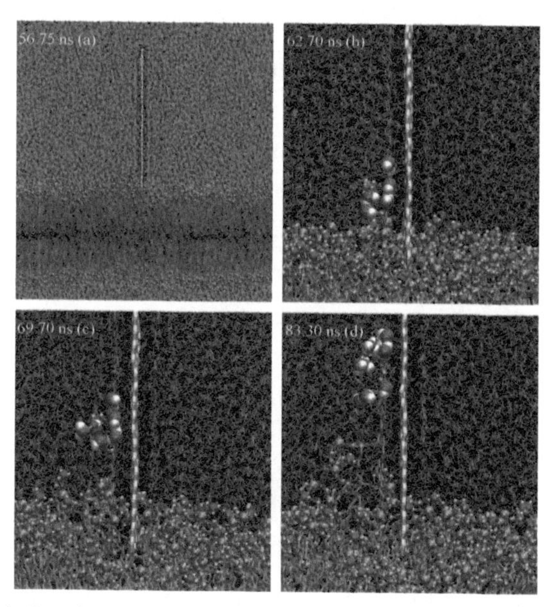

图 4.2.9　水分子直接参与且主动地将磷脂分子的亲水端“拉”出细胞膜的磷脂双分子层结构，而后磷脂分子的疏水尾部沿着石墨烯的疏水板面爬升过程

与磷脂分子的亲水端形成氢键的水分子被以红、灰色的小球重点显示

生物水广泛存在，水分子是许多生物不可分割的一部分，但一些研究仍

把生物水仅仅当作一种溶剂。实际上，生物水直接参与生物功能，并起到调控生物功能的决定性作用。在生物中，有一种叫做抗冻蛋白的蛋白质，它是生活在寒冷区域的生物经过长期自然选择进化产生的一类用于防止生物体内结冰而导致生物体死亡的功能性蛋白质（Liou et al.，2000；Bellissent-Funel et al.，2016；Dolev et al.，2016；Zhang et al.，2018）。但是，科研人员对抗冻蛋白调控冰晶成核的确切作用和机制一直有争议，即有些科研人员认为抗冻蛋白能促进冰核的形成，而另一些科研人员则认为抗冻蛋白可以抑制冰核的生成。研究人员根据抗冻蛋白的冰结合面（ice-binding face）和非冰结合面（non-ice-binding face）具有截然不同官能团的特性，通过分子动力学模拟研究了抗冻蛋白的冰结合面和非冰结合面界面水的结构，发现了冰结合面上羟基和甲基有序间隔排列使得冰结合面上形成类冰水合层，促进冰核生成；而非冰结合面上存在的带电荷侧链及疏水性侧链，使得非冰结合面上的界面水无序，抑制冰核形成（图 4.2.10），与实验相符（Liu et al.，2016）。这个工作表明，界面水直接参与了生物功能，其与表面的匹配性导致的有序或无序水对界面成核结冰行为起了关键作用，大大加深了人们对抗冻蛋白分子层面抗冻机制的理解，同时对仿生合成防覆冰材料和低温器官保存材料有着重要的指导意义。对于抗冻蛋白抗冻机制的研究有助于揭开生物体内冰晶成核、生长和冰晶形貌调控的分子层面的机理。虽然取得了一些进展，但目前，抗冻蛋白的控冰机理研究困难重重，这是由于抗冻蛋白的种类非常多，在微生物、鱼类和植物里均有发现，且蛋白的残基种类和三维结构非常不同（Dolev et al.，2016）。近年来，有人还提出抗冻蛋白的重结晶抑制机制，控制冰生长晶面等不同的机制，这些机制或者直接抑制冰晶生长，或者控制冰晶大小及形状，显示出该方向仍有许多争议问题。

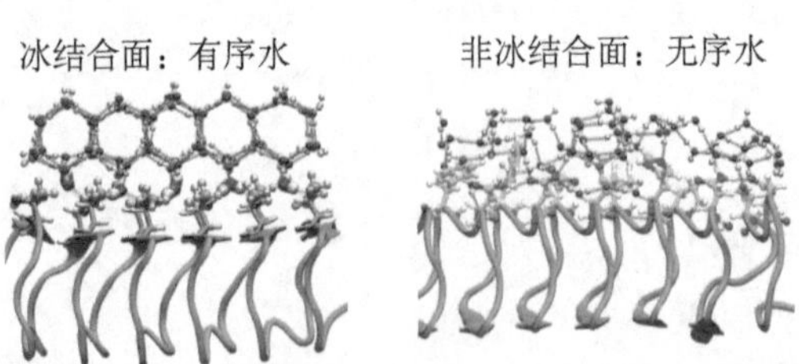

图 4.2.10　发现不同面上有不同的水结构，结冰面上会形成有序的水结构，非结冰面上会形成一些无序的水结构，造成这种现象的原因主要是两个面上的残基排布不同。由于类冰有序水形成，这个冰结合面将促进结冰，而无序水的存在则阻碍结冰

有机化学教科书上描述到："某些氨基酸金属盐中的金属可以与分子中

的氨基络合，形成很好的结晶，因此可以用来沉淀和鉴别氨基酸。”普遍认为芳香环氨基酸是不溶于氯化铜等溶液的。然而，近期研究者在理论指导下实验发现部分金属阳离子可以意想不到地提高色氨酸、色氨酸-苯丙氨酸和苯丙氨酸-苯丙氨酸等芳环氨基酸和多肽在氯化铜溶液中的溶解度，可以达到其在纯水中溶解度的 2～5 倍（Shi et al.，2016）（图 4.2.11）。一般认为生物分子中的芳环结构为疏水基团，而传统认为溶液中的离子不会改变芳环结构的疏水特性，所以人们预期芳香环氨基酸在电解质溶液中不会提高溶解度。通过理论计算发现，水合金属阳离子与芳香环之间存在极强的离子-π 作用，这导致芳香环氨基酸容易吸附水合离子，显著增加芳香环结构的亲水性，从而增加其溶解度。在该理论的指导下，实验发现金属阳离子意想不到地提高了芳香环氨基酸的水溶性：色氨酸-苯丙氨酸、苯丙氨酸-苯丙氨酸短肽在氯化铜溶液中的溶解度是其在纯水中的 2～5 倍，并用中子散射、紫外光谱等实验来确证是离子和苯环作用导致这样的实验结果。这个实验的成功证实了传统意义上认为疏水的芳环结构在离子帮助下通过水合离子-π 作用转变为亲水结构。需要说明的是，这个实验的成功，理论指导是关键。该工作的最重要贡献在于改变了人们对芳香环氨基酸不溶于金属电解质溶液的传统认识，提出了水环境下金属阳离子与芳香环之间离子-π 作用的新机制，该发现让人们重新考虑真实生理条件下（有离子存在）的疏水相互作用；考虑到芳环残基的疏水作用在蛋白折叠、蛋白配体间相互作用和蛋白药物相互作用等扮演着重要的角色，该发现有助于人们进一步认识高价离子的生理功能和其诱发的疾病机制。有趣的是类似的现象在含芳环结构药物分子也存在，从简单氨基酸到相对复杂的短肽及含芳环药物分子都具有类似的特性，预示着在生物体系中可能真实存在着类似的现象。

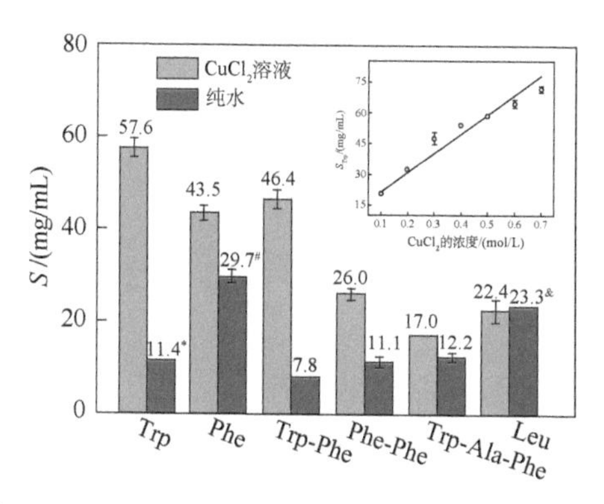

图 4.2.11　芳香环氨基酸和多肽在电解质溶液中溶解度意想不到地显著增加

4. 微观界面水蒸发的理论研究

微观界面上纳米尺度水的蒸发对于生命活动、能源利用以及开发和保护有限的水资源来说都非常重要。在此类蒸发过程中，由于表面上的水很少（纳米尺度），水分子的蒸发会受到固体表面性质很大的影响，从而可能表现出与宏观尺度下水的蒸发过程不同的性质。我们知道植物的蒸腾作用主要通过气孔进行，气孔主要由保卫细胞的细胞壁以及细胞壁上的一些酶和蛋白构成，而干旱地区和较湿润地区的植物气孔的表面结构会有很大的不同。由于植物气孔的细胞壁和蛋白具有不同的浸润性质，这启发我们表面的浸润性质会对表面上极少量水的蒸发有较大的影响。理论研究用分子动力学方法对完全亲流体表面的模拟结果显示，在纳米尺度不平整结构的亲水表面上流体粒子的蒸发速度比完全平整的表面上的流体粒子的蒸发速度快（Nagayama et al.，2010），因为不平整的表面对表层流体的平均作用势比平整的表面弱。研究者运用分子动力学方法研究表面纳米尺度少量水的蒸发情况时发现，表面纳米尺度少量水的蒸发速度与表面浸润性质之间并非单调的变化关系。如图 4.2.12 所示，在分子动力学模拟中用电荷修饰来改变表面浸润性质，随着电量 q 的增加，表面的浸润性质不断加强。与直觉不同，当表面由疏水逐渐向亲水变化时，纳米尺度极少量水的蒸发速度并不是单调降低的，而是先增加，在达到最大值（图中 q=0.4e 附近）后，又随表面浸润性质的进一步增加而降低（Wang et al.，2012）。这和宏观时一般可能会认为的随着表面由疏水向亲水改变，表面上少量水的蒸发速度会逐渐变慢不同。主要是因为表面通过两个途径影响纳米尺度水的蒸发速度：一方面表面浸润性质影响水滴的形状，随着表面亲水性的加强，水滴不断铺展开，水和空气的接触面积不断增大，会加快水的蒸发速度；另一方面表面亲水性的加强会增加表面对与空气接触的水分子的相互作用，使水分子更难离开水滴，从而降低水的蒸发速度。最终表面浸润性质对水蒸发的影响是这两种作用竞争的结果。在表面比较疏水时，液滴厚度较大，前一作用占主要，水的蒸发速度随表面亲水性的增加而增加；当表面已经比较亲水后，水在表面铺展较开，此时水层较薄，后一作用占主要，水的蒸发速度随表面亲水性的进一步增强而下降。

由此可见，相比于宏观的情况，纳米尺度少量水的蒸发规律要复杂得多，当表面不再是单纯的亲水或疏水，表面上的纳米尺度少量水的蒸发规律会更复杂。如图 4.2.13 所示，运用分子动力学方法研究发现，在具有亲疏水区

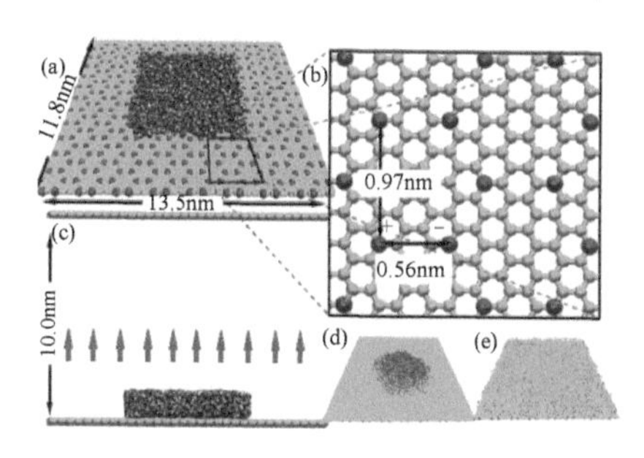

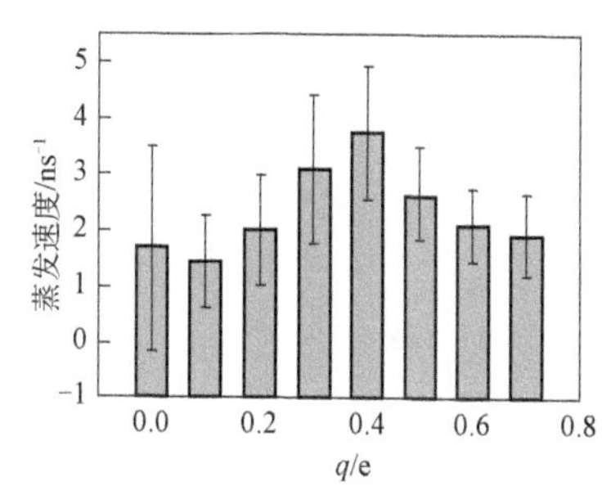

图 4.2.12　不同 q 时的蒸发速度

域间隔结构的表面上，纳米尺度极少量水的蒸发速度比在任意一种单一亲疏水性质的表面上都要快。在这种具有亲疏水区域间隔结构的表面上，少量水主要分布在亲水区域，而疏水区域基本没有水层覆盖。虽然在这种具有亲疏水区域间隔结构的表面上亲水区域的面积要远小于相同尺度的纯亲水表面，亲水区域上形成的水层的表面积也要远小于纯亲水表面，但通过水表面蒸发的水分子数只有少量下降，这是由于水表面减小引起水层厚度的增加，使得固体表面对表层水分子的约束减弱；另一方面由于有相当数量的水分子会通过三相线从亲水区域扩散到疏水区域，并进一步由疏水区域蒸发，而最终在具有亲疏水区域间隔结构的表面上水的总蒸发数是这两部分之和。由于三相线基本与亲疏水区域的边界重合，而通过三相线扩散到疏水区域再蒸发的水分子数会随着三相线长度的增加而增加，因而在不改变表面亲水部分面积的情况下，合理设计亲疏水区域间隔结构，控制亲疏水区域的分界线长度就有可能控制表面少量水的蒸发速度（Wan et al.，2015）。

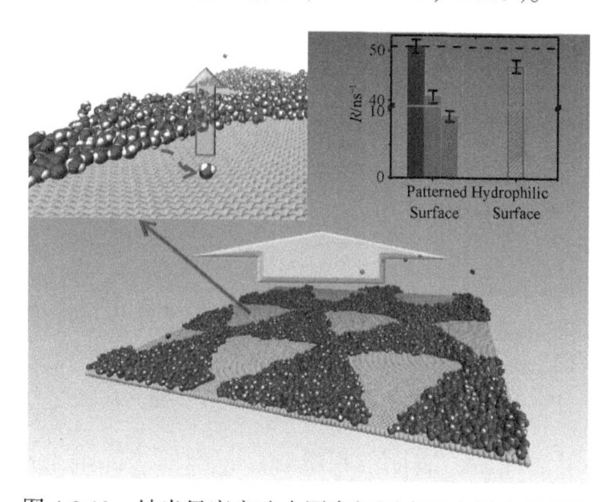

图 4.2.13　纳米尺度亲疏水图案间隔表面少量水的蒸发

氧化石墨烯是最近一种比较常用的纳米材料。在运用分子动力学方法研究不均匀氧化的石墨烯表面上极少量水的蒸发过程中，发现纳米尺度少量水在这种不均匀氧化的石墨烯表面上的蒸发速度比均匀氧化的石墨烯表面要快。同时发现只有当不均匀氧化石墨烯的氧化区域的氧化程度减弱到不足以将水约束在氧化区域上时，少量水的蒸发速度才会有明显下降，而当水能被局限在氧化区域上时，氧化区域氧化程度的变化并不会对少量水的蒸发速度产生明显影响，如图 4.2.14 所示。这主要是因为当氧化区域的氧化程度提高后，虽然固体表面对表层水的吸引势会增加，但相应的水水之间的相互作用会减弱，所以氧化程度提高后，增加的羟基和环氧其实只是取代了部分原先的水水相互作用，表层水受到的总作用势并没有明显变化，因而对蒸发速度就没有明显影响。当氧化区域的氧化度降低到不能很好地约束水层时，部分非氧化区域上也会覆盖水层，这样就造成氧化区域上水层厚度的降低，虽然表层水分子受到的吸引势变化依旧不大，但底板对表层水旋转的限制明显增强，表现在表层水的氢键寿命有明显增加，造成蒸发速度的明显下降（Wan et al.，2017）。

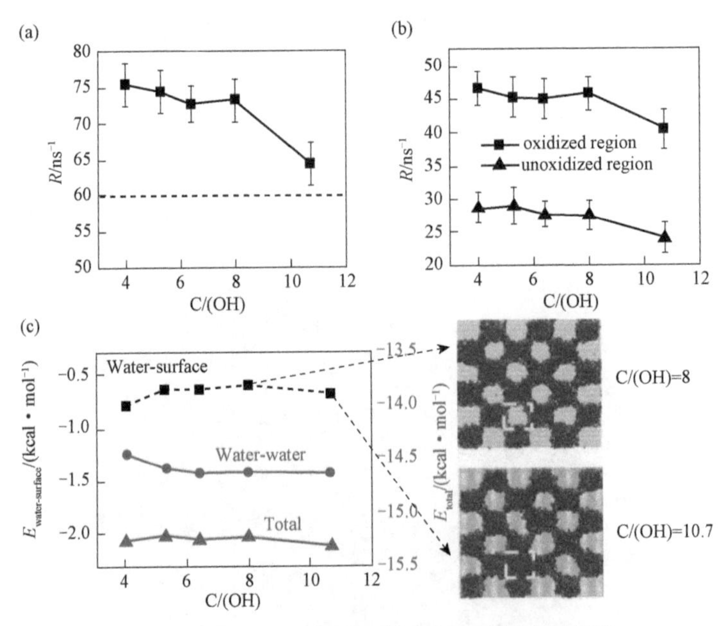

图 4.2.14　氧化石墨烯表面纳米尺度少量水的蒸发

除了表面的浸润性质，表面的粗糙程度也会对表面纳米尺度少量水的蒸发产生影响。真实的表面很少有像理想平面那么平整，有一定的粗糙度是很常见的情况。疏水表面的粗糙度会影响表面的浸润性质，进而改变表面上水滴的形貌，从而对表面上水的蒸发产生影响（Erbil et al.，2002；Hu et al.，2002；Soolaman et al.，2005；Xu et al.，2012）。2019 年，Kieu 等通过对有一定起伏的氧化石墨烯表面上纳米尺度水蒸发的模拟研究发现，氧化石墨烯的一定起伏会加快上面纳米尺度水的蒸发速度（Kieu et al.，2019）。通过对粗糙程度变化更大的亲水修饰石墨烯表面的模拟，发现在粗糙的亲水表面上纳米尺度少量水的蒸发会随粗糙程度的增加先有一个增加，当粗糙度增加到水大部分被局限在表面的凹陷区域时，表面纳米尺度水层的蒸发随着表面粗糙度的增加会呈线性地下降，这一下降主要是由于随着粗糙度的增加，凹陷条纹的深度增加，条纹宽度减小，局限在凹陷区域的水分子蒸发难度增加所导致的。

另外还有很多因素也会影响表面纳米尺度水的蒸发，而这些影响也体现出和宏观条件下不同的变化趋势。通过分子动力学方法研究温度变化对表面纳米尺度少量水层蒸发的影响，发现在一定温度以下，纳米尺度少量水的蒸发速度随温度的增加呈指数变化，但温度较高时水蒸发速度的增加会明显放缓，分析发现是由于在较高温度下水分子氢键寿命的降低趋于平缓，而水分子氢键寿命的这一变化主要是在温度较高时水分子的转动明显受到了表面的限制（Guo et al.，2018）。离子的存在也会影响表面上纳米尺度水的蒸发速度，分子动力学模拟研究发现在均一的氧化石墨烯表面和有亲疏水图案结构的氧化石墨烯表面上的纳米水层中含有一定量的离子后，纳米水层的蒸发速度都会下降，而有亲疏水图样结构的氧化石墨烯表面上纳米水层蒸发速度的下降更明显。进一步的分析发现在纳米尺度水层中，阳离子更靠近三相接触线分布，阳离子的存在显著延长了附近水分子的氢键寿命，从而对从氧化区域向非氧化区域扩散的水分子数目有更大的影响，因而对疏水区域的蒸发影响更大（Nan et al.，2019）。这些成果有助于构建可控制纳米尺度水蒸发的结构。

5. 光催化分解水机制的理论探索

光解水催化剂首先要有强的光吸收以捕获光能，随后载流子要有效地分离，使激发态电子被水吸收解离出氢原子以生成氢气。这需要催化剂吸光后的激发态电子能量高于水还原出氢离子/氢气的能量；若对应空穴能量低于水氧化出氧气的能量则还能同时产生氧气。为了制取氢气，吸附在衬底上的金属结构由于其吸光性好、具有等离激元效应而被广泛关注。结合氧化物半导体和可产生等离激元的金属纳米颗粒进行共催化的研究如火如荼（Linic, Christopher et al., 2011；Mukherjee et al., 2014）。其中半导体的选择要使其能隙匹配太阳光谱（Kudo et al., 2009）。这种光解水制氢电池的工作方法的问题在于只有能量足以跨越肖特基势垒的可以到达半导体的导带，这严重制约了反应效率。目前这种光解水制氢电池通过选取催化材料、制作多节器件构型等方法能够获得效率的进一步改进，最高效率（Ager et al., 2015）约20%，如图 4.2.15。此外还存在制作成本高、稳定性差、不可大面积制备、材料有毒性等严重问题。

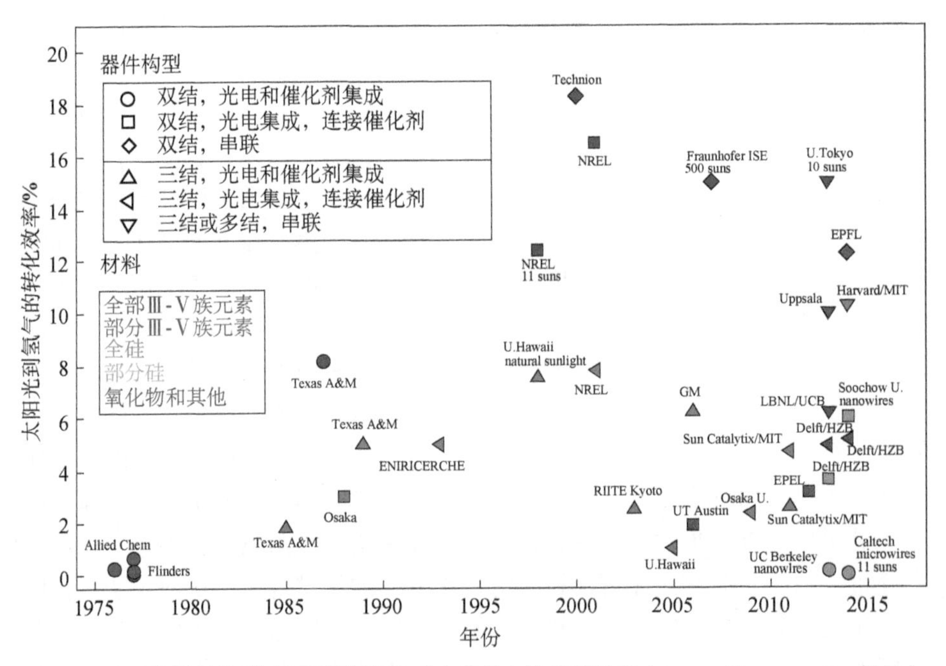

图 4.2.15　目前报道的利用太阳能制氢的光电化学电池能量效率（Ager, Shaner et al., 2015）

最近，Robatjazi 等观察到了源于金纳米颗粒的热电子直接注入分子，能够使光解反应直接发生（Robatjazi et al., 2015）。在光激发产生等离激元的金属纳米结构上直接分解水，电子不需要经过半导体转移，有望大幅度提升催化效率。但目前的实验实现的效率还比较低，其关键在于要提高光吸收和载流子分离率。理论计算表明金属纳米颗粒的尺寸和形状对光催化活性有影响（Cottancin et al., 2006；Murray et al., 2007），但这种光解水的微观机制，尤其是原子尺度的超快动力学过程还需要研究。

二氧化钛上的金纳米颗粒在紫外、可见和近红外光照下都表现出有效的光催化活性（Awate et al.，2011；Liu et al.，2011）。一般来说，小的金纳米颗粒在水中很稳定，适宜于催化，如四面体结构（Li et al.，2003）的 Au20，它的能隙 1.77eV，位于可见光范围内，且比表面积大、低配位数的分子吸附位点多。纳米金催化光解水的巨大潜力吸引我们进行探究。催化剂首先要吸附反应物——水。

下面，我们首先讨论吸附在衬底上的金纳米颗粒的水吸附轨道选择性；随后基于光激发下金团簇电子状态给出催化活性位点及水分解后氢原子的吸附位点，进一步得到氢气合成的反应路径。还给出了金纳米球在光场激发下分解水的量子模式选择性和热电子能量与水反键轨道匹配对反应速率的影响。这对于太阳能光解水器件中纳米颗粒的设计有借鉴意义。我们实现了对浸泡在液态水中的 Au20 在光激发下产生氢气过程的直接模拟，发现场增强起主要作用，从金到水反键态的超快电荷转移也扮演重要角色。综合这些原子尺度的量子动力学研究，我们提出一种源于多个水分子的氢原子受激发高速碰撞（其速度远远超出热速度）合成氢分子的“链式反应”新机制。

1）金纳米颗粒上水吸附的轨道选择性

利用原位扫描隧道显微镜（in-situ STM），人们可直接观察吸附于沉积在金属衬底上的氧化物薄膜上的纳米金团簇的原子构型、电子结构等信息。在 MgO 双层（2 monolayers，2ML）/Ag（001）衬底上，实验发现（Lin et al.，2009），稳定的金纳米小团簇为平面结构，其含有的金原子数目为一系列的幻数，如 Au8、Au14 和 Au18。对真空中金团簇的模拟也表明 Au8 相较于 Au7 和 Au9 更加稳定。在完美的 MgO 薄膜上的 Au8 团簇和真空中最稳定的构型一致，为平面结构，团簇中心的金原子吸附在衬底 O 原子的顶位上（Ding et al.，2015），如图 4.2.16（a），（b）所示。图中还展示了水分子的吸附构型及可能吸附位点（红点）。

由于纳米尺度的空间限制，金团簇中的电子会形成量子阱。Au8 团簇除了 5d 轨道能级（d orbital states，DS）外，还存在由 s 和 p 电子形成的量子阱态。图 4.2.16（c）为金团簇和衬底 MgO 的局域电子态密度。按照能量上升方向，落入 MgO 能隙中的金团簇的量子阱态（QWS），依次被标记为 QWS1、QWS2、QWS3、QWS4。对于真空中或体相 MgO 上的 Au8 团簇，其 QWS1 会被两个电子占据。在 Au8@2ML MgO/Ag（001）中，由于有约 2 个电子从银衬底转移到金团簇，QWS2 也会被占据。水分子吸附在 Au8 周围

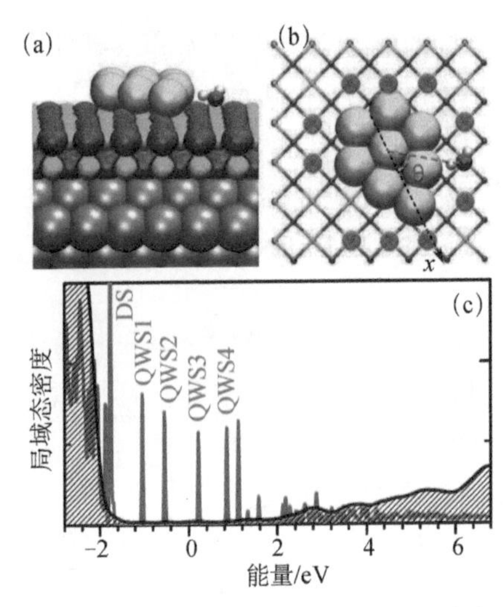

图 4.2.16 MgO（2ML）/Ag（001）上 Au8 纳米团簇的（a）侧视图；（b）俯视图及可能的水吸附位点（红点）；（c）Au8 纳米团簇（红线）及衬底 MgO（黑线）的局域电子态密度，DS 为 5d 轨道能级，QWS1-QWS4 为量子阱态

的 MgO 格点上最为稳定，该位点吸附能高达 600～800meV。在离 Au8 远一点的 MgO 上吸附能比较小，完美的 MgO 上则只有 360meV。在 Au8 上方的吸附极不可能发生，这是因为金原子上方水吸附能为 80～140meV，中心金原子上仅为 86meV，与完整 Au（111）上水 110meV 的吸附能相近（Meng et al.，2004）。

进一步的研究发现稳定位点上水吸附能对量子阱态 QWS2 电荷密度具有强烈的正相关性，如图 4.2.17 所示。它们的角分布（极坐标如图 4.2.16（b））大致一致。自由空间中 Au8 上的水吸附结果类似，表明 MgO 衬底的影响起次要作用。实际上 11 个吸附位点上水分子到镁原子的距离高度约为 2.12～2.14Å，几乎没有变化。这里 Au8 上的最外层电子填充轨道即 QWS2，其电子密度呈四瓣结构，波腹和波节交替。波腹处高密度的电荷和水的电子云耦合强烈，故而吸附能高，波节处反之。由于分子轨道杂化深受对称性匹配的影响，波腹处的耦合由水分子的 LUMO 态（4a1）主导，杂化之后反键态能量高于杂化前的 LUMO 态且无电子占据，体系能量降低，所以吸附能与 QWS2 能量线性相关。波节处的耦合则由水分子已占据的 HOMO 态（1b1）主导，杂化形成的反键态能量较低，且已被电子占据，所以电子占据了成键态和反键态，体系能量高于杂化前，吸附失稳，吸附能与 QWS2 能量反线性相关（Ding et al.，2015）。水的吸附构型值得注意：由于和量子阱态的耦合，吸附水的 OH 指向带负电的金原子，使 OH 键长从 0.97Å 增大到 1.02Å，同时缩短 H—Au 距离至 2.27Å，有利于被吸附水的分解。

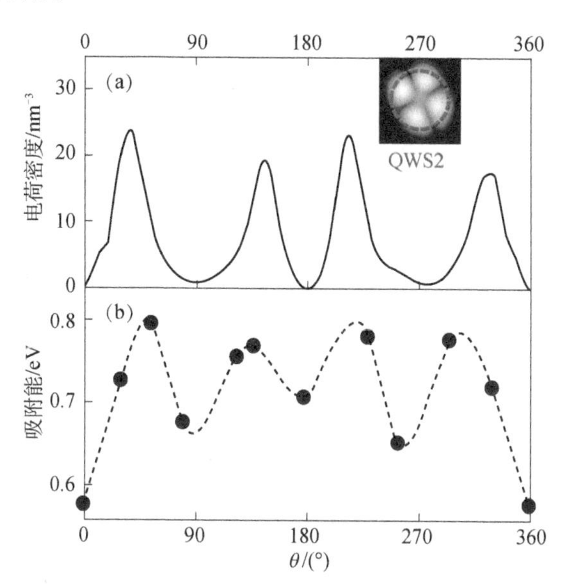

图 4.2.17 （a）Au8 团簇的量子阱态 2 在边缘（红虚线）处的电荷密度角分布；（b）水分子吸附能的方向依赖性

2）原子尺度上水分解产生氢气光解水的步骤

在光照下，Au8 中产生等离激元。通过对 Au8 光吸收谱的分析，电子从 DS 带到 QWS3 态的集体激发贡献了第一个主要吸收峰的大部分，如 Au82-的情况下高达 60.8%。等离激元集体振荡阻尼衰减，产生的热电子大部分分布在 QWS3，可参与水分解反应。其中由于水分解过程中又有约 0.6～1.4e 的电子从银衬底转移到金团簇，所以反应过程中 QWS3 被填充。实际上，氢原子和 QWS3 的结合能高达 2.7eV，远大于水与 QWS2 吸附能，且与水分解的势垒反线性相关（Ding et al.，2015）。在最佳水吸附位点，处于激发态的金团簇分解水的势垒仅为 170meV，低于水分子中不对称 O—H 键振动模式的零点能（224meV），我们推测在光激发条件下水分子能够自发分解。

水分解反应的末态是氢原子吸附在 Au8 上，OH 离开 Au8，但仍吸附在 MgO 上。基于 Bader 分析，产物中氢原子电荷为−0.04～0.12e，近乎中性，称为活性氢原子；OH 电荷为−0.85e，为阴离子（Ding et al.，2017）。要得到氢气还需要：①两个氢原子能靠近结合；②不同反应位点对氢原子的不断产生和收集、氢气的收集不能互相干扰；③反应的副产物 OH 也不可以阻碍反应进行。首先，因为 Au8 的催化活性仅取决于量子阱态的局域电荷密度，已经有一个 H 吸附的位点上还可以再产生第二个 H。如已经吸附的一个 H 的 S1 位点上，分解第二个水分子的势垒仅从 1.05eV 变到 1.06eV，几乎没有变化。甚至与 Au8 上吸附水形成氢键的相邻水分子也可以被有效地分解，产生的 H 可以传输到 Au8。在体相 MgO 上这种反应势垒（Jung et al.，2010；Shin et al.，2010）是 1.07eV，势垒与 Au8 催化的情况类似。所以同一反应位点上可以实现多个 H 的产生和收集，有助于氢原子靠近、结合生成氢气。其次，活性氢原子在不同吸附位点间可以迁移，势垒低至 140meV，源自不同位点的 H 也易于聚集合成氢气。进一步地，由于 Au8 的催化活性、对氢原子的吸附能高度局域，各位点上持续的水分解反应、氢原子收集互不干扰。另外，对反应副产物 OH 在两个水分子间扩散的模拟表明，扩散的过程中有质子在水和 OH 间快速传输，类似质子在水二聚体中的转移。由于水分子间氢键的助力，势垒仅有 240meV，所以 OH 可以非常容易地扩散、远离反应位点，不会阻碍后续的水分解。作为对比，无氢键的情况下 OH 扩散势垒高达 600meV。最后，Au8 受光激发在 DS 带上产生的空穴由于和 MgO 价带能量匹配，可以有效地转移到 MgO 中，再氧化 OH 生成 H_2O_2 或 O_2。实际上 MgO 是良好的空穴导体和常规的氧储存材料。这样电子可以通过 MgO 从 OH 不断地补充到 Au8 上催化水分解，实现光解水的完整电荷循环。至此，我们确认了在 Au8 上可以产生并聚集多个活性氢原子，且活性氢原子易于在各反应位点间迁移。

基于光解水的初步产物，我们设计了三类反应物（R），如图 4.2.18：①无金团簇的 MgO 表面上两个聚集的 OH；②Au8 上吸附在相邻位置的两个活性氢原子；③Au8 上吸附在同一位置的单个水分子和活性氢原子（Ding，Yan et al.，2017）。进而用 NEB 计算中间态（T）设计了合成氢气的三种反应路径：①氢原子从氢氧根上断裂、结合成氢分子，势垒高达 1.83eV，极不可能发生；②一个活性氢原子沿金团簇边缘迁移，与另一个结合成氢分子，势垒约 0.8eV，又由于活性氢原子状态接近氢分子，反应末态仅比初态高 0.1eV，极有可能发生；③水分解出一个氢原子，与同位点上活性氢原子结合生成氢气，势垒高达 1.58eV，另外由于初态比末态能量低 0.96eV、更稳定，反应较难发生。

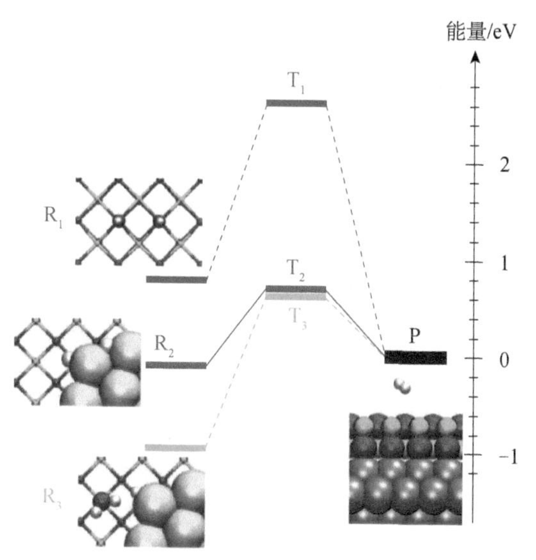

图 4.2.18 MgO（2ML）/Ag（001）上无/有金团簇的情况下产生氢气的反应能级示意图

综上，Au8 光解水产生的氢气可由相邻位点上活性氢原子迁移、结合得到。

3）金纳米颗粒催化下光诱导水分解产生氢气的量子动力学

为了在以上静态计算的基础上更直接地研究光解水微观反应过程，我们使用含时密度泛函的方法研究了金纳米颗粒催化光解水合成氢气的量子动力学过程。虽然 MgO 衬底可以降低水分解的势垒，由于其能隙大于 6eV 而无法有效吸收太阳光或参与太阳光驱动的反应，我们为简化和降低计算量不再模拟 MgO 衬底。首先我们探索了球形金纳米颗粒在超快激光作用下如何催化水分解过程（Yan et al.，2016），如图 4.2.19（a）。其中金纳米球直径 1.9nm，合理地采用正负电荷平均分布的凝胶模型（Zheng，Zhang et al.，2004）。在初始时刻，水分子距离纳米颗粒～3.7Å，一个氢原子指向纳米颗粒。激光场采用电场为 z 方向（即水分子和金颗粒中心的连线方向）的高斯波包，如图 4.2.19（c）。设纳米金球的中心处为 z=0。采用的激光频率 $\hbar\omega$=2.62eV，能够匹配纳米金球的主要光吸收峰。此频率和实验上埋在铝中平均粒径为 1.9nm 的金纳米颗粒具有 2.60eV 的吸收峰相吻合（Cottancin et al.，2006）。水在金纳米球上对激光场的响应过程如图 4.2.19（d）中所描述（Yan et al.，2016）。在模拟的 30fs 内，氧原子几乎静止不动，而指向金的氢原子以约 10fs 的周期振动。另一氢原子的高度则在振动 10fs 后逐渐从 3.7Å 升高到 33fs 的 6.4Å，对应的 OH 距离从 1.12Å 升至 2.84Å，意味着水在 30fs 内分解为 H 和 OH。作为对照，无金纳米球的情况下，激光场只能使水中两个 OH 间持续振动而无分解现象发生。若激光强度低于临界值，亦无水分解。

为研究光激发过程的本质，我们画出系统在费米能级处电荷密度随时间的演化，如图 4.2.19（b）。在 0fs，水分子上几乎没有电荷分布，3.3fs 后一小部分电荷自金纳米球逐渐转移到水分子，表明金纳米球和水分子轨道开始杂化混合。至此，我们直接证明了金纳米颗粒上的光解水由光激发导致。具体来说，光激发金纳米颗粒诱导等离激元，随后等离激元衰减产生热电子，能量匹配的热电子注入水的反键轨道促使水分解。

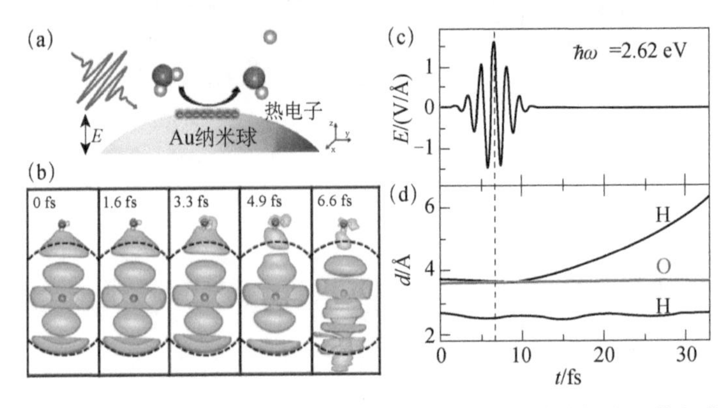

图 4.2.19 （a）金纳米球（直径 1.9nm）在沿 z 极化方向的激光场中，等离激元诱导水分解的示意图；（b）费米能级处的电荷密度随时间的演化，灰点和虚线分别标记纳米颗粒的中心和表面；（c）外加激光场和（d）水的构成原子在 z 方向与金表面的距离随时间的演化

为研究金纳米颗粒光解水产生氢气的动力学，我们升级计算模型，以可合成、高稳定性、正四面体结构的 Au20 纳米颗粒（Li et al.，2003；Zhao et al.，2006）环绕吸附 52 个水分子来模拟液态水环境。初始构型由 300K 下分子动力学模拟得到。外加激光场频率为 2.81eV，可匹配此体系在可见光范围内的吸收峰。水分解需要光强高于阈值，且在 0.24J/cm^2 的模拟光强范围内分解速率几乎与光强成线性关系，说明水分解是单光子过程。水分解速率对光频的依赖与体系光吸收谱大致符合，说明水分解由 Au8 等离激元主导，与之前的实验吻合（Ingram et al.，2011；Christopher et al.，2012；Shi et al.，2015）。

激光场诱导等离激元极化场，由于表面上有电荷富集，金团簇附近局域电场大大增强。其在与外电场同向尖角处最大，可高达外电场的 7.0 倍。此尖角附近吸附的水分子在电场的强烈震荡下可放出一个 H。对于所在吸附位置电场振荡稍逊的水分子，若自金颗粒到水分子的反键轨道上有热电子转入，亦可以分解。在不同强度的激光场下，我们都观察到了氢气的合成（Yan et al.，2018），如图 4.2.20（a）所示。峰值光场强度 E_{max}=2.90V/Å 的情况下，有 3 个氢分子生成。氢气合成的过程如图 4.2.20（c）所示。两个吸附的水分子以 O1-H1：O2 形成氢键，dO2-H1=1.72Å。20fs 时，dO2-H1 减小至 1.55Å，O1-H1 距离增至 2.45Å 断裂放出 H1；同时 H1 靠近 H4，dH1-H4=1.89Å；H4 离开 O2，dO2-H4=1.51Å。26fs 时，dO2-H4 增至 1.91Å，O2-H4 键断裂。33fs 时，dH1-H4 降至 0.86Å，形成氢分子。以上制氢过程可以用“链式反应”机制描述，如图 4.2.20（b）所示：

（1）Au20 等离激元衰减产生的热电子高速碰撞水分子，活化 OH 键，使 H 从水分子中分离；

（2）活化的 H 在电场作用下获得强大的动能，其动能约为 300K 下热动能的 10 倍；

（3）在热电子协助下另一个水分子上的 H 受到前一个 H 的猛烈撞击而分解，产生两个 H，一起合成氢分子。

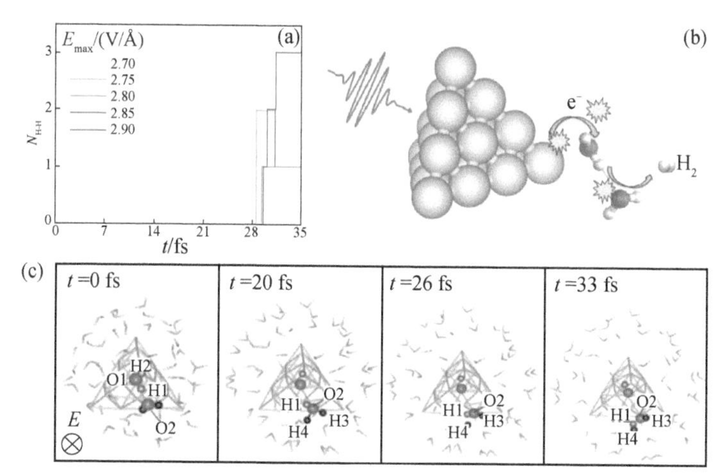

图 4.2.20 （a）在不同强度的激光照射下，产生氢气分子个数的时间演化；（b）金团簇等离激元诱导的水分解产生氢气的“链式反应”示意图；（c）在 t=0、20、26、33fs 时体系的原子组态

总结关于光解水原子机制的初步探索，我们发现用于做共催化剂的金纳米颗粒上的水吸附具有强烈的轨道选择性，倾向于波腹而非波节处。我们模拟得到了水分解的步骤，计算了反应势垒，且用 NEB 方法给出了反应路径，讨论了 O—H 的扩散和氢气形成的可行性。发现源于两个水分子的氢原

子易于靠近、结合产生氢分子。进一步地，我们以基于含时密度泛函的激发态分子动力学方法研究金纳米颗粒催化下光解水的量子动力学，得到了一些原子尺度上的超快信息。首先，等离激元的量子振动模式影响水分解速率，能量匹配的净余热电子会注入水的反键态，促使水分解。然后，金团簇水吸附位点处场增强主导水分解，电荷转移也起重要作用。最终，我们提出等离激元诱导水分解产生氢气的“链式反应”机制：等离激元衰减产生的热电子注入水反键轨道，使一个氢原子在电场作用下逃逸；它以可观的动量撞击另一水分子，使之也放出一个氢原子；两个氢原子结合为氢分子，一起远离金纳米颗粒的表面。

4.2.3 待解决的重大问题

界面上的许多应用问题，包括制备自清洁材料、表面抗污、土壤保护、霾问题解决等都需要我们对界面水的性质有深入理解。然而，许多对界面水理论研究还只能停留在宏观尺度上，而微观界面水性质与宏观不同，迫切需要我们从微观尺度重新理解界面水的性质。我们缺乏微观尺度上理解，包括其对亲疏水作用、表面热导性质、介电常数特性、谱学信号等基本物理性质的影响，目前实验很难有效地去研究这些常温下微观界面水的微观物理性质，需要理论模拟理论和技术上取得更多的突破。而这些方面的突破就需要一些简单有效的力场和水的模型。在理论模拟中，许多固体材料的力场参数有许多种，互相没有协同，甚至互相之间有矛盾。一些界面基本性质，例如，水的结冰成核性质、界面水的化学吸附性质，都无法从理论上解决。这是由于，有的计算方法（如反应力场）所引入的模型太过繁复而使模拟计算量过大，且缺乏可移植性；有的模型过于粗略而使结果的精确性受到怀疑，不能表达纳米尺度上水的基本特性。这就迫切希望有更有效的技术手段，发展纳米尺度上的水的模型势在必行。其次需要理论和实验数据的相互验证。虽然理论计算和大部分实验数据吻合得很好，两者结合清楚地揭示了水的分子行为，但还有一些数据亟待理论上的解释和理解。比如一些氧化物表面水的结构，如何理解界面水的红外光谱或和频共振光谱性质与水的结构、动力学之间关系，目前还未解决。微观界面上纳米尺度水蒸发方面，关于宏观水体的蒸发行为已经有了不少成熟的理论，但纳米尺度水的蒸发体现出与宏观不一样的特性和规律，尤其表面的特性会如何影响纳米水层的蒸发，还缺乏比较系统的理论规律。如何从实验和模拟获得的结果中进一步提炼相应的物理规律，将是接下来理论工作的关键问题。这方面已经有了一些初步的工作。如何利用得到的物理规律，结合环境的影响，设计实验上可实现的能加快或抑制表面纳米尺度水蒸发的结构也是接下来需要解决的问题。

碳基纳米净水膜在实际应用到水处理过程中需要解决理论和计算方面的相关问题。基于碳基材料的纳米膜，如石墨烯、氧化石墨烯和碳纳米管等，凭借其超薄、超高的水通量以及低能耗的特点在海水脱盐和劣质水净化的过滤膜材料以及分子筛等方面受到广泛的关注。但是经过十几年的发展，人们依然难以获得可以去除离子并保持高速水流的有效碳纳米管脱盐膜，其关键在于目前对于脱盐膜涉及的离子对界面的影响理论计算与模拟相对不足，导致其中涉及的相互作用和物理机制不清晰，无法得到完整的物理图像。因此对实验结果和理论计算结果无法全面理解。这些存在的问题都长期困扰着相关研究人员，使得这些新型碳基材料难以广泛应用在水处理领域。

太阳能制氢电池的前景美好，但现今面临着巨大挑战，如成本高、效率和稳定性低。为了在原子尺度上理解光解水制氢的机制，我们着眼于太阳能制氢电池中原子尺度上水的吸附和分解的电子动力学过程，进行了初步的第一性原理模拟探索。对于光解水机制的理论探索，目前还存在以下一些问题：①激发态及其动力学的精确计算。光催化分解水体系是一个复杂的凝聚态体系，涉及跨尺度的时间和空间尺度。对于这样一个复杂体系的激发态作用和动力学过程如何描述，现有理论面临着巨大挑战。传统的密度泛函理论不能描述激发态，而基于多体波函数的量子化学方法及基于准粒子的多体微扰方法（比如 GW）由于计算量的限制很难应用于这样一个实际体系。目前更是缺乏对光激发过程的超快动力学的理论描述。如何获得一个足够精确而又能应用于实际光解水体系的实用理论模拟方法，是当前研究的一个巨大挑战。②光解水过程中氢的量子行为的理论描述。水分子中 H 元素的作用非常神秘，它组成的氢键是水的种种特异性质的来源，是保障地球生命活动出现的源头。它也是理解光合作用机制和操作人工光合系统的关键。但是常用的把 H 当作点粒子的办法是否足够，能否解释水的特殊现象？这是一个基本科学问题。近来的一些研究暗示 H 元素的量子效应起着关键的作用。这需要理论方法和实验技术的大幅更新。③简单有效的水的模型和大尺度的第一性原理模拟方法的缺乏。此情况更表现在研究纳米尺度上和表面界面处的水结构和水分解过程中。要么水的模型太过繁复而使模拟计算量过大，要么模型过于粗略而使结果的精确性受到怀疑，不能表达纳米尺度上水的基本特性。发展纳米尺度上的水的模型势在必行。这需要精确了解表面界面处、纳米尺度上水的行为，包括 H 核的量子行为。标准的第一性原理计算方法最多能处理上百个水分子，分子动力学模拟时间长约 10ps，这对于研究水的纳米团簇、表面上或生物分子中的水远远不够。如何发展密度泛函方法使之处理大型体系是一个挑战。一个有潜力的方向是发展 O（N）的第一性原理计算方法（N 是体系中的总电子数）。④理论和实验数据的相互验证。虽然理论计算和大部分实验数据吻合得很好，两者结合清楚地揭示了水的分子行为，但还有一些数据亟待理论上的解释和理解。比如 TiO_2 表面上水是分子吸附还是分解吸附？氧原子空位缺陷对水分子分解到底有无决定性应用？TiO_2 吸收光分解水的过程中，水分子的轨道远远低于 TiO_2 半导体的价带，水分子如何捕获光激发产生的空穴？激发后的电子主要是在哪个能级上，是导带底部的电子还是更高能量的电子最终参与水分子分解的过程？产生的氧气来源于水分子还是来源于 TiO_2 衬底？这些是由于现有的密度泛函交换关联形式不足以正确描述表面水结构的能量，还是由于动力学过程的影响，抑或是我们尚未找到正确的原子结构模型，尚不清楚。我们认为部分的原因在于当前的密度泛函形式低估水和表面的相互作用，而高估水中氢键作用。这些都呼唤着更精确的理论和实验技术的进一步发展和提高。

4.2.4 建议可能解决问题的方案

经典分子动力学已经成为水研究的普遍手段，其结果完全取决于力场参数的选取。虽然力场参数经过几十年的发展已经有了一套完备的体系，但是水分子模型一直存在着许多问题，比如无法模拟水的结冰成核性质，无法给出正确的三相点温度，无法模拟正确的蒸发过程等。发展新的模拟技术和力场开发方法，发展更准确有效的水模型，考虑引入机器学习方法来开发更准确的力场参数，发展对于经典分子动力学力场参数的校正方法。与实验结合，例如新的 Thz 光谱技术、和频光谱技术、新的 STM 技术、中子散射技术等研究水的新手段，通过理论来理解新的实验数据处理、分析和解释方法，进而为发展针对界面水的经典分子动力学力场参数的新方法指明方向。

对于微观界面上纳米尺度水蒸发需要解决的问题，将参考生物表面的结构，改变结构内的亲水区域和疏水区域的浸润性质差异，亲疏水图案形状以及内部的平整度，研究这些因素对类气孔结构内纳米尺度水蒸发的影响，并总结物理机制。进一步在纳米尺度水中加入一些常见的小分子，研究这些小分子在类气孔结构内的分布，以及这种分布对蒸发的影响，从而更好地理解小分子在纳米尺度水蒸发过程中所起的作用。研究固体表面湿度、空气流动情况、光照以及热扰动等环境因素对微观界面上纳米尺度水的蒸发情况的影响。根据这些研究结果从理论上改进控制纳米尺度水蒸发速度的纳米结构设计。

碳基纳米净水膜在实际应用到水处理过程中需要解决的理论和计算方面的相关问题的解决方案，通过理论计算模拟和实验观测相结合，在前期理论计算和实验观测研究的基础上，通过进一步的基础理论计算模拟和实验表征验证相结合的方法，重点结合同步辐射光源的表征技术，来研究和分析溶液中离子对含芳香环碳基纳米滤膜，如石墨烯、氧化石墨烯、石墨烯复合膜等，结构和性质的影响，并期望总结一般规律。红外光谱线站具有优质的红外光源、较宽频率覆盖、高的束线通量、高分辨率和高信噪比，可对石墨烯氧化物等材料中的氧化基团进行微区二维扫描成像，给出具体分布信息；同步辐射软 X 射线线站，可以利用软 X 射线谱学显微技术用于获得元素的精细近边吸收谱，从而给出膜内离子的价态和配位信息；同步辐射 X 射线广角散射技术（WAXS）和小角散射技术（SAXS）可以测定膜内部较大尺寸空间的变化信息，以及二维趋向等。依托自主开发的离子与碳纳米管之间芳香环结构作用的经典力场参数，通过分子动力学模拟，进一步研究水溶液中离子阻塞碳纳米管的物理机制，根据相关理论研究结果设计可以实用化的解决方案。

我们提出以下方案可以用于改进当前对水光解机理探索的研究。①聚焦光解水微观机制的理论和实验。现有研究往往止步于汇报宏观的现象，以及基于试错法的材料合成和优化研究。这对于揭示原子尺度反应机制远远不够。我们需要大力提倡针对微观机理的基础性研究，需要特别聚焦于在超快的时间尺度（几十阿秒到几个纳秒）和单个水分子、单个催化剂位点的空间尺度上的光激发、电荷弛豫、极化子形成，以及化学反应路径等微观物理化学过程。②构建通用的光解水模型体系。光催化分解水的体系异常丰富、繁多，其中包括半导体催化剂、助催化剂、表面、缺陷、反应物、溶剂、牺牲剂、反应产物等诸多方面，能够实现光解水产氢过程的材料体系多达数千种，部分地，这可能也是文献中各种看似矛盾的结论和分析的来源。我们建议参与研究的科学家联合起来，构建 2～3 种标准的光解水模型体系（比如金属/TiO_2 体系、Fe_2O_3 体系等），使用各种最先进的探测手段和理论方法，通力合作，互相验证，通过对模型体系合力攻关，以期获得对光解水基本微观过程的深入理解。③发展崭新的理论计算方法和软件。目前对于光解水这一综合复杂体系的理论研究工具相当缺乏，需要大力发展崭新的基于量子力学第一原理计算的理论方法和软件。由于基于多体波函数和量子化学方法和基于格林函数的多体微扰方法尚不能处理光解水这一复杂体系，目前最有效且比较精确的方法可能是超出微扰论和玻恩-奥本海默近似的含时密度泛函方法，甚至能够直接描述光照条件下的非平衡过程。进一步地，这种方法可以和量子路径积分方法相结合，能够超出 Erenfest 分子动力学限制，同时考虑电子和原子核的量子行为。这种方法的优势显而易见：能够包含氢核的零点能以及氢核隧穿等量子效应；能够处理超越绝热近似的电子结构；能够给出电子-原子核互相耦合的量子动力学过程。这些新发展将对于未来光解水微观机制的进一步理论探索起到关键作用。

4.2.5 展望和小结

地球上的水绝大部分以体相水的形式存在，却更多地是在不同尺度上以界面水/受限水的形式参与各种物理、化学和生物过程，影响自然条件下水的性质。为了更好地理解这些过程与机制，有必要表征水在各种热力学条件下和不同空间环境中的结构与性质。这就需要应用近年来发展的扫描隧道显微镜、原子力显微镜、各种光谱学技术等实验手段来迅速提高关于水的认识。同时需要发展水的理论研究和模拟计算模型及方法学，与实验研究共同来解决关于水的疑难问题。如何将实验与理论研究相结合是水科学发展的关键问题，同时也是水科学发展的重要研究方向。两者的有机结合将对体相水、界面/受限水、水溶液、生物水等有更加深刻全面的理解，有利于指导水科学在化学、材料科学、生物、环境科学等方面的应用，为社会可持续发展过程中遭遇的水科学问题提供解决方案。

参考文献

Ager J W，Shaner M R，Walczak K A，Sharp I D and Ardo S. 2015. Experimental demonstrations of spontaneous，solar-driven photoelectrochemical water splitting. Energy & Environmental Science，8（10）：2811-2824.

Alkorta I，Rozas I and Elguero J. 2002. Interaction of anions with perfluoro aromatic compounds. J Am Chem Soc，124（29）：8593-8598.

Amirfazli A and Neumann A W. 2004. Status of the three-phase line tension：A review. Advances in Colloid and Interface Science，110（3）：121-141.

Awate S V，Deshpande S S，Rakesh K，Dhanasekaran P and Gupta N M. 2011. Role of micro-structure and interfacial properties in the higher photocatalytic activity of TiO_2-supported nanogold for methanol-assisted visible-light-induced splitting of water. Phys Chem Chem Phys，13（23）：11329-11339.

Ball P. 2008. Water as an active constituent in cell biology. Chem Rev，108：74-108.

Ball P. 2013. Material witness：When water doesn't wet. Nat Mater，2（4）：289-289.

Ball P. 2017. Water is an active matrix of life for cell and molecular biology. Proc Natl Acad Sci USA，114（51）：13327.

Bellissent-Funel M-C，Hassanali A，Havenith M，Henchman R，Pohl P，Sterpone F，van der Spoel D，Xu Y and Garcia A E. 2016. Water determines the structure and dynamics of proteins. Chemical Reviews，116（13）：7673-7697.

Berezhkovskii A and Hummer G. 2002. Single-file transport of water molecules through a carbon nanotube. Phys Rev Lett，89（6）：064503.

Birdi K S，Vu D T and Winter A. 1989. A study of the evaporation rates of small water drops placed on a solid-surface. Journal of Physical Chemistry，93（9）：3702-3703.

Cabarcos O M，Weinheimer C J and Lisy J M. 1999. Size selectivity by cation-π interactions：Solvation of K+ and Na+ by benzene and water. J Chem Phys，110（17）：8429-8435.

Cassie A B D and Baxter S. 1944. Wettability of porous surfaces. Trans Faraday Soc，40：546-551.

Chen L，Shi G，Shen J，Peng B，Zhang B，Wang Y，Bian F，Wang J，Li D，Qian Z，Xu G，Liu G，Zeng J，Zhang L，Yang Y，Zhou G，Wu M，Jin W，Li J and Fang H. 2017. Ion sieving in graphene oxide membranes via cationic control of interlayer spacing. Nature，550（7676）：380-383.

Christopher P，Xin H，Marimuthu A and Linic S. 2012. Singular characteristics and unique chemical bond activation mechanisms of photocatalytic reactions on plasmonic nanostructures. Nat Mater，11（12）：1044-1050.

Coridan R H，Schmidt N W，Lai G H，Abbamonte P and Wong G C L. 2012. Dynamics of confined water reconstructed from inelastic X-ray scattering measurements of bulk response functions. Phys Rev E，85（3）：031501.

Cottancin E，Celep G，Lermé J，Pellarin M，Huntzinger J R，Vialle J L and Broyer M. 2006. Optical properties of noble metal clusters as a function of the size：Comparison between experiments and a semi-quantal theory. Theoretical Chemistry Accounts, 116 (4-5): 514-523.

Cottin-Bizonne C, Barentin C, Charlaix E, Bocquet L and Barrat J L. 2004. Dynamics of simple liquids at heterogeneous surfaces: Molecular-dynamics simulations and hydrodynamic description. Eur Phys J E Soft Matter, 15 (4): 427-438.

Cottin-Bizonne C, Barrat J L, Bocquet L and Charlaix E. 2003. Low-friction flows of liquid at nanopatterned interfaces. Nat Mater, 2 (4): 237-240.

D'Angelo P, Barone V, Chillemi G, Sanna N, Meyer-Klaucke W and Pavel N V. 2002. Hydrogen and higher shell contributions in Zn^{2+}, Ni^{2+}, and Co^{2+} aqueous solutions: An X-ray absorption fine structure and molecular dynamics study. J Am Chem Soc, 124 (9): 1958-1967.

Das P and Zhou R. 2010. Urea-induced drying of carbon nanotubes suggests existence of a dry globule-like transient state during chemical denaturation of proteins. The Journal of Physical Chemistry B, 114 (16): 5427-5430.

Dellago C and Hummer G. 2006. Kinetics and mechanism of proton transport across membrane nanopores. Phys Rev Lett, 97 (24): 245901.

Denker B M, Smith B L, Kuhajda F P and Agre P. 1988. Identification, purification, and partial characterization of a novel Mr 28, 000 integral membrane protein from erythrocytes and renal tubules. J Bio Chem, 263 (30): 15634-15642.

Ding Z, Gao S and Meng S. 2015. Orbital dependent interaction of quantum well states for catalytic water splitting. New Journal of Physics, 17 (1): 013023.

Ding Z, Yan L, Li Z, Ma W, Lu G and Meng S. 2017. Controlling catalytic activity of gold cluster on MgO thin film for water splitting. Physical Review Materials, 1 (4): 045404.

Dolev M B, Braslavsky I and Davies P L. 2016. Ice-binding proteins and their function. Annu Rev Biochem., 85 (1): 515-542.

Eames I W, Marr N J and Sabir H. 1997. The evaporation coefficient of water: A review. International Journal of Heat and Mass Transfer, 40 (12): 2963-2973.

Elbaum M and Lipson S G. 1994. How does a thin wetted film dry up? Physical Review Letters, 72 (22): 3562.

Elimelech M and Phillip W A. 2011. The future of seawater desalination: Energy, technology, and the environment. Science, 333 (6043): 712-717.

Erbil H Y, McHale G and Newton M I. 2002. Drop evaporation on solid surfaces: Constant contact angle mode. Langmuir, 18 (7): 2636-2641.

Fitzner M，Sosso G C，Cox S J and Michaelides A. 2015. The many faces of heterogeneous ice nucleation：Interplay between surface morphology and hydrophobicity. J Am Chem Soc，137（42）：13658-13669.

Gao X F and Jiang L. 2004. Water-repellent legs of water striders. Nature，432（7013）：36-36.

Gong X，Li J，Lu H，Wan R，Li J，Hu J and Fang H. 2007. A charge-driven molecular water pump. Nat Nano，2（11）：709-712.

Gong X J，Li J Y，Zhang H，Wan R Z，Lu H J，Wang S and Fang H P. 2008. Enhancement of water permeation across a nanochannel by the structure outside the channel. Phys Rev Lett，101（25）：257801.

Grncarevic M and Radler F. 1967. The effect of wax components on cuticular transpiration-model experiments. Planta，75（1）：23-27.

Gu W，Zhou B，Geyer T，Hutter M，Fang H and Helms V. 2011. Design of a gated molecular proton channel. Angew Chem Int Ed，50（3）：768-771.

Guo H K and Fang H P. 2005. Drop size dependence of the contact angle of nanodroplets. Chin Phys Lett，22（4）：787-790.

Guo J，Meng X，Chen J，Peng J，Sheng J，Li X-Z，Xu L，Shi J-R，Wang E and Jiang Y. 2014. Real-space imaging of interfacial water with submolecular resolution. Nat Mater，13（2）：184-189.

Guo P，Tu Y，Yang J，Wang C，Sheng N and Fang H. 2015. Water-COOH composite structure with enhanced hydrophobicity formed by water molecules embedded into carboxyl-terminated self-assembled monolayers. Phys Rev Lett，115（18）：186101.

Guo P，Tu Y S，Yang J R，Wang C L，Sheng N and Fang H P. 2015. Water-COOH composite structure with enhanced hydrophobicity formed by water molecules embedded into carboxyl-terminated self-assembled monolayers. Phys Rev Lett，115（18）：186101.

Guo Y W and Wan R Z. 2018. Evaporation of nanoscale water on a uniformly complete wetting surface at different temperatures. Physical Chemistry Chemical Physics，20（17）：12272-12277.

Han S H，Choi M Y，Kumar P and Stanley H E. 2010. Phase transitions in confined water nanofilms. Nature Phys，6：685-689.

Holt J K，Park H G，Wang Y，Stadermann M，Artyukhin A B，Grigoropoulos C P，Noy A and Bakajin O. 2006. Fast mass transport through sub-2-nanometer carbon nanotubes. Science，312（5776）：1034-1037.

Holt J K，Park H G，Wang Y，Stadermann M，Artyukhin A B，Grigoropoulos C P，Noy A and Bakajin O. 2006. Fast mass transport through sub-2-nanometer carbon nanotubes. Science，312（5776）：1034-1037.

Hu H and Larson R G. 2002. Evaporation of a sessile droplet on a substrate. Journal of Physical Chemistry B，106（6）：1334-1344.

Hu J，Xiao X D，Ogletree D F and Salmeron M. 1995. Imaging the condensation and evaporation of molecularly thin-films of water with nanometer resolution. Science，268（5208）：267-269.

Huang D M，Sendner C，Horinek D，Netz R R and Bocquet L. 2008. Water slippage versus contact angle：A quasiuniversal relationship. Phys Rev Lett，101（22）：226101.

Hummer G，Rasaiah J C and Noworyta J P. 2001. Water conduction through the hydrophobic channel of a carbon nanotube. Nature，414：188-190.

Ingram D B and Linic S. 2011. Water splitting on composite plasmonic-metal/ semiconductor photoelectrodes：Evidence for selective plasmon-induced formation of charge carriers near the semiconductor surface. J Am Chem Soc，133（14）：5202-5205.

James M，Darwish T A，Ciampi S，Sylvester S O，Zhang Z，Ng A，Gooding J J and Hanley T L. 2011. Nanoscale condensation of water on self-assembled monolayers. Soft Matt.，7：5309-5318.

Jiang L，Zhao Y and Zhai J. 2004. A lotus-leaf-like superhydrophobic surface：A porous microsphere/nanofiber composite film prepared by electrohydrodynamics. Angew Chem Int Ed，43（33）：4338-4341.

Jones R L. 1957. The effect of surface wetting on the transpiration of leaves. Physiologia Plantarum，10（2）：281-288.

Joshi R K，Carbone P，Wang F C，Kravets V G，Su Y，Grigorieva I V，Wu H A，Geim A K and Nair R R. 2014. Precise and ultrafast molecular sieving through graphene oxide membranes. Science，343（6172）：752-754.

Jung J，Shin H-J，Kim Y and Kawai M. 2010. Controlling water dissociation on an ultrathin MgO film by tuning film thickness. Physical Review B，82（8）：085413.

Kalra A，Garde S and Hummer G. 2003. Osmotic water transport through carbon nanotube membranes. Proc Natl Acad Sci U S A，100（18）：10175-10180.

Kieu H T，Zhou K and Law A W K. 2019. Surface morphology effect on the evaporation of water on graphene oxide：A molecular dynamics study. Applied Surface Science，488：335-342.

Koga K，Zeng X C and Tanaka H. 1997. Freezing of confined water：A bilayer ice phase in hydrophobic nanopores. Phys Rev Lett，79（26）：5262-5265.

Kohler M A and Parmele L H. 1967. Generalized estimates of free-water evaporation. Water Resour Res，3（4）：997-1005.

Kudo A and Miseki Y. 2009. Heterogeneous photocatalyst materials for water splitting. Chem Soc Rev，38（1）：253-278.

Lützenkirchen J，Franks G V，Plaschke M，Zimmermann R，Heberling F，Abdelmonem A，Darbha G K，Schild D，Filby A，Eng P，Catalano J G，Rosenqvist J，Preocanin T，Aytug T，Zhang D，Gan Y and Braunschweig B. 2018. The surface chemistry of sapphire-c：A literature review and a study on various factors influencing its IEP. Advances in Colloid and Interface Science，251：1-25.

Lee K，Kim Q，An S，An J，Kim J，Kim B and Jhe W. 2014. Superwetting of TiO_2 by light-induced water-layer growth via delocalized surface electrons. Proc Natl Acad Sci USA，111：5784.

Li G F，Flores S M，Vavilala C，Schmittel M and Graf K. 2009. Evaporation dynamics of microdroplets on self-assembled monolayers of dialkyl disulfides. Langmuir，25（23）：13438-13447.

Li J，Li X，Zhai H J and Wang L S. 2003. Au20：A tetrahedral cluster. Science，299（5608）：864-867.

Li J Y，Gong X J，Lu H J，Li D，Fang H P and Zhou R H. 2007. Electrostatic gating of a nanometer water channel. Proc Natl Acad Sci USA，104：3687-3692.

Li X，Li J Y，Eleftheriou M and Zhou R H. 2006. Hydration and dewetting near fluorinated superhydrophobic plates. J Am Chem Soc，128：12439-12447.

Limmer D T，Willard A P，Madden P and Chandler D. 2013. Hydration of metal surfaces can be dynamically heterogeneous and hydrophobic. Proc Natl Acad Sci USA，110（11）：4200-4205.

Lin X，Nilius N，Freund H J，Walter M，Frondelius P，Honkala K and Hakkinen H. 2009. Quantum well states in two-dimensional gold clusters on MgO thin films. Phys Rev Lett，102（20）：206801.

Linic S，Christopher P and Ingram D B. 2011. Plasmonic-metal nanostructures for efficient conversion of solar to chemical energy. Nat Mater，10（12）：911-921.

Liou Y-C，Tocilj A，Davies P L and Jia Z. 2000. Mimicry of ice structure by surface hydroxyls and water of a ［beta］-helix antifreeze protein. Nature，406（6793）：322-324.

Liu J，Shi G，Guo P，Yang J and Fang H. 2015. Blockage of water flow in carbon nanotubes by ions due to interactions between cations and aromatic rings. Phys Rev Lett，115（16）：164502.

Liu J W. 2012. Adsorption of DNA onto gold nanoparticles and graphene oxide：Surface science and applications. Physical Chemistry Chemical Physics，14（30）：10485-10496.

Liu K，Wang C，Ma J，Shi G，Yao X，Fang H，Song Y and Wang J. 2016. Janus effect of antifreeze proteins on ice nucleation. Proc Natl Acad Sci USA，113（51）：14739-14744.

Liu Z，Hou W，Pavaskar P，Aykol M and Cronin S B. 2011. Plasmon resonant enhancement of photocatalytic water splitting under visible illumination. Nano Lett，11（3）：1111-1116.

Lutzenkirchen J，Zimmermann R，Preocanin T，Filby A，Kupcik T，Kuttner D，Abdelmonem A，Schild D，Rabung T，Plaschke M，Brandenstein F，Werner C and Geckeis H. 2010. An attempt to explain bimodal behaviour of the sapphire c-plane electrolyte interface. Adv Colloid Interface Sci，157（1-2）：61-74.

Mascal M，Armstrong A and Bartberger M D. 2002. Anion-aromatic bonding：A case for anion recognition by pi-acidic rings. J Am Chem Soc，124（22）：6274-6276.

Matsumoto M，Saito S and Ohmine I. 2002. Molecular dynamics simulation of the ice nucleation and growth process leading to water freezing. Nature，416（6879）：409-413.

Meng S，Wang E G and Gao S. 2004. Water adsorption on metal surfaces：A general picture from density functional theory studies. Physical Review B，69（19）：195404.1-195404.13.

Meng S，Xu L F，Wang E G and Gao S W. 2002. Vibrational recognition of hydrogen-bonded water networks on a metal surface. Phys Rev Lett，89（17）：176104.

Miller D J and Lisy J M. 2006. Hydration of ion-biomolecule complexes：ab initio calculations and gas-phase vibrational spectroscopy of K+（indole）m（H2O）n. J Chem Phys，124（18）：184301.

Miranda P B，Xu L，Shen Y R and Salmeron M. 1998. Ice-like water monolayer adsorbed on mica at room temperature. Physical Review Letters，81（26）：5876.

Mukherjee S，Zhou L，Goodman A M，Large N，Ayala-Orozco C，Zhang Y，Nordlander P and Halas N J. 2014. Hot-electron-induced dissociation of H_2 on gold nanoparticles supported on SiO_2. J Am Chem Soc，136（1）：64-67.

Murray W A and Barnes W L. 2007. Plasmonic materials. Advanced Materials，19（22）：3771-3782.

Nagata Y，Usui K and Bonn M. 2015. Molecular mechanism of water evaporation. Physical Review Letters，115（23）：5.

Nagayama G，Kawagoe M，Tokunaga A and Tsuruta T. 2010. On the evaporation rate of ultra-thin liquid film at the nanostructured surface：A molecular dynamics study. International Journal of Thermal Sciences，49（1）：59-66.

Nan X，Guo Y W and Wan R Z. 2019. Effect of Na and Cl ions on water evaporation on graphene oxide. Nuclear Science and Techniques，30（8）：8.

Odelius M，Bernasconi M and Parrinello M. 1997. Two dimensional ice adsorbed on mica surface. Phys Rev Lett，78（14）：2855-2858.

Oganov A R. 2018. 2D materials worth their salt. Nat Chem，10（7）：694-695.

Pal S K and Zewail A H. 2004. Dynamics of water in biological recognition. Chem. Rev.，104（4）：2099-2123.

Phan A，Ho T A，Cole D R and Striolo A. 2012. Molecular structure and dynamics in thin water films at metal oxide surfaces：Magnesium，aluminum，and silicon oxide surfaces. J Phys Chem C，116（30）：15962-15973.

Picknett R G and Bexon R. 1977. Evaporation of sessile or pendant drops in still air. Journal of Colloid and Interface Science，61（2）：336-350.

Potts R O and Francoeur M L. 1990. Lipid biophysics of water loss through the skin. Proceedings of the National Academy of Sciences of the United States of America，87（10）：3871-3873.

Qiu Y，Odendahl N，Hudait A，Mason R，Bertram A K，Paesani F，DeMott P J and Molinero V. 2017. Ice nucleation efficiency of hydroxylated organic surfaces is controlled by their structural fluctuations and mismatch to ice. J Am Chem Soc，139（8）：3052-3064.

Quiñonero D，Garau C，Rotger C，Frontera A，Ballester P，Costa A and Deyà P M. 2002. Anion-π interactions：Do they exist? Angewandte Chemie International Edition，41（18）：3389-3392.

Rafiee J，Mi X，Gullapalli H，Thomas A V，Yavari F，Shi Y，Ajayan P M and Koratkar N A. 2012. Wetting transparency of graphene. Nat Mater，11（3）：217-222.

Ramanathan V，Crutzen P J，Kiehl J T and Rosenfeld D. 2001. Aerosols，climate，and the hydrological cycle. Science，294（5549）：2119-2124.

Rao J S，Zipse H and Sastry G N. 2009. Explicit solvent effect on cation-pi interactions：A first principle investigation. J Phys Chem B，113（20）：7225-7236.

Robatjazi H，Bahauddin S M，Doiron C and Thomann I. 2015. Direct plasmon-driven photoelectrocatalysis. Nano Lett，15（9）：6155-6161.

Rodriguez-Cruz S E and Williams E R. 2001. Gas-phase reactions of hydrated alkaline earth metal ions，M^{2+}（H_2O）n（M = Mg，Ca，Sr，Ba and n = 4-7），with benzene. Journal of the American Society for Mass Spectrometry，12（3）：250-257.

Rotenberg B，Patel A J and Chandler D. 2011. Molecular explanation for why talc surfaces can be both hydrophilic and hydrophobic. J Am Chem Soc，133（50）：20521-20527.

Shahidzadeh-Bonn N，Rafai S，Azouni A and Bonn D. 2006. Evaporating droplets. Journal of Fluid Mechanics，549：307-313.

Sharp K A and Vanderkooi J M. 2010. Water in the half shell：Structure of water，focusing on angular structure and solvation. Accounts of Chemical Research，43（2）：231-239.

Shi G S，Wang Z G，Zhao J J，Hu J and Fang H P. 2011. Adsorption of sodium ions and hydrated sodium ions on a hydrophobic graphite surface via cation-π interactions. Chinese Physics B，20（6）：068101.

Shi G，Chen L，Yang Y，Li D，Qian Z，Liang S，Yan L，Li L H，Wu M and Fang H. 2018. Two-dimensional Na-Cl crystals of unconventional stoichiometries on graphene surface from dilute solution at ambient conditions. Nat Chem，10（7）：776-779.

Shi G，Dang Y，Pan T，Liu X，Liu H，Li S，Zhang L，Zhao H，Li S，Han J，Tai R，Zhu Y，Li J，Ji Q，Mole R A，Yu D and Fang H. 2016. Unexpectedly enhanced solubility of aromatic amino acids and peptides in an aqueous solution of divalent transition-metal cations. Phys Rev Lett，117（23）：238102.

Shi G，Ding Y and Fang H. 2012. Unexpectedly strong anion-pi interactions on the graphene flakes. J Comput Chem，33（14）：1328-1337.

Shi G，Liu J，Wang C，Song B，Tu Y，Hu J and Fang H. 2013. Ion enrichment on the hydrophobic carbon-based surface in aqueous salt solutions due to cation-pi interactions. Sci Rep，3：3436.

Shi G，Shen Y，Liu J，Wang C，Wang Y，Song B，Hu J and Fang H. 2014. Molecular-scale hydrophilicity induced by solute：Molecular-thick charged pancakes of aqueous salt solution on hydrophobic carbon-based surfaces. Sci Rep，4：6793.

Shi G，Shen Y，Liu J，Wang C，Wang Y，Song B，Hu J and Fang H. 2014. Molecular-scale hydrophilicity induced by solute：Molecular-thick charged pancakes of aqueous salt solution on hydrophobic carbon-based surfaces. Sci Rep，4：6793.

Shi Y，Wang J，Wang C，Zhai T T，Bao W J，Xu J J，Xia X H and Chen H Y. 2015. Hot electron of Au nanorods activates the electrocatalysis of hydrogen evolution on MoS2 nanosheets. J Am Chem Soc，137（23）：7365-7370.

Shin D H, Lee S H, Jung J Y and Yoo J Y. 2009. Evaporating characteristics of sessile droplet on hydrophobic and hydrophilic surfaces. Microelectronic Engineering, 86（4-6）: 1350-1353.

Shin H J, Jung J, Motobayashi K, Yanagisawa S, Morikawa Y, Kim Y and Kawai M. 2010. State-selective dissociation of a single water molecule on an ultrathin MgO film. Nat Mater, 9（5）: 442-447.

Soolaman D M and Yu H Z. 2005. Water microdroplets on molecularly tailored surfaces: Correlation between wetting hysteresis and evaporation mode switching. Journal of Physical Chemistry B, 109（38）: 17967-17973.

Sosso G C, Chen J, Cox S J, Fitzner M, Pedevilla P, Zen A and Michaelides A. 2016. Crystal nucleation in liquids: Open questions and future challenges in molecular dynamics simulations. Chemical Reviews, 116（12）: 7078-7116.

Sosso G C, Tribello G A, Zen A, Pedevilla P and Michaelides A. 2016. Ice formation on kaolinite: Insights from molecular dynamics simulations. The Journal of Chemical Physics, 145（21）: 211927.

Stevens M J and Grest G S. 2008. Simulations of water at the interface with hydrophilic self-assembled monolayers（review）. Biointerphases, 3（3）: FC13-FC22.

Sunner J, Nishizawa K and Kebarle P. 1981. Ion-solvent molecule interactions in the gas phase. The potassium ion and benzene. The Journal of Physical Chemistry, 85（13）: 1814-1820.

Tocci G, Joly L and Michaelides A. 2014. Friction of water on graphene and hexagonal boron nitride from ab initio methods: Very different slippage despite very similar interface structures. Nano Lett, 14（12）: 6872-6877.

Tsai P, Lammertink R G H, Wessling M and Lohse D. 2009. Evaporation-triggered wetting transition for water droplets upon hydrophobic microstructures. Physical Review Letters, 104（11）: 116102.

Tunuguntla R H, Henley R Y, Yao Y C, Pham T A, Wanunu M and Noy A. 2017. Enhanced water permeability and tunable ion selectivity in subnanometer carbon nanotube porins. Science, 357（6353）: 792-796.

Vaden T D and Lisy J M. 2004. Characterization of hydrated Na^+（phenol）and K^+（phenol）complexes using infrared spectroscopy. J Chem Phys, 120（2）: 721-730.

Wan R, Li J, Lu H and Fang H. 2005. Controllable water channel gating of nanometer dimensions. J Am Chem Soc, 127（19）: 7166-7170.

Wan R, Wang C, Lei X, Zhou G and Fang H. 2015. Enhancement of water evaporation on solid surfaces with nanoscale hydrophobic-hydrophilic patterns. Physical Review Letters, 115 (19): 195901.

Wan R Z and Shi G S. 2017. Accelerated evaporation of water on graphene oxide. Physical Chemistry Chemical Physics, 19 (13): 8843-8847.

Wang C, Lu H, Wang Z, Xiu P, Zhou B, Zuo G, Wan R, Hu J and Fang H. 2009. Stable liquid water droplet on a water monolayer formed at room temperature on ionic model substrates. Phys Rev Lett, 103: 137801.

Wang C, Qi C, Tu Y, Nie X and Liang S. 2019. Ambient conditions disordered-ordered phase transition of two-dimensional interfacial water molecules dependent on charge dipole moment. Phys Rev Mater, 3 (6): 065602.

Wang C, Wen B, Tu Y, Wan R and Fang H. 2015. Friction reduction at a superhydrophilic surface: Role of ordered water. J Phys Chem C, 119: 11679-11684.

Wang C, Zhou B, Xiu P and Fang H. 2011. Effect of surface morphology on the ordered water layer at room temperature. J Phys Chem C, 115 (7): 3018-3024.

Wang C L, Zhou B, Tu Y S, Duan M Y, Xiu P, Li J Y and Fang H P. 2012. Critical dipole length for the wetting transition due to collective water-dipoles interactions. Sci Rep, 2: 358.

Wang S, Tu Y, Wan R and Fang H. 2012. Evaporation of tiny water aggregation on solid surfaces of different wetting properties. J Phys Chem B, 116 (47): 13863-13867.

Wang X, Shi G, Liang S, Liu J, Li D, Fang G, Liu R, Yan L and Fang H. 2018. Unexpectedly high salt accumulation inside carbon nanotubes soaked in dilute salt solutions. Phys Rev Lett, 121 (22): 226102.

Wang Y, Duan Z and Fan D. 2013. An ion diffusion method for visualising a solid-like water nanofilm. Sci Rep, 3: 3505.

Wenzel R N. 1936. Resistance of solid surfaces to wetting by water. Ind Eng Chem Res, 28 (8): 988-994.

Xiu P, Zhou B, Qi W P, Lu H J, Tu Y S and Fang H P. 2009. Manipulating biomolecules with aqueous liquids confined within single-walled nanotubes. J Am Chem Soc, 131 (8): 2840-2845.

Xu W and Choi C H. 2012. From sticky to slippery droplets: Dynamics of contact line depinning on superhydrophobic surfaces. Physical Review Letters, 109 (2): 5.

Xu Y, Shen J, Zhu W, Luo X, Chen K and Jiang H. 2005. Influence of the water molecule on cation-pi interaction: ab initio second order Moller-Plesset perturbation theory (MP2) calculations. J Phys Chem B，109（12）：5945-5949.

Yan L，Wang F and Meng S. 2016. Quantum mode selectivity of plasmon-induced water splitting on gold nanoparticles. ACS Nano，10（5）：5452-5458.

Yan L，Xu J，Wang F and Meng S. 2018. Plasmon-induced ultrafast hydrogen production in liquid water. J Phys Chem Lett，9（1）：63-69.

Zarei G，Homaee M，Liaghat A M and Hoorfar A H. 2010. A model for soil surface evaporation based on Campbell's retention curve. Journal of Hydrology，380（3-4）：356-361.

Zhang W，Oganov A R，Goncharov A F，Zhu Q，Boulfelfel S E，Lyakhov A O，Stavrou E，Somayazulu M，Prakapenka V B and Konopkova Z. 2013. Unexpected stable stoichiometries of sodium chlorides. Science，342（6165）：1502-1505.

Zhang Z and Liu X Y. 2018. Control of ice nucleation：Freezing and antifreeze strategies. Chemical Society Reviews，47（18）：7116-7139.

Zhao L，Jensen L and Schatz G C. 2006. Pyridine-Ag20 cluster：A model system for studying surface-enhanced Raman scattering. J Am Chem Soc.，128（9）：2911-2919.

Zhao W-H，Bai J，Yuan L F，Yang J and Zeng X C. 2014. Ferroelectric hexagonal and rhombic monolayer ice phases. Chem Sci，5（5）：1757-1764.

Zheng J，Zhang C and Dickson R M. 2004. Highly fluorescent，water-soluble，size-tunable gold quantum dots. Phys Rev Lett，93（7）：077402.

Zhu C，Li H，Huang Y，Zeng X C and Meng S. 2013. Microscopic insight into surface wetting：Relations between interfacial water structure and the underlying lattice constant. Phys Rev Lett，110（12）：126101.

Zielke S A，Bertram A K and Patey G N. 2015. A molecular mechanism of ice nucleation on model AgI surfaces. J Phys Chem B，119（29）：9049-9055.

Zielke S A，Bertram A K and Patey G N. 2016. Simulations of ice nucleation by model AgI disks and plates. The Journal of Physical Chemistry B，120（9）：2291-2299.

4.3 体相水研究

王 强 曹则贤

4.3.1 背景介绍

地球上的水绝大部分以体相水的形式存在。水参与了地球上众多的过程，它几乎是这个地球表面上一切宏观现象的决定性因素。实际上，是水的诸多性质给我们带来了关键的物理概念，比如波、镜面反射等。关于水的研究由来已久。现代物理意义上的水科学研究在欧洲也早已开展，并注意到了水结构的极端复杂性。

水分子 H_2O 是三原子分子，两个氢氧键的键长～0.96Å，夹角约为 104.45°，很简单（图 4.3.1）。水分子有三个正则振动模式，分别是对称拉伸模式 v_1=3656.65cm^{-1}，弯曲模式 v_2=1594.59cm^{-1} 和非对称拉伸模式 v_3=3755.79cm^{-1}。然而，水分子的这种简单是一种极具欺骗性的简单。在聚集体中，水分子会和多达 4 个其他水分子通过氢键相结合形成近似正四面体的构型（图 4.3.1），水分子还会形成大小不同的团簇（图 4.3.2），并且动态地重组，特征时间为皮秒。水分子中的氢具有特殊性。水分子中 H—O 键的键长和键角，以及分子间氢键的键长与取向，都可以在较大的范围内灵活地调节。水分子之间通过氢键结合，氢键的构型也在较大的物理空间内可以调节。氢键是弱键，但却是决定水和冰结构的关键因素。尤其重要的是，氢离子严格说来不是离子，它是个不同程度裸露的质子，其在某种程度上能跟得上电子的运动。由此，也就容易理解为什么水有那么复杂多样的结构了。关于晶态的冰，存在氧离子有序和质子有序的说法，在氧离子搭起晶体骨架的前提下氢离子可以是完全无序的。

水的简单相图可以提供关于水的粗略理解（图 4.3.3）。水的三相点在（273.16K，611.73Pa），临界点在（647K，22.0MPa），固液界面在接近三相点的部分 $dp/dT<0$，算是一个反常现象。由于水在单分子及以上层面上的独特结构，包括电子结构与化学键构型，注定了水具有众多不同寻常的性质。水的部分反常性质列举如下：

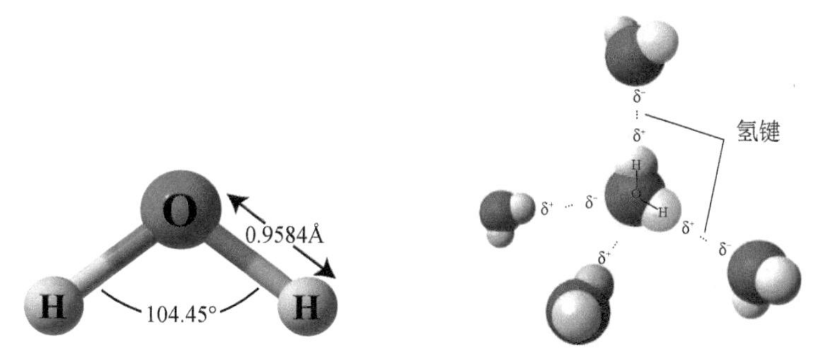

图 4.3.1 水分子与水分子间的氢键

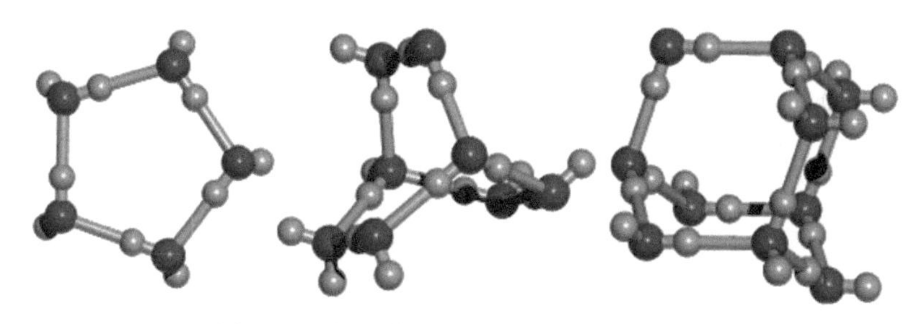

图 4.3.2 几种水分子团簇的构型，其中的分子数分别为 5、8 和 10 个

（1）水的熔点、沸点和临界点都反常地高；
（2）水的固体有大量的稳定晶相、亚稳相和无定形相；
（3）过冷水有两相，在−91℃有第二临界点（存疑）；
（4）高压下液态水结构改变；
（5）液态水容易过热；
（6）液态水容易过冷，但很难玻璃化；
（7）过冷水有密度最小；
（8）液态水可在很低温度下存在，且加热会凝固；
（9）热水可能比冷水结冰快；
（10）压力会降低冰的熔点；
（11）水的密度在～4℃时达到最大值；
（12）水的表面比体内致密；
（13）水表面张力非常高；
（14）熔化时，水的近邻数增加；
（15）水的近邻数随温度增加；
（16）压力降低最高密度对应的温度；
（17）水的膨胀系数小；

（18）水的膨胀系数随压力增加；

（19）水的压缩率极小；

（20）压缩率随温度下降（直至～46.5℃）；

（21）压缩率-温度关系有极小值；

（22）声速随温度上升（直至～74℃）；

（23）声速有极小值；

（24）快速声音出现在高频；

（25）低温时自旋-晶格弛豫时间很小；

（26）折射率在低于0℃附近取极大；

（27）液-气相变体积变化极大～1800倍；

（28）水的聚合热（heat of fusion）在17℃时取极大；

（29）水的比热是冰或者蒸汽的两倍多；

（30）水的比热非常大；

（31）定压比热 C_p 在 36℃时取极小；在-45℃时取极大，随压力变化也表现出极小值；

（32）定容比热 C_v 有极大值；

（33）极大的汽化热；

（34）极大的升华热；

（35）高的导热率，在130℃时取极大；

（36）水黏度异常高，黏度随压强降低；

（37）冰的热导率随压力减小；

（38）水和冰有很高的介电常数；

（39）大约230℃时，水的电导率上升到最大值，等等。

更多具体的水的异常性质，会随着研究的深入不断被揭示出来。其实，对于反常可作平常看。水在原子、分子层面的特殊性，决定了其就应该表现出不同于其他物质的特征，所谓水的反常性质，恰正是水的正常性质。

因为水诸多反常性质的存在，也成就了水在自然界的特殊作用。一些水的反常性质与生命的发生和延续密切相关。比如，幸亏自然条件下结的 I_h 相的冰比水轻，寒冷地区的水体才不会完全冻上，水中的生物才能熬过漫长的冬天；幸亏水的表面张力很大，相当多的小动物才可以生活在水面上下；幸亏水的比热很大，赤道附近的水也不会被轻易烧开，因此水中生物避免了被自然煮熟的命运；又，幸亏冰雪的比热很大，北半球在雪后才不会迅速变成泽国。水之作为生命发生的前提，很大程度上是由诸多反常物理性质促成的。

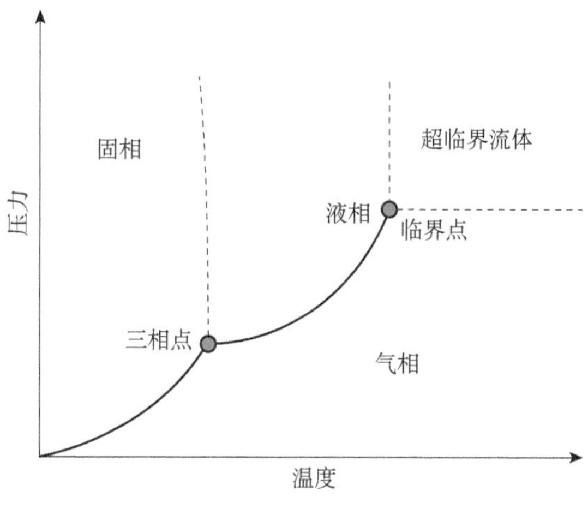

图 4.3.3 水的简单相图

4.3.2 研究现状

水的结构极为复杂。目前已知有 15 种三维冰结构，此外还有多种无定形固态水结构。液态的水，包括过冷水，也有不同结构，其间存在复杂的相变，在超冷区竟然也存在液体相。超冷区的液相水升温会自发结冰，结果关于液态水的相图上出现了一个“无人区”，这些都从侧面反映了水科学研究难度高的特点。关于水的结构-性质关联的研究，有两种主导模式。其一是从微观模型出发，利用统计力学的方法得出水的宏观性质，比较宏观性质的计算结果与观测值，将计算值与观测值的符合程度当成模型反映真实的指标。其二则是从宏观性质出发，推断可能的水的微观结构。这两种模式都取得了一定的成功，也都未能使得水科学的研究摆脱“不能免于争论”的困境。这里主要的原因是，水结构有高度的复杂性和多样性。氢键是独特的化学键，牵扯到电子和质子，存在氢键内和氢键外涨落以及氢键扭曲或折叠。氢键是关联起水的物理性质的有用概念，但是要小心，不可错把氢键当成一般的共价键处理。氢键的键能依赖于环境。此外，水中存在动态重构的不同尺寸的团簇，使得水结构问题进一步复杂化。在研究具体问题时，如何将微观结构联系到某个具体的宏观性质，拟纳入多少层面或者侧面的结构、计入微观结构的哪些参数，都是研究者要事先仔细考量的。水科学的研究是最具挑战性的前沿领域。关于水的局部微观结构正在进行着新一轮的争论，目前争论的焦点包括水分子间通过氢键形成什么样的局部微结构、水是多组分体系还是连续的整体、每个水分子的平均氢键数目、氢键排列方式、氢键网络大小、水分子的转动和振动动力学、水的量子效应，等等。

1. 液态水

液态水是水分子通过氢键在标准大气压下，水在 0℃以上呈液态，在 100℃汽化。水分子的三个正则振动模式，在液态水中分别变为对称拉伸模式的 v_1=3280cm^{-1}，弯曲模式的 v_2=1644cm^{-1}，和非对称拉伸模式的 v_3=3490cm^{-1}。液体中的水通过氢键形成网格状结构，实验发现 0℃时在～2.9Å，5Å，7Å 的距离上有高密度的近邻配位数。1935 年，鲍林提出了四面体配位的水分子局域结构模型，每一个水分子的氧离子又和其他两个水分子的氢离子形成氢键，从而每个水分子都居于一个近似正四面体的中心。近些年来，随着计算能力的提高，人们在四面体构型之上又引入了对称性限制、为 O—H 键拉伸加入了非简谐项等变化，力求提高对水的性质的模拟计算能力。

水的近邻配位构型的变化容易从其宏观性质上看出来。水在 4℃时密度达到最大，这被当作其反常性质之一。液态水在 0℃～4℃之间密度随着温度升高而变大，水的密度 0℃时约为 0.999 84g/cm^3，4℃时约为 0.999 97g/cm^3。表现出类似热缩冷涨现象的物质还有一些，比如 $ScCl_3$，$ZrWO_3$ 等固体。原则上，随着温度的升高，分子会有更加剧烈的运动、分子间距变大的趋势，因此热缩冷胀的现象，一定会表现出两个特征。其一，热缩冷胀现象只出现在一定的温度窗口内。在某个温度之上会恢复正常的热胀冷缩行为。其二，表现出热缩冷胀的物质中必然存在分子层面以上的微结构。就水而言，水在 4℃以上恢复正常的热胀冷缩行为，液态水不是分子层面的结构均匀的。研究表明，液态水中水分子会结成大小不同的团簇结构，团簇的尺度分布随温度变换。水在不同温度下表现出不同的物理性质，团簇是理解这种性质随温度变换的一个侧面。一个容易感知的例子是，水在不同温度下其口感是不一样的，此即与水中的团簇分布有关。水分子团簇不是固定的结构，其不停地在动态重构，典型过程时间在皮秒（1ps=10^{-12}s）量级。

水的临界点在（647K，22.0MPa）。在 647K 以上，水蒸气通过压缩不会液化。在此点以上的 T-p 区域水处于超临界状态。处于超临界状态的物质，其气相-液相的界限消失了，既具有气体充满空间的特点，又如同液体一样具有溶解的能力。超临界水有极高的依赖于状态参数的溶解度。

水分子是典型的极性分子，偶极矩很大，这使得水在电场下容易被极化甚至获得一定的刚性。图 4.3.4 所示是在 11kV 电压下建立起来的尺度约为 $10\times\phi5$ mm 的水桥。实际上，水的极性很容易观察到。将气球与头发摩擦使之带上电，就足以让水龙头的水流随着气球的摆动飘起来。因为水分子缺乏刚性，在不同电场下或者在不同的物质环境中，水分子的偶极矩表现出很大的分布范围，目前给出的数据是在 1.85～2.3 Debye 之间。水还具有极大的黏性，其剪切黏滞系数在 0℃时为 1.787，100℃时，单调地掉到 0.2829（黏滞系数单位为 $0.01\text{g}\cdot\text{cm}^{-1}\cdot\text{s}^{-1}$）。

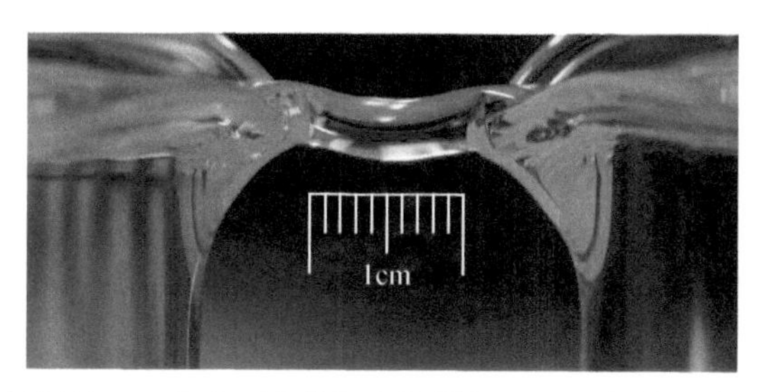

图 4.3.4　水的极性——水在两个烧杯之间搭起了一座水桥，外加电压：11kV

几乎水分子的各个运动自由度在液态水存在的温度下都对比热有贡献，这使得水的比热接近经典模型的极值 9*R*，其实 *R* 是理想气体常数。0℃时水的定容比热 C_V 和 1 个大气压下的定压比热 C_p 差不多，值约为 18.15cal/mol。在 0℃到 100℃，C_V 单调下降约 11%，而定压比热 C_p 先降后升，在 35℃处取最小值，但整体变化幅度不足 1%。水在 100℃时的汽化热是 9720cal/mol，约为 H_2S 的 2 倍，说明分子间的结合力特别强。氢键可以为此提供一个定性的解释。来自氢键的势能对水的热容量和内能的贡献大约占一半。

水本质上可当作不可压缩流体。其体弹性模量为 2.2GPa. 在零压极限，水的压缩率在 0℃时为 5.1×10^{-10}，在 45℃时达到最小 4.4×10^{-10}，而后进入随温度升高而增加的区域。压缩率随压力增加而减小，0℃下的压缩率在压力为 100MPa 时减小到 3.9×10^{-10}。

水对电磁波有广谱的吸收，但纯净的水是透明的。水在 200℃时的折射率为 4/3，故日常可见到光在水-空气界面的折射。水的低频介电常数在 0℃时约为 87.74，随着温度升高，介电常数单调地下降到 100℃时的 55.72。复介电常数 $\varepsilon(\omega)=\varepsilon'(\omega)+\mathrm{i}\varepsilon''(\omega)$，其中的虚部 $\varepsilon''(\omega)$ 可近似看作高斯线型，水的虚介电常数 $\varepsilon''(\omega)$ 的中心频率在～10^{10}Hz 处。电子并非完全束缚在水分子中，故水是弱等离子体。平静的水面可以作镜子，这带来镜面反射这一重要的物理概念。水的电导率依赖于其纯度，杂质离子很容易主导水中的导电过程。实际上，电导率常被用来表征水的纯度。半导体工业、制药业要用超高纯度的水，超高纯度水要求其电导率在25℃时～5.5 μS / m 或更低。

水是万能的溶剂，地表物质在水中的溶解引起了地表上的物质循环。电介质、有机分子溶解在水中，有可能发生不同程度的离解，以水合的形态存在。比如 NaCl 溶解在水中，即以水合阴阳离子对的形式存在。依赖于水的含量，水溶液中的水以水合物、受限水和自由水等不同形态存在。水溶液中水的结构及其如何决定水溶液的性质与功能、水溶液中的各种物质过程，等等，都是专门的研究领域。

2. 固态水

由于水分子间的氢键构型具有较大的灵活性，水的晶态固体能表现出多种不同的晶体结构。图 4.3.5 中水的相图给出了 15 种水的晶相的分布（Ⅻ，XIII，XIV 未标出，解释见下）。在离三相点不远处的液-固界线，斜率 $dp/dT<0$ 的部分，与液体毗连的固体水是 I_h 相的冰，其中水分子的排列方式如图 4.3.6 所示。在 0.4GPa 以上部分的液-固界线的斜率 $dp/dT>0$。在目前已知的 15 种冰的晶体结构中，除了Ⅹ相冰中的 O—H—O 键是对称的以外，其他所有的冰晶结构都是由氢键连接而成的，且存在一定程度的无序，故冰几乎不会发生解理。冰是另类的晶态固体。

冰晶的多样性可从其所属晶系看出。在已确立冰的晶相中，除了三斜晶系以外的其他六种晶系，都有表现。已知的 15 种冰相的晶系、空间群、结构参数和形成路径等简单罗列如下。其中的晶胞参数单位为 Å，密度为 g/cm^3。

I_h 相，六角晶系，空间群为 $P6_3mmc$，单胞参数 a=4.518，c=7.356，每单胞含 4 个水分子，密度为 0.92。常见的冰相几乎全是 I_h 相。

I_c 相，立方晶系，空间群为 Fd3m，a=6.358，每单胞含 8 个水分子，密度为 0.931。I_c 相是亚稳相，氧离子按照金刚石结构占位。I_c 相出现在 130～220K，到 240K 时仍能存在。高空大气层中有很少的一部分冰是这个相的。

Ⅱ相，三方晶系，空间群为 $R\overline{3}$，a=7.78，α=113.1°，每单胞含 12 个水分子，密度为 1.170。将 I_h 在 190～210K 的温度下压缩即可得到Ⅱ相。加热，则该相会进入Ⅲ相。Ⅱ相是质子有序的。

Ⅲ相，四方晶系，空间群为 $P4_12_12$，a=6.666，c = 6.936，每单胞含 12 个水分子，密度为 1.165。将水在 300MPa 的压力下降温至 250K 即能得到此相。Ⅲ相是高压冰相中密度最低的。

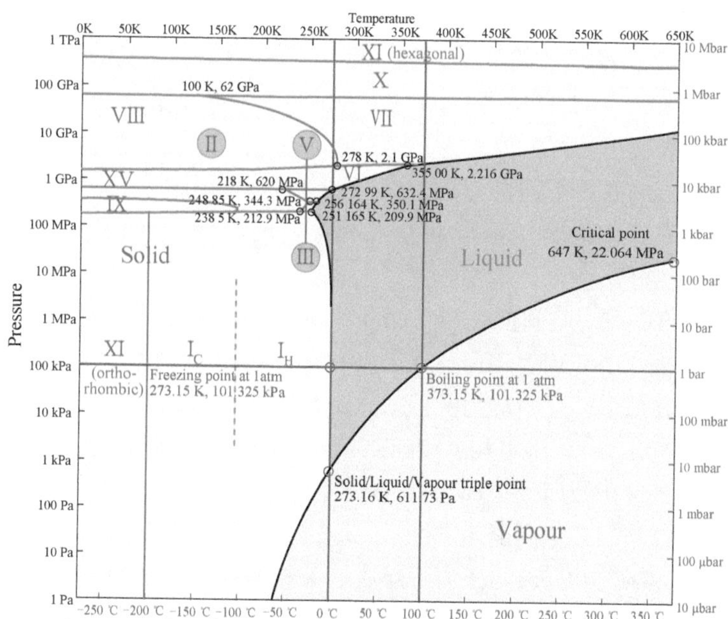

Log-lin pressure-temperature phase diagram of water. The Roman numerals correspond to some ice phases listed below.

图 4.3.5 固态区域为晶相的水的相图

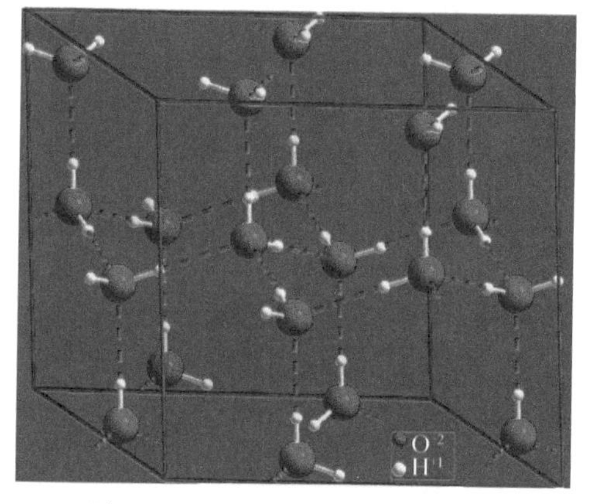

图 4.3.6 I_h 冰相中水分子的排列

Ⅳ相，三方晶系，空间群为 $R\bar{3}c$，a=7.60，α=70.1°，每单胞含 16 个水分子，密度为 1.272。Ⅳ相亚稳相，在 810MPa 压力下出现，需要形核剂帮助成核。

Ⅴ相，单斜晶系，空间群为 $A2/a$，a=9.22，b=7.54，c=10.35，

$\beta=109.2^{\circ}$，每单胞含 28 个水分子，密度为 1.231。将水在 500MPa 的压力下降温至 253K 即能得到 V 相。

Ⅵ相，四方晶系，空间群为 $P4_2/nmc$，a=6.181，c=5.698，每单胞含 10 个水分子，密度为 1.373。将水在 1.1GPa 的压力下降温至 270K 即能得到此相。Ⅵ相会表现出德拜弛豫。

Ⅶ相，立方晶系，空间群为 Pn3m，a=3.344，每单胞含 2 个水分子，密度为 1.599。Ⅶ相中的氢键形成两套互相穿过的晶格。Ⅶ相会表现出德拜弛豫。

Ⅷ相，四方晶系，空间群为 $I4_1/amd$，a=4.656，c=6.775，每单胞含 8 个水分子，密度为 1.628。由Ⅶ相降温至 278K 可得到Ⅷ相。Ⅷ相是质子有序的。

Ⅸ相，四方晶系，空间群为 $P4_12_12$，a=6.692，c=6.715，每单胞含 12 个水分子，密度为 1.194。将Ⅲ相从 208K 降至 165K 可得到Ⅸ相，其在 140K 和 200～400MPa 的压力下是稳定的。Ⅸ相是质子有序的。

Ⅹ相，立方晶系，空间群为 Pn3m，a=2.278，每单胞含 2 个水分子，密度为 2.79。Ⅹ 相在 70GPa 的压力下形成。Ⅹ相是质子有序的，且 O—H—O 键是对称的，故是最特殊的。

Ⅺ相，六角晶体的正交晶系变种，空间群为 $Cmc2_1$，a=4.465，b=7.858，c=7.292，每单胞 8 个水分子，密度为 0.934。Ⅺ相是低温平衡态，可由 I_h 相在 240K 以下缓慢地过渡而来。Ⅺ相是质子有序的。

Ⅻ相，四方晶系，空间群为 $I\bar{4}2d$，a=8.304，c=4.024，每单胞含 12 个水分子，密度为 1.292。Ⅻ相在Ⅴ，Ⅵ相的空间里发现。把高密度无定形冰在 500MPa 从 77K 加热到 183K 即可得到。

ⅩⅢ相，单斜晶系，是Ⅴ的质子有序相。把水在 500MPa 降温到 130K 得到此相。

ⅩⅣ相，正交晶系，是Ⅻ相的质子有序相。在 1.2GPa 低于 118K 得到。

ⅩⅤ相，四方晶系，是Ⅵ的质子有序相。把水在 1.1MPa 降温到 80～108K 得到。

（注：此处所给的密度值为典型数值，仅供参考。密度值在相存在的 T-p 空间内有变化。）

上述所给出的冰相中，除了Ⅹ相以外，都是在常压低温下能维持的。未明确指出为质子有序的相，其中的氢离子占位都是无序的，其晶格骨架都是由氧离子支撑的。冰的相图尚有未探索到的区域。根据模拟计算的结果，在 TPa 量级的压力下，冰会变为金属相。

自然条件下形成的冰几乎全是 I_h 相的，其在标准大气压下 0℃时的密度为 0.9167g/cm^3，明显小于同温度下的水的密度。相应的分子近邻间距约为 2.8Å，分子振幅的均方根约为 0.2Å，这是一个反常的低密度相。水的此一反常特性恰恰成就了地球。如果自然条件下形成的冰不是浮在水面上，则某些自然水体也就永久地在底部冻住了。

3. 大气层的冰

大气中冰的形成是水圈循环中的一环，是决定地球气候的重要因素。水蒸气上升到大气中，绝热冷却，变成过饱和的，然后凝聚成液滴状，继续凝聚到 10μm 左右。这个大小的液滴在云层中很稳定，会持续长时间存在。大气中的液滴可直到−18℃才有有效的形核，气凝胶颗粒或者别的冰核可作为形核中心，但是具体什么颗粒是有效的雪花形核中心，目前知之甚少。一旦有冰核形成，由于冰在 0℃以下的蒸气压比水低，雪花会持续长大到足够重时，典型尺度在 5mm 的量级，即会从空中飘落。

雪花会表现出六角对称性（图 4.3.7）。更令人迷惑的是，雪花尽管是六角对称的，却是花样叠出，甚至有没有两片雪花是相同的说法。雪花是 I_h 相冰的多晶，其形貌一般为六角对称的柱形、盘状或者枝晶，后者为长大的雪花。当冰核沿［0001］方向快速生长时，形貌为六棱柱状；沿与［0001］方向垂直的方向快速生长时，形貌为正六边形的盘状。长时间生长得到的大片雪花一般为片状的枝晶，枝杈沿$[2\bar{1}\bar{1}0]$方向生长。研究发现，雪花形貌依赖于环境温度。从 0℃到−40℃，六角盘状和柱状作为优选的形貌反复出现两次，而枝晶出现在高蒸汽过饱和度的条件下，温度约在−13～−17℃。

图 4.3.7 雪花具有规则的六角对称结构

大气中冰晶的形核过程一直有许多未解之谜。利用物质颗粒实现人工增雪有强烈的需求，但显然比人工增雨的条件更苛刻。大气中的颗粒增强冰晶形核的有效性与其晶体结构有关。在低气温地区如何实现选择性人工增雪而非增雨依然是个挑战性课题。

宇宙中也大量存在冰。在太阳系中就存在大量的以水为主体的冰，一些星球的甚至有冰覆盖层。在宇宙学家那里，冰有时指的是水以及诸如氨气、一氧化碳、二氧化碳、甲烷、氮气等挥发性物质的凝聚体。冰的研究可为宇宙探索针对性地提供科学基础。

4. 固体水的无定形相

水的固体还以无定形状态存在。固体水的非晶相有多种形态，且在低温状态也会出现液态水，不过在温度升至 150K 时会自发结冰，当前的无定形水的相图如图 4.3.8 所示。注意，压力这个强度量是极性的，即可正可负。因为低温下分子不易调整其排列，因此不同途径得到的无定形固体会有不同的结构，有不同的性质。由于水存在过冷态，水在 0℃以下也有液态。水可以坚持到−41℃才开始结冰，这即是水的均质形核温度 T_H～232K。更为惊悚的是，水在 T_X～150K 以下的极冷区域也存在液态，且这个液态，如同非晶固态，随着温度升高到一定温度时会自发结冰（I_c 相）。这样，对于低温下的无定形态水来说，因为自发结冰的现象，就存在一个温度上的无人区。如何把无定形态水的研究引入到无人区内，是水科学的一个难题。

水可以保持过冷状态至均质形核温度 T_H～232K，然后开始自发结冰。大块样品的水不容易实现玻璃化转变，但使用小尺寸液滴快速降温还是容易获得玻璃化转变的。差热测量可以确定纯水的玻璃化转变温度 T_g 为 136K。非晶态物质会表现出不同于晶体的物理、力学性质，非晶态是当前凝聚态、材料学的专门研究领域。

在温度低至 163K 以下的衬底上沉积水，会形成无定形态的水固体。在液氮温度 77K 下沉积水，即得到一个无定形固体水的相（amorphous solid water，ASW）。容易理解，该无定形相会随着加热改变结构，加热到 150K 时会变为 I_c 冰，接着在 200～220K 时转化为 I_h 相冰。液态水可以过冷进入玻璃态，将小液滴速冷可以获得超退火的玻璃态水（hyperquenched glassy water，HGW）。玻璃态的水加热到 T_g 以上会转变为液态，继续加热到 150K 即转化为 I_c 相的冰。

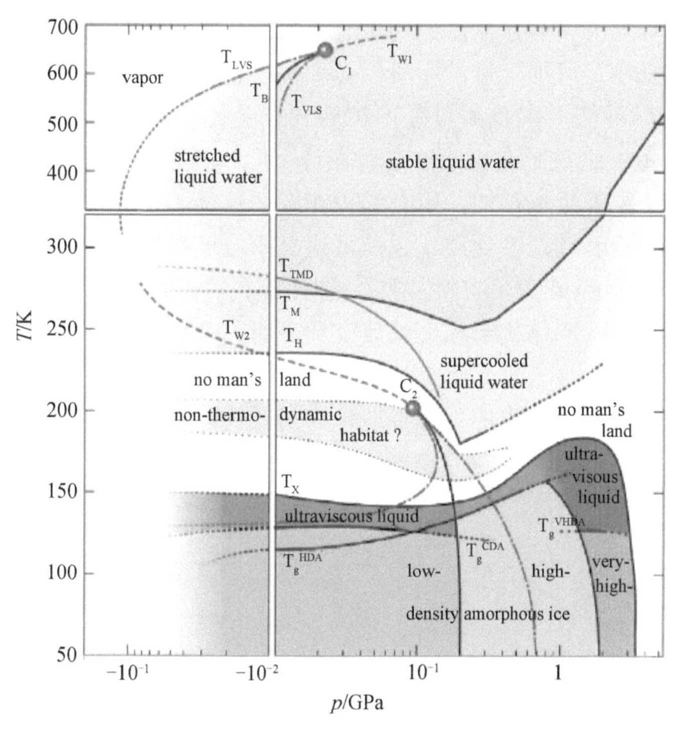

图 4.3.8　水的无定形相的相图

在低至 77K 的温度下获得的高压相冰在大气压下可以维持其结构。将 I_h 相的冰在 77K 下压到 1.12GPa，I_h 相的冰会变为密度 1.31 g / cm^3 的无定形相。退压后，密度变为 1.17 g / cm^3。非晶相的这个结构和低压下形成的无定形固体水和超退火玻璃态水的明显区别是其高密度，故被称为高密度无定形相（high-density amorphous，HDA）。加热，HAD 相在 125K 处变成低密度无定形相（low-density amorphous，LDA），性质和无定形固体水接近。低密度无定形相在 77K 下压到 0.6GPa 又能变回高密度无定形相。当然了，对无定形固体水、超退火玻璃态水和 I_c 相冰加压，也可以获得高密度无定形相。无定形相中之低密度的相，其在大气压下密度会回复到～0.94 g / cm^3，比 I_h 相冰的数值略大。不同途径得到的低密度无定形冰有一些差别。

4.3.3　近期待解决的重大问题

关于固相纯水，待解决的问题非常单一，即从结构出发理解其各种物理性质。为此，作为第一步，对水的各种物理性质，尤其是关键的极端反常的性质应获取可靠的实验数据。因为水的样品易污染、易扰动的特点，关于其物理性质应采用尽可能先进的手段以多种手段相结合的方式获得最可信赖的数据，且应尽可能把实验测量范围扩展到相关性质成立的整个物理参数范围。其二，重中之重是获得水在各种温度-压力下的从单分子、团簇到宏观大尺度的各个层面上的结构，以及结构相变的路径。这其中，又以液态水中的团簇结构构型和动态变化路径以及低温高压区域中固体水与液体水共存及其结构相变的路径最为具有挑战性，前者具有实用意义而后者更有学术意义。气象条件下水的结构与相变的研究关乎对人类生存环境的理解，这应该属于特殊条件下（含气、固污染物，低密度，变换的温场，流动状态等）水的研究，应专门对待，也应更加专业地面对相关问题。近 10 年内，水的团簇结构，以及水的结晶行为与玻璃化过程应作为研究重点，且因为研究手段的进步有取得重大进展的可能。

4.3.4 结语

水是一种独特的物质，具有极为复杂的结构和反常物性，这些都是水科学研究的主题。水科学和水一样令人着迷。我们对水的各种性质的定量理解还远远不足，对有些问题可能连定性的理解都未能达成一致。水的研究，不仅具有凝聚态物理方面的学术意义，更有理解地球、理解生命以及对水善加利用的实际意义。深入开展水科学的基础研究，要求从分子、团簇到块体的层面上系统地了解水的结构和各种性质。将水科学基础研究的知识、技术与方法引入其他学科，对于促进诸如环境、生命与健康等涉及人类社会可持续发展的重大领域的进步都具有重要意义。体相（纯净的）水，是理解水的各种问题的背景体系，是理解水参与的各种过程的出发点，由于水的特点（易污染、结构多层次、分子构型灵活因而结构超快地动态变化、结构易为外来探测信号严重扰动、氢离子不是普通意义的离子、一般探测手段灵敏度低，等等），体相水的研究要求高水平的研究队伍，对问题有客观、全面且深入的认识，且应保持高强度的、长期稳定的人力投入。

参考文献

[1] Martin Chaplin，http：//www1.lsbu.ac.uk/water/water_anomalies.html.

[2] Eisenberg D，Kauzmann W. The Structure and Properties of Water. Oxford，1969.

[3] Petrenko V F， Whitworth R W. Physics of Ice. Oxford，1999.
[4] Hobbs P V. Ice Physics. Oxford，1974.
[5] Fletcher N H. The Chemical Physics of Ice. Cambridge University Press，1970.
[6] Werner Kuhs. Physics and Chemistry of Ice. RSC，2007.
[7] Amann-Winkel K，et al. Colloquium：Water's controversial glass transitions. Review of Modern Physics，2016，88：011002.

4.4 低维限域结构中水与物质的输运

闻利平　孔祥玉　江　雷

4.4.1 研究背景和重要性

水是自然界中最常见和储量丰富的物质之一，它以河流、湖泊、沼泽、海洋等形式覆盖了约 70%的地球表面，同时也是生物有机体的主要组成部分。水存在的形式多种多样，同时也参与了众多自然循环过程，如气候调节、风云形成、冰山演化、岩石风化、维持酸碱平衡、生命体内离子传输、蛋白折叠、催化过程等，甚至地外空间都有水的痕迹[1]。受限水（confined water）研究是水科学领域的新兴分支。受限水主要是指液体水被限制在界面或者微纳米尺度孔洞的内部，也称为低维水。受限水的流动性、输运性、动力学、结构、凝结、蒸发等各个方面都和体相水（bulk water）有显著不同。低维限域结构中水与物质的输运研究，对于解决界面化学和流体力学中的遗留问题十分关键。此外，低维受限水的研究涉及多个学科的交叉融合，需要物理学、化学、微纳流控学、材料学、生物学、地质学、摩擦学、纳米科学、工程学等多个学科的专门知识。低维限域结构中的水可分为一维受限水和二维受限水，它们在自然界中广泛存在，例如颗粒和多孔材料中、细胞周围和细胞内、大分子、超分子和凝胶中。水在限域空间内的很多物理化学性质和体相中迥异，并且受限域空间的表面性质、尺寸、温度和压力的影响。近年来，研究人员采用分子动力学模拟和实验手段研究低维限域结构中水与物质的输运，如对一维纳米通道中的分子动力学模拟和水浸润性的研究、外部环境（如温度和电压）对限域结构中水浸润性的调控以及低维限域结构中的液体输运研究；对二维纳米通道中的分子动力学模拟、液体浸润性以及液体输运研究；纳米通道限域结构在物质输运、纳米限域化学反应和纳米材料制备等领域的应用等。这些研究对海水淡化、可控物质和水输运、能量转换、纳米限域化学反应、纳米材料制备等领域的发展具有重要意义。此外，更有研究者提出了“量子限域超流体”的概念[2]，用于解释纳米通道中物质的超快输运现象。并在此基础上，将该概念拓展，通过对低维限域结构中水与物质输运这一主题对现有化学学科的发展提出了远大设想。

4.4.2 研究现状

低维纳米通道中水与物质输运的作用规律探究，对于解决界面化学和流体力学中遗留的众多挑战性问题至关重要，并广泛应用于物质传输[3, 4]、纳米限域催化[5-8]、限域化学反应[8, 10-12]、纳米材料制备等领域[13-16]（图 4.4.1）。研究者们已经从实验研究和分子动力学模拟上对低维纳米通道的浸润性进行研究[17-23]。尽管当前实验技术发展迅速，但仍然难以精确地操纵纳米限域流体[24, 25]。与此同时，分子动力学模拟在理论上为研究纳米限域流体提供了可能，甚至已经揭示了一些新的物理现象[26-28]。

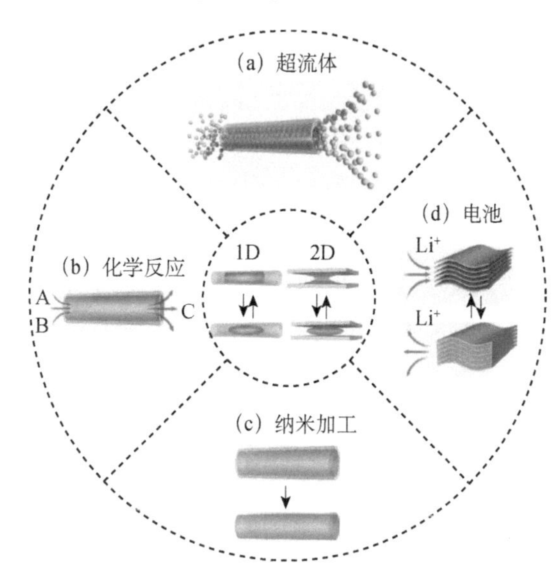

图 4.4.1 一维和二维限域结构中水与物质的输运及应用示意图[16]

（a）超快物质输运和分离；（b）纳米限域化学反应；（c）限域制备纳米材料；（d）限域能源材料，中间示意图为一维和二维限域结构中浸润性转变

对于限域空间内流体的输运规律研究，学者们已经进行了多种方式的探索，也获得了一些线索。在受限流体的输运研究，常用液体的雷诺数来进行表征，它代表了惯性力对黏滞力的相对大小，也决定了液体的流动状态。液体的雷诺数可以表达为

$$Re = \frac{v\rho D_H}{\mu} \tag{1}$$

其中，v 代表平均流速，ρ 代表流体密度，D_H 代表管子直径，μ代表动力

黏度。

在微米尺度下，流体的雷诺数通常小于 100。流体的流动通常处于层流状态，不同层的流体有明显的界面。如果将空间尺度继续降低至纳米尺度下，液体的流动就颇为困难，常用如下方法来驱动液体在微米和纳米管道中流动[29]：压力驱动[30]、电场驱动[31, 32]和化学势驱动[33]。

压力驱动的液体，流动所需的压力差可由泊肃叶公式计算：

$$\Delta P = \frac{8\mu LQ}{\pi r^4} \tag{2}$$

其中，ΔP 代表压力差，L 代表通道的长度，μ 代表动力黏度，Q 代表体积流率，r 代表通道的半径。在管道中流动的是水的情况下，水的动力黏度约为 1.002×10^{-3}N · s/m^2，假设管子的长度为 1mm，体积流率为 0.1ml/h（1.0×10^{-7}m^3/h），管道的半径为 10μm，所需要施加的压力为 2.55×10^7Pa，但是当管道的半径为 100nm 时，需要施加的压力将上升到 2.55×10^{15}Pa。

在电场驱动下，纳米管道中的液体会产生电渗流[34]。以水在二氧化硅为表面的纳米管道中的流动为例（图 4.4.2）：由于管壁呈电负性，而水会有部分的电离，在最靠近管壁的地方会聚集一层难以移动的正电荷，称为斯特恩层；而再向管道中间是扩散层，聚集大量可移动的正电荷；而在管道的中心部分，是偏负电性的电渗流。电渗流的大小可以表示为

$$v_{\mathrm{EOF}} = \frac{\varepsilon_{0\varepsilon\zeta}}{4\pi\mu}\boldsymbol{E} \tag{3}$$

其中，ε_0 代表真空的介电常数，ε 代表介质的介电常数，ζ 代表 Zeta-电势，μ 代表动力黏度，$\boldsymbol{E}$ 代表外加电场强度。

由于纳米管道尺寸很小，因此界面性质，特别是界面的浸润性对水的输运有非常重要的影响。当界面是疏水界面时，受限水的输运主要由水的特性决定，水-界面的相互作用对输运的影响比较有限；而当界面是亲水性时，输运主要由水-界面相互作用决定，水的特性（氢键）作用相对减弱。因此，当管道壁超亲水时，流场几乎无滑移，超疏水时则是完全滑移，而中间态时会有部分滑移[35]，如图 4.4.3 所示。同时，流体速度分布也会因流场的滑移特性而改变。

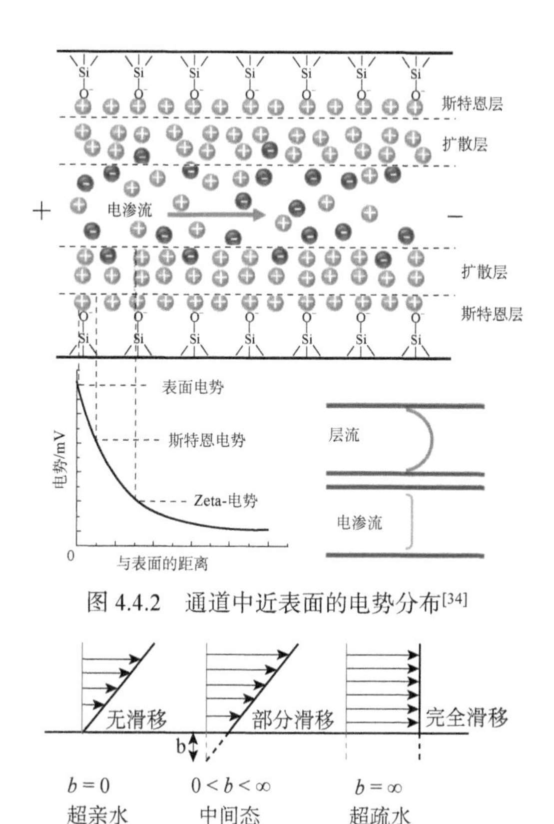

图 4.4.2　通道中近表面的电势分布[34]

图 4.4.3　管道壁的亲疏水特性对流场的影响（b 表示滑移长度）[35]

另一种重要的驱动方式是化学势驱动。最常见的例子就是细胞膜两侧的离子通过离子通道进行的物质传输[36]。如图 4.4.4 所示，细胞膜上的钠钾泵在水的介导下完成钠离子与钾离子的运输，从而实现体内能量（三磷酸腺苷 ATP）的转换。另外，水在细胞膜上的输运也是通过细胞膜上的水通道蛋白利用化学势进行驱动。

对于限域结构中水与物质输运研究来讲，常用的低维纳米通道包括一维的碳纳米管[37-40]、氮化硼纳米管[41, 42]、聚合物纳米通道[43, 44]、氧化铝纳米通道[45-48]、氮化硅纳米通道[49]，以及二维的石墨烯[50-53]、云母[50, 52, 54-57]、氧化石墨烯[58, 59]、还原氧化石墨烯纳米通道[60, 61]。碳纳米管由于具有优异的化学稳定性，使其成为一维纳米通道中水与物质输运的理想研究对象[62, 63]。碳纳米管的尺寸是影响液体浸润性和物质输运性能的关键因素[64, 65]。一方面，人们非常关注直径仅为几个纳米的通道内液体流动，这为观察限域效应引起的非连续流体行为提供了机会[66]。对于碳纳米管中限域水而言，在 10nm 以

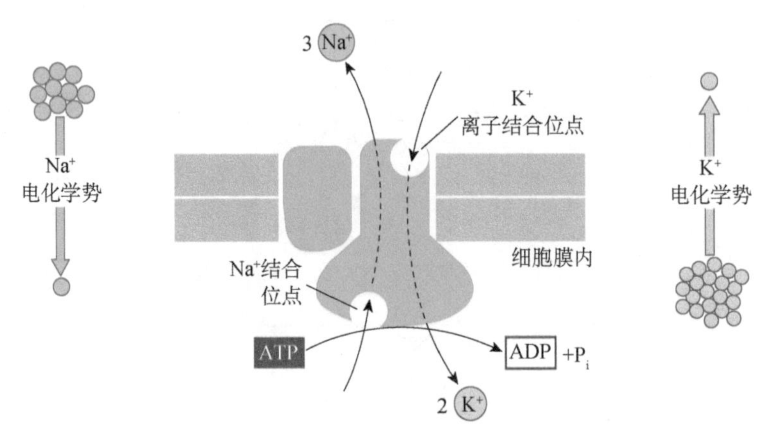

图 4.4.4 细胞膜上的钠钾离子的运输及体内能量（ATP）的转换[36]

下，光滑的气液界面被破坏，连续的流体力学消失；同时在直径为 1～7nm 的碳纳米管中观察到水的反常现象[17, 20]。另一方面，更多的研究者们利用直径大于 10nm 的碳纳米管来提供更大的限域空间，由于不经历非连续流体行为，这些较大尺寸的碳纳米管被应用于液体传输和限域纳米材料制备[67-71]，其中包括金属氧化物[72-74]、金属盐[75, 76]、聚合物[45-48]和离子液体等纳米材料的制备[77, 78]。此外，碳纳米管纳米通道的表面化学性质与微观结构可以很容易进行修饰，从而调控液体在通道表面的浸润性以及液体与碳纳米管内壁之间的相互作用[79, 80]。在表面能和拉普拉斯压的共同影响下，液体在可浸润的纳米通道中快速铺展，相对而言，液体在非浸润的纳米通道中倾向于收缩[81]。

经过二十多年的发展，纳米通道浸润性研究取得了巨大的进步，但是在纳米限域浸润性和流体行为方面仍存在许多挑战性[24, 25]，其中最大的挑战是探索限域液体在纳米通道中非连续流体的物理来源[64]。随着纳米材料表征技术的进步，例如原子力显微镜、表面力仪、超高分辨率光学显微镜以及和频振动光谱仪等的出现，将为理解纳米限域流体浸润性提供有力的实验证据[82-84]。此外，分子动力学等理论模拟的不断改进，也将从理论上对实验结果提供支持[85]。

1. 量子限域超流体

理解和控制纳米通道中物质传输和限域对于理论研究和实际应用均具有重要意义[86, 87]。超流体现象首先由 Kapitsa 和 Allen 发现，当温度低于 2.17K

时，液氦超流体形成[88, 89]。Kapitsa[89]通过距离为 500nm 的两个玻璃片间隙测量了液氦超流体的黏度，表明液氦的黏度比常压下降低了 1500 倍，比氢气的黏度小 10^4 倍。Allen 等[90]报道液氦超流体通过不同内径的一维纳米通道，发现流速随通道尺寸的减小而迅速增加。当内径小于 100nm 时，流体的流速与压力和通道长度无关，仅依赖于温度（图 4.4.5（a））。这种具有零黏度的超流体以有序堆叠的氦分子堆叠进行传输，而没有动能损失。一维限域条件下液氦超流的起始温度随纳米通道直径的减小而增加[91]（图 4.4.5（b））。

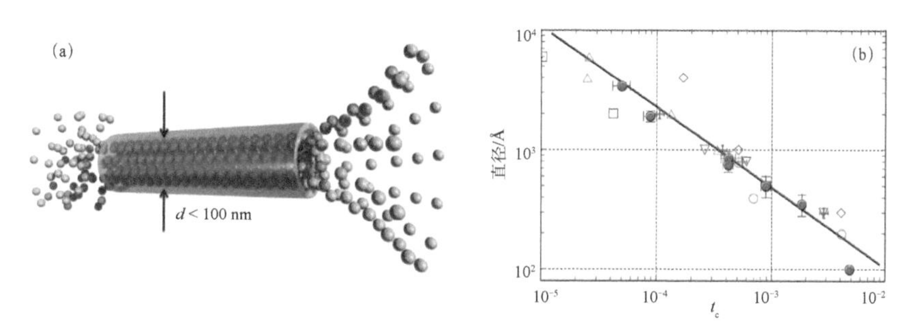

图 4.4.5　一维限域结构中的超流现象

（a）直径小于 100nm 的通道中，液氦分子以有序的方式排列，液氦流速与压力和通道长度无关，仅依赖于温度[16]；（b）一维限域液氦超流体的起始温度变化，表明其起始温度随着纳米通道直径的减小而增加[91]

液体超快传输的现象也存在于生物离子通道中，每个离子通道在一秒钟内允许 10^7 个离子的超快传输[92]。从经典热力学理论来看，通过具有离子选择性纳米通道的传输速度将非常缓慢，这可以根据 Hagen-Poiseuille 方程进行预测[93]。然而，在生命体系中，离子和分子的快速传输处于超流状态，这是由精确量子化的流动引起的。例如，青链霉菌的 K^+纳米通道每次可通过两个距离为 7.5Å 的 K^+离子，中间包含一个 H_2O 分子（图 4.4.6（a））[94, 95]；NaK 非选择性纳米通道每次仅允许一个水合 Na^+离子通过[96]，而在钙调蛋白中，每个 Ca^{2+}通道同时结合两个 Ca^{2+}离子[97]；另外，水通道以有序分子链的方式传输水分子（图 4.4.6（b））。这些现象表明物质超快传输是以单一离子或分子链的量子方式进行，因此江雷教授提出了量子限域超流体（QSF）的概念来解释这种超快流体现象[2]。除了生物离子通道以外，QSF 现象也存在于人工离子通道中，增大临界圆柱区域可提高离子通道的整流性能[98]。在电化学储能中，限域空间的超快离子传输使其可以快速充放电[99-102]，在氧化石墨烯膜的纳米通道中离子的超快传输，其速率比通过扩散传输的速率快数千倍[103]，均表现出离子的 QSF 特征。

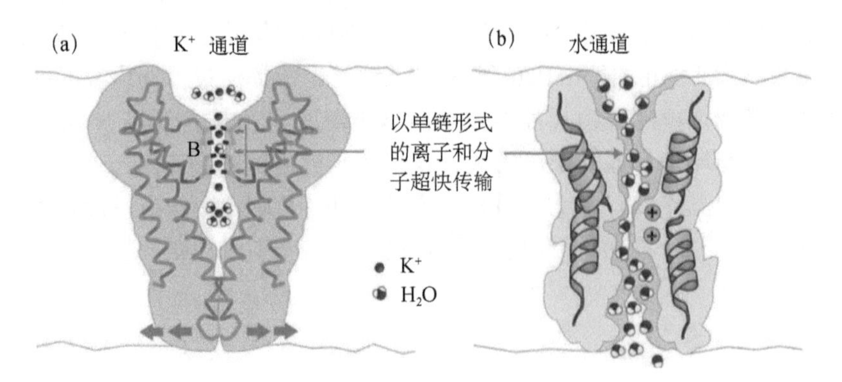

图 4.4.6　在生物通道中存在超快的离子和水输运[95]

（a）生物 K^+通道每次通过两个 K^+离子，中间含一个水分子；

（b）生物水通道以有序分子链方式输运水分子，表现出 QSF 特征

Wu 等研究了在不同浸润性和尺寸下的纳米通道中水流量[104]，并对文献中 53 个分子动力学模拟和实验的数据进行分析，结果表明纳米通道界面区域的黏度与接触角成反比，亲水纳米通道中的水黏度较大，而疏水纳米通道中的水黏度较小。他们同时证明了与体相水比较，亲水纳米通道中水流量可减少 1 个数量级（图 4.4.7（a）），而在疏水纳米通道中水流量可增加 7 个数量级（图 4.4.7（b））。值得注意的是，分析结果揭示了亲疏水表面的界限为 65°，这与我们之前报道的水浸润性本征值相一致[105, 106]。此外，纳米通道尺寸的微小变化可以对通道内部的水流量产生显著影响，尤其是直径小于 10nm 的通道。

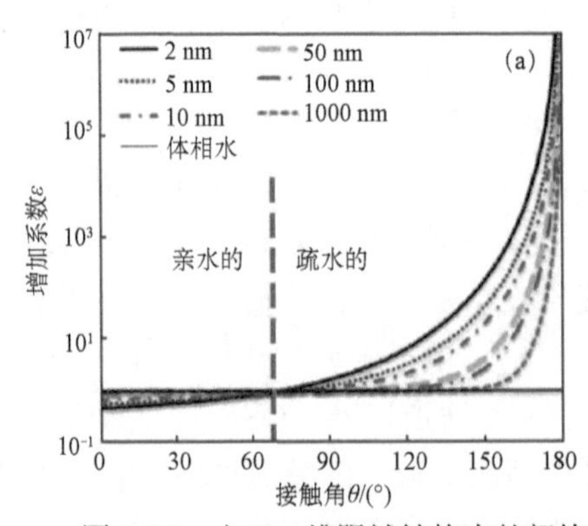

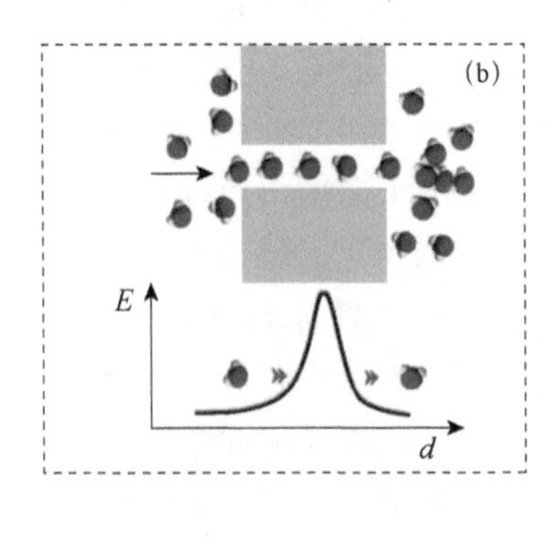

图 4.4.7　人工一维限域结构中的超快水输运及“量子隧道流体效应”

（a）不同纳米通道直径的水流速增加系数与接触角的关系[104]；（b）水分子以有序分子链方式在通道中超快输运示意图，以及由此提出的“量子隧穿流体效应”[2]

QSF 概念可以进一步解释平行排列碳纳米管膜的超快水传输，其比传统流体力学理论计算的速度值高出 4～5 个数量级[93]。应该注意的是，碳纳米管具有允许水流进入的亲水端，这在我们之前报道的理论模拟结果中已得到证实[107]。同时，从分子动力学模拟的角度来看，疏水性碳纳米管自发和连续填充水的行为被证明其具有一维有序水分子链结构（包含约 5 个水分子），并且还观察到纳米管中的脉冲状水流[20]，进一步为 QSF 概念提供了理论依据。限域孔道内离子和分子的有序超流被视为“量子隧穿效应”，该“量子隧穿效应”与“量子限域超流体”的周期相一致，即“隧穿距离”。对于水通道，隧穿距离的长度是水分子链。对于 K^+通道，隧穿距离的长度是两个 K^+离子，中间含有一个水分子。此外，宽度为 1nm 的氧化石墨烯膜纳米通道中也存在水和有机溶剂的超快传输现象[108]，表明二维氧化石墨烯纳米通道中的液体传输也存在 QSF 特征。江雷教授课题组进一步通过二维超双亲的硅表面证明了 QSF 概念[109]，在超双亲硅片表面存在相间的亲水和疏水纳米畴，油（己烷）和水在其表面均为超铺展。

1）一维纳米通道分子动力学模拟

分子动力学模拟是研究一定数量“虚拟”原子或分子的运动和相互作用的一种研究方式，它的准确度接近实验，并且更容易在纳米尺度上进行[17]。在纳米尺度上限域水可以在水分子之间形成强的氢键，并使液体在体相表面形成蒸气层[110]。Hummer 等[20]报道了分子动力学模拟表明疏水性碳纳米管通过一维有序水分子链的方式自发和连续地填充水，同时观察到水以脉冲状的方式进行传输。碳纳米管内部形成了紧密的氢键网络，导致水流突然流动引起周围水的密度波动。尽管碳纳米管中氢键的数量减少，但纳米通道中仍具有显著的水流量，在 1.34nm 长的单壁碳纳米管中，大约占据 5 个水分子（图 4.4.8（a））。水和碳纳米管之间相互作用的微小变化将导致通道中水占有率的显著变化，导致在纳秒级别上出现空和填充两种状态的转换。Hummer 等进一步通过分子动力学模拟研究渗透驱动的水分子通过六角形排列碳纳米管膜的运输行为[111]。模拟装置使用半透膜将纯水和盐溶液分隔在两个区间，通过渗透作用将水流从水驱动到盐溶液的区间。他们揭示了纳米限域流体的几个独特性质。例如，观察到纳米级的显著热波动，并导致随机水流；在纳米通道入口和出口处的限域下出现无摩擦水流；流体的超快流动，每纳秒每根碳纳米管大约 5 个水分子，与生物水通道相当。这些现象无法通过传统流体力学预测，被认为是具有 QSF 特征。

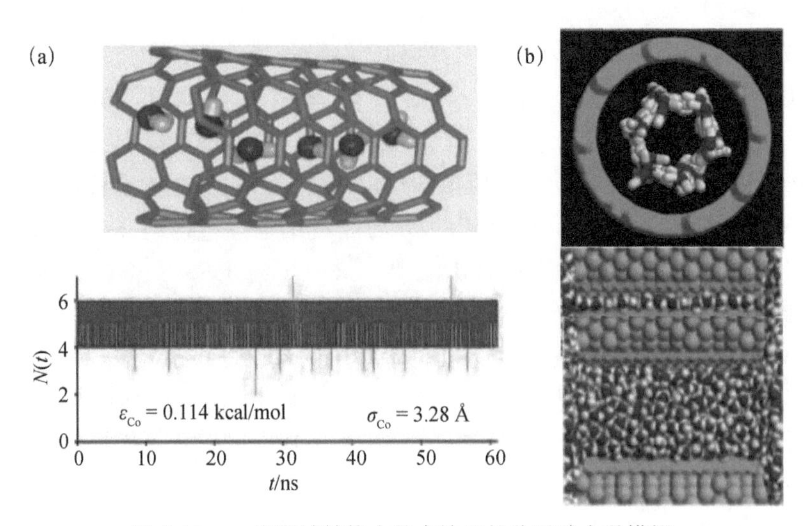

图 4.4.8　一维限域结构中的水输运的分子动力学模拟

（a）碳纳米管内有序水分子链结构；碳纳米管通道内的水分子数与时间的关系，每根碳纳米管每纳秒占据 5 个水分子[20]；（b）直径为 8.6Å 的碳纳米管中水的横截面图；直径为 3.1Å 和 18.1Å 的碳纳米管中水分子的分布，在小直径碳纳米管中水分子以单链方式排列，在大直径碳纳米管中水分子无序排列[113]

实验观察到的疏水性碳纳米管中水自发填充与理论模拟的结果不一致，这是由于通常限域作用会降低熵和键合能。Jung 等利用分子动力学模拟研究直径为 0.8～2.7nm 的碳纳米管限域水的体系[112]，并从中提取熵、焓和自由能的数据。尽管随着碳纳米管直径的改变，限域效应发生了巨大变化，但是纳米通道中水比体相中的水更为稳定。结果分为三种情况：较小直径的碳纳米管（0.8～1.0nm）具有类似水蒸气的相态和最大的熵增；中等直径的碳纳米管（1.1～1.2nm）具有较低熵的冰状相态；较大直径的碳纳米管（>1.4nm）为体相水状态，平移熵增加。理论模拟进一步揭示液态水的四面体结构，这项工作提供了一种更好理解碳纳米管中水浸润性和水传输的新方法。通过纳米通道的限域效应可以定性改变水的运动和取向。Mashl 等利用分子动力学模拟发现在具有临界直径的碳纳米管限域作用下[113]，尽管氢键作用与体相水类似，但是通道中水可以转变成冰的状态。在直径≤8.6Å 的碳纳米管的限域作用下，水自发排列成有序的结构（图 4.4.8（b））。限域水处在一种固体和流体的中间状态，同时有序水结构可能是通过氢键网络并以“质子线”的方式调控质子传导，暗示了一种纳米级半导体开关的可能机制。与此同时，Prezhdo 等通过分子动力学模拟发现[114]，碳纳米管限域水大大增加了其沸点，并且沸点以上温度的细微增长显著增加了碳纳米管内部压力。直径为 2nm 的碳纳米管中水沸点的增加，可以通过毛细管理论解释，但在更小直径的碳纳米管中，毛细管理论的解释则存在较大的偏差。在直径为 0.82nm 的碳纳米管中，限域水在相变温度以下形成冰状结构。即使在相变温度以上，仍然保留大量有序度，并从冰状相转变为准气相。此外，Prezhdo 等还对在更大温度范围内直径为 1.49～4.20nm 的碳纳米管中的水滴进行分子动力学模拟[115]。与体相水的行为相反，限域水在较低温度下分解，并产生很小的蒸气压。分解温度以上的加热使得碳纳米管中蒸气压快速增长。体相水和限域水在蒸发机制上的差异可以通过碳纳米管和水的相互作用进行解释。首先，水滴转变成吸附在碳纳米管壁上的水分子膜，该过程中的温度与碳纳米管直径无关。其次，水在较高的温度下突然产生巨大的蒸气压，该温度取决于碳纳米管的直径。与 Hummer[111]和 Jung[112]等报道的相反，Werder 等[22]通过平行的分子动力学模拟研究原始碳纳米管中限域水的行为，表明碳纳米管在室温下对水为非浸润性。当碳纳米管直径范围为 2.5～7.5nm 时，通过径向密度分布、径向氢键分布和接触角研究表明水滴最多包含 4632 个水分子，不同直径碳纳米管内壁的接触角为 103°～109°。碳纳米管与水的相互作用能的 ± 20%的波动不会改变界面的非浸润行为。

在分子动力学模拟中，通常通过改变 Lennard-Jones（L-J）势能参数：势能阱深度和两体距离，来计算物理性质的改变。Mittal 等[116]通过分子动力学模拟研究管径为 1.6nm 的碳纳米管中碳原子和水中氧原子之间不同的相互作用的变化，发现中间区域存在一个狭窄过渡区，碳纳米管内水流量随着相互作用强度的增加而急剧增加。在此狭窄过渡区，水流传输从低水流量的疏水状态变成高水流量的亲水状态，而随着相互作用的增强，碳纳米管变得更加亲水，导致水流量的下降。由于水分子与碳纳米管内壁之间较大的相互作用，直径较大的碳纳米管表现出更大的水流量变化。此外，水通量和平均水流量与平均停留时间的比值存在比例关系，而与长度、直径或 L-J 参数无关。Majumder 和 Holt 等将碳纳米管中水的超快传输归因于碳纳米管内表面的光滑度[93, 117]。Aluru 等[118]利用分子动力学模拟研究了直径为 2.18nm 的碳纳米管中的水流，发现在 Hagen-Poiseuille 流量之上的水流速增加，来自碳纳米管和水界面的耗尽层的速度“跳跃”，界面处的氢键和水取向显著影响水的流速。对于同样具有光滑内壁结构但更为亲水的硅纳米管和氮化硼纳米管，水流量的增加程度大大降低，这是因为与碳纳米管相比，它们没有指向内壁的游离 OH 键，这将减少耗尽层的氢键数量，而管壁的粗糙度引起氢键网络增强并且导致没有显著的水流量增加。在另一项工作中，McGaughey 等[119]通过分子动力学模拟测定了压力驱动下直径为 1.66～4.99nm 的碳纳米管中的水流速度，发现碳纳米管的水流速度均大于体相的水流速度，随着碳纳米管直径增加，水流速的增加倍数为 433～47 倍。水流速度的增加程度小于之前 Holt 和 Majumder 等[93, 117]报道的实验结果（56～100000 倍），他们通过连续流体力学对此进行解释，将其归因于流动面积的误差和存在不可控的外部驱动力（例如电场）。此外，Qiao 等[120]使用非平衡分子动力学模拟研究了碳纳米管内水分子的传输行为。由于纳米限域效应，碳纳米管内壁与水分子之间的剪切应力不仅与碳纳米管直径有关，而且还强烈依赖于流体流速。因此，随着碳纳米管直径减小，限域水的黏度迅速减小，水流速随之增大。上面的结果通过甘油中的纳米多孔碳压力诱导渗透实验进一步得到验证。Jiang 等[107]通过分子动力学模拟设计了一种基于单壁碳纳米管的高效水过滤器，直径分别为 0.81、1.09、1.36 和 1.63nm。其中碳管一端修饰亲水基团（—COOH），另一端修饰疏水基团（—CF_3）。由于碳纳米管中水分子偶极取向的改变，在纯水和电解质水溶液中均观察到直径为 0.81nm 的碳纳米管疏水段出现水密度的增加，直径为 0.81 和 1.09nm 的碳纳米管端口在离子渗透中具有较高的能垒。这项工作表明碳纳米管的不对称浸润性在水传输和分离领域具有很大潜力。

纳米通道作为门控需要满足在不浸润和可浸润状态之间的可控转换。纳米通道内的中央疏水屏障区可以通过电浸润作用充当电压依赖性的门控，通过电场作用改变纳米通道表面浸润性。Sansom 等[121]利用“计算电生理学”模拟表征并证明含有疏水性门控的仿生纳米通道的电浸润行为，结果表明 β-桶状纳米通道模型中的疏水性门控可以通过在电场下的电浸润打开，而不造成脂质双层的电穿孔。电浸润以电压诱导的水偶极子整齐排列的方式发生在纳米通道的疏水端，在离子进入纳米通道之前，水分子优先打开并进入纳米通道。如果允许跨双层电位的离子浓度梯度产生消散，则电浸润行为可逆，水将被排出，伴随着纳米通道恢复到去浸润状态。电浸润过程可以通过纳米通道的半径和疏水性门控的边界进行调控。在极性溶剂，例如水中，表面电荷的引入或电场的施加通常可以提高纳米通道的浸润性，这种现象在宏观体系中较好理解。为此，Bratko 等[122]通过分子动力学模拟研究了电场诱导烃类纳米孔填充水的热力学，并证明电场方向和极性对表面浸润性具有显著影响。结果表明在模拟的类烃平面限域中发生电场诱导的疏水到亲水的转变，亲疏水交叉区域可通过液体限域铺展的表面自由能进行量化。当在垂直方向施加电场时，界面水分子定向极化和角度偏好之间的竞争导致不对称的浸润性。为了深入理解带电碳纳米管中单列水分子的传输行为，Lu 等[131]通过分子动力学模拟带正电或负电的碳纳米管，发现与原始碳纳米管相比，带电碳纳米管由于静电相互作用更有利于水的填充和传输。带电碳纳米管内的水分子链表现出双极性质，水偶极子平行于 z 轴，并且指向带负电的碳纳米管中心，同时远离带正电的碳纳米管中心。水偶极子仅在碳纳米管中间区域发生翻转，并促进水的流通。带负电的单壁碳纳米管通过提高碳纳米管内部水分子间的氢键作用，将单列水分子链转换成“连续”模式，从而加快水的传输。

限域制备纳米材料是纳米通道的重要性能之一，纳米限域作用同时改变了纳米通道和客体分子的物理和化学性质。离子液体和非极性碳纳米管是截然不同的材料，Chaban 等[123]借助分子动力学模拟研究了在 363K 和更高温度下，高黏度的离子液体自发快速穿过直径为 1.36～2.98nm 的碳纳米管的性能。即使限域的离子液体中包含专有离子，碳纳米管中的高黏度离子液体的离子扩散速度依然增加 5 倍，相比而言，乙腈的扩散速度降低，水的扩散速度稍微增加。填充过程中的温度效应表明熵起着至关重要的作用。由于外部压力在填充过程中不起重要作用，因此填充过程取决于内部能量。尽管碳纳米管内部能量增加，但在限域条件下的离子扩散速度仍然超过了体相中的离子扩散速度。Hendy 等[124]则提出一个简单的模型，证明了拉普拉斯压力和液滴表面张力可能导致碳纳米管对非浸润性的熔融金属纳米粒子的毛细吸收。当接触角小于 130°时，熔融金属纳米粒子几乎被立即吸收；当接触角约等于 132°时，熔融金属纳米粒子表现出略微延迟的毛细吸收以及弯月面的波动；而当接触角大于等于 133°时则没有发生液滴的毛细吸收。该结果对于理解金属催化剂粒子在碳纳米管中的生长具有重要意义，并且为制备金属/碳纳米管复合材料提供新方法。

2）一维纳米通道中水浸润性

环境扫描电子显微镜（ESEM）可原位动态研究碳纳米管内部水的冷凝、蒸发和传输等过程，并可以直接观察化学气相沉积制备的无规内壁的碳纳米管中液体的弯月面。Gogotsi 等[125]通过接触角的测量证明化学气相沉积制备的碳纳米管是亲水的，接触角范围在 5°～20°。图 4.4.9（a）～图 4.4.9（e）的 ESEM 照片描述了在 4℃的恒定温度下随压力变化的弯月面形状和尺寸的变化情况，表明碳纳米管内的弯月面是不对称的。碳纳米管中纯水的动态流体实验表明，界面动力学和弯月面复杂形状主要受纳米通道直径控制，而与内壁结构、流体成分和压力无关。在 ESEM 中观察到的化学气相沉积制备的碳纳米管中水界面与水热法制备的碳纳米管（内径为 50～100nm）中液体界面类似，其中液体为高压 $H_2O/CO/CH_4$ 流体（图 4.4.9（f））。Gogotsi 等[126]进一步将水注入直径为 2～5nm 的封闭多壁碳纳米管中。透射电镜（TEM）观察证实，与直径大于 10nm 的碳纳米管中的光滑弯月面相比，两类多壁碳纳米管均成功填充水并且形成无序的气/液界面，通过外部加热也证明了在纳米尺度下的干-湿转变。实验结果同时表明，在类似碳纳米管的超细纳米通道限域中的水，其液体迁移率与宏观状态下的水相比具有巨大的阻碍。众所周知，由于流体分子和纳米通道中原子之间的强相互作用，纳米限域的流体与体相中的流体表现极为不同。最近，Takahashi 等[127]利用 TEM 将水限域在直径为数十纳米的亲水性开口碳纳米管内，并观察到在碳纳米管内表面上粘附着 1～7nm 厚的水膜，即使在高真空下也保持稳定。该水膜的超稳定性归因于碳纳米管曲率、纳米级粗糙度和限域效应，导致水的蒸气压较低并抑制其蒸发。有趣的是，由于延伸的水弯月面的分子相互作用，研究者发现了在碳纳米管内保持稳定的厚度为 3～20nm 的悬浮超薄水膜，该膜厚度比先前文献报道的临界膜厚度（约 40nm）小了一个数量级[128]。为了研究碳纳米管中水的浸润性，Lindsay 等[38]构建了一个单壁碳纳米管场效应晶体管作为连接两个流体容器的纳米流体通道，通过测量碳纳米管的电学信号来判断分析物质是否浸润碳纳米管。当水浸润碳纳米管内部纳米通道时晶体管导通，而外表面的浸润却几乎没有影响。结果表明，碳纳米管内部水产生大的偶极电场，引起碳纳米管和金属电极的电荷极化，并使碳纳米管的价带发生偏移。这项工作提供了一种使用碳纳米管纳米通道作为传感表面来研究纳米级的水行为，甚至可用于分析单个分子的新方法。

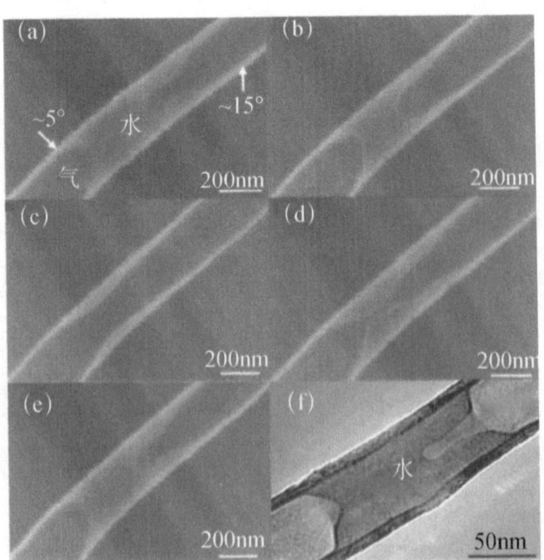

图 4.4.9　碳纳米管通道中水在不同蒸气压下的弯月面 ESEM 照片[125]

（a）5.5 Torr；（b）5.8Torr；（c）6.0 Torr；（d）5.8 Torr；（e）5.7 Torr，水接触角为 5°～20°，表明碳纳米管内部为亲水性；（f）封口碳纳米管中水在一定蒸气压下的液面形状碳纳米管的疏水表面是研究纳米限域界面水的浸润性变化的理想体系。通常，升高温度可导致纳米通道中的水浸润性从亲水向疏水状态转变。Wu 等[21]研究了温度从 22℃降低到 8℃的疏水向亲水转变，并通过核磁共振证明单壁碳纳米管中的水吸附。他们发现吸附水的分子重新取向减慢，并证明疏水性纳米通道界面水的疏水-亲水转变敏感地依赖于温度。由于限域界面水在离子通道等生物系统中普遍存在，因此温度诱导的水浸润性变化可能与生物系统中的一些现象有关。另外，Gogotsi 等[39]报道了一维纳米通道中温度诱导水浸润性的变化，他们通过 TEM 对水热法制备的多壁封口碳纳米管进行原位纳米限域水的观察，发现碳纳米管纳米通道的可浸润性及通道中的水流动性。当限域水足够大时，通过在电子束下持续加热可观察到复杂的液体浸润行为。加热过程导致限域水从体积收缩转变成界面变形和沿管轴线的液体膨胀，随加热温度的进一步升高，水滴的两个尖端悬浮于碳纳米管中间；当温度高于临界点时，限域水滴发生破裂并形成薄膜在通道内壁铺展开（图 4.4.10）。通过晶格边缘成像，他们发现碳纳米管内壁和相邻液体之间的相互作用极强。

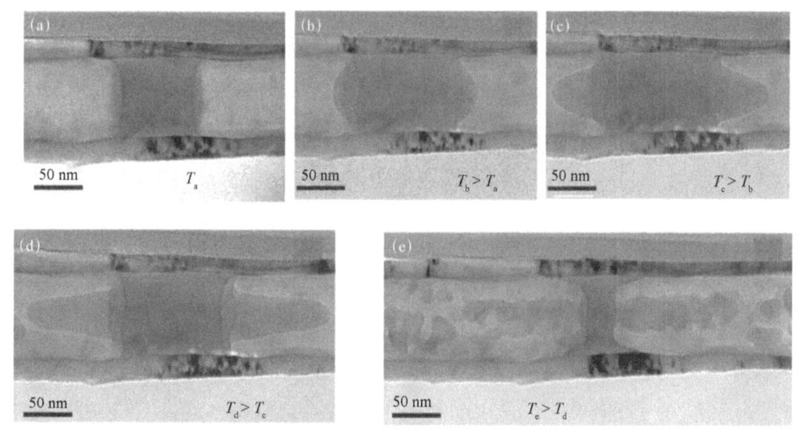

图 4.4.10　碳纳米管中水在电子束加热下的状态[39]

（a）初始亲水状态；（b），（c）水膨胀为疏水状态，同时气体在高压下溶解到液体中；（d）轴线方向水被拉长；（e）水滴破裂并形成薄膜

调节疏水表面上纳米限域界面水浸润性变化的另一种方式是改变电压。迄今为止，仅有少数关于调控疏水性纳米通道水传输的报道，而且均使用疏水分子进行修饰[43, 129]。相比而言，通过静电荷调控纳米通道水浸润性更为简

单有效。通常，增加电压可导致纳米通道中的水浸润性从疏水向亲水状态转变。Jiang 等[44]报道了直径小于 10nm 的聚对苯二甲酸乙二醇酯（PET）纳米通道在静电作用下的水浸润性转变（图 4.4.11（a））。他们通过调控表面电荷密度和外部电场，产生汽相和液相转变，实现从浸润的导电状态到非浸润的绝缘状态的可逆变化（图 4.4.11（b））。具有直径小于 10nm 的单个纳米通道（图 4.4.11（c））在不同 pH 值下表现出电压诱导的可逆浸润性开关特性，在 pH=7 时，纳米通道处于临界状态，改变电压可实现亲水和疏水状态之间可逆切换（图 4.4.11（d））。这项工作表明改变电压的方式在海水淡化、液体门控和药物输送的潜在应用。具有疏水内壁的纳米通道可以作为水、离子和其他中性物质的门控体系。Siwy 等[43]研究了单个疏水性 PET 纳米通道可通过跨膜电势实现可逆的浸润性转变。疏水性纳米通道通过（三甲基甲硅烷基）重氮甲烷进行修饰，当在 PET 膜上施加电压时，纳米通道被水浸润并引起离子传输，处于导电状态；当去掉电压后，纳米通道转变成非浸润状态。Wen 等[130]进一步设计了由偶氮苯衍生物改性的功能化疏水 PET 纳米通道，通过光和电场对离子传输进行调控，并成功控制纳米通道的浸润性转变。施加可见光和β-环糊精的共同作用下可获得亲水纳米通道，而施加 UV 光释放β-环糊精后可获得疏水纳米通道。当施加的电场高于临界电压时，水的弯月面通过静电相互作用而弯曲，并导致纳米通道的亲水转变。通过干燥后纳米通道可以恢复到疏水状态。这项工作进一步验证了水的本征浸润接触角为 65°，这与之前文献报道的数值一致[105, 106]，并为研究纳米限域和调控水行为提高新方法。Smirnov 等[49]则构建一种基于氮化硅膜的新型纳米通道，并证明纳米通道在疏水修饰后可用作电压门控离子通道。施加电压引起纳米通道的浸润性转变，其中电导率发生 3 个数量级的变化，这使得水和其他电解质可以通过通道。当施加适当的电压，纳米通道的亲疏水转变是可以的，但是施加电压过大，将导致浸润性的不可逆转变。此外，Giapis 等[17]将碳纳米管中水的电浸润拓展到单臂碳纳米管中汞的电浸润。在施加电压后，汞表面同性电荷的相互排斥降低了表面张力，当施加电压达到临界值时，汞浸润并填充碳纳米管形成连续的金属纳米线。分子动力学模拟进一步证实了碳纳米管的电浸润过程。这项工作表明，碳纳米管中的电润湿为研究纳米流体传输和低熔点金属纳米线的制备提供了机会。

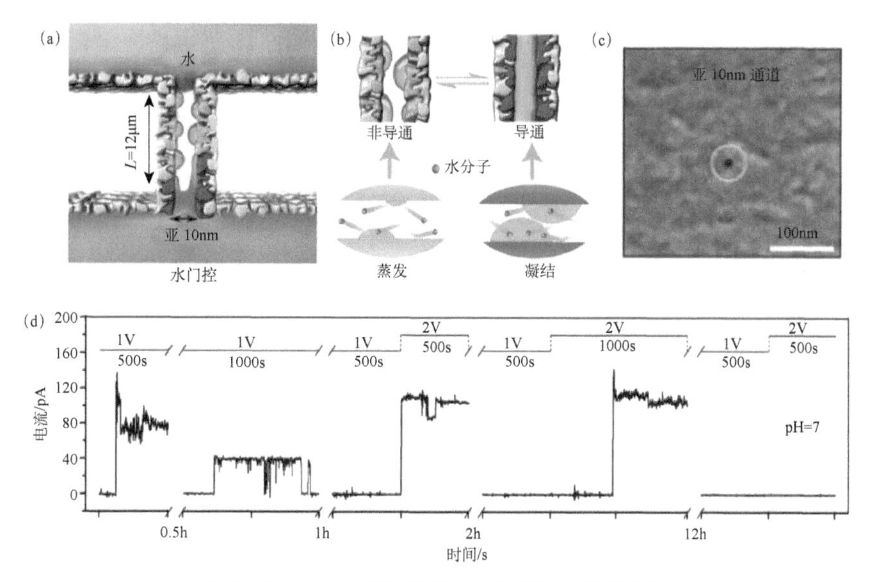

图 4.4.11　一维限域结构中水状态的调控[44]

（a）PET 纳米通道通过表面电荷密度智能调控水开关侧视图；（b）导电和绝缘状态下的水蒸发和冷凝机理示意图；（c）直径小于 10nm 的 PET 通道 SEM 照片；（d）当 pH=7，带负电荷的纳米通道可通过电压调控疏水和亲水状态的转变

3）一维纳米通道液体输运

分子动力学模拟表明，由于碳纳米管界面极其光滑，接近无摩擦，液体以极高的速率进行传输[20, 118-120, 131]，这些结果引起了人们对碳纳米管膜的极大兴趣，并用于纳米过滤和能量收集等应用[103, 132-134]。尽管如此，纳米限域液体传输的确切机制尚未清楚，已报道的实验结果并没有提供令人满意的解释[135, 136]。为实现液体高速传输，Majumder 等[93]制备出一种聚苯乙烯包覆平行排列的直径约为 7nm 的多壁碳纳米管的薄膜，并测量在常压下通过该薄膜的水和各种溶剂的流速。他们发现所测量穿过直径为 7nm 孔的流速与传统预测的速度快 4～5 个数量级。与传统流体动力学的预测相反，流速不随黏度增加而降低，而是流速随着流体的亲水性增加而增加。他们将流体高速流动归因于碳纳米管内壁的无摩擦表面。随后，Holt 等[117]制备氮化硅包覆平行排列的直径小于 2nm 的碳纳米管薄膜，发现所测量水流速比传统流体动力学模型的计算值超过 3 个数量级，并且与分子动力学模拟相一致。他们解释超高水流速是由于在碳纳米管内的受限空间中形成有序的水纳米线。但目前还不清楚分子动力学提出的机制是否可以解释在更大直径碳纳米管中观察到的水高速流动，而且不能简单通过碳纳米管内壁的无摩擦表面来解释水流动的增

强。尽管孔径较小，但这些碳纳米管薄膜的水渗透性比商业聚碳酸酯膜要高出几个数量级。为了准确测量单根碳纳米管的水渗透性，Bocquet 等[24]通过使用直径为 15～50nm 的碳纳米管插入玻璃毛细管后进行密封，来构建纳米流体实验装置并研究其流体动力学。玻璃毛细管尖端的碳纳米管连接两个流体容器，然后施加压力 ΔP 到毛细管上，并在显微镜下通过示踪剂的运动绘制水流速（图 4.4.12（a））。这种通过单根碳纳米管测定水流速的方法具有极高的灵敏度，同时还揭示出碳纳米管中极大的和半径依赖的表面滑移，而在氮化硼纳米管中则没有滑移（图 4.4.12（b），（c）），这表明固液界面的原子尺度的细微差别将导致水流速的巨大差异。这一实验结果可以解决关于先前报道的限域水流速存在巨大差异的争论[93, 117, 137]，并证明碳纳米管中水流速随直径增大而减小。Quirke 等[138]也报道了气相沉积法制备的无定型碳纳米管限域水流速增大的现象。碳纳米管具有较大的内径（43 ± 3nm），与理论预测相比，水、乙醇和癸烷的流速增强了 45 倍。他们将水流速增大归因于纳米通道内壁结构，以及流体分子与通道内部碳表面之间的相互作用。纳米通道内壁包含，如 H、OH 和 COOH 等化学结构，可能影响流体行为。随着通道直径减小到纳米尺度，碳纳米管内壁和流体分子之间的相互作用占主导地位。此外，Liu 等[139]利用测量了单个超长碳纳米管中水的传输速度，发现对于直径为 0.81～1.59nm 的碳纳米管，水流速增加倍数为 882～51。虽然水流速增加倍数明显小于 Majumder 和 Holt 等报道的结果[93, 117]，但在纳米尺度下，水流速的增加仍然明显高于传统流体。他们将水流速增加归因于通道内壁的原子级平滑度、水和通道内壁的弱相互作用以及碳纳米管限域的单列水分子传输，同时发现随着碳纳米管直径的减小，水流速并没有单调增加，而是在 0.98～1.10nm 附近存在水流不连续区域，可能由于限域作用导致的氢键网络结构变化所引起。

4）二维纳米通道液体浸润性与输运

二维纳米通道在润滑、纳米流体、生物体系和化学反应等领域具有重要应用并且备受关注[140-144]。当液体被限域在二维纳米通道中时，有效剪切黏度增加，弛豫时间延长，在较低剪切速率下出现非线性响应，这些性质不同于体相液体的性质[145]。二维纳米通道中的限域水（～2）表现出比体相水（～80）小得多的介电常数[146]。

通过疏水纳米通道的水流速大大增加，这通常被描述为具有较大的滑移长度，即对应于水的黏度。Neek-Amal 等[53]利用反作用力场势和平衡态分子

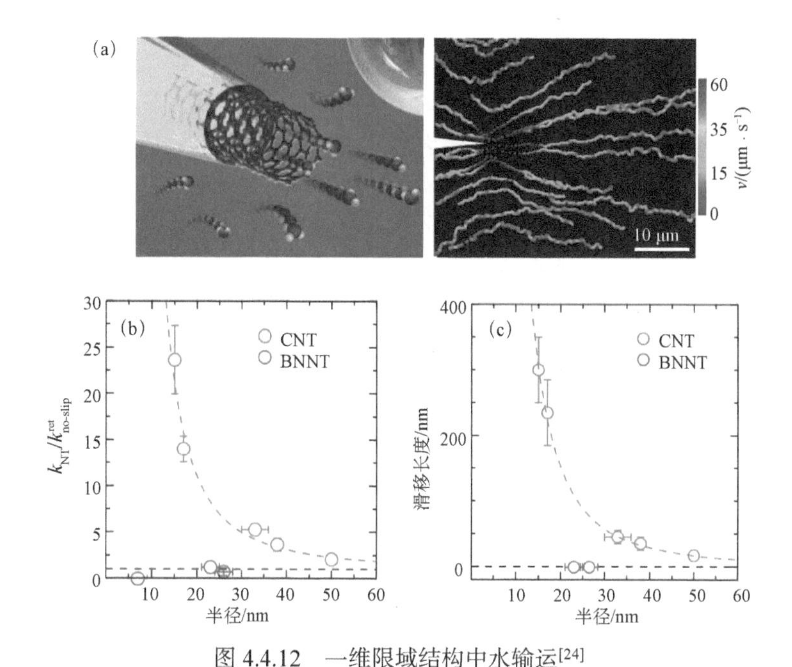

图 4.4.12　一维限域结构中水输运[24]

（a）碳纳米管插入玻璃毛细管示意图，以及通过示踪粒子显示从碳纳米管流出的水流轨迹；（b）单根碳纳米管和氮化硼纳米管中水渗透速度与纳米管半径的关系；（c）单根碳纳米管和氮化硼纳米管中水滑移长度与纳米管半径的关系

动力学模拟来研究两个石墨烯层之间的水结构和剪切黏度对通道尺寸的依赖性（图 4.4.13（a）），发现水的黏度和流速明显受到限域在纳米通道中水的层状结构的影响，其中通道尺寸为 2nm。值得注意的是，水的剪切黏度随着限域平面之间的距离变化而发生振荡（图 4.4.13（b）），其原因在于水分子的相互作用、限域表面的疏水性和氢键作用的综合效果。这种黏度和滑移长度的振荡在二维纳米通道的研究和应用中具有重要意义。Li 等[51]通过分子动力学模拟，研究了限域在两个石墨烯平面之间 Cu 液滴的浸润性和自发合并。在两层石墨烯限域下的 Cu 液滴表现出三种状态：未脱离、半脱离和完全脱离，取决于通道的高度。接触角范围在 125°～177°，接触面积半径为 12～80Å。随着通道高度的增加，接触角增大，液-固界面处的接触面积相应减小。例如，在两层石墨烯限域下，当通道的高度为 10Å 时，接触角为 125°，而高度增加至 55Å 时，接触角随之增加至 147°，表明限域空间的浸润性和高度之间存在密切关系。分离的 Cu 液滴的移动时间与通道的高度呈线性关系。在双层石墨烯限域两个 Cu 液滴的情况下，液滴自发地合并成更大的液滴，液滴的合并时间和最终位置受到石墨烯的表面结构和通道高度的影响。

这项工作揭示了液滴浸润性调控的可能性以及在金属液滴喷雾、液滴反应器和喷墨打印中的潜在应用。此外，Leng 等[54]利用分子动力学模拟研究了在一个大气压和 298K 下两个云母表面之间水化层的限域和流动性，测定限域距离为 0.92～2.44nm 的几种水化层的剪切黏度的牛顿平台，显示在距离分别为 2.44、1.65、0.92nm 时，剪切黏度与体相水黏度的比值分别为 2、3、84。限域水化层的形成与限域作用下水分子的旋转动力学和快速平移扩散有关。理论模拟同时表明没有黏性滑移不稳定性，并且没有束缚水化层来维持有限的剪切应力。此外，Fang 等[147]使用原子分子动力学模拟来研究限域在两个疏水石墨层之间的离子液体（1，3-二甲基咪唑氯化物）双分子层的液-固转变，发现离子液体在约 1.1nm 的限域距离下显示出明显和剧烈的相变，形成具有不同氢键网络的固体相，使熔点温度比块状晶体提高了 400K 以上。在新的相态中，每个阳离子被三个相邻的阴离子包围，并且在阳离子之间存在强烈的 π–π 相互作用。

理解二维纳米通道中的水浸润性和流动性对于设计锂离子电池的纳米级复合电极以提高其效率和寿命非常重要。Moeremans 等[52]使用表面力仪定量研究锂离子电池电解质对云母-石墨烯，云母-云母和云母-金的纳米通道的初始浸润行为。在云母-云母和云母-金实验中，体系在初始下降后保持稳定，表明纳米通道不能被电解质浸润。与此相反，云母-石墨烯表面之间的距离在初始下降后迅速增加，并形成 1.3nm 厚的界面液膜，证实电解质快速浸润石墨烯纳米通道，这归因于石墨烯层和电解质分子之间的物理化学相互作用。该工作表明，与金或云母表面相比，限域的石墨烯纳米通道优先被浸润，并揭示了受限电解质分子层状结构的存在，而且水的存在会阻碍电解质的移动。Klein 等[56]报道了弯曲云母表面之间的水限域，并观察到在限域通道的尺寸为 3.5 ± 1 至 0.0 ± 0.4nm 范围内，水的有效黏度与其体相值接近。而有机溶剂的行为与水明显不同，当限域通道小于 5～8 个分子层的特定距离时，其黏度显著增加。有机溶剂和水具有不同的固化机理。对于有机溶剂，随着限域程度的增加，它们在热力学上趋向于凝聚成具有类固体行为的有序相。对于水，限域抑制了高度取向的氢键网络的形成，防止其形成冻结相并保持体相水的状态。Klein 等[55]进一步研究在仿生压力和盐浓度下云母表面之间盐水溶液的剪切力，并发现限域水分子保持了体相水的剪切流动性特征，即使在限域纳米通道尺寸降低至 1.0 ± 0.3nm 时也是如此。他们将这种体相水流动性归因于限域效应和流动水分子与水化层的分子交换。在仿生压力和盐浓度下的水流动性对于在生物体系中的限域条件下的电解质行为具有显著影响。

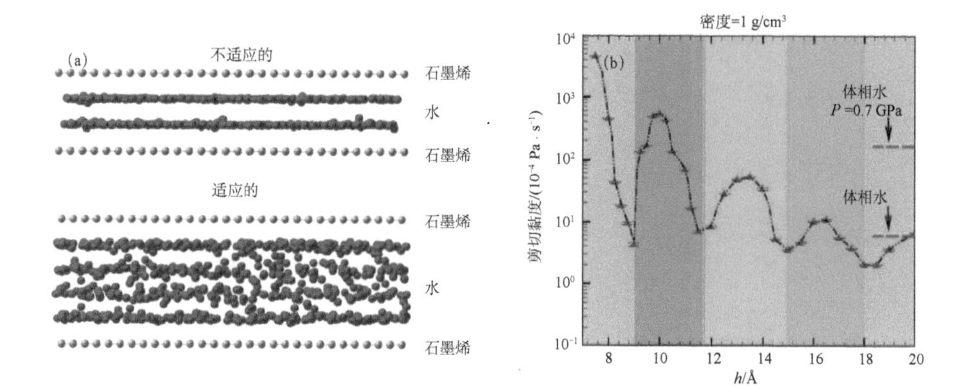

图 4.4.13 二维限域结构中水输运的分子动力学模拟[53]

（a）双层石墨烯限域水的侧视图；（b）双层石墨烯纳米通道中限域水的剪切黏度与距离 h 的关系，当 h 减小时，剪切黏度不仅迅速增强，而且表现出明显的振荡

二维纳米通道的快速水输运对于过滤和分离材料的设计尤为重要，这归因于在分子尺度上限域下的超快流动性。Geim 等[59]报道了由亚微米厚氧化石墨烯膜用于超快水传输，而对其他液体、蒸汽和气体完全不渗透。他们通过 Hummer 方法将氧化石墨烯在超声下分散在水中形成稳定的微晶悬浮液，然后通过喷涂或旋涂获得氧化石墨烯膜（图 4.4.14（a））。扫描电子显微镜照片表明氧化石墨烯膜具有明显的层状结构（图 4.4.14（b））。X 射线结果表明氧化石墨烯膜中的纳米通道约为 1nm。通过测量由 1mm 厚氧化石墨烯膜覆盖的金属容器的蒸发速率来确定膜的渗透性，他们发现通过氧化石墨烯膜的水渗透性比氦高 10 个数量级（图 4.4.14（c））。分子动力学模拟表明水不能填充二维纳米通道，而是在石墨烯限域空间内形成高度有序的单分子层，并将石墨烯纳米通道中的超快水传输归因于通道中单层水的低摩擦流动。这项工作是我们提出的 QSF 概念的另一个重要证据[2]。对多孔膜的二维纳米通道物质传输的智能调控是提高膜应用性能的重要手段。Zhao 等[58]报道了一种具有负温度响应纳米通道门控的氧化石墨烯膜，用于水门控和分子分离。氧化石墨烯薄膜的纳米通道通过自由基聚合共价修饰上聚（N-异丙基丙烯酰胺），并赋予它温度响应性能。通过改变温度，可以以～7 的开关比可逆地调控氧化石墨烯膜的水渗透性，同时可通过简单地逐步调控温度实现梯度的小/中/大分子分离。这项工作显示出二维纳米通道在智能流体输运系统和分子分离中的应用潜力。

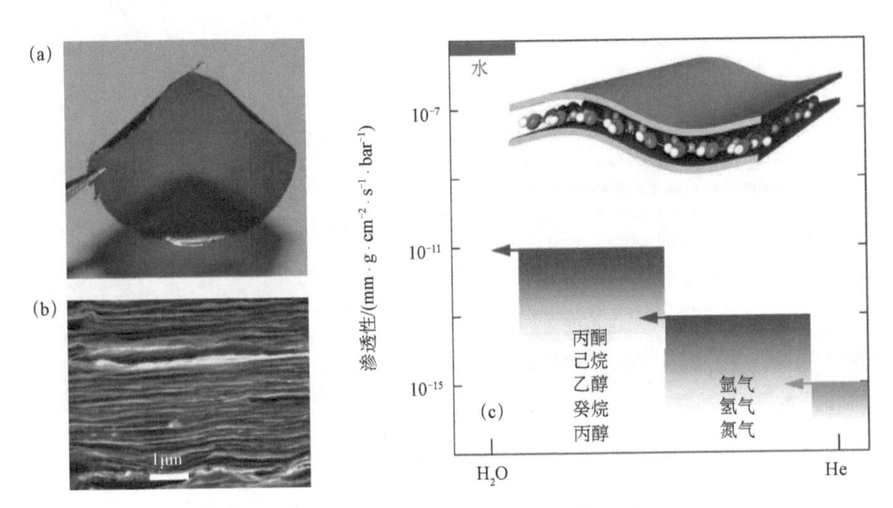

图 4.4.14 二维限域结构中物质输运[59]

（a）从 Cu 箔上剥离的氧化石墨烯膜照片；（b）氧化石墨烯膜横截面 SEM 照片；（c）氧化石墨烯膜用于水和其他物质输运，证明氧化石墨烯膜允许超快水输运，而对气体、蒸汽和其他液体完全不可渗透，插图为石墨烯纳米通道中的单层水结构

4.4.3 待解决的重大问题

1. 低维限域结构中水的超长距离输运

植物作为地球生命的重要形态之一，极大丰富了生物圈。植物中的水分主要是通过其体内的微纳米管道实现的。但对于高大的树木，特别是高达 100m 的树木，如红杉，会产生相当大的压力。植物如何克服这些压力将水从根部输送到顶端，至今没有定论。内聚力-张力学（cohesion-tension）由 Dixon 和 Joly 于 1894 年提出[148, 149]，认为除了根部与树顶端的渗透压差异提供的升力外，叶面的蒸腾作用还会产生一个负压（吸力），通过木质部导管中连续的水柱传递到根部，水分子之间有足够大的内聚力（几百 MPa）维持这个水柱高达几十至上百米，如图 4.4.15 所示。这一学说是目前普遍接受的学说，然而，却也有学者对此学说存有不同意见[150, 151]。水的长距离逆重力输运可应用于社会生产生活的各个方面，对于设计流体的可控输运装置具有重大的借鉴意义。

2. 低维限域结构中物质的可控传输

低维限域结构中水和物质的可控输运作为水科学研究的一个基本问题，

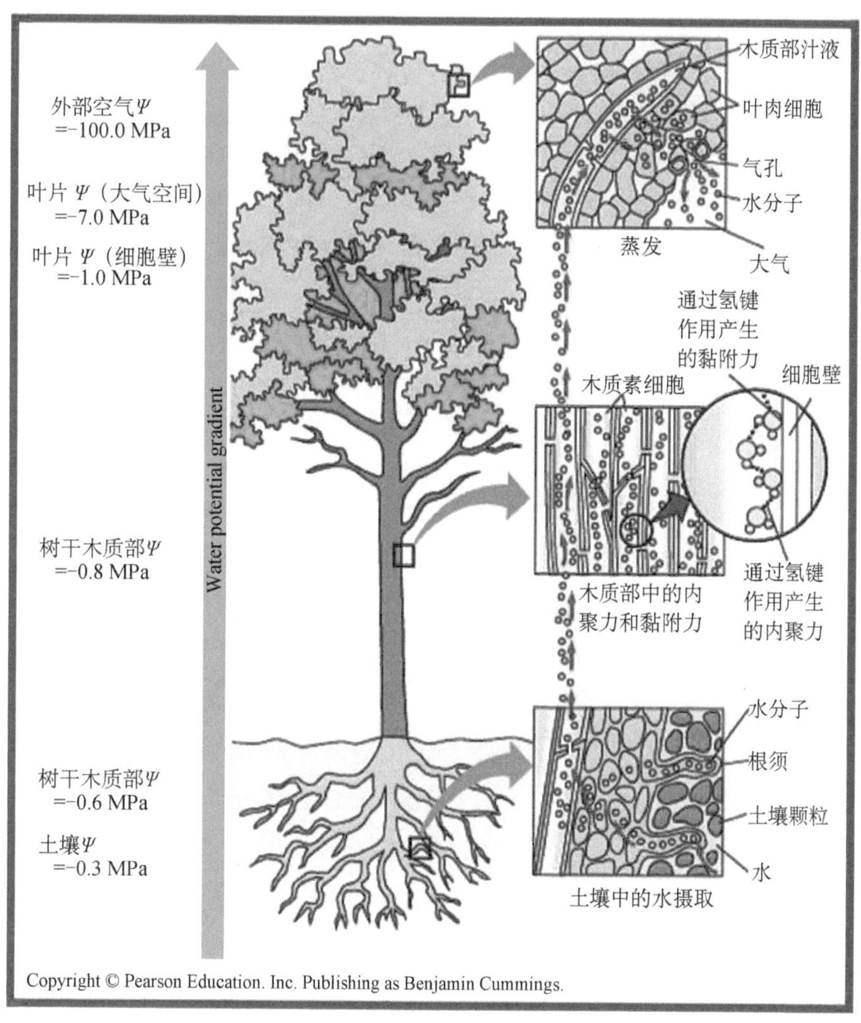

图 4.4.15　植物中的水分长距离运输（摘自 Pearson Education，Inc.，publishing as Benjamin Cummings）

也是清洁能源和淡水资源开发的根本问题。现阶段而言，对于微纳米通道中水和物质的输运、结构等问题的研究虽然已经取得一定的成果，然而对于限域空间内水和物质的存在状态与基本物理化学行为仍需深入研究，包括限域材料空间尺寸对水和物质的行为影响、限域材料表面性质的调控以及对其形成的限域空间内多种作用力的调控等，对于这些问题的研究，将极大地加深对限域空间内物质运动规律的理解。从应用的角度看，与清洁能源开发密切相关的各种隔膜材料，如电池隔膜等材料的性能提升与其中的物质可控传输密切相关。电池隔膜提供了一个限域空间，离子在该限域空间内受到多种作用力的综合作用，从而完成充电与放电过程。而现有的电池效率还不能满足人们日益增长的能源需求，其中一个主要因素就是电池隔膜性能的限制。快速的充放电需要电池中离子快速选择性地通过电池隔膜，而优异的续航能力需要电池隔膜可以经受多次充放电过程，这都对电池隔膜性能提出更高要求。另外，与清洁水资源密切相关的海水淡化膜则是水在纳米限域空间内的定向运动。随着地球上淡水资源的日益匮乏和地球人口的增加，作为地球存储量丰富的海水资源势必要成为目标，大力发展高效率、低功耗、高质量的海水淡化。然而，现有的海水淡化膜还无法实现这一目标。因此，如何实现提高水分子在膜通道的单方向运动的同时又能将盐离子去除也将是亟需解决的难题。

3. 低维限域结构中的化学反应

对于现有的催化、材料合成等领域，仍然存在催化效率低、能耗高、选择性低、反应不完全、材料提纯困难等问题，这也对在有化学反应发生的物质传输过程提出了更高的调控要求。在化学反应过程中，如能实现对反应物、催化剂、生成物以及能源供给等各个因素实现高度可控输运，则将大大提升催化效率、降低能耗，并进一步提高原子利用率，实现绿色化学发展。

4.4.4 小结

1. 建议可能解决问题的方案

纳米技术的进步有助于我们更深入地了解纳米通道浸润性和物质输运的机理，纳米通道的限域作用使其在物质传输、纳米限域催化、限域化学反应、纳米材料制备和能源材料等领域得到广泛应用。

在物质传输和分离领域，低维纳米通道可以选择性地分离小分子、药物和有机染料。在一维纳米通道方面，Martin 等[3]报道了包含一系列直径小于1nm 的单分散金纳米管的聚碳酸酯膜，可根据分子尺寸分离出小分子。此类基于金纳米管的分子过滤膜表现出优异的分离性能，可从甲基紫罗碱氯化物和三（2，2'-联吡啶）氯化钌混合物中分离出甲基紫罗碱氯化物，从吡啶和奎宁混合物中分离出吡啶，从氯化苯胺和罗丹明 B 氯化物混合物中分离出氯化苯胺。这种超快分子分离可以被认为是具有 QSF 特征的分离。Martin 等[4]进一步报道了生物抗体修饰的纳米管薄膜可选择性输运和分离药物对映体。

他们在阳极氧化铝（AAO）膜内部通道修饰二氧化硅纳米管，随后修饰上抗体，通过二甲基亚砜调控抗体结合亲和力，同时通过调控二氧化硅纳米管直径改变对映体选择性系数。在二维纳米通道方面，Zhao 等[58]报道了聚（N-异丙基丙烯酰胺）修饰的氧化石墨烯膜可通过简单的逐步调节温度实现小/中/大分子的梯度分离。在水溶液中的［$Fe(CN)_6$］$^{3-}$、罗丹明 B、考马斯亮蓝和细胞色素 c 均可实现单分子分离。

在纳米限域催化领域，多种催化剂如 Rh、Fe、Pt、Pd、Ni、Co、二茂钛、甲基铝氧烷、Ti、Fe-Co、PtRu 和 Cu 已被报道用于纳米通道的限域催化反应并获得优异催化性能。在限域催化过程中，反应物分子可以按一定顺序排列，反应能垒将极大减小，并实现高效和选择性的化学合成，这种反应可以认为是 QSF 型催化反应。Bao 等[7]报道了 QSF 型费托合成，即碳纳米管限域 Rh 催化剂将 CO 和 H_2 转化为乙醇，其催化活性显著增强（图 4.4.16（a））。尽管碳纳米管内部通道比管外更难接触，但碳纳米管内部的乙醇的生成速率比管外高出一个数量级，Bao 等[152]进一步报道了碳纳米管限域 Fe 催化剂的费托合成，发现限域在碳纳米管中的 Fe 催化剂趋向于以还原态存在，并具有更高的费托合成效率。限域 Fe 催化剂的烃产率是非限域的两倍，是活性炭负载 Fe 催化剂的 6 倍以上。Li 等[6]将碳纳米管内部修饰上金鸡纳啶，并且通过填充 Pt 纳米催化剂用于限域催化，实现 α-酮酯高效对映选择性氢化。他们认为碳纳米管的限域效应使得金鸡纳啶和反应物可以容易地富集，从而提高了催化活性。Li 等[153]进一步研究了碳纳米管限域 Pd 纳米粒子催化 α，β-不饱和酸的对映选择性氢化反应，获得比碳纳米管外部更高的活性和对映选择性（92%）。Qin 等[154]报道了一种多重限域的 Ni 基纳米催化剂，其中 Ni 纳米粒子不仅限域在 Al_2O_3 纳米管中，而且还嵌入 Al_2O_3 内壁的空腔中。与负载在 Al_2O_3 纳米管外表面上的 Ni 基催化剂相比，多重限域催化剂实现了催化活性和氢化反应稳定性的显著提高。Qin 等[155]进一步报道一种新型串联催化剂，其中 Ni 纳米粒子负载在内部 Al_2O_3 纳米管的外表面上，Pt 纳米粒子附着在外部 TiO_2 纳米管的内表面上，在硝基苯加氢反应中实现高催化效率（图 4.4.16（b））。Qin 等[156]还报道了一种新的 $CoO_x/TiO_2/Pt$ 光催化剂，其 Pt 和 CoO_x 分别负载在多孔 TiO_2 纳米管的内外表面上，用于光催化制氢。这种光催化剂具有极高的光催化效率（275.9mmol · h^{-1}），是原始 TiO_2 纳米管（56.5mmol · h^{-1}）的 5 倍。Aida 等[157]报道了在介孔二氧化硅中限域二茂钛和甲基铝氧烷催化乙烯聚合，获得超高分子量（M_V=6200000）和高密度（1.01g · cm^{-3}）聚乙烯（图 4.4.16（c）），这种反应可以认为是 QSF 型聚合反应。最近，Qin 等[8]报道了 Co 和 Ti 催化剂限域在 SBA-15、SBA-16 和 MCM-41 等分子筛的纳米通道中，分别在环氧化物的水解动力学拆分和羰基化合物的不对称硅腈化反应中实现优异的催化活性和可重复使用性（图 4.4.16（d））。Wu 和 Zhao 等[158]将有机 Pt 配合物限域在（3-氨基丙基）三乙氧基硅烷改性的分子筛 SBA-15 的的通道中，用于在氧气下光化学氧化烯烃，获得比均相溶液中反应高出 8 倍的产率。Su 等[71]在碳纳米管通道内合成 Fe-Co 合金纳米粒子，并首次证明合金粒子在催化反应中的协同效应，实现 NH_3 分解产氢的高活性。Serp 等[5]报道了一种碳纳米管限域 PtRu 纳米粒子的方法，实现了肉桂醛的选择性氢化的优异催化性能。Dalai 等[159]报道了碳纳米管限域 Co 催化剂用于费托合成，随着 Co 负载量从 15wt%增加到 30wt%，CO 转化率从 48%增加到 86%，C_{5+}烃选择性从 70%增加到 77%。Gong 等[160]报道了 Cu-页硅酸盐纳米管限域 Cu 纳米粒子用于草酸二甲酯的氢解反应，实现了高反应性（乙醇产率为 91%）和高稳定（在 553K 时为 4300 小时）。在二维纳米通道限域催化剂粒子方面，Bao 等[161]研究了限域在 Pt 和石墨烯表面之间的 CO 氧化反应，他们在室温条件下直接观察到 CO 渗透到石墨烯/Pt 界面，而 CO 同时可以在超高真空下从 Pt 表面解吸。

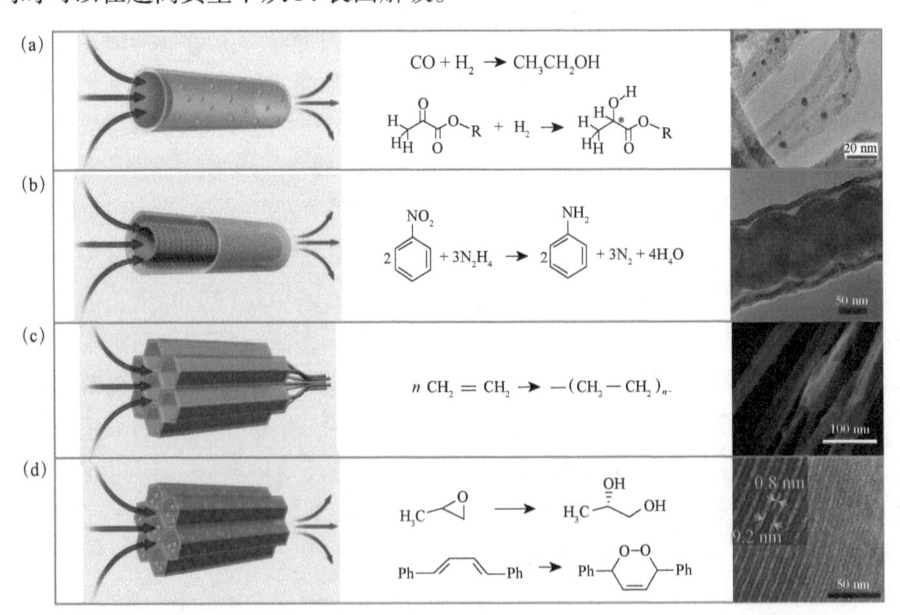

图 4.4.16 QSF 型催化反应[2]

（a）一维碳纳米管通道中限域催化及碳纳米管中催化剂粒子的 TEM 照片；（b）在 TiO_2 纳米管与内部 Al_2O_3 纳米管之间的限域催化反应及 TEM 照片；（c）介孔二氧化硅纳米通道中的乙烯聚合及所制备纳米聚乙烯纤维 SEM 照片；（d）介孔二氧化硅纳米通道中限域催化及 SBA-15 分子筛填充催化剂粒子 TEM 照片

在限域化学反应领域，多种化学反应包括光敏氧化、溶剂热合成、氢气还原、金属盐分解、聚合、化学沉积和溶胶-凝胶模板合成等均已被报道用于限域化学反应，此类反应也被认为是 QSF 型化学反应。Tung 等[162]研究了 Na-ZSM-5 沸石纳米通道限域烯烃的光敏氧化，发现所得产物为单线态氧氧化产物而非来自超氧自由基阴离子的产物。Xie 等[163]报道了一种二维石墨烯纳米通道限域的溶剂热合成，制备单层氧化钒骨架的超晶格纳米片，材料具有高对称性和优异的磁热效应。Tung 等[164]还报道了 NaY 沸石纳米通道限域二芳基化合物的分子内光环加成，获得高产率的蒽和萘交叉光共聚衍生物，而这种衍生物在均相反应中无法得到。Tung 等[165]进一步证明 Nafion 膜纳米通道的限域效应提高了烯烃光敏氧化的产物选择性。Green 等[12]报道了碳纳米管限域氢气还原反应，Ni、Co 和 Fe 的氧化物在 400℃下氢气还原 12h 得到金属 Ni、Co 和 Fe。Wai 等[70]则使用多壁碳纳米管作为模板，超临界二氧化碳作为反应介质合成 Pd、Ni 和 Cu 纳米线。Bao 等[152]报道了在碳纳米管中限域铁氧化物的氢气还原获得 Fe 催化剂，作为高效费托合成催化剂。Su 等[71]报道了将 Fe 和 Co 硝酸盐溶液浸润碳纳米管，然后干燥、煅烧和氢气还原制备 Fe-Co 合金纳米粒子催化剂。Su 等[69]进一步报道了多壁碳纳米管限域氢气还原反应制备 Ni 纳米粒子。Baaziz 等[67]报道了硬脂酸钴溶液填充碳纳米管，限域热分解和氢气还原制备金属 Co 催化剂。Zettl 等[41]通过金属盐（H_2PtCl_6，$AuCl_3$，$PdCl_2$，$AgNO_3$，$In(NO_3)_3$ 和 $Co(NO_3)_2$）液体浸润氮化硼纳米管和氢气还原，制备纳米管限域金属纳米粒子。Ugarte 等[76]则报道了碳纳米管的熔融浸润填充 $AgNO_3$，随后热分解制备 Ag 纳米粒子。Green 等[166]则报道了用 $AgNO_3$ 或 $AuCl_3$ 溶液浸润碳纳米管，然后限域热分解制备 Ag 或 Au 纳米粒子。此外，Fu 等[167]通过真空辅助溶液浸润方法将 $AgNO_3$ 溶液限域在介孔 TiO_2 的纳米通道中，然后热分解制备 Ag 填充的介孔 TiO_2。Bao 等[9]则报道了碳纳米管原位限域还原制备 Fe 纳米粒子，反应温度为 600℃，比碳纳米管外表面的反应温度降低了 200℃。在限域聚合反应方面，Martin[10]报道利用具有均匀圆柱形孔的聚碳酸酯膜或 AAO 模板，实现了吡咯、3-甲基噻吩和苯胺的限域氧化聚合或电化学聚合。同时，Martin 等[3]通过具有直径为 30nm 的聚碳酸酯薄膜，限域化学沉积制备直径小于 1nm 的单分散 Au 纳米管用于分子过滤。You 等[168]报道了在介孔二氧化硅纳米通道中的限域化学沉积，制备 Ag 纳米线、AuAg 合金、Au 纳米颗粒超晶格、3D 介孔 Au 和 Pt 网络。此外，Martin 等[4]利用溶胶-凝胶模板合成，在 AAO 薄膜的纳米通道中修饰二氧化硅纳米管和含有醛基的硅烷，然后进一步与蛋白质上的游离氨基反应。

在纳米材料制备领域，溶液浸润和熔体浸润两种策略被用于制备各种聚合物纳米材料。在溶液浸润策略方面，Martin 等[45]利用 AAO 和聚酯薄膜作为模板，制备直径为 30nm 的多种聚合物纳米管和纳米纤维，包括聚苯乙烯、聚（乳酸）、聚偏二氟乙烯、聚甲基丙烯酸甲酯、聚（双酚 A 碳酸酯）和聚（2，6-二甲基-1，4-苯醚）。García-Gutiérrez 等[13]利用 AAO 模板制备聚偏二氟乙烯纳米棒，获得 γ 相极性铁电体材料。Cauda 等[169]利用 AAO 模板制备具有增强压电性能的聚偏二氟乙烯纳米线。Jin 等[46]利用 AAO 模板制备多种聚（苯乙烯-b-2-乙烯基吡啶）纳米材料。Chen 等[170]利用 AAO 模板制备聚甲基丙烯酸甲酯纳米材料。Steinhart 等[47]利用 AAO 模板制备聚甲基丙烯酸甲酯/液晶纳米管复合材料。在熔体浸润策略方面，Russell 等[48]利用 AAO 模板制备一维聚苯乙烯纳米棒和纳米管。Russell 等[48]还利用 AAO 模板制备聚偏二氟乙烯-三氟乙烯的铁电和压电纳米材料。García-Gutiérrez 等[171]则研究了 AAO 模板纳米通道限域下的聚偏二氟乙烯-三氟乙烯纳米材料的结晶行为。

在能源材料领域，Cui 等[61]报道了层状还原氧化石墨烯限域金属 Li 作为阳极，在电化学循环过程中表现出低尺寸变化（～20%）、良好柔性、高比容量（～3，390mAh · g^{-1}）和低过电位（～80mV，3mA · cm^{-2}）。Liu 等[172]则报道了氮掺杂多孔碳和多壁碳纳米管限域多硫化物用于锂硫电池，材料具有高面积容量（～2.5mAh · cm^{-2}），在 100 次循环中容量保持率为 81.6%。

2. 展望

低维纳米限域的水流黏度随着接触角的减小而增加，而受限水的流速随着接触角的增加而增加。纳米通道尺寸的微小差异对受限水流有很大影响，对于直径小于 10nm 的通道此作用尤为突出。具有较小直径（小于 10nm）的纳米通道中超快物质传输的现象十分普遍，例如，生物和人工离子通道的超快离子传输；平行排列的碳纳米管膜的超快水传输；氧化石墨烯膜的超快水传输。从经典流体力学来看，生物和人工体系中如此小的通道中的穿透能垒是巨大的，这与实际现象相矛盾。对于这种现象，江雷教授提出了 QSF 概念，并用于解释纳米通道中的超快流体传输行为。一维碳纳米管通道（直径为 0.81nm）和二维石墨烯纳米通道（两个石墨烯层距离小于 2nm）水传输的分子动力学模拟表明存在有序的水分子链和脉冲状的水，进一步证明 QSF 概念。通过外部条件（温度和电压）可调控纳米通道中水浸润性的可逆变化，升高温度导致水浸润性从亲水状态转变为疏水状态，而增加电压引起水浸润性从疏水状态变为亲水状态。超快的液体输运性能有利于纳米通道在分离领域的应用。同时，熔体浸润和液体浸润两种限制策略可有效用于纳米材料制备，利用限域结构高效制备金属、金属氧化物、金属盐、离子液体和聚合物等纳米材料，用于催化、化学反应、纳米制备和能源材料等领域。

经过二十多年的发展，低维限域结构中水与物质的输运研究仍面临许多挑战，其中最大的挑战是探索纳米通道中非连续流体的物理来源。而最近所提出的 QSF 概念将为纳米通道浸润性和非连续流体研究提供新思路，QSF 概念的引入将引发一场量子限域化学的革命[2]。通过模拟酶合成，在纳米限域空间中反应物分子可以按一定顺序排列，反应能垒将极大减小，可实现高效和选择性的化学合成。同时，随着纳米材料表征技术的进步，如表面力仪、原子力显微镜和和频振动光谱，将为理解纳米限域流体浸润性的机理提供有力的实验证据，并拓展低维限域结构的广泛应用。

参考文献

[1] Meng S，Greenlee L F，Shen Y R，et al. Basic science of water：Challenges and current status towards a molecular picture. Nano Res.，2015，8（10）：3085.

[2] Wen L，Zhang X，Tian Y，et al. Quantum-confined superfluidi：From nature to artificial. Sci. China Mater.，2018，61（8）：1027.

[3] Jirage K B，Hulteen J C，Martin C R. Nanotubule-based molecular-filtration membranes. Science，1997，278（5338）：655.

[4] Lee S B，Mitchell D T，Trofin L，et al. Antibody-based bio-nanotube membranes for enantiomeric drug separations. Science，2002，296（5576）：2198.

[5] Castillejos E，Debouttière P J，Roiban L，et al. An efficient strategy to drive nanoparticles into carbon nanotubes and the remarkable effect of confinement on their catalytic performance. Angew. Chem. Int. Ed.，2009，48（14）：2529.

[6] Chen Z，Guan Z，Li M，et al. Enhancement of the performance of a platinum nanocatalyst confined within carbon nanotubes for asymmetric hydrogenation. Angew. Chem. Int. Ed.，2011，50（21）：4913.

[7] Pan X，Fan Z，Chen W，et al. Enhanced ethanol production inside carbon-nanotube reactors containing catalytic particles. Nat. Mater.，2007，6：507.

[8] Zhang S，Zhang B，Liang H，et al. Encapsulation of homogeneous catalysts in mesoporous materials using diffusion-limited atomic layer deposition. Angew. Chem. Int. Ed.，2018，57（4）：1091.

[9] Chen W，Pan X，Willinger M G，et al. Facile autoreduction of iron oxide/carbon nanotube encapsulates. J. Am. Chem. Soc.，2006，128（10）：3136.

[10] Martin C R. Nanomaterials：A membrane-based synthetic approach. Science，1994，266（5193）：1961.

[11] Miners S A，Rance G A，Khlobystov A N. Chemical reactions confined within carbon nanotubes. Chem. Soc. Rev.，2016，45（17）：4727.

[12] Tsang S C，Chen Y K，Harris P J F，et al. A simple chemical method of opening and filling carbon nanotubes. Nature，1994，372：159.

[13] García-Gutiérrez M-C，Linares A，Hernández J J，et al. Confinement-induced one-dimensional ferroelectric polymer arrays. Nano Lett.，2010，10（4）：1472.

[14] de Jongh P E，Eggenhuisen T M. Melt infiltration：An emerging technique for the preparation of novel functional nanostructured materials. Adv. Mater.，2013，25（46）：6672.

[15] Martin C R. Membrane-based synthesis of nanomaterials. Chem. Mater.，1996，8（8）：1739.

[16] Zhang X Q，Wen L P，Jiang L. Water and mass transport in low-dimensional confined structures. Acta Phys. Sin.，2019，68（1）：018801.

[17] Alexiadis A，Kassinos S. Molecular simulation of water in carbon nanotubes. Chem. Rev.，2008，108（12）：5014.

[18] Chen J Y，Kutana A，Collier C P，et al. Electrowetting in carbon nanotubes. Science，2005，310（5753）：1480.

[19] Dujardin E，Ebbesen T W，Hiura H，et al. Capillarity and wetting of carbon nanotubes. Science，1994，265（5180）：1850.

[20] Hummer G，Rasaiah J C，Noworyta J P. Water conduction through the hydrophobic channel of a carbon nanotube. Nature，2001，414：188.

[21] Wang H J，Xi X K，Kleinhammes A，et al. Temperature-induced hydrophobic-hydrophilic transition observed by water adsorption. Science，2008，322（5898）：80.

[22] Werder T，Walther J H，Jaffe R L，et al. Molecular dynamics simulation of contact angles of water droplets in carbon nanotubes. Nano Lett.，2001，1（12）：697.

[23] Whitby M，Quirke N. Fluid flow in carbon nanotubes and nanopipes. Nat. Nanotechnol.，

2007，2：87.

[24] Secchi E，Marbach S，Niguès A，et al. Massive radius-dependent flow slippage in carbon nanotubes. Nature，2016，537：210.

[25] Zeng H，Wu K，Cui X，et al. Wettability effect on nanoconfined water flow：Insights and perspectives. Nano Today，2017，16：7.

[26] Huang D M，Sendner C，Horinek D，et al. Water slippage versus contact angle：A quasiuniversal relationship. Phys. Rev. Lett.，2008，101（22）：226101.

[27] Thomas J A，McGaughey A J H. Water flow in carbon nanotubes：Transition to subcontinuum transport. Phys. Rev. Lett.，2009，102（18）：184502.

[28] Yuan Q，Zhao Y-P. Hydroelectric voltage generation based on water-filled single-walled carbon nanotubes. J. Am. Chem. Soc.，2009，131（18）：6374.

[29] Stone H A，Stroock A D，Ajdari A. Engineering flows in small devices：Microfluidics toward a lab-on-a-chip. Annu. Rev. Fluid Mech.，2004，36（1）：381.

[30] Oh K W，Lee K，Ahn B，et al. Design of pressure-driven microfluidic networks using electric circuit analogy. Lab on a Chip，2012，12（3）：515.

[31] Pennathur S，Santiago J G. Electrokinetic transport in nanochannels. 1. Theory. Anal. Chem.，2006a，78（3）：972.

[32] Pennathur S，Santiago J G. Electrokinetic transport in nanochannels. 2. Experiments. Anal. Chem.，2006b，78（3）：972.

[33] Skou J C. The influence of some cations on an adenosine triphosphatase from peripheral nerves. Biochim. Biophys. Acta，1957，23：394.

[34] Li S，Cao W，Hui Y S，et al. Simple and reusable picoinjector for liquid delivery via nanofluidics approach. Nanoscale Res. Lett.，2014，9：147.

[35] Eijkel J. Liquid slip in micro- and nanofluidics：Recent research and its possible implications. Lab on a Chip，2007，7（3）：299.

[36] https://image3.slideserve.com/6464265/aktiver-transport-l.jpg.

[37] Barber A H，Cohen S R，Wagner H D. Static and dynamic wetting measurements of single carbon nanotubes. Phys. Rev. Lett.，2004，92（18）：186103.

[38] Cao D，Pang P，He J，et al. Electronic sensitivity of carbon nanotubes to internal water wetting. ACS Nano，2011，5（4）：3113.

[39] Gogotsi Y，Libera J A，Güvenç-Yazicioglu A，et al. In situ multiphase fluid experiments in hydrothermal carbon nanotubes. Appl. Phys. Lett.，2001，79（7）：1021.

[40] Monthioux M. Filling single-wall carbon nanotubes. Carbon，2002，40（10）：1809.

[41] Pham T，Fathalizadeh A，Shevitski B，et al. A universal wet-chemistry route to metal filling of boron nitride nanotubes. Nano Lett.，2016，16（1）：320.

[42] Siria A，Poncharal P，Biance A L，et al. Giant osmotic energy conversion measured in a single transmembrane boron nitride nanotube. Nature，2013，494：455.

[43] Powell M R，Cleary L，Davenport M，et al. Electric-field-induced wetting and dewetting in single hydrophobic nanopores. Nat. Nanotechnol.，2011，6：798.

[44] Xiao K，Zhou Y，Kong X Y，et al. Electrostatic-charge- and electric-field-induced smart gating for water transportation. ACS Nano，2016，10（10）：9703.

[45] Cepak V M，Martin C R. Preparation of polymeric micro-and nanostructures using a template-based deposition method. Chem. Mater.，1999，11（5）：1363.

[46] Mei S，Feng X，Jin Z. Fabrication of polymer nanospheres based on rayleigh instability in capillary channels. Macromolecules，2011，44（6）：1615.

[47] Steinhart M，Murano S，Schaper A K，et al. Morphology of polymer/liquid-crystal nanotubes：Influence of confinement. Adv. Funct. Mater.，2005，15（10）：1656.

[48] Zhang M，Dobriyal P，Chen J T，et al. Wetting transition in cylindrical alumina nanopores with polymer melts. Nano Lett.，2006，6（5）：1075.

[49] Smirnov S N，Vlassiouk I V，Lavrik N V. Voltage-gated hydrophobic nanopores. ACS Nano，2011，5（9）：7453.

[50] Bampoulis P，Witteveen J P，Kooij E S，et al. Structure and dynamics of confined alcohol-water mixtures. ACS Nano，2016，10（7）：6762.

[51] Li X，Ren H，Wu W，et al. Wettability and coalescence of Cu droplets subjected to two-wall confinement. Sci. Rep.，2015，5：15190.

[52] Moeremans B，Cheng H W，Hu Q，et al. Lithium-ion battery electrolyte mobility at nano-confined graphene interfaces. Nat. Commun.，2016，7：12693.

[53] Neek-Amal M，Peeters F M，Grigorieva I V，et al. Commensurability effects in viscosity of nanoconfined water. ACS Nano，2016，10（3）：3685.

[54] Leng Y，Cummings P T. Fluidity of hydration layers nanoconfined between mica surfaces. Phys. Rev. Lett.，2005，94（2）：026101.

[55] Raviv U，Klein J. Fluidity of bound hydration layers. Science，2002，297（5586）：1540.

[56] Raviv U，Laurat P，Klein J. Fluidity of water confined to subnanometre films. Nature，2001，413：51.

[57] Verdaguer A，Sacha G M，Bluhm H，et al. Molecular structure of water at interfaces：

Wetting at the nanometer scale. Chem. Rev., 2006, 106 (4): 1478.

[58] Liu J, Wang N, Yu L J, et al. Bioinspired graphene membrane with temperature tunable channels for water gating and molecular separation. Nat. Commun., 2017, 8 (1): 2011.

[59] Nair R R, Wu H A, Jayaram P N, et al. Unimpeded permeation of water through helium-leak-tight graphene-based membranes. Science, 2012, 335 (6067): 442.

[60] Lin D, Liu Y, Cui Y. Reviving the lithium metal anode for high-energy batteries. Nat. Nanotechnol., 2017, 12: 194.

[61] Lin D, Liu Y, Liang Z, et al. Layered reduced graphene oxide with nanoscale interlayer gaps as a stable host for lithium metal anodes. Nat. Nanotechnol., 2016, 11: 626.

[62] Liu Q, Zou R, Bando Y, et al. Nanowires sheathed inside nanotubes: Manipulation, properties and applications. Prog. Mater. Sci., 2015, 70: 1.

[63] Soldano C. Hybrid metal-based carbon nanotubes: Novel platform for multifunctional applications. Prog. Mater. Sci., 2015, 69: 183.

[64] Holt J K. Carbon nanotubes and nanofluidic transport. Adv. Mater., 2009, 21 (35): 3542.

[65] Zhou W, Li T, Wang J, et al. Composites of small Ag clusters confined in the channels of well-ordered mesoporous anatase TiO_2 and their excellent solar-light-driven photocatalytic performance. Nano Res., 2014, 7 (5): 731.

[66] Mattia D, Gogotsi Y. Review: Static and dynamic behavior of liquids inside carbon nanotubes. Microfluid. Nanofluid., 2008, 5 (3): 289.

[67] Baaziz W, Florea I, Moldovan S, et al. Microscopy investigations of the microstructural change and thermal response of cobalt-based nanoparticles confined inside a carbon nanotube medium. J. Mater. Chem. A, 2015, 3 (21): 11203.

[68] Serp P, Castillejos E. Catalysis in carbon nanotubes. Chem. Cat. Chem., 2010, 2 (1): 41.

[69] Tessonnier J P, Ersen O, Weinberg G, et al. Selective deposition of metal nanoparticles inside or outside multiwalled carbon nanotubes. ACS Nano, 2009, 3 (8): 2081.

[70] Ye X R, Lin Y, Wang C, et al. Supercritical fluid fabrication of metal nanowires and nanorods templated by multiwalled carbon nanotubes. Adv. Mater., 2003, 15 (4): 316.

[71] Zhang J, Müller J O, Zheng W, et al. Individual Fe-Co alloy nanoparticles on carbon nanotubes: Structural and catalytic properties. Nano Lett., 2008, 8 (9): 2738.

[72] Korneva G, Ye H, Gogotsi Y, et al. Carbon nanotubes loaded with magnetic particles.

Nano Lett., 2005, 5 (5): 879.

[73] Liu X, Marangon I, Melinte G, et al. Design of covalently functionalized carbon nanotubes filled with metal oxide nanoparticles for imaging, therapy, and magnetic manipulation. ACS Nano, 2014, 8 (11): 11290.

[74] Tuček J, Kemp K C, Kim K S, et al. Iron-oxide-supported nanocarbon in lithium-ion batteries, medical, catalytic, and environmental applications. ACS Nano, 2014, 8 (8): 7571.

[75] Sloan J, Novotny M C, Bailey S R, et al. Two layer 4: 4 co-ordinated KI crystals grown within single walled carbon nanotubes. Chem. Phys. Lett., 2000, 329 (1): 61.

[76] Ugarte D, Châtelain A, de Heer W A. Nanocapillarity and chemistry in carbon nanotubes. Science, 1996, 274 (5294): 1897.

[77] Chen S, Wu G, Sha M, et al. Transition of ionic liquid [bmim][PF6] from liquid to high-melting-point crystal when confined in multiwalled carbon nanotubes. J. Am. Chem. Soc., 2007, 129 (9): 2416.

[78] Yamada Y, Takahashi K, Takata Y, et al. Wettability on inner and outer surface of single carbon nanotubes. Langmuir, 2016, 32 (28): 7064.

[79] Mattia D, Bau H H, Gogotsi Y. Wetting of CVD carbon films by polar and nonpolar liquids and implications for carbon nanopipes. Langmuir, 2006, 22 (4): 1789.

[80] Mattia D, Rossi M P, Kim B M, et al. Effect of graphitization on the wettability and electrical conductivity of CVD-carbon nanotubes and films. J. Phys. Chem. B, 2006, 110 (20): 9850.

[81] Zhu Z, Zheng S, Peng S, et al. Superlyophilic interfaces and their applications. Adv. Mater., 2017, 29 (45): 1703120.

[82] Israelachvili J, Min Y, Akbulut M, et al. Recent advances in the surface forces apparatus (SFA) technique. Rep. Prog. Phys., 2010, 73 (3): 036601.

[83] Ross F M. Opportunities and challenges in liquid cell electron microscopy. Science, 2015, 350 (6267): 1490.

[84] Schäffel D, Koynov K, Vollmer D, et al. Local flow field and slip length of superhydrophobic surfaces. Phys. Rev. Lett., 2016, 116 (13): 134501.

[85] Kondrat S, Wu P, Qiao R, et al. Accelerating charging dynamics in subnanometre pores. Nat. Mater., 2014, 13: 387.

[86] Fang R, Liu M, Liu H, et al. Bioinspired interfacial materials: From binary cooperative complementary interfaces to superwettability systems. Adv. Mater. Interfaces, 2018, 5

(3): 1701176.
[87] Liu M, Wang S, Jiang L. Nature-inspired superwettability systems. Nat. Rev. Mater., 2017, 2: 17036.
[88] Allen J F, Misener A D. Flow of liquid helium II. Nature, 1938, 141: 75.
[89] Kapitza P. Viscosity of liquid helium below the λ-point. Nature, 1938, 141: 74.
[90] Allen J F, Misener A D. The properties of flow of liquid He ll. Proc. R. Soc. Lond. A, 1939, 172 (951): 467.
[91] Gasparini F M, Kimball M O, Mooney K P, et al. Finite-size scaling of 4He at the superfluid transition. Rev. Mod. Phys., 2008, 80 (3): 1009.
[92] Sansom M S P, Shrivastava I H, Bright J N, et al. Potassium channels: Structures, models, simulations. Biochim. Biophys. Acta-Biomembr., 2002, 1565 (2): 294.
[93] Majumder M, Chopra N, Andrews R, et al. Enhanced flow in carbon nanotubes. Nature, 2005, 438: 44.
[94] Doyle D A, Cabral J M, Pfuetzner R A, et al. The structure of the potassium channel: Molecular basis of K^+ conduction and selectivity. Science, 1998, 280 (5360): 69.
[95] MacKinnon R. Potassium channels and the atomic basis of selective ion conduction (Nobel Lecture) . Angew. Chem. Int. Ed., 2004, 43 (33): 4265.
[96] Shi C, He Y, Hendriks K, et al. A single NaK channel conformation is not enough for non-selective ion conduction. Nat. Commun., 2018, 9 (1): 717.
[97] Tadross M R, Dick I E, Yue D T. Mechanism of local and global Ca^{2+} sensing by calmodulin in complex with a Ca^{2+} channel. Cell, 2008, 133 (7): 1228.
[98] Xiao K, Xie G, Zhang Z, et al. Enhanced stability and controllability of an ionic diode based on funnel-shaped nanochannels with an extended critical region. Adv. Mater., 2016, 28 (17): 3345.
[99] Ji X, Lee K T, Nazar L F. A highly ordered nanostructured carbon-sulphur cathode for lithium-sulphur batteries. Nat. Mater., 2009, 8: 500.
[100] Maier J. Nanoionics: Ion transport and electrochemical storage in confined systems. Nat. Mater., 2005, 4: 805.
[101] Pan Y, Zhou Y, Zhao Q, et al. Introducing ion-transport-regulating nanochannels to lithium-sulfur batteries. Nano Energy, 2017, 33: 205.
[102] Yang X, Cheng C, Wang Y, et al. Liquid-mediated dense integration of graphene materials for compact capacitive energy storage. Science, 2013, 341 (6145): 534.
[103] Joshi R K, Carbone P, Wang F C, et al. Precise and ultrafast molecular sieving

through graphene oxide membranes. Science，2014，343（6172）：752.

[104] Wu K，Chen Z，Li J，et al. Wettability effect on nanoconfined water flow. Proc. Natl. Acad. Sci. U. S. A.，2017，114（13）：3358.

[105] Tian Y，Jiang L. Intrinsically robust hydrophobicity. Nat. Mater.，2013，12：291.

[106] Vogler E A. Structure and reactivity of water at biomaterial surfaces. Adv. Colloid Interface Sci.，1998，74（1）：69.

[107] Chen Q，Meng L，Li Q，et al. Water transport and purification in nanochannels controlled by asymmetric wettability. Small，2011，7（15）：2225.

[108] Yang Q，Su Y，Chi C，et al. Ultrathin graphene-based membrane with precise molecular sieving and ultrafast solvent permeation. Nat. Mater.，2017，16：1198.

[109] Zhu Z，Tian Y，Chen Y，et al. Superamphiphilic silicon wafer surfaces and applications for uniform polymer film fabrication. Angew. Chem. Int. Ed.，2017，129（21）：5814.

[110] Bolhuis P G，Chandler D. Transition path sampling of cavitation between molecular scale solvophobic surfaces. J. Chem. Phys.，2000，113（18）：8154.

[111] Kalra A，Garde S，Hummer G. Osmotic water transport through carbon nanotube membranes. Proc. Natl. Acad. Sci. U. S. A.，2003，100（18）：10175.

[112] Pascal T A，Goddard W A，Jung Y. Entropy and the driving force for the filling of carbon nanotubes with water. Proc. Natl. Acad. Sci. U. S. A.，2011，108（29）：11794.

[113] Mashl R J，Joseph S，Aluru N R，et al. Anomalously immobilized water：A new water phase induced by confinement in nanotubes. Nano Lett.，2003，3（5）：589.

[114] Chaban V V，Prezhdo O V. Water boiling inside carbon nanotubes：Toward efficient drug release. ACS Nano，2011，5（7）：5647.

[115] Chaban V V，Prezhdo V V，Prezhdo O V. Confinement by carbon nanotubes drastically alters the boiling and critical behavior of water droplets. ACS Nano，2012，6（3）：2766.

[116] Melillo M，Zhu F，Snyder M A，et al. Water transport through nanotubes with varying interaction strength between tube wall and water. J. Phys. Chem. Lett.，2011，2（23）：2978.

[117] Holt J K，Park H G，Wang Y，et al. Fast mass transport through sub-2-nanometer carbon nanotubes. Science，2006，312（5776）：1034.

[118] Joseph S，Aluru N R. Why are carbon nanotubes fast transporters of water? Nano Lett.，2008，8（2）：452.

[119] Thomas J A，McGaughey A J H. Reassessing fast water transport through carbon nanotubes. Nano Lett.，2008，8（9）：2788.

[120] Chen X，Cao G，Han A，et al. Nanoscale fluid transport：Size and rate effects. Nano Lett.，2008，8（9）：2988.

[121] Trick J L，Song C，Wallace E J，et al. Voltage gating of a biomimetic nanopore：electrowetting of a hydrophobic barrier. ACS Nano，2017，11（2）：1840.

[122] Bratko D，Daub C D，Leung K，et al. Effect of field direction on electrowetting in a nanopore. J. Am. Chem. Soc.，2007，129（9）：2504.

[123] Chaban V V，Prezhdo O V. Nanoscale carbon greatly enhances mobility of a highly viscous ionic liquid. ACS Nano，2014，8（8）：8190.

[124] Schebarchov D，Hendy S C. Capillary absorption of metal nanodroplets by single-wall carbon nanotubes. Nano Lett.，2008，8（8）：2253.

[125] Rossi M P，Ye H，Gogotsi Y，et al. Environmental scanning electron microscopy study of water in carbon nanopipes. Nano Lett.，2004，4（5）：989.

[126] Naguib N，Ye H，Gogotsi Y，et al. Observation of water confined in nanometer channels of closed carbon nanotubes. Nano Lett.，2004，4（11）：2237.

[127] Tomo Y，Askounis A，Ikuta T，et al. Superstable ultrathin water film confined in a hydrophilized carbon nanotube. Nano Lett.，2018，18（3）：1869.

[128] Lech F J，Wierenga P A，Gruppen H，et al. Stability properties of surfactant-free thin films at different ionic strengths：Measurements and modeling. Langmuir，2015，31（9）：2777.

[129] Rant U. Water flow at the flip of a switch. Nat. Nanotechnol.，2011，6：759.

[130] Xie G，Li P，Zhao Z，et al. Light- and electric-field-controlled wetting behavior in nanochannels for regulating nanoconfined mass transport. J. Am. Chem. Soc.，2018，140（13）：4552.

[131] Lu D. Accelerating water transport through a charged SWCNT：A molecular dynamics simulation. Phys. Chem. Chem. Phys.，2013，15（34）：14447.

[132] Geng J，Kim K，Zhang J，et al. Stochastic transport through carbon nanotubes in lipid bilayers and live cell membranes. Nature，2014，514：612.

[133] Liu H，He J，Tang J，et al. Translocation of single-stranded DNA through single-walled carbon nanotubes. Science，2010，327（5961）：64.

[134] Park H G，Jung Y. Carbon nanofluidics of rapid water transport for energy applications. Chem. Soc. Rev.，2014，43（2）：565.

[135] Bocquet L, Charlaix E. Nanofluidics, from bulk to interfaces. Chem. Soc. Rev., 2010, 39 (3): 1073.

[136] Guo S, Meshot E R, Kuykendall T, et al. Nanofluidic transport through isolated carbon nanotube channels: Advances, controversies, and challenges. Adv. Mater., 2015, 27 (38): 5726.

[137] Mattia D, Leese H, Lee K P. Carbon nanotube membranes: From flow enhancement to permeability. J. Membr. Sci., 2015, 475: 266.

[138] Whitby M, Cagnon L, Thanou M, et al. Enhanced fluid flow through nanoscale carbon pipes. Nano Lett., 2008, 8 (9): 2632.

[139] Qin X, Yuan Q, Zhao Y, et al. Measurement of the rate of water translocation through carbon nanotubes. Nano Lett., 2011, 11 (5): 2173.

[140] Lee C, Li Q, Kalb W, et al. Frictional characteristics of atomically thin sheets. Science, 2010, 328 (5974): 76.

[141] Prakash S, Piruska A, Gatimu E N, et al. Nanofluidics: Systems and applications. IEEE Sens. J., 2008, 8 (5): 441.

[142] Schneider G F, Kowalczyk S W, Calado V E, et al. DNA translocation through graphene nanopores. Nano Lett., 2010, 10 (8): 3163.

[143] Xiong W, Liu H, Zhou Y, et al. Superwettability-induced confined reaction toward high-performance flexible electrodes. ACS Appl. Mater. Interfaces, 2016, 8 (19): 12534.

[144] Zhang P, Zhang F, Zhao C, et al. Superspreading on immersed gel surfaces for the confined synthesis of thin polymer films. 2016, Angew. Chem. Int. Ed., 128 (11): 3679.

[145] Granick S. Motions and relaxations of confined liquids. Science, 1991, 253 (5026): 1374.

[146] Fumagalli L, Esfandiar A, Fabregas R, et al. Anomalously low dielectric constant of confined water. Science, 2018, 360 (6395): 1339.

[147] Sha M, Wu G, Liu Y, et al. Drastic phase transition in ionic liquid [Dmim][Cl] confined between graphite walls: New phase formation. J. Phys. Chem. C, 2009, 113 (11): 4618.

[148] Dixon H H, Joly J. On the ascent of sap. Ann. Bot., 1894, 8: 468.

[149] Böhm J. Capillarität und Saftsteigen. Ber. Dtsch. Bot. Ges., 1893, 11: 203.

[150] Zimmermann U, Schneider H, Wegner L H, et al. What are the driving forces for

water lifting in the xylem conduit? Physiologia Plantarum，2002，114（3）：327.
[151] McCulloh K A，Sperry J S，Adler F R. Water transport in plants obeys Murray's law. Nature，2003，421（6926）：939.
[152] Chen W，Fan Z，Pan X，et al. Effect of confinement in carbon nanotubes on the activity of Fischer-Tropsch iron catalyst. J. Am. Chem. Soc.，2008，130（29）：9414.
[153] Guan Z，Lu S，Li C. Enantioselective hydrogenation of α，β-unsaturated carboxylic acid over cinchonidine-modified Pd nanoparticles confined in carbon nanotubes. J. Catal.，2014，311：1.
[154] Gao Z，Dong M，Wang G，et al. Multiply confined nickel nanocatalysts produced by atomic layer deposition for hydrogenation reactions. Angew. Chem. Int. Ed.，2015，54（31）：9006.
[155] Ge H，Zhang B，Gu X，et al. A tandem catalyst with multiple metal oxide interfaces produced by atomic layer deposition. Angew. Chem. Int. Ed.，2016，55（25）：7081.
[156] Zhang J，Yu Z，Gao Z，et al. Porous TiO_2 nanotubes with spatially separated platinum and CoO_x cocatalysts produced by atomic layer deposition for photocatalytic hydrogen production. Angew. Chem. Int. Ed.，2017，56（3）：816.
[157] Kageyama K，Tamazawa J-i，Aida T. Extrusion polymerization：Catalyzed synthesis of crystalline linear polyethylene nanofibers within a mesoporous silica. Science，1999，285（5436）：2113.
[158] Feng K，Zhang R-Y，Wu L-Z，et al. Photooxidation of olefins under oxygen in platinum（II）complex-loaded mesoporous molecular sieves. J. Am. Chem. Soc.，2006，128（45）：14685.
[159] Trépanier M，Tavasoli A，Dalai A K，et al. Co，Ru and K loadings effects on the activity and selectivity of carbon nanotubes supported cobalt catalyst in Fischer-Tropsch synthesis. Appl. Catal. A，2009，353（2）：193.
[160] Yue H，Zhao Y，Zhao S，et al. A copper-phyllosilicate core-sheath nanoreactor for carbon-oxygen hydrogenolysis reactions. Nat. Commun.，2013，4：2339.
[161] Mu R，Fu Q，Jin L，et al. Visualizing chemical reactions confined under graphene. Angew. Chem. Int. Ed.，2012，51（20）：4856.
[162] Tung C-H，Guan J Q. Remarkable product selectivity in photosensitized oxidation of alkenes within nafion membranes. J. Am. Chem. Soc.，1998，120（46）：11874.
[163] Zhu H，Xiao C，Cheng H，et al. Magnetocaloric effects in a freestanding and flexible graphene-based superlattice synthesized with a spatially confined reaction. Nat.

Commun.，2014，5：3960.

[164] Tung C H，Wang H，Ying Y M. Photosensitized oxidation of alkenes adsorbed on pentasil zeolites. J. Am. Chem. Soc.，1998，120（21）：5179.

[165] Tung C H，Wu L Z，Yuan Z Y，et al. Zeolites as templates for preparation of large-ring compounds：Intramolecular photocycloaddition of diaryl compounds. J. Am. Chem. Soc.，1998，120（45）：11594.

[166] Chu A，Cook J，Heesom R J R，et al. Filling of carbon nanotubes with silver，gold，and gold chloride. Chem. Mater.，1996，8（12）：2751.

[167] Zhou Y，Guo W，Jiang L. Water wettability in nanoconfined environment. Sci. China：Phys.，Mech. Astron.，2013，57（5）：836.

[168] Fang J，Zhang L，Li J，et al. A general soft-enveloping strategy in the templating synthesis of mesoporous metal nanostructures. Nat. Commun.，2018，9（1）：521.

[169] Cauda V，Stassi S，Bejtka K，et al. Nanoconfinement：An effective way to enhance PVDF piezoelectric properties. ACS Appl. Mater. Interfaces，2013，5（13）：6430.

[170] Lee C W，Wei T H，Chang C W，et al. Effect of nonsolvent on the formation of polymer nanomaterials in the nanopores of anodic aluminum oxide templates. macromol. Rapid Commun.，2012，33（16）：1381.

[171] Garcia-Gutierrez M-C，Linares A，Martin-Fabiani I，et al. Understanding crystallization features of P（VDF-TrFE）copolymers under confinement to optimize ferroelectricity in nanostructures. Nanoscale，2013，5（13）：6006.

[172] Chen J，Wu D，Walter E，et al. Molecular-confinement of polysulfides within mesoscale electrodes for the practical application of lithium sulfur batteries. Nano Energy，2015，13：267.

4.5 界面水与催化

胡 钧 高 巍

4.5.1 背景介绍

（1）为什么研究水与催化？

人类社会的生存与发展有赖于对能源的有效利用和对自身生存环境的有效保护。自工业革命以来，人类对化石能源的大量开发和利用一方面加速了社会进程和对自然改造的能力，但同时也造成既有资源的快速消耗和生存环境的快速恶化。自 20 世纪 70 年代罗马俱乐部发布著名的《增长的极限》以来[1]，如何保持人类社会可持续发展就成为全球共同关注的核心问题之一。

水作为生命之源，是构成地球生物圈的最基本物质。大气中的水循环是保证生物体正常有序活动的基础；水环境、水污染和水防治是当前环境治理的首要问题；水在太阳能电池等新能源方面的广泛应用也日益受到社会的高度关注。水资源对人类社会的可持续发展至关重要。1977 年联合国召开的“水事会议”警告，水将成为石油危机后的下一个危机。1993 年 1 月 18 日，第四十七届联合国大会做出决议，将每年 3 月 22 日定为“世界节水日”。在 2002 年约翰内斯堡可持续发展世界首脑会议上，水被列为全球可持续发展的五大问题之首[2]。在 2014 年底中美达成二氧化碳减排协议中，中美双方特别指出将开辟关于能源与水相联系的新研究领域以扩大清洁能源的联合研发[3]。水+能源和水+绿色已经成为近年来大众的热门话题。

对于我国而言，巨大的人口和环境压力使得水安全问题成为保障国家安全和人民生活的关键之一。我国的人均可用水资源为 2100 立方米，为世界人均水平的四分之一，居世界第 109 位（2012 年统计）[4]。目前全国城市三分之二缺水，四分之一严重缺水。随着最近 10 年我国从农业国转变为世界上最大的工业国以及城市人口超过农村人口，巨大工业排放所产生的有毒化学品以及居民日常的生活排放使水资源压力更为沉重。习近平总书记提出“节水有限、空间均衡、系统治理、两手发力”的十六字治水方略[5]，并提出“绿水青山就是金山银山”的著名论断[6]。习近平总书记和李克强总理也多次强调防治水污染和利用清洁能源的重要作用[7]。因此如何有效地减少工业用水、降低化学品排放、有效充分利用现有水资源发展清洁能源成为研究水问题的关键。

近二十年来，随着化学能源工业的快速发展，催化反应（特别是多相催化）已经成为化学工业的核心部分。对于所有工业制成品而言，催化在 80% 的产品中都扮演着关键作用，水又是其中不可或缺的角色。水和催化的作用主要表现在以下几个方面：①水是最常见溶剂。和有机溶剂相比，对环境更友好。有机反应在水中进行不会造成环境污染。所以利用水溶性反应取代传统的有机溶剂中进行的反应更为“绿色”环保[8, 9]。②水是清洁能源。利用分解水生成氢气，是未来氢能源的主要来源[10-12]。水解过程也可以同时用来产生高价值化工产品，从而减少化石能源的开采，并降低石化（煤化）工业所造成的水污染[13]。③水参与或者协助大量重要的基本催化反应，如 CO_2 还原可用于减少温室气体排放[14-16]、水煤气反应可生成高附加值化学品[17-19]等。④利用催化反应分解水中的有机物也是当前废水处理最为常见的方法之一[20-22]。如何增加催化剂效率，有效降低二次污染是其中的关键问题。所以，如何正确认识水与催化的关系及其相互作用，对于解决上述关系国计民生的重大需求具有决定性意义。

（2）为什么研究界面水与催化？

相较体相而言，界面处于两相接触面。由于两相具有不同的化学势，所以在两相界面处具有明显的化学势能差。当分子处于界面，会受到化学势能差的驱动，从而表现出更强的反应活性。譬如有机反应经常发生在油-水界面；分解水反应则发生在固-液界面或者固-液-水界面；电化学反应发生在固-液界面；水煤气反应发生在气-固界面；去污反应发生在固-液界面，等等。

但是，长期以来受限于实验表征技术能力和计算模拟方法，人们只能精确表征超低温、高真空条件下清洁固体表面结构（包括少量吸附分子），对于表征气-液界面、液-固界面和液-液界面的手段极其有限，对于表征常温常压的气-固界面也力不从心。所以早期研究大多集中于对界面催化的宏观现象描述，对其分子层面的微观反应机制的研究极其缺乏。

自 20 世纪 90 年代以来，随着和频光谱（SFG）[23]、环境透射电子显微镜（ETEM）[24]、近常压 X 射线光电子能谱（AP-XPS）[25, 26]、近常压隧道扫描显微镜（AP-STM）[25, 26]等技术的快速发展，特别是伴随着基于同步辐射技术的 X 射线表征技术和中子散射技术的加入，人们在技术上开始能够捕捉精细复杂的界面信号。同时，随着密度泛函方法（DFT）的广泛使用和超级计算机的出现，人们已经能够结合实验和理论对界面结构进行原子级的表征。进入 21 世纪，原位技术得到了空前的提高，使得人们可以在反应环境条件下实时观察和采集催化剂的界面信息（催化剂的分子结构、活性位点、反应物吸附位、吸附分子结构等），从而将界面结构的动态变化和催化反应的分子机制连接起来，为改进和设计更为高效的催化系统提供指导。

4.5.2 研究现状

1. 研究对象

1）油-水界面

自 1980 年代开始，人们发现某些有机反应，如狄尔斯-阿尔德反应（Diels-Alder reaction）[27,28]，在水溶液中能同时获得更高的反应速率和出色的选择性。2005 年，Karl Barry Sharpless（2001 年诺贝尔化学奖得主，美国）课题组发现部分有机反应以乳浊液形式在水中反应比在有机溶剂中反应速率和产率有大幅提升（可高达数百倍）[29]。他们称之为“水上”催化（“on water” catalysis）。2006 年，日本东北大学的 Yujiro Hayashi 教授提出了“in-the-presence-of-water reaction”的概念，指出碳链增长的有机反应可在水中获得更好的构象选择性[30]。在之后 10 多年间，一系列的有机反应被发现在油-水界面能够取得更好的效果，包括了克莱森重排（Claisen rearrangement）[31]、环加成反应（cycloaddition）[32]、亲核取代反应（Ene reaction）[33,34]等。

但正如美国 Scripps 研究所 Donna Blackmond 博士所指出的，上述有机反应仍然以有机溶剂为主，水的比例不高，并不能真正起到环境友好的作用[35]。如何提高水的比例并同时降低有机溶剂的用量，需要我们从分子层次来理解油-水界面的催化反应机制。尽管近年来理论上提出了多种可能的反应机制，如疏水性效应[36]、结合能模型[37]、氢键网络模型[38]等，但由于缺乏直接的实验证据，目前大多处于猜想阶段。另一方面，基于第一性原理的量子计算和分子动力学模拟只能对油-水界面反应中心进行小尺度模拟，并不能够反映油-水柔性界面结构的动态变化对反应的影响。所以，如何在实验上发展新方法对油-水界面的分子结构进行实时、原位、定量的表征以及建立新的理论模型框架进行模拟验证成为解决该问题的关键因素。

2）气-固界面

水汽参与了大量的基础化学反应，包括水气变换反应、水分解反应、蒸汽重整反应、氢化反应等，在能源化学中占据着重要位置。在过去的半个多世纪里，尽管人们利用多种实验表征手段和理论模拟方法，对水分子在不同催化剂表面的吸附形态、结构及反应机制进行了广泛细致的研究，从而试图进一步理解相关催化反应中水的作用和分子机制。但由于研究手段和实验体系的复杂性，该领域仍然有着很多悬而未决的基本问题：如水分子在表面的吸附位置和吸附强弱？气-固界面的水分子是分子吸附还是解离吸附？水分子在气-固界面是否形成特定的局域吸附结构？吸附的水分子是否会对界面结构成分有影响？这些问题的最终答案对催化剂的设计和优化起到关键作用。

（1）水汽-金属界面。

贵金属是最为常见并且被广泛商业化应用的催化材料，也是基础研究的热点课题。早期研究认为，水分子和贵金属表面的作用较弱，所以贵金属表面具有一定的疏水性。但随着隧道扫描显微镜和振动光谱发展，大量实验结果显示，贵金属表面有可能吸附水分子，形成一些特定的水结构，从而有可能改变其表面的亲疏水性和反应活性。这些结构包括：①水团簇（0 维）。如 Michaelides 和 Morgenstern 报道了银、铜等金属表面的环状六水团簇结构[39]。Pt（111）表面被观察到两个水分子的特征排布结构[40]。②水链（1 维）。如在 Cu（110）表面，Kumagai 等和 Carrasco 等分别观察到由六元环构成的一维水链结构[41, 42]。Maier 等报道了 Ru（0001）表面的水链结构[43]。③单层水（2 维）。上述的水分子团簇和水链一般出现在低温实验中，并随着团簇尺寸的增大稳定性逐渐增加并表现出丰富的氢键网络结构。如 Nie 等通过 STM 和理论模拟报道了 Pt（111）具有 6-5-7 环状水层结构[44]，并且和 X 射线吸收谱（XAS）以及反射吸收红外谱（RAIRS）的实验数据相吻合[45, 46]。近年来的分子动力学模拟发现，在一些金属表面（如 Pd（100）、Pt（100）、Al（100））在常温下能够形成亲金属表面但疏水的单层水，并有可能在其上形成稳定的液滴[47-49]。

有趣的是，最新的量子计算和实验结果表明，贵金属表面的水分子在更多时候可能以解离形式存在[50-53]，从而形成羟基/水分子的混合结构。这些表面羟基的存在能够影响反应分子的在贵金属表面的吸附位点的位置、概率和强度，并进一步影响其反应路径和反应势垒，从而为理解贵金属表面的水结构在催化反应中的作用带来更多的可能性。

（2）水汽-氧化物界面。

氧化物是地壳岩石的基本组成物质，也是最为常用的催化材料之一。水汽-氧化物界面性质对于光催化、电催化、涂料稳定性、腐蚀等化学过程起着决定性的影响。在日常生活和工业使用中，空气中的水蒸气通常会在金属氧化物表面形成一层或多层水膜。水分子的吸附结构、解离与否、氢键网络与金属氧化物的种类、性质、厚度之间的关系成为理解和调控水汽-氧化物界面的关键因素。

水-二氧化钛是研究最多的体系之一，也是光催化的核心部分。二氧化钛具有三种晶型：金红石（rutile）、锐钛矿（anatase）、板钛矿（brookite），其中金红石（110）面稳定性最高。有趣的是，尽管实验和理论都证实了水分子会在二氧化钛表面的氧缺陷处解离吸附[54, 55]，但对于无缺陷表面上的水分子吸附形式目前仍是一个激烈的争论话题[56]。不同的表面预处理过程、表征手段、实验条件、晶型晶面以及表面水分子覆盖度都会得到完全不同的结果。如早期的 UPS、光发射实验和一系列理论模拟表明水分子在金红石（110）表面倾向于解离吸附[57-60]，但随后的 HREELS 和 TPD 结果显示解离的水分子在低覆盖度下稳定，非解离的水分子在高覆盖度下稳定且不会自发解离[61, 62]；STM 结果显示水分子在低温下稳定，在 290K 时形成解离吸附[63]。Waller 等利用 XPS 实验结果提出 400K～550K 时无缺陷金红石（110）表面上存在 H_2O-OH 的混合结构[64]。近年来，锐钛矿（101）面在纳米颗粒中的特殊稳定性引起研究者的广泛兴趣。如 Diebold 课题组 2003 年通过 TPD 和 X 射线光电子能谱推测水在锐钛矿（101）表面上为非解离的分子吸附[65]，并在 2009 年使用 STM 观察到完整表面形成水分子（2*2）局域超结构[66]。

除此以外，其他氧化物表面的水分子结构也被大量研究，如云母（mica）、氧化镁（MgO）、氧化铝（Al_2O_3）、赤铁矿（hematite）等。大量实验和理论模拟表明，在不同温度和湿度条件下，这些氧化物表明的水分子呈现出不同的吸附形态，从而会直接影响乃至改变表面的亲疏水性和催化活性[67-70]。

值得注意的是，近年来快速发展的原位表征技术发现水汽环境能够改变固体界面结构，并进而影响其物理和化学性质。如丹麦 Topsøe 公司 2002 年在 *Science* 杂志上首次报道了利用环境透射电子显微镜（ETEM）技术观察到水汽环境中铜纳米颗粒（ZnO 基底）形貌的可逆变化，对于甲醇合成反应的分子机制提供了一种全新的理解[71]。复旦大学的刘韡韬教授和沈元壤教授利用原位和频声子谱技术观察到水汽能够增加锐钛矿表面氧缺陷的稳定性[72]，从而有利于氧缺陷从体相向表面的迁移并促使水分子解离[73]。但是，由于原位表征的困难和汽-固界面的复杂性，目前该领域存在一系列急待解决的基本问题：①水汽环境是否可能改变纳米催化剂的表面组分（偏析）、晶格结构（相变）、界面结构，乃至其他更为复杂的结构变化？②如果有上述变化存在，又会如何影响界面水的吸附状态及氢键网络结构？③催化剂界面的结构变化及引起的界面水结构状态变化与催化剂性能如何关联？④是否能够通过控制环境（如湿度、温度等外界条件）来调控催化剂性能？

3）气-液（薄层水）-固界面

薄层水同时具有气-液和液-固两个界面，表现出复杂的结构和物理化学特性。以金属表面为例，早在 1980 年代，Doering 和 Madey 根据 LEED 结构提出 Ru（011）表面具有有序的“类冰”双层水结构[74]，并很快被推广到其他面心立方对称性的金属[75]，如 Pt（111）面、Cu（110）面等[76, 77]。2002 年，Feibelman 首次观察到完整 Ru（0001）面上存在部分解离的水分子[78]。自此，双层水模型开始逐渐受到质疑。目前一般认为，金属界面水层是由金属表面 OH（解离水）和水分子形成的复杂结构。真正的“类冰”双层水（图 4.5.1（a），OH 的 H 朝上）结构至今未见实验报道，但可以通过取代表面原子增强水-表面作用形成 H 朝下的双层水结构（图 4.5.1（b））。

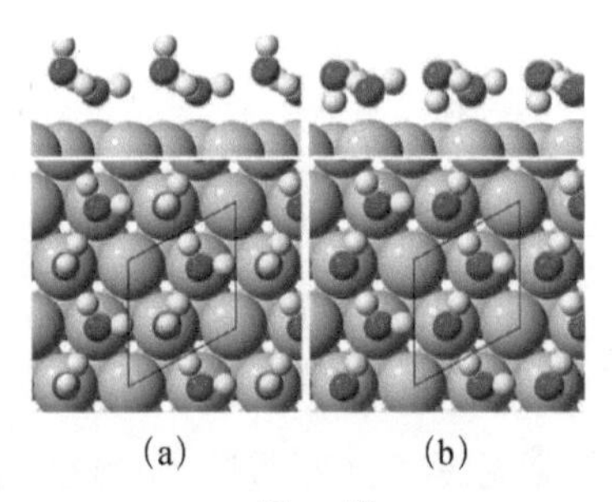

图 4.5.1　密堆积表面上的（$\sqrt{3}\times\sqrt{3}$）R30°双层“类冰”结构[76]

（a）非配位的氢原子向上；（b）非配位的氢原子向下

氧化物界面水结构更为复杂。氧化物表面水分子是否解离、半解离或者不解离，即使是 TiO_2 至今也没有完全确定的答案。另一方面，水层厚度对界面水分子结构有影响。但如何影响，目前仍然所知甚少。一般通过控制相对湿度，来调整表面水的覆盖层数（图 4.5.2（a））[68, 69]；然后利用 FTIR 等光谱手段来测量 OH 的振动变化（图 4.5.2（b））[79]，并结合理论模拟来推测界面水分子的结构。

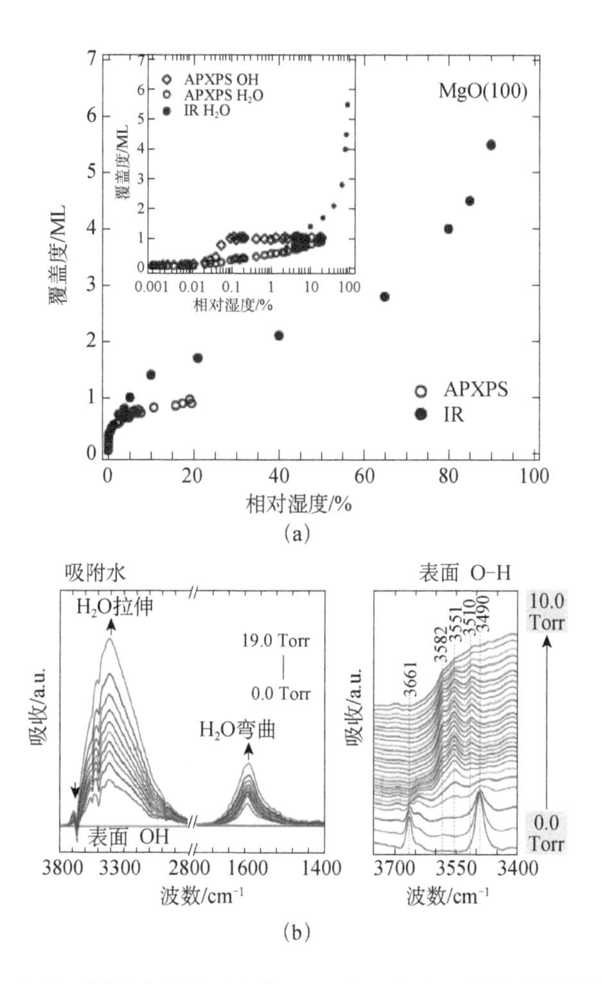

图 4.5.2 （a）不同空气湿度对应的 MgO（100）表面水层覆盖度[80]；（b）表面水分子的振动吸收光谱[79]

界面水分子解离与否，与氧化物薄膜的厚度和表面水层覆盖度都密切相关。根据密度泛函计算，不同水层覆盖度和 TiO_2 厚度对应的表层水分子解离稳定性不同（图 4.5.3（a）～（d））[81]。3 层 TiO_2 表面，非解离水分子的稳定性大于解离水分子的稳定性；随着 TiO_2 表面层数增加，水分子解离状态的稳定性逐渐增加，并大于非解离水分子的稳定性。另一方面，对于 0.5 单层水的解离吸附比完全单层水的解离吸附更加稳定。同时，从头算分子动力学模拟显示四层 TiO_2（110）基底上的水分子不解离，预先放置解离的水分子也会复合，如图 4.5.3（e）～（f）所示；而三层 TiO_2（110）基底上水分子则很容易解离（图 4.5.3（g））[82]。

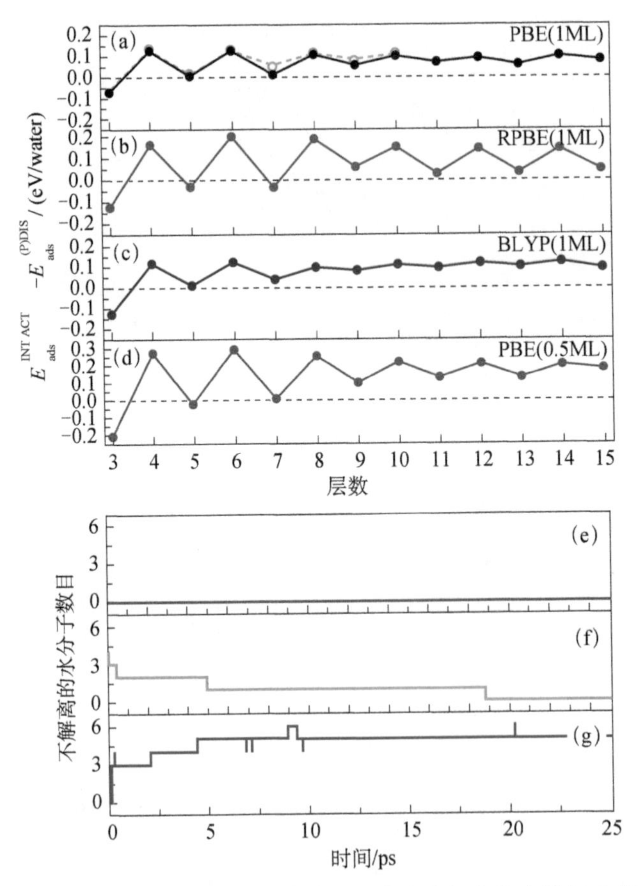

图 4.5.3　不同厚度的 TiO_2 基底上水分子解离和非解离状态的相对稳定性的密度泛函计算结果[81]

（a）PBE（单层水）；（b）RPBE（单层水）；（c）BLYP（单层水）；（d）PBE（0.5 层水）。不同厚度的 TiO_2 基底上解离水分子的数目[82]：（e）四层 TiO_2 基底上，初始不解离的水分子一直保持不解离；（f）四层 TiO_2 基底上，初始 8 个水分子中有 4 个解离的水分子，随时间逐渐复合；（g）三层 TiO_2 基底上，初始解离的水分子逐渐解离

更为复杂的是，固-液界面通常都附着有各种杂质（如溶液中自身带有的杂质、电解质溶液中离子吸附、固体表面杂质原子等），从而改变界面水的结构、朝向、氢键网络、解离程度。尽管目前通过 X 射线光电子能谱（XPS）、X 射线吸收精细结构谱（EXAFS）、表面和频光谱（SFG）、太赫兹光谱（THz）等技术可以得到固体表面的元素分布和价态、液体分子的吸附状态、固-液和气-液界面水分子取向（图 4.5.4）[83]等信息，但这些表征手段

只能给出界面分子的统计行为和平均信息，如何对固-液界面进行原子尺度的原位实时表征和模拟，并最终理解固-液界面的水结构及在界面催化中的作用，目前仍是巨大的挑战。

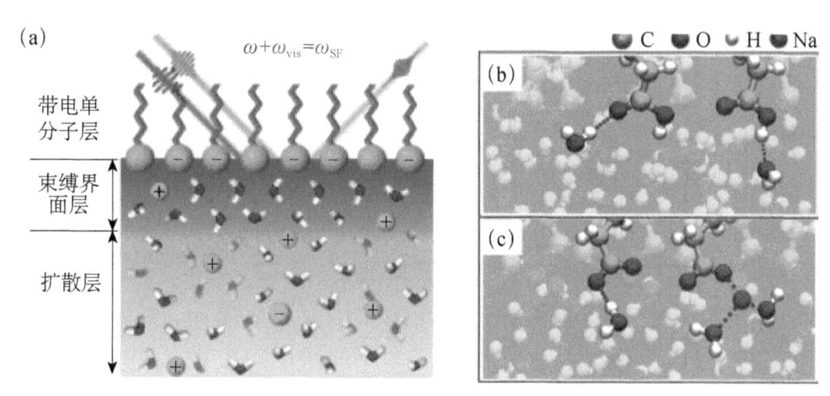

图 4.5.4 固-液界面的水分子构型和频光谱表征（a）与量子模拟（b），（c）[83]

气-液（薄层水）-固界面有大量基本问题有待解决：①薄层水同时有固-液和气-液两个界面。上下两个界面的水层之间是否相互有影响？影响范围有多大？对界面水的结构、氢键网络、吸附状态等性质如何影响？②固体表面经常有杂质，如—OH、有机物、盐等。其对薄层水结构的影响如何目前也所知甚少。③反应物分子在薄层水中分布，以及界面水结构对反应物分子吸附、生成物分子脱附、反应机理及路径的影响。这部分研究基本空白。

4）固-液界面

固-液界面几乎覆盖了所有光催化和电催化体系，电极（催化剂）表面水结构是电催化和多相催化的核心问题之一，在最近半个多世纪的研究中一直占据着热点话题。早在 20 世纪 60～70 年代，人们在双电层模型基础上，通过电极表面水分子的静态偶极取向，发展了一系列模型来描述界面水层的极化分布[84-86]，但是当时通过实验取得界面水分子结构取向的直接证据还非常困难。到 20 世纪 80 年代初，原位红外反射吸收谱（in-situ IRAS）开始被用于研究金属电极（Au、Pt 等）在电化学调制过程中界面水的结构变化[87-89]。Bewick 等在 0.1 摩尔 $HClO_4$ 溶液和多晶金电极表面观察到 OH 的特征振动峰（3580cm^{-1}），并将此归结为吸附在电极表面的双分子水。随后，各种原位红外表征技术被广泛应用于界面水研究，如傅里叶变换红外反射吸收谱（FT-

IRAS）[90]、表面增强红外反射吸收谱（SEIRAS）等[91]。另一方面，沈元壤教授在 20 世纪 80 年代末提出了振动和频光谱技术。该技术能够精确测量固-液和气-液表层分子取向和构型，被迅速运用于界面水分子结构的研究，目前已成为研究电极界面水结构的关键技术[92, 93]。自 2000 年以后，基于表面增强的等离子增强拉曼技术（SERS）开始被广泛应用到界面表征和小分子探测[94]，并发展出了针尖增强拉曼光谱（TERS）[95-98]、壳层分离纳米颗粒增强拉曼光谱（SHINERS）[99]等全新的表征方法。最近，Shpigel 等发展了原位流动光谱技术专门用于研究电极的界面水和材料结构[100]。需要指出的是，表面光谱技术得到的是界面水层内分子的平均构型和性质，想要直接获得表面特定局域位置的水分子构型仍具挑战。

固-液界面的首要问题是确定界面的作用范围。简而言之，就是需要首先确定固-液界面的厚度，这直接决定多厚的水层可以被认为是界面水，因为其与体相水不同的迁移率、介电常数、水分子取向等物化性质和界面催化密切相关。同时，由于反应分子也必须越过界面水层到达催化界面，所以界面水层的氢键结构也对催化效率有重大影响。图 4.5.5 给出了典型的固-液界面水分子的密度分布[101]。基于扫描隧道显微镜[102]、原子力显微镜[103]、中子散射[104]、X 射线散射[105]等一系列实验显示固-液界面水的厚度一般在几个原子层，主要取决于材料本身性质和界面结构。

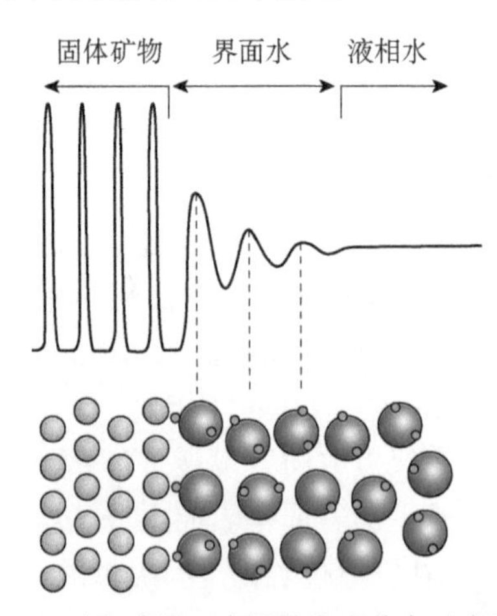

图 4.5.5　固-液界面水层的密度分布示意图[101]

水分子及氢键结构是固-液界面的基本性质，与催化反应密切相关。大量的实验研究表明，水分子解离与否及多少取决于金属种类、表面结构、外界环境（如空气湿度、pH 值、外加电压）等多种因素。以 Cu 表面为例，在空气相对湿度 5%的情况下，相对活泼的 Cu（110）面上覆盖的是羟基/水分子的复合界面水层，而相对稳定的 Cu（111）面上则没有吸附的水分子和羟基[106, 107]。这是因为水分子在 Cu（111）面上分解能垒较高，导致其很难在常温下生成表面羟基并稳定表面水层。最近的 X 射线吸收谱表明，在金电极表面施加不同的偏压会导致界面水分子的解离程度和构型取向发生显著的变化[108]。同时，根据微观动力学模型及相关实验数据发现，界面催化反应过程中，催化剂表面的羟基和多余电子可能存在一些寿命较长的中间态，从而影响整个催化反应进程[109, 110]。

目前，基于原子尺度的固-液界面实空间成像在技术上仍然是一个巨大的挑战。现有的实验表征主要集中在基于激光、X 射线和中子的光谱技术，并通过基于第一性原理或者分子力场的结构优化和动力学模拟，来得到界面的分子结构及相关动力学信息。所以如何准确得到界面信息完全取决于理论方法的精确程度，以及理论模拟所能达到的时间尺度。对于固-液界面体系，要准确地模拟水分子和材料表面的相互作用以及水分子之间的氢键网络，必须进行高精度的量子计算。量子计算需要消耗大量的计算资源，所能计算体系大小不超过 500 个原子，第一性原理动力学的模拟时间不超过 1 纳秒，与真实体系相比在空间和时间上至少有 6～9 个数量级的差距。所以如何发展高效的模拟方法和计算工具是当前理论研究的瓶颈。

2. 研究方法

界面多相催化在过去 100 多年的发展历程中，从 20 世纪初的宏观实验现象及其总结和发展出来的经验性唯象理论，逐步发展到 20 世纪中叶开始的基于激光、X 射线和中子等技术发展出来的 PES、LEED、XPS、XAS、INS、STM、AFM、TEM 等能够在原子尺度精细表征界面材料自身结构及吸附物种状态和性质的实验方法，乃至到 21 世纪开始兴起的基于原位（in situ）、实时（real time）、常压（ambient pressure）等能够更为真实地表征催化反应过程中界面结构、活性位点及催化物种实时变化的表征手段。具体来说，当前原位实验表征方法主要分为以下几类（表 4.5.1）：

（1）以红外/紫外/THz 为代表的光谱技术。

这类光谱主要用来分辨和表征界面吸附分子种类、结构和位置等。如可以分辨水分子是否解离？表面吸附位点在顶位、桥位、还是空位？特别是随着原位技术的发展，原位红外已被广泛应用在表征实际反应中的反应物、中间产物及生成物的反应活性位点的确认。同时，近年来和频光谱技术可以用来表征固-液界面和气-液界面的水分子指向，并可以进一步推断对应的氢键网络结构及表面缺陷位置等信息。这类光谱具有信号灵敏、时间分辨率高等特点，通过超快技术甚至可以得到飞秒-阿秒的信息，从而可以准确地捕捉电子激发、迁移、复合过程。但是光谱技术得到的是界面分子的平均结构信息（几何结构和电子结构），而不能得到原子尺度的局域结构信息。另外光谱表征必须借助于理论模拟，但是经常会出现一张光谱可能对应多个理论模拟结果的情况，所以如何准确解析光谱也成为目前的一个重要课题。

（2）原子显微技术。

原子显微技术是能够直接“看”到界面原子结构及吸附种类的实验表征手段。相比光谱而言，原子显微成像所需时间较长，一般需要秒乃至更长的时间。尽管目前已有技术可依靠高速相机进行亚秒到毫秒级成像，但快速成像会同时降低像片的解析度。如何同时提高时间分辨和空间分辨在技术上是一个巨大的挑战。

另一方面，环境因素对原子显微的成像精度会造成很大影响。传统的显微成像多在低温高真空下进行，以保证图像不受到外界因素的影响。而实际催化环境覆盖了不同的温度和压力（从常温常压到高温高压），如何表征真实环境中的催化界面行为对原子显微技术提出了更高的要求。如高温可能扰动 STM 和 AFM 的探测头、气氛环境会降低相机图像的解析度、溶液分子易被电子束还原造成观察假象等。所以现在能够进行原子级表征的原位显微技术多在低压的气-固表面进行。如何实现液-固界面和高压下气-固界面的原子级显微技术表征，目前仍是非常挑战性的课题。

（3）基于 X 射线和中子源的原位表征技术。

X 射线波长较一般光谱短，能量更高，能够精确表征表面的晶格结构，也可以辨认界面吸附分子的种类和价态。近年来，随着同步辐射技术的加入，其光强更强，信号更清晰，可以看到很多用其他方法无法得到的信息，从而越来越受到人们的关注。如美国劳伦斯国家实验室的 Millot 和 Coppari 等利用纳秒 X 射线散射技术研究了高温高压下水-冰相变过程[111]。美国马里兰大学的王春生等利用 X 射线反射谱和 X 射线吸收谱研究了在溶液锂离子电池中的阴离子和石墨电极相互作用与电池性能之间的内在联系[112]。目前科学家们倾向于在原位装置中将多种 X 射线表征技术结合，从而可以同时得到界面元素分布、界面结构变化、吸附物种等含时演变的重要信息，为捕捉催化反应过程中界面中间结构和瞬时反应中间体提供了重要手段。

根据波粒二象性，中子也和 X 射线一样，产生衍射和散射光谱。来自反应堆的热中子能量一般在 0.1～0.0001eV，对应波长在 0.03～3nm 之间，而一般晶体的晶格间距在纳米尺度，所以中子波长和晶格间距在同一数量级。中子成为研究物质结构的重要手段之一。由于中子不和原子中的电子作用，而只和原子核作用，所以散射强度不会随着原子序数的增加而增强，这就给利用中子进行轻元素的定位，特别是氢原子的定位提供了有利条件，而这正好是 X 射线很难做到的[113]。近年来，中子衍射和中子散射几乎成为研究水分子的结构和动力学行为的必备手段[114]。如美国橡树岭国家实验室的 Tulk 等利用中子散射发现水的动力学行为对高压下的冰-冰相变路径的重要作用[115]。美国标准计量局的 White 和 Swartz 等利用中子散射、固态核磁共振，并结合分子动力学研究了双层膜蛋白的结合水层结构[116]。

表 4.5.1 常见的原位表征技术方法及其在界面水催化方面的应用

技术分类	红外/紫外/THz 光谱	原子显微	X 射线和中子
表征体系	界面水结构	界面水结构和催化剂表面结构	催化剂界面结构
常用技术	红外反射吸收谱（IRS）	隧道扫描显微镜（STM）	X 射线衍射（XRD）
	傅里叶变换红外反射吸收谱（FT-IRAS）	原子力显微镜（AFM）	X 射线吸收谱（XAS）
	表面增强红外反射吸收谱（SEIRAS）	非接触的原子力显微镜（nc-AFM）	扩展 X 射线精细结构谱（EXAFS）
	振动和频光谱（VSFS）	环境透射电子显微镜（ETEM）	X 射线光电子能谱（XPS）
	表面等离子共振-振动和频光谱（SPR-VSFS）	液体池透射电子显微镜（liquid-cell TEM）	近常压 X 射线光电子能谱（ambient-pressure XPS）
	流动光谱（HDS）	扫描透射电子显微镜（STEM）	非弹性中子散射谱（INS）
	太赫兹 （THz）	冷冻扫描电子显微镜（Cryo-SEM）	中子衍射
	光电子能谱（PES）	……	……
	……		
优点	通过光谱可以推断水（液态和气态）-催化剂界面的水分子（电解质分子、离子、表面分子）平均构型	直接得到实空间界面水（液态和气态）的水分子（电解质分子、离子、表面分子）结构；直接得到实空间催化剂表面形貌、结构、元素分布	催化剂表面形貌、结构、元素分布等信息
缺点	不能进行实空间分辨；无法表征单个分子；不能得到局域信息；不能准确表征催化剂表面信息	时间分辨较低；空间分辨受环境影响大；固-液界面的原位表征不能达到原子精度	非基于同步辐射技术的空间分辨率较低；基于同步辐射和散裂中子源技术的成本高、机时少、能够处理的体系有限

3. 关键催化体系

1）光催化

光催化是解决可再生能源短缺和环境污染的重要手段之一，其中利用太阳能和光催化剂直接分解水生成氢气和氧气，则是光催化的核心。氢气和氧气一方面可直接用于燃料电池原料从而产生电能，另一方面也可被广泛用于氢化和氧化反应生成大量的高价值化学品[117-119]。

光解水的原理如图 4.5.6 所示，即光催化剂（通常为半导体）吸收太阳光后，从价带激发电子到导带，并留下空穴。一方面，空穴迁移到界面通过氧化水生成质子和氧气；同时，电子迁移到界面后还原质子生成氢气。化学反应方程式如下：

$$4H^{+} + 2H_2O \longrightarrow O_2 + 4H^{+} \quad \text{（水氧化半反应）} \tag{1}$$

$$2e^{-} + 2H^{+} \longrightarrow H_2 \text{（质子还原半反应）} \tag{2}$$

总的反应方程式为

$$H_2O \longrightarrow H_2 + 1/2\ O_2,\ \Delta G^0 = 273.13\ \text{KJ/mol} \tag{3}$$

由于$\Delta G^0 > 0$，所以从热力学上来看，水解反应不能自发发生，必须由外界输入能量。

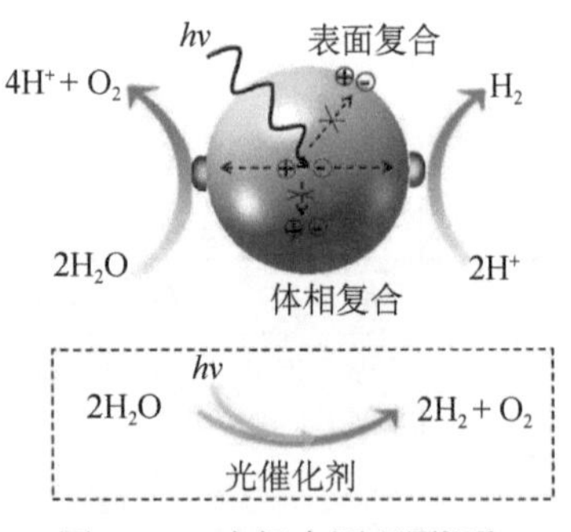

图 4.5.6 光解水原理图[117]

目前常见的光催化分解水路径有两条：①一步激发法，即使用单一光催化剂，见图 4.5.7（a）；②两步激发法（即 Z-scheme 机制），采用的是产氢光催化剂、氧化还原介质、产氧光催化剂的复合材料，见图 4.5.7（b）。当入射光子能量大于或等于半导体光催化剂的能量，半导体价带（VB）电子受激跃迁到导带（CB），同时在价带上留下空穴。当半导体导带底（CBM）能级高于 H^+/H_2 还原电位，则导带电子可以还原 H^+生成 H_2；同样，当半导体价带顶

（VBM）能级低于 H_2O/O_2 的氧化电位，则价带空穴可以氧化 H_2O 生成 O_2。对于一步激发法而言，光催化剂的最小能隙为 1.23eV，且必须覆盖水分子的氧化还原电位。对于两步激发法来说，其要求组成一个还原电位高于 E（H^+/H_2）的产氢催化剂+氧化还原介质+一个氧化电位低于 E（H_2O/O_2）的产氧催化剂。

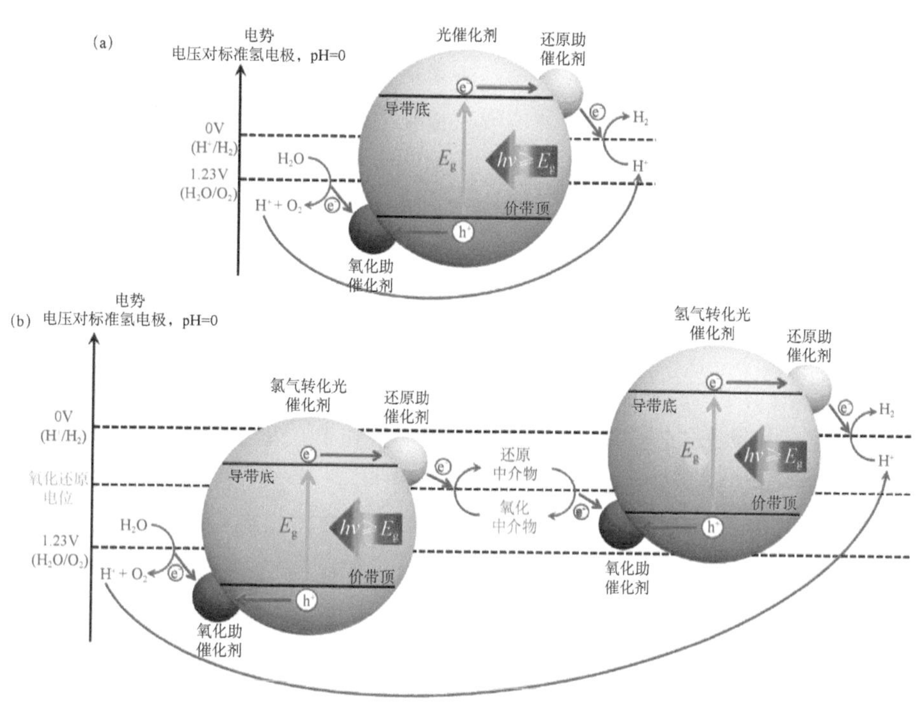

图 4.5.7　光催化分解水路径图

（a）一步催化法；（b）两步催化法（Z-scheme 机制）[120]

在光催化过程中，催化剂吸收光子生成空穴和电子的数目以及空穴和电子迁移到界面的速率直接决定了催化效率。同时，由于空穴和电子可以在催化剂体相（volume recombination）或者表面复合（surface recombination），所以必须在催化剂表面有大量高效的活性位点来加速催化反应进行，以避免降低催化效率[117]。

由于常见的半导体材料带隙过大，吸收光范围多在紫外区域。而紫外光（波长小于 400nm）只占太阳光的 4%，即使量子产率为 100%，其太阳能到氢能的转换效率最多只有 3.3%，远低于实际使用的要求。而可见光（波长在 400～800nm）在太阳光占比高达 42%，如何充分吸收可见光进行光催化，是目前研究的重点。

近年来，模拟自然界光合作用的两步催化法（Z 型光催化剂）成为光解水研究的热点之一。在自然界中，植物利用光系统 I（PSI）和光系统 II（PSII）分别吸收波长小于 700nm 和 680nm 的可见光。PSI 产生的电子将二氧化碳还原，PSII 产生的空穴氧化水分子生成氧气。Z 型光催化剂中的产氢催化剂相当于 PSI，产氧催化剂相当于 PSII。

在实际应用中，人们采用多种方法来提高催化效率。如利用掺杂调节半导体的带隙，使其能够最大限度地吸收可见光[120, 121]；调节纳米粒子的尺寸和形貌，以增大其表体比并提高反应活性[122]；或制成特殊的纳米网格负载结构，在增大表体比的同时有利于掺杂光敏催化剂的分散并压低电子-空穴对的复合[123, 124]。在这些研究过程中，尽管人们可以通过 TEM 等原子显微成像技术结合实验反应速率及理论模拟来推测光催化反应机制（图 4.5.8），但是仍然缺少在反应过程中对催化剂表面的实时原位的原子尺度表征。更重要的是，由于目前的实验手段很难直接捕捉界面吸附分子的结构，特别是界面水分子的静态及动态结构表征，所以现有的反应机制仍处于猜测阶段，并没有直接可靠的实验证据加以证实。

除了光解水以外，利用太阳光进行污水处理也是光催化的重要应用方向。对于饮用水中常见的无机和有机污染物（如硝酸根/亚硝酸根离子、溴酸盐、氯酸盐、氰化物、VOC 等），使用光催化还原自 1930 年代开始就进行了广泛研究，目前主要采用负载贵金属（如 Pt，Pd，Ag 等）的光敏催化剂（如 TiO_2 等金属氧化物），如图 4.5.9 所示。但该类材料具有以下缺点：①能带带隙通常位于紫外区域，导致整体吸收光效率不高；②金属氧化物活性位多为亲水位点，不吸附疏水的有机物分子；③催化剂容易聚集，不利于活性位点的暴露和对入射光的吸收；④催化剂多为粉末状，不利于回收。为了克服上述问题，人们采取了一系列方法，譬如通过掺杂其他元素[126-128]或把其他窄带半导体和金属氧化物做成复合材料[129, 130]等用于调节带隙并增加量子效率。也有把金属氧化物掺入碳纳米管和石墨烯[131, 132]或者对其进行修饰[133, 134]等以提高催化剂活性。但是，这些材料在实际应用中受到 pH 值、温度、催化剂浓度、污染物种类及浓度等多种因素影响，要找到能够在紫外-可见-红外区都可用且能有效处理不同水质中各类污染物的光催化剂仍具挑战。

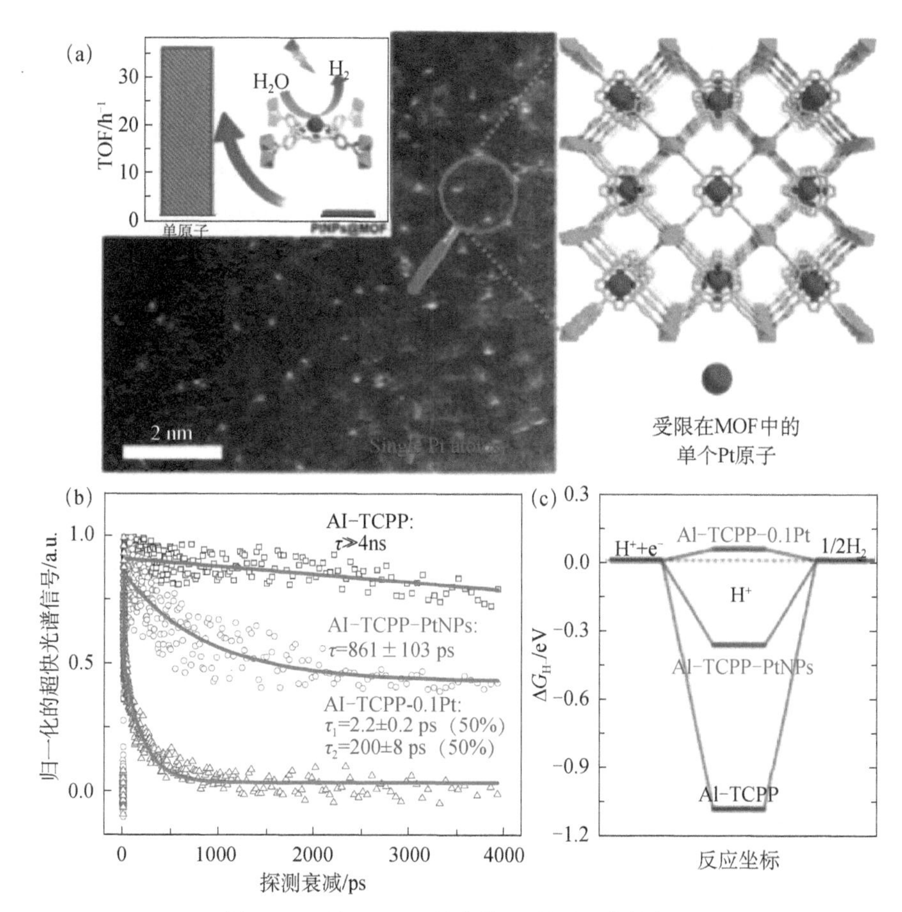

图 4.5.8 基于 MOF 结构的 Pt 单原子共催化剂

（a）TEM 表征；（b）超快瞬时吸收；（c）理论结构图[125]

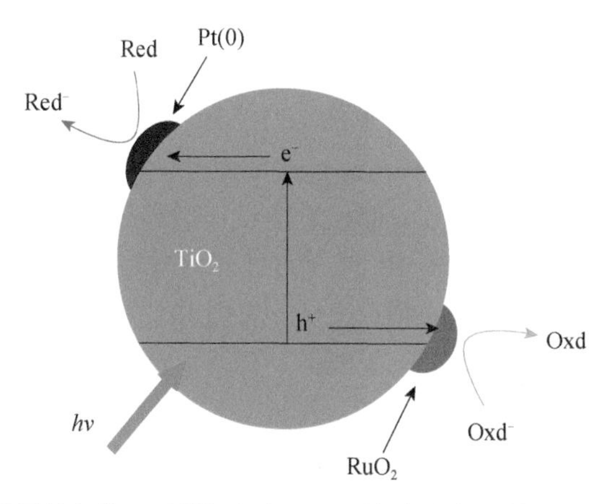

图 4.5.9 目前常用的负载 Pt（阴极）和 RuO_2（阳极）的光催化剂（常用 TiO_2）[126]

由于常用半导体材料（如 GaP、CdTe、Si、GaAs、LnP 等）的水-固界面反应速率很低，需要很高的过电位；而金属氧化物的能隙过大，不能有效地吸收可见光。人们近年来发展了一系列新型的光催化复合材料。包括：①低维材料[135]，如 MoS_2 等硫化物半导体、无机钙钛矿材料、纳米管-二维材料复合物[136]等；②生物酶及人工酶，如 PSII[137]、无机/生物复合材料[138-140]等；③多孔复合材料，如 MOF[141, 142]、COF[143]、金属有机海绵[144]等。但是，如何调控材料的能隙到可见光范围、提高材料自身的热稳定性和化学稳定性、提高水-固界面的催化反应速率仍然是目前急待解决的问题。

2）电催化

电催化是水解制氢的重要工业方法之一，但电解水制氢方法实际上只占了总制氢方法的 4%，其原因为该制备方法涉及了极大的电能消耗，成本远远高于其他制备方法，所以在应用上受到极大限制。基于电解水技术的制氢方法是一种间接利用可持续能源的方法，即首先将可持续能源转换为电能，然后再将电能用于电解水制备氢气。该种方法：①能够有效利用可持续能源，特别是太阳能、风能等间歇性能源（直接转换效率过低，很难满足现今对氢能的大规模需求），可以将其转化为能够持续、稳定输出的氢能；②能够制备出纯度极高的氢气，可以直接在燃料电池中使用，不需要进一步提纯；③具有完全清洁的制备路线，无任何有害副产物生成。实际上，电解水制氢反应其实就是燃料电池反应的逆过程，将这两个过程组合在一起就是一个完整的氢能经济循环路线。

水的电化学分解反应首次发现于 1789 年，并且在 20 世纪初开始规模化的工业制氢。电催化水分解反应（$2H_2O \longrightarrow 2H_2+O_2$）是由分别发生在电解池阴极和阳极的析氢反应（酸性：$2H^++2e^- \longrightarrow H_2$；碱性：$2H_2O+2e^- \longrightarrow H_2+2OH^-$）和析氧反应（酸性：$2H_2O \longrightarrow O_2+4H^++4e^-$；碱性：$2OH^- \longrightarrow O_2+H_2O+2e^-$）两个半反应所构成，两部分通过外电路连接成完整的回路（图 4.5.10）。

目前，电催化水分解产氢中催化性能最好的是铂基催化剂，而最好的产氧催化剂则是铱及钌基催化剂[145]。尽管它们具有较高的催化活性，但是其组成都含有贵金属且在地球上的储量极低，并且相应价格昂贵。也就是说，贵金属催化剂的引入虽然降低了电能消耗、提高了能量转换效率，但与此同时在另一方面增加了电解水技术成本，并且低丰度的贵金属催化剂同样限制了电解水技术的可持续发展。因此，目前电解水技术的一个关键方向是发展高活性的、廉价的非贵金属催化材料，进一步利用这些新型材料来降低两个半

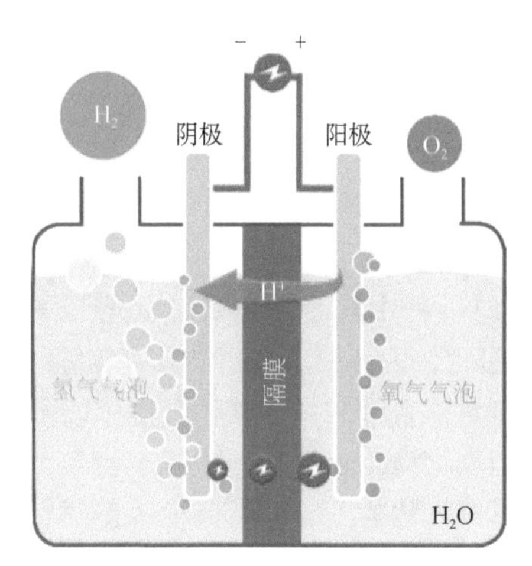

图 4.5.10　电解池示意图

反应的反应能垒，使水分解反应能量转化效率在最大化的同时真正地降低整体技术成本，进而使其得到广泛、可持续的发展。

电解水催化剂一般可以分为均相催化剂和非均相催化剂，均相催化剂由于制备方法复杂，工业化要求高，与实际应用存在一定的差距。非均相催化剂在反应中被广泛应用，其中以固态催化材料为主，其既可以是粉末形式，修饰在相应的电极表面上进行催化反应；也可以本身作为自支撑材料，同时充当电极与催化材料参与催化反应。但无论何种存在形式，电解水催化材料的基本催化机理都是利用催化材料表面有效吸附反应物物种，通过改变表面反应活化能垒加速反应动力学的发生，进而促进电极和反应物之间的电荷转移过程、降低反应过电势。这就涉及催化剂与水的表界面反应，其中催化剂表面形貌、元素组成、表面结构，也包括水-催化剂界面电解质离子和表面分子的位置、分布、取向等，并需进一步理解各组分之间的相互作用。理想的电解水催化材料应该具有以下特点：①高催化活性，活性接近贵金属催化剂甚至超过贵金属催化剂；②高催化稳定性，需要具有稳定的催化结构防止材料失活，最好可以维持催化活性几年甚至几十年稳定不变；③材料组成廉价易得，以满足可持续发展策略；④材料合成方法简单易扩大，以满足大范围的工业需求。对于 HER 催化剂的研究，目前主要集中在三个方面：a. 基于提高 Pt 原子利用率的催化剂；b. 基于 Fe，Co，Ni，Cu，Mo 等过渡金属催化剂；c. 基于 C，N，P，S 等非金属元素的催化剂。在 20 世纪 70 年代，MoS_2 因其在酸性条件下的稳定性被研究作为 HER 催化剂，并一度被认为不具有 HER 高催化活性。直到 2005 年，Hinnemann 在理论计算各种金属的氢吸附能时发现，MoS_2 的边缘硫位点的吉布斯生成能非常接近 Pt，从而揭开了 MoS_2 作为 HER 催化剂的研究序幕[146-148]。过渡金属磷化物，尤其是第一、第二周期的过渡金属磷化物被视为潜在的高效 HER 催化剂而受到广泛研究[149]。

电解水过程中能量消耗最大的半反应——析氧反应（OER），如何提高催化剂活性来降低反应过程中需要过电势值一直以来备受关注[150]。因为 OER 过程是一个氧化过程，因而要求催化剂具有较好的抗氧化特性，目前工业中多采用金属镍或者含镍合金来做为碱性环境中的阳极电极。除此之外，金属氧化物如尖晶石型氧化物（AB_2O_4）、钙钛矿型氧化物（ABO_3）、贵金属的氧化物、层状双金属氢氧化物（LDH），MOF 等材料都被认为是潜在的优异的 OER 催化剂[151-152]。

电解水过程析氢反应只涉及 2 电子的转移，其电化学过程简单，而氧气的产生则包括了 4 电子的转移以及多种中间产物的吸附、反应以及气体的产生过程[153]。有鉴于此，研究者发现氧在催化过程中也具有重要意义，部分研究者通过控制催化剂表面的氧含量调控催化活性中心的电子结构进而得到高效的催化剂[154]。也有研究者发现含有 O 空位的催化剂可以在碱性条件下吸附更多的羟基或降低催化剂的吸附能[155]。Alexis Grimaud 等研究发现晶格氧在氧析出反应中的机制为非质子-电子过程，其提出了新的反应机制[156]。晶格氧反应的出现，使阴离子氧化还原理论重新进入大众视野。该理论认为氧离子在反应过程中涉及空位、空穴以及对过渡金属具有反馈作用，其通过调控过渡金属的 d 能带与 O 的 2p 轨道的能级位置进而对催化活性进行了进一步的研究[157]。最新的研究发现纳米尺寸的 $NiFeO_xH_y$ 材料具有最高的 Turnover frequency（TOF）[158]。其研究发现该材料的催化活性来源于活性位点位于纳米颗粒的表面约 3 个原子层厚的氧化还原活性近表面区域而没有晶格氧或插层水分子的参与。但为了确定活性是否限于外表面还需要对该区域内的离子迁徙机制进行更加深入的认识。2019 年王昕课题组提出了氧的非键态，氧空穴以及局部构型三者对于氧析出反应具有重要意义[159]。但是目前研究主要集中在催化剂材料的自身性质，对水和催化剂界面的研究并不多。近年来大量实验证据表明，催化剂形貌、元素组成、表面结构等在催化过程中并非一成不变，而是随着反应环境（如温度、压力、溶质、溶剂、pH 值等）的变化而变化，随之可能造成催化剂表面的界面水分子结构取向、水层结构、氢键网络、催化剂表面的亲疏水性、反应物（中间体、生成物）分子的界面吸附、脱附都有可能变化，从而导致催化路径和机理的变化[160, 161]。这就要求我们在催化反应过程中对界面水和催化剂自身进行原子尺度的界面原位表征，并对其进行定量化描述，从动态角度来理解和设计催化剂[156, 162, 163]。

如公式（4）所示，水解需要同时消耗电能和热能。

$$H_2O(l)+237.2KJ\cdot mol^{-1}(电能)+48.6KJ\cdot mol^{-1}(热能)\longrightarrow H_2+\frac{1}{2}O_2 \quad (4)$$

目前工业中常用的电解水制氢方法包括：①碱水电解，即把电极置于20%～30%的 KOH 电解液。该方法是最早且最为广泛使用并被商业化的方法，但存在低负载、有限电流密度、低工作压力等缺陷[164, 165]。②固体氧化物电解。1980 年代，Dönitz 和 Erdle 首先报道了在电流密度 0.3A/cm^2 和电压 1.07V 情况下得到产氢法拉第效率 100%。自此，该方法因其高效产氢而被广泛关注[166, 167]。③高分子电解质薄膜电解。为克服碱水电解的缺陷，美国通用公司在 1960 年代首先发展了高分子固体电解膜的概念[168]，并在近年来得到快速发展。上述三种方法各有优缺点，见表 4.5.2。

表 4.5.2　碱水电解、固体氧化物电解和高分子电解质薄膜电解的优缺点比较[169]

碱水电解	固体氧化物电解	高分子电解质薄膜电解
	优点	
技术成熟	热中性情况下，效率可达 100%	高电流密度
非贵金属催化剂	热蒸汽情况下，效率>100%	高电压效率
长期稳定性	非贵金属催化剂	大负载范围
相对价格低廉	高压工作	快速系统响应
以兆瓦堆积		系统设计简洁
成本低		高气体纯度
		动态工作
	缺点	
低电流密度	尚处于实验室阶段	成本高
混杂气体（纯度变化）	系统设计复杂	酸性腐蚀环境
低负载范围	耐久性差（陶瓷材料易碎）	耐久性可能较差
低动力学性质	成本不可控	有待商业化
低工作压力		堆积低于兆瓦
腐蚀性电解液		

很明显，尽管高分子电解质薄膜具有高电流密度、高电压效率、高气体纯度、大负载范围等诸多优点，但其成本高、耐久性差等问题仍然制约着其大规模使用。

除工业制氢外，电催化也是污水处理的重要手段之一。随着人口增加和饮用水设施的老化，分布式的住宅水处理装置需求越来越普遍。使用电化学方法可以原位处理多种化学污染物（有机物和无机物，如图 4.5.11 所示），维护简单，能源消耗少，可以有效地应对家庭需要。尽管目前已有大量无毒、价格适中、大表面积的电极材料进入商用，但是常用的金属电极材料仍需要较高的过电位和高活化能垒，如何找到合适的电极材料，使其兼具低反应能垒和低过电位、低价格和高电极寿命则需要我们对电极材料界面与水中污染物作用的分子机制的理解[170]。

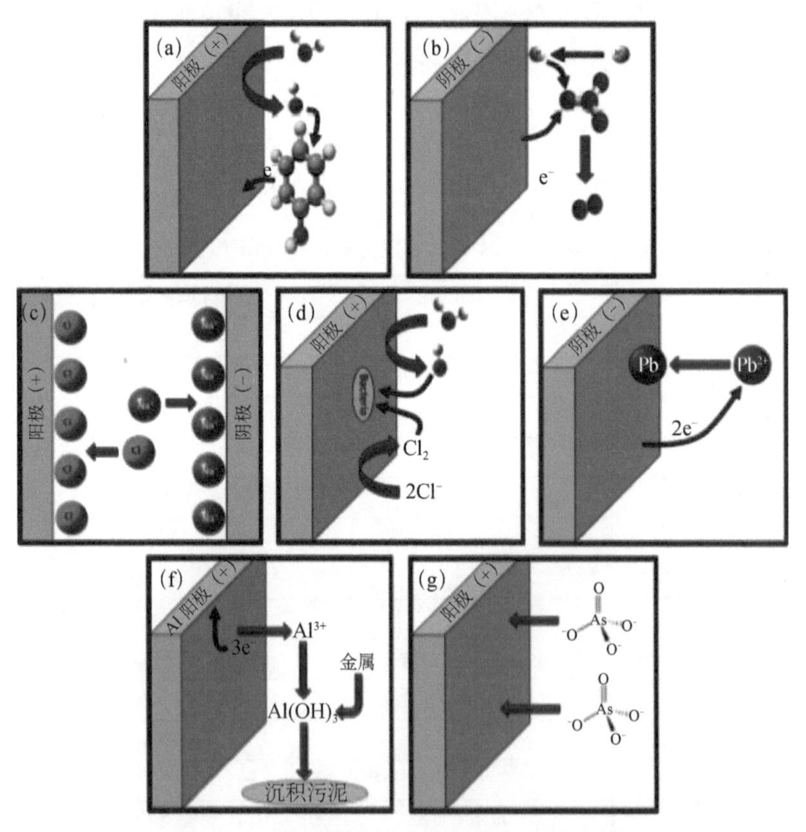

图 4.5.11　电催化处理水中污染物示意图[151]

近年来，随着 CO_2 排放造成的温室效应成为社会焦点，如何把空气中的 CO_2 分子直接还原成 CO 或者具有高附加值的工业化学品是其中的关键问题。最常用方法是利用电解水解过程中产生的 H^+和 CO_2 反应，产生 CO（或其他碳氢化合物）。相关化学反应如下：

$$CO_2 + e^- \longrightarrow CO_2^- \tag{5}$$

$$CO_2 + 2H^+ + 2e^- \longrightarrow CO + H_2O \tag{6}$$

$$CO_2 + 6H^+ + 6e^- \longrightarrow CH_3OH + H_2O \tag{7}$$

由于 CO_2 单电子还原（方程式（5））在中性水溶液中的静电势差很大（1.90V），实际电催化过程中多采用酸性条件以降低静电势进行多电子还原，直接生成 CO 或其他碳氢化合物。但该催化过程通常需要较大的过电位，能量损失大，同时电流效率差，材料稳定性差，产量低且选择性差。

CO_2 电还原的催化剂种类繁多，包括金属催化剂，非金属催化剂以及分子催化剂。由于催化剂的种类不同，催化产物也各异。对于金属催化剂，金属的种类对产物有较大的影响。根据析氢电位及产物的不同，可以将金属催化剂分为以下几类：①析氢电位较高，如 Pb，Hg，In，Sn，Cd，Tl，Bi 等，这类金属不吸附 CO，其主要还原产物是 $HCOO^-$；②析氢过电位中等，如 Au，Ag，Zn 等，这类金属 CO 吸附能力较弱，其主要产物是 CO；③析氢过电位较低，如 Ni，Fe，Pt，Ti，其吸附 CO 能力很强，几乎检测不到 CO_2 的还原产物，产物几乎全部为 H_2；④Cu，在 Cu 上形成的 CO 会继续与质子结合生成 C1 产物，或发生 C-C 偶联反应生成 C_2 及以上产物，是目前已知的唯一可生成乙烯的金属催化剂。除了金属催化剂外，一些非金属催化剂同样具有良好的 CO_2 电催化活性，如杂原子掺杂的碳材料、卟啉、金属-有机框架材料（MOFs）等均可利用电化学方法将 CO_2 转化为 CO、甲酸/甲酸盐，乙醇和乙烯等产物。

2010 年以来，人们在寻找新的催化剂方面取得一定进展，如荷兰雷顿大学的 Angamuthu 等成功利用铜配合物分子作为催化剂还原 CO_2 成为草酸盐[171]。美国伊利诺斯大学的 Asadi 等利用 MoS_2 及其同系物在较低过电位的情况下实现了 CO_2 电催化还原的较高转化率[172]。但是，寻找兼具低过电位、高活性、高选择性、高稳定性材料仍是目前主要的研究方向。

3）多相催化与单原子催化

目前氢气的工业大规模生产仍主要来自于天然气（碳氢化合物）蒸汽的高温重整反应（化学方程式（8）和（9））：

$$C_mH_n + mH_2O \longrightarrow mCO + (m+1/2n)\ H_2 \tag{8}$$

$$CO + H_2O \longrightarrow CO_2 + H_2 \tag{9}$$

由于该方法需要蒸汽重整、水-汽变换、气体分离和压缩多步，会大量增加成本并造成大量的能量损失，同时产生的 CO_2 又是温室气体的主要成分。所以如何压缩步骤降低成本并减少 CO_2 排放就成为目前研究的主要课题。

最近，挪威的 Kjolseth 等在实验室中发展了一种质子膜技术，通过热电化学法在 800℃实现完全的甲烷转化，并同时将 99%以上的氢气转移并压缩到 50 个大气压。将其扩大到小规模工厂生产，实现总的能量效率大于 87%，从而使其有可能应用于大规模工业生产[173]。丹麦技术大学的 Chorkendorff 等在 2019 年的 *Science* 上报道了一种将电热法处理的催化剂直接放在甲烷重整反应器的方法，可以降低 CO_2 排放[174]。

除了上述工艺和膜技术的改进，对于减少贵金属催化剂的使用也是研究重点。目前常用的方法包括使用廉价金属催化剂、减小贵金属催化剂尺寸（最小可到单原子）、合成高比表面积的框架结构等。如英国牛津大学的 Tsang 等报道了使用 $CuZnGaO_x$ 催化剂低温（150℃～200℃）直接重整非合成气的路径[175]。英国曼彻斯特大学的团队利用非热等离子技术处理的金属有机框架（MOF）用于水汽变化反应，得到很高的反应速率[176]。北京大学马丁课题组和美国布鲁克海文国家实验室合作，在 *Science* 上报道了利用原子级的 Au/MoC 催化剂实现了高效的低温水汽变换效率[177]。

最近，瑞士的 Beck 等通过研究 Ni 表面甲烷和水分子振动，在 *Science* 上发文提出一种利用激光和分子束方法激发 C—H 键和 O—H 键的方法，为提高蒸汽重整效率提供了新的思路[178, 179]。

降解水中污染物除了光催化和电催化，多相催化也是常用方法之一。美国阿贡国家实验室的 Miller 等运用 X 射线吸收谱和高角环形暗场像扫描电子显微镜观察到 Pd-Au 团簇在降解氯代有机物时的界面结构变化，为理解催化剂界面和有机物的作用机制提供了直接的实验证据[180-182]。

众所周知，多相催化剂是由大量原子聚集成的颗粒（从微纳米尺寸到体相材料），其催化活性位点位于颗粒表面可接触的部分原子，其导致催化效率相对较低。为解决上述缺点，可以通过两个方法提高催化剂的催化活性：一是增加催化剂的比表面积，暴露更多活性位点，提高催化效率（图 4.5.12（a））；二是将活性中心完全暴露出来，增加活性中心的利用率（图 4.5.12（b））[183]。从早期的体相催化剂的应用研究，发展到目前的纳米材料，再到团簇，尤其是发展到原子尺度，大大增加了其表面活性和原子利用效率（图 4.5.12（c））[184]。当粒子的分散度达到单原子尺寸时，引起很多新的特性，如表面自由能的增大，量子尺寸效应、不饱和配位环境和金属-载体强相互作用等特异性，赋予了单原子催化剂广泛的应用。

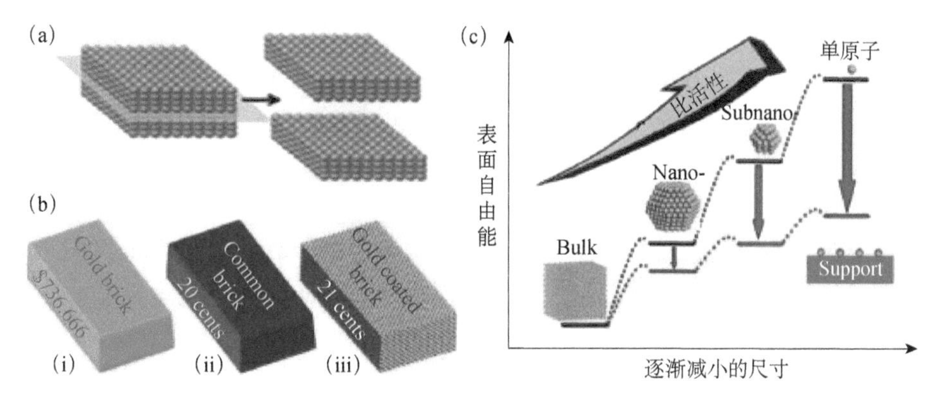

图 4.5.12 （a）和（b）提高催化活性的途径[183]；（c）表面自由能和比活性随粒子尺寸减小而急剧增大[184]

目前，单原子催化剂已经在能源存储、气敏传感、有机反应、光催化、模拟生物酶催化、气固相反应等领域表现出优异的性能和潜在的应用价值[185, 186]。单原子催化有可能解决催化科学的一些基本问题，贯通多相催化与均相催化之间的认识差异，减小理论计算与实际实验之间差异，从而推动催化相关理论的进一步发展，给催化界、材料学界、化学界带来新的机遇与挑战[187-189]。

自张涛等提出单原子催化剂以来，单原子催化剂的研究获得了突飞猛进的发展，一系列合成策略被开发出来用于单原子催化剂的制备，其在许多领域显示出积极的应用价值，现在已经成为科研前沿和热点[190]。单原子催化剂由于其成本低、活性高、结构明确等优势，有望搭建均相催化与非均相催化剂之间的桥梁，解决一些催化学科的关键问题，给化学家和材料学家带来极大机遇和挑战。但是，单原子发展还存在以下机遇与挑战：拓展单原子制备方法学，开发出具有更加普适性、廉价的合成策略及具有特定原子数目单原子催化剂；单原子催化剂性能与结构之间的“构效”关系需要深入研究；单原子在界面催化中仍鲜有研究。界面单原子催化的研究将对理解界面反应理论、实验提供新的思路。

4.5.3 待解决的重大问题（近 5～10 年的主要问题）

从上述章节我们可以看到，与能源和环境相关的催化大多发生在液-固/气-固界面，催化剂为半导体材料（如金属氧化物、钙钛矿）、金属、碳基和硅基材料，以及上述材料的复合物等。但目前研究主要集中在催化剂材料的自身性质，希望通过实验和理论手段调控其电子结构，从而增强其吸收可见光、吸附和分解水分子的能力，从而达到提高催化剂性能的目的。在最近的几十年中人们提出的各种设计策略和思路，包括 Sabatier 关系、BEP 关系、d 带中心等，大多基于早期宏观实验结果，并在近年来通过大量的第一性原理计算进行证实，并通过大数据计算对材料种类进行筛选。因此，人们在设计催化剂时基于的是其自身静态、非原位的实验和理论数据，然后通过复杂的前期调控或进行各种预处理来控制催化剂的初始表面形貌、尺寸和表面元素构成，进而提高催化剂性能。

但是，催化剂的自身性质并不直接对应水和催化剂的界面性质。水和催化剂界面不仅包括界面吸附的水分子、水团簇或者水层，也包括催化剂界面、电解质离子、表面活性剂分子、反应物分子、催化反应过程中的中间产物和生成物分子和电化学过程中可能产生的纳米气泡等。所以，要完整理解水-催化剂界面，首先需要在原子尺度上精确解析界面水分子和水层静态结构和动力学行为，以及与水接触的催化剂表面形貌、元素组成、表面结构，也包括水-催化剂界面电解质离子和表面分子的位置、分布、取向，并进一步理解各组分之间的相互作用。令人遗憾的是，这方面的研究在实验和理论方法上都缺乏足够有效的手段，致使进展极为缓慢。

但近年来大量原位实验证据表明，催化剂形貌、元素组成、表面结构等在催化过程中并非一成不变，而是随着反应环境（如温度、压力、溶质、溶剂、pH 值等）的变化而变化，所以继续忽视界面在催化反应过程的变化将阻碍催化研究的未来发展。如 2002 年，Hansen 等首先通过原位环境透射电子显微镜（in-situ ETEM）研究商用 Cu/ZnO 催化剂时发现，Cu 纳米团簇形貌会随着水汽环境的变化而发生可逆变化[191]。随后的一系列原位 STEM、STM、近常压 XPS 等实验证实不仅氧化和还原气氛能够造成纳米团簇和金属的形貌变化、表面重构和元素偏析，甚至惰性气氛（如 N_2）也可能改变材料结构。如德国马普所的 Nolte 等利用原位 XRD 结合 TEM 报道了 CO 诱导的 Rh 团簇表面结构和形貌的变化[192]。美国劳伦斯伯克利国家实验室的 Salmeron 和 Somorjai 等在 *Science* 上报道了通过变换 CO 和 NO 气氛造成 Rh-Pd 和 Pt-Pd 纳米团簇核壳结构表面组分的变化[193]以及 CO 环境下的 Pt 表面形貌变化[194]。上述研究表明，催化剂的结构形貌组分等因素在催化反应过程中都可能随着反应条件的变化而改变，这也许解释了为什么大多数催化剂的催化性能在使用过一段时间后会有明显下降。因此，对于界面水和催化反应而言，催化剂在反应过程中的结构变化可以造成催化剂的界面水分子结构取向、水层结构、氢键网络、催化剂表面的亲疏水性、反应物（中间体、生成物）分子的界面吸附脱附行为的变化，从而导致催化路径和机制的变化。这就要求我们在催化反应过程中对界面水和催化剂自身进行原子尺度的界面原位表征并对其进行定量化描述，从动态角度来理解和设计催化剂。也就是说，现有同时也被广泛采用的通过控制催化剂初始结构和形貌来提高催化剂的性能在物理本质上其实并不可行。

催化过程中界面水相关的基本科学问题如下：

（1）界面水分子构型、取向、成团情况、水层结构及氢键网络、亲疏水性、界面离子吸附/脱附构型?

（2）水溶液（或水汽）环境中催化剂表面形貌和元素构成? 光照、电流、温度、压力、pH 值、溶质等因素如何影响催化剂表面形貌和元素组成?

（3）在催化反应过程中，催化剂形貌、表面元素、界面水分子及水层结构如何作用和如何变化? 这些变化是否影响以及如何影响反应物分子、电解液中离子、表面活性分子、纳米气泡等在催化剂表面的吸附、脱附、反应及迁移行为，并且如何进一步影响催化剂的活性和选择性?

（4）催化反应循环如何影响催化剂形貌和表面元素构成? 界面水结构和性质在循环中如何变化? 催化剂中毒、催化剂寿命等工业界关心的关键因素能否进行理论的定量预测?

只有解决了上述基本问题，我们才真正在分子层次上理解了催化剂的作用机制，才有可能实现对催化剂的合理设计和调控。而要解决上述问题，必须借助于最先进的原位表征技术，对整个催化过程的液-固（气-固）界面进行原子尺度、实时原位监控和表征，并且借助于理论模拟方法对催化反应进行全过程定量模拟。但令人遗憾的是，目前实验技术和理论模拟离上述目标仍有较大的距离。

实验的挑战：

目前，水汽和液态水环境中的催化剂原位表征面临着很多技术上的难题。

一方面，对于真实催化反应，水汽压力通常接近乃至大于常压。目前使用的 STM 和 AFM 在近真空低温情况下能够对材料的有序表面及其上的水分子结构进行高精度的原子级表征，但极难在常温常压情况下获得水分子及材料界面结构的清晰图像；而通过 TEM 获得界面水分子结构则是一个极具挑战性的任务。另一方面，水汽会对电镜原位腔的干燥处理和表征造成很大影响，所以目前大部分电镜都很少在近常压环境中对水汽参加的催化反应进行原位研究。同时，由于常压乃至高压的原位表征（特别是显微电镜）目前在技术上仍然有着很大的难度，所以进行这类实验的时间成本和金钱成本都很高，不可能对所有体系进行系统完整的实验研究。

更为复杂的是对溶液反应的催化剂表面结构变化的表征。液体原位池在电子显微技术中已被广泛应用，如纳米颗粒在水中的成核生长过程[195-197]、材料在水中的结晶、相变和腐蚀等[198-200]。Loh 等报道了在水溶液中金纳米团簇聚合过程中形成的金-水复合物协助结晶过程[221]。Meng 等利用水分子对氧化物表面的吸附平衡，在纯水中实现了单晶 Cu_2O 纳米线的取向生长[222]。但需要指出的是，电子束辐照能够轻易还原水分子，生成大量自由基和正负离子，同时有可能产生气泡并影响溶液的 pH 值，所以液相 TEM 看到的实验现象是否代表体系的本征性质目前还不足以让人信服。另一方面，水中 TEM、AFM 的图像解析度较低，达不到原子级表征，也是目前急待解决的问题。

对于谱学而言，尽管原位红外/拉曼等方法已被广泛使用，但如何解析光谱信号仍然是个难题。实验学家一般通过制备完整有序的模型催化剂指数面来模拟真实催化剂，进而推断界面吸附的种类及其在反应过程中的演变情况。但实际上，真实催化剂的结构极为复杂，上述方法是否准确有效目前仍未可知。同样，和频光谱技术能够表征的也是平整的固-液/气-液/气-固界面上水分子构型排布。对于真实结构复杂的纳米催化剂颗粒，如何对其准确表征，仍具有较大的不确定性。

理论的挑战：

目前，大多数理论学家认为，理论之所以不能解释和预测实验结果的主要原因是计算能力不足。也就是说，实验对应的实际体系的时间和空间尺度及体系自身的复杂度远远超过现有及未来的计算能力（在量子计算机实用之前）。现有的理论计算完全不足以理解真实体系的实验结果（如界面催化），并进行独立于已有实验结果的精确理论预测和设计，所以该领域理论研究在过去 20 年进展极度缓慢。

2016 年，美国谷歌公司推出的 AlphaGo（阿尔法狗）首次战胜了人类世界围棋冠军李世石[223-225]，从而将深度学习和人工智能带到了人类生活的各个方面。在科研领域，机器学习和大数据迅速覆盖了量子物理[226]、材料筛选[207]、药物筛选[208]、肿瘤筛查与治疗[209]、有机反应识别和路径设计[210]、光谱图像识别[211]等方方面面。对于复杂的真实界面催化反应，人们相信由于多种知名或者不知名因素的相互作用和纠缠，使得研究者无法将体系简化到少数几个因素及简单模型，那么基于大数据的机器学习将是一个强有力的工具。目前机器学习的精度和效率由数据量及选择的描述符是否合适决定，但这两个条件的获得无论从第一性原理抑或从实验数据出发都非常困难。

另一方面，最近的理论研究发现[212]，结合第一性原理计算、统计热力学、多尺度建模等手段，能够不依赖于任何实验参数，对反应环境中的催化剂形貌进行定量描述和预测。通过和一系列原位实验的比较可以发现，真实体系其实并没有之前看上去非常复杂。通过物理模型，我们完全可以找到一些简单的物理量（描述符）来准确描述纳米催化剂在反应过程中的结构和形貌演变过程[213, 214]，这为下一步建立新的理论模型解决纳米催化剂的元素组分分布及演变、氧化及还原过程中的催化剂成分和形貌变化，以及光催化和电催化中的复杂问题提供了思路。

4.5.4 建议可能解决问题的方案

鉴于界面水与催化问题的复杂性，仅仅依靠少数几个单位几乎不可能解决，必须集合国内相关实验和理论领域的研究人员进行集体攻关。在此过程中，一方面可以锻炼人才队伍并解决大家共同关心的基础科学问题，另一方面也可以在人才建设、产业化、知识产权等方面提供一些制度化的例子。

具体解决方案建议如下：

（1）首先挑选 1～2 个具有典型意义并且共同关心的研究体系。

譬如研究光电极在水溶液中的界面层结构。在实验方面，可利用同步的原位 XPS 对界面水层的宏观结构进行表征，通过结合原位 SFG 和 THz 光谱技术分析电极的固-液界面水分子的氢键取向和氢键网络结构，并同时结合原位液体池的 TEM 技术和 AFM（STM）技术来表征电极材料界面层的结构变化。在理论方面，可结合量子力学和经典分子动力学方法，进一步分析反应过程中水层和材料表面的分子变化机制。

（2）整合现有实验和理论力量，针对上述特定问题集思广益。

由于问题复杂，国内研究组虽各有特长，仅依靠单一实验或者理论手段不足以对整个问题进行全面的表征、分析和理解。只有对同一体系同时进行多种原位方法表征和计算，才能尽可能避免外界因素干扰，得到真实可信的实验数据。这在实验技术和理论模拟方面会遇到各种困难，所以需要各方研究人员同心协力、集思广益，才有可能克服。

（3）有足够经费支持，能够保证研究人员的稳定和研究设备的日常开支。

问题的复杂性，使得该问题不可能是短、平、快项目，有可能较难在短时间内出成果。这就需要研究人员能够静下心来踏踏实实，在解决问题过程中做出一系列“从零到一”的原创性工作。因此在这段时间内，必须有稳定投入以保证研究人员队伍的稳定和设备的日常开支。

（4）自主开发新的原位实验工具和理论计算模型。

在解决问题的过程中，研究人员有可能发现现有的实验方法、实验设备、理论方法存在局限性。为解决实际问题，研究人员会被倒逼着去研究和开发新方法、新技术、新设备和新算法等。

目前，由于目前条块分割、单位分割等问题，整合国内研究队伍面临科研队伍稳定、科研装备研制、科研思路创新、科研成果分配等很多实际问题。

在稳定科研队伍方面，目前国内高校和研究所的技术支撑人员数量明显不足，且上升通道狭窄、收入水平较社会同类人员偏低。这些辅助研究人员每天操作的却是价值数百万至数千万乃至上亿人民币的高端仪器装备。他们的能力和责任心对于实验装置的稳定运行和实验数据的准确度至关重要。但现有国家体制中也缺少对这部分辅助研究人员的经费开支和补贴，使得其人员素质和数量无法提高，严重影响了基础科研的发展。建议加大对辅助科研人员编制和待遇的改善力度，稳定一线的科研人员队伍。

在科研装备研制方面，目前高端仪器基本都被欧美日垄断。这样一方面我们在价格上被国外厂商高价“卡脖子”，另一方面国内研究人员很难根据实际需要对仪器设备进行必要的升级改造，从而导致国内各研究机构的高端仪器同质化和实际操作人员的短缺，造成大量资源浪费。建议加大对新仪器设备的研制和力度，并对知识产权划分实现制度化、法制化。建议设立专门的产权服务机构并提供知识产权方面的法律服务，为新技术进行社会化产业化推广提供保障。

在科研思路创新方面，应积极鼓励基础科研人员提出全新的研究思路，或者创新性的整合既有思路解决实际未解决的棘手问题。而不应鼓励重复性和数量拓展型研究。如在课题申请时，可要求申请者将其研究课题的历史演变进行作图列表，以清晰展示该研究课题在整个领域及研究方向的定位。

对于科研成果分配方面，摒弃按获批经费多少、单位排名、主管人员排名的做法，可仿照英国法拉第讨论会（Faraday Discussion）和美国戈登会议

（Gordon Research Confernce）的形式，对每次研讨会议程和发言记录发表，以思想优先和成果优先作为基本的排名依据。

4.5.5 展望和小结

经过百余年的发展，界面催化已经进入到原子、分子层次，人们希望对催化剂及其反应界面进行原位实时的原子级调控，以发挥其最大效能。水作为最常见的溶剂和洁净能源的来源，在催化反应中起着举足轻重的作用。只有在分子尺度上理解了催化剂界面材料和水分子的相互作用，及其在催化反应中的结构、形态和组分的变化规律才能更好地设计和筛选催化材料及其优化的反应条件，并降低催化剂成本。但目前该领域在实验和理论方面都面临着诸多挑战。

（1）现在实验多为非原位和静态表征，且对界面水分子及水层原子精度的结构表征仍很困难。但催化反应是一个动态过程。那么能否在原子尺度首先看到不同反应阶段的水-催化剂界面结构，然后进一步精确表征完整催化过程，并能够和催化反应的路径和分子机制进行直接关联成为操控催化剂的前提条件。

目标要求：反应条件（温度、压力、浓度、pH 值等）下，原位、实时、原子精度、水-固界面同时（同步）表征、在催化循环过程中多次表征等。

（2）现有理论模型能够准确处理微观体系（纳米、皮秒）的催化过程，但是如何跨越“材料鸿沟”（“materials gap”），实现对催化反应（宏观现象、慢过程）的模拟仍是巨大的挑战。能否发展一个能够同时在宏观和微观两个尺度上（10^{-10}～10^{-3}m，10^{-15}～10^{3}s）都能够定量模拟水-催化剂界面的结构和性质变化的理论模型？同时，由于催化体系的复杂，实验研究者进行每一次实验都需要花费大量的时间和金钱成本，所以通常希望理论研究者能够快速给出半定量到定量的预测数据，以帮助实验缩小研究范围，对催化剂和反应条件进行快速筛选。那么，如何快速精确地提供实验研究者所需的理论数据（如通过分钟到小时的单机计算，而非超级计算机数月到半年乃至 1 年的计算）成为理论模拟的关键。

目标要求：空间尺度（10^{-10}～10^{-3}m）、时间尺度（10^{-15}～10^{3}s）、定量（精确的催化剂尺寸、组分、基底类型和晶面、实验温度、压力、溶液浓度、pH 值等）、模拟时间（<1 天）、计算资源（单机？）

自 2010 年以来，随着原位表征技术的飞速提高，双球差、4D、高速相机、AI 技术，以及光谱解析和分析技术[215]等快速融合，使得界面水的原位表征已经成为可能。同时，机器学习以及新的物理模型的建立和发展也给理论模拟方法带来新的生机。人们已经开始能够结合最新的实验和理论技术来解决一些长期存在的催化过程中的界面水难题。

另一方面，催化在能源、环境及生命科学等方向的新技术应用层出不穷，也给界面水和催化这个基础的科学问题注入了新的活力。如江雷院士等在 2018 年提出了“量子限域超流体”概念[216]，为调控材料界面润湿性及分子的快速传递提供了全新的思路。南京航空航天大学的郭万林院士等提出“水伏学”的概念。他们在 2018 年发表在 *Nature Nanotechnology* 的一文中指出，可以利用二维材料与界面水的相互作用获得能量，把水中蕴含的动能和热能转化为电能[217]。在分子层次上精确理解这些新现象并加以调控，将为界面水领域的未来发展提供新的动能。

参考文献

[1] 德内拉·梅多斯，乔根·兰德斯，丹尼斯·梅多斯. 增长的极限. 北京：机械工业出版社，2013.

[2] 约翰内斯堡首脑会议，2002 年 8 月 26 日—9 月 4 日. 联合国官方网站，https：//www.un.org/chinese/events/wssd/basicinfo.html.

[3] 中美气候变化联合声明，2014 年 11 月 12 日于中国北京.

[4] 百度百科，“水资源”，https：//baike.baidu.com/item/水资源/326690?fr=aladdin.

[5] “习近平主持召开中央财经领导小组第五次会议”，新华社，2014 年 3 月 14 日.

[6] 中国共产党第十九次全国代表大会，决胜全面建成小康社会 夺取新时代中国特色社会主义伟大胜利，2017 年 10 月 18 日.

[7] “习近平主持召开中央财经领导小组第九次会议”，新华社，2015 年 2 月 10 日.

[8] Chanda A，Fokin V V. Organic synthesis “On water” . Chem. Rev.，2009，109：725-748.

[9] Kitanosono T，Masuda K，Xu P，Kobayashi S. Catalytic organic reactions in water toward sustainable society. Chem. Rev.，2018，118：679-746.

[10] Walter M G，Warren E L，McKone J R，Boettcher S W，Mi Q，Santori E A，and Lewis N S. Solar water splitting cells. Chem. Rev.，2010，110：6446-6473.

[11] Osterloh F E. Inorganic nanostructures for photoelectrochemical and photocatalytic water splitting. Chem. Rev. Soc.，2013，42：2294-2320.

[12] Wang Z, Li C, Domen K. Recent development in heterogeneous photocatalysts for solar-driven overall water splitting. Chem. Rev. Soc., 2019, 48: 2109-2125.

[13] Yano J, Kern J, Sauer K, Latimer M J, Pushkar Y, Biesiadka J, Loll B, Saenger W, Messinger J, Zouni A, Yachandra V K. Where water is oxidized to dioxygen: Structure of the photosynthetic Mn_4Ca cluster. Science, 2006, 314: 821-825.

[14] Service R F. Cheap catalysts turn sunlight and carbon dioxide to fuel. Science, 2017, 6.

[15] Service R F. Two new ways to turn 'Garbage' carbon dioxide into fuel. Science, 2017, 1.

[16] Yamashita Hiromi, Ikeue Keita, Anpo Masakazu. Photocatalytic reduction of CO_2 with H_2O on various titanium oxide catalysts. "CO_2 Conversion and Utilization" Chapter, 22, 330-343.

[17] Rodriguez J A, Ma S, Liu P, Hrbek J, Pérez M. Activity of CeO_x and TiO_x nanoparticles grown on Au (111) in the water-gas shift reaction. Science, 2007, 318: 1757-1760.

[18] Zhai Y, Pierre D, Si R, Deng W, Ferrin P, Nileakar A U, Peng G, Herron J A, Bell D C, Saltsburg H, Mavrikakis M, Flytzani-Stephanopoulos M. Alkali-stabilized Pt-OH_x species catalyze low-temperature water-gas shift reactions. Science, 2010, 329: 1633-1636.

[19] Yao S, Zhang X, Zhou W, Gao R, Xu W, Ye Y, Lin L, Wen X, Liu P, Chen B, Crumlin E, Guo J, Zuo Z, Li W, Xie J, Li L, Kiely C J, Gu L, Shi C, Rodriguez J A, Ma D. Atomic-layered au clusters on α-MoC as catalysts for the low-temperature water-gas shift reaction. Science, 2017, 357: 389-393.

[20] Lee K M, Lai C W, Ngai K S, Juan J C. Recent developments of zinc oxide based photocatalyst in water treatment technology: A review. Water Res., 2016, 88: 428-448.

[21] Herrmann J-M. Heterogeneous photocatalysis: Fundamentals and applications to the removal of various types of aqueous pollutants. Catal. Today, 1999, 53: 115-129.

[22] Varshney G, Kanel S R, Kempisty D M, Varshney V, Agrawal A, Sahle-Demessie E, Varma R S, Nadagouda M N. Nanoscale TiO_2 films and their application in remediation of organic pollutants. Coord. Chem. Rev., 2016, 306: 43-64.

[23] Shen Y R. Surface properties probed by second-harmonic and sum-frequency generation. Nature, 1989, 337: 519-525.

[24] Hansen P L, Wagner J B, Helveg S, Rostrup-Nielsen J R, Clausen B S, Topsøe H. Atom-resolved imaging of dynamic shape changes in supported copper nanocrystals. Science, 2002, 295: 2053-2055.

[25] Tao F，Dag S，Wang L W，Liu Z，Butcher D R，Bluhm H，Salmeron M，Somojai G A. Break-up of stepped platinum catalyst surfaces by high CO coverage. Science，2010，327：850-853.

[26] Tao F，Salmeron M. In situ studies of chemistry and structure of materials in reactive environments. Science，2011，331：171-174.

[27] Rideout D C，Breslow R. Hydrophobic acceleration of Diels-alder reactions. J. Am. Chem. Soc.，1980，102：7816.

[28] Blokzijl W，Engberts J B F N. Hydrophobic effect. Opinions and Facts. Angew. Chem. Int. Ed.，1993，32：1545-1579.

[29] Narayan S，Muldoon J，Finn M G，Fokin V V，Kolb H C，Barry S K. "On water"：Unique reactivity of organic compounds in aqueous suspension. Angew. Chem. Int. Ed.，2005，44：3275-3279.

[30] Hayashi Y. In water or in the presence of water? Angew. Chem. Int. Ed.，2006，45：8103-8104.

[31] Nicolaou K C，Xu H，Wartmann M. Biomimetic total synthesis of gambogin and rate acceleration of pericyclic reactions in aqueous media. Angew. Chem.，Int. Ed.，2005，44：756.

[32] Butler R N，Coyne A G. Understanding "on-water" catalysis of organic reactions. Effects of H^+ and Li^+ ions in the aqueous phase and nonreacting competitor H-Bond acceptors in the organic phase：On H_2O versus on D_2O for huisgen cycloadditions. J. Org. Chem.，2015，80：1809-1817.

[33] Cozzi P G，Zoli L. Nucleophilic substitution of ferrocenyl alcohols "on water". Green Chem.，2007，9：1292-1295.

[34] Cozzi P G，Zoli L. A rational approach towards the nucleophilic substitutions of alcohols "on water". Angew. Chem. Int. Ed.，2008，47：4162-4166.

[35] Blackmond D G，Armstrong A，Wells A. Water in organocatalytic processes：Debunking the myths. Angew. Chem. Int. Ed.，2007，46：3798-3800.

[36] Brewlow R，Maitra U，Rideout D. Selective Diels-alder reaction in aqueous solutions and suspensions. Tetrahedron Lett.，1983，24：1901-1904.

[37] Lubineau A. Water-promoted organic reactions：Aldol reaction under neutral conditions. J. Org. Chem.，1986，51：2142-2144.

[38] Jung Y，Marcus R A. On the theory of organic catalysis "on water". J. Am. Chem. Soc.，2007，129：5492-5502.

[39] Michaelides A, Morgenstern K. Ice nanoclusters at hydrophobic metal surfaces. Nat. Mater., 2007, 6: 597-601.

[40] Motobayashi K, Matsumoto C, Kim Y, Kawai M. Vibrational study of water dimers on Pt (111) using a scanning tunneling microscope. Surf. Sci., 2008, 602: 3136-3139.

[41] Kumagai T, Kaizu M, Hatta S, Okuyama H, Aruga T, Hamada I, Morikawa Y Y. Direct observation of Hydrogen-bond exchange within a single water dimer. Phys. Rev. Lett. 2008, 100: 166101.

[42] Carrasco J, Michaelides A, Forster M, Raval R, Hodgson A, Haq S. A one-dimensional ice structure built from pentagons. Nat. Mater., 2009, 8: 427-431.

[43] Maier S, Stass I, Cerda J I, Salmeron M. Unveiling the mechanism of water partial dissociation on Ru (0001). Phys. Rev. Lett., 2014, 112: 126101.

[44] Nie S, Feibelman P J, Bartelt N C, Thurmer K. Pentagons and heptagons in the first water layer on Pt (111). Phys. Rev. Lett., 2010, 105: 026102.

[45] Ogasawara H, Brena B, Nordlund D, Nyberg M, Pelmenschikov A, Pettersson L G M, Nilsson A. Structure and bonding of water on Pt (111). Phys. Rev. Lett., 2002, 89: 276102.

[46] Haq S, Harnett J, Hodgson A. Growth of thin crystalline ice films on Pt (111). Surf. Sci., 2002, 505: 171-182.

[47] Wang C, Lu H, Wang Z, Xiu P, Zhou B, Zuo G, Wan R, Hu J, Fang H. Stable liquid water droplet on a water monolayer formed at room temperature on ionic model substrates. Phys. Rev. Lett., 2009, 103: 137801.

[48] Limmer D T, Willard A P, Madden P, Chandler D. Hydration of metal surfaces can be dynamically heterogeneous and hydrophobic. Proc. Natl. Acad. Sci. U. S. A., 2013, 110: 4200-4205.

[49] Xu Z, Gao Y, Wang C, Fang H. Nanoscale hydrophilicity on metal surfaces at room temperature: Coupling lattice constants and crystal faces. J. Phys. Chem. C, 2015, 119: 20409-20415.

[50] Feibelman P J. Partial dissociation of water on Ru (0001). Science, 2002, 295: 99-102.

[51] Shavorskiy A, Gladys M J, Held G. Chemical composition and reactivity of water on hexagonal Pt-group metal surfaces. Phys. Chem. Chem. Phys., 2008, 10: 6150-6159.

[52] Clay C, Haq S, Hodgson A. Hydrogen bonding in mixed overlayers on Pt (111). Phys. Rev. Lett., 2004, 92: 046102.

[53] Forster M, Raval R, Hodgson A, Carrasco J, Michaelides A. c (2×2) water-hydroxyl layer on Cu (110): A wetting layer stabilized by Bjerrum defects. Phys. Rev. Lett., 2011, 106: 046103.

[54] Bikondoa O, Pang C L, Ithnin R, Muryn C A, Onishi H, Thornton G. Direct visualization of defect-mediated dissociation of water on TiO_2 (110). Nat. Mater., 2006, 5: 189-192.

[55] Kristoffersen H H, Hansen J Ø, Martinez U, Wei Y Y, Matthiesen J, Streber R, Bechstein R, Lægsgaard E, Besenbacher F, Hammer B, Wendt S. Role of steps in the dissociative adsorption of water on rutile TiO_2 (110). Phys. Rev. Lett., 2013, 110: 146101.

[56] Pang C L, Lindsay R, Thornton G. Structure of clean and adsorbate-covered single-crystal rutile TiO_2 surfaces. Chem. Rev., 2013, 113: 3887-3948.

[57] Henrich V E, Dresselhaus G, Zeiger H J. Chemisorbed phased of H_2O on TiO_2 and $SrTiO_3$. Solid State Commun., 1977, 26: 623-626.

[58] Hurtz R L, Stock-Bauer R, Msdey T E, Román E, Segovia J D. Synchrotron radiation studies of H_2O adsorption on TiO_2 (110). Surf. Sci., 1989, 218: 178-200.

[59] Nalewajski R F, Köster A M, Bredow T, Jug K. Charge sensitivity analysis of oxide catalysts: TiO_2 (110) and (100) surface model clusters and H_2O adsorption. J. Mol. Catal., 1993, 82: 407-423.

[60] Langel W. Car-parrinello simulation of H_2O dissociation on rutile. Surf. Sci., 2002, 496: 141-150.

[61] Henderson M A, An HREELS and TPD study of water on TiO_2 (110): The extent of molecular versus dissociative adsorption. Surf. Sci., 1996, 355: 151-166.

[62] Henderson M A. Structural sensitivity in the dissociation of water on TiO_2 single-crystal surfaces. Langmuir, 1996, 12: 5093-5098.

[63] Brookes J M, Muryn C A, Thornton G. Imaging water dissociation on TiO_2 (110). Phys. Rev. Lett., 2001, 87: 266103.

[64] Walle L E, Borg A, Uvdal P, Sandell A. Experimental evidence for mixed dissociative and molecular adsorption of water on a rutile TiO_2 (110) surface without oxygen vacancies. Phys. Rev. B, 2009, 80: 235426.

[65] Herman G S, Dohnalek Z, Ruzycki N, Diebond U. Experimental investigation of the interaction of water and methanol with anatase-TiO_2 (101). J. Phys. Chem. B, 2003, 107: 2788-2795.

[66] He Y, Tilocca A, Dulub O, Selloni A, Diebold U. Local ordering and electronic signatures of submonolayer water on anatase TiO_2 (101). Nature Mater., 2009, 8: 585-589.

[67] Miranda P B, Xu L, Shen Y R, Salmeron M. Icelike water monolayer adsorbed on mica at room temperature. Phys. Rev. Lett., 1998, 81: 5876-5879.

[68] Newberg J T, Starr D E, Porsgaard S, Yamamoto S, Kaya S, Mysak E R, Kendelewicz T, Salmerson M, Brown G E Jr, Nilsson A, Bluhm H. Autocatalytic surface hydroxylation of MgO (100) terrace sites observed under ambient conditions. J. Phys. Chem. C, 2011, 115: 12864-12872.

[69] Foster M, D'Agostino M, Passno D. Water on MgO (100) -an infrared study at ambient temperatures. Surf. Sci., 2005, 590: 31-41.

[70] Nemšák S, Shavorskiy A, Karslioglu O, Zegkinoglou L, Greene P K, Burks E C, Liu K, Rattanachata A, Conlon C S, Keqi A, Salmassi F, Gullikson E M, Yang S-H, Bluhm H, Fadley C S. Concentration and chemical-state profiles at heterogeneous interfaces with sub-nm accuracy from standing-wave ambient-pressure photoemission. Nat. Commun., 2014, 5: 5441.

[71] Hansen P L, Wagner J B, Helveg S, Rostrup-Nielsen J R, Clausen B S, Topsøe H. Atom-resolved imaging of dynamic shape changes in supported copper nanocrystals. Science, 2002, 295: 2053-2055.

[72] Cao Y, Chen S, Li Y, Gao Y, Yang D, Shen Y R, Liu W T. Evolution of anatase surface active sites in ambient probed by sum-frequency spectroscopy. Science Adv., 2016, 2: e1601162.

[73] Li Y, Gao Y. Interplay between water and TiO_2 anatase (101) surface with subsurface oxygen vacancy. Phys. Rev. Lett., 2014, 112: 206101.

[74] Doering D L, Madey T E. The adsorption of water on clean and oxygen-dosed Ru (011). Surf. Sci., 1982, 123: 305-337.

[75] Thiel P A, Maday T E. The interaction of water with solid surfaces: Fundamental aspects. Surf. Sci. Rep., 1987, 7: 211-385.

[76] Ogasawara H, Brena B, Nordlund D, Nyberg M, Pelmenschikov A, Pettersson L G M, Nilsson A. Structure and bonding of water on Pt (111). Phys. Rev. Lett., 2002, 89: 276102.

[77] Hodgson A, Haq S. Water adsorption and the wetting of metal surfaces. Surf. Sci. Rep., 2009, 64: 381-451.

[78] Feibelman P J. Partial dissociation of water on Ru（0001）. Science，2002，295：99-102.

[79] Song X，Boily J-F. Water vapor adsorption on goethite. Environ. Sci. Technol.，2013，47：7171-7177.

[80] Olle Björneholm，Hansen M H，Hodgson A，Liu L-M，Limmer D T，Michaelides A，Pedevilla P，Rossmeisl J，Shen H，Tocci G，Tyrode E，Walz M-M，Werner J，Bluhm H. Water at interfaces. Chem. Rev.，2016，116：7698-7726.

[81] Liu L M，Zhang C，Thornton G，Michaelides A. Structure and dynamics of liquid water on rutile TiO_2（110）. Phys. Rev. B，2010，82：161415.

[82] Liu L M，Zhang C，Thornton G，Michaelides A. Reply to "comment on 'structure and dynamics of liquid water on rutile TiO_2（110）'". Phys. Rev. B，2012，85：167402.

[83] Wen Y C，Zha S，Liu X，Yang S，Guo P，Shi G，Fang H，Shen Y R，Tian C. Unveiling microscopic structures of charged water interfaces by Surface-specific vibrational spectroscopy. Phys. Rev. Lett.，2016，116：016101.

[84] Mott N F，Watts-Tobin R J. The interface between a metal and an electrolyte. Electrochim. Acta，1961，4：79-107.

[85] Bockris J O'M，Habib M A. Solvent excess entropy at the Electrode-solution interface. J. Electroanal. Chem. Interf. Electrochem.，1975，65：473-489.

[86] Bockris J O'M，Khan S U M. 1993 Surface Electrochemistry（New York：Plenum Press）Ch. 2 and references therein.

[87] Davidson T，Pons B S，Bewick A，Schmidt P S. Vibrational spectroscopy of the electrode/electrolyte interface. Use of fourier transform infrared spectroscopy. J. Electroanal. Chem. Interf. Electrochem.，1981，125：237-241.

[88] Bewick A. In-situ spectroscopy of the electrode/electrolyte solution interphase. J. Electroanal. Chem. Interf. Electrochem.，1983，150：481-483.

[89] Bewick A，Kunimatsu K. Infra red spectroscopy of the electrode-electrolyte interphase. Surface Sci.，1980，101：131-138.

[90] Shingaya Y，Hirota K，Ogasawara H，Ito M. Infrered spectroscopic study of electric double layers on Pt（111）under electrode reactions in a sulfuric acid solution. J. Electroanal. Chem.，1996，409：103.

[91] Ataka K，Yostuyanagi T，Osawa M. Potential-dependent reorientation of water molecules at an electrode/electrolyte interface studied by surface-enhanced infrared absorption spectroscopy. J. Phys. Chem.，1996，100：10664-10672.

[92] Shen Y R. Surface properties probed by second-harmonic and sum-frequency generation. Nature，1989，337：519-525.

[93] Liu W-T，Shen Y R. In situ sum-frequency vibrational spectroscopy of electrochemical interfaces with surface plasmon resonance. Proc. Natl. Acad. Soc.，2014，111：1293.

[94] Ding S Y，Yi J，Li J F，Ren B，Wu D Y，Panneerselvam R，Tian Z Q. Nanostructure-based Plasmon-enhanced Raman spectroscopy for surface analysis of materials. Nat. Rev. Mater.，2016，1：16021.

[95] Stöckle R M，Shu Y D，Deckert V，Zenobi R. Nanoscale chemical analysis by tip-enhanced Raman spectroscopy. Chem. Phys. Lett.，2000，318：131-136.

[96] Anderson M S. Locally enhanced Raman spectroscopy with an atomic force microscope. Appl. Phys. Lett.，2000，76：3130.

[97] Hayazawa N，Inouye Y，Sekkat Z，Kawata S. Metallized tip amplification of near-field Raman scattering. Opt. Commun.，2000，183：333-336.

[98] Pettinger B，Picardi G，Schuster R，Ertl G. Surface enhanced Raman spectrocopy：Towards single molecular spectroscopy. Electrochemistry，2000，68：942-949.

[99] Li J F，Huang Y F，Ding Y，Yang Z L，Li S B，Zhou X S，Fan F R，Zhang W，Zhou Z Y，Wu D Y，Ren B，Wang Z L，Tian Z Q. Shell-isolated Nanoparticle-enhanced Raman spectroscopy. Nature，2010，464：392-395.

[100] Shpigel N，Levi M D，Sigalov S，Girshevitz O，Aurbach D，Daikhin L，Pikma P，Marandi M，Jänes A，Lust E，Jäckel N，Presser V. In situ hydrodynamic spectroscopy for structure characterization of porous energy storage electrodes. Nat. Mater.，2016，15：570-575.

[101] Fenter P，Sturchio N C. Mineral-water interfacial structures revealed by synchrotron X-ray scattering. Prog. Surf. Sci.，2004，77：171-258.

[102] Hugelmann M，Schindler W. Tunnel barrier height oscillations at the solid/liquid interface. Surf. Sci.，2003，541：L643-L648.

[103] Cleveland J P，Schaffer T E，Hansma P K. Probing oscillatory hydration potentials using thermal-mechanical noise in an atomic-force microscope. Phys. Rev. B，1995，52：R8692-R8695.

[104] Lu J R，Thomas R K. Neutron reflection from wet interfaces. J. Chem. Soc. Farad. Transact.，1998，94：995-1018.

[105] Fenter P，Sturchio N C. Mineral-water interfacial structures revealed by synchrontron X-ray scattering. Prog. Surf. Sci.，2004，77：171-258.

[106] Yamamoto S, Andersson K, Bluhm H, Ketteler G, Starr D E, Schiros Th, Ogasawara H, Pettersson L G M, Salmeron M, Nilsson A. Hydroxyl-induced wetting of metals by water at near ambient conditions. J. Phys. Chem. C, 2007, 111: 7848-7850.

[107] Andersson K, Ketteler G, Bluhm H, Yamamoto S, Ogasawara H, Pettersson L G M, Salmeron M, Nilsson A. Autocatalytic water dissociation on Cu (110) at near ambient conditions. J. Am. Chem. Soc., 2008, 130: 2793-2797.

[108] Velasco-Velez J J, Wu C H, Pascal T A, Wan L W, Guo J, Prendergast D, Salmeron M. The structure of interfacial water on gold electrodes studied by X-ray absorption spectroscopy. Science, 2014, 346: 831-834.

[109] Hansen H A, Viswanathan V, Norskov J K. Unifying kinetic and thermodynamic analysis of 2 e^- and 4 e^- reduction of oxygen on metal surfaces. J. Phys. Chem. C, 2014, 118: 6706-6718.

[110] Bovensiepen U, Gahl C, Stähler J, Bockstedte M, Meyer M, Balett Fo, Scandolo S, Zhu X Y, Rubio A, Wolf M. A dynamic landscape from femtoseconds to minutes for excess electrons at ice-metal interfaces. J. Phys. Chem. C, 2009, 113: 979-988.

[111] Millot M, Coppari F, Rygg J R, Barrios A C, Hamel S, Swift D C, Eggert J H. Nanosecond X-ray diffraction of shock-compressed superionic water ice. Nature, 2019, 569: 251-255.

[112] Yang C, Chen J, Ji X, Pollard T P, Lv X, Sun C J, Hou S, Liu Q, Liu C, Qing T, Wang Y, Borodin O, Ren Y, Xu K, Wang C. Aqueous Li-ion battery enabled by halogen conversion-intercalation chemistry in graphite. Nature, 2019, 569: 245-250.

[113] Fucke K, Steed J W. X-ray and neutron diffraction in the study of organic crystalline hydrates. Water, 2010, 2: 333-350.

[114] Hunter R J, Stirling G C, White J W. Water dynamics in clays by neutron spectroscopy. Nature, 1971, 230: 192-194.

[115] Tulk C A, Molaison J J, Makhluf A, Manning C E, Klug D D. Absence of amorphous forms when ice is compressed at low temperature. Nature, 2019, 569: 542-545.

[116] Krepkiy D, Mihailescu M, Freites J A, Schow E V, Worcester D L, Gawrisch K, Tobias D J, White S H, Swartz K J. Structure and hydration of membranes embedded with voltage-sensing domains. Nature, 2009, 462: 473-479.

[117] Yang J, Wang D, Han H, Li C. Roles of cocatalysts in photocatalysis and

photoelectrocatalysis. Acc. Chem. Res., 2013, 46: 1900-1909.

[118] Bard A J, Fox M A. Artificial photosynthesis: Solar splitting of water to hydrogen and oxygen. Acc. Chem. Soc., 1995, 28: 141-145.

[119] Martin D J, Liu G, Moniz S J A, Bi Y, Beale A M, Ye J, Tang J. Efficient visible driven photocatalyst, silver phosphate: Performance, understanding and perspective. Chem. Soc. Rev., 2015, 44: 7808-7828.

[120] Wang Z, Li C, Domen K. Recent developments in heterogeneous photocatalysts for solar-driven overall water splitting. Chem. Soc. Rev., 2019, 48: 2109-2125.

[121] (a) Nakada A, Higashi M, Kimura T, Suzuki H, Kato D, Okajima H, Yamamoto T, Saeki A, Kageyama H, Abe R. Band engineering of double-layered sillen-aurivillius perovskite oxychlorides for visible-light-driven water splitting. Chem. Mater. 2019, 31: 3419-3429.

(b) Hikita Y, Nishio K, Seitz L C, Chakthranont P, Tachikawa T, Jaramillo T F, Hwang H Y. Band edge engineering of oxide photoanodes for photoelectrochemical water splitting: Integration of subsurface dipoles with Atomic-scale control. Adv. Energy Mater., 2016, 6: 1502154.

[122] Nozik A J, Beard M C, Luther J M, Law M, Ellingson R J, Johnson J C. Semiconductor quantum dots and quantum dot arrays and applications of multiple exciton generation to thirdGeneration photovoltaic solar cells. Chem. Rev., 2010, 110: 6873-6890.

[123] Furukawa H, Cordova K E, O'Keeffe M, Yaghi O M. The chemistry and applications of metal-organic frameworks. Science, 2013, 341: 1230444.

[124] Xiao J D, Jiang H L. Metal-organic frameworks for photocatalysis and photothermal catalysis. Acc. Chem. Res., 2019, 52: 356-366.

[125] Fang X, Shang Q, Wang Y, Jiao L, Yao T, Li Y, Zhang Q, Luo Y, Jiang H L. Single Pt atoms confined into a metal-organic framework for efficient photocatalysis. Adv. Mater., 2018, 30: 1705112.

[126] Heck K N, Garcia-Segura S, Westerhoff P, Wong M S. Catalytic converters for water treatment. Acc. Chem. Res., 2019, 52: 906-915.

[127] Zhang X, Qin J, Hao R, Wang L, Shen X, Yu R, Limpanart S, Ma M, Liu R. carbon-doped ZnO nanostructures: Facile synthesis and visible light photocatalytic applications. J. Phys. Chem. C, 2015, 119: 20544-20554.

[128] Asahi R, Morikawa T, Ohwaki T, Aoki K, Taga K. Visible-light photocatalysis in

nitrogen-doped titanium oxides. Science，2001，293：269-271.

[129] Di J，Xia J，Ji M，Wang B，Yin S，Zhang Q，Chen Z，Li H. Carbon quantum dots modified BiOCl ultrathin nanosheets with enhanced molecular oxygen activation ability for broad spectrum photocatalytic properties and mechanism insight. ACS Appl. Mater. Interfaces，2015，7：20111-20123.

[130] Jia X，Cao J，Lin H，Chen Y，Fu W，Chen S. One-pot synthesis of novel flower-like $BiOBr_{0.9}I_{0.1}$/BiOI heterojunction with largely enhanced electron-hole separation efficiency and photocatalytic performances. J. Mol. Catal. A：Chem.，2015，409：94-101.

[131] Benjwal P，Kar K K. Simultaneous photocatalysis and adsorption based removal of inorganic and organic impurities from water by titania/activated carbon/carbonized epoxy nanocomposite. J. Environ. Chem. Eng.，2015，3：2076-2083.

[132] Wang H，Dong S，Chang Y，Faria J L. Enhancing the photocatalytic properties of TiO_2 by coupling with carbon nanotubes and supporting gold. J. Hazard. Mater.，2012，235：230-236.

[133] Chen X，Liu L，Peter Y Y，Mao S S. Increasing solar absorption for photocatalysis with black hydrogenated titanium dioxide nanocrystals. Science，2011，331：746-750.

[134] Wang G，Wang H，Ling Y，Tang Y，Yang X，Fitzmorris R C，Wang C，Zhang J Z，Li Y. Hydrogen-treated TiO_2 nanowire arrays for photoelectrochemical water splitting. Nano Lett.，2011，11：3026-3033.

[135] Voiry D，Shin H S，Loh K P，Chhowalla M. Low-dimensional catalysts for hydrogen evolution and CO_2 reduction. Nat. Rev. Chem.，2018，2：0105.

[136] Zhou B W，Kong X H，Vanka S，Chu S，Ghamari P，Wang Y C，Pant N，Shih I S，Guo H，Mi Z T. Gallium nitride nanowire as a linker of molybdenum sulfides and silicon for photoelectrocatalytic water splitting. Nat. Commun.，2018，9：3856.

[137] Wang W，Chen J，Li C，Tian W. Achieving solar overall water splitting with hybrid photosystems of photosystem II and artificial photocatalysts. Nat. Commun.，2014，5：4647.

[138] Kanan M W，Nocera D G. In situ formation of an oxygen-evolving catalyst in neutral water containing phosphate and Co^{2+}. Science，2008，321：1072.

[139] Reece S Y，Hamel J A，Sung K，Jarvi T，Esswein A J，Pijpers J J H，Nocera D G. Wireless solar water splitting using silicon-based semiconductors and earth-abundant catalysts. Science，2011，334：645.

[140] Liu C，Colón B C，Ziesack M，Silver P A，Nocera D G. Water splitting-biosynthetic system with CO_2 reduction efficiencies exceeding photosynthesis. Science，2016，352：1210.

[141] Dan-Hardi M，Serre C，Frot T，Rozes L，Maurin G，Sanchez C，Férey G. A new photoactive crystalline highly porous titanium（Ⅳ）dicarboxylate. J. Am. Chem. Soc.，2009，131：10857-10859.

[142] Fu Y，Sun D，Chen Y，Huang R，Ding Z，Fu X，Li Z. An amine-functionalized titanium metal-organic framework photocatalyst with visible light-induced activity for CO_2 reduction. Angew. Chem. Int. Ed.，2012，124：3420-3423.

[143] Diercks C S，Liu Y，Cordova K E，Yaghi O M. The role of reticular chemistry in the design of CO_2 reduction catalysts. Nat. Mater.，2018，17：301-307.

[144] Niu K，Xu Y，Wang H，Ye R，Xin H L，Lin F，Tian C，Lum Y，Bustillo K C，Doeff M M，Koper M T M，Ager J，Xu R，Zheng H. A spongy nickel-organic CO_2 reduction photocatalyst for nearly 100% selective CO production. Sci. Adv.，2017，3：e1700921.

[145] Hunter B M，Gray H B，Müller A M. Earth-abundant heterogeneous water oxidation catalysts. Chem. Rev.，2016，116（22）：14120-14136.

[146] Hinnemann B，Moses P G，Bonde J，Jørgensen K P，Nielsen J H，Horch S，Chorkendorff I，Nørskov J K. Biomimetic hydrogen evolution： MoS_2 nanoparticles as catalyst for hydrogen evolution. J. Am. Chem. Soc.，2005，127（15）：5308-5309.

[147] Ding Q，Song B，Xu P，Jin S. Efficient electrocatalytic and photoelectrochemical hydrogen generation using MoS_2 and related compounds. Chem.，2016，1（5）：699-726.

[148] Zhang G，Liu H，Qu J，Li J. Two-dimensional layered MoS_2：Rational design，properties and electrochemical applications. Energy. Environ. Sci.，2016，9（4）：1190-1209.

[149] Zeng M，Li Y. Recent advances in heterogeneous electrocatalysts for the hydrogen evolution reaction. J. Mater. Chem. A.，2015，3（29）：14942-14962.

[150] Kim J S，Kim B，Kim H，Kang K. Recent progress on multimetal oxide catalysts for the oxygen evolution reaction. Adv. Energ. Mater.，2018，8（11）：1702774.

[151] Song F，Bai L，Moysiadou A，Lee S，Hu C，Liardet L，Hu X. Transition metal oxides as electrocatalysts for the oxygen evolution reaction in alkaline solutions：An application-inspired renaissance. J. Am. Chem. Soc.，2018，140（25）：7748-7759.

[152] Suen N T, Hung S F, Quan Q, Zhang N, Xu Y J, Chen H M. Electrocatalysis for the oxygen evolution reaction: Recent development and future perspectives. Chem. Soc. Rev., 2017, 46 (2): 337-365.

[153] Rossmeisl J, Qu Z W, Zhu H, Kroes G J, Nørskov J K. Electrolysis of water on oxide surfaces. J. Electroanal. Chem., 2007, 607 (1-2): 83-89.

[154] Suntivich J, May K J, Gasteiger H A, Goodenough J B, Shao-Horn Y. A perovskite oxide optimized for oxygen evolution catalysis from molecular orbital principles. Science, 2011, 334 (6061): 1383-1385.

[155] Mefford J T, Rong X, Abakumov A M, Hardin W G, Dai S, Kolpak A M, Johnston K P, Stevenson K J. Water electrolysis on $La_{1-x}Sr_xCoO_{3-\delta}$ perovskite electrocatalysts. Nat. Commun., 2016, 7: 11053.

[156] Wu T, Sun S, Song J, Xi S, Du Y, Chen B, Sasangka W A, Liao H, Gan C L, Scherer G G, Zeng L, Wang H, Li H, Grimaud A, Xu Z J. Iron-facilitated dynamic active-site generation on spinel $CoAl_2O_4$ with self-termination of surface reconstruction for water oxidation. Nat. Catal., 2019, 2: 763-772.

[157] Grimaud A, Hong W T, Shao-Horn Y, Tarascon J M. Anionic redox processes for electrochemical devices. Nat. Mater., 2016, 15 (2): 121-126.

[158] Roy C, Sebok B, Scott S B, Fiordaliso E M, Sørensen J E, Bodin A, Trimarco D B, Damsgaard C D, Vesborg P C K, Hansen O, Stephens I E L, Kibsgaard J, Chorkendorff I. Impact of nanoparticle size and lattice oxygen on water oxidation on $NiFeO_xH_y$. Nat. Catal., 2018, 1 (11): 820-829.

[159] Huang Z-F, Song J, Du Y, Xi S, Dou S, Nsanzimana J M V, Wang C, Xu Z J, Wang X. Chemical and structural origin of lattice oxygen oxidation in Co-Zn oxyhydroxide oxygen evolution electrocatalysts. Nat. Energ., 2019, 4 (4): 329-338.

[160] Fabbri E, Nachtegaal M, Binninger T, Cheng X, Kim B J, Durst J, Bozza F, Graule T, Schaublin R, Wiles L, Pertoso M, Danilovic N, Ayers K E, Schmidt T J. Dynamic surface self-reconstruction is the key of highly active perovskite nano-electrocatalysts for water splitting. Nat. Mater., 2017, 16 (9): 925-931.

[161] Jiang H, He Q, Li X, Su X, Zhang Y, Chen S, Zhang S, Zhang G, Jiang J, Luo Y, Ajayan P M, Song L. Tracking structural self-reconstruction and identifying true active sites toward cobalt oxychloride precatalyst of oxygen evolution reaction. Adv. Mater., 2019, 31 (8): e1805127.

[162] Song S, Zhou J, Su X, Wang Y, Li J, Zhang L, Xiao G, Guan C, Liu R, Chen

S, Lin H J, Zhang S, Wang J Q. Operando X-ray spectroscopic tracking of self-reconstruction for anchored nanoparticles as high-performance electrocatalysts towards oxygen evolution. Energy. Environ. Sci., 2018, 11: 2945.

[163] Su X, Wang Y, Zhou J, Gu S, Li J, Zhang S. Operando spectroscopic identification of active sites in NiFe prussian blue analogues as electrocatalysts: Activation of oxygen atoms for oxygen evolution reaction. J. Am. Chem. Soc., 2018, 140 (36): 11286-11292.

[164] Trasatti S. Water electrolysis: Who first? J. Electroanalyt. Chem., 1999, 476: 90-91.

[165] Schroder V, Emonts B, Janssen H, Schulze H P. Explosion limits of hydrogen/oxygen mixtures at initial pressures up to 200 bar. Chem. Eng. Technol., 2004, 27: 847-851.

[166] Dönitz W, Erdle E. High-temperature electrolysis of water vapor-status of development and perspectives for application. Int. J. Hydrogen Energy, 1985, 10: 291-295.

[167] Laguna-Bercero M A. Recent advances in high temperature electrolysis using solid oxide fuel cells: A review. J. Power Source, 2012, 203: 4-16.

[168] Russell J H, Nuttall L J, Fickett A P. Hydrogen generation by solid polymer electolyte water electrolysis. J. Am. Chem. Soc. Div. Fuel Chem. Prep., 1973, 18: 24-40.

[169] Carmo M, Fritz D L, Mergel J, Stolten D. A comprehensive review on PEM water electrolysis. Int. J. Hydrogen Energy, 2013, 38: 4901-4934.

[170] Chaplin B P. The prospect of electrochemical technologies advancing worldwide water treatment. Acc. Chem. Res., 2019, 52: 596-604.

[171] Angamuthu R, Byers P, Lutz M, Spek A L, Bouwman E. Electrocatalytic CO_2 conversion to oxalate by a copper complex. Science, 2010, 327: 313-315.

[172] Asadi M, Kim K, Liu C, Addepalli A V, Abbasi P, Yasaei P, Phillips P, Behranginia A, Cerrato J M, Haasch R, Zapol P, Kumar B, Klie R F, Abiade J, Curtiss L A, Salehi-Khojin A. Nanostructured transition metal dichalcogenide electrocatalysts for CO_2 reduction in ionic liquid. Science, 2016, 353: 467-470.

[173] Malerod-Fjeld H, Clark D, Yuste-Tirados I, Zanon R, Catalan-Martinez D, Beeaff D, Morejudo S H, Vestre P K, Norby T, Haugsrud R, Serra J M, Kjolseth C. Thermo-electrochemical production of compressed hydrogen from methane with near-zero energy loss. Nature Energy, 2017, 2: 923-931.

[174] Wismann S T, Engbaek J S, Vendelbo S B, Bendixen F B, Eriksen W L, Aasberg-Petersen K, Frandsen C, Chorkendorff I, Mortensen P M. Electrified methane reforming: A compact approach to greener industrial hydrogen production. Science,

2019，364：756-759.

[175] Yu K M K，Tong W Y，West A，Cheung K，Li T，Smith G，Guo Y L，Tsang S C E. Non-syngas direct steam reforming of methanol to hydrogen and carbon dioxide at low temperature. Nat. Commun.，2012，3：1230.

[176] Xu S J，Chansai S，Stere C，Inceesungvorn B，Goguet A，Wangkawong K，Taylor S F R，Al-Janabi N，Hardacre C，Martin P A，Fan X L. Sustaining metal-organic frameworks for water-gas shift catalysis by non-thermal plasma. Nat. Catal.，2019，2：142-148.

[177] Yao S Y，Zhang X，Zhou W，Gao R，Xu W Q，Ye Y F，Lin L L，Wen X D，Liu P，Chen B B，Crumlin E，Guo J H，Zuo Z J，Li W Z，Xie J L，Lu L，Kiely C J，Gu L，Shi C，Rodriguez J A. D. Ma，Science，2017，357：389-393.

[178] Becke R D，Maroni P，Papageorgopoulos D C，Dang T T，Schmid M P，Rizzo T R. vibrational mode-specific reaction of methane on a nickel surface. Science，2003，302：98-100.

[179] Hundt P M，Jiang B，van Reijzen M E，Guo H，Beck R D. Vibrationally promoted dissociation of water on Ni（111）. Science，2014，344：504-507.

[180] Fang Y-L，Miller J T，Guo N，Heck K N，Alvarez P J，Wong M S. Structural analysis of palladium-decorated gold nanoparticles as colloidal bimetallic catalysts. Catal. Today，2011，160：96-102.

[181] Nelson R C，Miller J T. An introduction to X-ray absorption spectroscopy and its in situ application to organometallic compounds and homogeneous catalysts. Catal. Sci. Technol.，2012，2：461-470.

[182] Pretzer L A，Song H J，Fang Y L，Zhao Z，Guo N，Wu T，Arslan I，Miller J T，Wong M S. Hydrodechlorination catalysis of Pd-on-Au nanoparticles varies with particle size. J. Catal.，2013，298：206-217.

[183] Liang S，Hao C，Shi Y. The power of single-atom catalysis. Chemcatchem，2015，7（17）：2559-2567.

[184] Yang X F，Wang A Q，Qiao B T，Li J，Liu J Y，Zhang T. Single-atom catalysts：A new frontier in heterogeneous catalysis. Acc. Chem. Res.，2013，46（8）：1740-1748.

[185] Wang A，Li J，Zhang T. Heterogeneous single-atom catalysis. Nat. Rev. Chem.，2018，2（6）：65-81.

[186] Chen Y，Ji S，Chen C，Peng Q，Wang D，Li Y. Single-atom catalysts：Synthetic strategies and electrochemical applications. Joule，2018，2（7）：1242-1264.

[187] Liu Y W, Li Z, Yu Q Y, Chen Y F, Chai Z W, Zhao G F, Liu S J, Cheong W C, Pan Y, Zhang Q H, Gu L, Zheng L R, Wang Y, Lu Y, Wang D S, Chen C, Peng Q, Liu Y Q, Liu L M, Chen J S, Li Y D. A general strategy for fabricating isolated single metal atomic site catalysts in Y zeolite. J. Am. Chem. Soc., 2019, 141 (23): 9305-9311.

[188] Yan X, Liu D, Cao H, Hou F, Liang J, Dou S X. Nitrogen reduction to ammonia on atomic - scale active sites under mild conditions. Small Methods, 2019, 3 (9): 1800501.

[189] Mitchell S, Vorobyeva E, Perez-Ramirez J. The multifaceted reactivity of single-atom heterogeneous catalysts. Angew. Chem. Int. Ed., 2018, 57 (47): 15316-15329.

[190] Qiao B, Wang A, Yang X, Allard L F, Jiang Z, Cui Y, Liu J, Li J, Zhang T. single-atom catalysis of CO oxidation using Pt/FeO*x*. Nat. Chem., 2011, 3 (8): 634-641.

[191] Hansen P L, Wagner J B, Helveg S, Rostrup-Nielsen J R, Clausen B S, Topsoe H. Atom-resolved imaging of dynamic shape changes in supported copper nanocrystals. Science, 2002, 295: 2053-2055.

[192] Nolte P, Stierle A, Jin-Phillipp N Y, Kasper N, Schulli T U, Dosch H. Shape changes of supported Rh nanoparticles during oxidation and reduction cycles. Science, 2008, 321: 1654-1658.

[193] Tao F, Grass M E, Zhang Y, Butcher D R, Renzas J R, Liu Z, Chung J Y, Mun B S, Salmeron M, Somorjai G. A reaction-driven restructuring of Rh-Pd and Pt-Pd Core-shell nanoparticles. Science, 2008, 322: 932-934.

[194] Tao F, Dag S, Wang L W, Liu Z, Butcher D R, Bluhm H, Salmeron M, Somorjai G A. Break-up of stepped platinum catalyst surfaces by high CO coverage. Science, 2010, 327: 850-853.

[195] Zheng H M, Smith R K, Jun Y W, Kisielowski C, Dahmen U, Alivisatos A P. Observation of single colloidal platinum nanocrystal growth trajectories. Science, 2009, 324: 1309-1312.

[196] Liao H G, Cui L K, Whitelam S, Zheng H M. Real-time imaging of Pt_3Fe nanorod growth in solution. Science, 2012, 336: 1011-1014.

[197] Liao H G, Zherebetskyy D, Xin H L, Czarnik C, Ercius P, Elmlund H, Pan M, Wang L W, Zheng H M. Facet development during platinum nanocube growth. Science, 2014, 345: 916-919.

[198] Mirsaidov U, Mokkapati V R S S, Bhattacharya D, Andersen H, Bosman M,

Ozyilmaz B, Matsudaira P. Scrolling graphene into nanofluidic channels. Lab Chip, 2013, 13: 2874-2878.

[199] Smeets P J M, Cho K R, Kempen R G E, Sommerdijk N A J M, De Yoreo J J. Calcium carbonate nucleation driven by ion binding in a biomimetic matrix revealed by in situ electron microscopy. Nat. Mater., 2015, 14: 394-399.

[200] Chee S W, Pratt S H, Hattar K, Duquette D, Ross F M, Hull R. Studying localized corrosion using liquid cell transmission electron microscopy. Chem. Comm., 2015, 51: 168-171.

[201] Loh N D, Sen S, Bosman M, Tan S F, Zhong J, Nijhuis C A, Král P, Matsudaira P, Mirsaidov U. Multistep nucleation of nanocrystals in aqueous solution. Nat. Chem., 2017, 9: 77-82.

[202] Meng J, Hou C, Wang H, Chi Q, Gao Y, Zhu B. Oriented attachment growth of monocrystalline cuprous oxide nanowires in pure water. Nanoscale Adv., 2019, 1: 2174-2179.

[203] Mnih V, Kavukvuoglu K, Silver D, Rusu A A, Veness J, Bellemare M G, Graves A, Riedmiller M, Fidjeland A K, Ostrovski G, Petersen S, Beattie C, Sadik A, Antonoglou I, King H, Kumaran D, Wierstra D, Legg S, Hassabis D. Human-level control through deep reinforcement learning. Nature, 2015, 518: 529-533.

[204] Chouard T. The Go Files: AI Computer Wraps up 4-1 Victory against Human Champion. Nature, 2016, March 15.

[205] Gibney E. What Google's winning go algorithm will do next? Nature, 2016, 531: 284-285.

[206] Melko R G, Carleo G, Carrasquilla J, Cirac J I. Restricted boltzmann machines in quantum physics. Nat. Phys., 2019, https://doi.org/10.1038/s41567-019-0545-1.

[207] Butler K T, Davies D W, Cartwright H, Isayev O, Walsh A. Machine learning for molecular and materials science. Nature, 2018, 559: 547-555.

[208] Ekins S, Puhl A C, Zorn K M, Lane T R, Russo D P, Klein J J, Hickey A J, Clark A M. Exploiting machine learning for end-to-end drug discovery and development. Nat. Mater., 2019, 18: 435-441.

[209] Cristiano S, Leal A, Phallen J, Fiksel J, Adleff V, Bruhm D C, Jensen S Ø, Medina J E, Hruban C, White J R, Palsgrove D N, Niknafs N, Anagnostou V, Forde P, Naidoo J, Marrone K, Brahmer J, Woodward B D, Husain H, van Rooijen K L, Ørntoft M-B W, Madsen A H, van de Velde C J H, Verheij M, Cats

A, Punt C J A, Vink G R, van Grieken N C T, Koopman M, Fijneman R J A, Johansen J S, Nielsen H J, Meijer G A, Andersen C L, Scharpf R B, Velculescu V E. Genome-wide cell-free DNA fragmentation in patients with cancer. Nature, 2019, 570: 385-389.

[210] Davis I W. The digitization of organic synthesis. Nature, 2019, 570: 175-181.

[211] Belthangady C, Royer L A. Applications, promises, and pitfalls of deep learning for fluorescence image reconstruction. Nat. Methods, 2019, https://doi.org/10.1038/s41592-019-0458-z.

[212] Zhu B, Xu Z, Wang C L, Gao Y. Shape evolution of metal nanoparticles in water vapor environments. Nano Lett., 2016, 16: 2628-2632.

[213] Jiang Y, Li H, Wu Z, Ye W, Zhang H, Wang Y, Sun C, Zhang Z. In Situ observation of hydrogen-induced surface faceting for palladium-copper nanocrystals at atmospheric pressure. Angew. Chem. Int. Ed., 2016, 55: 12427-12430.

[214] Duan M, Yu J, Meng J, Zhu B, Wang Y, Gao Y. Reconstruction of supported metal nanoparticles in reaction conditions. Angew. Chem. Int. Ed., 2018, 57: 6464-6469.

[215] Ben-Amotz D. Hydration-shell vibration spectroscopy. J. Am. Chem. Soc., 2019, 141: 10569-10580.

[216] Wen L, Zhang X, Tian Y, Jiang L. Quantum-confined superfluid: From nature to artificial. Sci. Chin. Mater., 2018, 61: 1027-1032

[217] Zhang Z, Li X, Yin J, Xu Y, Fei W, Xue M, Wang Q, Zhou J, Guo W. Emerging hydrovoltaic technology. Nat. Nanotechnol., 2018, 13: 1109-1119.

4.6 生物结合水的功能、结构与动力学

叶树集 李传召 裴若琪 张佳慧 谈军军 罗 毅

4.6.1 背景和重要性

生物分子结合水，作为水的一种重要的存在状态，是指受限于蛋白质、酶、DNA、RNA 或细胞膜等生物分子紧邻的溶剂化层内的水分子（图 4.6.1）[1-4]。自从 20 世纪 50 年代 Watson 和 Crick 发现水合作用对于 DNA 构型至关重要以来[5]，越来越多证据表明生物结合水已经成为生命活动中不可或缺的有机组成部分，其在维护生物大分子的结构、稳定性以及调控动力学性质和生理功能等方面起着决定性的作用[4, 6-9]。以蛋白质为例，蛋白质作为生命体执行特定生理功能的分子机器，其与水分子的相互作用直接控制着许多与蛋白质功能相关的过程，比如，与蛋白质结合的水分子（简称结合水）的行为不仅直接影响到蛋白质折叠构象转变的途径与速率，还调控着蛋白质玻璃化温度转变、离子通道开关、质子和能量转移、蛋白-蛋白识别、配体和药物结合、酶催化等关键过程[7, 10, 11]。水与蛋白质的相互作用被认为是球状蛋白质特异性底物结合和链动力学的主要决定因素[12]。对于许多蛋白质而言，水合作用必须达到一定程度，其功能才能正常实现。此外，细胞膜上的水分子为许多生物化学反应、离子传输、信息交换、基因调节、免疫应答、细胞组装等过程提供独特的环境，并影响着这些生物过程[13, 14]。

虽然生物结合水很重要，但我们对其了解甚少，目前存在两个有争议的概念："生物水"（biological water）和"生物分子附近的水"（water in biology）[15, 16]。"生物水"这个概念是 Nandi 和 Bagchi 在 1997 年提出来的，他们把生物分子溶剂化层中距离生物分子最近的水称为生物水。随着人们发现生物分子与其表面水两者的结构和动力学行为的密不可分，"生物水"这个概念也不断地被扩大。例如，Philip Ball 等人甚至把生物结合水认为是本身能够承载一定生物功能的特殊生物分子[17-19]。但是 Jungwirth 等人则对这个概念持不同的意见，认为并没有直接证据证明生物分子表面的水自身能够承载生物功能，细胞内"生物分子附近的水"承载生物功能仅仅是一种假设

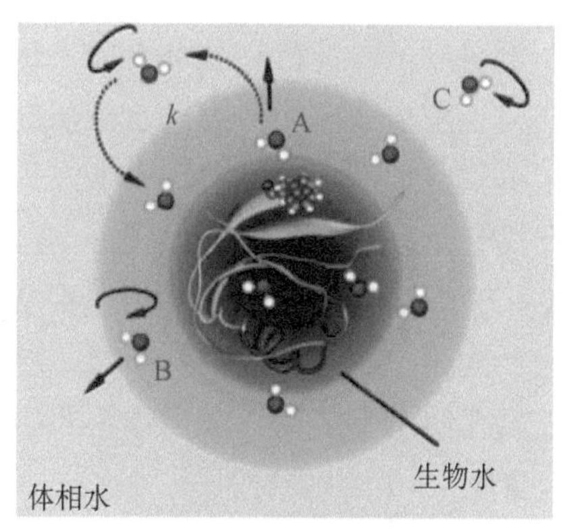

图 4.6.1　几种不同水合模式相关水分子示意图

A 对应着与表面结合的分子；虚线箭头表示动力学交换；字母 *k* 表示的是交换速率；
B 为水合层内的准自由水分子；C 则为体相水中的自由水分子[3]

状态，因而认为用"water in biology"这个概念更恰当[16]。此外，我们对生物结合水的认识还远远落后于对体相水的了解。原因主要有两方面。一方面，水具有非常复杂的氢键网络结构，这个网络结构每时每刻都在发生超快的断裂与再构过程，并与周围水分子产生协同作用，从而不仅影响到形成氢键水分子的 OH 伸缩振动频率，而且影响到近邻水分子以及远层水分子的氢键形态[20]。纯水中氢键的协同形成和断裂过程发生在数十飞秒到几皮秒的时间尺度内[21, 22]。氢键这种超快可再构行为为实现蛋白质折叠、溶剂化作用等生物过程提供了可能。另一方面，生物分子与水分子之间的相互作用非常微妙，水合层内水分子必须与生物分子有足够强的相互作用来保证生物分子的稳定，但又不能太强，以至于阻碍表面位点或抑制生物分子结构变化，导致与特定功能相关联的自由活化能的增加[23]。与此同时，生物分子表面组成很复杂，与水作用的界面涉及许多组分，有亲水基团，也有疏水基团，使得生物分子周围的水分子处于不同的环境中，而水氢键的结合能（约为 1～50kJ/mol）又取决于局部的几何构型以及氢键供给体之间相互作用的类型和强度[24]。理论上，极性基团倾向于直接与水分子作用，而非极性基团则会增强水分子之间的相互作用[25]。生物分子表面这种非均质化学特性，大大增加了生物分子与水分子之间相互作用的复杂性，使得生物结合水具有与体相水明显不同的动力学特性[8, 9, 26, 27]：相对于纯水，生物分子表面水分子的局域密度增加了 25%[28]；蛋白质等生物分子与水分子之间的氢键结构取代了体相水中的水-水氢键结构，从而阻止了生物结合水的结冰[29]；在体相水中，氢键连接的水分子之间的极化增加了偶极矩和介电常数，而生物体系中观察不到水分子氢键极化[27]；介电弛豫研究表明蛋白质水合层处的水分子动力学明显存在三个区域，而水相中只存在一个区域[2, 15]；水分子在水合层中的迁移率比体相水更低且移动方式有所区别。与纯水比较，水合层内的转动和平动均表现出反常的时间依赖性[30, 31]，生物水动力学变慢很多，主要表现在水合层水分子之间氢键断裂的平均速率比体相水中的断裂速率要慢，例如，球蛋白或含亲水基团的胶束表面上的水分子动力学慢 4～7 倍，含较大亲水尾巴的胶束周围的水分子甚至变慢 1～2 个数量级[32]。

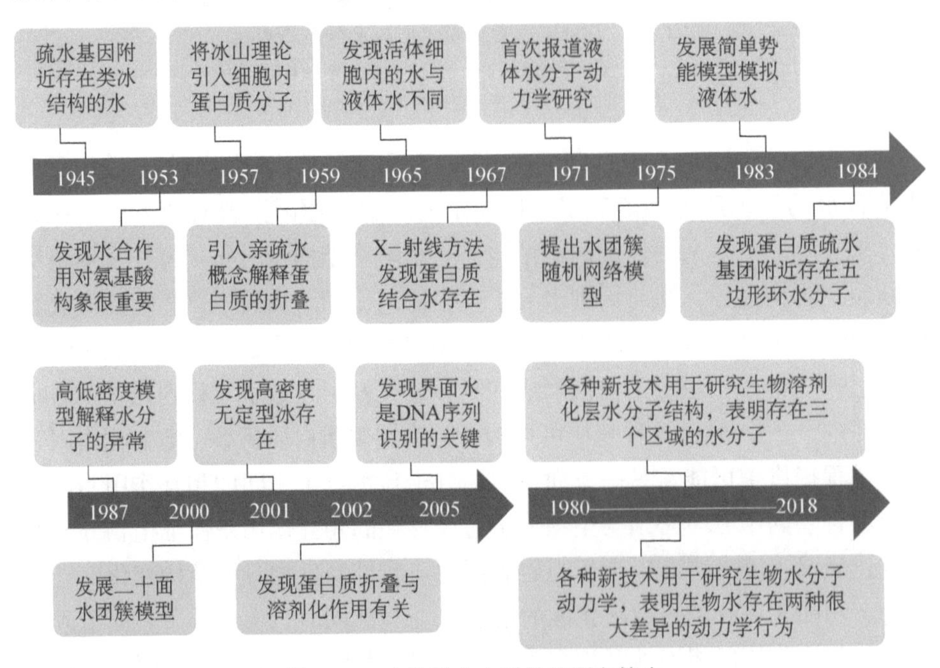

图 4.6.2　生物结合水科学的研究简史

正是因为生物结合水的复杂性以及其与体相水的差异，引起了人们对生物水研究的极大兴趣，已经成为当今新兴的重要科学前沿问题之一。借助于X-射线衍射、中子散射、介电弛豫、核磁共振、荧光光谱以及分子动力学模拟等技术[2, 10, 17, 33-39]，人们在不同时间和长度尺度上对结合水的功能、结构与动力学行为有了许多新的认识。目前人们主要从三方面开展生物结合水的研究：一是研究结合水对生物结构和功能的影响；二是研究生物分子周围的水分子结构；三是研究生物分子水合动力学。到现在为止，已经有许多优秀的综述概括生物结合水相关研究的进展[10, 17, 40, 41]，例如，Chaplin 列出了 2006 年前的生物水科学的简单历史（图 4.6.2）以及生物水在细胞生物学中的重要性[10]；2016 年 Biedermannova 综述了蛋白质和核酸水合作用的实验和理论研究工作[41]；2016 年 Garcia 等人在 *Chemical Reviews* 上综述了水对蛋白质结构和动力学的影响[11]；我国方海平等人总结了生物分子表面水的生物功能研究进展[42]；2017 年 Hynes 等人在 *Chemical Reviews* 和 *Structural Dynamics* 上系统总结了生物分子水合层内水分子结构与超快动力学的进展、存在的分歧和争议以及未来展望[43, 44]；2018 年 Sen 等人总结了 DNA 周围的水和离子动力学[45]。

鉴于已经有许多优秀综述的存在，为了更好地梳理生物结合水相关研究的关键科学问题，让国内更多的学者了解生物结合水的研究现状，本文将从三方面介绍该领域的发展动态，首先介绍结合水对生物结构和功能的影响，然后介绍生物分子周围的水分子结构研究情况，最后介绍生物分子水合动力学的研究进展。

4.6.2 研究现状

1. 生物结合水对生物结构和功能的影响

水作为生命之源，人们在宏观上认识到水对于生命的重要性，很早就有记载了，例如《列子・汤问》中“缘水而居，不耕不稼”这句话十分形象地概括了人类对水的依赖。李时珍在《本草纲目》中提到，药补不如食补，食补不如水补，水，乃百药之王，由此可见水对生命的重要性。然而，人们在微观上了解水对生物结构和功能的影响，则是近百年来的事情。基于核磁共振（NMR）、介电弛豫（DR）、中子散射、X 射线和超快光谱等技术，人们了解到生物结合水不仅仅作为溶剂在发挥作用，而且还是生物结构与功能的积极参与者，在诸多生物和细胞过程中扮演着核心角色，包括促进蛋白质折叠，影响错误折叠进程，作为结构的重要组成元素，维持蛋白质结构完整性，为生理和细胞过程提供独特环境，在生物信号传导中发挥离子通道的门控作用，发挥质子和电子传递媒介作用，调控分子识别和加速酶催化等。

1）对蛋白质折叠和错误折叠的影响

蛋白质是以氨基酸为基本单元构成的生物高分子。其一级结构指的是其氨基酸序列。通过残基间的相互作用，氨基酸序列能够迅速形成立体的三级结构，这个过程称为蛋白质折叠[46-49]。大多数的蛋白质都能自然折叠为一个特定的三维结构，这一特定结构被称为天然折叠状态。其折叠动力学主要是分子内氢键形成和亲疏水相互作用两种因素的平衡结果，并受蛋白质接触的强度和分布影响。折叠的时间尺度从微秒到秒变化。理论上蛋白质存在大量的可能构象，以 100 个氨基酸残基组成的蛋白质为例，假设每个氨基酸存在两种构象，则该蛋白质的总构象数目多达 2^{100}。倘若蛋白质寻找最低能态的构象一次耗时 1 飞秒，所有构象寻索一遍则需耗时 4 千万年，显然与蛋白质折叠时间尺度严重不符。这个悖论早在 1968 年就被 Levinthal 首次提出，后人称之为 Levinthal 悖论[50]。该悖论表明蛋白质折叠遵循特异性途径，也就是说折叠过程中只尝试有限数目的构象。而蛋白质折叠要能遵循特异性途径，其自由能面必须是一个只包含小能垒的多维漏斗式结构，这样依赖热扰动就能很容易地克服这些小能垒的障碍，寻找到最低能态，见图 4.6.3[10]。这就需要一个同时具有灵活性，可交换和可拓展性的联动机制来实现蛋白质折叠过程。而水分子调控的氢键结构则能满足这方面的需求。正如图 4.6.3 所示，在较低的水合程度条件下，蛋白质势能面存在许多坑坑洼洼，即存在很多局域的低能态，这些低能态有可能将蛋白质陷在不活跃的三维分子亚稳态构型中，从而使折叠过程无法顺利快速进行。相比之下，在足够高的水合程度条件下，势能面变得很光滑，这样就有利于蛋白质直接而快速地沿着某个特异性途径到达活跃的最低能态构象[46-48, 51]。由此可见，结合水对蛋白质折叠过程的重要性。

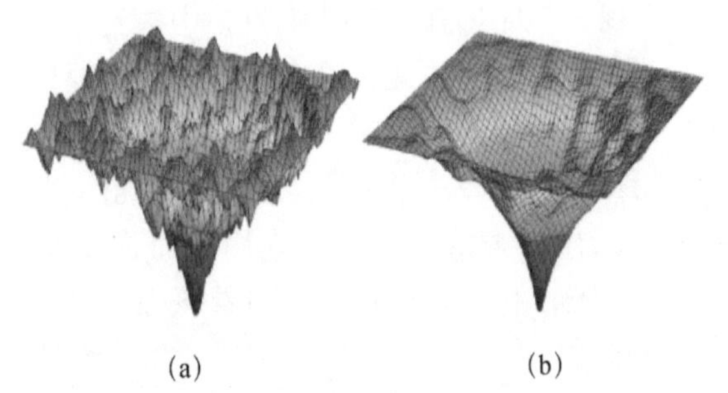

图 4.6.3　蛋白质折叠自由能面示意图[10]

未折叠的蛋白质处于较高能态（见红桔边缘），折叠过程降低能量，蛋白质沿着具有最低能态的结构转变（见深蓝的底端漏斗）。这些漏洞代表三维的能量形貌，但实际的能量形貌是多维的。（a）较低的水合程度情形；（b）足够高的水合程度情形

此外，结合水也在蛋白质的错误折叠过程中起到非常关键的作用[52, 53]。

水分子除了通过水合作用来保护无规则的多肽链和帮助其折叠外，它还能促进蛋白质的错误折叠，从而导致各种疾病的产生。如图 4.6.4 所示，在蛋白质聚集形成多形态纤维过程中，由于多肽内疏水残基之间的相互作用，即使是孤立的单体样品也呈现出倾向于形成表面附着具有不同数目水分子的聚合构象 N*，从而产生富含无规则蛋白质的液滴。聚集过程的驱动力主要来自水分子从水合层向体相的释放。这一释放过程对促进纤维的形成是有利的。富含蛋白质的液滴进一步聚集成核，形成原丝，进而自组装形成各种成熟的、且禁锢有水分子的淀粉样纤维。从这个角度来说，水分子直接参与了蛋白质的错误折叠过程。

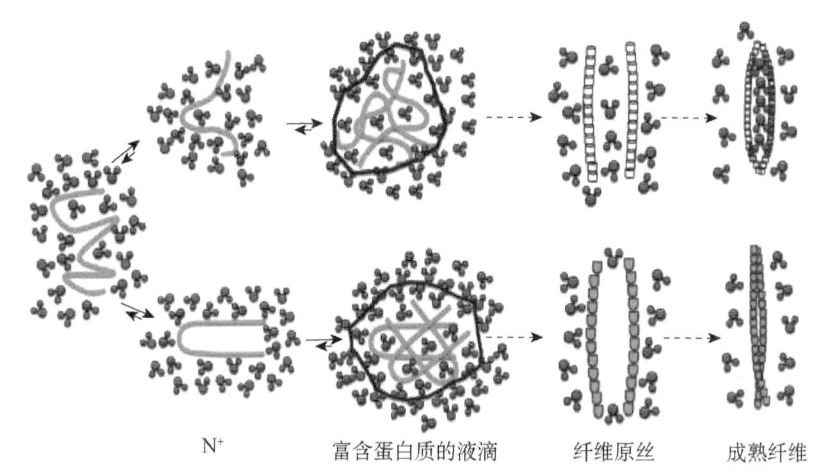

图 4.6.4　蛋白质聚集形成多形态纤维的机理示意图[53]

左侧为溶剂化状态下的多肽。水合层内水分子标记为红色，体相水分子标记为蓝色

2）在质子给予和迁移中的作用

质子传输通道是生物结合水最常见的一种用途，执行非常重要的生物功能。例如，A 型流感病毒跨膜 M2 蛋白的作用主要是引导质子进入病毒内部，酸化病毒内部环境，从而使病毒释放遗传物质至宿主细胞，指导宿主细胞中病毒的复制[54, 55]。质子传输主要有两种机理：Grotthuss 跳跃机理和搬运机理[56-58]。在 Grotthuss 跳跃机理中，来自水合质子的氢离子可以跳跃到邻近的水分子，而不是质子本身从溶液的一端搬运到另一端。因此，跳跃机理能够在纯水中产生异常快速的质子传输速度而最常见[56]。传输过程中，水分子的氢键链由支持质子迁入和穿过蛋白质的水线组成[59]。这种传输方式既能被动发生，也能通过蛋白质运动来控制进行。不过，需要指出的是，实际上质子的传递过

程往往比 Grotthuss 机制复杂得多[60]。最近 Kaila 小组在研究参与线粒体和细菌呼吸过程的生物能量转化酶复合体 I 的质子传输时发现[61]，质子泵运依赖于 NADH 和醌类之间电子传递耦合的氧化还原反应来驱动，在三个类反向转运蛋白亚基的水合作用协同下，形成复合物膜结构域中的瞬态质子传输水通道。由此可见，水门控转变可能为生物能量转化酶中质子泵送提供一个通用的机制。Goyal 小组的研究则展示了水合作用如何调控和协助质子传递行为[62]。他们发现谷氨酸残基承担了临时质子供体的角色（图 4.6.5），其质子亲和力的强弱受到内部疏水腔中水合程度的调控。相应地，该水合作用又受到 10Å 以外的血红素基团上取代基质子化程度的控制，其质子化后可触发一段环结构的运动，由此守卫着通道的入口。此外，最近 Bondar 等人发现光系统Ⅱ（PSⅡ）亚基 PsbO 蛋白表面附近有参与质子传递过程的低迁移率水分子[63]，并构成延伸水-羧酸盐网络结构的一部分（图 4.6.6）。其中一些水分子或许还会协助 PsbO 锚定到 PSII 络合物中。这种络合物本身就拥有一层能够容纳不少于 1300 个水分子的水合层[64]。这些水分子有可能为质子传递提供多条氢键通道以及作光解之用。总的来说，蛋白质精心编排水合层水分子，并用以控制质子化反应，是生物体中相当普遍的一种现象。

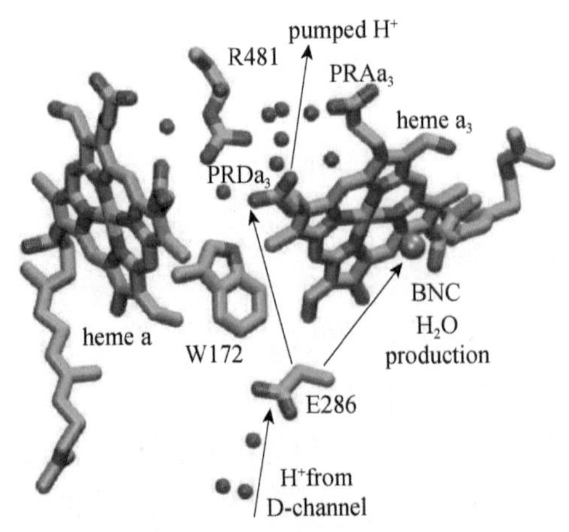

图 4.6.5　细胞色素 c 氧化酶疏水腔附近的关键残基和从谷氨酸残基出发和到达的质子通道示意图[62]

其中，谷氨酸残基 E286 被认为在质子运输过程中起着关键性的角色；BNC（binuclear center）为双核金属活性中心，由高自旋的亚铁血红素 a_3 与铜金属催化中心（CuB）组成；$PRDa_3$（propionate D of heme a_3）为高自旋的亚铁血红素 a_3 丙酸 $PRAa_3$；heme a 为低自旋的亚铁血红素 a；heme a_3 为高自旋的亚铁血红素 a_3；R481 和 W172 分别为第 481 位的精氨酸和 172 位的色氨酸

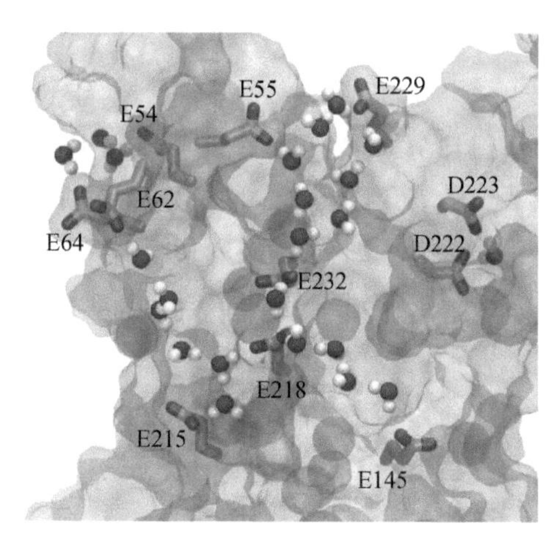

图 4.6.6　光系统Ⅱ亚基 PsbO 蛋白表面上特定羧酸盐/水连接桥示意图[63]

E 和 D 分别代表谷氨酸和天冬氨酸

水分子除了提供质子和协助质子转移外，水合氢离子还能促进酸离子通道多肽分子跨越细胞膜[65]，还能调控病毒蛋白质的通道结构[66]。最近我们研究生物膜上 A 型流感病毒跨膜 M2 蛋白 pH 响应时发现，取决于不同的膜结构与环境，M2 蛋白可以通过解螺旋结构或旋转自身的螺旋轴来实现质子通道的开放与关闭[66]。

3）在配体结合和药物设计中的作用

结合水在生物分子识别中的结构参与，使得其在药物设计中展现出非常大的潜在价值。一般情况下，水分子网络会因配体结合而发生重排/取代作用。配体与生物分子结合的效率受到水合作用动力学的影响，遵循受体和配体结合的焓熵补偿机制（enthalpy/entropy compensation）[67]。化学过程的方向性由热力学第二定律决定。在封闭系统中，反应进行的方向是整个系统自由能下降的方向，而自由能由熵和焓两部分组成。药物起作用的一个关键步骤是与目标靶点以足够强度结合，以保证在安全剂量下能阻断/激活足够量的靶点。人们早就发现在药物分子改造过程中增加配体与靶点之间相互作用（增加焓）通常是以熵损失为代价，自由能并无收益，即所谓的熵焓补偿现象[67]。例如，Krimmer 等人研究蛋白质-配体复合物的水合特性时发现，优化覆盖嗜热菌蛋白酶疏水抑制剂的水层，可以提升焓对自由结合能的贡献[68]。太赫兹光谱研究结果也表明[12]，膜型基质金属蛋白酶（Membrane Type 1-Matrix Metalloproteinase，MT1-MMP）在底物靠近活性位点时可建立一个动力学梯度，形成“补水漏斗”，从而通过降低结合过程所需的熵来引导分子进行识别。这里，太赫兹光谱测量的是溶剂运动涉及的水分子集体振动模式。其测量的动力学可以延展到距离蛋白表面至少 10Å 处的蛋白水合外层。需要指出的是，配体与生物分子结合过程比较复杂，目前尚难完全从热力学角度进行精确分析。但在实际应用上，利用水介导的相互作用来进行合理的配体与药物设计已经成为可能。例如，前面提到的 A 型流感病毒跨膜 M2 蛋白构成的离子通道中，一些亲水的氨基酸残基面向通道内部，使得通道内部的亲水性增大，稳定通道中的结合水。这些水分子网络把控着质子传导的大门[59, 69, 70]。一旦药物与 M2 蛋白质通道特定位点结合，将阻碍质子的流动，从而无法形成病毒复制所必需的酸性环境。最近，Giant 等人研究了抑制性药物如何与质子通道进行靶向作用。他们的研究结果表明已知的抑制剂可以与通道结合，从而破坏用于质子传输的水分子簇。通过计算 M2 处于不同位点的孔阻滞剂的热力学参数，他们发现有效的配体支架可模仿水分子簇的轮廓，并具有水簇与蛋白质之间的相互作用效果[71]。通过分析超过 2000 种水合与非水合的配体-受体复合物的晶体结构（包括许多药物），García-Sosa 发现，水分子的桥接是实现紧密结合的有效靶点[72]。Neidle 等人也发现 DNA 双序列 d（CGCGAATTCGCG）$_2$ 小沟附近存在一个由 11 个水分子组成的水团簇，该团簇帮助三种不同的小分子配体与 DNA 小沟结合[73]。

4）在变构效应中的作用

水分子不仅有助于蛋白-蛋白、蛋白-配体作用的识别与锚定，也在蛋白质变构效应中发挥关键作用。变构效应是寡聚蛋白与配基结合改变蛋白质构象，导致蛋白质生物活性改变的现象，其在调节生命活动中起很重要的作用[74]。例如，不等壳毛蚶这种软体动物的血红蛋白亚基界面含有 17 个排列规整的水分子，氧合作用时会失去 6 个规整排列的界面水分子。这些水分子作为一种传输单元，在协同氧气结合、促进亚基间变构通讯过程中扮演着重要角色。水分子簇能够帮助蛋白稳定在低亲和力的状态，而缺少两个来自该水簇的氢键的突变体则倾向于采取具有高亲和力的构象。因此，因氧气与其中一个野生型亚基结合而导致界面水分子的减少有助其过渡到另一个亚基的高亲和力构象[75]。又例如，在六聚体多畴结构的谷氨酸脱氢酶中，疏水口袋的开关伴随着袋子的干湿变化，而在亲水的缝隙中，水分子的结合与解离则伴随着其长度的变化[76]。这两种水合作用的变化耦合在一起，为大规模的构象变化制造一种“液压”机构。Buchli 等人探测到变构模型物质 PDZ 蛋白质水合作用过程中变构效应的时间依赖性[77]。通过在蛋白质的结合沟中引入偶氮苯光开关，蛋白质能够通过光诱导异构化来控制构象变化，如同配体结合方式一样打开该结合沟。快速红外光谱显示，偶氮苯异构转变后，光开关附近的水密度会立即发生变化，并且通过水网络缓慢传播 100ns 左右，直到到达蛋白质的另一侧（图 4.6.7）。在这传播过程中可能会引起蛋白质构象的远距离变构传输。

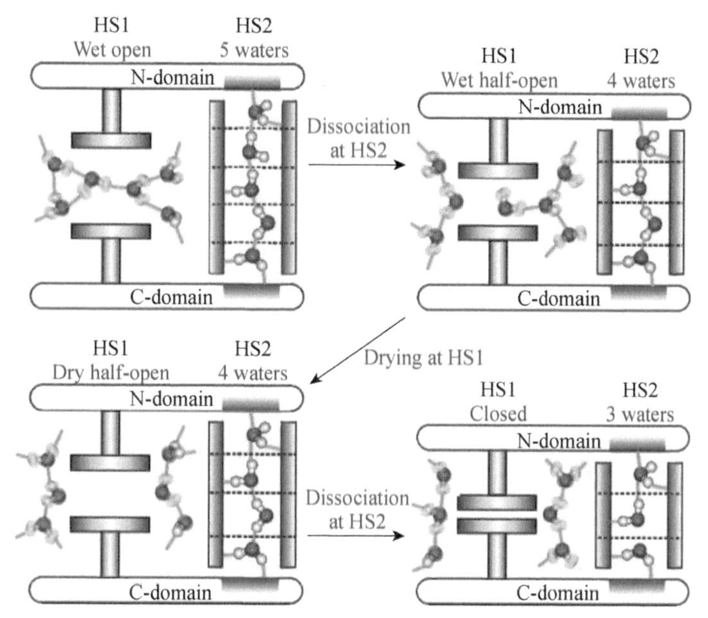

图 4.6.7　水合作用调控 GDH 中结构域运动机理示意图

疏水和亲水表面分别用灰色和蓝色标出[76]。每一个谷氨酸脱氢酶的亚基都包含有一个核苷酸结合域（N 域）与一个核心区域（C 域），以便六聚结构的形成。两个结构域间有一个大裂缝，它可以当作与底物结合的活性位点

5）结合水的其他影响

生物结合水可以通过多种方式来调节蛋白质的结构与功能。除了上面提到的几种作用外，结合水对生物结构与功能还有许多影响，例如，作为抗冻蛋白质结构的组成元素[78]、参与生物酶催化[79]、介导电子和离子转移过程[80, 81]、改变蛋白质环境和动力学过程等。关于这几个作用，可以参考我国方海平等人最近总结的生物分子表面水的生物功能研究进展[42]。简单而言，水分子作为稳定蛋白质二级结构的重要元素，这些水分子通常“冻结”在蛋

白质内，成为许多生物分子不可分割的一部分，例如 Scapharca inaequivalvis haemoglobin 中水分子团簇连接着血红素基团和蛋白质残基[10]。另外，Sun 等人发现美洲拟鲽（Winter Flounder）体内一种名为 Maxi 的抗冻蛋白的疏水内核中保留了约 400 个水分子，这些水分子直接影响它的抗冻功能。该结构中，四个 α-螺旋束指向疏水内核，并协调内部的残留水分子形成两条相互交叉的水单层聚合氢键网络。水单层通过蛋白质内部的骨架羰基基团来锚定螺旋，从而稳定 α 螺旋束。蛋白质外表面形成有序水层，进而促使 Maxi 结合到冰晶上并阻碍冰晶进一步的生长[78]。最近，第一性原理模拟结果表明生物结合水可以在催化不同磷酸盐和硫酸盐基质水解中让碱性磷酸酶混杂。水分子不同的位置可导致碱性磷酸酶能够在同一活性位点支撑不同类型的过渡态[82]。另外，嗜盐菌抽氯跨膜视网膜蛋白水合作用变化过程中，随着氯离子的迁移，发色团附近的水和离子发生细微的重排，从而诱导发色团键长的变化，并影响其吸收光谱[83]。此外，生物分子水合程度也对蛋白质分子局域能量转移速率产生影响。电子和能量转移过程被誉为化学反应动力学的心脏，直接决定化学反应的所有初始步骤。蛋白质分子能量转移对生化反应及生理功能的正常运作至关重要，许多重要的生理和细胞过程都依赖于蛋白质的超快能量转移过程，例如，构象变化传输和变构通迅与沿蛋白质骨架上的能量传输直接相关。快速且有效的能量转移是蛋白质维持在很窄温度范围内正常工作的重要保证。我们利用飞秒泵浦-探测技术研究了水合作用对血红蛋白分子的能量转移的过程，发现能量转移速度在水合程度在 12.4%～16.5%和 21.7%～23.5%处出现两个变化转折点[84]。第一个变化对应于蛋白质弹性增加的开始，第二个变化对应于水合作用达到饱和水平。在水合程度≤16.5%时，随着水合程度的增加，局域能量弛豫时间增加，但当水合作用达到饱和水平时，弛豫时间几乎保持不变，并与溶液中的弛豫时间非常接近（图 4.6.8）。

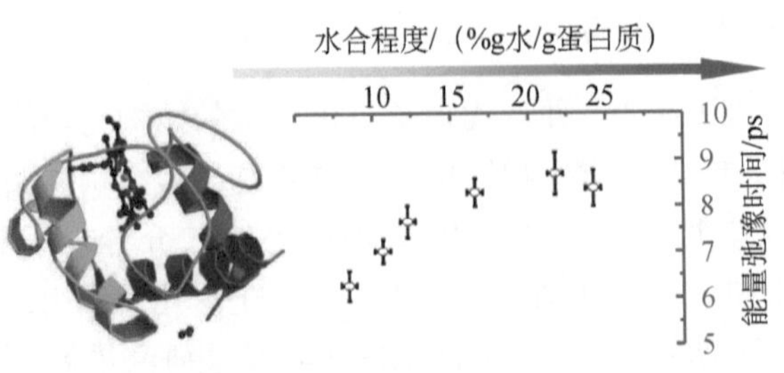

图 4.6.8 水合程度对蛋白质分子能量传递速率的影响（400nm 激发，800nm 探测）[84]

2. 生物结合水分子结构研究

核磁共振、介电弛豫、中子散射、X 射线和超快光谱等技术以及量子化学理论的迅速发展，大大增强了人们研究水微观结构与性质的能力。研究水分子结构的两种主要技术是 X-射线衍射和中子散射实验。X-射线衍射是一种有效测定分子晶体结构的方法。在早期的水科学研究中，经常被用来获取水分子束缚结构的静态图像，主要集中在研究水分子角度分布，进而解释相邻水分子之间的关系，例如，1931 年 Stewart 等人用 X-射线衍射研究了水在 2～98℃的角强度的分布情况，并提出解释模型[85]。随后，Katzoff 等开始使用 X-射线衍射方法定量分析和解释水分子，提出水的四面体模型[86]，该模型认为液态水中的每个水分子以氢键的形式平均绑定 4 个其他水分子，排列成正四面体结构，并按此排列方式延展到整个液体中，形成网络状结构[87]。但在 2004 年，Stanford 大学的 Anders Nilsson 小组在 *Science* 杂志上发表了一篇挑战“正四面体”水结构概念的文章[88]。他们用 X 射线吸收光谱技术研究液态水的氢键作用模式，提出了氢键绑定的新模型：在室温条件下，液态水分子的两个 OH 基团形成不同的氢键结构，80%水分子中一个 OH 基团形成强氢键，另一个不形成氢键或仅形成弱氢键，而剩余的 20%的水分子则按四面体结构的方式形成 4 个强氢键。不过，人们对“Nilsson”水结构概念质疑不断。同一年，UC Berkeley 大学的 Richard J. Saykally 小组利用相同的实验方法研究液体水结构，认为传统的四面体的排列方式仍是合理的[89]。此外，基于第一性原理的理论计算结果也不支持 Nilsson 的水结构[90]。与 Nilsson 等人把氢键分为强、弱两类处理方法不同，方海平等人将氢键按照从弱到强连续分布的粗粒化处理方式研究了液态水的结构。他们的研究结果表明，液态水中可能存在两种局域结构，强弱氢键间的转换导致水局域结构之间的相互竞争，从而引起水的异常行为[91]。目前，除对水分子的平均氢键数目存在争论外，有关水的整体结构也是争论热点，例如 Huang 等人通过小角 X 射线散射实验认为水是由不同大小的团簇组成[92]，而 Smith 等人通过自发拉曼光谱实验和理论计算认为水实际上是一个连续介质[93]。大致而言，目前争论的焦点包括水分子间通过氢键形成什么样的局部微结构、水是多组分体系还是连续的整体、每个水分子的平均氢键数目、氢键排列方式、氢键网络大小、水分子的转动和振动动力学、水的量子效应等。另外，水、生物分子、金属离子作为自然界以及生命体中广泛存在的组分，静电相互作用、氢键相互作用、范德瓦耳斯相互作用以及疏水相互作用等相互作用始终贯穿于三者间的作用中。因而，研究含有生物分子、金属离子等实际的水溶液体系是理解化学反应、生命过程的重要基础。对于生物分子与水之间的相互作用研究主要集中于两个方面：一方面是溶质分子在水溶液中的排列和运动规律，例如为什么水溶液中的磷脂分子在不同条件下可以排列成胶束、囊泡、双层膜三种组装态，为什么多肽、蛋白质等生物大分子在不同的水溶液环境里能形成不同功能的三维结构；另一方面是水分子在溶质周围的排列和运动规律，对这一课题的争论由来已久，例如在疏水基团附近的水分子结构是否是以类冰状结构存在就已争论了半个多世纪，而很多生命过程的解释很大程度上依赖于冰状结构的假设[94]。

近年来，X-射线衍射和中子散射也被用于研究生物分子周围水分子的空间分布[41, 95]。X-射线衍射可以提供蛋白质或核酸相关原子在晶体平均位置信息，从而可以实现生物分子结构分子模型的构建。基于该技术获得的静态结构表明，一个完整的溶剂化层包括非常有序的位点和弥散的、部分无序的溶剂化壳层[33]。在蛋白质中，极化和带电荷的基团表面以及空腔内部观测到排列有序的水分子[96]。这些内部的水合位点经常保存于同一家族的蛋白质中[97]。在所有的表面水合位点中，最稳定的是蛋白质和临近水分子的氢键结合体[98]。相比之下，疏水和大分子无序结构区域往往观测到容易扩散的部分无序的溶剂结构存在。与蛋白质相似，DNA 水合位点可以形成依赖于 DNA 结构和碱基序列的网络结构[99, 100]。

中子散射实验主要提供蛋白质中氢键的具体性质，包括氢键对酶功能的影响等信息[34]。早期的工作集中于水结构的研究，如 L. Bosio 使用中子散射实验研究了高密度无定型水的结构[101]。近年来，由于中子散射技术的发展，及其特殊的优点（对于较轻的元素有更精确的响应，如氢、氮、氧等，更适合研究生物水），中子散射实验也被用来研究生物水的动力学性质，如 Jeremy C. Smith 使用中子散射实验和分子动力学模拟方法研究了球蛋白动力学的三种运动方式，即甲基基团的转动、附近区域扩散和无甲基的跳跃[35]。中子散射动力学实验显示水质子的均方位移时间发生在皮秒时间尺度[102]。

此外，红外、拉曼光谱等分子光谱技术作为现代分析技术的重要手段，其在标定物质结构中发挥着其他手段无法代替的作用，可以提供分子环境和运动行为的直接信息。人们采用红外光谱、拉曼光谱等技术来研究无定形固体水结构，从多层次角度理解了无定形固体水结构，获得了其不同相间的相图，并在高密度无定形固态水与低密度无定形固态水转换过程中观测到液态水的存在[103]。沈元壤先生发展起来的非线性和频振动光谱技术（sum frequency generation vibrational spectroscopy，SFG-VS）作为一种能原位实时地、在分子水平上研究表面或界面上分子结构与取向的有效方法，具有非常高的灵敏性和表面选择性，能够测出表面或界面分子的振动光谱，已经被应用于水分子、生物分子等体系的表、界面分子结构与动力学研究[104-106]。早在 30 多年前，沈元壤教授首先用他自己开创的和频振动光谱技术研究了表界面水分子结构[106-108]，目前和频光谱技术已经发展成一种研究表面/界面水结构与动力学的强有力手段。沈元壤教授在此基础上发展了相位敏感的和频光谱技术，该技术可以给出水分子在界面上的取向信息，随后沈小组、Allen 小组、Tahara 小组利用该技术成功测出表面水，以及磷脂分子附近的水分子结构[109-111]。研究结果表明水分子的取向由表面磷脂分子头部基团的电荷决定。带正电荷和负电荷的磷脂分子界面上水分子分别采取氢朝下（H-down）和氢朝上（H-up）结构（图 4.6.9）。但两性离子的磷脂分子表面则存在三种水分子结构：与带负电荷的磷酸基团结合的水分子氢键较强，采取氢朝上结构；与带正电荷的胆碱基团结合的水分子氢键弱一些，采取氢朝下结构；与磷脂疏水区域有弱作用的水分子基本上采取氢朝上结构（图 4.6.10）。之前，X 射线[112]、核磁共振[113]和理论模拟[114]研究已经预测了 DNA 凹槽中存在水化脊柱结构的水分子。利用手性偏振的和频光谱技术，Petersen 等人证实了这种结构水在外界条件下存在于双螺旋 DNA 序列中的小凹槽内，并形成手性超结构的水化脊柱结构[115]。Barboiu 等人在人工跨膜通道中亦观察到取向的手性水线的存在[116]。最近，耶鲁大学的 Yan 小组利用相同的技术在反平行β-折叠蛋白质水合层中也观察到这种手性超结构水分子的存在[117]。手性超结构水分子的发现将有助于我们理解生物大分子结构与功能相关的基本科学问题。

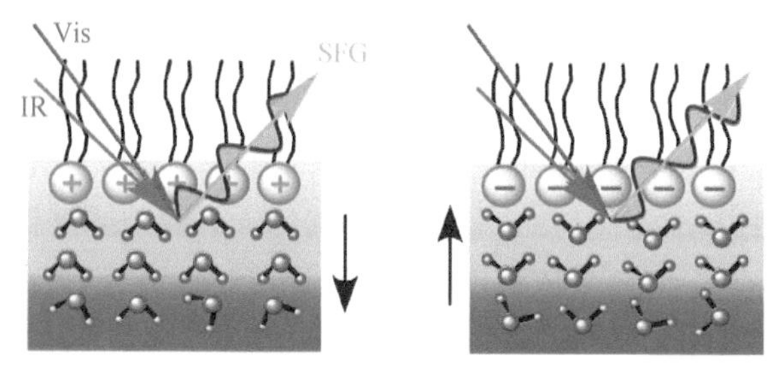

图 4.6.9　带正电荷和负电荷的磷脂分子界面上水分子分别采取氢朝下（H-down）和氢朝上（H-up）的结构[110]

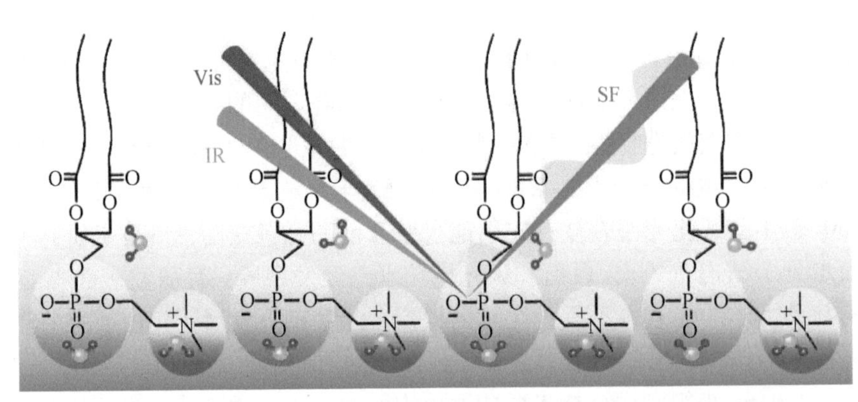

图 4.6.10 头部由两性离子组成的磷脂分子表面存在三种水分子结构[111]

最近我们利用和频光谱技术测出了界面高分子氢键结构的变化[118]。弱聚电解质因为具有丰富的 pH 响应特性而获得了广泛的实际应用。相比之下，强聚电解质因为其电离度对 pH 值不敏感而被认为没有 pH 响应特性，导致其应用没有被挖掘出来。最近我们综合多种技术研究强聚电解质在不同 pH 值下的结构与性质，结果发现虽然强聚电解质的电离度对 pH 值不敏感，但是实际上它的侧链构象、水合作用、硬度、表面湿润性、润滑、粘附和蛋白质吸附等特性均对 pH 值敏感。为揭示强聚电解质 pH 响应的本质，我们发展新思维，利用新发展的界面分子指纹区振动和频光谱测量技术，通过探测与界面水形成氢键的强聚电解质的特定酯基基团（C-O）指纹区信号，实时探测到强聚电解质在不同 pH 值下的氢键结构变化，我们发现 pH 值通过调控水合氢离子和氢氧根离子在聚合物侧链上的吸附与脱附动态平衡过程，引起了强聚电解质侧链间氢键网络的重组，从而揭示了强聚电解质 pH 响应的本质。我们的发现为强聚电解质的基本特性提供了新的认识，为构筑新型 pH 响应材料提供新的思路。通常而言，人们研究界面水氢键结构的做法是直接测量水分子 OH 振动的变化。然而与界面水分子总数目比较，与界面分子形成氢键作用的水分子数目就显得很少，犹如茫茫海面上飘着的几艘孤舟。对海面孤舟而言，如果直接探测海面，孤舟引起的涟漪会淹没在茫茫海面中。同样，与界面强电解质分子形成氢键作用的水分子引起的微扰作用也会淹没在众多界面水分子中，因而直接测量水分子 OH 振动变化的办法难以获得聚合物与界面水分子之间氢键作用的信息。

3. 生物结合水动力学研究

X-射线衍射、中子散射和稳态分子光谱实验可以提供丰富的水结构信息，但静态信息不足以描述生物与水分子相互作用的行为。许多生物过程涉及生物分子的电子和能量传输及构象转变等复杂动态过程，而这些过程通常发生在从飞秒到微秒等不同时间尺度内（图 4.6.11）[119]。当生物大分子彼此接近或改变结构时，或者当小分子配体接近生物大分子时，第一个接触点是水合层。为了使分子发生紧密的化学接触，在形成任何紧密相互作用或者任何反应可以进行前，必须将水合层的水分子转移出来。生物结合水的动力学特性很大程度上反映在结合水的熵和/或焓上，从而有助于蛋白质的热力学稳定性[120]、蛋白质相互作用[121]、蛋白质折叠[122]以及涉及蛋白质聚集的中间体稳定性[123]等。事实上，该领域研究人员普遍认为，结合水的特性维系了蛋白质结构与其功能之间的联系。虽然这种相关性的确切性尚有待深入研究，不过理论计算研究已表明结合水动力学与溶剂化热力学之间的关联性[123-125]，以及一些实验结合分子动力学模拟的研究也已证明其联系的本质[122, 126-129]。因此，理解生物结合水本质的关键在于理解其动力学状态以及其对生物大分子活性的影响。近年来，人们利用各种方法研究了生物分子的水合动力学。这些研究涉及的实验和理论方法多种多样，包括中子散射、介电弛豫、核磁共振、磁共振弥散、溶剂化动力学以及分子模拟等[17, 36, 39, 40, 130, 131]。每种方法均提供了不同的信息（图 4.6.12）和重要的新见解。借助于这些技术，人们在不同时间和长度尺度上对结合水的结构与动力学有了许多新的认识。比如说，与纯水比较，结合水具有较高的局域密度[28]、较低的结冰温度与极性[27, 29]，以及较慢的动力学特性[32]。

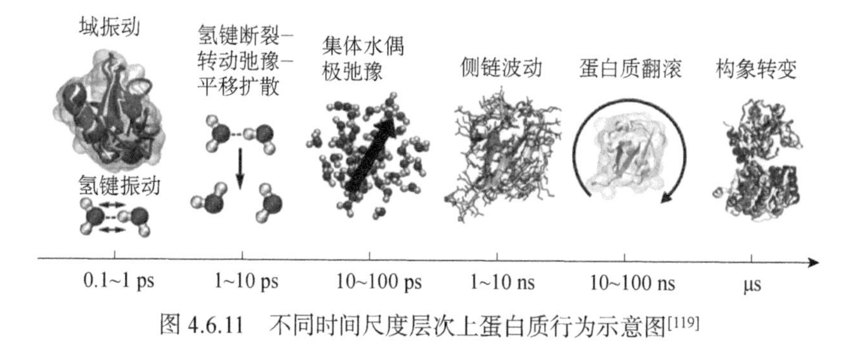

图 4.6.11　不同时间尺度层次上蛋白质行为示意图[119]

1）基于介电弛豫与核磁共振技术的动力学研究

介电弛豫（dielectric relaxation）是一种测量溶剂如何响应分子电荷分布突然变化的技术。电介质在外电场作用（或移去）后，从瞬时建立的极化状态达到新的极化平衡态的过程需要一定的时间，电介质极化趋于稳态的时间

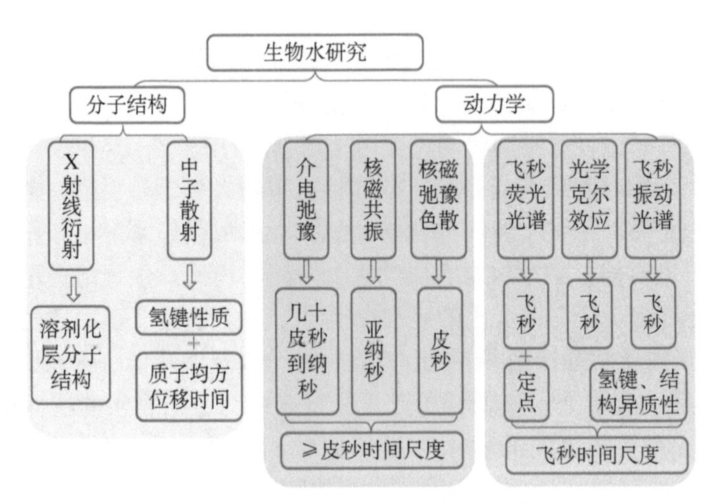

图 4.6.12　生物水的主要研究技术

称为弛豫时间，弛豫时间与极化机制密切相关。原理上，电介质的极化主要来自三个方面：电子位移极化；离子位移极化；固有偶极子的取向极化。不同频率下，各种极化机制贡献不同，使各种材料有其特有的介电频谱。因此，介电弛豫可以用来研究生物分子水合动力学过程[15]。Oncley 等人最早利用介电弛豫来测量蛋白质-水系统的介电性能，并测出羧基血红蛋白分子旋转弛豫时间常数是 84ns[132, 133]。后来，Buchanan 和 Haggis 等人在更高频率段进行测量，结果发现三分之一的水合球与水分子紧密结合，且对介电色散没有贡献[134, 135]。Grant 等人则全面地表征了蛋白质结合水，指出与蛋白质结合的水展现出一系列弛豫时间常数，这些时间常数与蛋白质和大体积水的转动过程相关[136, 137]。随后，Schwan、Takashima 和 Hoekstra 等人的研究成果也揭示了生物水明显的弛豫时间，并证实了 Grant 等人的结论[138-140]。Pethig 等人的研究进一步表明主要的水合层结合较紧密，微波介电质行为主要受热激活的第二层生物水影响[141]。总体而言，介电弛豫研究观测到几十皮秒到纳秒时间尺度范围内的动力学行为[142]。

核磁共振也是一种研究水分子动力学的有效方法，它可以直接评估平衡、单粒子以及核中心的波动，也就是水中的氢原子。然而，与中子散射不同，磁共振提供了空间局部以及物种专一测量的可能性。它可以揭示停留时间在亚纳秒范围的水分子行为[40]。与中子散射不同，磁共振提供了空间局部以及物种专一测量的可能性。早期的核磁共振研究中，束缚和交换水的贡献导致数据解释非常复杂，不能明确区分较慢的动态过程（例如不稳定质子或水分子的化学交换滞留时间为纳秒级）与水更快的皮秒尺度的转动或平动动力学的贡献。近年来，人们发展了三种规避束缚和交换水难题的方法[143]。一种是 ^{17}O 水的 NMR 弛豫分散方法（NMRD），它利用氧-17 同位素水对核磁共振四极场变化的敏感性，探测相对缓慢运动结合水的转动相关时间（约为数百皮秒至纳秒），称之为“转动受阻的水分子”。这种方法依赖于水的 ^{17}O 核不与蛋白质发生化学交换这样一个事实。第二个互补方法是 ^{2}H 水旋转的 NMRD，该方法中，参与毫秒时间尺度化学交换过程（其动力学不受重点关注）的 ^{2}H 水由于其四极矩而迅速弛豫，并不参与水的 ^{2}H 信号，仅留下 100 皮秒至纳秒的动力学的贡献[144, 145]。通过观察配体结合时的不同信号，可以间接确定在某些情况下旋转受阻的水分子的位置，尤其是在 DNA 小凹槽中的水分子[144]。第三种方法，也是最新的一种方法，设计了反向胶束样品制剂，通过去除蛋白质周围几乎所有的体相水，使用标准奥弗豪塞尔核效应（Nuclear Overhauser Effect，NOE）和旋转坐标系奥弗豪塞尔效应（Rotating-Frame Overhauser Effect，ROE）技术研究水化层[146]。通过除去结合水之外的所有水，这种方法抑制了标准 NOE/ROE 技术中自旋扩散的贡献，而反胶束制备的化学物质则抑制了化学交换，来克服束缚和交换水难题，从而隔离了水动力学的贡献。该方法成功地证明了蛋白质周围结合水动力学的空间异质性。此外，该方法充分利用了多维 NMR 的功能。例如，基于奥弗豪塞尔核效应的 NMR 技术测出的蛋白质表面水的停留时间为亚纳秒（300～500ps）[147]；利用水 ^{2}H 和 ^{17}O 核磁弛豫色散（NMRD）技术测出的表面水的弛豫时间，在 1996 年报道为 10～50ps[148]，而在 2003 年则变为 3～7ps[149]，利用 NMRD^{1}H 自旋点阵弛豫法测出的蛋白质表面水的平动时间为 30～40ps[150]。另外，核磁共振研究表明水化层中的水分子受蛋白质的影响较小[151]，例如，Abbyad 等人研究蛋白质周围溶剂化动力学时发现不同的时间尺度取决于探针的位置[152]；定点突变研究表明在较长时间尺度上的残基侧链动力学受影响较小[153, 154]。

总的来说，介电弛豫和核磁共振等方法虽然可以给出水分子溶剂化层内的动力学，但它们的研究结果存在明显的分歧和争议[23, 155]，特别是关于水分子溶剂化层内的动力学属性细节方面。表 4.6.1 给出介电弛豫（DR）和 NMR 观测到生物水不同的弛豫时间。由表 4.6.1 可知，不同方法，结论很不一样。这些分歧和争议的根源在于所使用研究方法的时间分辨率的限制，例如核磁共振研究揭示的是停留时间在亚纳秒范围的水分子行为[40]，介电弛豫研究则给出几十到几百皮秒的时间尺度[142]。由于时间分辨率的限制，这些方法无法获得飞秒和更长时间内的超快弛豫时间，以及真实的动力学时间响应。此外，这些技术报道的弛豫时间代表的是生物分子表面的平均行为，而不是特定位点行为，因而不能反映出生物分子表面的非均质化学特性[40]。因此，要阐明生物水的本质，关键在于对生物分子表面水分子的动力学行为进行空间（分子）与时间分辨率级别（特别是从飞秒到皮秒尺度内的水分子动力学）上的认知。这需要发展能在分子水平和飞秒时间分辨尺度上的新技术。

表 4.6.1　介电弛豫（DR）和核磁共振（NMR）观测到生物水不同的弛豫时间[15]

生物分子	肌红蛋白溶液	溶菌酶粉末	脱铁转铁蛋白溶液	正铁肌红蛋白粉末	DNA 溶液	溶菌酶粉末	花菜蛋白粉末
方法	DR	DR	NMR	DR	DR	NMR	NMR
弛豫时间	～10ns，～40ps	～1μs，～40ps	～15ns	～10ns	～1μs，～10ps	～1μs，～100ps	～320ps

2）基于荧光光谱技术的动力学属性研究

飞秒光谱的发展，为生物水的研究打开了一个全新的窗口。加州理工大学 Zewail 教授和俄亥俄州立大学仲冬平教授课题组应用动态斯托克斯位移等飞秒荧光光谱技术[2, 8, 9, 20, 25, 28, 123-125]，在该方面开展了大量的工作，在结合水动力学的属性细节方面取得了突破性进展。在动态斯托克斯位移（TRFSS）实验中，超短激光脉冲的激发使溶解在溶剂中的荧光探针分子从基态（S_0）跃迁到激发电子态（S_1），这种激发发生在几飞秒内。探针中瞬间改变的电荷分布对周围的溶剂分子（这里是水）施加电场。随后，周围的溶剂分子围绕探针重新定向，以使系统的总电子能量最小化。在这个稳定过程中，探针将丢失能量回到基态，导致荧光光谱向产生 TRFSS 的低能方向移动，如图 4.6.13 所示[40, 156]。

动态斯托克斯频移光谱依赖于激发荧光团探针对其周围环境亲水性变化的响应。该技术独特之处在于，它能以分子运动相似的时间尺度（几飞秒到几纳秒之间）测量生物分子及其周围水分子的局部集体（溶剂化）动力学[157]。此外，荧光信号很纯且灵敏度高，它源自嵌入在（生物分子）溶液中的荧光基团的电子激发态，不包含任何其他竞争信号，因而可以用来测量周围环境水氢键网络重排以及其恢复平衡的时间尺度。例如，Zewail 等人利用定点诱导色氨酸的飞秒时间分辨荧光技术研究了枯草杆菌嘉士柏酶蛋白水合动力学[30]，观察到了两个独立的动力学溶剂化时间，0.8ps 和 38ps，在体相水中，则观察到 180fs 和 1.1ps。他们还研究了距离约 7Å 的共价键探针处的

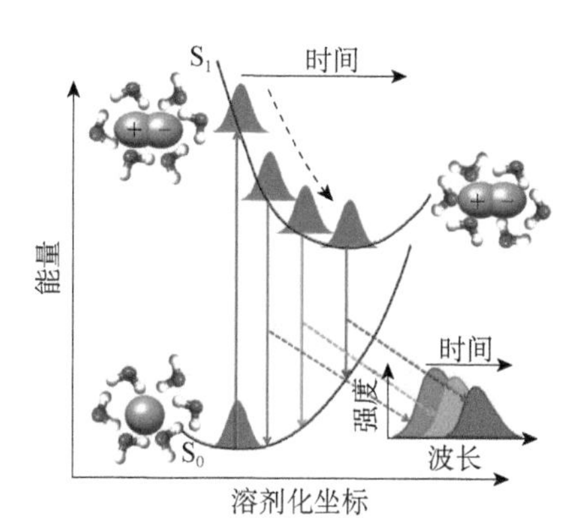

图 4.6.13 荧光偶极探针周围的溶剂弛豫示意图[45]

溶剂化过程，该过程在 1.5ps 内完成，38ps 的成分几乎消失[30]。Bagchi 等人认为，在这两种不同的弛豫时间中，快速弛豫时间是由水分子的振动引起的，而较慢的弛豫时间与水分子从生物分子表面的第一溶剂化壳层到体相区域的交换有关[158, 159]。随后，仲冬平小组利用类似技术研究了蛋白质在原生和熔融球形状态下的周围水合动力学[154, 160, 161]，发现蛋白质水合层上存在几皮秒（1～8ps）和几十到几百皮秒（20～200ps）两种差异很大的水动力学，分别代表最初的局部弛豫和随后的集体网络重构（图 4.6.14）。他们的研究还表明，这两个时间尺度与蛋白质的结构和化学性质密切相关。这些结果均表明蛋白质结合水动力学过程存在两种轨迹。

动态斯托克斯频移光谱不仅已经用于蛋白质水合层水分子动力学的研究，还用于研究 DNA 附近水分子的异常动力学。因为 DNA 不具有固有的荧光碱基（碱基 A、T、G、C 没有荧光发色基团）或骨架，因此，在利用飞秒荧光上转换技术进行 TRFSS 实验研究 DNA 动力学时，需要加入（溶致变色的）荧光探针，这些荧光探针可以放置在 DNA 特定位点中[157]，通过共价和非共价相互作用（图 4.6.15（a）和（b））与碱基结合。这些嵌入 DNA 的探针可被超短激光脉冲直接激发，在局部介质环境下表现出较大的溶致色移，因而适合 TRFSS 的研究。然而，与纯水不同的是，在 DNA 中，处于电子激发态的荧光探针不仅被动态的水分子所稳定，而且被 DNA 分子中位于探针溶质约 10～15Å 内的动态反离子和带电/偶极部分所稳定（图 4.6.15（c））。因此，测得的探针荧光斯托克斯位移动力学反映了探针位置局部水、反离子和 DNA 部分的集体动力学响应。基于这一概念，Berg 和同事测量了水、离子和 DNA 部分的集体溶剂化动力学，第一次将碱基堆积 Coumarin-102（C102）作为时间相关单光子计数（TCSPC）技术的探针，测量从约 100ps

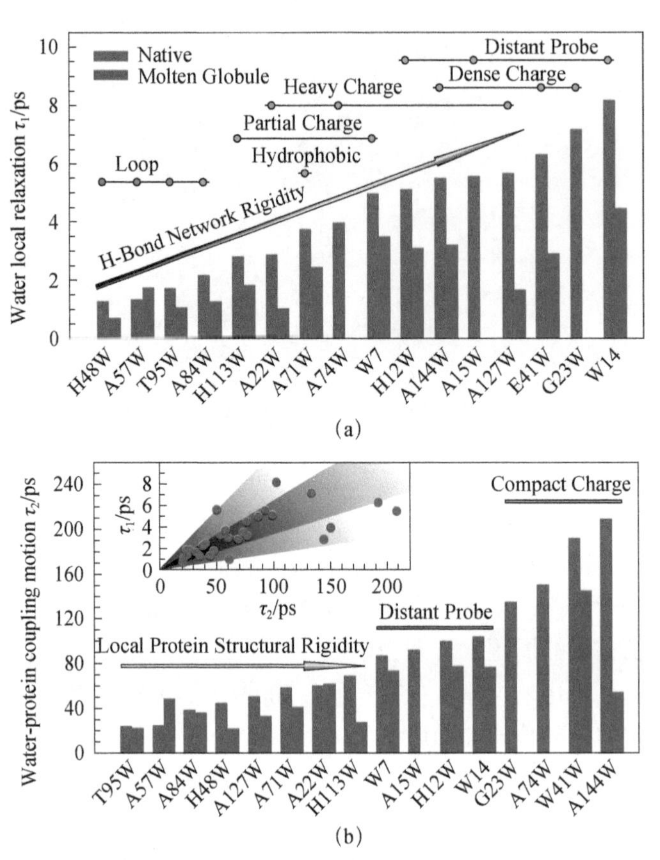

图 4.6.14 以各突变体原生状态下的时间尺度为顺序绘制出的水合动力学曲线τ_1（a）及τ_2（b）

（a）在柱形条之上的小圆圈代表的是原生状态下的突变体，根据它们的探针位置（黄色），局部电荷分布（绿色）以及局部二级结构（蓝色）进行了分类；（b）原生状态下的突变体被致密电荷面和远距离探针简单地分为两栏，箭头所指的方向代表着结构刚度的增加，其着色与图（a）中的小圆圈一致。（b）图中的插图也同样展现出这两个水合动力学之间的关联性[160]。弛豫时间τ_1超快动力学过程源于局部水分子的基本运动（主要包括平动及受阻转动），而τ_2水合动力学过程则是经历了最初快弛豫过程后随之而来的水分子网络重构过程

到 30ns 的动力学行为[162]，并发现溶剂化相关函数随时间分量为 300ps（47%）和 13ns（53%）的双指数衰减。该结果表明 DNA 中的集体弛豫动力学比纯水中的慢得多（～1ps）[156]。然而，在这一发现后不久，他们用改进的时间分辨 TCSPC 技术再次从约 40ps 到 40ns 测量碱基堆积 C102 的 TRFSS[163]，结果发现 DNA 溶剂化遵循对数弛豫规律，而不是之前的双指数弛豫。随后，Zewail 和同事使用荧光上转换技术监测共价结合的碱基堆积 2-aminop-urine（2-AP）从 100fs 到 50ps 的 TRFSS，首次报道了 DNA 在更快的时间尺度里的溶剂化动力学行为[164, 165]。他们发现 DNA 中的溶剂化动力学有

两个指数时间常数（1.5ps 和 11.6ps），分别归属为体相水动力学和水分子弱结合 DNA 的动力学。同时他们利用 Hoechst 33258 为探针，通过监测 TRFSS 至 100ps，研究了 DNA 在小凹槽中的水合动力学[164, 165]。与碱基堆积 2-AP 相似，他们发现 DNA 水合动力学遵循双峰行为，两个弛豫时间常数分别为 1.4ps（64%）和 19ps（36%），基于这些观察结果，他们认为 DNA 在<100ps 时间尺度下的溶剂化动力学主要受无扰动的快速水运动控制，独立于碱基堆积或凹槽结合探针。此外，Ernsting 和同事利用瞬态吸收（随时间变化的受激发射位移）研究时发现，DNA 中的碱基堆积 2-hydroxy-7-nitrofluorene（HNF）的溶剂化动力学呈现三个指数时间常数，分别为 221fs、2.35ps 和 18.7ps[166]。不过，Berg 和他的同事仔细分析了从飞秒到纳秒时间尺度完整的 DNA 动力学图像，他们发现 DNA 中的溶剂化动力学实际上遵循一个指数为 0.15 的幂律（即 $C(t) \sim t^{-0.15}$）[167, 168]。上述研究表明，与纯水、蛋白质和脂类不同，DNA 中结合水动力学具有非指数和分散性特征，弛豫过程几乎遵循幂律（$\sim t^{-a}$）规律，持续时间长且相当分散，时间跨度从几十飞秒到几纳秒不等[169]，这是因为带负电荷的 DNA 和偶极水分子之间存在很强的静电耦合。在生理条件下，DNA 与周围的反离子和水发生强烈的相互作用，使 DNA 的功能水化层从其表面（通常 10～15Å）延伸到数个水层，整体被称为缩合层[170]。DNA 主链和碱基/碱基堆栈的固有动力学波动诱导溶解水和反离子的动力学。水和反离子的这种动力学又控制着 DNA 识别和 DNA 螺旋扭曲等过程，甚至 DNA 螺旋的收缩和扩张也依赖于它的水合程度。

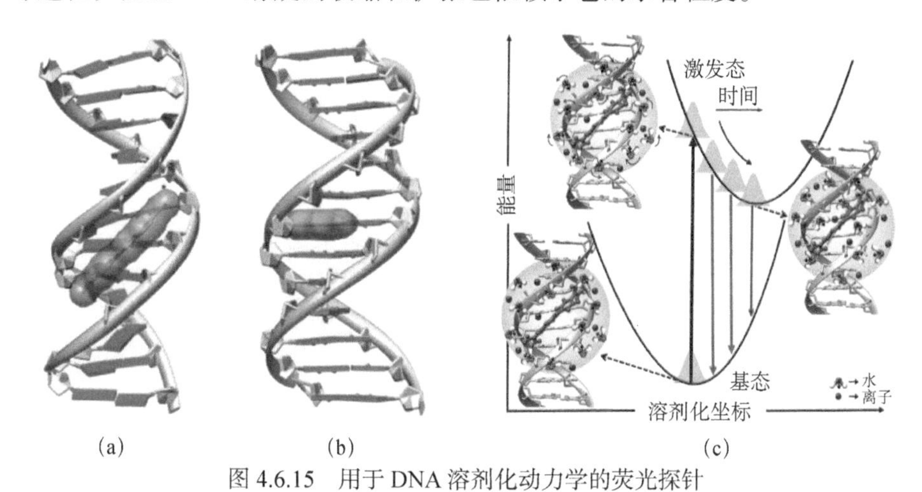

图 4.6.15　用于 DNA 溶剂化动力学的荧光探针

（a）非共价键连接的凹槽结合；（b）共价键连接的碱基堆叠探针；（c）DNA 中溶剂化动力学过程示意图，受激发的探针能量由在探针-溶质 10～15Å 内的动态水、反离子和部分 DNA 稳定[45]

3）生物分子与水分子之间动力学耦合作用研究

生物分子要维护其功能的正常运转，必须处于水溶液环境之中。生物分子构象的变化通常与其功能息息相关，其过程会受到溶剂化层周围水分子的影响。然而这种影响是双向的。水分子绕着生物分子复杂表面“航行”时，其运动亦受到限制。事实上，分子动力学模拟在理论上已经预言了蛋白质和DNA等生物分子与其结合水之间耦合作用的存在和重要性，并提出了该作用的理论模型，例如，Frauenfelder等人基于肌红蛋白-配体相互作用的超低温研究，提出了水驱动蛋白质涨落的从属模型[171]。然而，目前如何理顺并区分生物分子与结合水两者的动力学，并在实验上直接观测这种耦合作用还非常困难[172, 173]。结合水动力学对蛋白质等生物分子结构涨落的最终影响基本上没有被挖掘出来。这主要是由于生理温度下，结合水和生物分子运动的超快特性，特别是，界面上结合水与蛋白质相互作用的超快集体弛豫均发生在皮秒时间尺度[174]。特别值得一提的是，仲冬平小组利用色氨酸扫描飞秒荧光光谱技术在该科学问题上做了许多卓越的工作。他们在系统研究蛋白质和DNA等生物分子结合水动力学基础上[40, 154, 160, 161]，2016年以来开始研究结合水动力学与蛋白质侧链运动的耦合关系[172-175]。通过测量葡萄球菌核酸酶等蛋白质结合水动力学和蛋白质侧链运动的温度依赖性，他们确定出三种结合水弛豫和两种蛋白质侧链运动。其中有两种水动力学与蛋白质侧链运动存在强耦合作用，分别是几个皮秒的集合水与蛋白质侧链再取向作用和几十个皮秒的合作水与侧链再构作用。这两种作用的时间尺度与蛋白质结构和化学性质密切相关。他们还发现蛋白质侧链弛豫总是比结合水动力学慢，并有相同的能垒，表明两种弛豫的来源相同，水合层表面的涨落驱动蛋白质侧链在皮秒时间尺度内的运动（图 4.6.16）[172]，从而在水与蛋白质耦合运动这个多年的难题上取得突破性进展。

4）基于飞秒非线性振动光谱的结构与动力学研究

红外、拉曼等分子振动光谱作为现代分析技术的重要手段，其在物质结构标定中发挥着其他手段无法代替的作用，是一种直接探测分子基团振动的非介入性分析技术，可提供分子环境和运动行为的直接信息[22, 176]。因为水及其周围分子的振动光谱峰位置、宽度、强度、谱形及偏振特性等随分子间相互作用不同而改变，因而其能洞悉分子局部相互作用和微观动力学，以及捕获氢键的局部激发状态。分子振动光谱技术已经发展成为研究氢键的重要工

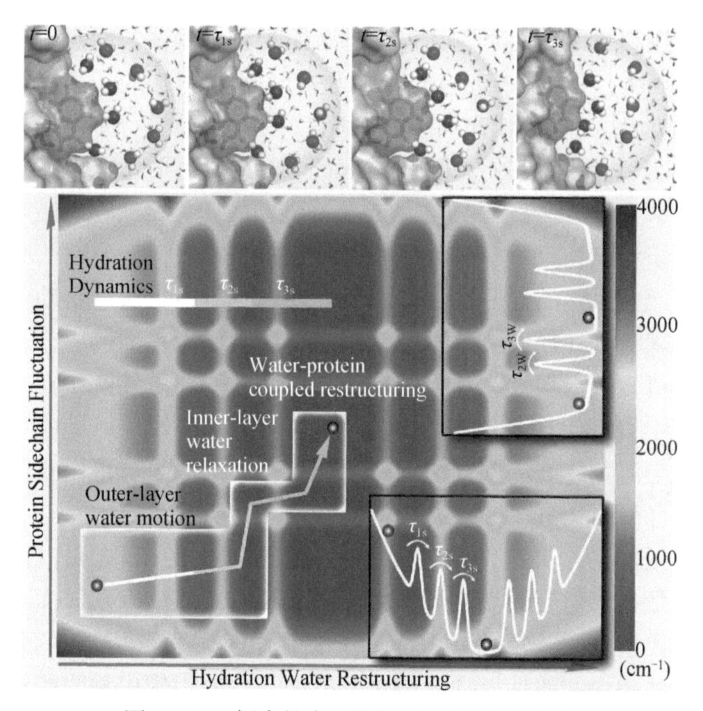

图 4.6.16 耦合的水-侧链在势能阱中的弛豫

（上图）这四张图展示的是通过分子动力学模拟获得的几种典型的内层（红色）与外层（蓝色）水分子的快照，其弛豫运动与观察到的溶剂化动力学相对应。在τ_{1s}（20fs）时，仅有外层水分子发生局部弛豫。在τ_{2s}（130fs）时，所有水分子都在进行明显的旋转运动，但所有水分子都停留在各自的局部区域内，蛋白质并没有发生显著的位移。在τ_{3s}（50ps）时，所有水分子都参与显著的重排，并与体相水进行交换。与此同时，蛋白质的表面拓扑也发生改变。需要注意的是，τ_{1s}与τ_{2s}的模拟值要比实验值小得多。（下图）展示的是具有构象底物的处于势能阱中的水合水与耦合色氨酸侧链的三个弛豫过程。白框里的箭头所指的束缚弛豫路径在一开始没有与蛋白运动发生耦合，展现出超快的外层弛豫（τ_{1s}），接着经历了两个受水驱动的水-侧链弛豫（τ_{2s}和τ_{3s}），后两个弛豫过程只通过能阱的一小部分区域。（插图）用于构建能量图景轮廓的两条水合水与蛋白质侧链的势能曲线[172]

具。近年来，在红外、拉曼等线性光谱基础上发展的多维振动超快非线性光谱技术，因其不仅能对非均相环境中的分子提供选择性的光谱探测，而且还能提供飞秒时间尺度上的复杂凝聚相分子结构与动力学方面的详细信息[177]，而成为研究水氢键网络结构及其超快动力学强有力的新手段[178]，备受重视。例如，Tokmakoff 课题组利用二维红外光谱技术，通过研究水分子超快动力学过程的频率依赖特性，获得了与局域分子运动和分子重排相关的时间尺度分布信息[179]。他们还采用三脉冲振动回波和偏振选择的泵浦-探测技术，考察了体相水（HOD/D_2O）超快分子间动力学对 O—H 振动的影响，获取了与振动弛豫、振动消相干、分子再取向等动力学过程相关的特征时间：在短时间尺度上，振动弛豫表现为约 180fs 的欠阻尼氢键振荡，而观测到的长时间尺度行为则表明，氢键网络的集合结构重排时间约为 1.4ps；各向异性随时间的衰变测量给出了 50fs 和 3ps 两个时间参数，他们将其分别归于低频摆动和转动弥散[179]。利用相似的方法，Pshenichnikov 小组研究了四甲基尿素分子疏水基周围水分子 O—H 伸缩振动的氢键强弱的变化，获得了疏水溶质如何影响氢键网络结构与动力学的详细信息[180]。Bagchi 小组采用二维红外研究了不同水溶液体系中的异质性。他们研究发现异质性是通过水动力学的显著改变体现出来的。在反胶束溶液中，研究发现增加体系的尺寸，不同层水分子的动力学行为改变很大。超临界水热力学诱导的异质性也能在二维红外频谱扩散响应中得以体现[181]。Kubarych 小组利用二维红外光谱成功研究了蛋白质水合层与溶剂之间的耦合情况，发现水合层水分子与蛋白质耦合很强，但与溶剂耦合很弱[182]。

值得一提的是，最近发展起来的振动态选择激发-和频光谱探测的飞秒时间分辨测量技术能有效提供界面水分子的超快动力学以及界面水非均质化学特性等重要信息[183, 184]，为全面理解界面水的本质提供了新的条件。近两三年来，这些超快非线性振动光谱技术已经开始应用到生物膜表面等生物水动力学的研究中[185-188]，并取得了一些非常好的进展。例如，Bonn 小组采用表面特异性二维和频光谱研究界面水结构，他们观察到水在水/空气界面与水/磷脂界面处的结构差异很大[189]；此外，他们采用和频光谱手段结合从头算分子动力学模拟方法研究了水与中性的 PC 磷脂酰胆碱分子界面、水与胺氮-氧化物表面活性剂单层水的结构和取向，结果发现水分子可以从体相到羰基基团形成连续的氢键网络[190]。他们最近还研究了抗冻蛋白的水分子结构，发现水/细菌接触界面的氢键增强了邻近水网络结构的取向，丁香甲单孢菌的结冰活性位点通过独特的亲-疏水模式来增强冰成核[188]。根据稳态和时间分辨的二维和频光谱研究结果，Bonn 小组提出了十二烷基硫酸钠表面活性剂和水之间，以及界面水分子之间的微观模型，即接近表面活性剂头部的水有独立的 O—H 键（局域化的 O—H 伸缩振动），而除此之外的都是非局域化的 O—H 伸缩振动（共同的氢键）。且这两种情况是耦合的，在它们之间存在亚皮秒级的能量转移，这与空气/水界面的 O—H 键很不同。他们的结果还表明与表面活性剂头部作用的水分子的氢键性质和那些与其他水分子作用的氢键性质不同[191]。最近我们成功发展了振动态选择激发-和频光谱探测的飞秒时间分辨测量系统。该系统的技术指标为：时间分辨度 100fs，光谱分辨度≤5cm^{-1}，光谱能量从 600cm^{-1} 到 4000cm^{-1} 选择可调，实现目前文献报道中最快的和频光谱采谱速度，最快可在 18 毫秒采集一张光谱[192]。利用具有特定能量的飞秒红外脉冲选择激发生物膜界面蛋白质的 N—H 基团，然后用飞秒和频光谱分别监控酰胺键中酰胺 A 谱带 N—H 基团振动瞬态结构变化，首次成功测出水环境下生物膜上蛋白质 N—H 的振动能量弛豫速率。α-螺旋和β折叠结构中的 N—H 振动弛豫时间分别是 1.7 和 0.9ps。因为β折叠结构具有更强的氢键结构，所以 N—H 振动弛豫时间更快。通过激发 N—H 基团，探测酰胺键酰胺 I 谱带 C=O 基团振动的瞬态结构变化，我们发现 N—H 到 C=O 的振动能量传递存在两种途径：一种是直接的 NH-CO 耦合作用（σ_{NH-CO}）；另一种是 N—H 先弛豫到某振动中间态（记为 X 态），然后中间 X 态再与 C=O 发生耦合作用（σ_{X-CO}）。系统研究表明 C=O···H—N 的氢键强弱决定 N—H 与 C=O 间两种耦合途径（$\sigma_{X-CO}/\sigma_{NH-CO}$）的比例。氢键越强，通过振动中间态耦合（$\sigma_{X-CO}$）的比例越高，从而成功揭示了氢键作用影响生物膜界面蛋白质能量传递途径和速率的规律[193]。在该工作基础上，通过选择激发酰胺键 C=O 基团，然后探测其瞬态结构变化，我们首次测出 H_2O 环境下蛋白质酰胺键 C=O 振动弛豫时间。特别强调的是，虽然超快红外光谱一直是作为研究蛋白质与溶剂分子间振动弛豫动力学的有效手段，但因为酰胺键 C=O 振动与水分子弯曲振动的红外吸收峰重叠一起（～1645cm^{-1}），相关红外光谱实验只能在重水（D_2O）或者有机溶剂中进行。同时，红外研究结果表明蛋白质酰胺键 C=O 振动弛豫时间约为 1.2ps，几乎不受蛋白质侧链及其周围环境的影响，被认为是酰胺键的内在属性[194-198]。基于这样的结果，有些人提出水分子只与蛋白质低频的振动耦合，不与中高频的振动耦合[199]，水分子仅作为“热库”加快分子内振动弛豫。另一方面，根据和频光谱选择定则，与蛋白质酰胺 I 谱带的和频信号比较，H_2O 弯曲振动的和频光谱信号非常弱甚至探测不出来而可以忽略不计[200]。因此，飞秒时间分辨的和频光谱技术可用来研究 H_2O 环境下酰胺键 C=O 的超快振动弛豫动力学行为。我们的结果显示，在 D_2O 中，酰胺键 C=O 的弛豫时间为 1.15ps，与时间分辨红外光谱研究结果一致。但是在 H_2O 环境下，暴露于 H_2O 环境的蛋白质残基数量越多，C=O 振动弛豫时间越快（图 4.6.17（a））。该结果揭示了界面蛋白质与 H_2O 分子弯曲振动在能量上的耦合作用（图 4.6.17（b）），H_2O 分子不仅作为“热库”加快分子内振动弛豫，而且通过直接的振动共振能量转移通道为蛋白质与溶剂间的能量转移提供“捷径”（4.6.17（c））[201]，从而揭示蛋白质对水分子氢键选择的特异性。因为当酰胺键与水形成氢键时，会加快 CO 双键的振动弛豫时间，没有形成氢键时，弛豫时间为 1.15ps，如果这个技术与同位素定点标记技术结合起来，通过测量标记的 CO 双键的振动弛豫时间，将可以阐明蛋白质质子通道行为及其特定位点的亲疏水特性，进而揭示水在生命、材料组装和酶催化反应中扮演的重要作用。因为该技术可直接探测水层界面的生物分子和结合水的振动，提供界面生物分子和水分子的超快动力学等重要信息，但不改变水合层分子结构，因而有望发展成为阐明生物分子与其结合水之间耦合终极关系的强有力非介入性新技术。

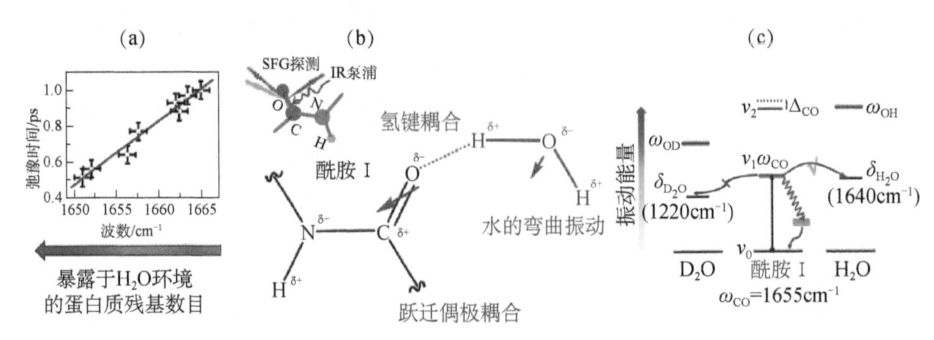

图 4.6.17 （a）H_2O 环境下蛋白质酰胺键 C═O 振动弛豫时间随暴露于水的氨基酸数量（与酰胺 I 振动频率成正比）增加而下降；（b）酰胺键与水分子的偶极耦合作用；（c）酰胺键 C═O 振动能量弛豫途径示意图[201]

5）分子动力学模拟研究

分子动力学（molecular dynamics，MD）模拟也是提取生物分子周围水分子微观细节的有力工具[202]，可以获得原子水平和超快时间尺度上生物分子及其周围水和离子的结构和动力学信息。蛋白质表面形貌和不同侧链产生的非均匀静电场对蛋白质周围结合水的结构和动力学性质有较大影响[203, 204]。MD 模拟结果亦支持蛋白质周围水分子高度受限和非均质性的实验观察结果[205, 206]。此外，MD 模拟还能显示蛋白质结合水的几个细节，如亲水残基与水分子之间形成强度不同的氢键[207]，在第一溶剂化层中水分子的次线性扩散行为[208]，转动及蛋白质周围水化层的停留时间[206, 209]。Marzel 等人的模拟研究结果表明，蛋白质表面附近的水密度比体相水高[203]。蛋白质水化层中的水分子扩散速度比体相水慢得多[210]，并且受蛋白质表面曲率和疏水性的影响[211, 212]。模拟研究还发现蛋白质溶剂化动力学对位置的依赖性。更复杂的理解包括结合水的慢动力学与残基侧链波动的关系[213]，以及生物水与蛋白质表面拓扑结构的排列关系[211, 214, 215]。最近，Bandyopadhyay 和他的同事进行几次模拟来研究溶剂水的多相性，他们观察到溶剂水在蛋白质不同片段周围的多相动力学与不同蛋白质片段的灵活性具有很好的相关性[209, 213, 216]。Biman Jana 等人通过对模型蛋白 Maxi 的分子动力学模拟，揭示了生物分子结构中水呈网状稳定排列的关键因素，可用于促进新的生物分子结构中网状水的形成[217]。Mukherjee 等人[218]采用原子分子动力学模拟的方法研究了信号淋巴细胞活化分子（SLAM）家族受体与由 SH2 结构域组成的 SLAM 结合蛋白（SAP）的相互作用，进而理解蛋白质肽结合物的细胞信号转导途径。通过模拟游离的 SAP，以及与 SLAM 肽结合的 SAP，他们观察到水动力学受到周围不同二级结构的显著影响，并与通过热力学量化获得的 SLAM 肽诱导的结构刚性变化存在很好的相关性。他们的研究结果表明，SLAM 诱导的受限水分子越多，在随后的酪氨酸激酶 Fyn 结合过程中水的熵贡献越大，信号级联中 SAP-Fyn 复合物的稳定性越强。

分子动力学模拟在理解 DNA 分子动力学和溶剂化过程中亦发挥很重要作用。例如，为了了解 Zewail 以及 Berg 等人观察到的 TRFSS 慢动力学的起源和性质，Hynes-Bagchi 等人模拟了在 Na^+反离子和水分子存在下 38 个碱基对双链 DNA 的动力学行为[219]。他们将每个 DNA 碱基（A、T、G、C）作为本征探针，而不是研究中使用的碱基堆叠或凹槽结合为探针，通过计算每个碱基的能量-能量时间相关函数来表征 DNA 溶剂化动力学。他们发现平均溶解时间相关函数显示 3 个时间组分：无指数衰变的惯性快速组分约 60～80fs，弛豫时间为约 1ps 和 20～30ps 的两个指数衰变组分。这些时间常数与 Zewail 和同事使用碱基堆积 2-AP 的实验结果基本一致[164, 165]。为了了解观测到的时间尺度的起源，他们将总溶剂化反应分解为组成分子（即水、离子和 DNA）的自相关性和交叉相关性[219]，并发现，～100fs 的超快时间组分完全由核苷酸附近的水分子控制。另外，离子和水之间存在很大的负相关性，这种相关性可以持续很长时间。因此，20～30ps 的慢指数动力学被认为是由 DNA 碱基附近的水和离子的耦合运动引起的。然而，因为他们只模拟到 15ns，他们没有观察到 Berg 及其同事观察到的 DNA 中分散的幂律动力学。为了更清晰解释关于 DNA 中更长时间的幂律动力学的性质和起源，Berg 等人和 Sen 等人分析了迪克森 DNA 的 46ns 平衡时的 MD 模拟轨迹[220]。他们用中心腺嘌呤作为探针，计算腺嘌呤上的电场动力学以及模拟溶剂化相关函数，并与较宽时间范围内的 TRFSS 实验溶剂化动力学结果进行比较。结果发现，理论数据与 TRFSS 实验碱基堆积 C102 的幂律动力学非常相似，进一步表明 DNA 附近水分子动力学的异常性。

6）蛋白质表面结合水次扩散运动研究

水分子在生物分子表面的扩散运动不仅有助于功能所需基本成分的运输（例如，质子、离子和基底的跨膜过程以及运输到酶的催化位点），而且为生物大分子提供实现其生理功能很关键的内在灵活性。这种灵活性对生物功能至关重要，这是因为当生物分子处于脱水状态时，这种灵活性是不存在的。另一方面，作为一个活跃的溶质，生物大分子会显著地改变周围水合水分子的结构和动力学。最近上海交通大学洪亮课题组结合中了散射和分子动力学模拟技术，研究了不同蛋白质表面结合水分数阶的次扩散运动[221]，勾勒出表面水分子跳跃情形的清晰图像[222]，为阐明蛋白质周围表面水分子的反常动力学行为提供有力证据。与体相水比较，实验和理论研究结果均表明 DNA 和蛋白质表面的水合层上的水分子的扩散运动要滞后，表现出异常的次扩散行为[223, 224]。这种次扩散运动可以用原子均方位移时间的分数幂来描述（公式（1））。目前对于结合水的次扩散机理存在两个貌似合理的物理图像[208, 211, 225]：一个是空间无序模型，即生物大分子粗糙表面形成的分形渗透网状结构阻碍了水分子的扩散；另一个是时间无序模型，即水分子在生物大分子表面陷阱之间跳跃，分子在下一次跳跃之前需要在陷阱里停留，停留时间服从较宽的幂律分布。通过中子散射实验，他们测量出水分子沿着细胞色素 P450 与绿色荧光蛋白两种不同蛋白质表面走过特定距离所花费的时间[221]。结果表明，在 10～100ps 时间窗口内的结合水表现出次扩散行为，他们测出的反常扩散指数β的值约为 0.8。此外，他们通过分子动力学模拟发现在更宽的时间尺度范围内（10～10^3ps）还观察到这种次扩散行为。不过，进行长时间模拟时水的运动变得越来越扩散，约 10^5ps 时扩散指数β 值接近于 1，也即由次扩散行为转变到扩散行为。为解释实验与模拟中观察到的异常动力学行为，他们提出了一个水分子在蛋白质表面小笼子（或是捕获位点）间跳跃的模型。在该模型中，他们假设一次一个陷阱只能容纳一个分子。随着时间的流逝，深的陷阱被填满了，从而迫使水分子主要在浅陷阱间进行跳跃。也就是说，在较长时间尺度内，处于蛋白质环境中的水可以分为两类：一类是滞留在深陷阱内的无法动弹的分子，另一类是在浅陷阱间跳跃着的移动分子。通过分析蛋白质表面每个水分子的分子动力学轨迹，他们确认了捕获事件的存在，并表明连续跳跃前后两步之间没有关联；换而言之，一个水分子上一次跳跃的距离与方向并不会对下一步跳跃造成任何影响。这一结论与空间无序模型不符。同时他们还发现分子在下一次跳跃之前需要在陷阱里停留的时间具有较宽的幂律分布，其中大多陷阱等待时间短，非常少量的陷阱等待时间长。这种“无标度”的等待时间分布与连续时间随机游走模型相吻合。他们的结果还表明，多体体积的排斥效应使水分子在浅的囚禁位点上优先跳跃，从而有效加速扩散。水分子更大的流动性最终可以传递到周围蛋白质分子，以获得蛋白质功能所需的灵活性，从而解释了为什么酶需要一定的水合作用（约 20%的重量）才能表现出明显的非谐性动力学和生物活性。

$$\left\langle X^2(\Delta t)\right\rangle \sim t^{\beta},\ \beta<1 \tag{1}$$

4.6.3 待解决的重大问题

分子水平上理解生物水分子结构与性质及其影响生物结构和功能的本质和规律是揭示生物大分子生理功能机制的关键。目前在生物水本质的研究，特别是飞秒时间尺度内的生物水研究，尚处于起步阶段，尚有许多问题有待进一步解决，具体问题包括：

蛋白质与其环境受碰撞的影响有多大？与蛋白质表面相关的水有几层，排列规整度如何？生物界面水动力学多慢，动力学属性是什么？生物水分布的均一性如何？当某个水分子被踢出表面层时它的替换过程是怎样的？界面、界面几何形状、界面电荷、离子、生物分子如何影响生物水的结构与动力学行为？水分子的异质性和排列规整度如何影响生物功能？生物分子表面是否存在“刚性”结构的水？氢键在水中重排的机制是什么？水分子在蛋白质、细胞和组织等大分子周围的效应与在小分子周围的效应有何不同，是否是小分子周围效应的简单加和？生物分子与其结合水是如何发生耦合作用的？结合水动力学与蛋白质侧链运动这种关联性是否存在普适性？蛋白质二级结构以及表面亲疏水性、电荷密度、局域拓扑结构等特性怎样影响这种关联性的变化？结合水动力学与蛋白质骨架运动的关联性是怎样的？什么因素决定弛豫能垒？不同二级结构的蛋白质的能垒弛豫如何变化？水合动力学在 DNA 修复机制和其他 DNA-蛋白相互作用上有什么特殊的作用？DNA 中观察到的分散水合动力学是否也普遍存在于 RNA 的各种结构中以及慢水动力学是否控制转录过程？

4.6.4 小结与展望

生物结合水在维护生物大分子的结构、稳定性以及调控动力学性质和生理功能等方面起着决定性的作用。本节从三个方面介绍当前生物结合水的相关研究及其进展：首先介绍生物结合水对蛋白质折叠、质子给予与迁移、配体结合与药物设计以及变构效应等生物结构和功能的影响；然后介绍生物分子周围的水分子结构研究情况；最后从时间尺度、动力学属性、生物分子与水分子之间的动力学耦合作用、蛋白质表面结合水次扩散运动等角度介绍生物分子水合动力学的研究进展，并归纳出一些目前尚待进一步解决的科学问题。理解这些问题对直接解答耦合涨落理论的普适性，揭示耦合运动背后的驱动力本质以及生物结合水如何影响生物功能很关键。而阐明生物水的本质，关键在于对生物分子表面水分子动力学行为进行空间（分子）与时间分辨率级别（特别是从飞秒到皮秒尺度内的水分子动力学）上的认知。

参考文献

[1] Kropman M F，Bakker H J. Science，2001，291：2118.

[2] Pal S K，Zewail A H. Chem. Rev.，2004，104：2099.

[3] Peon J，Pal S K，Zewail A H. Proc. Natl. Acad. Sci. USA，2002，99：10964.

[4] Bagchi B. Chem. Rev.，2005，105：3197.

[5] Watson J D，Crick F H C. Nature，1953，171：737.

[6] Ferrand M，Dianoux A，Petry W，ZaccaiI G. Proc. Natl. Acad. Sci. USA，1993，90：9668.

[7] Rupley J A，Careri G. Adv. Protein Chem.，1991，41：37.

[8] Kamal J K A，Zhao L，Zewail A H. Proc. Natl. Acad. Sci. USA，2004，101：13411.

[9] Pal S K，Peon J，Zewail A H. Proc. Natl. Acad. Sci. USA，2002，99：15297.

[10] Chaplin M. Nat. Rev. Mol. Cell Biol.，2006，7：861.

[11] Bellissent-Funel M C，Hassanali A，Havenith M，Henchman R，Pohl P，Sterpone F，van der Spoel D，Xu Y，Garcia A E. Chem. Rev.，2016，116：7673.

[12] Grossman M，Born B，Heyden M，Tworowski D，Fields G B，Sagi I，Havenith M. Nat. Struct. Mol. Biol.，2011，18：1102.

[13] Nihonyanagi S，Yamaguchi S，Tahara T. J. Am. Chem. Soc.，2010，132：6867.

[14] Zhao W，Moilanen D E，Fenn E E，Fayer M D. J. Am. Chem. Soc.，2008，130：13927.

[15] Nandi N，Bagchi B. J. Phys. Chem. B，2007，101：10954.

[16] Jungwirth P. J. Phys. Chem. Lett.，2015，6：2449.

[17] Ball P. Chem. Rev.，2008，108：74.
[18] Ball P. Proc. Natl. Acad. Sci. USA，2017，114：13327.
[19] Ball P. Chem. Phys. Chem.，2008，9：2677.
[20] Auer B，Kumar R，Schmidt J R，Skinner J L. Proc. Natl. Acad. Sci. USA，2007，104：14215.
[21] Laage D，Hynes J T. Science，2006，311：832.
[22] Fecko C J，Eaves J D，Loparo J J，Tokmakoff A，Geissler P L. Science，2003，301：1698.
[23] Mazur K，Heisler I A，Meech S R. J. Phys. Chem. B，2010，114：10684.
[24] Nibbering E T J，Elsaesser T. Chem. Rev.，2004，104：1887.
[25] Raschke T M. Curr. Opin. Struct. Biol.，2006，16：152.
[26] Bhattacharyya S M，Wang Z G，Zewail A H. J. Phys. Chem. B，2003，107：13218.
[27] Bhattacharyya K. Chem. Commun.，2008，25：2848.
[28] Levitt M，Sharon R. Proc. Natl. Acad. Sci. USA，1988，85：7557.
[29] Uda Y，Zepeda S，Kaneko F，Matsuura Y，Furukawa Y. J. Phys. Chem. B，2007，111：14355.
[30] Pal S，Peon J，Zewail A H. Proc. Natl. Acad. Sci. USA，2002，99：1763.
[31] Fenimore P W，Fraunfelder H，McMahon B H，Young R D. Proc. Natl. Acad. Sci. USA，2004，101：14408.
[32] Jana B，Pal S，Bagchi B. J. Chem. Sci.，2012，124：317.
[33] Burling F T，Weis W I，Flaherty K M，Brunger A T. Science，1996，271：72.
[34] Niimura N，Podjarny A. Neutron Protein Crystallography：Hydrogen，Protons，and Hydration in Bio-Macromolecules（Vol. 25）（Oxford：Oxford University Press），2011，p124-189.
[35] Hong L，Smolin N，Lindner B，Sokolov A P，Smith J C. Phys. Rev. Lett.，2011，107：148102.
[36] Papoian G A，Ulander J，Eastwood M P，Luthey-Schulten Z，Wolynes P G. Proc. Natl. Acad. Sci. USA，2004，101：3352.
[37] Heugen U，Schwaab G，Brundermann E，Heyden M，Yu X，Leitner D M，Havenith M. Proc. Natl. Acad. Sci. USA，2006，103：12301.
[38] Qvist J，Halle B. J. Am. Chem. Soc.，2008，130：10345.
[39] Born B，Weingartner H，Brundermann E，Havenith M. J. Am. Chem. Soc.，2009，131：3752.

[40] Zhong D P，Pal S K，Zewail A H. Chem. Phys. Lett.，2011，503：1.

[41] Biedermannova L，Schneider B. Biochim. Biophys. Acta，2016，1860：1821.

[42] 郭盼，涂育松，方海平. 中国科学：物理学力学天文学. 2016，46：057009.

[43] Laage D，Elsaesser T，Hynes J T. Chem. Rev.，2017，117：10694.

[44] Laage D，Elsaesser T，Hynes J T. Struct. Dynam.，2017，4：044018.

[45] Shweta H，Sen S. J. Biosci.，2018，43：499.

[46] Davis C M，Gruebele M，Sukenik S. Curr. Opin. Struct. Biol.，2018，48：23.

[47] Cheung M S，Garcia A E，Onuchic J N. Proc. Natl Acad. Sci. USA，2002，99：685.

[48] Vajda T，Perczel A. J. Pept. Sci.，2014，20：747.

[49] Dill K A，MacCallum J L. Science，2012，338：1042.

[50] Zwanzig R，Szabó A，Bagchi B. Proc. Natl. Acad. Sci. USA，1992，89：20.

[51] Levy Y，Onuchic J N. Annu. Rev. Biophys. Biomol. Struct.，2006，35：389.

[52] Chong S H，Ham S. Acc. Chem. Res.，2015，48：956.

[53] Thirumalai D，Reddy G，Straub J E. Acc. Chem. Res.，2012，45：83.

[54] Hu F H，Luo W B，Hong M. Science，2010，330：505.

[55] Hu F，Schmidt-Rohr K，Hong M. J. Am. Chem. Soc.，2012，134：3703.

[56] Agmon N. Chem. Phys. Lett，1995，244：456.

[57] Pinto L H，Dieckmann G R，Gandhi C S，Papworth C G，Braman J，Shaughnessy M A，Lear J D，Lamb R A，DeGrado W F. Proc. Natl. Acad. Sci. USA，1997，94：11301.

[58] Mould J A，Li H C，Dudlak C S，Lear J D，Pekosz A，Lamb R A，Pinto L H. J. Biol. Chem.，2000，275：8592.

[59] Swanson J M J，Maupin C M，Chen H，Petersen M K，Xu J，Wu Y，Voth G A. J. Phys. Chem. B，2007，111：4300.

[60] Hassanali A，Giberti F，Cuny J，Kühne T D，Parrinello M. Proc. Natl. Acad. Sci. USA，2013，110：13723.

[61] Kaila V R I，Wikström M，Hummer G. Proc. Natl. Acad. Sci. USA，2014，111：6988.

[62] Goyal P，Lu J，Yang S，Gunner M R，Cui Q. Proc. Natl. Acad. Sci. USA，2013，110：18886.

[63] Lorch S，Capponi S，Pieront F，Bondar A N. J. Phys. Chem. B，2015，119：12172.

[64] Umena Y，Kawakami K，Shen J R，Kamiya N. Nature，2011，473：55.

[65] Hu X，Tan J J，Ye S J. J. Phys. Chem. C，2017，121：15181.

[66] Liu Y，Tan J J，Zhang J H，Li C Z，Luo Y，Ye S J. Chem. Comm.，2018，54：

5903.
[67] Fox J M，Zhao M X，Fink M J，Kang K，Whitesides G M. Annu. Rev. Biophys.，2018，47：223.
[68] Krimmer S G，Cramer J，Betz M，Fridh V，Karlsson R，Heine A，Klebe G， J. Med. Chem.，2016，59：10530.
[69] Ma C，Polishchuk A L，Ohigashi Y，Stouffer A L，Schön A，Magavern E，Jing X，Lear J D，Freire E，Lamb R A，DeGrado W F，Pinto L H. Proc. Natl. Acad. Sci. USA，2009，106：12283.
[70] Wu Y，Voth G A. Biophys. J.，2005，89：2402.
[71] Gianti E，Carnevale V，DeGrado W F，Klein M L，Fiorin G. J. Phys. Chem. B，2015，119：1173.
[72] García-Sosa A T. J. Chem. Inf. Model，2013，53：1388.
[73] Wei D，Wilson W D，Neidle S. J. Am. Chem. Soc.，2013，135：1369.
[74] Sadovsky E，Yifrach O. Proc. Natl. Acad. Sci. USA，2007，104：19813.
[75] Gnanasekaran R，Xu Y，Leitner D M. J. Phys. Chem. B，2010，114：16989.
[76] Oroguchi T，Nakasako M. Sci. Rep.，2016，6：26302.
[77] Buchli B，Waldauer S A，Walser R，Donten M L，Pfister R，Blöchliger N，Steiner S，Caflisch A，Zerbe O，Hamm P. Proc. Natl. Acad. Sci. USA，2013，110：11725.
[78] Sun T，Lin F H，Campbell R L，Allingham J S，Davies P L. Science，2014，343：795.
[79] Lai W，Chen H，Matsui T，Omori K，Unno M，Ikeda-Saito M，Shaik S. J. Am. Chem. Soc.，2010，132：12960.
[80] Wang Y，Hirao H，Chen H，Onaka H，Nagano S，Shaik S. J. Am. Chem. Soc.，2008，130：7170.
[81] Weingarth M，Van Der Cruijsen E A，Ostmeyer J，Lievestro S，Roux B，Baldus M. J. Am. Chem. Soc.，2014，136：2000.
[82] Hou G，Cui Q. J. Am. Chem. Soc.，2013，135：10457.
[83] Pal R，Sekharan S，Batista V S. J. Am. Chem. Soc.，2013，135：9624.
[84] Ye S J，Markelz A. J. Phys. Chem. B，2010，114：15151.
[85] Stewart G W. Phys. Rev.，1931，37：9.
[86] Katzoff，S. J. Chem. Phys.，1934，2：841.
[87] Eisenberg D，Kauzmann W. The Structure and Properties of Water（New York：Oxford University Press），2005，254-265.

[88] Wernet P, Nordlund D, Bergmann U, Cavalleri M, Odelius M, Ogasawara H, Naslund L A, Hirsch T K, Ojamae L, Glatzel P, Pettersson L G M, Nilsson A. Science, 2004, 304: 995.
[89] Smith J D, Cappa C D, Wilson K R, Messer B M, Cohen R C, Saykally R J. Science, 2004, 306: 851.
[90] Bukowski R, Szalewicz K, Groenenboom G C, van der Avoird A. Science, 2007, 315: 1249.
[91] Tu Y, Fang H P. Phys. Rev. E, 2009, 79: 016707.
[92] Huang C, Wikfeldt K T, Tokushima T, Nordlund D. Proc. Natl. Acad. Sci. USA, 2009, 106: 15214.
[93] Smith J D, Cappa C D, Wilson K R, Cohen R C, Geissler P L, Saykally R J. Proc. Natl. Acad. Sci. USA, 2005, 102: 14171.
[94] Franks F. Water: A Comprehensive Treatise. Plenum Press (New York), 1972.
[95] Nakasako M. Philos. Trans. R. Soc. Lond. Ser. B Biol. Sci., 2004, 359: 1191.
[96] Teeter M M. Proc. Natl. Acad. Sci. USA, 1984, 81: 6014.
[97] Sanschagrin P C, Kuhn L A. Protein Sci., 1998, 7: 2054.
[98] Kysilka J, Vondrášek J. J. Mol. Recognit., 2013, 26: 479.
[99] Schneider B, Berman H M. Biophys. J., 1995, 69: 2661.
[100] Schneider B, Patel K, Berman H M. Biophys. J., 1998, 75: 2422.
[101] Bellissent-Funel M C, Teixeira J, Bosio L. J. Chem. Phys., 1987, 87: 2231.
[102] Settles M, Doster W. Faraday Discuss., 1996, 103: 269.
[103] Angell C A. Annu. Rev. Phys. Chem., 2004, 55: 559.
[104] Shen Y R. The Principles of Nonlinear Optics. Wiley, New York, 1984.
[105] Scatena L F, Brown M G, Richmond G L. Science, 2001, 292: 908.
[106] Shen Y R, Ostroverkhov V. Chem. Rev., 2006, 106: 1140.
[107] Du Q, Freysz E, Shen Y R. Phys. Rev. Lett., 1994, 72: 238.
[108] Du Q, Superfine R, Freysz E, Shen Y R. Phys. Rev. Lett., 1993, 70: 2313.
[109] Chen X, Hua W, Huang Z, Allen H C. J. Am. Chem. Soc., 2010, 132: 11336.
[110] Mondal J A, Nihonyanagi S, Yamaguchi S, Tahara T. J. Am. Chem. Soc., 2010, 132: 10656.
[111] Mondal J A, Nihonyanagi S, Yamaguchi S, Tahara T. J. Am. Chem. Soc., 2012, 134: 7842.
[112] Drew H R, Dickerson R E. J. Mol. Biol., 1981, 151: 535.

[113] Denisov V P, Carlstrom G, Venu K, Halle B. J. Mol. Biol., 1997, 268: 118.

[114] Subramanian P S, Ravishanker G, Beveridge D L. Proc. Natl. Acad. Sci. USA, 1988, 85: 1836.

[115] McDermott M L, Vanselous H, Corcelli S A, Petersen P B. ACS Cent. Sci., 2017, 3: 708.

[116] Kocsis I, Sorci M, Vanselous H, Murail S, Sanders S E, Licsandru E, Legrand Y M, van der Lee A, Baaden M, Petersen P B, Belfort G, Barboiu M, Sci. Adv., 2018, 4: 5603.

[117] Perets E A, Yan E C Y. J. Phys. Chem. Lett., 2019, 10: 3395.

[118] Wu B, Wang X W, Yang J, Hua Z, Tian K Z, Kou R, Zhang J, Ye S J, Luo Y, Craig V S J, Zhang G Z, Liu G M. Sci. Adv., 2016, 2: e1600579.

[119] Xu Y, Havenith M. J. Chem. Phys., 2015, 143: 170901.

[120] Tanford C. J. Am. Chem. Soc., 1962, 84: 4240.

[121] Nucci N V, Pometun M S, Wand A J. J. Am. Chem. Soc., 2011, 133: 12326.

[122] Fisette O, Paslack C, Barnes R, Isas J M, Langen R, Heyden M, Schafer L V. J. Am. Chem. Soc., 2016, 138: 11526.

[123] Chong S H, Ham S. Proc. Natl. Acad. Sci. USA, 2012, 109: 7636.

[124] Chong S H, Ham S. Angew. Chem. Int. Ed., 2014, 53: 3961.

[125] Heyden M, Tobias D J. Phys. Rev. Lett., 2013, 111: 218101.

[126] Bellissent-Funel M C, Hassanali A, Havenith M, Henchman R, Pohl P, Sterpone F, van der Spoel D, Xu Y, Garcia A E. Chem. Rev., 2016, 116: 7673.

[127] Ben-Amotz D. J. Phy-Condens. Mat., 2016, 28: 414013.

[128] Conti Nibali V, Havenith M. J. Am. Chem. Soc., 2014, 136: 12800.

[129] Schiro G, Fichou Y, Gallat F X, Wood K, Gabel F, Moulin M, Hartlein M, Heyden M, Colletier J P, Orecchini A, Paciaroni A, Wuttke J, Tobias D J, Weik M. Nat. Commun., 2015, 6: 6490.

[130] Heugen U, Schwaab G, Brundermann E, Heyden M, Xu Y, Leitner D M, Havenith M. Proc. Natl. Acad. Sci. USA, 2006, 103: 12301

[131] Qvist J, Halle B. J. Am. Chem. Soc., 2008, 130: 10345.

[132] Oncley J L. J. Am. Chem. Soc., 1938, 60: 1115.

[133] Oncley J L. Proteins, Amino Acids and Peptides as Ions and Dipolar Ions (Chapter 22) (Eds: Cohn E J, Edsall J T, Reinhold: New York), 1943, 557.

[134] Buchanan T J, Haggis G H, Hasted J B, Robinson B G. Proc. R. Soc. London A,

1952，213：379.
[135] Haggis G H，Buchanan T J，Hasted J B. Nature，1951，167：607.
[136] Grant E H. Ann. N. Y. Acad. Sci.，1965，125：418.
[137] Grant E H，Sheppard R J，South G P. Dielectric Behavior of Biological Molecules in Solutions (Clarendon：Oxford)，1978，p144-160.
[138] Schwan S P. Ann. N. Y. Acad. Sci.，1965，125：344.
[139] Takashima S. Adv. Chem. Ser.，1967，63：232.
[140] Harvey S C，Hoekstra P. J. Phys. Chem.，1972，76：2987.
[141] Pethig R. Protein Solvent Interactions (Chapter 4) (Ed.：Gregory R B，New York：Marcel Dekker Inc.)，1995，265-285.
[142] Murarka R K，Head-Gordon T. J. Phys. Chem. B，2008，112：179.
[143] Franck J M，Han S. Method. Enzymol.，2019，615：131.
[144] Denisov V P，Carlstrom G，Venu K，Halle B. J. Mol. Biol.，1997，268：118.
[145] Halle B. Biol. Sci. B，2004，359：1448.
[146] Nucci N V，Pometun M，Wand A J. Biophys. J.，2010，98：175.
[147] Otting G，Liepinsh E，Wuthrich K. Science，1991，254：974.
[148] Denisov V P. Halle B. Faraday Discuss.，1996，103：227.
[149] Modig K，Liepinsh E，Otting G，Halle B. J. Am. Chem. Soc.，2004，126：102.
[150] Grebenkov D S，Goddard Y A，Diakova G，Korb J P，Bryant R G. J. Phys. Chem. B，2009，113：13347.
[151] Halle B，Nilsson L. J. Phys. Chem. B，2009，113：8210.
[152] Abbyad P，Shi X，Childs W，McAnaney T B，Cohen B E，Boxer S G. J. Phys. Chem. B，2007，111：8269.
[153] Li T，Hassanali A A，Kao Y，Zhong D，Singer S J. J. Am. Chem. Soc.，2007，129：3376.
[154] Qiu W，Kao Y，Zhang L，Yang Y，Wang L，Stites W E，Zhong D，Zewail A H. Proc. Natl. Acad. Sci. USA，2006，103：13979.
[155] Bagchi B. Proc. Natl. Acad. Sci. USA，2016，113：8355.
[156] Jimenez R，Fleming G R，Kumar P V，Maroncelli M. Nature，1994，369：471.
[157] Berg M A，Coleman R S，Murphy C J. Phys. Chem. Chem. Phys.，2008，10：1229.
[158] Nandi N，Bhattacharyya K，Bagchi B. Chem. Rev.，2000，100：2013.
[159] Nandi N，Bagchi B. J. Phys. Chem. A，1998，102：8217.
[160] Zhang L Y，Wang L J，Kao Y T，Qiu W H，Yang Y，Okobiah O，Zhong D P. Proc.

Natl. Acad. Sci. USA，2007，104：18461.
[161] Zhang L Y，Yang Y，Kao Y T，Wang L J，Zhong D P. J. Am. Chem. Soc.，2009，131：10677.
[162] Brauns E B，Madaras M L，Coleman R S，Murphy C J，Berg M A. J. Am. Chem. Soc.，1999，121：11644.
[163] Brauns E B，Madaras M L，Coleman R S，Murphy C J，Berg M A. Phys. Rev. Lett.，2002，88：158101.
[164] Pal S K，Zhao L，Zewail A H. Proc. Natl.Acad. Sci. USA，2003，100：8113.
[165] Pal S K，Zhao L，Xia T，Zewail A H. Proc. Natl. Acad. Sci. USA，2003，100：13746.
[166] Dallmann A，Pfaffe M，Mugge C，Mahrwald R，Kovalenko S A，Ernsting N P. J. Phys. Chem. B，2009，113：15619.
[167] Andreatta D，Lustres J L P，Kovalenko S A，Ernsting N P，Murphy C J，Coleman R S，Berg M A. J. Am.Chem. Soc.，2005，127：7270.
[168] Andreatta D，Sen S，Lustres J L P，Kovalenko S A，Ernsting N P，Murphy C J，Coleman R S，Berg M A. J. Am. Chem. Soc.，2006，128：6885.
[169] Bagchi B. Water in Biological and Chemical Processes：From Structure and Dynamics to Function（Cambridge：United Kingdom Press），2013.
[170] Manning G S，Ray J. J. Biomol. Struct. Dyn.，1998，16：461.
[171] Frauenfelder H，Chen G，Berendzen J，Fenimore P W，Jansson H，McMahon B H，Stroe I R，Swenson J，Young R D. Proc. Natl. Acad. Sci. USA，2009，106：5129.
[172] Qin Y Z，Wang L J，Zhong D P. Proc. Natl. Acad. Sci. USA，2016，113：8424.
[173] Qin Y Z，Yang Y，Wang L J，Zhong D P. Chem. Phys. Lett.，2017，683：658.
[174] Qin Y Z，Jia M H，Yang J，Wang D B，Wang L J，Xu J H，Zhong D P. J. Phys. Chem. Lett.，2016，7：4171.
[175] Yang J，Wang Y F，Wang L J，Zhong D P. J. Am. Chem. Soc.，2017，139：4399.
[176] Bakker H J，Skinner J L. Chem. Rev.，2010，110：1498.
[177] Wright J C. Annu. Rev. Phys. Chem.，2011，62：209.
[178] Yagasaki T，Saito S Acc. Chem. Res.，2009，42：1250.
[179] Roberts S T，Ramasesha K，Tokmakoff A. Acc. Chem. Res.，2009，42：1239.
[180] Bakulin A A，Liang C，Jansen T L C，Wiersma D A，Bakker H J，Pshenichnikov M S. Acc. Chem. Res.，2009，42：1229.
[181] Ghosh R，Samanta T，Banaerjee S，Biswas R，Bagchi B. Faraday Discuss.，2015，

177：313.

[182] King J T，Kubarych K J. J. Am. Chem. Soc.，2012，134：18705.

[183] McGuire J A，Shen Y R. Science，2006，313：1945.

[184] Zhang Z，Piatkowski L，Bakker H J，Bonn M. Nature Chem.，2011，3：888.

[185] Kel O，Tamimi A，Thielges M C，Fayer M D. J. Am. Chem. Soc.，2013，135：11063.

[186] Kundu A，Błasiak B，Lim J H，Kwak K，Cho M. J. Phys. Chem. Lett.，2016，7：741.

[187] Donovan M A，Yimer Y Y，Pfaendtner J，Backus E H G，Bonn M，Weidner T J. Am. Chem. Soc.，2016，138：5226.

[188] Pandey R，Usui K，Livingstone R A，Fischer S A，Pfaendtner J，Backus E H G，Nagata Y，Fröhlich-Nowoisky J，Schmüser L，Mauri S，Scheel J F，Knopf D A，Pöschl U，Bonn M，Weidner T. Sci. Adv.，2016，2：e1501630.

[189] Zhang Z，Piatkowski L，Bakker H J，Bonn M. J. Chem. Phys.，2011，135：021101.

[190] Ohto T，Backus E H，Hsieh C S，Sulpizi M，Bonn M，Nagata Y. J. Phys. Chem. Lett.，2015，6：4499.

[191] Livingstone R A，Nagata Y，Bonn M，Backus E H. J. Am. Chem. Soc.，2015，137：14912.

[192] Tan J J，Luo Y，Ye S J. Chin. J. Chem. Phys.，2017，30：671.

[193] Tan J J，Zhang B X，Luo Y，Ye S J. Angew. Chem. Int. Ed.，2017，56：12977.

[194] Hamm P，Lim M，Hochstrasser R M. J. Phys. Chem. B，1998，102：6123.

[195] Ghosh A，Hochstrasser R M. Chem. Phys.，2011，390：1.

[196] Candelaresi M，Ragnoni E，Cappelli C，Corozzi A，Lima M，Monti S，Mennucci B，Nuti F，Papini A M，Foggi P. J. Phys. Chem. B，2013，117：14226.

[197] Hamm P，Lim M，DeGrado W F，Hochstrasser R M. J. Chem. Phys.，2000，112：1907.

[198] Mukherjee P，Kass I，Arkin I T，Zanni M T. Proc. Natl. Acad. Sci. USA，2006，103：3528.

[199] Shenogina N，Keblinski P，Garde S. J. Chem. Phys.，2008，129：155105.

[200] Perry A，Ahlborn H，Space B，Moore P B. J. Chem. Phys.，2003，118：8411.

[201] Tan J J，Zhang J H，Li C Z，Luo Y，Ye S J. Nat. Commun.，2019，10：1010.

[202] Makarov V，Pettitt B M，Feig M. Acc. Chem. Res.，2002，35：376.

[203] Merzel F，Smith J C. Proc. Natl. Acad. Sci. USA，2002，99：5378.

[204] Sterpone F，Stirnemann G，Laage D. J. Am. Chem. Soc.，2012，134：4116.

[205] Rocchi C，Bizzarri A R，Cannistraro S. Phys. Rev. E，1998，57：3315.

[206] Marchi M，Sterpone F，Ceccarelli M. J. Am. Chem. Soc.，2002，124：6787.

[207] Sterpone F，Stirnemann G，Hynes J T，Laage D. J. Phys. Chem. B，2010，114：2083.

[208] Bizzarri A R，Cannistraro S. J. Phys. Chem. B，2002，106：6617.

[209] Bandyopadhyay S，Chakraborty S，Bagchi B. J. Am. Chem. Soc.，2005，127：16660.

[210] Xu H F，Berne B J. J. Phys. Chem. B，2001，105：11929.

[211] Pizzitutti F，Marchi M，Sterpone F，Rossky P J. J. Phys. Chem. B，2007，111：7584.

[212] Bandyopadhyay S，Chakraborty S，Balasubramanian S，Bagchi B. J. Am. Chem. Soc.，2005，127：4071.

[213] Bandyopadhyay S，Chakraborty S，Balasubramanian S，Bagchi B. J. Phys. Chem. B，2004，108：12608.

[214] Merzel F，Smith J C. J. Chem. Inf. Model.，2005，45：1593.

[215] Hua L，Huang X H，Zhou R H，Berne B J. J. Phys. Chem. B，2006，110：3704.

[216] Sinha S K，Jana M，Chakraborty K，Bandyopadhyay S. J. Chem. Phys.，2014，141：22D502.

[217] Parui S，Jana B. J. Phys. Chem. B，2019，123：811.

[218] Samanta S，Mukherjee S. J. Chem. Phys.，2018，148：045102.

[219] Pal N，Verma S D，Sen S. J. Am. Chem. Soc.，2010，132：9277.

[220] Sen S，Andreatta D，Ponomarev S Y，Beveridge D L，Berg M A. J. Am. Chem. Soc.，2009，131：1724.

[221] Tan P，Liang Y，Xu Q，Mamontov E，Li J，Xing X，Hong L. Phys. Rev. Lett.，2018，120：248101.

[222] Metzler R. Physics，2018，11：59.

[223] Ehlers S P，Stanley C B，Mamontov E，O'Neill H，Zhang Q，Cheng X，Myles D A A，Katsaras J，Nickels J D. J. Am. Chem. Soc.，2017，139：1098.

[224] von Hansen Y，Gekle S，Netz R R. Phys. Rev. Lett.，2013，111：118103.

[225] Bizzarri A R，Rocchi C，Cannistraro S. Chem. Phys. Lett.，1996，263：559.

4.7 亲水问题

张锡奇　江　雷

4.7.1 背景和重要性

超亲液界面表示液体对表面的极端润湿行为，接触角接近 0°，包括超亲水界面（水的接触角接近 0°），超亲油界面（油的接触角接近 0°）和超双亲界面（水和油的接触角接近 0°）[1, 2]。在过去的几十年中，超亲液界面因其在各个领域的广泛应用引起了极大的兴趣，包括自清洁、防雾、可控液体输送、液体分离等[3-13]。

从生物系统的角度来看，超亲液界面在数十亿年的进化过程中在动植物中得到了高度发展[14]。在动物世界中，超亲液界面通常用于防卫和水收集。超亲水界面，如哺乳动物角膜和鱼鳞，带有一层薄薄的液体，可以有效地防止污染物附着[15, 16]。另一种情况是从雾气中收集水，如蜘蛛丝和沙漠甲虫[17, 18]。在植物世界中，超亲液界面用于防卫、狩猎和水收集。水榕（Anubias barteri）的叶子在水下永久湿润，界面上的薄水层可以保护植物免受污染物和昆虫的侵害。猪笼草（Nepenthes Apeta）是一种非常特殊的植物，由于其超亲水滑溜的口缘结构，它可以捕杀昆虫[19, 20]。一些无根植物进化出超亲水多孔或多层结构来收集雾中的水，如粗叶泥炭藓（Sphagnum squarrosum）和松萝凤梨（Tillandsia usneoides）[21, 22]。沙漠植物，例如仙人掌，已经进化出具有特殊结构的锥形刺以收获水蒸气[23]。值得注意的是，有一个名为紫叶芦莉草（Ruellia devosiana）的超双亲植物，水和油都能在其表面完全铺展[24]。受到自然界这些有趣发现的启发，科学家们开发了各种超亲液人工界面材料。

60 多年来，人工超亲液材料一直是一个有趣的研究课题，主要是超亲水，超亲油和超双亲界面。1953 年 Bartell 和 Smith 在玻璃基板上通过气相沉积法沉积了金和银，首次获得了超亲水表面（水的接触角约 7°）[25]。在金的表面通过俄歇电子能谱表征其表面清洁度，得到直接证据表明水可以浸润有着很少的碳和氧的金的表面[26]。另一方面，随着高效半导体器件的需求增多，硅清洗技术得到了广泛的研究，并且在 1959 年发现超亲水的硅表面

(水的接触角接近 0°)[27-30]。后来，一种新颖的超亲水水凝胶被制备，为基于超亲液界面的油水分离打开了一扇门[31]。为了实现工业应用，寻找低成本高效率的制备超亲水界面的方法有极大的需求。最近，田野及其同事报告了一个低成本的简便的喷涂方法，可以在各种非导电基板上制备大面积超亲水表面图案化[32]。

除了超亲水材料之外，越来越多的尝试致力于构建用于油水分离和薄膜制造的超亲油材料。2004 年，超亲油聚四氟乙烯涂层钢网通过喷雾干燥法[33]被成功制备。扫描电子显微镜图像表明涂覆的网膜由微/纳米结构组成，从而导致有效的柴油水分离。最近，通过旋涂和凝胶化制备了另一种独特的超亲油油水凝胶，其在水下提供了有效的界面以制造聚合物薄膜，并精确控制薄膜尺寸和厚度[34]。

超亲液界面的另一个里程碑是发现超双亲界面。1997 年，藤岛及其同事首次报道了超双亲二氧化钛表面[35]。结果发现，紫外线照射后，水、甘油三油酸酯和十六烷均可以在其表面完全铺展，接近 0°的接触角。然后，超亲液界面在科学研究和工业应用中引起了广泛的关注[4, 36, 37]。2007 年，Ye 和同事首次报道了光诱导超双亲复合氧化物，十二烷和水都可以在其表面完全铺展，接触角接近 0°[38]。他们发现总表面能以及气固界面的极性部分的表面能在光致转化过程中增加。此外，Choi 及其同事制备了一个典型的超双亲复合结构，在聚对苯二甲酸乙二醇酯表面涂覆了超双亲二氧化硅/聚氨酯混合涂层[39]。2017 年，超双亲硅晶片表面通过化学处理制备，其被用于制备薄且均匀的聚合物薄膜[40]。这项工作揭示了用简便的方法将有机/无机复合材料整合到混合器件装置中。在此，考虑到人工超亲液系统在超亲水、超亲油和超双亲界面中的演变，可以清楚地看到该领域越来越受到关注，极端液体润湿行为的突出优势使其在商业领域得以广泛应用。

4.7.2 研究现状（包括目前研究的主要内容和国内外研究状况等）

在下文我们简要介绍了代表亲液性和疏液性之间的界限的本征润湿阈值。然后总结典型的超亲液表面制备方法，特别是考虑到各种制备需求，如图 4.7.1 所示。具体而言，根据不同维度的不同结构特性引入了广泛的超亲液材料。对于零维系统，具有尖状、光滑和多孔结构的超亲液纳米颗粒被成功制备。对于一维系统，超亲液界面将从多级微米/纳米纤维结构到纳米管/通道结构进行介绍。在二维系统中，根据制备方法（紫外光照射或化学处理）以形成二维毛细力得到超亲液界面。类似地，在存在三维毛细力的情况下，可以通过在三维系统中构建颗粒聚集、纳米线阵列、纳米片或随机框架来获得超亲液界面。

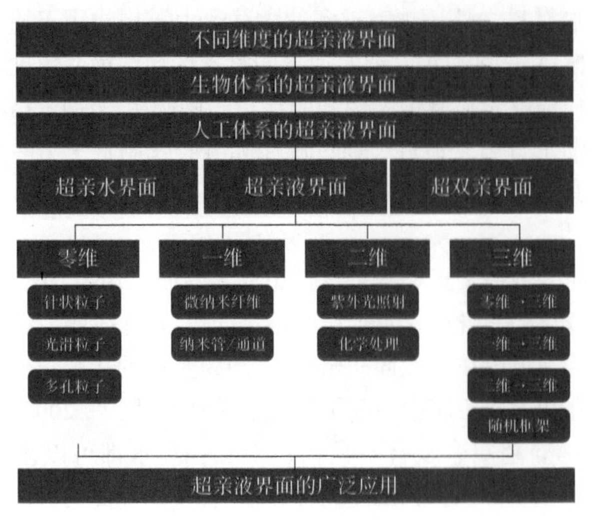

图 4.7.1　不同维度的超亲液界面示意图

近几十年来，从生物和人造系统的角度开发了超亲液界面，其包括超亲水、超亲油和超双亲界面。对于材料设计的策略，它可以分为零维到三维的四个类别并具有不同的特征。超亲液界面在商业领域也有广泛的应用

1）液体的本征浸润阈值本征浸润阈值 θ_{IWT}

当液滴与光滑的固体界面接触时，由于空气、液体和固体三相线的平衡相互作用，必然形成一个接触角[41]。光滑界面上的接触角主要受材料的本征性质所影响，其通常由材料表面的表面能表示。表面能随着表面极性增大而增大，从而导致接触角的减小，例如一些亲水的金属和具有不饱和配位元素的陶瓷材料[42, 43]。对水分子与金属表面之间复杂的相互作用受到了广泛研究，这可以用于解释相关的表面反应和水解离动力学[44-47]。然而，当涉及粗糙界面时，润湿性将发生显著变化。例如，在特定的光滑固体表面上给定种类液体总是存在本征浸润阈值，其被认为是亲液性和疏液性之间的界限，如图 4.7.2（a）所示。当一个光滑固体表面上给定液体的本征接触角小于其本征浸润阈值时，增加表面粗糙度将产生超亲液现象；相反，当该给定液体在另一个光滑固体表面上的本征接触角大于其本征浸润阈值时，增加表面粗糙

度将导致超疏液现象。

更明确地说，水是众所周知的液体，并且已经被广泛研究了几个世纪。一般来说，根据杨氏方程的数学计算结果，90°角被认为是亲水性和疏水性之间的界限[48]。然而，从分子相互作用的角度来看，Berg 和同事报告说 65°角可能是两个界面之间长程吸引力的临界点[49]。他们通过表面力仪和接触角测量研究了具有不同极性的 Langmuir-Blodgett 薄膜。在水面接触角约 65°的地方，没有观察到水滴与表面的长程吸引力；相比之下，水的接触角为 113°和 90°的表面具有长程吸引力。Vogler 通过测量纯水黏附张力，通过定量描述疏水和亲水表面，进一步肯定 65°是临界点[50]。结果表明排斥力或者吸引力的产生是分别由于亲水界面上的水分子倾向于形成致密的或者低密度的氢键网络。并且，在接触角约为 65°的表面上，吸引力和排斥力都变得相对较弱。因此 65°可以被定义为亲水性和疏水性之间的界限。从表面形貌和表面能的角度来看，江雷和同事提出 65°是亲水性和疏水性之间的界限，因为当以 65°来定义亲水或疏水表面时，增加其表面粗糙度可以构建成超亲水或超疏水界面[51]。此外，他们将水的本征浸润阈值扩展到各种有机液体，如图 4.7.2（b）所示[52]。随着液体表面张力的减小，本征浸润阈值也将逐渐减小，这为各种液体通过提高表面粗糙度来构建超亲液提供了明确的指导。

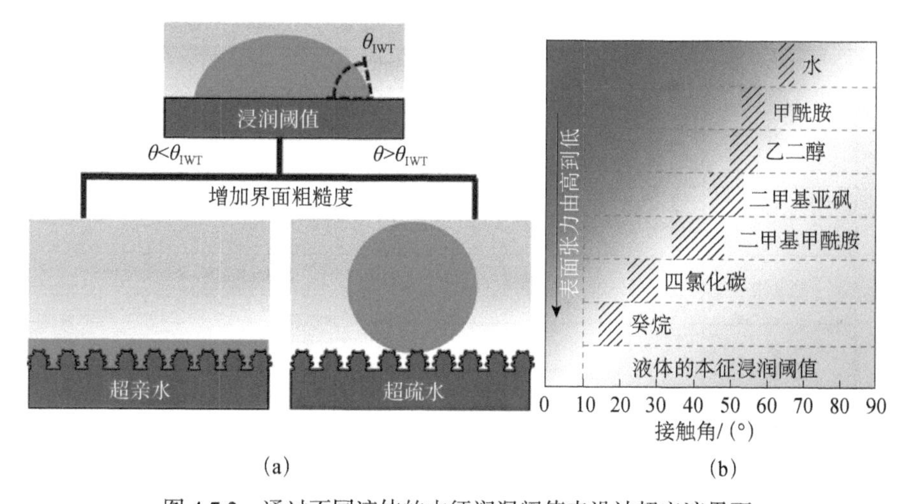

图 4.7.2 通过不同液体的本征润湿阈值来设计超亲液界面

（a）给定种类的液体的本征浸润阈值（θ_{IWT}）被认为是亲液性和疏液性之间的界限。更具体地，当光滑固体表面上的指定液体的接触角小于其本征浸润阈值时，可以通过增加表面粗糙度来获得超亲液表面，反之亦然。（b）根据不同液体的详细实验数据表明本征浸润阈值是一个作为亲液性和疏液性之间的界限的普遍规则，并且其大小随着液体表面张力的增加而增加[52]

2）超亲液界面的制备方法

在近数十年里，人们已经报道了构建超亲液界面的大量方法。这些方法可以分为两大类，即通过形貌改造的物理方法和通过界面反应的化学方法[11, 53]。物理方法通常用于获得相对均质的薄膜，如物理气相沉积、旋涂法、浸涂法和喷涂法[32, 52, 54-61]。除均质薄膜外，相分离方法可用于生成具有简单图案的异质薄膜，如圆形[62, 63]。对于更复杂的图案化表面或分级结构表面，通常采用激光处理和静电纺丝[64-66]。化学方法可以得到更复杂的结构，并具有纳米级的精确控制。水热法可以制备纳米级精确形状可控的单晶，而阳极氧化法可以大面积修饰纳米孔、纳米管、纳米线等[67-73]。蚀刻法常被用来制备纳米线阵列[74]。除了常规结构外，还可以通过蚀刻/氧化、层层组装、界面聚合和溶胶凝胶法制备更多随机框架[75-86]。然而，有时在制备超亲液界面时需要避免表面形貌的改变，因此可以选择改变表面化学状态，例如紫外线照射和等离子体处理[35, 39, 87-93]。化学气相沉积通过沉积化学反应的薄层来获得超亲液界面[94-96]。这里我们回顾了一些制备超亲液界面的常用和典型方法，如表 4.7.1 所示。

表 4.7.1　制备超亲液界面的方法。制备方法主要分两大类进行介绍：物理方法和化学方法。列出了每种方法的典型实例及其主要特点

	方法	材料	特点	参考文献
物理方法	物理气相沉积	二氧化钛；四氧化三钴；二氧化硅	均匀的 厚度可控 真空环境制备	[55-57]
	静电纺丝	二氧化钛；聚合物	层级结构 不均匀的	[52, 66]
	旋涂法	二氧化钛；三氧化钨	制备尺寸大 制备效率低	[58, 139]
	浸涂法	二氧化钛	可在复杂形状上涂覆 厚度可控 涂覆过程需要精确控制	[54]
	喷涂法	二氧化钛；二氧化硅	制备速度快 低成本 空气污染	[32, 61]
	相分离法	氧化锌；二氧化钛	多相的 溶剂的选择有限	[62, 63]
	激光处理	硅	制备速度快，尺寸大 不均匀的结构	[64, 65]

续表

	方法	材料	特点	参考文献
化学方法	水热法	二氧化钛；钛酸钙；氧化锌	制备特定纳米结构 在异常的温度和压力下制备 费时	[70-73]
	阳极处理	氧化铝；二氧化钛；五氧化二铌	结构可控 材料的选择有限	[67-69]
	蚀刻和氧化法	硅；铜	制备尺寸大 结构不可控	[40, 82]
	层层组装	二氧化硅；二氧化钛	厚度可控 基底需要通电	[80, 81, 102]
	界面聚合	水凝胶；植酸金属复合物	简单 不均匀厚度 有杂质	[85, 86]
	溶胶凝胶	氧化锌；二氧化钛； 钛酸锶；五氧化二钒；三氧化二钇；氧化铝	制备尺寸大 温和条件 裂纹	[60, 63, 76-79]
	紫外光照射	二氧化钛；氧化锌；三氧化钨	简单 只适用于光催化材料 稳定性低	[35, 79, 87, 88, 93]
	等离子体处理	二氧化硅；聚合物	简单 粗糙表面 稳定性低	[39, 89, 92]
	化学气相沉积	石墨烯；二氧化钛	均匀的，薄的 费时 高温	[94-96]

3）不同维度中的超亲液界面

在不同维度上观察到有趣的超亲液现象，这归因于分子间相互作用和毛细现象的互补效应。在分子角度上理解，它是由液体分子和固体界面上的官能团之间的强相互作用产生的。从纳米尺度到宏观尺度，利用具有相反属性的区域触发从二维到三维超亲液界面的毛细效应。在 2000 年时，江雷和同事提出了一个新概念用于构建有潜力的新材料，这个概念被称为二元协同理论[97]。基于该理论，得到具有完全相反属性的两种组分并且形成特定纳米级图案的二元协同纳米材料。当这两种组分之间的距离达到一定临界长度以形成一些物理相互作用时，将产生宏观尺度的新特性[98]。值得注意的是，该理论可以在不同维度的超双亲界面中观察到，例如由亲水性氧化锌纳米钉和疏水空气层组成的超双亲“刺猬”粒子[99]，由亲水性羟基和疏水氧桥结构组成的超双亲平坦的硅晶片表面[40]，超双亲泡沫框架由亲水植酸和疏水石墨烯组成[100]。在下一节中，将简要介绍不同维度典型的超亲液界面。

（1）零维超亲液界面。

颗粒是科学研究中最热门的话题之一，其在商业领域具有广泛的应用[101, 102]。然而，颗粒的分散性在催化、超级电容器、药物输送等应用中一直是一个障碍[103, 104]。为了解决低分散性的问题，修饰颗粒界面成超亲液界面是一个理想的解决方案。在此，介绍三种典型的策略来制备超亲液颗粒。第一个策略是构建类似尖状结构（图 4.7.3（a））。Kotov 及其同事报告了超双亲“刺猬”颗粒，它们可以同时分散在有机和无机溶剂中，如图 4.7.3（b）所示[99]。值得注意的是，其独特的润湿行为是由表面波纹结构引起的，而不是表面化学物质。稳定的分散性的主要原因是氧化锌纳米锥有一层薄薄的空气层，这降低了颗粒之间接触的机会（图 4.7.3（c））。类似地，在玻璃基底上制备的尖状纳米棒二氧化钛颗粒具有超亲水的性质。第二种策略是通过表面化学修饰在纳米颗粒表面自组装单分子层[105]。Stellacci 及其同事报道了混合单层包裹的金属纳米颗粒，并研究了纳米颗粒在不同有机溶剂中的分散量[106]。通过扫描隧道显微镜观察到两种不同的亲水和疏水配体在纳米颗粒上自组织成尖状结构（图 4.7.3（e））。用 33%亲水配体和 67%疏水配体改性的颗粒在甲醇和异丙醇中显示出最佳溶解度，而不是用纯疏水配体改性的。第三种策略是产生多孔结构（图 4.7.3（f））。Gao 和同事报道了一种具有微/纳米多孔结构铜微球的超亲水薄膜（图 4.7.3（g）），并且展现了比商用铜粉更高的催化性能[107]。Zhao 及其同事通过界面张力收缩法合成了非对称介孔碳纳米半球（图 4.7.3（h））[108]。由于在水中具有长期分散稳定性，这些介孔碳纳米半球在药物输送和催化领域具有优势。他们还通过逐层组装以及煅烧制备了超亲水二氧化硅空心球涂层（图 7.7.3（i））[109]。超亲水二氧化硅空心球涂层显示出快速的水铺展性能，可进一步应用于防雾和自清洁。

（2）一维超亲液界面。

一维界面的润湿性在液体输送中非常关键，对于印刷、化学反应、水收集和微/纳流体领域是至关重要的[17, 110]。控制液体运动有两个主要方面，即表面能和拉普拉斯压力。由于拉普拉斯压力和表面能在亲水区域的综合影响，液滴倾向于完全扩散到界面上；而在疏水区域，液滴倾向于凝聚。因

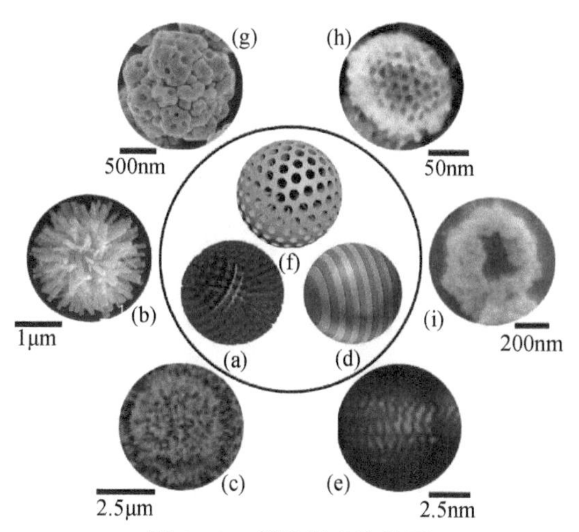

图 4.7.3 零维超亲液界面

三种不同类型的超亲液颗粒，即（a）尖状[99]，（d）平滑和（f）多孔结构。（b）表面具有尖状氧化锌的超双亲“刺猬”颗粒[99]。（c）表面具有二氧化钛纳米棒的超亲水颗粒[105]。（e）通过亲水和疏水配体单层修饰的超亲油金纳米颗粒[106]。（g）微/纳米结构多孔超亲水铜微球[107]。（h）非对称介孔超亲水碳纳米半球[108]。（i）超亲水二氧化硅空心球[109]

此，通过巧妙地设计一维界面，液体可以可控地传输。在这里，我们将一维界面分为两类，微/纳米纤维和纳米管/通道。蜘蛛丝是最典型的具有可控液体输送的微纤维之一[17]。通过扫描电子显微镜深入观察，江雷和同事们揭示了单根蜘蛛丝的独特结构，即在其表面上存在的周期性纺锤节和连接部分（图 4.7.4（a），（b））[17]。由于纺锤节比连接部分更亲水，因此水滴倾向于从连接部分移动到纺锤节，从而导致定向液体输送。从蜘蛛丝中汲取灵感，研究人员构建了各种人造纤维，可以根据同一纤维中不同的润湿区域定向输送液滴。例如，使用尼龙通过浸涂法或使用聚甲基丙烯酸甲酯通过静电纺丝法制备出类似于蜘蛛丝的人造纤维[111, 112]。并且和蜘蛛丝一样，水可以沿着制备的纤维定向传输。此外，江雷课题组通过引入刺激响应聚合物构建了智能纤维，其润湿性可响应外部刺激[113]。因此，通过外部刺激控制，例如温度、光线和湿度，水可以沿着智能纤维定向传输[114]。另一个自然界中可以定向输送液体的一维界面是仙人掌刺[23]。通过表征单根仙人掌的刺，证明了圆锥形状，定向倒刺和梯度凹槽为水的运输提供了驱动力（图 4.7.4（c），（d））。同样，人造仙人掌刺结构已被开发用于收集空气中的雾水以及水中的微米级油滴[115]。除上述生物启发的人造纤维外，硅纳米线也被认为是泵输液体的理想选择[116]。如图 4.7.4（e），（f）所示，由于纳米线的超亲水性，液体可以沿着纤维形成连续的超薄液膜。

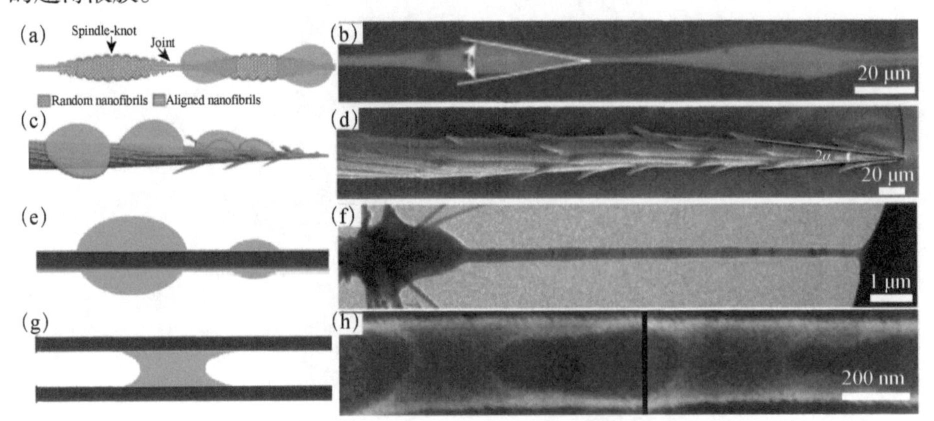

图 4.7.4　一维超亲液界面中具有两种典型的结构，即微/纳米纤维和纳米管/通道

（a），（b）具有周期性纺锤节和连接部分的纤维结构蜘蛛丝可定向收集纺锤上的水[17]；（c），（d）具有锥形结构的仙人掌刺可以定向输送液体[23]；（e），（f）具有连续超薄液膜的超亲水硅纳米线可以使离子液体朝向指定方向流动[116]；（g），（h）在碳纳米管中原位观察水的传输[119]

除纤维外，纳米管/通道的内壁是另一种典型的一维界面。由于特殊的几何形貌引起的毛细效应，这些纳米限域界面与宏观界面的润湿性大不相同。在这些纳米限域结构中，用于宏观流体的一些常见连续体模型已经不再适用。对于大多数微/纳米流体中的液体输送，亲液性是第一个前提。碳纳米管是用于研究纳米结构中润湿行为的首批材料之一，在过去的二十年中引起了科研工作者极大的兴趣[117, 118]。用场发射扫描电子显微镜原位观察了碳纳米管中的水输送。发现碳纳米管中的水接触角的范围为 5°～15°，这进一步证明碳纳米管是研究纳米级别润湿性的候选材料（图 4.7.4（g），（h））[119]。基于这一开创性研究，近年来由聚合物制成的纳米通道越来越受到关注，其中一个原因是聚合物纳米通道的内表面可以容易地改性以调节其润湿性。自 2008 年以来，江雷和同事报道了一系列纳米通道，其内壁已被各种不同智能润湿性质的分子修饰[114, 120]。因此，可成功制备受生物启发离子通道或离子泵。

（3）二维超亲液界面。

人造光滑材料如硅晶片和二氧化钛晶面具有丰富的亲水/疏水官能团而表现出超双亲性[30, 35]。在这些情况下，表面粗糙度对润湿性的影响可以忽略不计，而超亲液性主要归因于高表面能和表面官能团（图 4.7.5（a））。如下，我们将展示两种生成高表面能表面的方法，即紫外线照射和化学处理。

自从藤岛及其同事报告了紫外光诱导的超双亲二氧化钛涂层[35]，科学家们投入了大量精力来探索这一独特润湿行为的机制，其中一个被广泛接受的想法是光诱导机制[4, 121-123]。在紫外光照射后，表面产生氧空位诱导 Ti^{4+}向 Ti^{3+}的转化，Ti^{3+}可捕获离解的水形成亲水性多层水分子层。根据侧向力显微镜在金红石二氧化钛（100）面上的图像，在紫外光照射后，可以观察到亲水纳米区域（明亮部分）和剩下的亲油区域（阴暗部分）（图 4.7.5（b））[35, 88]。有规律的矩形亲水纳米区域在（110）单晶表面沿[001]方向排列，大小为 30～80nm。由于亲油区域位置上低于亲水性纳米区域，在二维毛细力的驱动下为水和油的流动提供了通道。另一种简便有效的方法是化学处理。田野和她的同事在简单的化学处理后，用侧向力显微镜观测到了超双亲硅晶片表面上的亲水和疏水纳米区域[40]。如图 4.7.5（c）所示，黄色纳米区域是疏水氧桥区，蓝色纳米区域是亲水性羟基。根据实验结果并结合 BBC 理论，可以推断当水滴与硅晶片表面接触时，它们会渗入亲水性纳米区域，形成二维毛细力，帮助水穿过疏水性纳米区域（图 4.7.5（d））[97]。油滴的扩散过程遵循相同的机制，如图 4.7.5（e）所示。

（4）三维超亲液界面。

制备超亲液界面的一种有效方法是创建特定的表面结构。在过去的几十年中，报道了许多具有各种独特形貌的超亲液界面。在此，考虑到它们独特的子维度结构，我们把三维超亲液界面被分为四种不同的典型形貌，即零维颗粒堆积结构（图 4.7.6（a）），一维纳米线阵列结构（图 4.7.6（d）），二维纳米片阵列结构（图 4.7.6（g））和三维无序结构（图 4.7.6（j））。

①零维材料组成的三维超亲液材料。

由零维材料组成的三维超亲液界面的最典型示例是自组装纳米颗粒界面（图 4.7.6（a）），例如二氧化钛和二氧化硅。田野及其同事报道了一种喷雾干燥法涂覆二氧化钛/二氧化硅复合薄膜，可以应用在各种基底上，如玻璃、聚碳酸酯和聚丙烯[32]。扫描电子显微镜图像结果显示超亲水二氧化钛/二氧化硅涂层的厚度约 100nm（图 4.7.6（b）），并且表面通过堆叠零维纳米颗粒形成了多孔纳米结构（图 4.7.6（c））。值得一提的是，这项工作通过喷涂超亲水二氧化钛/二氧化硅复合涂层改善了绝缘基板的表面电导率，并提供了一种简便又节能的方法来制造表面图案。为了长期保持超亲水特性，藤岛及其同事报告了一种通过溶胶凝胶法制备的二氧化硅/二氧化钛复合薄膜[124]。他们发现向二氧化钛中加入约 10%～30%mol 的二氧化硅对维持超亲水性能最有效。

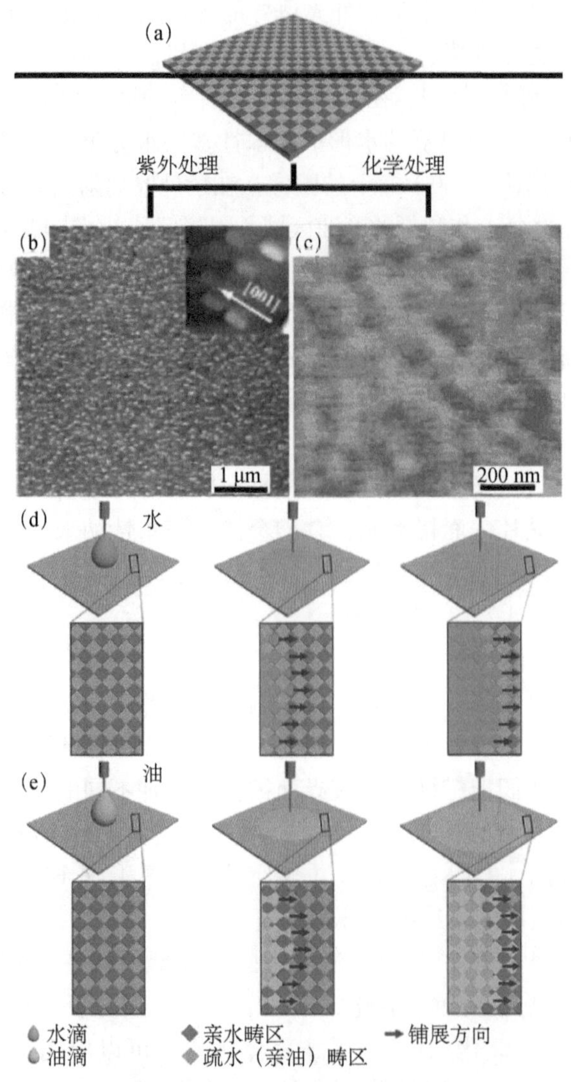

图 4.7.5　二维超亲液界面

二维超亲液界面可以通过两种方法获得，即紫外光照射和化学处理。(a) 示意图展示了在二维超亲液界面中的亲水和疏水纳米区域；(b) 通过紫外光照射获得的超双亲二氧化钛晶体表面亲水（亮区）和疏水（暗区）纳米区域的侧向力显微镜图像[35]；(c) 通过化学处理产生的超双亲二氧化硅晶片表面亲水（蓝色）和疏水（黄色）纳米区域的侧向力显微镜图像[40]；(d)，(e) 借助二维毛细力在超亲液界面上的水和油铺展过程[40]

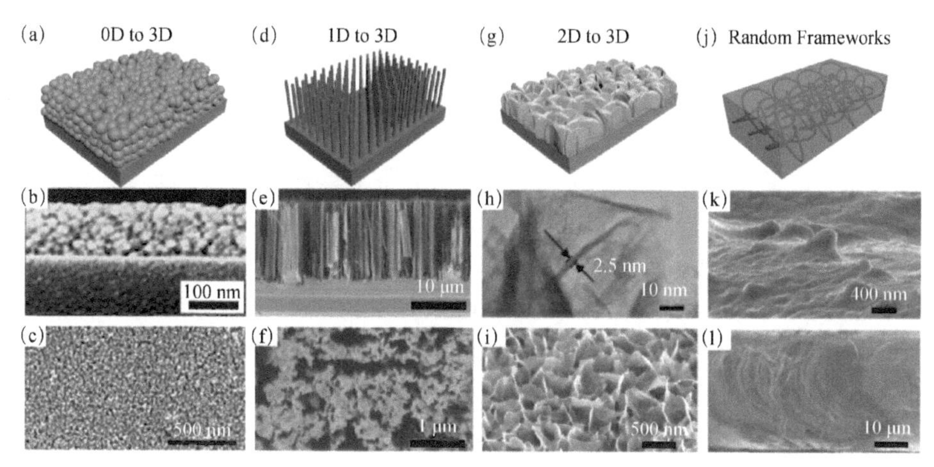

图 4.7.6 三维的超亲液界面

（a）示意图展示了由零维纳米颗粒组成的三维超亲液界面。通过喷涂方法制备的由零维二氧化钛/二氧化硅复合纳米颗粒组成的三维超亲水结构的扫描电子显微镜（b）侧视图和（c）俯视图像[32]。（d）示意图展示了由一维纳米线组成的三维超亲液界面。通过蚀刻方法制备的由一维硅纳米线阵列组成的三维超亲水结构的扫描电子显微镜（e）侧视图和（f）俯视图[74]。（g）示意图展示了由二维纳米片组成的三维超亲液界面。（h）扫描隧道显微镜图像显示单个二氧化钛纳米片厚度为 2.5nm 和（i）通过水热法制备的由二维垂直二氧化钛纳米阵列组成的三维超亲水结构的扫描电子显微镜图像[71]。（j）示意图展示了由随机框架组成的三维超亲液界面。（k），（l）通过沉积方法在不锈钢网上沉积聚丙烯酰胺水凝胶组成三维随机框架的扫描电子显微镜图像[31]

②一维材料组成的三维超亲液材料。

纳米线是最典型的一维材料，纳米线阵列在制造器件中是不可或缺的，例如传感器、太阳能电池、癌细胞检测单元等[125-127]。在这种情况下，蚀刻是一种非常有效的构建大面积纳米线阵列的方法（图 4.7.6（d））。如本文前面所述，基于材料表面本征浸润阈值，通过增加表面粗糙度可以获得超亲液界面。由于光滑硅表面上的水滴和油滴的接触角都小于它们的本征浸润阈值，因此通过用蚀刻方法制备排列整齐的纳米、微米或微米/纳米结构的硅线或硅柱，可以成功地得到超亲液硅表面。据报道，纳米线/纤维的形状对超疏水界面的润湿性有显著影响[128]。类似地，Cho 和同事讨论了通过蚀刻方法构造超亲水界面时，硅纳米线阵列中硅纳米线的直径、间隔距离和高度对表面浸润性的影响[129]。后来，Epstein 及其同事报告了一种简便的化学氧化聚合方法，在各种导电和非导电基底上制造超亲水的聚苯胺纳米纤维阵列，而且可以控制这些聚苯胺纳米纤维的直径和长度[130]。除了纳米线/纤维阵列外，Schmuki 及其同事通过阳极氧化法制备了规则结构的二氧化钛纳米管阵列[67]。光滑二氧化钛表面的接触角约为 49°，而管状二氧化钛表层的接触角为 0°。值得注意的是，这种有规律的二氧化钛管状层在黑暗中显示出长达 3 个星期的长期超亲水特性。此外，Lee 和同事通过氩气等离子体处理制备了超双亲银-碳纳米管电极[89]。结果表明超双亲电极在溶剂中具有更好的发光均匀性和稳定性。此外，通过两步溶液法制备了具有可控润湿性且排列整齐的氧化锌纳米棒薄膜[131]。通过紫外光照射和在暗处存放可以观察到可逆的超亲水性和超疏水性的转变。除垂直排列的纳米线外，通过自组装方法可以制备了随机分布纳米线的锰钾矿膜，其具有从超亲水到超疏水的可控润湿性[132]。然而，润湿性不仅受表面形貌的控制，而且受表面化学组分的影响也很大。因此，在硅纳米线阵列上修饰不同的硅烷可以改变其表面能。对这些改性后的表面的进一步测量，结果表面不同液体的接触角可以从超亲液变为疏液[52]。到目前为止，从表面形貌到化学组分方面，一维框架的三维超亲液界面被清晰地研究了。

③二维材料组成的三维超亲液材料。

通过构建二维纳米片阵列，如图 4.7.6（g）所示，在没有照射紫外光的情况下就可以获得超亲水二氧化钛薄膜[71]。通过水热法并加入尿素溶液制备二氧化钛纳米薄膜。获得的钛酸铵纳米片厚度约为 2.5nm（图 4.7.6（h））并且全部垂直于表面（图 4.7.6（i））。Masuda 及其同事在氟掺杂的氧化锡基底上制备了超亲水二氧化锡纳米薄膜[133]。构建出的二氧化锡薄膜显示出低于 1°的接触角。由于独特的垂直纳米片结构，薄膜显示出高透明度和低反射率的特性。除垂直结构外，Koratkar 及其同事也报告了二维石墨烯薄膜的堆叠结构[134]。他们通过简易的滴铸法将石墨烯薄膜沉积在铝、金和高度有序的热解石墨表面，以控制其表面润湿性。当水用作溶剂时，超亲水石墨烯薄膜可以产生接近 0°的接触角。

④随机框架组成的三维超亲液材料。

关于具有随机框架的三维超亲液界面，基于功能材料的随机微/纳米结构的聚合界面由于其易于制备以及相对稳固的机械性质被看作是极好的候选者。Kota 及其同事报道了空气中超亲水和水下超疏油性能的水响应膜，可用于有效的油/水分离[135]。江雷及其同事报道了一种相对光滑的宏观表面（图 4.7.6（l））以及微观上由纳米乳头结构组成（图 4.7.6（k））聚丙烯酰胺涂层不锈钢网[31]。值得注意的是，这种超亲水聚丙烯酰胺涂覆的不锈钢网可以防止污垢并且易于回收。除水凝胶外，三维毛细效应在构建超亲液界面中起着重要作用。Rubner 及其同事利用硅和聚阳离子通过逐层组装方法制备了超亲水防雾涂层[80]。结果表明超亲水特性只能在沉积一定数量的双层之后获得，因为其需要形成三维纳米多孔网络才可以触发三维毛细效应。另一个例子是 Zhou 和同事通过简单的阳极氧化方法制备了精致的超亲水阳极氧化铝薄膜[68]。结果表明其超亲水界面只能通过适当的阳极氧化反应时间获得，并且需要构建出“鸟巢”状结构获得三维毛细效应的情况下。此外，石墨烯作为未来工业中最有前途的材料之一，可广泛用于催化、能量转换等领域[136]。因此，调整石墨烯的润湿性具有重要意义。Chen 及其同事展示了一种超亲液三维石墨烯泡沫，它可以吸附水和油，因此可以应用于无机和有机溶剂之间的界面反应[100]。这里简要介绍了具有各种独特属性的不同维度结构的超亲液界面，下一节我们展示超亲液界面在各种商业领域的应用。

4.7.3 待解决的重大问题（重点是 5～10 年内）

（1）发展仿生超亲水智能界面材料的构筑新方法，研制若干引起同行广泛关注的“超亲水智能界面材料”，形成系列具有原创性、高水平及拥有自主知识产权的研究成果。

（2）建立研究仿生超亲水界面材料体系构筑过程以及协同关系的新技术和新方法，提出和发展超亲水界面材料构筑方法学，实现多尺度超亲水界面材料的可控制备，创制应用不同领域的超亲水界面材料。

（3）明晰影响超亲水界面材料和性能的结构性规律，在超亲水界面调控等方面取得重要突破，提出新的理论模型，发展若干功能导向的新器件结构与新原理器件。

（4）在发现仿生超亲水智能界面材料体系科学规律的同时，获得一系列综合性能优异的仿生超亲水界面材料，解决诸多行业的关键技术瓶颈。例如，开发出环境友好型-资源节约型的超亲水材料用于高效、可控的油水分离、污水处理以及有机溶剂分离；设计制备高效的、高转化能的纳米能差发电隔膜；发展雾气收集技术等。

4.7.4 小结（包括可能解决问题的方案、政策建议和展望等）

基于超亲液以及其表面一薄层液体界面，大量应用已得到很好的发展[137]。例如，通过制备由二氧化钛和二氧化硅组成的超亲水涂层，开发了一个通用且节约成本的策略用于绝缘基底上的静电粉末涂覆工艺。水滴可以完全扩散并连接在一起，形成暂时导电的超薄水膜，从而可以成功地操作静电粉末涂覆[32]。如图 4.7.7（a）所示，玻璃暴露于水蒸气时表面存在凝结的水滴（左边部分），相反，在超亲水玻璃上形成连续的水膜（右边部分）。超亲液界面的另一个众所周知的商业应用是自清洁[4, 138, 139]。图 4.7.7（b）展示了帐篷材料表面未涂覆（左边部分）和涂有（右边部分）二氧化钛，然后在室外放置超过 2 年。可以清楚地看到，超双亲光催化二氧化钛涂层可以防止污染并保持材料清洁[4]。此外，在猪笼草中观察到定向的液体运输，这有助于植物本身构建湿滑的表面用来捕获昆虫[19]。通过制备具有方向性的超亲水表面结构，水可以向单一方向进行传输（图 4.7.7（c）），其可用于在微流体装置中开发人造流体传输系统[19]。超亲液界面还有其他有前景的应用，例如在透镜和窗户上的防雾和防反射涂层。如图 4.7.7（d）所示，涂有二氧化钛的玻璃基板在紫外光照射后，小水滴（左边部分）会完全铺展（右边部分）形成一层透明的薄薄的水层[35]。众所周知，平版印刷是印刷工业中的主要技术之一。通过构建超亲水（水下超疏油）和超疏水图案，可以在不同基材上获得精确的印刷图案（图 4.7.7（e））。油水分离始终是一个热门课题，因为油的泄漏是一个严重的问题。然而，分离技术不限于水和油，可以进一步应用于分离两种不同的有机液体。基于不同液体的本征浸润阈值，各种溶剂可以通过不同表面张力的膜进行分离[52]。如图 4.7.7（f）所示，甲酰胺和四氯化碳可以通过膜分离，这对于在有机合成过程中回收溶剂是重要的。此外，表面润湿性也会影响临界热通量[141, 142]。通过引入超亲水条纹结构，交错的超亲水条纹结构越多，传热性能越高（图 4.7.7（g）），可用于提高工业锅炉中的传热效率[143]。在过去几十年中，另一个有潜力的领域是有机/无机混合装置，例如有机薄膜晶体管，有机太阳能电池和传感器。生成这些器件的关键步骤是在无机基底上获得光滑的有机薄膜。最近，江雷等提出利用超双亲硅晶片表面，制备均匀的有机薄膜[40]。如图 4.7.7（h）所示，在硅晶片表面（左边部分）上形成了波纹状结构的薄膜，而在超双亲硅晶片表面（右边部分）上获得了光滑的薄膜。除了上述典型应用外，超亲界面在湿度传感器、减阻、防冰、细胞黏附等方面也发挥着重要作用[144-149]。

在本节中，我们对近期超亲液界面的研究成果进行总结。简要地介绍了动物和植物的天然形成的超亲液界面，其为人造超亲液界面的制备提供了有趣的启发，即超亲水、超亲油和超双亲界面。讨论了区分亲液和疏液界面的

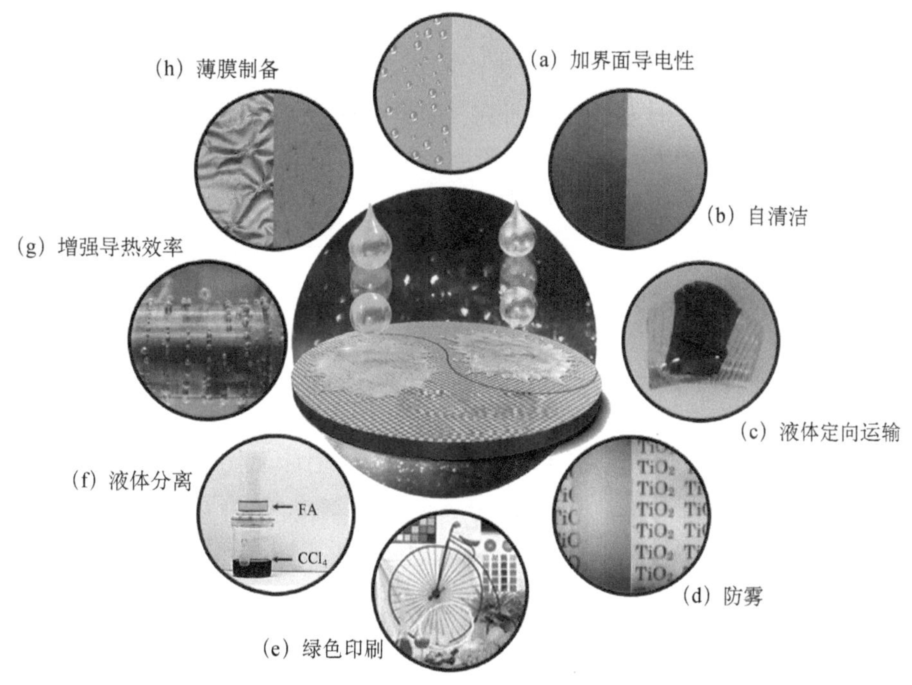

图 4.7.7　超亲液界面在各个领域的典型应用

（a）与普通基底（左边部分）相比，具有薄水膜层的超亲水界面（右边部分）显示出高导电性，可以进一步应用于喷涂工业中[32]；（b）与未涂覆的帐篷材料表面（左边部分）相比，具有超双亲自清洁二氧化钛涂层的帐篷材料表面（右边部分）可有效降低被污染机会[4]；（c）液体可以在结构化超亲水表面定向传输，这可用于微流控装置[19]；（d）与普通玻璃（左边部分）相比，涂有二氧化钛的玻璃具有优异的防雾性能，可应用于镜片和窗户[35]；（e）在固体表面上构建超亲水图案已广泛用于现代环保的印刷工业中[140]；（f）超亲液的膜可以有效地分离甲酰胺和四氯化碳[52]；（g）超亲水条纹图案可以提高传热效率[143]；（h）在超双亲（右边部分）上可以获得均匀的薄膜，而在硅晶片表面（左边部分）只能生成波纹状聚合物薄膜[40]

固有润湿阈值（本征浸润阈值）的基本理论，为通过增加表面粗糙度产生超亲液界面提供了指导。考虑到不同的制备需求，全面介绍了一些超亲液界面的制备方法。此外，具体呈现了不同维度的超亲液界面具有明显的不一样的特征。具有尖状、光滑和多孔结构的零维超亲液颗粒展示了在有机和无机溶剂中形成均匀颗粒悬浮液的几种替代方法。超亲液的微/纳米纤维和一维纳米管/通道被证明是控制液滴运动的有效结构。至于二维界面，紫外光照射和化学处理被应用于制备超亲液界面，为薄膜制造提供独特的基底。同时介绍和讨论了由零维、一维、二维和随机框架子结构组成的三维结构。最后总结了具有不同独特属性的超亲液界面的各种应用。然而，对超亲液界面的研究还处于初期阶段，存在着许多挑战和机遇，例如从分子水平和结构效应上来理解超亲液表面形成的本征原因，构建具有持久稳定性和耐久性的超亲液材料，以及不同商业领域之间需要更多的沟通等。通过理论与实验的密切结合，对超亲水表面形成机理开展研究，做出具有世界领先水平、原创性、系列性的研究工作，在能源、环境、资源、健康及信息领域培育新的技术增长点，为国家水科学发展战略研究提供重要的实验和理论基础。

参考文献

[1] Tian Y，Su B，Jiang L. Adv. Mater.，2014，26：6872.
[2] Su B，Tian Y，Jiang L. J. Am. Chem. Soc.，2016，138：1727.
[3] Wang S，Liu K，Yao X，Jiang L. Chem. Rev.，2015，115：8230.
[4] Fujishima A，Zhang X T，Tryk D A. Surf. Sci. Rep.，2008，63：515.
[5] Ueda E，Levkin P A. Adv. Mater.，2013，25：1234.
[6] Wang B，Liang W，Guo Z，Liu W. Chem. Soc. Rev.，2015，44：336.
[7] Sato O，Kubo S，Gu Z Z. Acc. Chem. Res.，2009，42：1.
[8] Drelich J，Chibowski E，Meng D D，Terpilowski K. Soft Matter，2011，7：9804.
[9] Nishimoto S，Bhushan B. RSC Advances，2013，3：671.
[10] Darmanin T，Guittard F. Prog. Polym. Sci.，2014，39：656.
[11] Otitoju T A，Ahmad A L，Ooi B S. J. Ind. Eng. Chem.，2017，47：19.
[12] Tettey K E，Dafinone M I，Lee D. Mater. Express，2011，1：89.
[13] Adera S，Raj R，Enright R，Wang E N. Nat. Commun.，2013，4：2518.
[14] Koch K，Barthlott W. Philos. Trans. R. Soc.，A，2009，367：1487.
[15] Sharma A. J. Dispersion Sci. Technol.，1992，13：459.
[16] Liu M，Wang S，Wei Z，Song Y，Jiang L. Adv. Mater.，2009，21：665.
[17] Zheng Y M，Bai H，Huang Z B，Tian X L，Nie F Q，Zhao Y，Zhai J，Jiang L. Nature，2010，463：640.
[18] Parker A R，Lawrence C R. Nature，2001，414：33.
[19] Chen H，Zhang P，Zhang L，Liu H，Jiang Y，Zhang D，Han Z，Jiang L. Nature，2016，532：85.
[20] Wong T S，Kang S H，Tang S K Y，Smythe E J，Hatton B D，Grinthal A，Aizenberg J. Nature，2011，477：443.
[21] Mozingo H N，Klein P，Zeevi Y，Lewis E. Bryologist，1969，72（4）：484.
[22] Billings F H. Bot. Gaz.，1904，38：0099.

[23] Ju J，Bai H，Zheng Y，Zhao T，Fang R，Jiang L. Nat. Commun.，2012，3.
[24] Koch K，Blecher I C，König G，Kehraus S，Barthlott W. Funct. Plant Biol.，2009，36：339.
[25] Bartell F E，Smith J T. J. Phys. Chem.，1953，57：165.
[26] Smith T. J. Colloid Interface Sci.，1980，75：51.
[27] Feder D O，Koontz D E. Am. Soc. Test. Mater.，1959，246：183-194.
[28] Kern W. RCA Rev.，1970，31：187.
[29] Kern W. J. Electrochem. Soc.，1990，137：1887.
[30] Kissinger G，Kissinger W. Physica Status Solidi（a），1991，123：185.
[31] Xue Z，Wang S，Lin L，Chen L，Liu M，Feng L，Jiang L. Adv. Mater.，2011，23：4270.
[32] Zheng S，Wang D，Tian Y，Jiang L. Adv. Funct. Mater.，2016，26：9017.
[33] Feng L，Zhang Z Y，Mai Z H，Ma Y M，Liu B Q，Jiang L，Zhu D B. Angew. Chem. Int. Ed.，2004，43：2012.
[34] Zhang P，Zhang F，Zhao C，Wang S，Liu M，Jiang L. Angew. Chem. Int. Ed.，2016，55：3615.
[35] Wang R，Hashimoto K，Fujishima A，Chikuni M，Kojima E，Kitamura A，Shimohigoshi M，Watanabe T. Nature，1997，388：431.
[36] Nishimoto S，Sekine H，Zhang X T，Liu Z Y，Nakata K，Murakami T，Koide Y，Fujishima A. Langmuir，2009，25：7226.
[37] Lai Y，Huang J，Cui Z，Ge M，Zhang K-Q，Chen Z，Chi L. Small，2015，n/a.
[38] Kako T，Ye J. Langmuir，2007，23：1924.
[39] Bui V-T，Liu X，Ko S H，Choi H-S. J. Colloid Interface Sci.，2015，453：209.
[40] Zhu Z，Tian Y，Chen Y，Gu Z，Wang S，Jiang L. Angew. Chem. Int. Ed.，2017，56：5720.
[41] Bico J，Thiele U，Quere D. Colloids and Surfaces a-Physicochemical and Engineering Aspects，2002，206：41.
[42] Drzymala J. Adv. Colloid Interface Sci.，1994，50：143.
[43] Azimi G，Dhiman R，Kwon H M，Paxson A T，Varanasi K K. Nat. Mater.，2013，12：315.
[44] Hass K C，Schneider W F，Curioni A，Andreoni W. Science，1998，282：265.
[45] Henderson M A. Surf. Sci. Rep.，2002，46：1.
[46] Wendt S，Schaub R，Matthiesen J，Vestergaard E K，Wahlström E，Rasmussen M

D, Thostrup P, Molina L M, Lægsgaard E, Stensgaard I, Hammer B, Besenbacher F. Surf. Sci., 2005, 598: 226.

[47] Ogasawara H, Brena B, Nordlund D, Nyberg M, Pelmenschikov A, Pettersson L G M, Nilsson A. Phys. Rev. Lett., 2002, 89: 276102.

[48] Young T. Philos. Trans. R. Soc. London, 1805, 95: 65.

[49] Berg J M, Eriksson L G, Claesson P M, Borve K G. Langmuir, 1994, 10: 1225.

[50] Vogler E A. Adv. Colloid Interface Sci., 1998, 74: 69.

[51] Tian Y, Jiang L. Nat. Mater., 2013, 12: 291.

[52] Wang L, Zhao Y, Tian Y, Jiang L. Angew. Chem. Int. Ed., 2015, 54: 14732.

[53] Jiang Y G, Wang Z Q, Yu X, Shi F, Xu H P, Zhang X, Smet M, Dehaen W. Langmuir, 2005, 21: 1986.

[54] Zhang H, Liu Y C, Wu Y B, Ruan K B. J. Nanosci. Nanotechnol., 2015, 15: 2531.

[55] Rico V, Romero P, Hueso J L, Espinos J P, Gonzalez-Elipe A R. Catal. Today, 2009, 143: 347.

[56] Li Y, Sasaki T, Shimizu Y, Koshizaki N. Small, 2008, 4: 2286.

[57] Li L, Li Y, Gao S, Koshizaki N. J. Mater. Chem., 2009, 19: 8366.

[58] Miyauchi M, Nakajima A, Hashimoto K, Watanabe T. Adv. Mater., 2000, 12: 1923.

[59] Liu Y Y, Qian L Q, Guo C, Jia X, Wang J W, Tang W H. J. Alloys Compd., 2009, 479: 532.

[60] Lim H S, Kwak D, Lee D Y, Lee S G, Cho K. J. Am. Chem. Soc., 2007, 129: 4128.

[61] Lee K K, Ahn C H. ACS Appl. Mater. Interfaces, 2013, 5: 8523.

[62] Huang W, Deng W, Lei M, Huang H. Appl. Surf. Sci., 2011, 257: 4774.

[63] Chen Y, Zhang C, Huang W, Yang C, Huang T, Yue S, Huang H. Surf. Coat. Technol., 2014, 258: 531.

[64] Vorobyev A Y, Guo C. Opt. Express, 2010, 18: 6455.

[65] Shahi S. Nat. Photonics, 2010, 4: 350.

[66] Gu S Y, Wang Z M, Li J B, Ren J. Macromol. Mater. Eng., 2010, 295: 32.

[67] Balaur E, Macak J M, Taveira L, Schmuki P. Electrochem. Commun., 2005, 7: 1066.

[68] Ye J M, Yin Q M, Zhou Y L. Thin Solid Films, 2009, 517: 6012.

[69] Oikawa Y, Minami T, Mayama H, Tsujii K, Fushimi K, Aoki Y, Skeldon P, Thompson G E, Habazaki H. Acta Mater., 2009, 57: 3941.

[70] Wang D, Guo Z, Chen Y, Hao J, Liu W. Inorg. Chem., 2007, 46: 7707.
[71] Hosono E, Matsuda H, Honma I, Ichihara M, Zhou H. Langmuir, 2007, 23: 7447.
[72] Shi F, Chen X X, Wang L Y, Niu J, Yu J H, Wang Z Q, Zhang X. Chem. Mater., 2005, 17: 6177.
[73] Min Y M, Tian X L, Jing L Q, Chen S F. J. Phys. Chem. Solids, 2009, 70: 867.
[74] Zhang P, Wang S, Wang S, Jiang L. Small, 2015, 11: 1939.
[75] Geyer F L, Ueda E, Liebel U, Grau N, Levkin P A. Angew. Chem. Int. Ed., 2011, 50: 8424.
[76] Fernandez T T, Jose G, Ward M, Arunkumar K V, Unnikrishnan N V. J. Appl. Phys. 2009: 105.
[77] Tadanaga K, Morinaga J, Matsuda A, Minami T. Chem. Mater., 2000, 12: 590.
[78] Katsumata K, Shichi T, Fujishima A. J. Ceram. Soc. Jpn., 2010, 118: 43.
[79] Sun R D, Nakajima A, Fujishima A, Watanabe T, Hashimoto K. J. Phys. Chem. B, 2001, 105: 1984.
[80] Cebeci F C, Wu Z Z, Zhai L, Cohen R E, Rubner M F. Langmuir, 2006, 22: 2856.
[81] Wu Z, Lee D, Rubner M F, Cohen R E. Small, 2007, 3: 1445.
[82] Tang K J, Wang X F, Yan W F, Yu J H, Xu R R. J. Membr. Sci., 2006, 286: 279.
[83] Song W, Jia H Y, Cong Q A, Zhao B. J. Colloid Interface Sci., 2007, 311: 456.
[84] Chen X H, Yang G B, Kong L H, Dong D, Yu L G, Chen J M, Zhang P Y. Cryst. Growth Des., 2009, 9: 2656.
[85] Zhang P, Lin L, Zang D, Guo X, Liu M. Small, 2017: 13.
[86] Li L, Zhang G, Su Z. Angew. Chem., 2016.
[87] Gong L L, Zhang L, Wang N X, Li J, Ji S L, Guo H X, Zhang G J, Zhang Z G. Sep. Purif. Technol., 2014, 122: 32.
[88] Wang R, Hashimoto K, Fujishima A, Chikuni M, Kojima E, Kitamura A, Shimohigoshi M, Watanabe T. Adv. Mater., 1998, 10: 135.
[89] Liu X, Pan D, Choi H-S, Lee J K. Curr. Appl. Phys., 2013, 13: S122.
[90] Fang J, Kelarakis A, Estevez L, Wang Y, Rodriguez R, Giannelis E P. J. Mater. Chem., 2010, 20: 1651.
[91] Fernandez-Blazquez J P, Fell D, Bonaccurso E, del Campo A. J. Colloid Interface Sci., 2011, 357: 234.
[92] Song W L, Veiga D D, Custodio C A, Mano J F. Adv. Mater., 2009, 21: 1830.
[93] Hwang Y K, Patil K R, Kim H K, Dattatraya S, Hwang J S, Park S-E, Chang J S.

Bull. Korean Chem. Soc., 2005, 26: 1515.

[94] Kuo C S, Tseng Y H, Li Y Y. Chem. Lett., 2006, 35: 356.

[95] Borras A, Barranco A, Gonzalez-Elipe A R. Langmuir, 2008, 24: 8021.

[96] Dong J, Yao Z H, Yang T Z, Jiang L L, Shen C M. Sci. Rep. 2013: 3.

[97] Jiang L, Wang R, Yang B, Li T J, Tryk D A, Fujishima A, Hashimoto K, Zhu D B. Pure Appl. Chem., 2000, 72: 73.

[98] Su B, Guo W, Jiang L. Small, 2015, 11: 1072.

[99] Bahng J H, Yeom B, Wang Y, Tung S O, Hoff J D, Kotov N. Nature, 2015, 517: 596.

[100] Song X, Chen Y, Rong M, Xie Z, Zhao T, Wang Y, Chen X, Wolfbeis O S. Angew. Chem. Int. Ed., 2016, 55: 3936.

[101] Park J T, Kim J H, Lee D. Nanoscale, 2014, 6: 7362.

[102] Li X, He J. ACS Appl. Mater. Interfaces, 2013, 5: 5282.

[103] Wang S, Li W C, Hao G P, Hao Y, Sun Q, Zhang X Q, Lu A H. J. Am. Chem. Soc., 2011, 133: 15304.

[104] Qiao Z A, Guo B, Binder A J, Chen J, Veith G M, Dai S. Nano Lett., 2012, 13: 207.

[105] Feng X, Zhai J, Jiang L. Angew. Chem. Int. Ed., 2005, 44: 5115.

[106] Centrone A, Penzo E, Sharma M, Myerson J W, Jackson A M, Marzari N, Stellacci F. Proc. Natl. Acad. Sci. U.S.A., 2013, 110: 6241.

[107] Gao S Y, Jia X X, Yang J M, Wei X J. J. Mater. Chem., 2012, 22: 21733.

[108] Fang Y, Lv Y, Gong F, Wu Z, Li X, Zhu H, Zhou L, Yao C, Zhang F, Zheng G, Zhao D. J. Am. Chem. Soc., 2015, 137: 2808.

[109] Liu X M, Du X, He J H. Chemphyschem, 2008, 9: 305.

[110] Ju J, Zheng Y M, Jiang L. Acc. Chem. Res., 2014, 47: 2342.

[111] Chen D, Tan L F, Liu H Y, Hu J Y, Li Y, Tang F Q. Langmuir, 2010, 26: 4675.

[112] Henke P, Kozak H, Artemenko A, Kubat P, Forstova J, Mosinger J. ACS Appl. Mater. Interfaces, 2014, 6: 13007.

[113] Bai H, Ju J, Zheng Y, Jiang L. Adv. Mater., 2012, 24: 2786.

[114] Wen L, Tian Y, Jiang L. Angew. Chem. Int. Ed., 2015, 54: 3387.

[115] Li K, Ju J, Xue Z, Ma J, Feng L, Gao S, Jiang L, Nat. Commun., 2013, 4: 2276.

[116] Huang J Y, Lo Y C, Niu J J, Kushima A, Qian X, Zhong L, Mao S X, Li J. Nat. Nanotechnol., 2013, 8: 277.

[117] Majumder M，Chopra N，Andrews R，Hinds B J. Nature，2005，438：44.

[118] Holt J K，Park H G，Wang Y M，Stadermann M，Artyukhin A B，Grigoropoulos C P，Noy A，Bakajin O. Science，2006，312：1034.

[119] Rossi M P，Ye H H，Gogotsi Y，Babu S，Ndungu P，Bradley J C. Nano Lett.，2004，4：989.

[120] Zhang H C，Hou X，Zeng L，Yang F，Li L，Yan D D，Tian Y，Jiang L. J. Am. Chem. Soc.，2013，135：16102.

[121] Takata Y，Hidaka S，Masuda M，Ito T. Int. J. Energy Res.，2003，27：111.

[122] Fujishima A，Zhang X. C. R. Chim.，2006，9：750.

[123] Sakai N，Fujishima A，Watanabe T，Hashimoto K. J. Phys. Chem. B，2003，107：1028.

[124] Machida M，Norimoto K，Watanabe T，Hashimoto K，Fujishima A. J. Mater. Sci.，1999，34：2569.

[125] Wang S，Wang H，Jiao J，Chen K J，Owens G E，Kamei K-i，Sun J，Sherman D J，Behrenbruch C P，Wu H，Tseng H-R. Angew. Chem. Int. Ed.，2009，48：8970.

[126] Tian B，Zheng X，Kempa T J，Fang Y，Yu N，Yu G，Huang J，Lieber C M. Nature，2007，449：885.

[127] Peng K Q，Wang X，Lee S T. Appl. Phys. Lett.，2009，95：243112.

[128] Liu J L，Feng X Q，Wang G F，Yu S W. J. Phys.：Condens. Matter，2007，19：356002.

[129] Kim B S，Shin S，Shin S J，Kim K M，Cho H H. Langmuir，2011，27：10148.

[130] Chiou N R，Lui C，Guan J，Lee L J，Epstein A J. Nat. Nanotechnol.，2007，2：354.

[131] Feng X J，Feng L，Jin M H，Zhai J，Jiang L，Zhu D B. J. Am. Chem. Soc.，2004，126：62.

[132] Yuan J，Liu X，Akbulut O，Hu J，Suib S L，Kong J，Stellacci F. Nat. Nano，2008，3：332.

[133] Masuda Y，Kato K. Thin Solid Films，2013，544：567.

[134] Rafiee J，Rafiee M A，Yu Z Z，Koratkar N. Adv. Mater.，2010，22：2151.

[135] Kota A K，Kwon G，Choi W，Mabry J M，Tuteja A. Nat. Commun.，2012，3.

[136] Geim A K，Novoselov K S. Nat. Mater.，2007，6：183.

[137] Drelich J，Marmur A. Surf. Innovations，2014，2：211.

[138] Caschera D，Cortese B，Mezzi A，Brucale M，Ingo G M，Gigli G，Padeletti G. Langmuir，2013，29：2775.

[139] Anandan S，Rao T N，Sathish M，Rangappa D，Honma I，Miyauchi M. ACS Appl. Mater. Interfaces，2013，5：207.

[140] Tian D，Song Y，Jiang L. Chem. Soc. Rev.，2013，42：5184.

[141] Wang C H，Dhir V K. J. Heat Transfer，1993，115：659.

[142] Betz A R，Jenkins J，Kim C J，Attinger D. Int. J. Heat Mass Transfer，2013，57：733.

[143] Hsu C C，Lee M R，Wu C H，Chen P H. Appl. Therm. Eng.，2017，112：1187.

[144] Wang C L，Wen B H，Tu Y S，Wan R Z，Fang H P. J. Phys. Chem. C，2015，119：11679.

[145] Lee M J，Hong H P，Kwon K H，Park C W，Min N K. Sens. Actuators，B，2013，185：97.

[146] Liu K，Wang C，Ma J，Shi G，Yao X，Fang H，Song Y，Wang J. Proc. Natl. Acad. Sci. U.S.A.，2016，113：14739.

[147] Ko T-J，Kim E，Nagashima S，Oh K H，Lee K-R，Kim S，Moon M-W. Soft Matter，2013，9：8705.

[148] Auad P，Ueda E，Levkin P A. ACS Appl. Mater. Interfaces，2013，5：8053.

[149] Lee H，Alcaraz M L，Rubner M F，Cohen R E. ACS Nano，2013，7：2172.

4.8 水合物的结构与性能及其在能源、环境中的应用

朱金龙 韩松柏 靳常青

4.8.1 背景介绍

随着我国社会经济的高速发展，煤、石油等传统化石能源的消耗量不断大幅增长，引发了严重的能源短缺和环境污染问题，开发高效清洁的新能源迫在眉睫。天然气水合物（natural gas hydrate）因其储量大、分布广、能量密度高、清洁无污染等诸多优点而备受世界各国关注。纯的天然气水合物的外形呈结晶冰雪状，可以燃烧，因此俗称“可燃冰”。在自然界，“可燃冰”存在于海深 400～2000m 的海洋沉积物和大陆永久冻土带中，通常以层状、小针状、轴状或分散状的形状存在，颜色呈淡黄色、琥珀色、白色、暗褐色等。气体水合物是由水分子通过氢键键合的多面体笼子和各种气体分子的填充而形成的一种笼型结构化合物，其结构类型取决于水合物所处的压力、温度以及分子气体的类型。根据 Villard 规则（Sloan et al.，2007），在常压下每个水笼只有一个气体分子填充的情况下，气体分子和 H_2O 分子比例约为 1/6。地球约有 27%的陆地和 90%的海洋是存在天然气水合物的潜在区域（Schultheiss et al.，2008；Yun et al.，2006），甚至太阳系中的木星、星云、气体巨型星的卫星当中也有存在。图 4.8.1 给出了在全世界范围内冻土层和海底沉积物中已经探明和潜在的水合物矿藏区（Keith et al.，2009；Kvenvolden et al.，2001；Milkov et al.，2005）。天然气水合物当中的能源气体包括甲烷、乙烷、丙烷和一些长碳链的分子气体，而其中甲烷所占的比例达到了 99.9%，是最常见的天然气水合物包裹气体，除此之外还包括二氧化碳气体。天然气是一种洁净能源，与煤和石油相比，燃烧产生的二氧化碳量更少，且不会产生如二氧化硫等有害气体，因此许多研究人员认为天然气水合物能够替代煤、石油等传统化石燃料成为新一代的能源，有望缓解全球能源危机（Hyodo et al.，2005）。原则上来讲，在标准的温度和压力下 $1m^3$ 甲烷水合物可以存储高达 $164m^3$ 的甲烷气体（Kvenvolden，2000）。从能源角度来讲，在已探明的天然气水合物当中存储的能源气体估计为 $10^{19}m^3$，其能量当

量是目前的包括天然气、石油、煤和森林木材在内的化石能源的两倍之多。但是，天然气水合物的开发也面临着很大的环境风险，如果水合物矿藏所处位置的温度压力由于地质活动或者人类开采而发生突变的话，如造成压力突然减小或者温度突然升高会放出大量的甲烷气体到大气当中，因而会加速温室效应，导致全球变暖。

水合物发展历史：天然气水合物可以说是既古老又年轻的能源资源，人类发现和研究天然气水合物不过是近五六十年间的事情，而其却可能已经在地球上存在了几百万年。美国著名水合物专家 Sloan 把天然气水合物的研究历史划分为四个阶段（Sloan et al.，2007）。第一阶段是从 1810～1934 年：在 1810 年，英国学者 Humphery Davy 第一次人工合成了氯气水合物，之后各国科学家对水合物的组分和结构进行了一系列研究。第二阶段是从 1934～1960 年：在 1934 年，苏联科学家在被堵塞的天然气运输管道中发现了自然形成的水合物；随后，美国的学者 Hammerschmidt 证明了天然气水合物的生成是造成运输管道堵塞的原因，于是引起科学家的重视，开始对天然气水合物的性质进行深入研究，研究重点是开发水合物生成抑制剂以及水合物的清除和预测。第三阶段是从 20 世纪 60 年代到 21 世纪初：1961 年，苏联科学家首次在西西伯利亚麦索亚哈油气田的永久冻土层中发现了在陆地上存在天然气水合物；而直到 20 年后，1979 年在墨西哥湾进行深海钻探调查时，获得了灰白色天然气水合物晶体，这是世界上第一次被确证的海底天然气水合物。这个阶段主要是作为一种能源对天然气水合物进行勘探和调查研究，确认了自然产出的天然气水合物矿藏遍布于全球各大洋和陆地，其储量巨大。第四阶段是从 2002 年至今。天然气水合物的实地开采是各国对天然气水合物的主要研究方面，其研究方式包括室内实验研究和理论模型预测两种。这个阶段是一个新阶段对于天然气水合物的开发和试验开采。天然气水合物作为 21 世纪最理想、具有商业开发前景的新型能源（姚伯初 等，2005），美国、日本、俄罗斯、加拿大、韩国、印度等国家相继制定了“国家勘探开采计划”（钟水清 等，2005；吴能友 等，2008；江怀友 等，2008；罗承先，2013）。自 2002 年，美国等多个国家合作在加拿大马更些（Mackenzie）三角洲的 Mallik 成功完成了世界首次天然气水合物开采试验以来，各国相继又在美国的阿拉斯加、中国的祁连山等陆域永久冻土区进行了水合物试验开发。2013 年，日本在其南海海槽的试采标志着海域天然气水合物研究也步入了产业化探索开发阶段。美国计划到 2020 年左右实现小规模试验性开发，预计到 2050 年达到每年 280 亿立方米的开发规模。日本制定了天然气水合物产业化规划：2019～2025 年左右开展陆上稳定生产试验，2025～2030 年左右开展海上稳定生产试验，2030 年～2035 年左右进行产业化示范，之后进入大规模商业化开采。

我国虽然在天然气水合物研究和勘探开发方面起步相对较晚，但进步很快。2007 年，在多年勘探调查的基础上，中国地质调查局成功在南海北部陆坡的神狐海域实施了天然气水合物钻探，获取了天然气水合物的实物样品，证实了我国南海北部蕴藏丰富的天然气水合物资源，成为继美国、日本、印度之后第四个通过国家级研发计划获取天然气水合物实物样品的国家（陈芳等，2011）。2008～2009 年之间，中国地质调查局在青藏高原地区实施“祁连山冻土区天然气水合物科学钻探工程”，并在三个钻井中成功钻取到了天然气水合物实物样品，从而证实了我国冻土区天然气水合物资源的存在，也是全球首次在中低纬度高山冻土区发现天然气水合物实物样品（祝有海等，2009 年）。2013 年，国土资源部宣布我国在广东沿海珠江口盆地东部海域首次钻获高纯度天然气水合物样品，并通过钻探获得可观控制储量，相当于 10009 亿～1500 亿立方米的天然气储量，此次发现的天然气水合物样品具有埋藏浅、厚度大、类型多以及纯度高等特点（张光学　等，2009）。2017 年在南中国海神狐海域（水深 1266 米、海底以下沉积层 203～277 米）成功试采天然气水合物，刷新了持续产气时间和产气总量两项世界纪录。我国预计将在 2030 年左右实现天然气水合物商业开采。

4.8.2 研究现状

1. 总论

水合物研究的科学问题可以分为基础研究和实际应用两个方面：基础研究包括基本结构、成核机理及动力学过程、相平衡多相相图、非化学计量比等；实际应用包括天然水合物的成藏/开采以及通过水合物的主客体结构对气体的存储、输运以及分离等。这两个方面不是相互独立而是相辅相成、相互支撑的。水合物的研究涉及其基本结构和性能，同时由于其成藏和开发又涉及地球环境的复杂水文地质条件影响，因而水合物的研究是跨越宏观-介观-

微观的多维度研究体系。

在宏观方面，主要研究水合物的结构和含有不同气体的水合物的相图。针对实际应用，因为成藏的水合物主要包含甲烷、乙烷和丙烷等气体，重点研究其水合物的稳定温压区间。该方面研究已经有着非常成熟的表征手段、理论模型和大量的数据支持，对于未来可能存在的问题就是对不同成藏环境下真实样品的相平衡做进一步的测量和数据库完善，修正理论模型。

在微观研究方面，水合物的晶体结构表征已经非常细致，主要面临的问题和水科学类似，也是对水笼的有序无序进行进一步的确认以及客体分子在水笼中的无序分布研究。水合物的动力学过程也有实验方案来解决，但目前的动力学过程的时间分辨率还是不够。虽然随着计算能力的大大提高，特别是最近大型计算机运算速度的提升可以实现高通量的理论模拟，通过第一性原理计算、蒙特卡罗模拟以及分子动力学模拟可以从皮秒到纳秒的时间尺度上得到水合物的动力学过程，但是由于实验室缺乏该时间尺度的对应手段，因而理论上不同模拟结果的争论还有待进一步的实验验证来加以解决。

介观尺度是连接微观结构与宏观性能的桥梁和纽带。目前，介观尺度研究面临的最大问题是其分辨率不能直接和微观尺度有效连接，虽然同步辐射/X 射线/CT 目前能达到纳米级别的分辨率，但是其对于轻元素不敏感，对于水和水合物的分辨能力较差。MRI 系统可以检测到液体中的 1H，而不能探测到固体中的 1H，因此 MRI 无法直接观测到固态水合物，只能间接通过观测液态水来反映水合物的变化，其分辨率不能满足要求。中子成像虽然可以看到氢并且对同位素成像非常敏感，但是也面临着分辨率不高的问题。

2. 水合物研究各个方面进展

1）基本结构

通常来讲，水合物中水笼的构型是两个水分子之间通过一个氢原子和氧原子形成氢键而构成的笼状结构；气体分子尺寸大小合适就可以被装到笼子当中，并在合适的温度和压力条件下完成气体分子的包覆过程。根据水笼的构型和连接方式，天然气水合物主要可以形成以下三种晶体结构：

结构 I（后面用 sI 表示，空间群为 $Pm\overline{3}n$ ），结构 II（后面用 sII 表示，空间群为 $Fd\overline{3}m$ ）和结构 H（后面用 sH 表示，空间群为 P6/mmm），如图 4.8.1 所示。

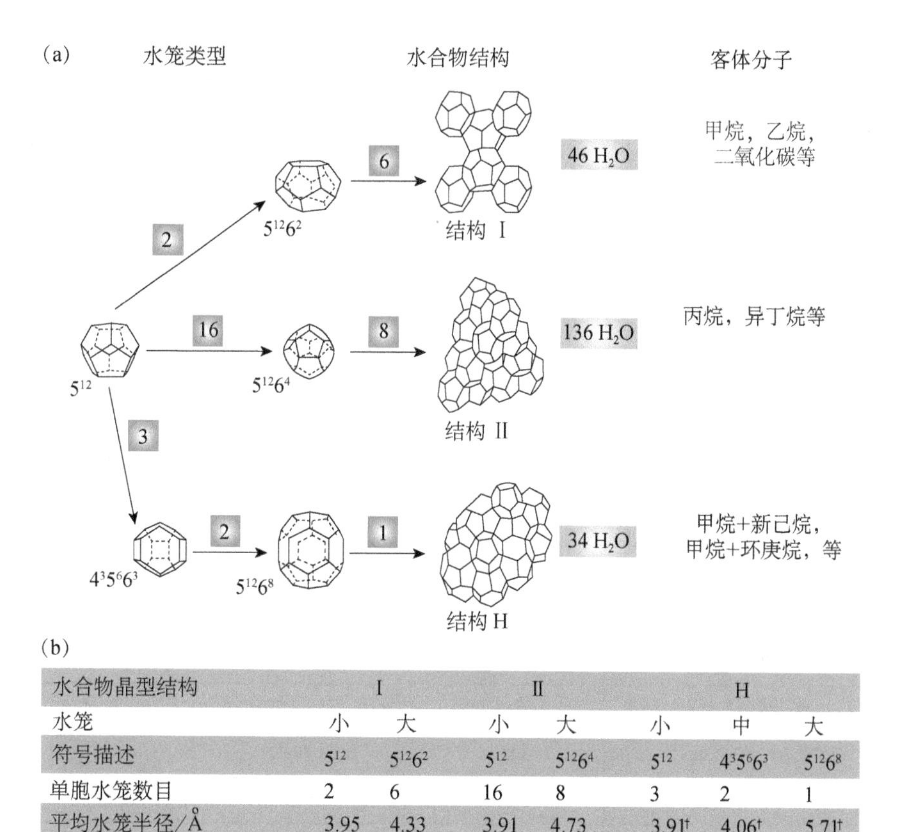

(b)

水合物晶型结构	I		II		H		
水笼	小	大	小	大	小	中	大
符号描述	5^{12}	$5^{12}6^2$	5^{12}	$5^{12}6^4$	5^{12}	$4^35^66^3$	$5^{12}6^8$
单胞水笼数目	2	6	16	8	3	2	1
平均水笼半径/Å	3.95	4.33	3.91	4.73	3.91†	4.06†	5.71†
配位数*	20	24	20	28	20	20	36
单胞水分子数目	46		136		34		

* 每个水笼周围氧的数目

† H型结构源于几何模型水笼的估算

图 4.8.1　水合物三种主要结构的示意图

5^{12} 代表 12 个五元环形成的水笼，$5^{12}6^2$ 代表 12 个五元环和 2 个六元环组成的水笼（Sloan et al.，2003）

水合物按分子来讲，其中 85%是由水组成的，因而水合物在机械性能方面是可以和 Ih 冰相比较的。但是，水合物在屈服强度、热膨胀和热导率方面和冰有着明显的区别。水分子在水合物中的扩散要比在冰中的扩散小两个数量级。热学和机械性能对于天然水合物的原位探测和测量有着非常大的帮助，另外其对于水合物成矿的位置和分布的评估也有着非常重要的意义。表 4.8.1 给出了冰、水合物 sI 和 sII 型结构的一些微观和宏观性能的比较。

表 4.8.1　冰，sI，sII 型水合物的性能比较*

性能	冰	sI 水合物	sII 水合物
结构和动力学性能			
空间群	$P6_3/mmc$	$Pm\bar{3}n$	$Fd\bar{3}m$
单胞水分子个数	4	46	136
273K 晶胞参数/Å	a=4.52，c=7.36	12.0	17.3
273K 介电常数	94	～58	～58
远红外光谱位置	$229.3cm^{-1}$	$229.3cm^{-1}$ 以及其他位置的峰	
273K 水分子的再取向时间/μs	21	～10	～10
水扩散的跳跃时间/μs	2.7	>200	>200
机械性能			
268K 准热杨氏模量/10^9Pa	9.5	8.4[est]	8.2[est]
泊松比	0.3301[a]	0.314 03[a]	0.311 19[e]
体弹模量/GPa	8.8；9.097[a]	5.6；8.762[a]	8.482[a]
剪切模量/GPa	3.9；3.488[a]	2.4；3.574[a]	3.6663[a]
纵波速度，V_P/（m/s）	3870.1[a]	3.778[a, b]	3821.8[a]
横波速度，V_S/（m/s）	1949[a]	1963.6	2001.14[b]
声速比 V_P/V_S	1.99	1.92	1.91
热学性能			
200K 下的线性热膨胀系数/K^{-1}	56×10^{-6}	77×10^{-6}	52×10^{-6}
热导率/[W/（m·K）]	2.23	0.49±0.02	0.51±0.02
263K 下的热导率/[W/（m·K）]	2.18±0.020.01[c]	0.51±0.020.01[c] 0.587[d]	0.50±0.020.01[c]
273K 下的绝热体压缩/GPa	12	14[est]	14[est]
热容/[J/（kg·K）]	1700±200[c]	2080	2130±40[c]
反射指数（632.8Nm，−3℃）	1.3082[e]	1.346[e]	1.350[e]

续表

性能	冰	sI 水合物	sII 水合物
密度/（g/cm^3）	0.91^f	0.94	1.291^g

*除非特别注明，数据来自文献（Davidson D W，1983；Davidson D W，et al.，1986；Ripmeester J A，et al.，1994）

a Ref. Helgerud，M. B.，et al.，2002 年 at 253-268K，22.4-32.8MPa（冰，Ih）. 258-288K，27.6-62.1MPa（CH_4，sI），258-288K，30.5-91.6MPa（CH_4-C_2H_6，sII）.

b Ref. Helgerud，M. B.，et al.，2003 年 at 258-288K，26.6-62.1MPa.

c Ref. Waite，W. F.，et al.，2005 年 at 248-268K（冰 Ih），253-288K（CH_4，sI），248-265.5K（THF，sII）.

d Ref. Huang，D.，et al.，2004 年，CH_4，sI

e Ref. Bylov，M.，et al.，1997 年

f Fractional occupancy（calculated from a theoretical model）in small（S）and large（L）cavities：sI = CH_4：0.87（S）和 CH_4：0.973（L）；sII = CH_4：0.674（S），0.057（L）；C2H6：0.096（L）；C3H8：0.84（L）.

g Calculated for 2，2-dimethylpentane 5（Xe，H_2S）·$34H_2O$（Udachin，K. A.，et al.，1997 年）；est = estimated

除了常见的结构，水合物还存在 Jeffrey's 的Ⅲ-Ⅶ相，T 相（Jeffrey et al.，1984；Jeffrey et al.，1967）复合层状结构以及更高压力下的特殊结构等（Dyadin et al.，1997；Loveday et al.，2001；Loveday et al.，2003；Kursonov et al.，2004）。

单个水分子的结构已经确定得非常清楚（Bernal et al.，1933；Benedict et al.，1956）。水的固态相 Ih 为研究得最多的结构，在冰中除了正常的间隙和空位缺陷，还有离子缺陷和取向性缺陷（Bjerrum N，1952）。特别是取向性缺陷，其可以形成 H_3O^+或者 OH^-，可以在两个氧之间存在两个氢或者没有氢，总而言之是在局域破坏了整体的静电平衡，而该缺陷也认为是水合物通过气相生长的一个必要因素（Wooldridge et al.，1987）。水分子形成各种固相结构时，氢键是非常重要的，在水合物结构中每个水分子通过氢键和其他的四个水分子形成骨架结构。水合物形成过程，主要是新的氢键的形成（5kcal/mol），水分子的共价化学键（～102kcal/mol）是不被破坏的，虽然该过程中有范德瓦耳斯力（0.3kcal/mol）的参与，但其较低的能量可以被忽略。在水合物形成过程中，液体水中无序的 3D 氢键网会参与到水合物的生成或者分解过程。另外，水合物形成的过程和疏水水合也有很大的联系，如

甲烷进入到液态水中其热力学和结晶过程就处在水分子在疏水边界附近（Tanford et al., 1973; Privalov et al., 1988; Blokzijl et al., 1993; Chau et al., 1999）。

sI 型水合物的空间群是 $Pm\overline{3}n$，是立方结构，晶胞长度约为 12Å，体积约为 1700Å^3。理想的单胞组成可以表示为 2D·6T·46H_2O，其中 D 和 T 分别代表 5^{12} 和 $5^{12}6^2$ 笼子，因而其理想的化学计量比分子式为 X·5.75H_2O（X 为水笼中的气体分子）。在气体分子过大而不能装载进小水笼中时，理想的组分就会变成 X·7.67H_2O，此时只有大水笼被占据。可以形成 sI 型水合物气体分子的尺寸处于 4.3Å 和 5.3Å 之间，如 CH_4、CO_2、H_2S 和 Xe 气体（Sloan et al., 2007）。单胞里面的两个 5^{12} 水笼分别由 20 个水分子构成，笼子中心到面的距离为 4.2Å（Berecz et al., 1983）；$5^{12}6^2$ 笼子之间是通过六角面相互连接起来形成空间的网状结构。从晶体学角度，水分子中的氧原子分布在三个非等价的位置，氢原子占据六个非等价的位置。形成 5^{12} 水笼的水分子的构型和自由水或者 Ih 六相冰稍微不同，例如水笼中 O-O-O 的夹角和六方冰 Ih 的四面体夹角相差 1.5°，和自由水中的夹角相差 3.5°（Sloan, 1998）。

sII 型水合物的晶体结构也是立方的，但其空间群是 $Fd\overline{3}m$，晶胞参数为 17Å，体积为 4900Å^3。在一个单胞中有 136 个水分子，包含 16 个 5^{12} 水笼和 8 个 $5^{12}6^4$ 水笼（Berecz et al., 1983）。如果每个水笼被一个分子气体占据，那么其化学式可以写成 X·5.66H_2O，如果只有大笼子被单分子占据，化学式为 X·17H_2O。在 sI 和 sII 型中的 5^{12} 水笼构型上没有大的区别，只是 sI 结构中的水笼平均半径为 3.95Å，sII 结构中的半径为 3.91Å。由于 5^{12} 水笼中氧原子处在 4 个不同的晶体结构点位上，5^{12} 水笼偏离球形最多因此呈椭球状。sII 结构中由 28 个水分子构成的 $5^{12}6^4$ 水笼包含 4 个六角面，可以装下尺寸 6.6Å 的分子。在 sII 型水合物的单胞里面，5^{12} 水笼通过共享五边形面在[110]方向呈链状排布，而大水笼的中心有着类金刚石原子排布的构型。大笼子之间按照这种排布方式共享六角面，在大水笼之外的孔隙处形成 5^{12} 水笼。

随着天然气水合物实验室研究和实际探测的进展，第三种水合物结构 sH（Sloan, 1998; Strobel et al., 2008）被科学家发现。sH 水合物是空间群 P6/mmm 的六方结构，晶胞参数为 $a\approx12.3$Å，$c\approx9.9$Å，体积 $V\approx1300$Å^3。每个单胞中的三个 5^{12} 水笼构型和 sI/sII 结构水合物的类似。sH 结构中的 $4^35^66^3$ 水笼会稍微复杂些，具体如图 4.8.1 所示。其中最大的笼子为 $5^{12}6^8$ 笼子，可以装下直径大于 7Å 的气体分子。sH 结构最初被认为只有在大分子和小分子气体混合的情况下才能存在。随着实验的进展，特别是在 1GPa 的压力时发现了 sH 结构水合物，暗示其在冰川当中会大量存在。当 sH 型水合物的所有水笼被填满后，理想的组分为 $X\cdot3.5H_2O$。

三种水合物水笼的大小可以从 3.9Å 到大于 7Å，因而有超过 130 种化合物可以和水形成水合物（Krawitz，2001）。图 4.8.2 给出了不同尺寸的气体分子及对应形成的水合物结构。原则上讲，分子尺寸小于 3.5Å 或大于 7.5Å 是进不到 sI 和 sII 的水笼中的（Sloan，1998），但实际情况是水合物的客体分子可以是一种、两种或者多种混合气体，因而也增加了水合物种类的多样性和复杂性。客体分子种类可以是一个原子或者分子，并且其大小是决定形成水合物的重要参数。而客体分子的极性带来的偶极矩相互作用会对水合物的形成动力学产生微弱的影响。客体分子和主体水笼之间是通过范德瓦耳斯力相互作用形成稳定的水合物结构。另外，温度、压力、气体饱和度、抑制剂的选择等因素都会影响水合物的非化学计量比和相图。

除了上面按照晶体结构来划分水合物，还可以从客体分子的角度来分类：如考虑到客体分子的化学属性以及客体分子的大小和形状。如 Von Stackelberg 考虑到尺寸和化学属性的分类（Von Stackelberg et al.，1956）。第二种比较精细的分类是 Jeffrey 和 McMullan（Jeffrey et al.，1967）通过亲水性的不同，可以大致将客体分子分为：①疏水性组分，②水溶性酸性气体，③水溶性极化组分，④水溶性三元-四元烷基铵盐。一旦分子气体被包覆在水笼当中，气体分子的移动就会被限制住，如气体分子的平移对称性等。另外，客体分子的尺寸和水笼的类型会决定气体分子在水笼中的位置。如单晶 X 射线衍射测量结果表明，在 sI 结构的大水笼中乙烷分子的中心到水笼中心的距离为 0.17Å（Udachin et al.，2002）；类似地，丙烷在 sII 结构水合物的大水笼中也是偏离中心的（Kirchner et al.，2004）。在甲基环己烷+甲烷的 sH 型水合物当中，甲烷的 C 原子坐落在 5^{12} 和 $4^{3}5^{6}6^{3}$ 小水笼的中心，而甲基环己烷在 $5^{12}6^{8}$ 水笼中更倾向于椅型构象（chair confirmation）（Udachin et al.，2002）。客体分子的大小和生成的水合物晶胞参数呈同向变化，而晶胞参数又和温度、生成压力有着明显的对应关系。虽然客体分子的形状在 sI 和 sII 型水合物中所起的作用不明显，但在 sH 结构中分子形状有着非常重要的作用，这和 sH 结构中的大水笼的占据效率有着密切的联系。

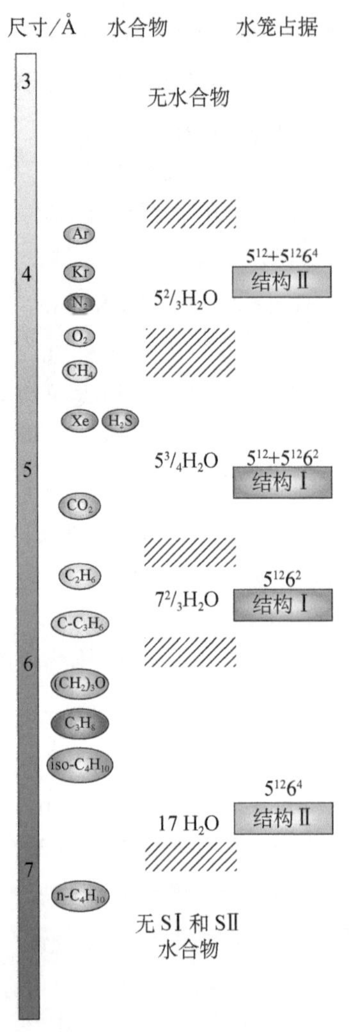

图 4.8.2　客体分子尺寸和包裹水笼大小之间的关系，
图引自文献（Sloan et al.，2003）

无论水合物为何种结构，其水笼框架是由水分子通过氢键连接在一起的，因而和水的固相-冰类似，水合物的水笼处在有序/无序的状态之中。目前还没有比较好的方法来确定其无序的程度以及是否有绝对有序的相存在。对于第一性原理计算而言，需要建立一个有序的初始模型来进一步计算其能量和相关的参数，因而实验上要发展新的方法来定量地表征其有序度，初步可以考虑借助极低温下的原位衍射等手段。另外，与水合物结构相关的一个重要问题是水合物的非化学计量比，其起因是水笼中客体分子占据率的不同。实验和统计热力学模型（van de Waals and Platteeuw 模型）都指出只要部分水笼被占据就可以生成水合物。如普遍认为超过 95%的大水笼被占据，而小水笼中的占据率和客体分子的种类、温度以及压力有着非常密切的关系。研究表明（Glew，1959）当客体分子的尺寸接近于水笼大小，这时候偏离化学计量比就会越多；当两种气体形成混合型的水合物时，其非化学计量比和两种气体各自形成水合物的相平衡有着直接的关系（Glew et al.，1966）。虽然对水合物的非化学计量比已经有了较深入的研究，但是到目前为止并没有在实验上建立起非化学计量比和客体分子/水笼大小比例的定量关系。

另外一个和结构相关的科学问题就是水合物在生成或者分解过程中会有亚稳相的出现。对于亚稳相的研究可以加深我们对于水合物生长的分子机理的认识，特别是对于热力学稳定结构相变可能起源的理解。如在 CO_2 水合物的生长过程中就会出现 sI 和 sII 结构的共存（Staykova et al.，2003）；类似地，sI 型 Xe 水合物以及甲烷/乙烷水合物形成的过程中会有亚稳相 sII 结构的存在（Moudrakovski et al.，2001；Bowler et al.，2005；Takeya et al.，2002）。亚稳相的存在和生长过程中大水笼和小水笼团簇的比例是直接相关的，当生长过程中其比例接近某结构水合物大小水笼比的时候就会有相应的亚稳相的出现，如通过拉曼光谱观测到的甲烷水合物在生成诱导期小水笼的数量占主导地位（Subramanian et al.，2000）。另外，随着水笼中气体填充的比例的变化，不同相之间的能量也随着发生变化，如 CO 水合物会从开始的一周之内的 sI 结构相变到最终稳定的 sII 结构（Zhu et al.，2014）。

2）水合物的成核、生长与分解

对于水合物研究来说，其中最有挑战性和吸引人的问题是水合物的生成、分解和随着时间的抑制。该部分关注时间相关的动力学问题，因而对于基本结构和热力学研究是要困难许多的，这主要因为：①水合物动力学的实验表征手段和准确性会相应地降低；②另外还在于动力学模型建立的难度比热力学模型要大一个数量级。我们目前关注的水合物的生成和分解主要是在实验室合成的，而对于实际水合物成藏的生成历史，以及开采过程中水合物的分解和二次生成问题目前还没有比较深入的研究。

无论在水合物的实验室研究或者实际工业开采过程中，人们都比较关心两个问题：一是水合物是什么时候成核的；二是水合物一旦成核，它的生长速度有多快？这两个问题的解答对于水合物生长模型的建立和了解实际水合物成藏的生长历史及演变有着非常重要的作用。水合物的形成速率是和动力学过程、热传输以及质量传输紧密联系在一起的。水合物成核的时间尺度是目前宏观性能测量上无法观测到的，取而代之的是水合物的诱发时间，也就是从成核开始至生长到可实验观察到水合物的时间段。由于水合物生成的气体和水在分子层面上是一种无序的状态，水合物的生成会经历一个比较长时间的亚稳过程，而相反的是一旦稳定的温压条件改变，水合物的分解开始得相对较快。

成核：水合物的成核主要是气体和水的微小团簇达到临界尺寸，可以维持生长的过程。成核是一个涉及上千个分子的微观过程（Mullin，1993）。而实际上对水合物成核的研究是基于水的凝固和碳水化合物在水中的溶解以及对这两个过程的模拟计算。为了更深入地了解超冷水和气体系统到水合物的成核过程，有必要对超冷水的性质、气体在水中的溶解、冰的成核以及水合物的成核做一个简单的了解。超冷水是一个亚稳态，在超冷水中存在着由氢键链接而成的网络状水分子的团簇（类水笼），这也是水合物成核的起始点。向低温方向如果偏离相变温度越大，其体积和熵的涨落就会越大。有争论的是水合物形成初期的不同成核模型。对于过冷水的结构模型主要有两种论点，一是氢键连接的网状结构（Rahman et al.，1974；Stillinger et al.，1980）是动态变化的，容易形成五元环及六元环；第二种是“iceberg”模型（Frank et al.，1945；Frank et al.，1957；Frank et al.，1968；Frank et al.，1970；Nemethy et al.，1962），该模型认为在没有氢键存在的高密度相中存在着通过寿命较短（10^{-10}s）的氢键结合在一起的水笼，如包含水分子为客体的 5^{12} 水笼（Pauling's，1959）。Makogon（Makogon et al.，1974）是第一个将超冷水中的笼型结构模型引入到水合物成核的机制中。

天然气体分子在水中的溶解：非极化气体在水中的溶解度是非常小的，它们就像在水中的点缺陷一样，容易在该点位形成更加有序的水笼壳层，因而会降低整个系统的熵。此外，该水笼壳层中未形成氢键的氢原子总是倾向于指向外侧（Stillinger，1980），从而加速更多的水笼形成。

冰和水合物的成核理论：水合物的成核及生长可以类比于溶液中过饱和盐类析出及结晶的过程。晶体成核可以分为均质成核及异质成核两种，均质成核是一种理想的状态，在现实中基本上很难实现，所以水合物的成核一般用异质成核理论。从自由能的角度来讲，水合物异质成核更容易在一个二维表面如容器壁或者尘土杂质附近发生。一般来讲，在气液体系中的水合物中，成核一般是发生在气液两者的界面处（Huo et al.，2001；Ostergaard et al.，2001；Taylor et al.，2006；Taylor et al.，2007；Kimuro et al.，1993；Fujioka et al.，1994；Hirai et al.，1995；Mori，1998），因为在界面处有着非常大的浓度差（Moon et al.，2003）。前面提到了在分子层面上，溶解到水里的气体表面会形成一个水的团簇壳，团簇壳中的水分子个数和气体分子的种类是相关的，如甲烷（20），乙烷（24），丙烷（28），异丁烷（28），氮气（20），硫化氢（20）以及二氧化碳（24）。如果混合气体表面的水分子个数正好满足 sI 的 20（5^{12}）和 24（$5^{12}6^{2}$）组合，或者 sII 型的 20（5^{12}）和 28（$5^{12}6^{4}$）的组合，水合物的结晶过程就比较容易。否则需要单一的水团簇通过氢键打开形成新的水笼类型来完成水合物的成核，而该过程伴随着一个相应的能量势垒，并且水分子个数差别越大，势垒也越大。该水团簇有着向外的空余的氢，会进一步吸引水分子和气体按水合物的结构排列，直到生长成为临界大小的晶核。另外一种观点认为，气体分子由于热扰动，有机会按照水合物中气体的排列方式排列，进一步通过表面的水团簇壳层的生长，最后完成成核过程（Moon et al.，2003；Radhakrishnan et al.，2002）。

水合物生长有一个重要的现象是“结构记忆”效应，水合物分解的气液混合相再结晶生成水合物的过程会非常快。当然，在一定压力下如果加热的温度足够高，水合物的“结构记忆”效应会被破坏掉。记忆效应在工业应用上有着非常重要的意义，比如堵塞管道的水合物如果移除不够干净的话，剩余的水和气体会很快地再形成水合物，继续堵塞管道。

第二部分涉及水合物的生长。在随机的诱导期之后，水合物晶核足够大的情况下即进入了水合物的生长阶段，如图 4.8.3 所示（Sloan et al.，2007）。

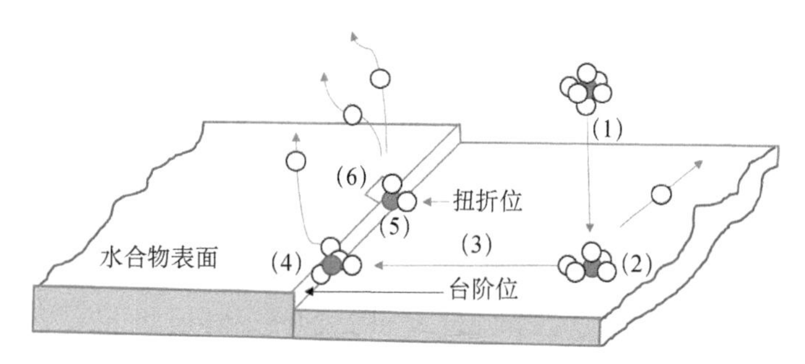

图 4.8.3　水合物生长的假定模型

简单来讲，在水合物的生长表面有着相对较低的吉布斯自由能，因而气体和水形成的团簇就会输运到表面，之后就会被吸附到表面。在开始生长的过程中，该团簇中多余的水分子就会脱落并扩散出去，剩下的水分子会调整成需要的水笼形状和结构。由于吸附力是垂直于晶面的，扩散只能在表面内发生，而在两个晶面的交界处会有两个吸附力的作用，气体水分子团簇在交界处只能沿着单一方向移动，并且当遇到晶面缺陷时，多个吸附力将该团簇固定住，完成水合物的生长。实际上，水合物的生长有可能只包含其中几个步骤，另外还有气体水团簇吸附后也有脱附的概率等。对于水合物的生长动力学，上面提到的不同路径有着不同的发生概率，最终在宏观上可观测到水合物的生长。该生长模型在实验上有比较少的证据支撑，需要进一步的实验来验证其准确性。

水合物的生长形态可以分为单晶生长、在界面处的水合物膜和壳层的生长、在非稳定系统中的多晶生长以及亚稳相的生长。前面提到水合物的生长主要发生在气-液两相的界面，一旦界面处的水合物膜形成之后，下一阶段的生长主要是气体在水合物层中的扩散后与内部水的准液层（或者预溶化层）接触进一步生成水合物（Henning et al.，2000）。因而在水液滴实验或者其他体相水的水合物合成实验中，可以看到体相水合物的生成。在水合物生长过程中，亚稳相的出现对于水合物生长分子机理的理解有着非常重要的作用。如笔者在 CO 水合物的研究当中也发现 sI 和 sII 水合物的出现的时间顺序，以及建立了非化学计量比的热力学和动力学关系（Zhu et al.，2014）。

水合物的生长过程主要由三个因素控制，包括本征的生长动力学、质量传输限制和热传输限制。水合物本征的动力学的作用要远远小于热和质量传输效应的影响，其主要模型为 Englezos-Bishnoi 及相应的修正模型，其主要过程包括：①气体分子在气相中向液相水的传输；②气体在体相水中向水合物颗粒的传输；③在水合物的表面层上气体分子和水合物的反应（Englezos et al.，1987a；Englezos et al.，1987b；Dholabhai et al.，1997）。质量传输可以通过 Skovborg-Rasmussen 模型（Skovborg et al.，1994）来描述，其核心内容为质量传输主要受气体在气-液界面处的液态膜中的传输速度影响。最后，热传输模型可参考文献（Uchida et al.，1999；Mochizuki et al.，2005；Mochizuki et al.，2006；Mori et al.，2001；Freer et al.，2001）。

国外学者已经对天然气水合物的反应动力学开展了大量的研究工作（Moudrakovski et al.，2001；Hirai et al.，2000；Baldwin et al.，2003；Kvamme et al.，2004；Gao et al.，2005；Susilo et al.，2006；Rovetto et al.，

2007；Gupta et al.，2007；Rovetto et al.，2008；Bagherzadeh et al.，2011；Daraboina et al.，2013），研究对象不仅仅局限于单一气体水合物，也包括混合气体的水合物。早期的研究结果表明，对大小不同的气体分子，反应的动力学差别很大。以 H_2 和 CO 为例，它们与水最终的反应产物均为 sII 型水合物，但实验结果表明，H_2 的反应时间是分钟量级，而 CO 则以月计算（Lokshin et al.，2004；Mao et al.，2002；Zhu et al.，2014）。

水合物的分解在开采以及输运管道堵塞补救过程中有着举足轻重的作用。水合物的分解过程是一个吸热的过程，可以通过热分解法、热激发法、热力学抑制剂的注入以及三种方法的组合进行实施。本章最后会给出通过二氧化碳置换水合物中的能源气体来进行水合物的开采，其中包括非分解的直接客体分子置换以及水合物分解后的再生成。水合物的分解主要是径向分解而不是轴向分解。水合物的分解和生长类似，也主要受热传输控制，而不是本征的动力学（Moridis et al.，2002；Hong et al.，2003；Davies et al.，2006）。通过热传输模型可以很精确地计算出水合物的分解速率，结果和实验的吻合度很高。

3）天然气水合物的相平衡

在相平衡上，水合物和冰有着非常明显的不同，水合物的相平衡是其最重要的性质之一。相对于水合物的动力学过程，水合物的相平衡的研究已经非常成熟，因而本小节只对水合物相平衡以及该过程中的各种现象进行简单的论述。

水合物相平衡研究的关注点在于为应用科学和工业生产提供参考，因而大多数的预测软件，如 ASPEN，PLUS™，PRO II™，UNISIM™ 等都是简化的甚至是不包含准确物理意义的模型，并不适合微观性能研究。实验数据是更加准确的依据，但实际面临的困难是针对于不同比例混合的多元水合物，每一个实验点大概需要一周的时间，实现起来是非常耗人力物力的。

一个典型的水合物的相图，如 C_3H_8 的水合物相图如图 4.8.4 所示（Sloan et al.，2007）。

水合物相图的影响因素包括：压力、温度、气液/水合物相浓度、体积/密度以及相组成。由于最后两个因素很难确定，因而水合物的相平衡主要通过温度、压力、气相的相组成和自由水的相组成。其基本判定准则可以参考

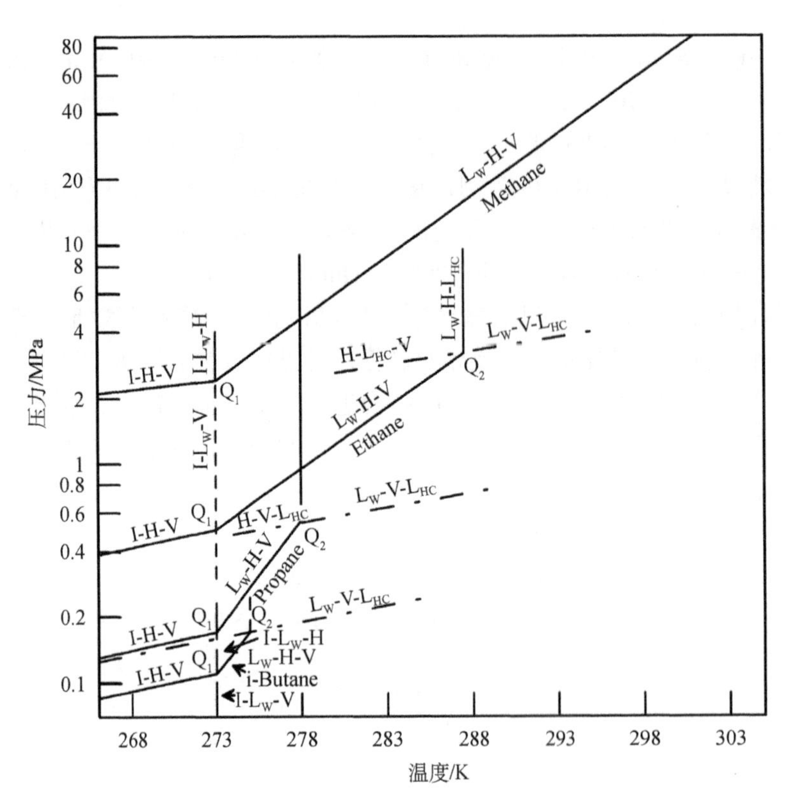

图 4.8.4　丙烷水合物的温压相平衡相图

Q_1 是下四相点，Q_2 是上四相点

吉布斯相规则（Gibbs et al.，1928）。抑制剂对于水合物相图的影响和工业生产应用有着紧密的联系。目前使用最多的抑制剂是热力学抑制剂，通俗来讲就是改变相图温压条件的抑制剂，包括盐类、酒精或者乙二醇等。最近研究比较多的也包括动力学抑制剂，如 KIs 和 AAs，主要用来改变水合物的生长速度，对热力学条件影响不大。在众多的抑制剂当中酒精是最经济的，被大量地用于工业生产中。

在水合物相图的研究中，三相平衡的计算是非常有用的方法，主要包括天然气重力法（Katz，1945）和 K_{vsi} 方法（Wilcox et al.，1941；Carson et al.，1942）。两者都可以计算水合物生成的温度和压力，而后者还可以进行水合物组分的计算，如 Sloan 在专著中给的相应的例子（Sloan et al.，2007）。需要注意的是这两种方法仅限于 sI 和 sII 水合物的计算，并且后者对甲烷水合物的计算比其他气体要准确很多，另外其计算温度限制在冰点上的有限的温度区间内。后来发展的基于统计热力学近似的 Van der Waals 和 Platteeuw

方法（Van der Waals et al.，1959），也将 1987 年发现的 sH 水合物结构包含进来，被认为是目前对水合物相平衡的最佳近似。统计热力学（statistical thermodynamics）将宏观的相平衡和微观的结构联系在了一起，无论是从理论上还是实用主义上来说，其被认为是目前为止最为准确的水合物相平衡的确定方法（Ballard et al.，2002a；Ballard et al.，2002b；Ballard et al.，2004a；Ballard et al.，2004b；Jager et al.，2003；Cao et al.，2002；Klauda，2003；Anderson et al.，2005）。在 1950s 确定了水合物的精确结构后，其微观的结构对宏观性能的影响理论就随之慢慢发展起来，统计热力学目前看来是最成功的模型，最早在 1957 年由 Barrer 和 Stuart（Barrer et al.，1957）提出，之后被 Van der Waals 和 Platteeuw（Van der Waals et al.，1959）进一步发展。其部分核心的假设是水笼中水分子对于自由能的贡献和水笼中客体分子的占据无关，每个水笼中至多放一个分子，水笼中客体分子之间没有相互作用，经典的统计是有效的，不必考虑量子效应。通过对以上假设的引入，将正则配分函数改进为巨正则配分函数。通过该函数，我们可以得到水在水合物当中的化学势，并进行相平衡的计算。进一步可以评估水合物的非化学计量比（Cady，1983a；Cady，1983b），计算水合物的密度等宏观参量。水合物中客体分子被水笼包覆的过程可以通过类比于朗缪尔吸附来理解：如气体分子的吸附是出于表面的不同点位的；吸附的能量不受其他吸附气体的影响；每个点位吸附一个分子；吸附过程伴随着气体分子和空位的碰撞；脱吸附的过程和表面的状态有关。通过朗缪尔吸附常数可以计算每个水笼的势函数，在水合物当中，其典型的势函数是水笼中心对客体分子吸附，但吸附的最强点稍微偏离笼子中心；而水笼的壁则对分子排斥，当分子偏离中心时，靠近的水笼壁产生斥力，远离的水笼壁产生吸引力，因而最终分子是趋向于水笼中心的。但是最近的工作显示，对于特别小的分子是稍微偏离中心位置的。

Van der Waals 和 Platteeuw 模型随着更多准确的宏观性能测量（相平衡）以及微观数据测量（谱学）而不断完善，如通过量子力学的第一性原理来进行有物理意义的修正，并且将 Van der Waals 和 Platteeuw 原有模型中的一些假设去掉。随着计算机计算能力的大幅提升，蒙特卡罗方法以及分子动力学计算方法也得以快速的发展。合理的热动力模型将有助于对水合物分解与置换反应过程的深入理解，为设计优化开采水合物的方案提供重要的理论支撑。

4）天然气水合物性能的实验方法和测量

天然气水合物的测量主要分为微观性能和宏观性能测量：宏观性能测量主要是相平衡、热学性能和热导率；微米级的介观性能实验方法主要包括激光扫描、X 射线 CT 和电子显微技术研究水合物的形貌和相分布；微观性能主要包括拉曼、核磁共振、X 射线和中子衍射直接对分子层面的性能以及水合物的晶体结构直接测量。热动力学测量主要是相平衡，前面有所涉及，此处不再赘述。热导率测量主要是利用商业热量计仪器对比热和分解热的测试。

（1）宏观性能测量的实验设备和方法。

从 20 世纪 50 年代以来，其标准测量方法和基本理念没有发生太多的变化，特别是相平衡的测量。表 4.8.2 给出了有代表性的水合物相平衡的测量手段。归纳起来表征相平衡设备的一些主旨包括：剧烈的搅动是保证水完全转化为水合物的必要手段；水合物的分解过程用来测量水合物的相平衡点；在一个等容压腔内急速的压力上升或者温度的下降标志着水合物的生成。

表 4.8.2 水合物性能的宏观测量方法

方法	可测量物理参量			关键信息/优势
	相平衡数据	动力学数据（时间分辨）	P，T^a 极限，搅拌型/非搅拌型	
高压可观测反应釜[b]（Turner，2005；Turner et al.，2005a）	是：P，T	是：P，T，薄膜生长速率和时间关系	蓝宝石/石英窗口极限：典型 5000psi 搅拌型	分解压力，分解温度，生长/分解气体消耗率，生长/分解的可视化图像
高压盲釜	是：P，T	是：时间依赖的 P，T	典型 10000psi 搅拌型	分解压力，分解温度，生长/分解气体消耗率
高压腔内的水晶微量天平（QCM）[b]（Burgass，2002；Mohammadi，2003）	是：P，T（压腔内配有压力传感器和热电偶）	是：时间依赖的 P，T	典型 6000psi	分解压力，分解温度优点：毫克样品，因而平衡时间（实验时间）缩短
卡耶泰压腔[b]（Peters，1993；Jager，1999）	是：P，T		典型 2000psi	精确的分解压力和分解温度
摇摆式压腔[b]（Oskarsson，2005）	是：P，T	是：时间依赖的 P，T	典型 10000psi（盲釜）；5000psi（可观测釜）搅拌型	分解压力，分解温度，生长/分解气体消耗率。LDHI 典型测量

续表

方法	可测量物理参量			关键信息/优势
	相平衡数据	动力学数据（时间分辨）	P，T[a]极限，搅拌型/非搅拌型	
高压电流计[b]（Camargo，2000）		是：时间依赖的 P，T，时间依赖的粘性	典型 1000psi	时间以来的黏度变化
流冲轮[b]（Rasch，2002）		是：时间依赖的 P，T，水合物的聚集	带有树脂玻璃窗口，1450psi，不带窗口 2175psi	分解压力，分解温度，生长/分解气体消耗率，带窗口下的凝聚/缓涌观测。大型的（相对于反应釜）。LDHI 典型测量
飞行流动循环[b]（Turner，2005b）		是：时间依赖的 P，T	典型<2000psi 流冲和泵浦的剪切力	分解压力，分解温度，生长/分解气体消耗率，带窗口下的凝聚/缓涌观测。大型的（相对于反应釜或者流冲轮）
高压差热测量[b]（Handa，1986d；Le Parlouer，2004；Palermo，2005）	是：P，T	是：时间依赖的水合物相	典型的到 5800psi，230 到 400K	分解温度，比热，分解热。乳浊液稳定和水合物的聚集

a 如果没有温度极限，给出的只是使用的冷浴或者低温腔的一个功能

b Turner D.，2005 年；Turner D. J.，et al.，2005 年；Burgass R. W.，et al.，2002 年；Mohammadi A. H.，et al.，2003 年；Peters C. J.，et al.，1993 年；Jager M. D.，et al.，1999 年；Oskarsson H.，et al.，2005 年；Camargo R.，et al.，2000 年；Rasch A.，et al.，2002 年；Turner D.，et al.，2005 年；Handa Y. P.，et al.，1986 年；Le Parlouer P.，et al.，2004 年；Palermo T.，et al.，2005 年

水合物热学性能测量的关键点在于测量前系统组成的确定。主要考虑到在冰点以上设备加装合成好的水合物样品会导致部分样品的分解，以及由于水合物的亚稳相和水合物对部分自由水的阻塞导致水并不能完全转化为水合物。这些问题随着高压比热测量设备的发展而最终得到了解决。通过该方法 Gupta 等人获得了甲烷水合物的热力学性能（Gupta et al.，2007a；Gupta et al.，2007b）。最精确的热学性能测量数据是加拿大国家研究委员会的 Handa 通过对 Setaram BT Tian-Cavlet 高压热学测量设备的改进而获得的（Handa et al.，1986a；Handa et al.，1986b；Handa，1988；Varma-Nair et al.，2006）。

热导率的测量主要包括瞬态法和稳态法。Stoll 和 Bryan（Stoll et al.，1979）通过瞬态探针方法获得了丙烷水合物的热导率，结果显示其热导率要

比冰小 5 倍。通过传统的稳态热板方法，Cook 等人（Cook et al.，1983）测量了甲烷水合物的热导率，其误差范围在 12%以内。

（2）水合物介观性能的测量。

通过激光扫描方法，Bishnoi 等人测量了在水合物生成和分解过程中颗粒大小的变化；基于聚焦光反射的方法（focused beam reflectancemethod，FBRM），通过反光的光程测量两个颗粒任意两个表面点的距离，进而可以探测水合物的形成以及生长或者分解过程中晶粒大小的变化。结合颗粒显微观察，可以同时得到颗粒大小的成像，分辨率在 10～300μm 之间。微应力探测设备可以探测水合物颗粒之间或者颗粒和表面之间的附着力（Yang et al.，2004；Taylor et al.，2007）。这些具备着空间分辨的输运和动力学测量技术对于水合物的宏观参数，如温度、压力的理解有着非常重要的作用（Gupta et al.，2005；Kneafsey et al.，2005）。此外，基于 X 射线三维成像技术可以研究水合物的多相流过程，通过核磁共振（MRI）可以实时观测从冰或者水滴到水合物的生长过程以及水合物颗粒的形貌（Moudrakovski et al.，2004），也有科学家利用扫描电镜（SEM）观察水合物的形貌（Kuhs et al.，2000；Staykova et al.，2003；Stern et al.，2005）。

通过核磁共振成像（MRI）技术可以检测到液体中的 1H，而无法检测固体中的 1H，由此可以测得液体的分布图像。基于 MRI 系统，可以对甲烷水合物分解的全过程进行实时可视化监测，得到了甲烷水合物在生成和分解过程中液态水的分布图像。结合核磁共振（MR）数据及温度、压力等参数，分析该体系中甲烷水合物在不同温、压条件下的合成与分解特性。例如国内青岛海洋地质研究所通过 MRI 实验平台开展了 THF 水合物的动力学研究（孟庆国 等，2012）。对于多孔介质中水合物动力学工作，最近大连理工大学借助 MRI 实验平台，取得了许多研究成果（Yang et al.，2015；2014；2013；2011；Song et al.，2015）。MRI 是一个有效的水合物研究手段，但本身还是受限制。MRI 只适用于液态水检测，不能观测到水合物自身，无法将水合物和赋存介质分辨，因而不能得到水合物在沉积物中分布的信息。MRI 也不能获取形成和分解过程中水合物相变、孔隙压力以及自保护等微观信息，动力学数据往往缺少微观机理的支撑，很难判断其适用程度。

通过 X 射线三维成像技术（X-CT），许多研究组进行了天然气水合物的渗流特征研究，并取得很多成果。但是，在分析其图像数据时，对于水、水合物、游离气和沉积物沙粒四组分样品，仅获得两组灰度峰。为区分样品中已知的四种物质，通过数学高斯拟合算法对灰度图像进行分割时，人为规定了游离气、水合物、水、沉积物沙粒的灰度值大小，导致沉积物沙粒边缘因图像容积效应产生的过渡区域的灰度值在水的灰度区间内，无论水合物与沉积物颗粒是否接触，两者之间总是存在一层水，水合物也总是悬浮在沉积物空隙之中，不会与沉积物接触或胶结，可能与实际情况不符。利用 X-CT 技术仍然不能获得完整的天然气水合物渗流过程中沉积层渗透率和有效孔隙度的动态规律。（Jin et al，2007；Ersland et al.，2009；胡高伟 等，2010；Seol et al.，2009；李承峰 等，2013）。

（3）分子层面水合物的测量是非常必要的，没有水合物微观的测量就不能最准确地描述水合物的相平衡。通过微观晶体结构的测量发现了甲烷和乙烷的混合气体会生成 sII 结构，尽管各自纯相形成 sI 结构（Subramanian et al.，2000a；Subramanian et al.，2000b；Subramanian et al.，2000c）；还可以监测水合物生成或分解过程中的亚稳相（Staykova et al.，2003；Schicks et al.，2006）；像氢等小分子会生成 sII 结构（Dyadin et al.，1999；Lokshin et al.，2004；Mao et al.，2002）；在相对高的压力下（>500 bar）水合物水笼中可以占据多个客体分子，如氮气、甲烷、氢气（Chazallon et al.，2002；Lokshin et al.，2004；Mao et al.，2002；Loveday et al.，2003；Mao et al.，2004）。

最常用的表征手段是固态核磁共振光谱 NMR，通过该方法可以确定水合物的结构，定量确定水笼的相对占据比例（Davidson et al.，1977；Collins et al.，1990；Moudrakovski et al.，2001）。动力学方面可以跟踪水合物生成和分解过程中的结构相变以及水笼占据的相对变化（Moudrakovski et al.，2001；Bowler et al.，2005），水分子在再定向和扩散过程中的迁移率（Bach-Verges et al.，2001；Gao et al.，2005）。

在确定水合物中的分子振动模式以及水笼的相对占据比方面还可以使用拉曼光谱以及红外光谱。由于红外光谱对于水的强吸收，制备样品困难，在水合物的研究中相对较少使用。而拉曼光谱的应用就非常广泛（Wilson et al.，2002；Hester et al.，2006），青岛海洋地质研究所是首先使用拉曼光谱进行水合物动力学测量的单位之一（刘昌岭 等，2011）。笔者个人认为，光谱在最初确定水合物的类型、相对占据比、亚稳相以及动力学过程是非常必要的，但是其反应的是表面的性质，不能得到体相的信息，因而在这里就不具体展开。对于体相的研究包括高能的 X 射线同步辐射和穿透性更强的中子衍射。

①水合物的中子表征。对于体相水合物的研究包括同步辐射技术和中子散射技术。笔者在水合物研究中主要使用中子手段，因而下面将对中子衍射

及谱学技术进行较详细的论述。由于水合物主要由 C，H，O 等轻元素组成，并且要在一定的压力下稳定或者合成，因而中子衍射是研究水合物热力学和动力学、确定氢原子位置以及客体分子在水笼中无序分布的有力手段。中子衍射被证明为研究水合物的理想技术。通过中子衍射可以确定特定温度和压力下的水框架结构以及水笼中的分子占据率。作为最轻的元素，氢原子只有一个电子，因而有着最弱的 X 光散射截面。而中子的散射强弱是不随着元素序数单向变化的，因此对于氢元素的位置更加敏感，如图 4.8.5 所示，中子散射是研究水合物的重要手段。除此之外，中子有着非常强的穿透性，因而可以研究在高压腔体内的水合物样品，表征水合物中能源气体分子的摄取和释放的过程，并研究客体分子和水笼的相互作用（Krawitz，2001；Lokshin et al.，2005；Zhao et al.，2007）。下面将详细介绍水合物研究的实验站、样品环境以及数据处理方法。

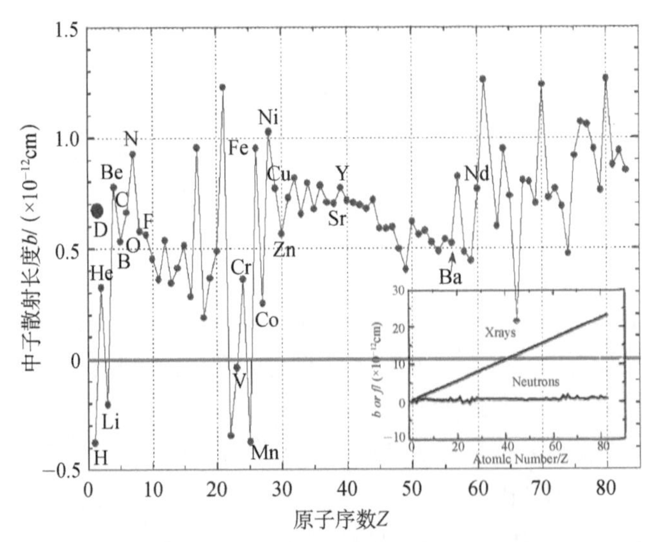

图 4.8.5　原子序数和中子散射截面的关系

插图给出的是中子与 X 光散射长度 b 的比较，图引自文献（Krawitz，2001）

• 中子衍射实验站

原则上来讲，中子线站只要有足够的空间和准直系统，并且具备相应的高压环境，就可以从事高压中子水合物的研究。下面介绍原位做水合物研究的几个代表性的中子线站。如图 4.8.6 所示，包括洛斯阿拉莫斯中子散射中心的 HIPPO（high pressure，preferred orientation），橡树岭国家实验室的散裂中子中心的 SNAP（Spallation Neutrons and Pressure Diffractometer）和欧洲的

Institute Laue-Langevin 的高强度两轴谱仪 D20 等。

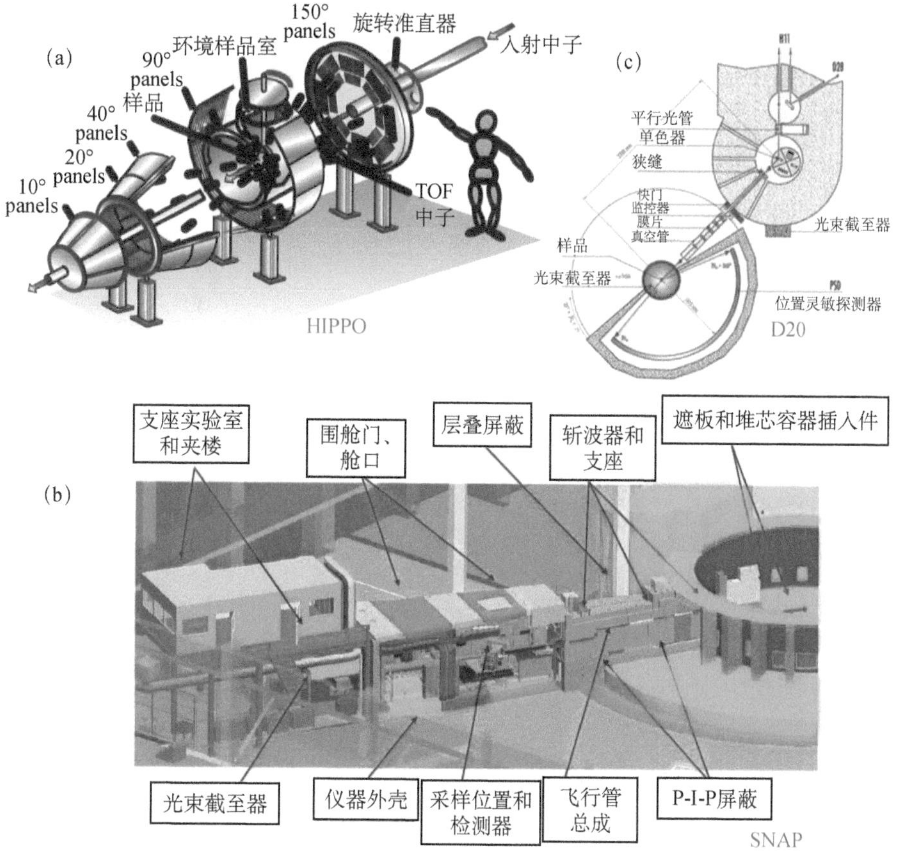

图 4.8.6 HIPPO，D20 和 SNAP 中子线站的示意图

图片来源于洛斯阿拉莫斯中子中心，ILL 和橡树岭散列中子源

另外，值得一提的是，中国散裂中子源（CSNS）在 2017 年出了第一束实验中子束，并成功采集到高质量的中子衍射谱。而在正在筹建的“用户谱仪”中包括南方科技大学赵予生教授领衔的团队与 CSNS 共建的高压中子谱仪（BL-17，见图 4.8.7）。该谱仪的建立将为国内水合物的中子研究提供有力的大科学平台支撑。

天然气水合物样品可以在低温状态（如液氮温度以下）保存在常压环境中。为了研究水合物的形成、分解动力学和热力学过程以及水合物的相图，必须要在高压的条件下做原位表征。水合物的高压腔体材料根据压力的不同，可以是金属钒（200 bar，at HIPPO，NPDF of LANSCE-LC），铝合金（6000 bar

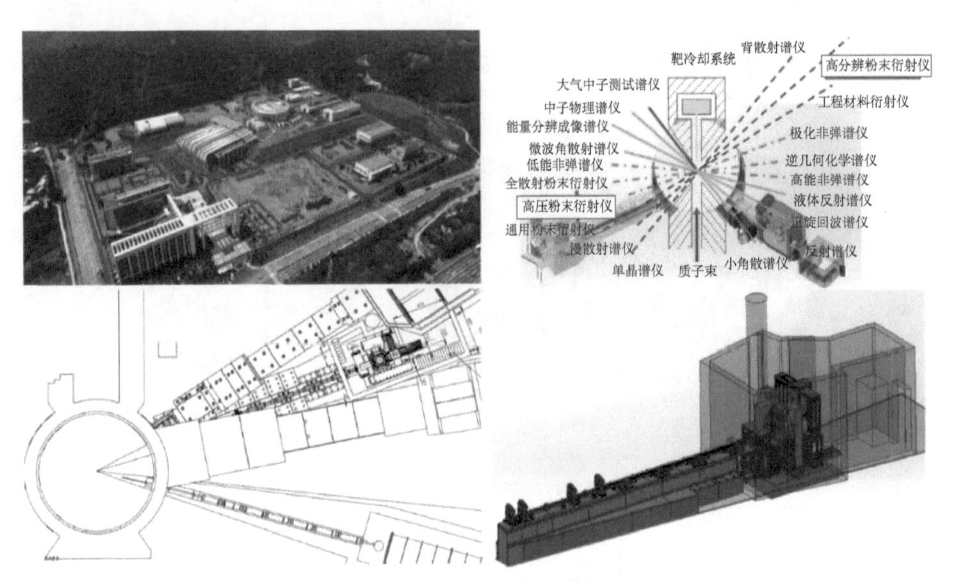

图 4.8.7 CSNS 高压中子谱仪结构示意图

at HIPPO，4500 bar at ISIS），以及钛锆合金（1000 bar at NPDF of LANSCE-LC，5600 bar at ISIS）（Lokshin et al.，2005；Kirichek et al.，2008）。图 4.8.8 给出了 HIPPO 实验站进行水合物研究的设备和实验方案。

● 中子衍射水合物表征

高质量的水合物中子衍射谱，除了可以提供晶体结构参数以外，还可以给出以下信息：确切的 H/D 原子的位置与 C、H、O 的各项异性温度因子；不同温度压力下客体分子在各个水笼中的占据率（Henning et al.，2000；Lokshin et al.，2004；Mao et al.，2002；Chazallon et al.，2002；Lokshin et al.，2005；Zhao et al.，2007；Tait，2007；Kirichek et al.，2008；Zhao et al.，2010；Klapproth et al.，2003；Kuhs et al.，1997；Struzhkin et al.，2007；Mulder et al.，2008；McMullan et al.，1990；Tse et al.，1986；Fortes et al.，2003；Rondinone et al.，2003；Klapproth et al.，1999；Chazallon et al.，1999；Ikeda et al.，1999）；气体分子在水笼中的无序分布以及通过最大熵的方法（MEM）获得原子的密度分布（Izumi et al.，2006；Izumi et al.，2011；Hoshikawa et al.，2005；Igawa et al.，2010；Tulk et al.，2009；Igawa et al.，2011）；热力学及动力学过程（Murshed et al.，2010；Klapproth et al.，2011；Halpern et al.，2001；Staykova，2002；Staykova et al.，2003；Kuhs et al.，2004）。在水合物

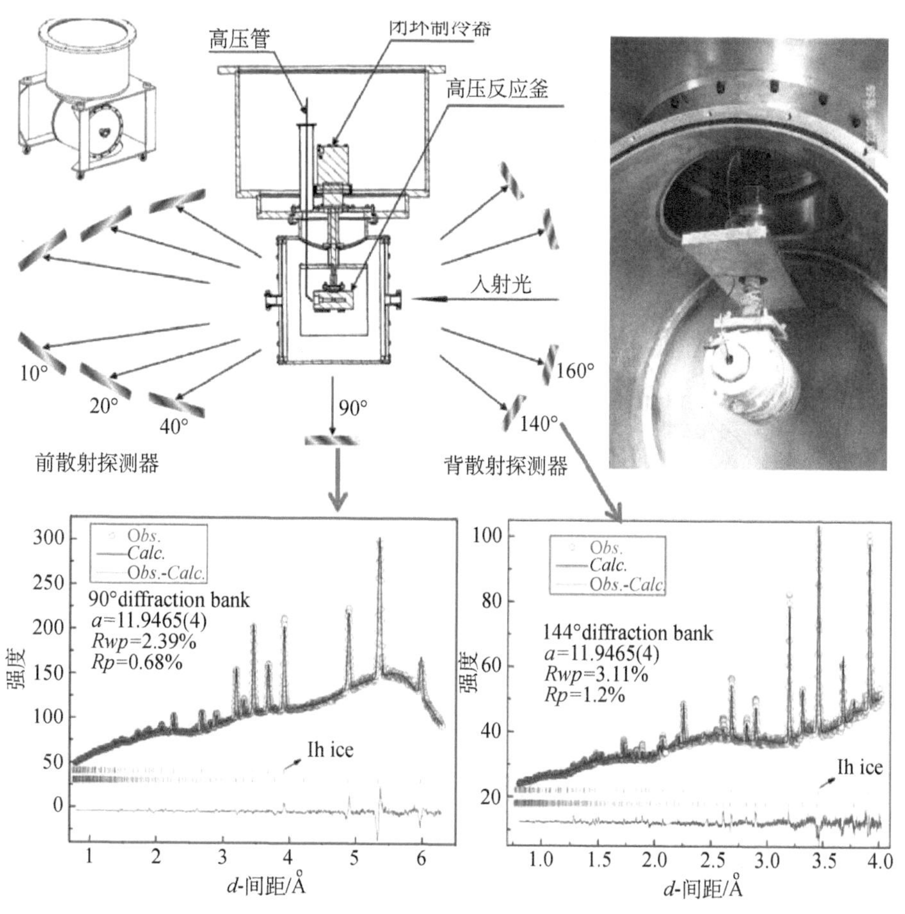

图 4.8.8 HIPPO 实验站（Lokshin et al.，2005）的高压低温水合物合成和衍射装置（左上），高压样品腔在低温状态（右上）已经不同角度探测器得到的水合物样品的衍射图

中，水笼的水分子由于无序的取向可以有 6 种可能，而水分子中的 H/D 原子位置一般采用 Pauling 的半氢占据模型（Pauling，1935）。图 4.8.9 给出了典型的 5^{12} 和 $5^{12}6^{2}$ 水笼在无序和有序下的示意图。D 原子的各向异性的位移是由于在不同氢键环境下横向和纵向震动（McMullan et al.，1990）引起的水分子的无序。通过氢原子位置的确定可以得到氢氧的键长键角以及不同水分子中氧原子和氢之间形成氢键的强弱，进而可以评估形成水合物结构的稳定性。例如，形成氢键的氧和氢之间的距离会随着氢键的增强而变大，可以用来确定水分子在不同的分子纬度构型中的协同成键效应（McMullan et al.，1990；Wernet et al.，2004）。

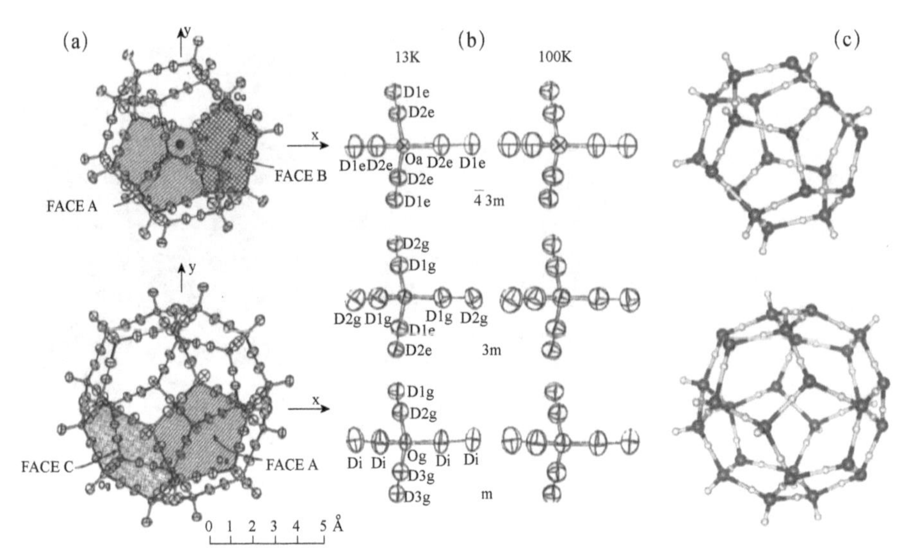

图 4.8.9 （a）5^{12} 和 $5^{12}6^{2}$ 水笼中 D 原子无序排列；（b）三个独特水分子的各向异性热震动椭球面；（c）理论计算给出的 5^{12} 和 $5^{12}6^{2}$ 水笼中氢原子的有序排列

（a），（b）来源于文献（McMullan et al.，1990）

通过具备时间分辨的中子衍射测量，水笼在不同压力和温度下的占据率可以用来监测水合物形成和分解的动力学过程（Henning et al.，2000；Lokshin et al.，2004；Mao et al.，2002；Chazallon et al.，2002；Lokshin et al.，2005；Zhao et al.，2007；Tait，2007；Kirichek et al.，2008；Zhao et al.，2010；Klapproth et al.，2003；Kuhs et al，1997；Struzhkin et al.，2007；Mulder et al.，2008；McMullan et al.，1990；Tse et al.，1986；Fortes et al.，2003；Rondinone et al.，2003；Klapproth et al.，1999；Chazallon et al.，1999；Ikeda et al.，1999；Murshed et al.，2010；Klapproth et al.，2011；Halpern et al.，2001；Staykova，2002；Staykova et al.，2003；Kuhs et al.，2004）水合物研究的一个方向就是研究氢气水合物以及水合物储氢的能力。Wendy 等（Mao et al.，2002）指出氢气水合物的水笼是多重占据的，5^{12} 水笼可以容纳两个氢，$5^{12}6^{2}$ 水笼中可以放 4 个氢分子。之后，Konstantin 等（Lokshin et al.，2004）估算出水合物储氢能力能达到 3.77 wt%。通过中子衍射实验给出了氢气水合物的晶体结构，不同温度压力下的水笼占据率，特别是给出了在不同温度下氢气在水笼中局域化和非局域化的具体模型，如图 4.8.10 所示。

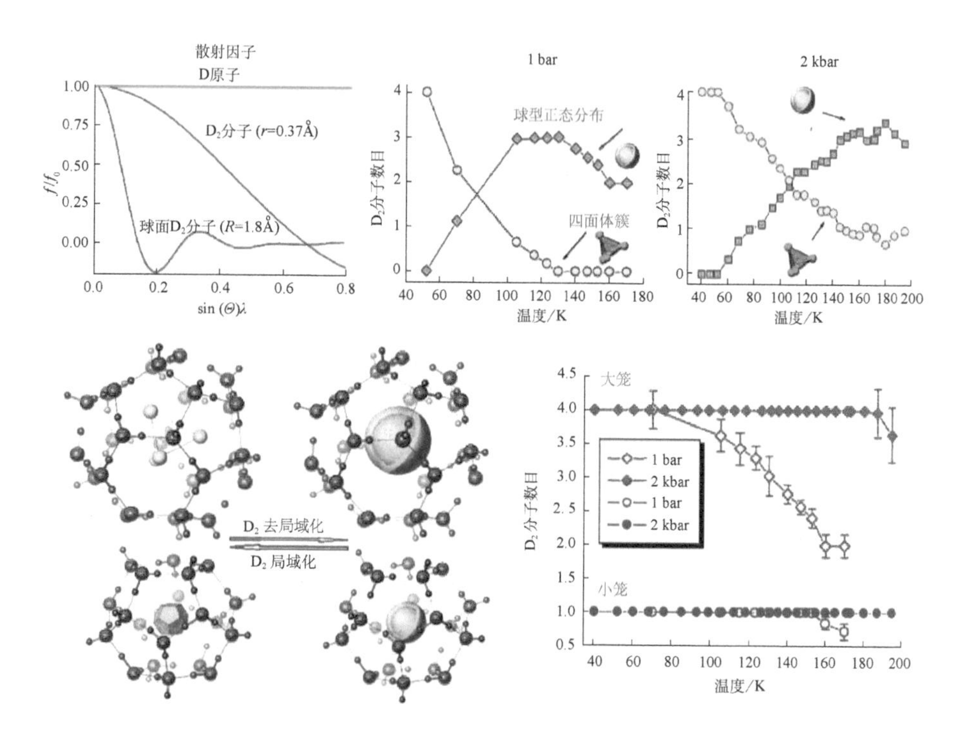

图 4.8.10 氢气水合物的结构确定，包括 D_2 分子的散射模型，氢分子在水笼中的位置，通过局域化和去局域化模型的线性组合得到在不同温压下的水笼占据率。大水笼中的氢分子占据率在 2～4 个之间，小水笼在 2kbar 压力之前都是单分子占据

图片来源（Lokshin et al.，2004）

Werner F. Kuhs 等在水合物对不同气体分子的包覆方面做了大量系统的研究，如甲烷水合物、氮气水合物、二氧化碳水合物、氧气水合物和空气水合物等（Klapproth et al.，2003；Chazallon et al.，2002；Klapproth et al.，1999）。这些水合物的水笼填充比率通过中子实验来表征，并且与 Van der Waals 和 Platteeuw 统计热力学理论以及蒙特卡罗分子动力学模拟进行比较印证。可以预想高压下气体有着更高的渗透率，因而会增加水笼的填充几率。然而，理论模拟（Van der Waals et al.，1959；Parrish et al.，1972；Munck et al.，1988；Berendsen et al.，1981）和实验结果符合得并不好，暗示着实际情况要更加复杂，需要理论模型的进一步完善，如考虑大水笼的双占据状态，实际样品的孔隙率，等等。中子衍射有可能是探测和定性定量表征水合物相稳定或者亚稳性能的最好的方法（Klapproth et al.，2003），其可以提供精确的参数来改进理论模型。

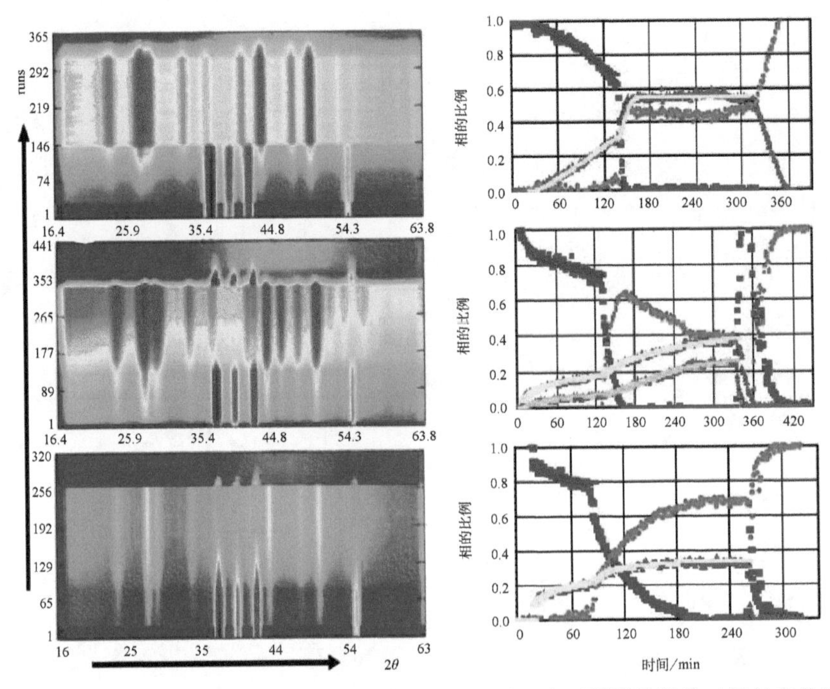

图 4.8.11　水合物选定区域的 2D 衍射图谱（左）以及三个不同样品随着时间的变化不同相的比例变化：氘带冰（■），sII 水合物（▲），D_2O 氘带水（●）

图来自文献（Klapproth et al.，2011）

通过具备时间分辨的中子衍射技术来监测水合物生成和分解过程，可以清楚地理解在不同温度压力下水合物的行为变化，因而可以为水合物实际开采提供有效的策略。更为重要的是，水合物所处的水文地质条件相当复杂，并且经常是处在多相混合的状态，因而其开采过程很难被预测。而通过大块样品或者实际取样样品在模拟的开采条件下进行中子实验非常有助于理解实际开采过程中的种种问题（Kuhs et al.，2004）。如图 4.8.11 所示，考虑到二氧化碳水合物和甲烷水合物的稳定区间，可以使用二氧化碳气体注入来开采甲烷水合物的方式来实现废气的存储和能源甲烷气体开采的双重目标，这在最后一个章节将综合叙述。Staykova 等人（Staykova et al.，2002）指出甲烷水合物和二氧化碳水合物会在气体和冰的界面处生长，并通过时间分辨的中子实验验证了二氧化碳水合物要比甲烷水合物的生长速度要快很多，两种气体有着相似的渗透率，在相同的外压力下大概要快 3 倍。图 4.8.12 给出了不同温度、压力和尺寸下甲烷和二氧化碳水合物的反应动力学。2012 年阿拉斯加的二氧化碳注入水合物开采计划需要原位实验来对开采过程中的参数进行进一步的模拟。尽管大多数水合物的热稳定相都被比较精确地表征过，但是水合物的亚稳定相的研究还是相对较少。特别是在高应力下水合物亚稳相的形成有着特定的实际意义（Grim et al.，2012；Walsh et al.，2009；2011）。除此之外，中子实验可以追踪到水合物相变过程，特别是水合物相变过程中的中间相，这也是水合物研究的一个前沿科学问题。该研究可以为水合物初始形成过程中的水笼生长和组合提供新的证据和观点。

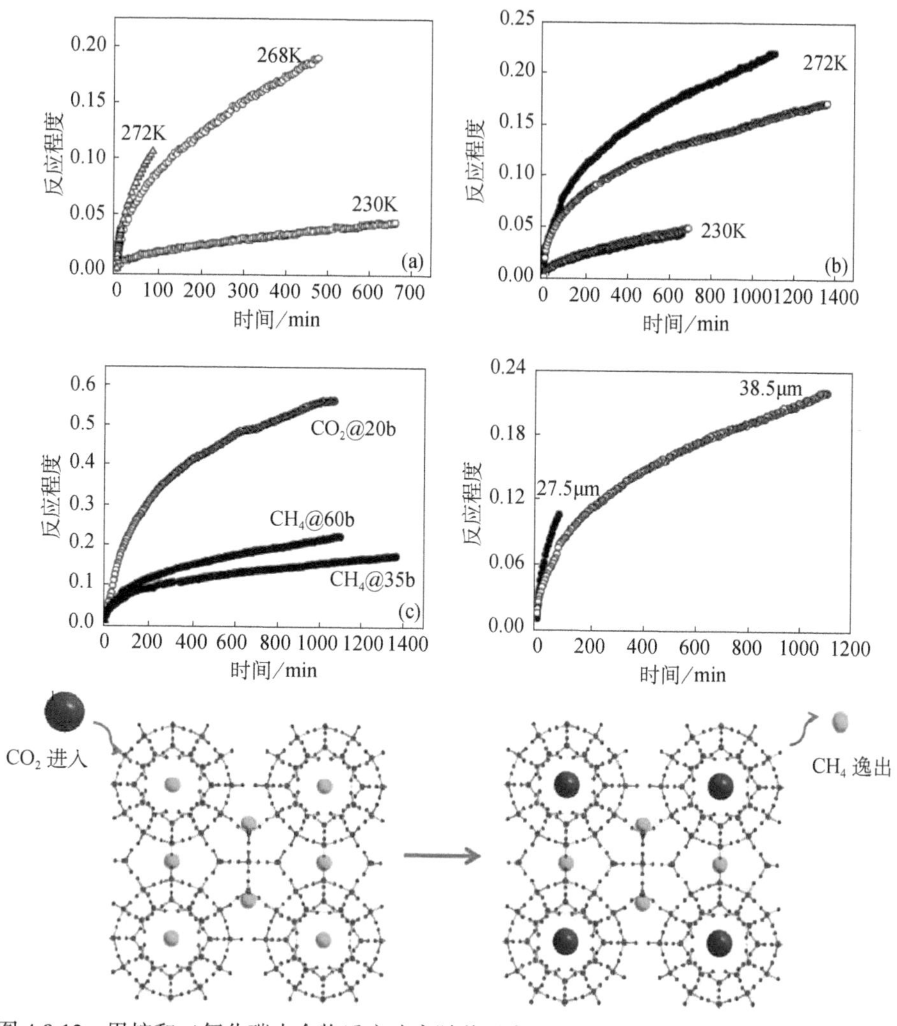

图 4.8.12　甲烷和二氧化碳水合物反应速率随着温度、压力和尺寸变化的关系；通过示意图给出了 CO_2 取代水合物的过程（Staykova et al.，2002）

由于水合物的水笼和内部的包裹气体是通过弱的范德瓦耳斯力相互作用结

合在一起的，因此气体分子在水笼中的分布处于无序的状态。图 4.8.13 总结了在不同水合物笼子中气体的无序分布情况，对水合物进行单晶样品的衍射是最理想的情况。而实际上很难获得足够大的单晶样品进行中子实验。而小块单晶的 X 射线衍射被认为是解决水合物晶体结构和客体分子有序度的第二好的方法（Udachin et al.，2007）。例如氧杂环丁烷（TMO）和环氧乙烷（EO）的 sI 水合物晶体结构和动态信息通过单晶 X 射线技术得到进一步的完善，并且可以建立起和这些结构相关的动力学模型来解释 ^2H 的 NMR 数据。而分子动力学是模拟客体分子在水笼中轨迹（Manesh et al.，2009）的有效方式，可以验证 Rietveld 精修的结果。例如结合分子动力学和中子衍射，Chazallon 等人（Chazallon et al.，1999）通过两种方式得到了水笼中氮气的分布并进行比较，如图 4.8.13（c）所示。对水笼中的气体分子无序的正确描述是得到不同压力下水笼填充比例以及水合物形成及分解动力学、热力学的基本前提。

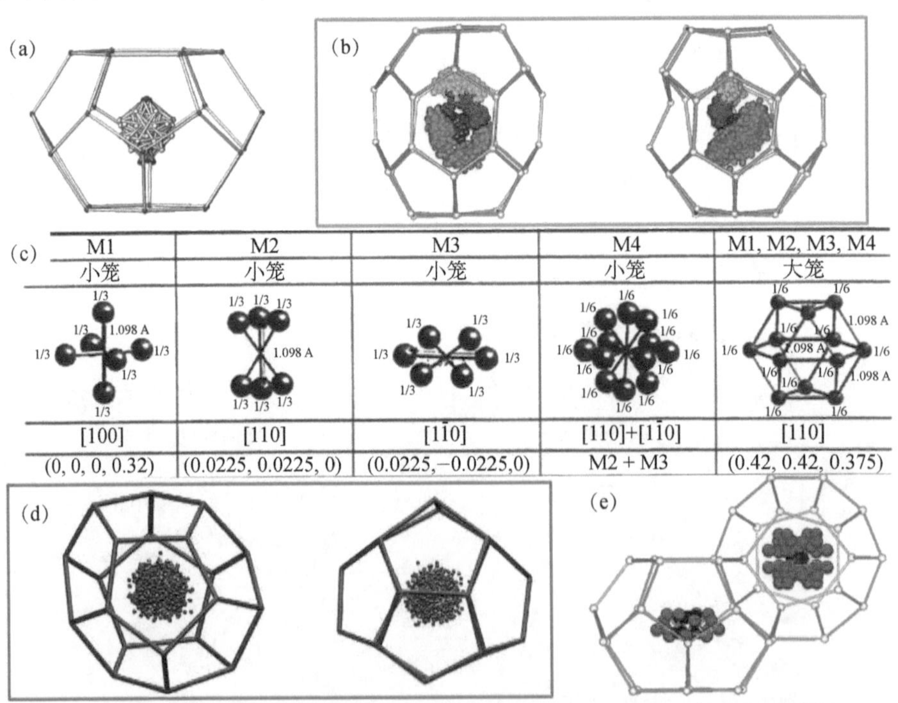

图 4.8.13　TMO（Trimethylene oxide）分子在 sI 型水合物大笼子当中的所有可能位置，温度为 173K（Udachin et al.，2007）（a）；NH（Neohexane）水合物在 sH 结构 $5^{12}6^8$ 水笼中的分布（b）通过不同的无序模型得到氮气水合物中子衍射图谱解析后的气体分布（Takeya et al.，2010）；（c）通过分子动力学得到的一氧化碳分子在 5^{12} 水笼中分布，温度为 220K（Chazallon et al.，1999）；（d）二氧化碳分子在 sI 对称性限定下 5^{12} 水笼和 $5^{12}6^2$ 水笼中的分布（Manesh et al.，2009）；（e）（Takeya et al.，2010）

水合物体系（Takeya et al.，2010）作为主客体相互作用材料体系，直接空间法（Harris et al.，2004；Favre-Nicolin et al.，2002；Cerny et al.，2007）也可以进行有效描述。直接空间法是确定气体分子分布的最有效方法之一，并且和气体在水笼中的初始位置无关。而通过刚体方法对气体分子以及水分子进行限定可以减少精修的参数，一定程度上克服数据质量不佳或者 X 射线对轻原子不敏感等。

由于中子衍射图谱采集在分钟和小时量级，给出的是水合物在一定时间范围内分子的平均分布和无序状态，因此是结构模型的一个最佳近似。尽管如此，通过高质量中子衍射数据的精修（大的 d 空间的覆盖以及高分辨）结合 MEM（最大熵方法）可以给出水合物的核密度分布（Izumi et al.，2006；2011；Hoshikawa et al.，2005；Igawa et al.，2010；Tulk et al.，2009；Igawa et al.，2011），如图 4.8.14 所示，因此可以直观地给出客体分子在不同温度和压力下的 3D 分布图。例如，在洛斯阿拉莫斯中子中心的 HIPPO 实验站有着 5 个不同角度的中子探测器可以实现大的 d 空间的覆盖（0.5～10.5Å），结合高角度衍射的高分辨率将一些靠近的峰给分辨出来。通过这样的数据可以得到精确的傅里叶转换数据，得到精确的初始原子位置，进而得到准确的 3D 核密度分布图。

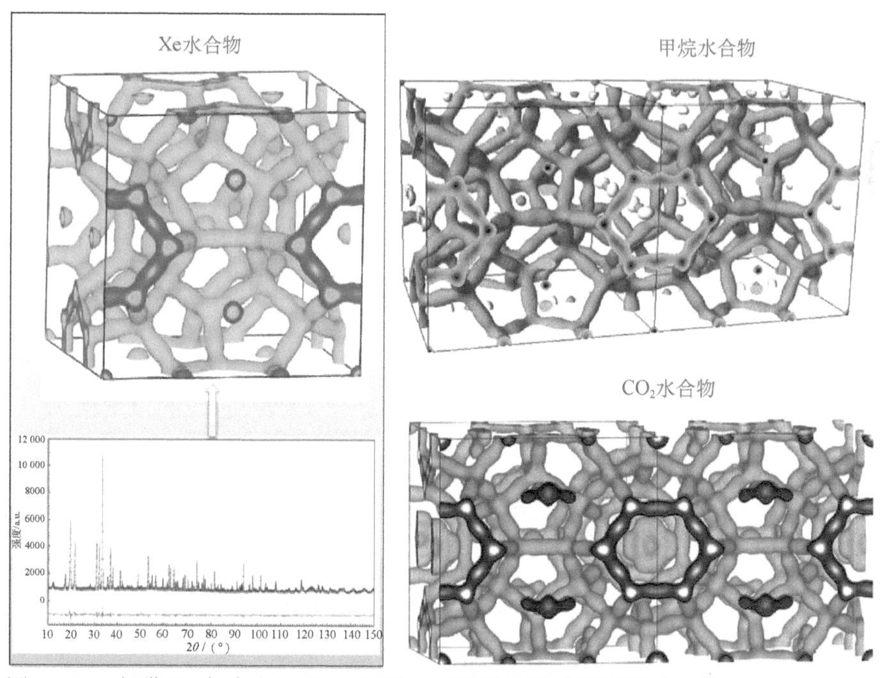

图 4.8.14　氘带 Xe 气水合物在 10K 下的中子衍射图谱和核密度分布图（Igawa et al.，2011）；右上是甲烷水合物（Hoshikawa et al.，2005）在 7K 及右下二氧化碳水合物（Igawa et al.，2010）在 10K 下的核密度分布图

● 中子非弹性散射水合物研究

非弹性中子散射（Schober et al., 2003; Tse et al., 2005; Itoh et al., 2003; Ulivi et al., 2008; Tait et al., 2007; Ikeda-Fukazawa et al., 2008; Celli et al., 2012; Chazallon et al., 2002; Jones et al., 2004）可以研究水合物主客体之间的相互作用，低频动力学，如分子动力学、非简谐振动，主客体震动的耦合，客体分子气体的高频拉伸振动以及水笼的稳定性（Schober et al., 2003）。但是非弹性中子散射只能提供水合物晶格动力学等有限的信息。非弹性中子散射的动量传输和中子的初始与最终能量相关，因此在小动量传输的时候只有少量的能量传输（Baumert, 2003）。通过非弹性中子研究的水合物包括甲烷、氢气、氮气、氧气、氩气、氖气水合物等。

对于非弹性中子散射，单个中子的非弹性近似的散射定律由下面公式给出：

$$S(Q,\omega)=\sum_{i=1}^{N}c_i\sigma_i\frac{\hbar^2Q^2}{2m_i}\exp(-2W_i)\frac{F_i(\omega)}{\hbar\omega}[n(\omega)+1] \tag{1}$$

式中每个中子的空间态密度 $F_i(\omega)$ 为

$$F_i(\omega)=\frac{1}{3N}\sum_{j,q}e_i(j,q)\,|\,\delta[\omega-\omega(j,q)] \tag{2}$$

德拜-沃勒因子为

$$W_i(Q)=\frac{\hbar^2Q^2}{2m_i}\int_0^{\infty}\frac{F_i(\omega)}{\hbar\omega}\coth\left(\frac{\hbar\omega}{2k_{\mathrm{B}}T}\right)\mathrm{d}\omega. \tag{3}$$

式（1）中的 $n(\omega)$ 是玻色爱因斯坦热占据因子，等于 $[\exp(\hbar\omega/kT)-1]^{-1}$。在广义声子谱 $G(\omega)$ 中，每个组分原子的振动贡献由它们的散射能力 σ/m（Schober et al., 2003）决定：

$$S(Q,\omega)=\overline{\sigma}\frac{\hbar^2Q^2}{2\overline{m}}\exp(-2\overline{W})\frac{G(\omega)}{\hbar\omega}[n(\omega)+1] \tag{4}$$

在非弹性中子散射图谱中的主要贡献来自于氢元素。只有当客体分子和主体水笼之间产生耦合才能被中子“看到”，如图 4.8.15，不同水合物的典型图谱，它们显示了非弹性中子散射的主要原理。此外，结合分子动力学模拟（Dong-Yeun Koh et al., 2016; Ohgaki et al., 1996; Smith et al., 2001）也是用来定量理解水合物非弹性中子图谱的常用方式。

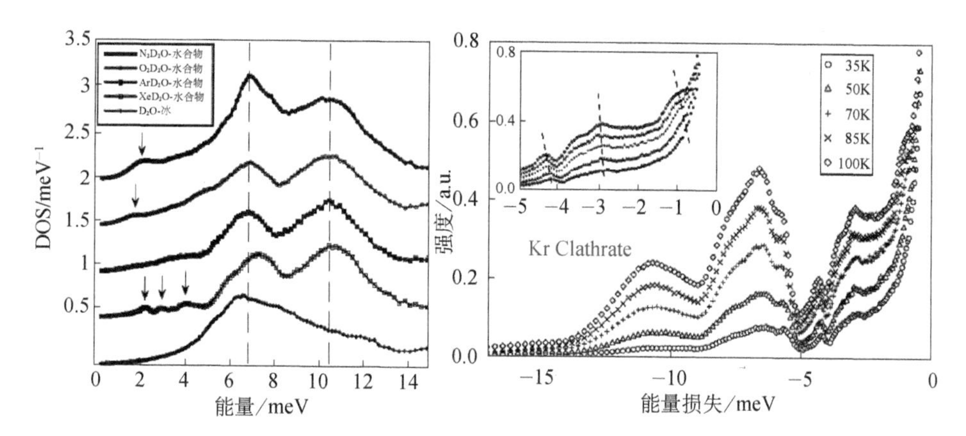

图 4.8.15 不同水合物的广义态密度（左），不同温度下 Kr 水合物的 $G(\omega)$

图片来源于文献（Schober et al.，2003；Tse et al.，2005）

特别要注意的是，如果非简谐振动信号很强，在分析主客体耦合的时候要非常小心。例如 N_2 气水合物当中除了弱主客体相互耦合之外还有很强的非简谐振动。另外一个有着很强的本征非简谐作用的体系是 Kr 水合物，由于客体分子在水笼中的“rattling”运动而引起框架对热中子的散射，最终导致异常的玻璃行为热导率。通过同位素 ^{83}Kr 特殊点位的非弹性中子核共振实验以及传统的非弹不相干中子散射，Tse 等人（Tse et al.，2005）在客体分子的局域异常的“rattling”运动和水笼框架声子之间存在着大量的混合。

实际上，非弹性中子散射对于氢气吸附机理研究的主要兴趣点是储氢，该方法也被广泛地应用到了不同材料对氢吸附动力学的研究当中。在水合物中，四氢呋喃（THF）被用来填充 II 型水合物中的 $5^{12}6^2$ 水笼来大大降低氢气水合物的合成压力（Ersland et al.，2009）。通过非弹性中子散射研究了氢气+四氢呋喃二元水合物的动力学，包括平移振动、旋转振动以及氢分子在水笼中量子振动态的劈裂和转变（Ulivi et al.，2008；Tait et al.，2007）。图 4.8.16 给出了氢分子在水笼中的振动模式以及随着温度的变化。非弹性中子散射可以比较全面地描述水笼中氢分子量子动力学的不同方面，例如其“rattling”模型的基态在大约 9.86meV 处会分裂为能量相差为 3.7meV 的三重态，以及旋转振动会在 14.7meV 也可以分裂为三个能态（Ulivi et al.，2008）。因此氢分子在水笼中的分布的最佳的模型是一个大约距水笼中心约为 1.05～1.1Å 的球壳，并且由于球壳的非理想圆形导致了能带的退简并，因而形成在能谱中能带处的非单一峰的存在。

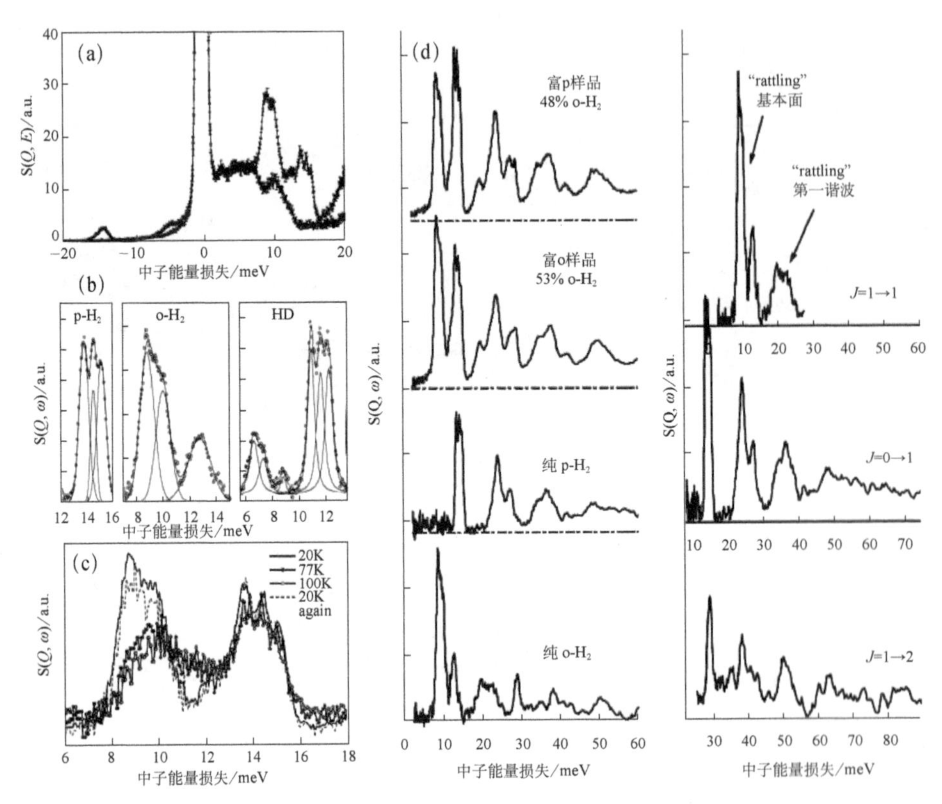

图 4.8.16　8K 温度条件下 THF 水合物在加氢气前后的非弹性散射图谱
（Ulivi et al.，2008；Tait et al.，2007）

5）自然界中的水合物及其开采

由于天然气水合物当中包含有能源气体甲烷（>99%），而使天然气水合物分解所需能量小于其包含甲烷能量的 15%，水合物被认为是未来可持续发展的新能源之一。除了其作为能源储备，水合物还和气候的变化以及地质灾害等相关，因此水合物的研究和我们的生活息息相关。通过水合物储层的探测表明，在海洋中的水合物总量要比冻土层中大两个数量级，这主要是由于海底当中的有机碳的量是非常大的。由于水合物的固体形态、分布分散的特性，特别是处在冻土层和深海之中，相对于天然气水合物的开采成本是非常高的。水合物的生成关键在于甲烷的获得（Xu et al.，1999），目前水合物中甲烷的来源主要分为生物成因和热成因两种。而普遍认为有超过 99%的甲烷水合物是生物成因的。热成因的甲烷比较聚集，而生物成因的甲烷比较分散，要生成水合物就需要甲烷气体通过多相渗流的过程迁移到适合水合物生成的温区。自然界的天然气水合物主要有四种形态，包括分散型的（海洋中的大部分）、层状的（冻土层中）、结节状的（热成因甲烷）、以及体相块状的。前面提到的水合物的温压相图在水合物的成藏预测中有着非常重要的作用，通过和地热梯度结合可以确认水合物的成矿区域，结合超声 BSR（bottom simulating reflections）方法（Hamblin，1985；Lee et al.，1993）以及甲烷在矿区上下的溶解性可以估算水合物的成藏。进一步通过钻井记录、钻井取心（Anderson et al.，2005；Collett et al.，2005），再结合实验室+野外试验（Kleinberg et al.，2003；Hester et al.，2006；Trehu et al.，2006）可以更加精确地确定水合物成藏数量和种类。

随着对水合物研究的深入，最近 10 年内对自然界中天然气水合物的研究已经从成矿评估转移到了可能矿藏的水合物能源的开采。如上文所述，天然气水合物处在特定的温度、压力条件下，因而开采的方法可以通过改变水合物所处环境的温度、压力来打破水合物相平衡，从而分解释放天然气，达到开采的目的。因此天然气水合物的开采主要分为热激发法、降压法、化学试剂法及 CO_2-CH_4 置换法，其他非常规的预期的水合物开采包括火驱法（Halleck et al.，1982）、核废料埋藏水合物分解（Malone et al.，1985）和使用电磁热方法（Islam et al.，1994）。水合物开采面临着最大的问题是水合物的分散型特性（在 30%孔隙率的载体当中包含约 3.5%体积的水合物）以及深海环境下（大于 500m 水深）的工程方面的技术突破。美国、日本、俄罗斯和中国都在水合物开采方面有着不同的进展。2017 年中国首次海域天然气水合物（可燃冰）试采成功，这标志着我国成为全球第一个实现了在海域可燃冰试开采中获得连续稳定产气的国家连续产气 60 天，累计 30 万立方米。而试采成功只是万里长征迈出的关键一步，要想实现商业化安全开采，后续任务繁重，诸多关键基础科学问题亟需解决。气体水合物通常处于极端复杂的水文地质环境中且分散存在于沉积物孔隙内。可燃冰开发是一个高压多相流问题，跨越微观、介观与宏观等多个尺度，如图 4.8.17 所示。

在天然气水合物的开采方法中，我们将详细介绍二氧化碳置换法水合物开采，如图 4.8.18 所示（Dong-Yeun Koh et al.，2016）。二氧化碳置换法可以实现能源甲烷气体的开采以及废气 CO_2 的水合物封存两个目的，而且实验和理论上证实该过程在热力学和动力学上来讲是可以自发进行的。在置换开采

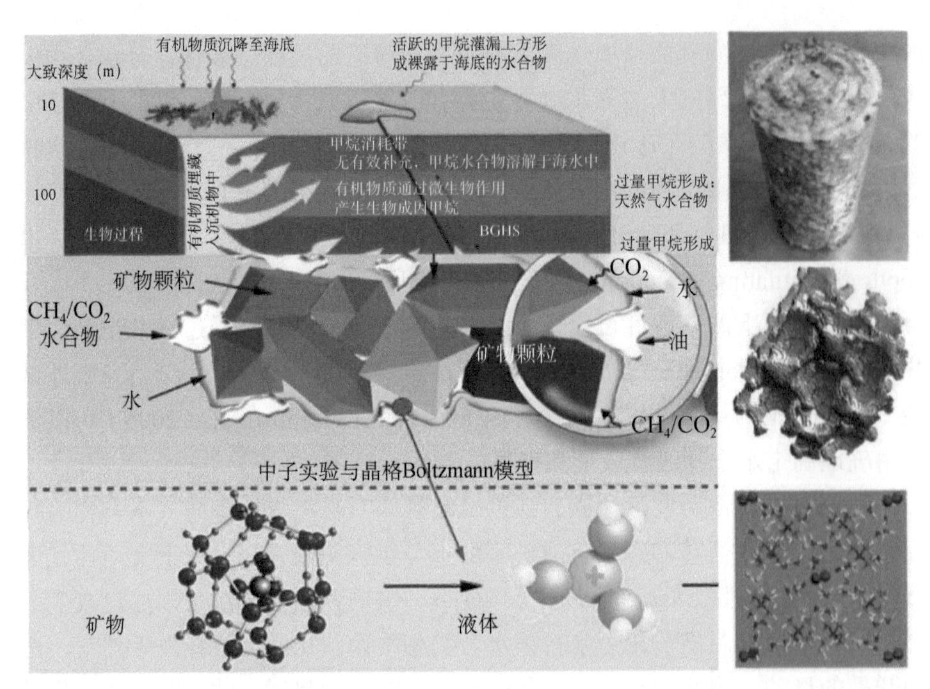

图 4.8.17　天然气水合物开采涉及的不同层面问题，从上到下为宏观-介观-微观

过程中，由于形成二氧化碳水合物，不会导致大量天然气水合物的分解，因而避免了山体滑坡、地震海啸等地质灾害，进而保持地质力学稳定。

图 4.8.18　二氧化碳注入天然气水合物开采的示意图

Ohgaki 等（Ohgaki et al.，1996）第一次实验证实了水合物成藏中二氧化碳置换甲烷的可行性，而对于实际开采，在多孔介质中取代的可能性也进一

步得到实验的证实（Smith et al.，2001）。而对于实际开采过程，还需要考虑水合物中气体分子取代效率和速率问题。在目前的实验中对二氧化碳甲烷水合物的取代过程大多是通过宏观的物理量的测量来表征整个取代过程，而对于取代的微观机理大多来自理论上的模拟，没有实验上的证据。如通过 MRI（磁共振成像）和气体渗透率等手段，Ersland 等（Ersland et al.，2009）对砂岩介孔当中的水合物 CO_2 取代研究发现该过程自发进行，暗示在该过程中有甲烷水合物的分解；Jung 等（Jung et al.，2010）通过置换过程中电阻率和硬度的表征，发现取代过程没有明显硬度的改变，但是水合物是否分解没有明确的结论；Ota 等（Ota et al.，2007）通过拉曼光谱确定 CO_2 置换过程中的水合物分解，并指出在取代过程中，CO_2 取代大水笼的速率要远远高于取代小水笼的速率；Stevens 等（Stevens et al.，2008）通过 MRI 监测了甲烷水合物的生成，并发现在 CO_2 替换过程中没有监测到自由水的生成，但是也排除不了在 MRI 分辨极限外的小范围内的水笼分解和水合物再生成。

对于 CO_2 取代甲烷水合物的普遍共识是分为两个步骤：①CO_2 气体和表面水合物直接接触进行取代，该过程动力学比较快；②进一步的取代需要 CO_2 气的有一定的渗透率进入的内部对深层的甲烷气体进行取代。因而第②步是决定着水合物最终取代效率和整体取代速率的关键步骤。而通过上面的工作陈述发现在取代过程中的微观机理并没有得到明确的证明。特别是第①步的过程中是否存在着水合物的分解和再生成，是否会改变表面水合物的形貌而阻止 CO_2 的进一步扩散，因而阻止 CO_2 的进一步取代。Bai 等人（Bai et al.，2012）通过分子动力学模拟认为在第②个阶段界面处的甲烷水合物首先分解，之后在表面处生成了非晶状态的 CO_2 水合物阻止了 CO_2 的进一步扩散，而 Geng 等（Geng et al.，2009）也通过分子动力学得出了取代过程中的水合物二次生成；Schicks 等人（Schicks et al.，2011）认为取代过程在分子层面上有水合物的分解和生成，而 Ota 的进一步工作（Ota et al.，2005）也认为在取代过程中存在分解，并且和水分子的重新排列相关联，除此之外，他们还进一步研究了饱和液体 CO_2 在分子层面与表面水合物分解。Qi 等人（Qi et al.，2011）通过分子动力学指出在取代过程中水合物并不发生分解而是水笼发生了瞬态的破裂；Tung 等（Tung et al.，2011）进一步给出了水合物中 CH_4 和 CO_2 单个水笼瞬态占据过程。

为了进一步提高 CO_2 取代的速率，用 N_2/CO_2 混合气体来取代纯的 CO_2

气体进行注入是一个有效的办法。前面提到 CO_2 更倾向于取代大水笼中的甲烷气体，而 CO_2 气体进入小水笼的话需要 5^{12} 小水笼发生较大的扭曲，因而需要较多的能量。而 N_2 气本身可以形成水合物，其分子大小和 CH_4 大小接近，因而可以相对容易地取代 sI 型水合物 5^{12} 水笼中的甲烷气体。因此，在没有水合物分解的气体取代交换过程中，由于 CO_2 和 N_2 气体的相互补充作用可以大大提高甲烷的取代效率。在这个推论基础上，Park 等人（Park et al.，2006）证明在无水条件下用 CO_2 和 N_2 混合气体取代甲烷水合物可以得到 85%的取代效率，如图 4.8.19 所示。刘等人（Liu et al.，2013）进行了相关的实验，并证实 N_2/CO_2 混合气体确实可以提高取代速率，但是通过声波监测发现，无论是纯的 CO_2 取代还是 N_2/CO_2 混合气体取代都会造成沉积层的硬度的下降，特别是含有 N_2 气的混合气体。

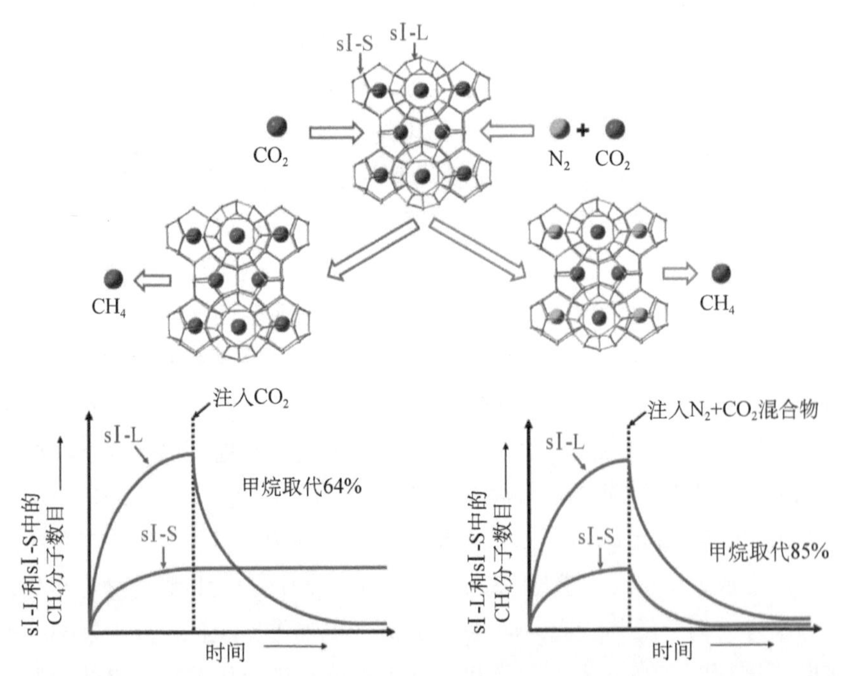

图 4.8.19 CO_2/N_2 混合气体注入提取甲烷。单独通过 CO_2 气体取代，单独取代 sI 结构的大水笼，CH_4 气体的取代效率为 64%；通过 CO_2/N_2 混合气体取代可以同时取代大水笼和小水笼，因而可以大大提高取代效率

除此之外，CO_2 注入取代甲烷水合物也可以和减压法相结合，来进一步提高甲烷的产率。Zhao 等人（Zhao et al.，2016）结合了这两种方法。在 CO_2 注入的第一个阶段，CO_2 气体和表面的水合物可以很快地反应；当进入

到第二个阶段，由于表层水合物对 CO_2 气体传输路径的阻挡，降低 CO_2 的传输和扩散，因而大大降低了取代速率。而此时通过降压法可以使部分甲烷水合物得到分解，因而提供 CO_2 进一步扩散到内层水合物的路径，进而可以促进进一步的取代，而提高甲烷的产率。

6）工业生产、处理及输运过程中的相关水合物问题

在管路输运操作过程中，水合物阻塞及其溶解与经济效益和安全生产密切相关。水合物阻塞隐患在传输过程中一直相伴，因而要引起足够的重视。前面已经提到水合物阻塞的防治主要集中在热力学抑制剂方面，随着对其形成机制的进一步了解和认识，人们通过动力学抑制剂的方法对该阻塞过程进行了更有效的危险管理，并且已经找到低剂量的动力学抑制剂在工业生产中应用，并且逐步建立起了如双侧溶解的模型。

在正常的油气输运过程中，一般是不会形成水合物阻塞的。但是总会有例外的情况发生，如过多的水存在于传输过程中，系统的失效而未能采取预防措施，以及在阀门等地方由于气流流速增加而造成的冷却效应。因为在气体的传输过程中不可避免地包含合成水合物的客体分子，另外，如果减小传输的压力会造成传输的能力密度降低。所有水合物阻塞的形成是实际面对的一个比较现实的综合问题。除了气体方面，另外就是可以避免自由水的出现，如通过甲醇的添加，和水形成氢键而预防水合物的生成。但是事实上，尽管通过大量的甲醇的添加，在 1995～1996 年的冬天 Dog Lake 管线仍然有 110 个和水合物阻塞相关的事故，直接增加成本 32 万多美元，还没有考虑泄露的气体。由于压力不好调节，另外一个方面就是考虑升高温度，使宏观的温度条件不再在水合物的成相区间，如通过管线的掩埋、在管线一端对气体进行加热以及对管线进行热隔绝等方式抑制水合物的生成。

在油路的输运中，由于油当中会有几十微米大小的悬浮水的存在，并且油当中也会有溶解的气体，因而会在水滴表面形成几微米厚的水合物层，由于毛细管作用力，颗粒之间会相互吸引，因而会形成大的团簇，这时整个体系的黏度就会大幅增加，进而会减缓流速，最终会形成水合物的阻塞而将输运管道堵塞，如图 4.8.20 所示。

从另一个角度，水合物却可以作为比较安全的气体储存以及传输的手段。据统计有大约 70%的气体存储要么距离现有的管线太远，要么储量太小而不适合建立液化的装置。因而，通过水合物的气体输运被认为是比较经济的方式（Gudmundsson et al.，1996；2000；Nakajima et al.，2002；Shirota et

图 4.8.20　在输运管路中不同实验、不同时间下水合物堵塞直径的变化
（Sloan et al.，2007）

al.，2002）。由于水合物在分解过程中会吸热以及甲烷的绝热冷却会使系统温度降低 3～7K，因此会阻止水合物的进一步分解。

4.8.3　待解决的重大问题

随着实验技术的进步和对水合物本身作为新型能源的需求，在水合物的基础研究和勘探开发两个方面都有新的待解决的重大问题。在实验室基础研究方面，主要为：①水合物非化学计量比的精确确定；②水合物的分子尺度上的生成动力学；③无机成因水合物对地球碳循环的影响。对于天然的水合物开采，考虑到复杂水温地质条件下的水合物体系的特殊性，待解决的重大问题包括：①水合物形成和分解造成的岩层和构造微结构的变化；②甲烷气体供应、断裂通道以及烃类多相运移对渗透性的影响；③开采过程中储层结构应力变化对生产效率和安全的影响。

对于水合物的基础科学问题来说，非化学计量比是水合物体系比较特殊的性质。之前水合物的非化学计量比的测量都是针对于某种特定气体以及特定水合物类型，通过宏观的参量而给出每个水笼中可以占据该特定气体的个数。而本节讨论的非化学计量比是在已经确定好占据规则后，在不同的动力学阶段、不同温压条件下存在着空水笼（也可以看成气体点缺陷）多少的比例，目前还没有较好的方法和模型能根据温压条件和成藏历史来预测水笼的占据率。而水笼中气体分子的个数和水合物的宏观性质都直接相关，如热学的熵/焓，因此对于准确的热力学模型的建立有着至关重要的作用。

水合物的成核模型目前由于实验数据的缺乏，理论的不同模型之间还存在着非常大的争议。前面提到几种模型哪一种更准确，由于现有表征手段在空间和时间尺度上的限制，至今实验上还没有证实。期待未来发展出更好的实验技术，在纳米和纳秒尺度上观测水合物的形成过程是成核机制实验研究的重点方向。

水合物的成藏大部分是由有机成因的甲烷生成的，这也是目前有机成因的甲烷被研究得最多的原因，包括微生物成因、热解成因以及两者的混合成因。而无机成因水合物的研究非常少，主要是因为目前还没有找到无机成因的水合物矿点。无机成因一种情形是认为由于海底火山喷发会释放二氧化碳，被海底的微生物还原成的甲烷而生成的水合物。另外一个无机成因，是笔者研究团队通过实验室实验的模拟，发现碳和一定温度下的水发生活跃的化学反应，生成的气体和剩余的水在合适的温压区间内形成水合物。由此推测和假设在地球内部富含水和碳的环境下，在复杂的动态温压变化过程中可以生成水合物，该过程涉及碳和高温水的化学反应：

$$C + H_2O \longrightarrow CH_4 + H_2$$

在该反应过程中会有大量亚微米级的甲烷和氢气溶解在水中，并且由于该化学反应使得在生成的气体周围有大量的活性水，当温压条件一旦到达相应的水合物稳定区域，特别是温度，如在地球内部水循环体系中，就会有水合物的生成。该部分实验还处在初始阶段，进一步需要大量的实验和计算模拟来理解其基本热力学和动力学过程，以及对地球化学过程中 C/H_2O 循环的影响。

水合物的热力学、动力学研究是水合物成藏和开采过程中非常重要的基本性质。热力学主要涵盖不同水合物体系的相平衡和相图，通过上文的论述可以看出目前的研究已经相对比较成熟，并且也有大量的实验和理论数据支撑。因此对于水合物开采等工程相关的动态过程，如动力学过程和输运性能，对于水合物的开采可行性以及开采效率有着至关重要的影响。但是，实际上动力学相关的水合物性能的研究无论是测量上还是理论模型的建立上，要比热力学性能困难许多。

考虑到天然水合物在海底和冻土矿藏的特性，开展天然水合物的大规模开采之前需要解决一系列基础科学问题，这必须综合利用多种表征手段，进行跨尺度的研究。如何把天然气从水合物中开采出来作为能源利用，实现开采的安全性、有效性和经济性是最终目的。这就要求我们建立完善成熟的水合物成藏和开采的理论模型。天然气水合物的研究涉及微观-介观-宏观多个尺度，既涉及气体分子与水分子相互作用形成水笼的结晶学，又涉及天然气水合物与岩层以及结构相关的相互作用，还涉及天然气水合物分解后能源气体多相流当中的运移。因而，目前的单一或少量性能参数测量的实验装置对于水合物及赋存介质复杂体系研究是不匹配的，需要尽可能多的、同时给出如天然气水合物的结构、反应动力学、沉积层的力学性质和电阻率等相关信息，促进和修正对于天然气水合物与赋存介质的相互作用机理的认识。

水合物形成过程需要在满足温度、压力、气体组成以及孔隙水等基本条件下，其他异源甲烷等烃类气体的运移供应是天然气水合物形成的关键。气体能否运移到水合物形成区带，关键受制于储层渗透性。提高产能，实现水合物的高效开发，需要分解气体的扩散或者渗漏到生产井中。因而储层的岩层构造特性是影响水合物形成与开发的最关键因素。除了储层原始的静态孔隙结构特征外，水合物形成和分解过程引起的孔隙结构变化，固液气在不同构造和特质的地质环境中多相流过程以及生成，特别是分解过程中储层结构应力改变带来的相应的影响更为重要。因此研究和表征水合物在自然界复杂体系中的各种行为和性质，及其与储层骨架的相互作用是当前水合物开发开采中的重大科学问题。

通过综合多尺度的原位测量技术，获取气体水合物的热力学数据，了解水合物的动力学过程，是建立合理模型的基础。随着天然气水合物的渗流特征的实验研究（Berge et al.，1999；Jin et al，2007；Ersland et al.，2009；宋永臣 等，2010；Kumar et al.，2010；Seol et al.，2009）的不断开展，结果显示天然气水合物储层的渗透率受水合物成藏的类型影响（包括饱和度、赋存状态、储层孔隙度、应力等）。研究发现，当天然气水合物饱和度越高时，沉积层的渗透率越低（Seol et al.，2009）。水合物的微观赋存状态（胡高伟等，2010）受沉积物颗粒粒径及排列形式的影响，同时与水合物饱和度的变化也有关系（Lu et al.，2011）。当水合物开始生成时，水合物首先是在砂的孔隙中生长，还是沿着固体砂的界面生长，以及随着饱和度的增加，水合物在孔隙中的生长规律还不是很清楚。在建立水合物地震反演模型时，需要考虑什么时候将水合物视为一种孔隙流体，什么时候将水合物视为沉积物骨架的一部分。目前，还没有任何直观的证据，都是间接的推测。而基于中子照相技术有可能直接观测到砂-水-气混合体系中天然气水合物在孔隙中的生长、分解过程，为相关模拟研究提供必要的实验依据。中子照相技术可以和中子衍射、拉曼等其他表征手段相结合，先通过中子照相原位实时观测砂-水-气混合体系中天然气水合物的动态变化，发现感兴趣的区域，再利用中子衍射、拉曼等手段重点测量该区域以获取微观晶体结构和化学键变化信息。

另外是伴随着水合物开采过程的潜在危险。水合物如果开采不当或者没有采取适当措施，可能会诱发地层结构失稳、探井坍塌，甚至引起大规模海底滑坡；大量甲烷的释放可以加速全球变暖；如果大气中甲烷含量过高，严重的可以引起生物群体灭绝，如图 4.8.21 所示。

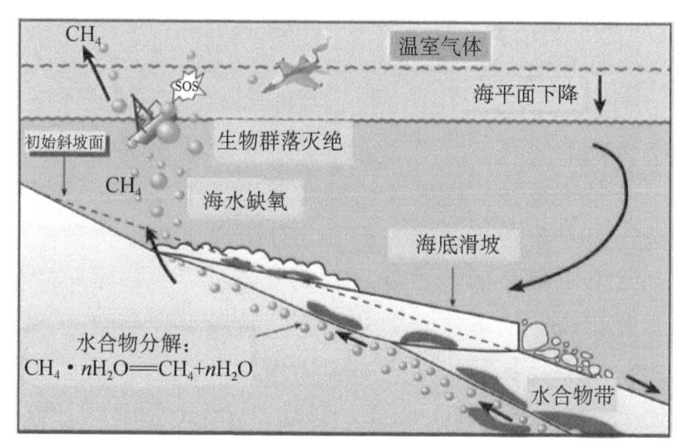

图 4.8.21 天然气水合物开采不当带来的危害

天然气运输当中水合物的生成和抑制，本质上也是和水合物动力学过程相关的多相流问题。而天然气水合物的储气和传输，也和动力学、热力学密切相关。水合物的海水淡化亦是如此，都涉及热力学过程实现的成本、动力学过程实现的时间效率和成本，等等，最终可以归到水合物的微观的基本结构、生成和分解动力学以及水合物本身的力学性能等。因此前面提到的水合物基本科学问题以及开采中的问题是目前水合物研究和应用中亟待解决的重大科学问题。

4.8.4 建议可能解决问题的方案

针对水合物研究的基础科学和成藏开发等方面的重大问题，考虑到水合物存在的多维度温压条件、研究的多尺度跨度、实际开采的固液气多相混合的复杂情况，对于水合物的研究不能“管中窥豹”式的单点式研究，而应该是综合全面考虑水合物研究及存在的瓶颈，“有的放矢”地集中优势进行突破。

如前面论述，目前还没有较好的实验手段可以将微观结构和介观性能进行直接的关联，目前的解决方案可以从日益强大的超算方面来将两者联系起来。而对于理论计算其基础和出发点是建立在精确的初始晶体模型上的，因此在微观结构方面，通过对不同体系客体分子水合物的不同温压条件下的非化学计量比进行精确表征，结合拉曼光谱/中子衍射等手段，建立客体分子尺寸/水笼大小尺寸随水笼占据率的关系图；在确定精确的非化学计量比的基础上，对单晶水合物样品进行 X 射线/中子衍射实验，得到空位水笼的有序/无序状态以及在结构中的分布。在此基础上，建立模型对水合物的各种性能进行预测。

另外，水合物的成核、生长及分解的微观机理在实验上不能直接观测是待解决的一个重大难题。随着实验技术的进一步发展，将瞬态时间下的动态过程转化为各个阶段下的静态行为，如可以考虑通过淬冷的方式将不同成核阶段的水合物样品的状态凝固下来，通过一些新的原位技术，如冷冻电镜、原位光谱等，来观测动力学的不同阶段，进而验证上述的理论模型。另一方面，随着计算能力的进一步增强，可以更加深入地模拟水合物静态的多途径成核理论（Walsh et al.，2011；Walsh，2011），如通过中间的亚稳非晶态的过渡或者是直接形成结晶相（Guo et al.，2009）。借助更强大的超算能力，增大模拟体系、有效控制系统温度，在更加真实的成核驱动条件下进行成核和生长的模拟。通过大量的模拟，揭示水合物成核的演化方向（张正财 等，2015）。

在整个地质科学研究中，随着研究手段的发展和研究学科的交叉，高压地球物理化学对于整个地球历史上 C、H、O 的地质循环研究的重要性愈加凸显。而对于碳水反应并生成水合物的过程需要建立适当的地球物理化学模型，并结合实际的矿物的监测来证实该观点的正确性。

最后对于天然水合物开发开采的关键问题的解决方案在于多手段、时间同步地对水合物体系进行实验上的综合表征，在模拟地质条件下实时原位监测天然气水合物生成和分解动力学过程、复杂多相渗流行为以及水合物沉积物应力变化与动态渗流的相互影响。这就需要建立一个综合实验装置，模拟复杂地质条件，同时能够实时检测水合物在成藏和开发过程中水合物沉积物在微观-介观-宏观尺度的变化。因此首先实验要处于真三轴高压环境下，还要能够跨越微观（水合物的形成和分解）、介观（孔隙结构和渗流性）和宏观（力学稳定性及天然气水合物的产能和产率）多尺度同步获取多维数据和参数。针对天然气水合物的特性（低温、高压环境和各向异性应力条件下多孔介质中固-液-气平衡共存），通过中子衍射检测水合物晶体结构，中子成像探测孔隙结构，宏观测量应力应变（对水合物储层影响）、电阻率（水合物气体-固态饱和度），声学（超声）测量裂缝及孔隙，渗流实验（渗透率和产能）。在此基础上发展多维度、多模式的测量方法，对水合物进行实验测量，结合理论计算和数值模拟，开展天然气水合物在不同尺度的孔隙和裂缝所组成的多孔介质中的生长、扩散和流动机理研究，把握其地下运移和富集规律；建立新的天然气水合物计算模型，构建多尺度、多重介质方程，综合考虑水合物运移机理以及与地质力学之间的耦合作用；运用数值模拟对中国典型天然气水合物区块开采进行产能预测与开发方案的优化，从而为我国天然气水合物开发方案的确定提供科学依据。

4.8.5 展望和小结

总而言之，可燃冰作为 21 世纪最具有价值的能源之一，受到世界各国的瞩目。本节通过分析可燃冰的结构、实验表征技术以及开采方法和困难，可以对水合物研究有一个大致了解。目前，我国在可燃冰的开采上取得了长足的进步，对推动能源生产和消费革命具有重要而深远的影响。但为了实现早日商业化开发，我们需要建立大型的包括中子技术在内的实验平台和大科学装置，来全面深入系统地研究在不同水文地质条件下的水合物成藏稳定性和开采技术。通过大量的实验数据和理论模拟来为实际的勘查开采提供保障支持，向地球深部进军，依靠科技进步，保护海洋生态，促进天然气水合物勘查开采产业化进程。

参考文献

陈芳，周洋，苏新，等. 2011. 南海神狐海域含水合物层粒度变化及与水合物饱和度的关系. 海洋地质与第四纪地质，05：95-100.

胡高伟，业渝光，张剑，等. 2010. 沉积物中天然气水合物微观分布模式及其声学响应特征. 天然气工业，30（3）：120-125.

江怀友，乔卫杰，钟太贤，等. 2008. 世界天然气水合物资源勘探开发现状与展望. 中外能源，13（6）：19-25.

李承峰，胡高伟，业渝光，等. 2013. X 射线计算机断层扫描测定沉积物中水合物微观分布. 光电子·激光，24（3）：551-557.

刘昌岭，业渝光，孟庆国，等. 2011. 显微激光拉曼光谱原位观测甲烷水合物生成与分解的微观过程。光谱学与光谱分析，31：1524.

罗承先. 2013. 日本甲烷水合物开发现状与进展明. 中外能源，12：005.

孟庆国，刘昌岭，业渝光. 2012. 核磁共振成像原位监测冰融化即四氢呋喃水合物分解的微观过程. 应用基础与工程科学学报，20：11-20.

宋永臣，黄兴，刘瑜，等. 2010. 含甲烷水合物多孔介质渗透性的实验研究. 热科学与技术，9（1）：51.

吴能友，梁金强，王宏斌，等. 2008. 海洋天然气水合物成藏系统研究进展. 现代地质，22（3）：356-362.

姚伯初，吴能友. 2005.天然气水合物——石油天然气的未来替代能源. 地学前缘，1：225-233

张光学，梁金强，陆敬安，等. 2014. 南海东北部陆坡天然气水合物藏特征. 天然气工业，11：1-10.

张正财. 2015. 天然气水合物成核过程的分子动力学模拟研究. 博士论文. 北京：中国科学院地质与地球物理研究所.

钟水清，熊继有，张元泽，等. 2005. 我国 21 世纪非常规能源的战略研究. 钻采工艺，28（5）：93-98.

祝有海，张永勤，文怀军，等. 2009. 青海祁连山冻土区发现天然气水合物. 地质学报，83（11）：1762-1771.

Anderson B I，Collett T S，Lewis R E，et al. 2005. SPWLA 46th Annual Logging Symposium，New Orleans，LA，June 26-29.

Anderson B. 2005. Molecular Modeling of Clathrate-Hydrates via Ab-Initio. Cell Potential and Dynamic Methods，Massachusetts Institute of Technology，MA.

Bach-Verges M，Kitchin S J，Harris K D M，et al. 2001. J. Phys. Chem. B，105：2699.

Bagherzadeh S A，Moudrakovski I L，Ripmeester J A，et al. 2011. Magnetic resonance imaging of gas hydrate formation in a bed of silica sand particles. Energy Fuels，25：3083-3092.

Bai D，Zhang X，Chen G et al. 2012. Replacement mechanism of methane hydrate with carbon dioxide from microsecond molecular dynamics simulations. Energy & Environmental Sci. 5：7033.

Baldwin B A，Moradi-Araghi A，Stevens J C. 2003. Monitoring hydrate formation and dissociation insandstone and bulk with magnetic resonance imaging. Magn Reson Imaging，21：1061.

Ballard A L，Sloan E D. 2002a. Fluid Phase Equilib.，218：15-31.

Ballard A L，Sloan E D. 2002a. Fluid Phase Equilib.，371：194-197.

Ballard A L，Sloan E D. 2002b. Fluid Phase Equilib.，216：257-270.

Ballard A L，Sloan E D. 2002b. J. Supramol. Chem.，2：385-392.

Barrer R M，Stuart W I. 1957. Proc. R. Soc.（London）A.，243：172.

Baumert J. 2003. Structure，Lattice Dynamics，and Guest Vibrations of Methane and Xenon Hydrate. Dissertaion for Doctor Degree. German：Christian-Albrechts-Universitat.

Benedict W S，Gailar N，Plyler E K. 1956. J. Chem. Phys.，24：1139.

Berecz E，Balla-Achs M. 1983. Gas Hydrates. New York：Elsevier Science Publishing Company，Inc.

Berendsen H J C，Postma J P M，van Gunsteren W F，et al. 1981. Interaction Models for Water in Relation to Protein Hydration. In Pullman B eds. Proceedings of the Fourteenth Jerusalem Symposium on Quantum Chemistry and Biochemistry Held in Jerusalem. Vol 4. Israel，331-342.

Berge LI，Jacobsen KA，Solstad A. 1999. Measured acoustic wave velocities of R11（CCl_3F）hydrate samples with and without sand as a function of hydrate concentration. Journal of Geophysical Research，104：15415.

Bernal J D，Fowler R H. 1933. J. Chem. Phys.，1：515.

Bjerrum N. 1952. Science，115：385.

Blokzijl W，Engberts J B F N. 1993. Angew. Chem.，Int. Ed.，32：1545.

Bowler K，Stadterman L L，Creek J L，et al. 2005. Fifth International Conference on Gas Hydrates，Trondheim，Norway，June 13-16，Paper 5030.

Burgass R W，Tohidi B，Danesh A，et al. 2002. Fourth International Conference on Gas Hydrates，Yokohama，Japan，May 19-23：380.

Bylov M，Rasmussen P. 1997. Chem. Eng. Sci.，52：3295.

Cady G H. 1983a. J. Phys. Chem.，85：4437.

Cady G H. 1983b. J. Chem. Educ.，60：915.

Camargo R，Palermo T，Sinquin A，et al. 2000. Gas Hydrates：Challenges for the Future. Ann. N. Y. Acad. Sci.（Holder，G. D.，Bishnoi，P. R.，eds.），912：906.

Cao Z. 2002. Modeling of Gas Hydrates from First Principles. Ph D Thesis，Massachusetts Institute of Technology.

Carson D B，Katz D L. 1942. Trans. AIME，146：150.

Celli M，Colognesi D，Ulivi L，et al. 2012. Phonon density of states in different clathrate hydrates measured by inelastic neutron scattering. Journal of Physics：Conference Series，340：012051.

Cerny R，Favre-Nicolin V. 2007. Direct space methods of structure determination from powder diffraction：principles，guidelines and perspectives. Z. Kristallogr.，222：105.

Chau P L，Mancera R L. 1999. Mol. Physics，96：109.

Chazallon B，Itoh H，Koza M，et al. 2002. Anharmonicity and guest-host coupling in clathrate hydrates. Phys. Chem. Chem. Phys.，4：4809.

Chazallon B，Klapproth A，Kuhs W F. 1999. Molecular-dynamics modeling and neutron powder diffraction study of the site disorder in air clathrate hydrates. AIP Conference Proceedings，479：74.

Chazallon B，Kuhs W F. 2002. In situ structural properties of N_2-，O_2-，and air-clathrates by neutron diffraction. J. Chem. Phys.，117：308-320.

Collett T S，Lee M W. 2005. in Scientific Results from the Mallik 2002 Gas Hydrate Production Research Well Program，Mackenzie Delta，Northwest Territories，Canada（Dallimor，S. R.，Collett，T. S.，eds.），Geological Survey of Canada Bulletin 585，including CD，112.

Collins M J，Ratcliffe C I，Ripmeester J A. 1990. J. Phys. Chem.，84：157.

Cook J G，Leaist D G. 1983. Geophys. Res. Lett.，10：397.

Daraboina N，Moudrakovski I L，Ripmeester J A，et al. 2013. Assessing the performance of commercial and biological gas hydrate inhibitors using nuclear magnetic resonance microscopy and a stirred autoclave. Fuel，105：630-635.

Davidson D W，Garg S K，Gough S R，et al. 1997. Can. J. Chem.，55：3641.

Davidson D W，Handa Y P，Ripmeester J A. 1986. Xenon-129 NMR and the thermodynamic parameters of xenon hydrate. J. Phys. Chem.，90：6549.

Davidson D W. 1983. Natural Gas hydrates（Cox，J. L.，ed.）. Butterworths，London.

Davies S R，Selim M S，Sloan E D，et al. 2006. AIChE J.，52：4016.

Dong-Yeun Koh，Hyery Kang，Jong-Won Lee，et al. 2016. Energy-efficient natural gas hydrate production using gas exchange. Applied Energy，162：114.

Dyadin Y A，Aladko E Y，Larionov E G. 1997. Mendeleev Commun.，7：34.

Dyadin Y A，Larionov E G，Aladko E Y，et al. 1999. J. Struct. Chem.，40：790.

Englezos P，Kalogerakis N，Dholabhai P D，et al. 1987a. Chem. Eng. Sci.，42：2647.

Englezos P，Kalogerakis N，Dholabhai P D，et al. 1987b. Chem. Eng. Sci.，42：2659.

Ersland G，Husebø J，Graue A，et al. 2009. Transport and storage of CO_2 in natural gas hydrate reservoirs. Energy Procedia，1：3477-3484.

Ersland G，Husebo J，Graue A，et al. Transport and storage of CO_2 in natural gas hydrate reservoirs. Energy Procedia，1（1）：3477.

Favre-Nicolin，V，Cerny R. 2002. FOX，'free objects for crystallography'：A modular approach to ab initio structure determination from powder diffraction. J. Appl. Crystallogr.，35：734.

Fortes A D，Wood I G，Brodholt J P，et al. 2003. A high-resolution neutron powder diffraction study of ammonia dehydrate（$ND_3 \cdot 2D_2O$）phase I. J. Chem. Phys.，119：10806.

Frank H S，Evans M W. 1945. J. Chem. Phys.，13：507.

Frank H S，Franks F. 1968. J. Chem. Phys.，48：4746.

Frank H S，Wen W Y. 1957. Discussions Faraday Soc.，24：133.

Frank H S. 1970. Science，169：635.

Freer R，Selim M S，Sloan E D. 2001. Fluid Phase Equilib.，185：65.

Fujioka Y，Takeuchi K，Shindo Y，et al. 1994. Intl. J. Energy Res.，19：765.

Gao S，Chapman W，House W. 2005. Fifth International Conference on Gas Hydrates，Trondheim，Norway，June 13-16：1039.

Gao S，House W，Chapman W G. 2005. NMR/MRI study of clathrate hydrate mechanisms. J. Phys. Chem. B，109：19090.

Geng C Y，Wen H，Zhou H. 2009. Molecular simulation of the potential ofmethane reoccupation during the replacement of methane hydrate by CO_2. J. Phys. Chem. A，113（18）：5463.

Gibbs J W，The Collected Works of J. Willard Gibbs. 1928. Thermodynamics. Yale University Press，New Haven，CT，I，p.96 of p.55-353.

Glew D W，Rath N S. 1966. J. Chem. Phys.，44：1710.

Glew D W. 1959. Nature，184：545.

Grim R G，Kerkar P B，Shebowich M，et al. 2012. Synthesis and characterization of sI clathrate hydrates containing hydrogen. J. Phys. Chem. C.，116：18557.

Gudmundsson J，Borrehaug A. 1996. Second International Conference on Natural Gas Hydrates（Monfort，J. P.，ed.），Toulouse，France，June 2-6：415.

Gudmundsson J，Borrehaug A. 1999. Third International Conference on Natural Gas Hydrates，Salt Lake City，Utah，U.S.A.，July 18-22：1999.

Guo G-J，Li M，Zhang Y-G，et al. 2009. Why can water cages adsorb aqueous methane? A potential of mean force calculation on hydrate nucleation mechanisms. Physical Chemistry Chemical Physics，11：10427-10437.

Gupta A，Dec S F，Koh C A，et al. 2007a. NMR investigation of methane hydrate dissociation. J. Phys. Chem. C，111：2341.

Gupta A，Sloan E D，Kneafsey T J，et al. 2005. Fifth International Conference on Gas Hydrates，Trondheim，Norway，June 13-16：Paper 2004.

Gupta A. 2007b. Methane Hydrate Dissociation Measurements and Modeling：The Role of Heat Transfer and Reaction Kinetics. Ph D Thesis，Colorado School of Mines，Golden，CO.

Halleck P M，Byrer C W，McGuire P L，et al. 1982. Methane Hydrate Workshop，Morgantown，WV，Mar 29-30：63.

Halpern Y，Thieu V，Henning W R，et al. 2001. Time-resolved in situ neutron diffraction studies of gas hydrate：Transformation of structure II（sII）to structure I（sI）. J. Am. Chem. Soc.，123：12826.

Hamblin W K. 1985. The Earth's Dynamic Systems. New York：Macmillan.

Handa Y P. 1986a. J. Chem. Thermodyn.，18：915.

Handa Y P. 1986b. Calorimetri Studies of Laboratory Synthesized and Naturally Occuring Gas Hydrate. paper presented at AIChE 1986 Annual Meeting Miami Beach，November 2-7：28.

Handa Y P. 1988. Ind. Eng. Chem. Res.，27：872.

Harris K D M，Cheung E Y. 2004. How to determine structures when single crystals cannot be grown：Opportunities for structure determination of molecular materials using powder diffraction data. Chem. Soc. Rev.，33：526.

Helgerud M B，Circone S，Stern L，et al. 2002. Fourth International Conference on Gas Hydrates，Yokohama，May 19-23，716.

Helgerud M B，Waite W F，Kirby S H，et al. 2003. Phys.，81：47.

Henning R W，Schultz A J，Thieu V，et al. 2002. J. Phys. Chem. A，104：5066.

Hester K C，White S N，Peltzer E T，et al. 2006. Mar. Chem.，98：304.

Hirai S，Okazaki K，Araki N，et al. 1995. Energy Convers. Manag.，36：471.

Hirai S，Tabe Y，Kuwano K，et al. 2000. MRI measurement of hydrate growth andan application to advanced CO_2 sequestration technology. Ann N Y Acad Sci，912：246.

Hong H，Pooladi-Darvish M，Bishnoi P R. 2003. J. Can. Peetrol. Technol.，42：45.

Hoshikawa，Igawa N，Yamauchi H et al. 2005. Journal of Physics and Chemistry of Solids

66：1810.

Huang D，Fan S. 2004. J. Chem. Eng. Data，49：1479.

Huo Z，Freer E，Lamar M，et al. 2001. Chem. Eng. Sci.，56：4979.

Hyodo M，Nakata Y，Yoshimoto N，et al. 2005. Basic research on the mechanical behavior of methane hydrate-sediments mixture. Soils and Foundations，45（1）：75-85.

Igawa N，Taguchi T，Hoshikawa A，et al. 2010. CO_2 motion in carbon dioxide deuterohydrate determined by applying maximum entropy method to neutron powder diffraction data. J. Phys. Chem. Sol.，71：899.

Igawa N，Taguchi T，Hoshikawa A，et al. 2011. Neutron diffraction study on the Xe behavior in clathrate hydrate analyzed by Rietveld/maximum entropy method. IOP Conf. Series：Materials Science and Engineering，18：022021.

Ikeda T，Yamamuro O，Matsuo T，et al. 1999. Neutron diffraction study of carbon dioxide clathrate hydrate source. J. Phys. Chem. Sol.，60：1527-1529.

Ikeda-Fukazawa T，Yamaguchi Y，Nagashima K，et al. 2008. Structure and dynamics of empty cages in xenon clathrate hydrate. J. Chem. Phys.，129：224506.

Islam M R. 1994. J. Pet. Sci. Eng.，11：267.

Itoh H，Chazallon B，Schober H，et al. 2003. Inelastic neutron scattering and molecular dynamics studies on low-frequency modes of clathrate hydrates. Can. J. Phys.，81：493.

Izumi F，Kawamura Y. 2006. Three-dimensional visualization of nuclear densities by MEM analysis from time-of-flight neutron powder diffraction data. Bunseki Kagaku，55：391.

Izumi F，Momma K. 2011. Three-dimensional visualization of electron- and nuclear-density distributions in inorganic materials by MEM-based technology. IOP Conf. Ser.：Mater. Sci. Eng.，18：022001.

Jager M d，Ballard A L，Sloan E D. 2002. Fluid Phase Equilib.，211：85-107.

Jager M D，de Deugd R M，Peters C J，et al. 1999. Fluid Phase Equilib.，165：209.

Jeffrey G A，McMyllan R K. 1967. Prog. Inorg. Chem.，8：43.

Jeffrey G A. Inclusion Compounds（Atwood，J. L.，Davies，J. E. D.，MacNichol，D. D.，eds.）. 1984. Academic Press，London，1：135.

Jin Y，Hayashi J，Nagao J，et al. 2007. New method of assessing absolute permeability of natural methane hydrate sediments by microfocus X-ray computed tomography. Japanese Journal of Applied Physics，46：3159-3162.

Jones C Y，Peral I. 2004. Dynamics of trimethylene oxide in a structure II clathrate hydrate. American Mineralogist，89：1176.

Jung J W，Santamarina J C. CH_4-CO_2 replacement in hydrate-bearingsediments：A pore-scale study. Geochem. Geophy. Geosy.，11：Q0AA13.

Katz D L. 1945. Trans AIME，160：140.

Keith C H，Peter G B. 2009. Annual Review of Marine Science，1：303-327.

Khokhar A A，Gudmundsson J S，Sloan E D. 1998. Gas storage in structure H hydrates. Fluide Phase Equilibria，150-151：383-392.

Kimuro H，Yamaguchi F，Ohtsubo K，et al. 1993. Energy Convers. Manag.，34：1089.

Kirchner M T，Boese R，Billups W E，et al. 2004. J. Am. Chem. Soc.，126：9407.

Kirichek O，Done R，Goodway C M，et al. 2008. Development of high pressure gas cells at ISIS. Journal of Physics：Conference Series，340：012008.

Klapproth A，Chazallon B，Kuhs W F. 1999. Monte-Carlo sorption and neutron diffraction study of the filling isotherm in clathrate hydrates. AIP Conference Proceedings，479：70.

Klapproth A，Goreshnik E，Staykova D，et al. 2003. Structural studies of gas hydrates. Can. J. Phys.，81：503.

Klapproth A，Piltz R O，Peterson V K，et al. 2011. Neutron scattering studies on the formation and decomposition of gas hydrates near the ice point. Proceedings of the 7th International Conference on Gas Hydrates，Edinburgh，Scotland，United Kingdom，July 17-21.

Klauda J B. 2003. Ab initio Intermolecular Potentials to Predictions of Macroscopic Thermodynamic Properties and the Global Distribution of Gas Hydrates. Ph D Thesis，University of Delaware.

Kleinberg R L，Brewer P G，Mallb G，et al. 2003. J. Geophys. Res.，108：B3，doi：10.1029/2001JB0000919.

Kneafsey T J，Tomutsa L，Moridis G J，et al. 2005. Fifth International Conference on Gas Hydrates，Trondheim，Norway，June 13-16：Paper 1033.

Krawitz A D. eds. 2001. Introduction to Diffraction in Materials Science and Engineering. New York：John Wiley and Sons，Inc.

Kuhs W F，Chazallon B，Radaelli P G，et al. 1997. Cage occupancy and compressibility of deuterated N_2-clathrate hydrate by neutron diffraction. Journal of Inclusion Phenomena and Molecular Recognition in Chemistry，29：65.

Kuhs W F，Genov G，Staykova D K，et al. 2004. Ice perfection and onset of anomalous preservation of gas hydrates. Phys. Chem. Chem. Phys.，6：4917.

Kuhs W F，Klapproth A F，Techmer G K，et al. 2000. Geophys. Res. Lett.，27：2929.

Kumar A，Maini B，Bishnoi P R，et al. 2010. Experimental determination of permeability in the presence of hydrates and its effect on the dissociation characteristics of gas hydrates in porous media. Journal of Petroleum Science and Engineering，70：114.

Kursonov A V，Komarov V Y，Voronin V I，et al. 2004. Angew. Chem. Intl. Ed.，43：2922.

Kvamme B，Graue A，Aspenes E，et al. 2004. Kinetics of solidhydrate formation by carbon dioxide：Phase field theory of hydrate nucleation andmagnetic resonance imaging. Phys. Chem. Chem. Phys.，6：2327.

Kvenvolden K A，Lorensen T D. 2001. Natural Gas Hydrates：Occurrence，Distribution，and Detection. In Paull C K，Dillon W P，eds. Natural Gas Hydrates：Occurrence，Distribution，and Detection. Geophys. Monogr. Ser. Vol 124. Washington，D. C.：Am. Geophys. Union，3-18.

Kvenvolden K A. 2000. Gas hydrate and humans. Annals of the New York Academy of Sciences，912：17-22.

Le Parlouer P，Dalmazzone C，Herzhaft B，et al. 2004. J. Therm. Anal. Calorimetry，78：165.

Lee M W，Hutchinson D R，Dillon W P，et al. 1993. Mar. Pet. Geol.，10：493.

Liu B，Pan H，Wang X，et al. 2013. Evaluation of different CH_4-CO_2 Replacement processes in hydrate-bearing sediments by measuring P-wave velocity. Energies，6：6242.

Lokshin K A，Zhao Y，He D，et al. 2004. Structure and dynamics of hydrogen molecules in the novel clathrate hydrate by high pressure neutron diffraction. Phys. Rev. Lett.，93：125503.

Lokshin K A，Zhao Y. 2005. Advanced setup for high-pressure and low-temperature neutron diffraction at hydrostatic conditions. Rev. Sci. Inst.，76：063909.

Loveday J S，Nelmes R J，Guthrie M，et al. 2001. Phy. Rev. Lett.，8721：215501.

Loveday J S，Nelmes R J，Klug D D，et al. 2003. Phys.，81：539.

Lu HL，Kawasaki T，Ukita T，et al. 2011. Particle size effect on the saturation of methane hydrate in sediments-Constrained from experimental results. Marine and Petroleum Geology，28：1801.

Makogon Y F. 1974. Hydrates of Natural Gas，Moscow，Nedra，Izadatelstro，PennWell Books，Tulsa，Okalahoma，P. 237 in Russian.

Malegaonkar M B，Dholabhai P D，Bishnoi P R. 1998. Can. J. Chem. Eng.，75：1090.

Malone R D. 1985. Gas Hydrates Topical Report，DOE/METC/SP-218，U.S. Department of Energy，April，p27.

Manesh H M，Alavi S，Woo T K，et al. 2009. Molecular dynamics Simulation of ^{13}CNMR powder lineshapes of CO in structure I clathrate hydrate. Phys. Chem. Chem. Phys., 11: 8821.

Mao H K, Mao W L. 2004. Proc. Natl. Acad. Sci. U.S.A., 101: 708.

Mao W L, Mao H K, Goncharov A F, et al. 2002. Hydrogen clusters in clathrate hydrate. Science, 297: 2247-2249.

McMullan R K, Kvick A. 1990. Neutron diffraction study of the structure II clathrate hydrate: 3·5Xe.$SCCl_4$.136D_2O at 13 and 100 K. Acta Cryst., 1990.

Milkov A V. 2005. Molecular and stable isotope compositions of natural gas hydrates: A revised global dataset and basic interpretations in the context of geological settings. Org. Geochem, 36: 681-702.

Mochizuki T, Mori Y H. 2005. Fifth International Conference on Gas Hydrates, Trondheim, Norway, June 13-16, Paper 1009.

Mochizuki T, Mori Y H. 2006. J. Cryst. Growth, 290: 642.

Mohammadi A H, Tohidi B, Burgass R W. 2003. Chem J. Eng. Data, 48: 612.

Moon C, Taylor P C, Rodger P M. 2003. J. Am. Chem. Soc., 125: 4706.

Mori Y H. 1998. Energy Convers. Manag., 39: 1537.

Mori Y H. 2001. J. Cryst. Growth, 223: 206.

Moridis G J. 2002. SPE Gas Technology Symposium, Calgary, Alberta, April 30-May 2: P. 75691.

Moudrakovski I L, McLaurin G E, Ratcliffe C I, et al. 2004. J. Phys. Chem. B, 108: 17591.

Moudrakovski I L, Ratcliffe C I, Ripmeester J A. 2001. Angew. Chem. Intl. Ed., 40: 3890.

Moudrakovski I L, Sanchez A A, Ratcliffe C I, et al. 2001. J. Phys. Chem. B, 105: 12338.

Mulder F M, Wagemaker M, Eijck L van, et al. 2008. Hydrogen in porous tetrahydrofuran clathrate hydrate. Chem. Phys. Chem., 9: 1331.

Mullin J W. 1993, Crystallization, 3rdEdition. Butterworth-Heinmannn, Oxford, U.K p173.

Munck J, Skjold-Jorgensen S, Rasmussen P. 1988. Computations of the formation of gas hydrates. Chem. Eng. Sci., 43: 2661.

Murshed M M, Schmidt B C, Kuhs W F. 2010. Kinetics of methane-ethane gas replacement in clathrate-hydrates studied by time-resolved neutron diffraction and raman spectroscopy. J. Phys. Chem. A, 114: 247.

Nakajima Y, Takaoki T, Ohgaki K, et al. 2002. Fourth International Conference on Natural Gas Hydrates, (Mori, Y. H., ed.), Yokohama, Japan, May 19-23: 987.

Nemethy G, Scheraga H A.1962. J. Chem. Phys., 36: 3382.

Ohgaki K，Takano K，Sangawa H，et al. 1996. Methane exploitation bycarbon dioxide from gas hydrates-phase equilibria for CO_2 -CH_4mixed hydrate system. J. Chem. Eng. Jpn.，29（3）：478.

Oskarsson H，Uneback I，Navarrette R C，et al. 2005. Fifth International Conference on Gas Hydrates，Trondheim，Norway，June 13-16，Paper 4024.

Ostergaard K K，Tohidi B，Burgass R W，et al. 2001. J. Chem. Eng. Data，46：703.

Ota M，Abe Y，Watanabe M，et al. 2005. Methane recovery from methanehydrate using pressurized CO_2. Fluid Phase Equilibr，228-229：553.

Ota M，Saito T，Aida T，et al. 2007. Macro and microscopic CH_4-CO_2 replacementin CH_4 hydrate under pressurized CO_2. AICHE J，53（10）：2715.

Palermo T，Arla D，Borregales M，et al. 2005. Fifth International Conference on Gas Hydrates，Trondheim，Norway，June 13-16：Paper 1050.

Park Y，et al. 2006. Sequestering carbon dioxide into complex structures of naturallyoccurring gas hydrates. Proc Nat Acad Sci，103：12690.

Parrish W R，Prausnitz J M. 1972. Dissociation pressures of gas hydrates formed by gas mixtures. Ind. Eng. Chem. Process Des. Dev.，11：26.

Pauling L. 1935. The structure and entropy of ice and of other crystals with some randomness of atomic arrangement. J. Am. Chem. Soc.，57：2680.

Pauling's L. 1959. The Structure of Water. New York：Pergammon Press，P. 1.

Peters C J，de Roo J L，de Swaan Arons J.1993. Fluid Phase Equilib.，85：30.

Privalov P L，Gill S J. 1988. Adv. Protein Chem.，39：191.

Qi Y X，Ota M，Zhang H. 2011. Molecular dynamics simulation of replacementof CH_4 in hydrate with CO_2. Energy Convers Manage，52（7）：2682.

Radhakrishnan R，Trout B L. 2002. J. Chem. Phys.，117：1786.

Rahman A，Stillinger F H. 1973. J. Am. Chem. Soc.，95：7943.

Rasch A，Mikalsen A，Austvik T，et al. 2002. Fourth International Conference on Gas Hydrates，Yokohama，Japan，May 19-23：927.

Ripmeester J A，Ratcliffe C I，Klug D D，et al. 1994. First International Conference on Natural Gas Hydrates（Sloan，E. D.，Happel，J.，Hnatow，M. A.，eds.）Annals of the New York Academy of Sciences，715-161.

Rondinone A J，Chakoumakos B C，Rawn C J，et al. 2003. Neutron diffraction study of structure I and structure II trimethylene oxide clathrate deuterate. J. Phys. Chem. B，107：6046.

Rovetto L J，Bowler K E，Stadterman L L，et al. 2007. Dissociation studies of CH_4-C_2H_6 and CH_4-CO_2 binary gas hydrates. Fluid Phase Equilibria，261：407.

Rovetto L J，Dec S F，Koh C A，et al. 2008. NMR studies on CH_4+CO_2 binary gas hydrates dissociation behavior. In：Proceedings of the 6th International Conference on GasHydrates（ICGH 2008）.

Schicks J M，Naumann R，Erzinger J，et al. 2006. J. Phys. Chem. B，110：11486.

Schicks J M，Spangenberg E，Giese R，et al. 2011. New approaches for the production of hydrocarbons from hydrate bearing sediments. Energies，4（1）：151.

Schober H，Itoh H，Klapproth A，et al. 2003. Guest-host coupling and anharmonicity in clathrate hydrates. Eur. Phys. J. E，12：41.

Schultheiss P，Holland M，Humphreys G. 2008. Borehole pressure coring and laboratory pressure core analysis for gas hydrate investigations. Offshore Technology Conference，Houston，Tex.

Seol Y，Kneafsey T J. 2009. X-ray computed-tomography observations of water flow through anisotropic methane hydrate-bearing sand. Journal of Petroleum Science and Engineering，66：121-132.

Shirota H，Aya I，Namie S，et al. 2002. Fourth International Conference on Natural Gas Hydrates. Yokokama，May 19-23.

Skovborg P，Rasmussen P. 1994. Chem. Eng. Sci.，49：1131.

Sloan E D Jr. 2003. Fundamental principles and applications of natural gas hydrates. Nature，426：353-359.

Sloan E D，Ann Koh C. 2007. Clathratehydrates of natural gases（Third Edition）. Chemical Industries Series：CRC Press.

Sloan E D. 1998. Clathrate Hydrates of Natural Gases. New York：Marcel Dekker，Inc.

Smith D H，Seshadri K，Wilder J W. 2001. Assessing the thermodynamic feasibility of the conversion of methane hydrate into carbon dioxide hydrate in porous media. J. Energy Environ. Res.，1（1）：101.

Song Y，Wang S，Yang M，et al. 2015. MRI measurements of CO_2-CH_4 hydrate formation and dissociation in porous media. Fuel，140：126-135.

Staykova D K，Hansen T，Salamatin A N，et al. 2002. Kinetic diffraction experiments on the formation of porous gas hydrates. Proceeding of the Fourth International Conference on Gas hydrates，Yokohama，May 19-23.

Staykova D K，Kuhs W F，Salamatin A N，et al. 2003. Formation of porous gas hydrates from ice powders: Diffraction experiments and multistage model. J. Phys. Chem. B, 107: 10299.

Staykova D K, Kuhs. 2003. J. Phys. Chem. B., 107: 10299.

Stern L, Coircone S, Kirby S, et al. 2005. Fifth International Conference on Gas Hydrates, Trondheim, Norway, June 13-16: Paper 1046.

Stevens J C, Howard J J, Baldwin B A, et al. 2008. Experimental hydrateformation and gas production scenarios based on CO_2 sequestration. The 6th International Conference on Gas Hydrates, Vancouver: British Columbia.

Stillinger F H. 1980. in Water in Polymers, Vol. 1 (Rowland, S. P., ed.) American Chemical Society, Washington DC. P.11.

Stoll R D, Bryan G M. 1979. J. Geophys. Res., 84: 1629.

Strobel T A, Koh C A, Sloan E D. 2008. Water cavities of sH clathrate hydrate stabilized by molecular hydrogen, J. Phys. Chem. B, 112: 1885-1887

Struzhkin V V, Militzer B, Mao W L, et al. 2007. Hydrogen storage in molecular clathrates. Chem. Rev., 107: 4133.

Subramanian S, Ballard A K R, Dec S F, et al. 2000b. Chem. Eng. Sci., 55: 5763.

Subramanian S, Sloan E D. 2000c. Gas Hydrates: Challenges for the Future, Ann. N. Y. Acad. Sci. (Holer, G.D., Bishnoi, P. R., eds.) 912: 583.

Subramanian S. 2000. Measurements of Clathrate Hydrates Containing Methane and Ethane Using Raman Spectroscopy. Ph.D. Thesis, Colorado School of Mines, Golden, CO.

Susilo R, Moudrakovski I L, Ripmeester J A. 2006. Hydrate kinetics study in the presence of nonaqueous liquid by nuclear magnetic resonance spectroscopy and imaging. J. Phys. Chem. B, 110: 25803.

Tait K T, Trouw F, Zhao Y, et al. 2007. Inelastic neutron scattering study of hydrogen in d_8-THF/D_2O ice clathrate. J. Chem. Phys., 127: 134505.

Tait K T. 2007. Inleastic neutron scattering and neutron diffraction studies of gas hydrates. Dissertation for Doctoral Degree. Phoenix: Department of Geosciences, the University of Arizona.

Takeya S, Ebinuma T, Uchida T, et al. 2002. J. Crystal Growth, 237: 379.

Takeya S, Udachin K A, Moudrakovski I L, et al. 2010. Direct space methods for powder X-ray diffraction for guest-host materials: Applications to cage occupancies and guest distributions in clathrate hydrates. J. Am. Chem. Soc.，132：524.

Tanford C. 1973. The Hydrophobic Effect：Formation of Micelles and Biological Membrances. Wiley，New York.

Taylor C J，Dieker L D，Miller K T，et al. 2007. J. Colloid Interface Sci.，306：255.

Taylor C J. 2006. Adhesion Force between Hydrate Particles and Macroscopic Investigation of Hydrate Film Growth at the Hydrocarbon/Water Interface，Masters These，Colorado School of Mine，Golden，CO.

Trehu A M，Ruppel C，Holland M，et al. 2006. Oceanography，19（4）：124.

Tse J S，Handa Y P，Ratcliffe C I，et al. 1986. Structure of oxygen clathrate hydrate by neutron powder diffraction. Journal of Inclusion Phenomena，4：235.

Tse J S，Klug D D，Zhao J Y，et al. 2005. Anharmonicmotions of Kr in the clathrate hydrate. Nature Material，4：917.

Tulk C A，Klug D D，Chakoumakos B C，et al. 2009. Intercage guest correlations and guest clusters in high-pressure clathrate hydrates. Phys. Rev. B，80：052101.

Tung Y T，Chen L J，Chen Y P，et al. 2011. In situ methane recovery andcarbon dioxide sequestration in methane hydrates：A molecular dynamicssimulation study. J. Phys. Chem. B.，115（51）：15295.

Turner D J，Kleehammer D M，Miller K T，et al. 2005. Fifth International Conference on Gas Hydrates，Trondheim，Norway，June 13-16：Paper 4004.

Turner D，Boxall J，Yang S，et al. 2005. Fifth International Conference on Gas Hydrates，Trondheim，Norway，June 13-16：Paper 4018.

Turner D. 2005. Clathrate Hydrate Formation in Water-in-Oil Dispersion. Ph D Thesis，Colorado School of Mines，Golden，CO.

Uchida T，Ebinuma T，Kawabata J，et al. 1999. J. Cryst. Growth，204：348.

Udachin K A，Ratcliffe C I，Enright G D，Ripmeester J A. 1997. Supramol. Chem.，8：173.

Udachin K A，Ratcliffe C I，Ripmeester J A. 2002. Fourth International Conference on Gas Hydrates，Yokohama，Japan，May 19-23：604.

Udachin K A，Ratcliffe C I，Ripmeester J A. 2007. Structure，dynamics and ordering in structure I ether clathrate hydrates from single-crystal X-ray diffraction and ^{2}H NMR spectroscopy. J. Phys. Chem. B，111：11366.

Ulivi L，Celli M，Giannasi A，et al. 2008. Inelastic neutron scattering from hydrogen clathrate hydrates. J. Phys.：Condens. Matter，20：104242.

Van der Waals J H，Platteeuw J C. 1959. Clathrate solutions. Adv. Chem. Phys.，2：1-57

Varma-Nair M，Costello C A，Colle K S，et al. 2006. J. Appl. Polymer Sci.，10：2642.

Von Stackelberg M. 1956. Rec. Trav. Chim. Pays-Bas，75：902.

Waite W F，Gilbert L Y，Winters W J，et al. 2005. Fifth International Conference on Gas Hydrates，Trondheim，Morway，June 13-16，Paper 5042.

Walsh M R，Koh C A，Sloan E D. et al. 2009. Microsecond simulations of spontaneous methane hydrate nucleation and growth. Science，326：1095.

Walsh M R，Rainey J D，Lafond P G，et al. 2011. The cages，dynamics，and structuring of incipient methane clathrate hydrates. Phys. Chem. Chem. Phys.，13：19951.

Walsh M R. 2011. Methane Hydrate Nucleation Rates and Mechanisms from Molecular Dynamics Simulations. Thesis. Denver：Colorado School of Mines.

Wernet Ph，Nordlund D，Bergmann U，et al. 2004. The structure of the first coordination shell in liquid water. Science，304：995.

Wilcox W I，Carson D B，Katz D L. 1941. Ind. Eng. Chem.，33：662.

Wilson L D，Tulk C A，Ripmeester J A. 2002. Fourth International Conference on Gas Hydrates，Yokohama，Japan，May 19-23：614.

Wooldridge P J，Richardson H H，Devlin J P. 1987. J. Chem. Phys.，87：4126.

Xu W，Ruppel C. 1999. J. Geiphys. Res.，104：5081.

Yang M，Song Y，Jiang L，et al. 2013. CO_2 hydrate formation and dissociation incooled porous media：A potential technology for CO_2 capture and storage. Environ. Sci. Technol.，47：9739.

Yang M，Song Y，Jiang L，et al. 2014. Hydrate-based technology for CO_2 capture from fossil fuel power plants. Appl. Energy，116：26-40.

Yang M，Song Y，Jiang L，et al. 2015. Behavior of hydrate-based technology for H_2/CO_2 separation in glass beads. Sep. Purif. Technol.，141：170.

Yang M，Song Y，Zhao Y，et al. 2011. MRI measurements of CO_2 hydrate dissociation rate in a porous medium. Magnetic Resonant Imaging，29：1007-1013.

Yang S O，Kleehammer D M，Huo Z，et al. 2004. J. Colloid Interface Sci.，277：355.

Yun T，Narsilio G，Santamarina J，et al. 2006. Instrumented pressure testing chamber for characterizing sediment cores recovered at in situ hydrostatic pressure. Marine Geology，229（3）：285-293.

Zhao J，Zhang L，Chen X，et al. 2016. Combined replacement anddepressurization methanehydrate recovery method. Energy Exploration & Exploitation，34（1）：129.

Zhao Y，Xu H，Daemen L L，et al. 2007. High-pressure/low-temperature neutron scattering of gas inclusion compounds：Progress and prospects. Proc. Natl. Acad. Sci.，104：5727.

Zhao Y，Zhang J，Xu H，et al. 2010. High-pressure neutron diffraction studies at LANSCE. Appl. Phys. A，99：585.

Zhu J L，Du S Y，Yu X H，et al. 2014. Encapsulation kinetics and dynamics of carbon monoxide in clathrate hydrate. Nature Communications，5：4128.

4.9 原子尺度上界面水的研究

江 颖

4.9.1 背景介绍

水是地球上最常见和最重要的物质之一，在很多方面扮演着重要的角色。例如，其参与新陈代谢、体温调节、物质输送等很多生命反应过程；影响降雨、结霜、下雪等天气和气候变化；具有洗涤、润滑、腐蚀、催化等广泛的工业用途。水分子（H_2O）是最简单的化合物分子之一，由一个氧原子和两个氢原子构成，其中 O 和 H 形成共价键（图 4.9.1（a））。水的奇特性质与水的微观结构密切相关，尤其是水分子之间的氢键（图 4.9.1（b））扮演着核心的角色。看似分子结构简单的水却具有很多独特的物理和化学性质，如很强的溶解能力、极高的比热、较大的表面张力、结冰时体积膨胀。2011 年，国际纯粹与应用化学联合会（IUPAC）推荐了氢键的新定义（Arunan et al.，2011），但是关于氢键作用的本质这一问题的研究远没有结束。近年来，大家逐渐意识到共价相互作用和氢原子核的量子效应对于理解氢键的本质有着不可忽视的作用。由于氢键相互作用的复杂性，至今水仍然是自然界最神秘的物质之一。

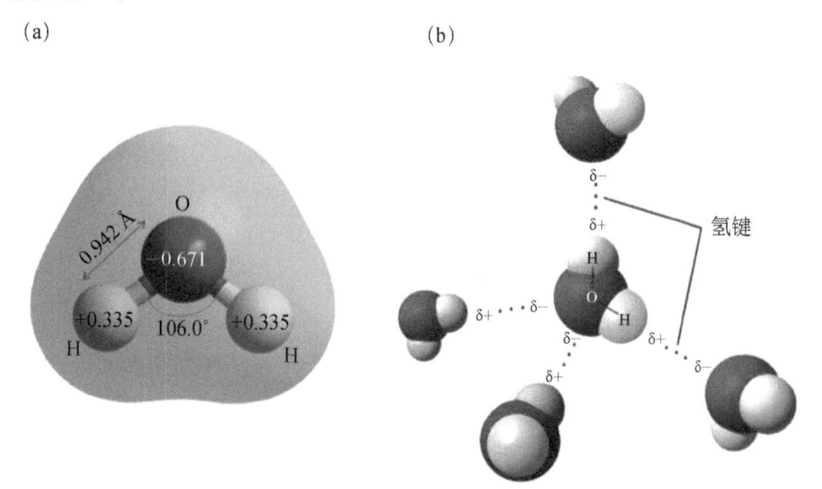

图 4.9.1 水分子的原子结构和水分子之间的氢键示意图
（a）水分子的原子构成和电荷分布；（b）水分子之间的氢键相互作用

由于水-固界面是很多物理和化学过程发生的重要场所，如溶解、润滑、腐蚀、电化学和异质催化等（Al-Abadleh et al.，2003；Henderson et al.，2002；Hodgson，2009；Thiel et al.，1987），因此界面水体系是研究水科学领域的最重要研究方向之一。水-固体界面不仅涉及水-水相互作用，还涉及水-固体相互作用，这两种相互作用的竞争结果，决定了水-固界面的很多独特性质，如界面水的氢键网络构型、质子转移动力学、水分子分解、受限水的反常输运等。解析这些问题，往往需要深入到水分子内部获取氢核的自由度信息，如 H 的位置、O–H 键的取向、O–H 的振动。因此，如何从原子尺度上研究水分子体系中的氢键以及氢键网络性质，成为理解水分子体系微观和宏观特性的关键。

界面水的常规研究手段主要是谱学和衍射技术，包括核磁共振（Ernst et al.，1995）、氦原子散射（Braun et al.，1998；Glebov et al.，1999）、X 射线衍射（Sun，2014）、低能电子衍射（Doering et al.，1982）、红外吸收谱（Nakamura et al.，2000）、中子衍射和散射谱（Tulk et al.，2002）、红外光谱（Nauta et al.，2000）和转动谱（Perez et al.，2012）。然而这些技术由于探测原理的局限性，空间分辨能力都局限在几百纳米到微米的量级，得到的信息往往是众多水分子叠加在一起之后的平均效应，无法得到单个氢键的本征特性和氢键构型的统计分布。而表面结构通常具有纳米甚至原子尺度的不均匀性，水分子受局域环境的影响会变得尤为明显，这导致对结果的分析和归因往往很困难，一般需要结合复杂的理论计算和模拟。因此，具有原子级空间分辨的扫描隧道显微镜（scanning tunneling microscope，STM）和原子力显微镜（atomic force microscope，AFM）的引入就成为必然。STM 和 AFM 被广泛应用于表/界面上水体系氢键构型的实空间探测，取得了许多重要的进展，大大加深了人们对界面水的认识（Carrasco et al.，2012）。

尤其是近年来，STM 和 AFM 技术（统称为扫描探针技术）得到了进一步的发展，新型扫描探针技术的应用协助研究者成功获得了水分子的亚分子级分辨成像，成功实现了对表面水中氢原子的实空间定位，同时针尖增强的非弹性隧道谱技术通过探测水分子的各种振动模式，从而在能量空间获取了氢原子自由度的信息，也为原子尺度上界面水的研究打开了新的大门。本节将以上述相关工作为例，总结和介绍新型扫描探针技术的最新进展与研究现状，评述在原子尺度上研究界面水体系这一研究方向面临的问题与挑战，并提出一些可能的解决方案，以期引起更多研究者的兴趣，推动表面水科学和技术的发展。

4.9.2 研究现状

1）扫描隧道显微镜和原子力显微镜的简介

1982 年，IBM 瑞士苏黎世实验室的科学家 Binnig 等（Binnig et al., 1983）发明了扫描隧道显微镜（scanning tunneling microscopy，STM）。扫描隧道显微镜是利用针尖和样品之间的隧道电流对于样品表面进行表征的。图 4.9.2（a）是扫描隧道显微镜的工作原理示意图，针尖由一个可以三维移动的压电陶瓷组控制实现针尖在平行于样品表面内的扫描，反馈回路可以测量电流的大小并且控制针尖和样品的距离。由于隧道电流和针尖-样品间距离成指数依赖关系，因此扫描隧道显微镜对距离极其敏感，具有很高的空间分辨率。扫描隧道显微镜具有恒流和恒高两种工作模式，恒流模式下得到的是表面形貌的图像，恒高模式下得到的是隧穿电流大小的空间分布，两种模式都可以给出样品表面结构的信息。

由于针尖最尖端单原子量级的尺寸以及压电陶瓷管皮米量级的伸缩精度，扫描隧道显微镜可以对固体表面的吸附分子进行单分子甚至亚分子级别的成像。扫描隧道显微镜超高的空间分辨率，主要利用针尖电子与分子轨道之间的隧穿来获得分子的电子结构信息，但是大气环境会使得表面在原子尺度上不断地发生着各种各样的变化，这严重影响了扫描隧道显微镜的高分辨成像。因此，超高真空和低温条件成为扫描隧道显微镜单原子分辨的常用扫描条件。

扫描隧道显微镜的引入，使得表面物理化学领域的研究达到了一个新的高度。但是由于扫描隧道显微镜必须使用隧穿电流成像，这要求样品具有良好的导电性，限制了扫描隧道显微镜在绝缘衬底上的应用。1986 年，Binnig，Quate 和 Gerber 三位科学家共同发明了原子力显微镜（atomic force microscope，AFM）（Binnig et al., 1986）。它的原理是利用柔性悬臂梁感知针尖和样品之间的相互作用力。进一步发明的非接触式原子力显微镜（non-contact AFM，NC-AFM），也使得 AFM 的分辨率进一步提升。

AFM 通过末端粘有尖锐针尖的悬臂梁扫过样品表面，通过悬臂梁的弯曲来间接获得形貌信息。AFM 有两种不同的工作模式，接触模式（静态模式）和非接触式模式（动态模式），即 NC-AFM（Garcia et al., 2002）。非接触式原子力显微镜悬臂是由机械激励驱动其在共振频率（f_0）下振动，它的振幅（A）一般在 10nm 以下，针尖可以在距离样品相对较近的情况下稳定工作，

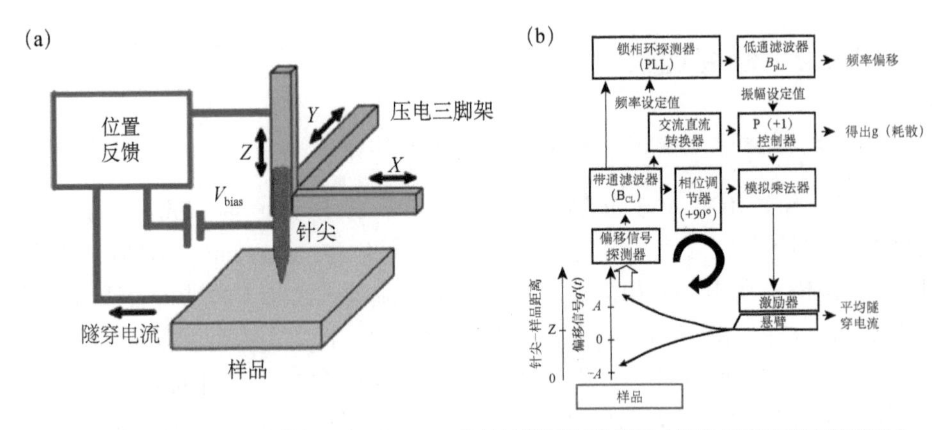

图 4.9.2　STM 工作原理示意图以及 NC-AFM 信号检测原理示意图（恒定振幅和频率偏移量）
图摘自（Shiotari A and Sugimoto Y. Nat Commun，2017，8：14313.）

且针尖不会撞到样品表面，故不会对样品表面造成损害。

非接触式原子力显微镜分为振幅调制（AM）和频率调制（FM）两种（Albrecht et al.，1991）。AM-AFM 中激励的频率和振幅是固定的，当针尖靠近样品时，由于针尖和样品相互作用，悬臂梁的振幅会发生变化。因此，振幅可以用来作为样品表面成像的反馈信号。在 AM 模式中，振幅响应时间 $\tau \approx 2Q/f_0$，其中品质因子 Q 值代表振动的稳定性，Q 值越大，每一次振动中能量损耗越小。在真空中 Q 值达到 10^5 后，AM 模式信噪比有所提高，但是扫描速度会非常慢。所以 AM 模式在真空中不适用。而 FM-AFM 则解决了这个问题，它的反馈维持振幅恒定，测量针尖和样品之间作用力梯度引起的共振频率的偏移（Δf）。AM 模式主要在大气和液相中工作，而 FM 模式应用于超高真空的环境中。

非接触式原子力显微镜利用针尖和样品相互作用力来进行成像。针尖和样品之间由吸引力和排斥力成分组成。吸引力主要有范德瓦耳斯力、静电力和化学吸引力，排斥力主要是泡利排斥力。范德瓦耳斯力来源于原子和原子之间的局域瞬时偶极作用；针尖和样品之间的电势差或功函差可以产生静电力，这两者认为是长程力，短程力有短程化学吸引力和泡利排斥力。一般认为，长程力没有原子成像的能力，只是成像的背景力，要得到高分辨的成像必须要针尖逼近到离被测样品的表面非常近的地方。

图 4.9.2（b）是非接触式原子力显微镜（NC-AFM）的信号检测原理的框图（Giessibl，2003），它由振幅控制模块和频率测量模块组成。悬臂发生偏转后产生信号进入带通滤波器，然后分别进入锁相环（phase-locked loop，

PLL)、相位调节器和交流直流转换器。基于 PLL 的频率调制解调器测量频率偏移信号，并将其转化为电压信号。相位调节器调节悬臂振动激励信号和悬臂振动信号相位相差 $\pi/2$，使激励信号最小。交流直流转化器将悬臂偏转振幅转化为直流信号，与振幅设定值比较后提取能量耗散信号。相位调节器和交流直流转换器共同组成振幅控制模块。非接触式原子力显微镜成像模式由频率偏移的反馈开与关可以分为恒频率偏移模式和恒高度模式。恒频率偏移时，反馈打开通过实时记录压电陶瓷管的高度得到表面形貌信息；恒高度模式时，反馈关闭后针尖和样品距离不变，记录频率偏移信号得到恒定高度下频率偏移图。

1998 年，德国雷根斯堡大学的 Giessibl 发明了 qPlus 传感器。它由具有压电自检测的石英音叉作为力传感器，其中一个悬臂固定，另一个悬臂处于自由状态，末端粘有针尖提取隧道电流信息，同时可以得到力的信号。石英音叉弹性常数 k 一般为 $1800\mathrm{N \cdot m^{-1}}$，共振频率为 32～200kHz。相比于传统的激光检测的 Si 悬臂来说具有比较高的 Q 值，并且石英音叉硬度相对较大，针尖可以距离样品更近，可以得到样品分子内或者分子间的信息。qPlus 传感器在成像分辨率上具有极大的优势，推动了非接触式原子力显微镜在原子尺度上化学成像的发展。2009 年，苏黎世 IBM 实验室的 Gross 等（Gross et al.，2009）利用 CO 修饰的针尖在 5K、恒高度模式下得到了并五苯分子的高分辨图像，这是科学家第一次在实空间得到分子的化学结构信息。除了可以对分子骨架进行成像，非接触式原子力显微镜还可以对分子间相互作用等弱相互作用力进行识别。

扫描隧道显微镜和原子力显微镜等扫描探针技术，为水分子体系进行高分辨成像提供了坚实的技术基础。其具体应用和最新进展总结如下。

2）STM 技术进展与亚分子级的轨道成像技术

原子级空间分辨使得扫描隧道显微镜可以在实空间观察到单个水分子和复杂的氢键网络结构。因为扫描隧道显微镜实验需要导电的样品，所以过去二十年大部分工作集中在金属表面的水。单个水分子的扫描隧道显微镜图像通常表现为位于金属原子顶位的圆形突起，并且没有任何内部结构（Motobayashi et al.，2008；Shimizu et al.，2008）。

随着 STM 技术在金属表面水分子体系研究中的应用，不同于传统“双层冰”模型的氢键网络结构不断被发现，研究者（Hodgson et al.，2009；

Carrasco et al.，2012；Maier et al.，2015；Verdaguer et al.，2006）普遍认为水在金属表面的团簇化和浸润没有普适模型，通常获得的结构是水分子间氢键相互作用和水-金属成键相互作用的精细平衡，因而导致了各种各样的吸附结构，比如：Cu（110）（Carrasco et al.，2009；Forster et al.，2011；Kumagai et al.，2011），Ag（111）（Michaelides et al.，2007；Morgenstern，2002），Pd（111）（Maier et al.，2012；Tatarkhanov et al.，2009），Pt（111）（Nie et al.，2010；Standop et al.，2010），Ru（0001）（Maier et al.，2012；Tatarkhanov et al.，2009；Maier et al.，2014）以及 Ni（111）（Thurmer et al.，2014）。

近期，金属表面多层水的研究开始受到广泛的关注。但由于水是很好的绝缘体，多层水的高分辨扫描隧道显微镜研究仅限于少层水（小于三层）。Maier 等（Maier et al.，2016）发现在 Ru（0001）和 Pt（111）表面的第二层六角有序的水层可以诱导第一层无序的水层转变成有序的结构。图 4.9.3 是晶化后的第一层和第二层水分子的原子分辨，可以看到这两层水分子是相互匹配的六角结构，而且水分子都是位于下面衬底的金属原子顶位。Lechner 等（Lechner et al.，2015）发现继续在 Pt（111）表面的单层水上沉积 NH_3 分子会诱导水分子调整方向，直到有一个 OH 和 NH_3 形成一个氢键，密度泛函理论计算给出了这个过程不存在能量势垒。

图 4.9.3 Ru（0001）和 Sr_2RuO_4 表面的吸附水层结构图

（a）Ru（0001）表面上晶化的两个水层的原子分辨，插图中蓝色的点标记出了第三层水分子吸附的位置。（b）图（a）经过过滤噪音处理后的图像，可以清楚的看出第一层和第二层水分子的位置，将衬底上的 Ru 原子位置叠在其上，如插图所示，说明两层水分子均处在衬底 Ru 原子的正上方。上述实验条件为：−263mV，3.2pA，77K。摘自文献（Maier et al.，2016）。（c）Sr_2RuO_4 表面在 160K 下形成的单层水的 STM 图像。（d）重叠了衬底原子的放大 STM 图像，蓝色和红色的球分别表示 Sr 和 O 原子位置，水层由分解的 OH 基团（红色虚线圆圈）和水分子（黑色的虚线圆圈）。上述实验条件为：400～500mV，100pA

Nie 等（Nie et al.，2009）发现可以在高偏压和小电流（−6V，0.4pA）的条件下对多层冰进行无损伤的扫描隧道显微镜成像，进而观察到 115～135K 温度下，4～5nm 厚度的冰层上表面冰结构在第二层冰岛表面的扩散和长大。日常生活中最常接触到的是六角相的冰，例如雪花，但低温下还存在着另一个结构的冰——立方相的冰。Thumer 和 Nie（Thurmer et al.，2013）在 Pt（111）表面的多层冰的结构中发现螺旋位错的存在，这些螺旋位错的特性决定了 Pt 表面冰的结构是立方相还是六角相。

尽管 STM 技术在界面水体系中取得了诸多成果，分辨率和成像质量也极大地提高，但是实验上仍旧无法对水分子进行亚分子级的轨道成像。究其原因，主要有以下两点：第一，之前大部分 STM 实验都使用了金属衬底，金属表面具有很强的电子态密度分布，而且金属和水分子之间耦合作用很强，STM 探测中水分子的轨道信息会被金属的电子态密度信息淹没；第二，水分子属于良好的绝缘体，最高占据轨道（HOMO）和最低未占据轨道（LUMO）距离费米面都很远，因此需要在较大偏压下通过共振隧穿成像，这很容易激发水分子运动甚至分解而无法成像。

为了解决亚分子轨道成像的技术难题，首先要解决金属衬底对水分子轨道信息的干扰问题。虽然扫描隧道显微镜实验需要导电的衬底，但是仍有两种办法可以利用绝缘特性降低衬底金属性的干扰：一是在金属衬底表面生长超薄的绝缘体薄膜，这样来自针尖的电子仍然能以一定的概率透过绝缘体薄膜，隧穿到金属衬底；二是在绝缘体中进行掺杂，诱导出自由载流子，使得绝缘衬底略微导电。近年来，利用扫描隧道显微镜研究绝缘衬底上的水分子引起了很大的关注，主要集中在金属氧化物和碱金属卤化物（Fester et al.，2017；Guo et al.，2014；Merte et al.，2012；Mu et al.，2017；Peng et al.，2017；Shin et al.，2010）。

水吸附在金属氧化物表面比在金属表面更为复杂，因为水分子除了与金属原子成键以外还会和氧原子成键，这往往会导致水分子的分解。He 等（He et al.，2009）在催化活性较高的锐钛矿型 TiO_2（101）表面吸附的单个水分子呈现“亮-暗-亮”的特征，结合密度泛函理论（density functional theory，DFT）发现水分子中的氧原子会和表面的 Ti_{5c} 形成配位键，氢原子会和近邻桥位的氧原子形成两个氢键。另外，在金红石型 TiO_2（110）表面上，水一般会吸附在 Ti 链上，并且会在氧空位上发生分解（He et al.，2009；Dohnalek et al.，2010；Pang et al.，2006）。在与 TiO_2（110）相似的 RuO_2（110）表面，水分子吸附在钌原子上，在 238K 下沿着钌链扩散形成二聚体（Mu et al., 2015；Mu et al., 2014）。当进一步升高温度到277K，二聚体会进一步分解成 H_3O_2 和 OH。在其他一些氧化物体系中，人们也发现了水的分解，如图 4.9.3（c）所示，单层水吸附在 Sr_2RuO_4 表面会形成一个网络，它由锶原子上的水分子和在桥位的 OH 组成。水分子在 FeO/Pt（111）表面 130K 退火会形成大范围的二维岛（Merte et al., 2014），但是在羧基化的 FeO 表面，水分子在 110K 倾向于和羧基形成氢键从而得到六角的纳米团簇。

其次需要解决水分子轨道距离费米面过远的问题。近期，Guo 等（Guo et al., 2014）通过针尖-样品的相互作用来调控水分子的前线轨道，使得最高占据分子轨道（highest occupied molecular orbital，HOMO）和最低未占据分子轨道（lowest unoccupied molecular orbital，LUMO）往费米能级附近移动，成功地实现了在 NaCl（001）/Au（111）表面上单个水以及水的四聚体的亚分子级分辨成像（图 4.9.4（a），（b））。正偏压下，水分子呈现等大的双瓣结构（图 4.9.4（c）），对应于直立吸附结构的 HOMO。负偏压下，双瓣结构消失，扫描隧道显微镜中呈现上尖下宽的鸡蛋形状的单瓣结构（图 4.9.4（d）），对应于水分子的 LUMO，由此可以分辨出平面内的 OH 键指向 NaCl 表面的[010]方向。因此，基于亚分子级的轨道成像技术，可以在实验中直接识别单个水分子的吸附构型、空间取向（图 4.9.4（e），（f）），甚至水分子四聚体内部的氢键方向性（图 4.9.4（g）～（j））。这使得研究人员可以在零偏压附近对于水分子进行高分辨轨道成像，避免了高能隧穿电子对于分子的扰动。基于以上的轨道成像方法，单个水分子的空间取向可以确定下来，进而提供了在团簇结构中分辨氢键方向的可能，为原子尺度上研究冰的微观结构和质子转移动力学等奠定了基础。

3）AFM 技术进展与亚分子级的原子力成像技术

非接触式原子力显微镜的迅猛发展在水科学领域也发挥了重要的作用。非接触式原子力显微镜为界面水提供了高的水平分辨率，但是针尖靠近样品时，要控制针尖对水层的微扰。在室温大气环境下，针尖靠近样品时，针尖上的水和样品表面的相互作用，会导致测量误差。基于非接触式原子力显微镜的静电力显微镜（scanning polarization force microscopy，SPFM）（Hu et al., 1995a；1995b），利用静电的相互作用，施加了偏压的针尖距离样品表面 10～20nm，避免了针尖和样品之间的接触。

1995 年，胡钧等（Hu et al., 1995c）利用发明的 SPFM 研究了室温下云母片上水的凝聚和蒸发过程。利用 SPFM 可以对两个过程进行直接成像。凝

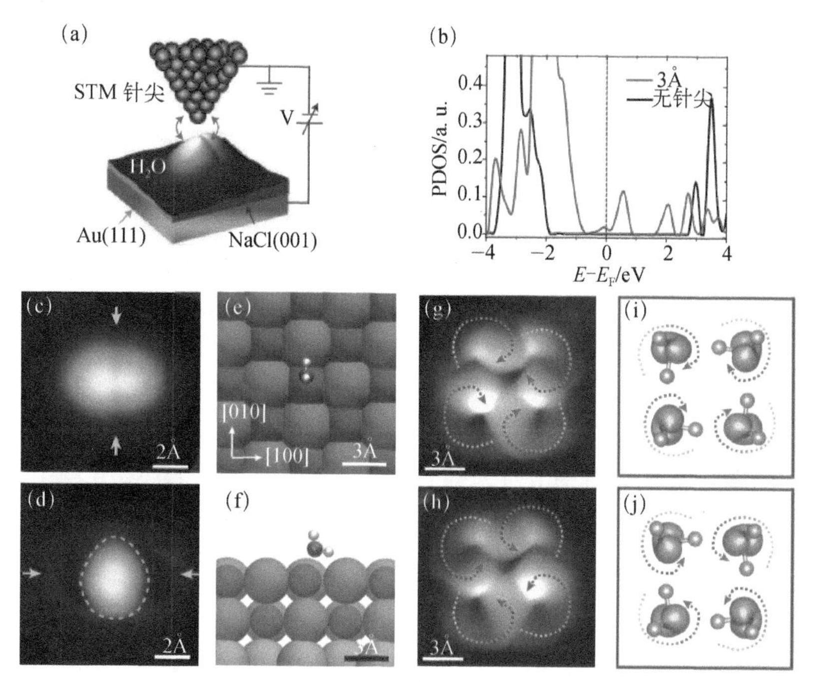

图 4.9.4 NaCl（001）/Au（111）表面上单个水分子以及水分子四聚体的 STM 图像

（a）实验装置示意图，蓝色双箭头表示针尖与分子之间的耦合作用；（b）考虑针尖和不考虑针尖时计算得到的 NaCl（001）表面单个水分子的投影态密度；（c），（d）单个水分子的 HOMO 和 LUMO 轨道 STM 图像；（e），（f）单个水分子在 NaCl（001）表面的吸附俯视图和侧视图；（g），（h）两种具有不同氢键手性的水分子四聚体的 HOMO 轨道 STM 图像；（i），（j）由第一性原理计算（密度泛函理论，DFT）得到的与（g）和（h）相对应的轨道图像。图摘自（Guo et al.，2004）

聚过程中水相可以分为两种，25%湿度时，形成直径小于 1000Å 的二维水团簇；高于 25%的湿度时，形成大的二维岛状水层，这个岛状水层和云母的晶格相关；随着湿度的增加，岛状生长会在湿度为 45%时完成。水的蒸发过程同样可以观测到。如图 4.9.5（a），对于岛状的水层，作者发现针尖和样品接触后会诱导接触点处水的凝聚。针尖退回后，通过 SPFM 可以对过量的水形成的分子层厚的岛进行成像。水岛的边界经常是角度为 120°的多边形，通过比较云母片的晶格，可以得到边界的方向和云母的晶体学方向相关。因此作者得到了分子层厚的水层有着与冰类似结构的结论，即“室温下的冰”。

2010 年，Kimura 等（Kimura et al.，2010）利用 AFM 的 FM 模式原位研究了云母表面的特定晶体位点的水结构。此工作中利用力谱逐点成像的方法，得到了针尖与表面相互作用力的二维分布。图 4.9.5（b）中是云母表面结构模型和 AFM 图。从图中可以看出，在水和云母的边界处，水分子渗透到了云母六元环的中心；同时可以从图中区分出云母表面的三层水的位置。但是水结构在表面上不是相同的。图 4.9.5（b）中，橙色椭圆处可能是云母表面吸附的钾离子或者钾离子的水合物。这种不均匀性来源于表面电荷分布的不同，而且第三层水受表面结构的影响要比第一、二层水小。同年，Fukuma 等（Fukuma et al.，2010）利用 3D-SFM（three-dimensional scanning force microscopy）的 FM 模式得到了云母上六边形上吸附水分子和横向水层的三维分布，研究表明靠近水环境的云母表面存在表面弛豫。2013 年，Herruzo 等（Herruzo et al.，2013）将这种三维的思路扩展到双模 AFM 上，它采用在两个频率下同时激励微悬臂的方式。这样不仅增加了二维方向的分辨率，而且可观测性大大提高。同时，他们还对 Fukuma 的工作进一步发展，能够在 10pN，2Å 和 40s 的分辨率下对云母上水层进行成像。图 4.9.5（b）中的下图是云母-水的三维图，左图显示在靠近云母时，观测值的振荡周期与水层宽度一致；右图上界面上的微扰可以分析得到云母上的原子结构。

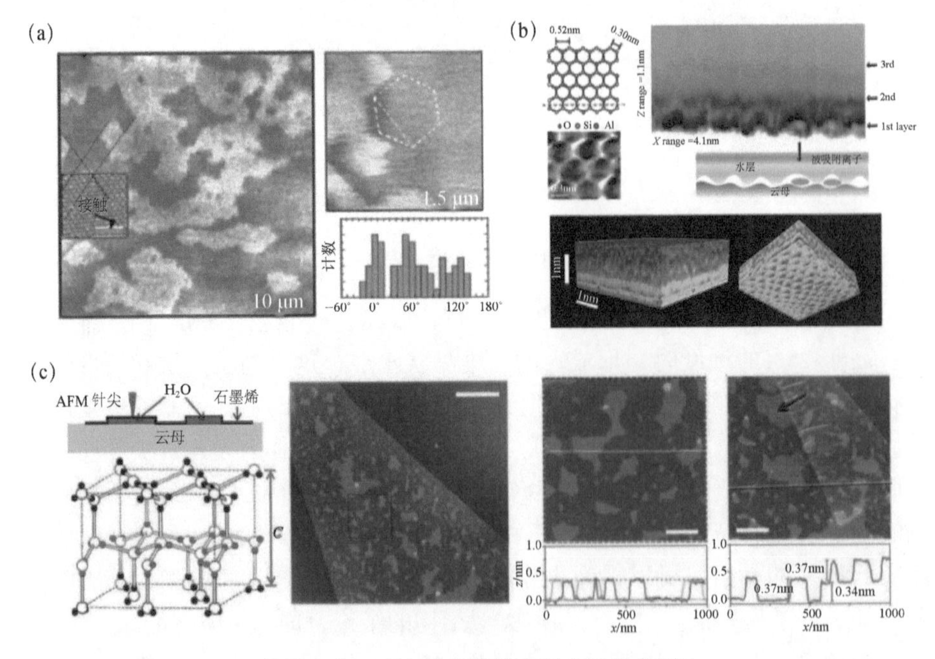

图 4.9.5　AFM 对绝缘体表面水层的表征

（a）云母上水结构的 SPFM 图，亮的区域对应第二层水，暗的区域对应第一层水，边界取向出现五元环和六元环形状。摘自文献（Hu et al.，1995c）。（b）云母（001）表面结构示意图以及浸入水中的云母的 AFM 图，三维 AFM 力谱成像可以探测得到橙色椭圆处吸附在表面的钾离子或者钾离子水合物，云母表面原子结构以及不同吸附水层的结构。摘自文献（Herruzo et al.，2013；Kimura et al.，2010）。（c）利用 AFM 探测石墨烯覆盖水层的实验原理示意图以及实验结果图

2010 年，Xu 等（Xu et al.，2010）利用石墨烯覆盖在云母片上的水层上，研究了水吸附层的吸附高度。结果表明，第一层和第二层水的吸附高度为 0.37nm 左右，这和单层冰的高度相同，得到室温下吸附在云母片上的第一、二水层为冰结构的结论。石墨烯的作用是固定水的吸附层，为在室温下探测表面水创造了条件。如图 4.9.5（c），通常在接近 0°时冰的层间距为 $c/2$=0.369nm，这个和观察到的大约 0.37nm 的结果相近。并且图 4.9.5（c）中箭头所指的方向指明第一层水岛的边界大约为 120°，这证明了在云母上第一层水也有冰的性质，是对前述利用 SPFM 研究水工作的进一步发展。这些研究显示了非接触式原子力显微镜在研究水结构的重要作用，极大地推动了水科学的发展。

与 STM 技术类似，AFM 技术也可以实现对水分子体系的亚分子高分辨成像。亚分子级的轨道成像虽然可以用于判断水分子的取向和氢原子的位置信息，但由于电子轨道的复杂性，很难与水分子的几何结构建立直接联系，加大了对氢核定位的难度，因而需要一种更为简单和直接的手段。考虑到水分子具有很强的极性，氧原子和氢原子分别带有显著的负电荷和正电荷。利用带电的 AFM 针尖，理论上可以通过探测针尖与水分子之间的静电相互作用，将不同电性的氧原子和氢原子在实空间区分开来，从而达到探测氢核自由度的目的。但这种方法最大的问题是，静电作用力一般是长程作用力，对针尖高度不敏感，很难得到很高的空间分辨。解决这一问题的一个途径是探测高阶的静电作用力，越高阶的静电力对针尖高度的依赖越灵敏，但是作用力强度也越小。

根据上述原理，Peng 等（Peng et al.，2018）利用基于 qPlus 力传感器的非接触型 AFM，通过对针尖进行化学修饰，调控针尖末端的电荷分布，探测到了针尖与水分子之间的微弱高阶静电力，最终实现了对氢核的空间成像（图 4.9.6）。当用 CO 修饰的针尖对水分子四聚体进行远距离 AFM 成像时，出现了明显的内部特征，这些特征与水分子四聚体的静电势分布非常相似。通过与理论模拟的对比，他们发现这种远距离的高分辨成像起源于类似电四极子的 CO 针尖（图 4.9.6（a））和强极性水分子之间的短程的高阶静电力。基于这种高阶静电力成像，可以清晰地分辨水分子中氧原子和氢原子的位置（图 4.9.6（f））。此外，由于 CO 针尖和水分子之间的高阶静电力相当弱，可以在没有任何扰动的情况下对很多弱键合的水分子团簇及其亚稳态进行成像。

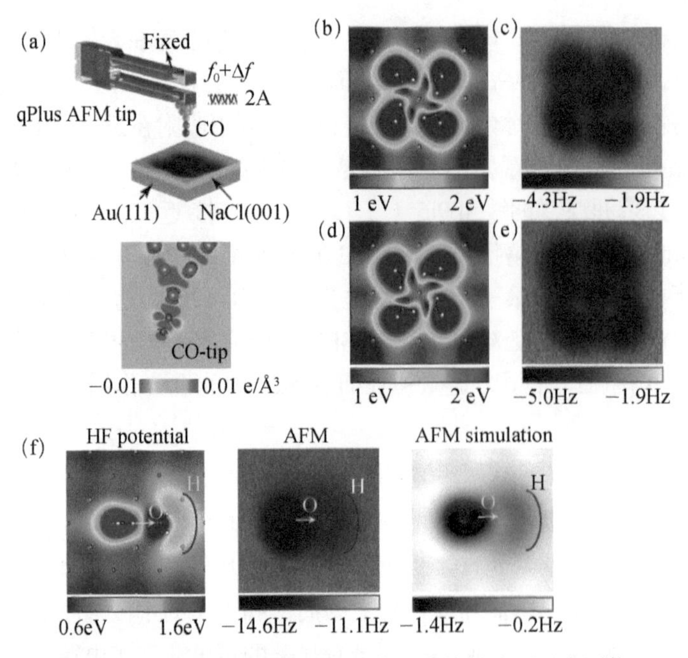

图 4.9.6 水分子四聚体和二聚体的非接触式原子力图像

（a）qPlus 型原子力传感器的结构示意图。底部：CO 针尖的电荷密度分布图。（b），（c）和（d），（e）分别是两种不同手性的水分子四聚体的静电势分布图和 AFM 图像。（f）水分子二聚体的静电势分布、AFM 图和 AFM 模拟图。黄色箭头和黑色圆弧分别标记出水分子中的 O 原子和 H 原子的位置，图摘自（Peng et al.，2018）

这种非侵扰式静电力成像技术打破了长期以来用扫描探针技术研究表面水的局限，为在原子尺度上研究表面水或者冰、离子水合物及生物水的内秉结构提供了可能性。用 CO 针尖得到的亚分子级的高分辨 AFM 图像不仅提供了静电力的空间信息，而且能够帮助确定氢键结构的拓扑细节包括 H 原子核的位置，这对理解水分子的氢键相互作用和动力学非常关键。此外，这些结果为 AFM 高分辨成像提供了新的机制，突出了针尖复杂的电荷分布对极性分子的成像扮演的关键角色。原则上，通过对针尖电荷特性的功能化，这种非破坏性的静电力成像技术可以很容易推广到其他极性分子体系。值得指出的是，Sugimoto 等（Shiotari et al.，2017）也利用 CO 修饰的针尖对 Cu（110）表面的水链获得了高分辨成像，但是这种近距离的成像容易对边角处弱吸附的水分子造成扰动。

4）针尖增强的非弹性隧道谱技术

除了氢键的空间几何构型，水分子之间的氢键强度、氢键动力学、同位素效应等问题也是水科学领域研究的重点。基于扫描隧道显微镜的非弹性电子隧道谱（inelastic electron tunneling spectroscopy，IETS）是研究这些问题的一个有效手段。振动谱是从能量空间获取分子内部自由度信息的一种重要手段，通过特征的振动峰可以获取分子取向、成键、局域环境、化学成分等信息。通常光学手段获取的振动谱空间分辨率特别差，而基于扫描隧道显微镜的 IETS 技术，可以探测单个分子的振动，而且具备亚埃量级的空间分辨和单键振动测量的灵敏度（Stipe et al.，1998；Gawronski et al.，2008；Heinrich et al.，2002；Kim et al.，2002）。该技术的核心思想是通过高度局域化电子的非弹性隧穿来激发单个水分子的振动，从而获取单分子尺度上的振动模式信息。

从隧穿电流中得到振动信号这个想法最早是由 Jaklevic 和 Lambe（Jaklevic et al.，1966）在金属-氧化物-金属隧穿结中实现的。Stipe 等（Stipe et al.，1998；Ho，2002）在 30 年以后将该技术应用到扫描隧道显微镜中，首次获得了单分子级别的分子振动谱。

Morgenstern 和 Nieminen（Morgenstern K，2002）最早获得了在 77K 下 Ag（111）表面水的 IETS。因为分子轨道都远离费米能级，所以他们得到的是非共振 IETS，信噪比非常低，无法准确给出每个共振峰对应的振动模式。在另外一个实验中，Kumagai 等（Kumagai et al.，2009）可以测量 Cu（110）表面上单个羧基分子以及团簇的 IETS。OH/OD 的弯曲模式和伸缩模式都可以清晰地从谱图中确定，这些模式被进一步用来研究羧基分子的动力学。

由上可以看出，尽管通过二阶锁相技术可以将 IETS 信号提取出来，但其信号通常非常弱，这是因为非弹性散射过程中电子振动耦合对于弹性散射过程只是很小的微扰，因此仅导致很小电导变化（<10%）。尤其对于闭壳层的水分子来说，其前沿轨道离费米面很远，扫描隧道显微镜的低能隧穿电子很难与水分子发生相互作用，故非弹性隧穿的概率异常低，所以很难用传统的 IETS 技术探测水分子的振动信号。有理论表明，如果能将分子的前沿轨道通过某种方式（如 gating）调控到费米能级附近，这时候隧穿电子与分子的振动将发生强烈的耦合，非弹性电子隧穿过程将有可能被共振增强，从而大大提高 IETS 的信噪比。

为了进一步提高信噪比，提升水分子的非弹性散射截面，Guo 等（Guo et al.，2016）发展了针尖增强的扫描隧道显微镜-IETS 技术。他们首先利用绝缘的 NaCl 薄层减少了水分子和金衬底的耦合，使得电子可以在分子中停留更长的时间，提高了电–声作用的概率。其次，他们利用氯原子吸附的扫描隧道显微镜针尖调节分子前线轨道与费米能级之间的能量差，从而有效增加费米能级附近的电子态密度，从而实现了水分子的近共振激发 IETS。

如图 4.9.7 所示，他们利用单个 Cl 原子修饰针尖尖端（图 4.9.7（a）)，通过控制针尖与水分子的距离和耦合强度，调控水分子的轨道态密度在费米能级附近的分布（图 4.9.7（b）)，从而实现了非弹性隧穿过程的共振增强，获得了单个水分子的高分辨振动谱（图 4.9.7（c）)。当针尖距离水分子比较远时，水分子的 dI/dV 和 d^2I/dV^2 谱线（蓝色曲线）与 NaCl 衬底信号（灰色曲线）完全一致，并没有出现任何水分子特征振动信号。当 Cl 针尖靠近水分子 0.8Å 时，非弹性隧穿过程被共振增强，水分子的 dI/dV 谱线（红色曲线）中出现明显的台阶，在相应的 d^2I/dV^2 谱线中，这些台阶信号会被放大而呈现出明显的峰和谷，并且相对于零偏压点对称。经过与密度泛函理论（DFT）计算结果对比，他们发现这些特征峰分别对应于水分子的旋转（R）、弯曲（B）以及拉伸（S）振动模式。

因此，利用针尖增强 IETS 可以非常精确地识别水分子的不同振动模式（包括拉伸、弯曲、转动等）。得益于它的超高精度，实验人员甚至可以从 OH/OD 伸缩模式的红移定量得到氢键的强度（Rozenberg et al., 2000）。值得一提的是，他们进一步通过 H/D 的同位素替代实验给出了单键尺度上核量子效应对氢键强度的影响，澄清了氢键的量子本质（Guo et al., 2017）。

这种针尖增强的非弹性电子隧穿谱技术，突破了传统非弹性电子隧穿谱技术在信噪比和分辨率方面的限制，探测到的电导变化高达 30%，比传统技术提高了约一个量级，使得氢键强度的测量精度可优于 2meV。该技术还可以用作核量子运动的灵敏探针，为原子尺度上核量子效应的精确表征奠定了基础。此外，非弹性电子隧穿谱技术在各种元激发的探测、化学元素识别、化学结构成像、催化反应等方面也有着广泛的应用。

扫描探针技术的重要应用：

（1）NaCl 表面水/冰的亚分子级分辨研究。

随着新技术的发展，尤其是扫描隧道显微镜技术的出现，人们可以直接“看”到水的局域微观结构。前文提到的亚分子级轨道成像技术与原子力成像技术，为精确确定水团簇和冰层的氢键拓扑构型提供了可能。

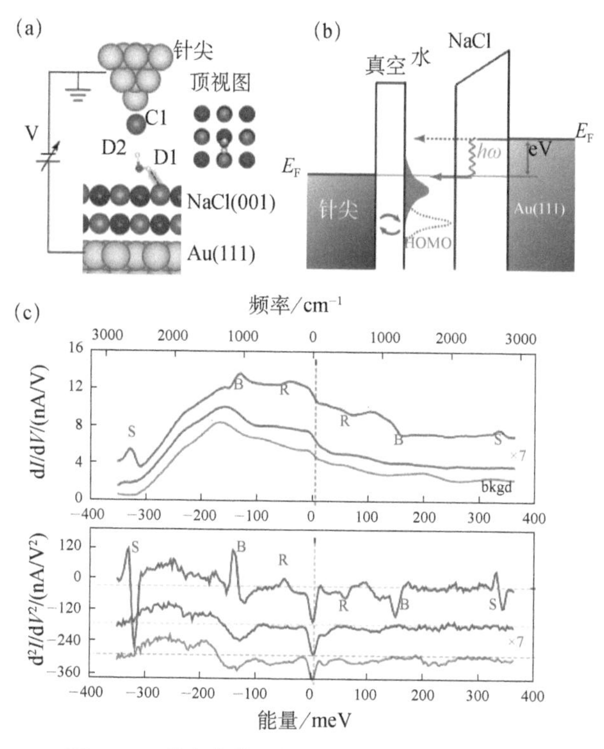

图 4.9.7　单个水分子针尖增强的非弹性隧道谱

（a）实验示意图。单个水分子（D_2O）竖直吸附在 NaCl（001）/Au（111）衬底上。红色、白色、金色、紫色小球分别代表 O、D、Au、Cl^-和 Na^+。（b）针尖增强的 IETS 信号的原理示意图。（c）单个水分子的 dI/dV 以及对应的 d^2I/dV^2 谱线。灰色曲线表示 Cl 针尖高度为−1.2Å 时水分子上的信号。谱线上出现的水分子特征振动信号分别表示：R，旋转（rotational）；B，弯曲（bending）；S，拉伸（stretching），图摘自（Guo et al.，2016）

正如前文所述，由于扫描隧道显微镜对样品导电性的要求，过去关于界面上的水分子吸附研究主要集中在金属衬底上。然而，研究绝缘体（如盐）表面的水分子吸附也对很多领域至关重要，如大气、环境、化学以及生物领域（Verdaguer et al.，2006；Ewing，2006；Rossi，2003）。Chen 等（Chen et al.，2014）为了研究水分子在盐表面的吸附，同时保证导电性的要求，在 Au（111）衬底上生长双层 NaCl 薄膜，使得隧穿电子仍然有足够的概率透过薄膜。

在 77K 温度下，他们发现 NaCl 表面吸附的大部分水分子团簇呈现 4 种类型（I、II、III 和 IV），如图 4.9.8 所示。类型 I 水团簇是水分子四聚体，它形成环状氢键网络结构，其中一个水分子作为氢键供体，另一个相邻水分子作为氢键受体；另外四个自由的 OH 键指向斜上方。四聚体中心在 NaCl 衬底的 Cl^-上，其中每个水分子吸附在 Na^+上。前面已经提到，利用亚分子级的轨道成像技术，可以区分水分子四聚体的手性（氢键网络取向）。其余三种类型（II、III 和 IV）水分子团簇呈现的是双层结构，它们分别由两个、三个、四个四聚体组成。其中连接四聚体的桥位水分子中自由的 OH 键倾斜向上指向真空，因此在扫描隧道显微镜中是较亮的突起；另一个 OH 键中 H 原子与衬底相邻 Cl 原子形成氢键（O–H···Cl）。类型 III 水分子团簇构型与类型 II 水团簇类似，形成一维链状结构。类型 IV 水分子团簇是一种二维冰结构，由四个四聚体以及六个桥位水分子组成。非常有趣的是，位于中心的两个桥位水分子由于 H 原子之间的相互排斥作用不会完全朝向对方，这种相邻氧原子之间存在两个质子的缺陷结构称为 Bjerrum-D 型缺陷。这在实验上直接确定了 NaCl 表面水团簇的吸附构型，它与之前许多谱学、衍射实验以及理论预言的结果（Folsch et al., 1992；Park et al., 2004；Peters et al., 1997；Yang et al., 2006）极为不同。

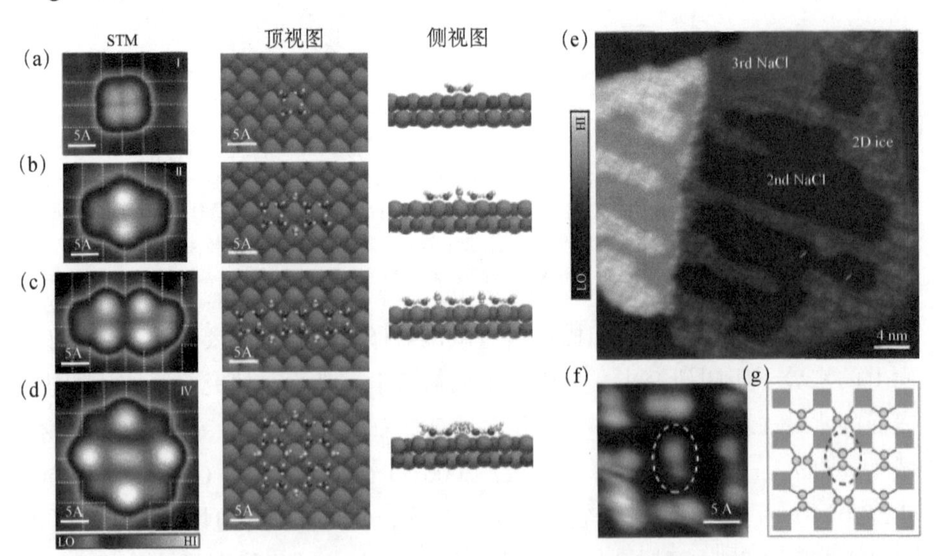

图 4.9.8　水分子团簇的 STM 图与理论计算以及 NaCl（001）表面生长的二维冰结构

（a）类型 I，四聚体；（b）类型 II，双四聚体；（c）类型 III，三四聚体；（d）类型 IV，四四聚体。第一列是 STM 图，第二列、第三列是理论计算的吸附构型的俯视图与侧视图；（e）NaCl（001）表面生长的二维冰的 STM 图；（f）放大的二维冰结构的高分辨 STM 图；（g）图（f）相对应二维冰结构的模型图。红色方框代表水分子四聚体，黄色圆球代表将水分子四聚体连接的桥位水分子，图摘自（Chen et al., 2014）

这个工作同时也为固体表面冰形成的研究提供了非常重要的参考价值。一直以来，传统的六角双层冰模型是人们描述固体表面冰结构的基本出发点，然而由于水与固体表面相互作用的复杂性，这种简单的模型受到越来越多的挑战。当 NaCl 表面水分子的覆盖度增加时，会形成大面积的二维冰（图 4.9.8（e））。图 4.9.8（f）是放大的二维冰结构的高分辨扫描隧道显微镜图，图中出现成对亮的突起。这种奇特的二维冰结构是一种四角的双层冰结构，底层是四聚体排列的二维阵列，它们由上层的单个水分子连接起来。因此，图 4.9.8（f）中亮的突起是有序排列的 Bjerrum-D 型缺陷，而下层的四聚体在扫描隧道显微镜图中不会呈现出来。类似于类型 IV 水团簇，在二维冰中的 Bjerrum-D 型缺陷也具备两种正交的取向，即扫描隧道显微镜中成对出现的突起有水平和竖直两个方向的分布。英国 Hodgson 课题组（Forster et al.，2011）在 Cu（110）表面的冰层中也发现了这种缺陷。

这种冰结构的表面存在着高密度周期性排列的缺陷与不饱和氢键（这些不饱和氢键可以成为活性位点，促进异质催化），完全违背了人们普遍接受的“冰规则”（Bernal-Fowler-Pauling ice rules），修正了人们从前对固体表面冰结构的微观认识。盐颗粒作为大气中一种重要的气溶胶，是形成云滴和冰晶的凝结核，澄清盐表面冰层的结构对于理解大气中的异质催化反应和解决大气污染问题具有重要的意义。

虽然 77K 下，NaCl 表面的水分子团簇主要为水分子四聚体或者以之为基本单元，但在 4K 低温下，还存在水分子二聚体和三聚体。对这些弱键合的水分子团簇进行高分辨成像更具有挑战性，因为前面提到的基于针尖-水分子强耦合的轨道成像技术很容易扰动它们。基于 qPlus 的非侵扰 AFM 成像技术，Peng 等（Peng et al.，2018）通过探测针尖上 CO 分子与水分子之间的高阶长程静电相互作用力，来对这些弱键合的水分子团簇甚至其亚稳态进行高分辨成像（图 4.9.9）。这些亚分子级的高分辨 AFM 图像不仅提供了静电力的空间信息，而且能够帮助确定氢键结构的细节，包括 H 原子的位置（由于 H 和 O 原子分别带正电和负电，因此 H 原子与最尖端带负电的 CO 针尖的静电吸引力更大，在 AFM 图中更暗，见图 4.9.9 中虚线），从而可以识别不同 OH 取向的水分子团簇。值得注意的是，扫描隧道显微镜图中无法分辨出 H 原子核的位置。确定亚稳态的水团簇结构对于理解冰的成核和初期生长至关重要。

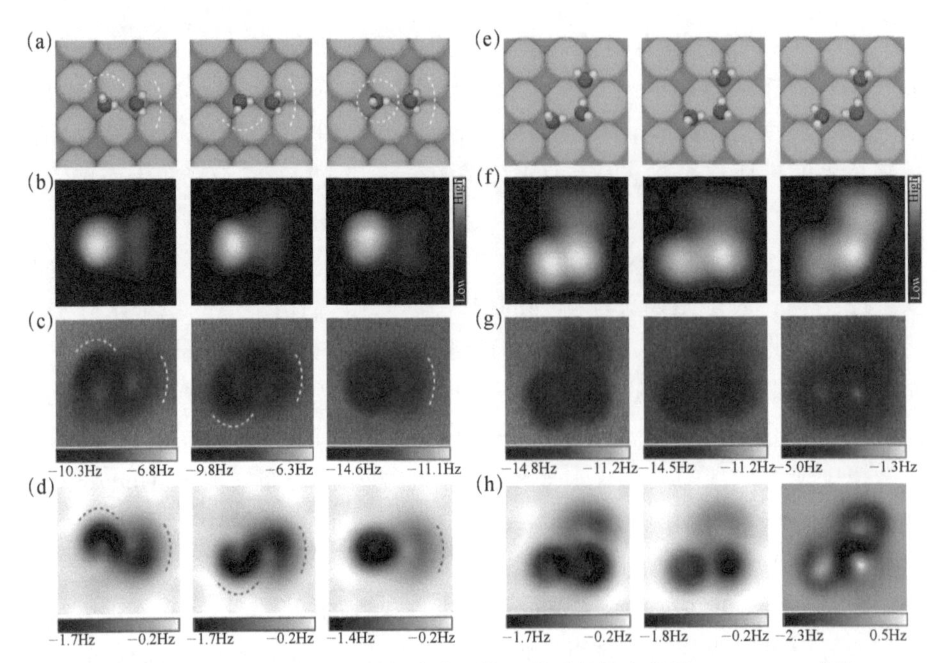

图 4.9.9 用 CO 针尖探测的弱键合水团簇亚分子级的高分辨 STM/AFM 成像

（a）～（d）弱键合的水分子二聚体和（e）～（h）三聚体的亚分子分辨 AFM 成像。从上到下依次是原子结构图、STM 图、AFM 图和 AFM 模拟图，红色、白色、绿色、紫色小球分别代表 O、H、Cl^-和 Na^+，图摘自（Peng et al.，2018）

（2）水的氢键网络中的质子转移动力学。

水中的质子是最轻的原子核，在热、局域电场等扰动下，它可以摆脱氧原子的共价键束缚发生转移，这使得水的结构变得更加复杂多变。质子沿着氢键转移在很多物理、化学和生物过程中扮演着重要的角色（Horiuchi et al.，2010；Masgrau et al.，2006）。质子动力学过程容易受到量子隧穿效应的影响，而且经常同时涉及多个氢键，从而导致相互关联的多体隧穿现象（Bove et al.，2009；Brougham et al.，1999；Drechsel-Grau et al.，2014），然而一直缺乏氢核多体协同隧穿的直接的实验证据。此外，由于需要质子间的相位相关性，质子的多体关联隧穿对原子尺度上的环境耦合非常敏感。由于空间分辨率的限制，被广泛使用的谱学技术无法提供这样局域的信息（Bove et al.，2009；Brougham et al.，1999）。最近，扫描隧道显微镜被证明是单分子尺度上探测分子内部和分子之间质子动力学的理想工具（Merte et al.，2012；Auwarter et al.，2012；Kumagai et al.，2012；Liljeroth et al.，2007）。然而大部分研究集中在质子以跨越势垒的经典方式发生转移，基于量子隧穿的转移还很少被研究。

Meng 等（Meng et al.，2015）利用扫描隧道显微镜直接观察了水分子四聚体内部四个质子协同隧穿现象。水分子四聚体吸附在 Au 衬底上 NaCl（001）薄膜表面，通过亚分子级分辨成像技术，可以直接识别两种不同氢键取向的水分子四聚体。为了诱导水分子四聚体中的质子转移，他们将扫描隧道显微镜针尖用单个 Cl^-离子功能化（得到 Cl-针尖），然后将 Cl-针尖置于水分子四聚体略偏离中心的地方，降低 Cl-针尖的高度，可以观察到隧道电流的高低态之间来回切换（图 4.9.10）。抬起 Cl-针尖则水分子四聚体停留在末态，通过亚分子级的轨道成像技术，可以判断这两种电流状态分别对应水分子四聚体的两种不同的手性和氢键取向。进一步，通过研究手性转换速率与电压、针尖高度的依赖关系，以及 DFT 计算，他们推断这种手性转换来源于水分子四聚体中的质子的协同隧穿转移。

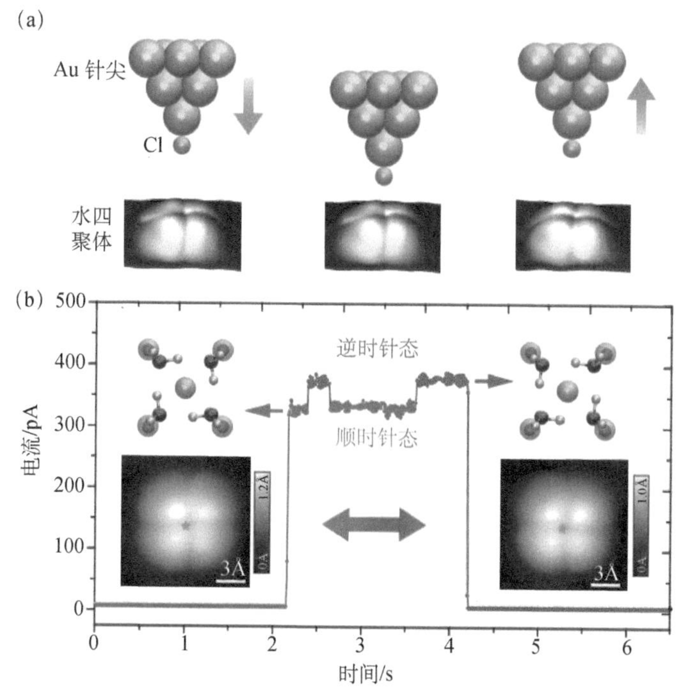

图 4.9.10　水分子四聚体手性的转换

（a）Cl 针尖操纵四聚体手性转换的示意图。从左到右，水分子四聚体先处于顺时针（CS）的手性态，此时针尖距离水分子比较远，将针尖靠近水分子 230pm，水分子的手性状态不断变化，当水分子四聚体处于逆时针（AS）的手性态时，将针尖退回到初始的高度，水分子四聚体保持在末端手性状态。（b）在对水分子四聚体进行手性转换操纵的过程中隧道电流随着时间的变化。其中高的电流值对应 AS 态，低的电流值对应 CS 态。插图为 AS 和 CS 四聚体的集合构型图和 STM 高分辨图，图摘自（Meng et al.，2015）

为了进一步证实这种质子转移的量子特性，Feng 等（Feng et al.，2018）进行了同位素替换实验。将水分子四聚体中的一个 H_2O 分子换成 D_2O 分子，他们发现 5K 下四聚体的手性转换速率大大降低，这表明水分子手性的切换确实是质子协同隧穿的结果。为了可控地研究原子尺度的环境对隧穿过程的影响，我们以皮米的精度调节 Cl^-和质子之间的电耦合强度以及耦合的对称性。实验发现，Cl^-与四个质子之间的对称性耦合使隧穿电流显著增大，而不对称耦合会破坏量子相干性和四个质子之间的协同性，导致协同隧穿的快速完结，从而实现对这种多体量子态的原子尺度操控。该工作表明，多体关联量子行为在水的氢键动力学过程中扮演着不可忽视的角色。实验中观察到的质子协同隧穿，远比单粒子隧穿容易发生，很有可能广泛存在于氢键体系，这对于理解冰和有机铁电材料的相变过程以及生物体系的信号传递过程有重要的意义。另外，该工作为实验上精确、定量描述甚至调控氢键体系的核量子效应提供了可能。2015 年，Yen 等（Yen et al.，2015）利用介电弛豫测量等技术观测到了体相冰中的氢核协同隧穿过程。2016 年，Althorpe 课题组（Richardson et al.，2016）利用转动光谱在气相水分子六聚体团簇中，发现两个水分子以协同转动的方式通过量子隧穿来同时打破两个氢键。这表明多体核量子效应在实际的水体系中也广泛存在。

（3）核量子效应对氢键强度的影响。

水的氢键相互作用之所以比较复杂，一个重要的原因是氢核的量子效应。氢核的量子涨落会对氢键网络体系的结构、动力学甚至宏观性质等产生重要的影响（Hodgson et al.，2009；Benoit et al.，1998；Paesani et al.，2009；Tuckerman et al.，1997；Voth et al.，1989；Soper et al.，2008）。氢核的非简谐量子涨落会改变水分子 OH 键的长度和氢键角度，从而改变氢键的键能和构型。虽然已经有很多理论工作研究氢核的量子涨落问题（Stipe et al.，1998；Kim et al.，2002；Brougham et al.，1999；Harada et al.，2013；Li et al.，2011；Morrone et al.，2010；Nagata et al.，2012），但是氢核的量子效应对氢键相互作用到底有多大影响？或者说氢键的量子成分究竟有多大？从实验上精确、定量地回答这个科学问题仍然具有很大的挑战性。这是因为核量子效应很容易受到局域环境的影响，常规谱学手段对于水的核量子效应研究的空间分辨能力较差，得到的信息往往是众多不同取向的氢键叠加后的平均效应。空间上的不均一性以及氢键之间的耦合作用会导致谱学信号的展宽，极易导致核量子效应对氢键强度的影响被抹掉，并且研究周围局域环境对于核量子效应在氢键相互作用中的影响变得非常困难。

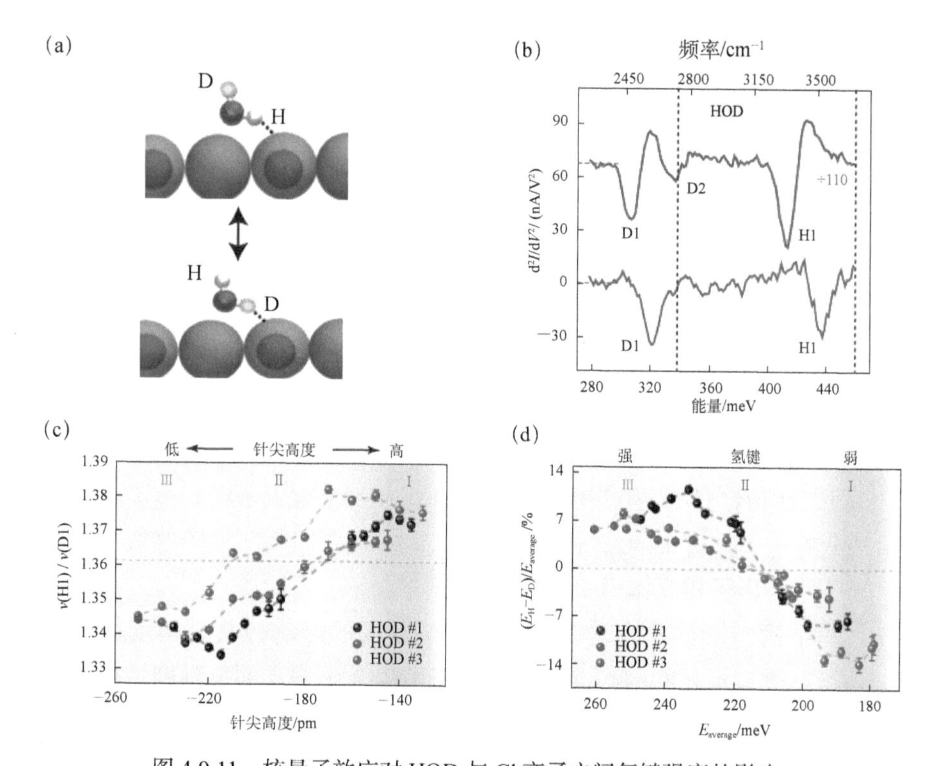

图 4.9.11　核量子效应对 HOD 与 Cl 离子之间氢键强度的影响

（a）HOD 分子在 NaCl 表面的吸附结构示意图。高能量的隧穿电子会激发 HOD 上下快速翻转，因此 OD 和 OH 会交替与衬底 Cl 原子形成氢键（虚线）。（b）HOD 分子伸缩振动模式的高分辨 IETS 谱线。（c）和（d）H1 和 D1 振动模式的频率之比与针尖高度的关系：随着针尖高度的降低先增加（区域 I），后降低（区域 II）直到出现反转（区域 III）。OH 和 OD 自由伸展模式的频率之比（1.361）用水平虚线标记出。不同颜色（红、蓝、黑）的数据点代表从不同的 HOD 分子上采集的数值，其趋势相似，图摘自（Guo et al.，2016）

前面已经提到，利用针尖增强的非弹性隧道谱技术，可以得到单个水分子的高分辨振动谱，从中可以清楚地区分形成氢键和悬挂的 OD（图 4.9.11（a），（b））。通过成键 OD 振动峰的频率移动，可以得到下方 D 原子与衬底氯离子之间的氢键强度。通过可控的同位素替换实验（图 4.9.11（c），（d）），我们发现核量子效应会弱化较弱氢键，强化较强氢键。令人惊奇的是，氢键的量子成分可以高达 14%，甚至大于室温下的热能，因此足以对水的结构和性质产生显著的影响。进一步分析表明，氢核的非简谐零点运动会弱化弱氢键，强化强氢键；然而，当氢键与表面上的带电离子发生强耦合时，这个趋势又会反转（图 4.9.11（d））。此外，对比不同的水分子数据，核量子效应反转的行为依旧可见，但是反转点各不相同，表明核量子效应非常依赖于局域环境，说明在单键尺度上探测氢键强度对于准确提取核量子效应的影响至关重要，同时也解释了长期以来传统谱学手段不能获得氢键量子成分的原因。本研究不仅加深了人们对氢核的量子特性的理解，而且也为从单键水平上研究氢键网络体系开辟了一条新的路径。此外，英国 Michaelides 课题组（Fang et al.，2016）系统计算了核量子效应对不同氢键体系中氢键强度的影响，也发现氢核的量子效应会弱化弱氢键，而强化强氢键，说明该物理图像具有一定的普适性。该工作从原子尺度上验证了早在 20 世纪 50 年代人们就观察发现的 Ubbelohde 效应（Ubbelohde et al.，1955），即在氢键系统中，如果把 H 替换成 D，分子间的相互作用（即氢键）强弱可以发生改变。其宏观体现上即为同位素效应，如重水 D_2O 的熔点（沸点）相对于 H_2O 高 3.82K（1.45K），而重水 D_2O 的三相点相对于 H_2O 低 3.25K。原子尺度上水的核量子效应研究也为理解水的新奇物性和同位素效应提供了全新的思路。

（4）水与离子相互作用。

水的结构本来就非常复杂，加上离子电场的影响，其结构变得更加复杂。由于离子与水之间的相互作用，离子不仅会影响水的氢键网络构型，而且会影响水分子的振动、转动、扩散、质子转移等各种动力学性质。反过来，水分子在离子周围形成水合壳层，会对离子的电场产生屏蔽，并影响离子的动力学性质，如离子的输运和传导。尤其是在受限体系（如纳米流体）中，由于尺寸效应，这种影响尤为明显（Guo et al.，2013；Schoch et al.，2008；Whitby et al.，2007）。水与离子的相互作用在很多自然过程和技术领域中扮演着极其重要的角色，如盐的溶解、生物离子通道中的离子传输、金属腐蚀、气溶胶的形核生长、海水淡化等（Cohen-Tanugi et al.，2012；Gouaux et al.，2005；Klimes et al.，2013；Payandeh et al.，2011；Sipila et al.，2016）。在原子尺度上研究水与离子的相互作用对于理解这些过程具有重要的意义。

早在 19 世纪末，人们就意识到离子水合的存在并开始了系统的研究。虽然经过了一百多年的努力，关于离子水合的诸多问题（如离子的水合壳层数、各个水合层中水分子的数目和构型、水合离子对水氢键结构的影响、决定水合离子输运性质的微观因素等）至今仍没有定论。尤其是对于界面和受限体系，由于表面的不均匀性和晶格的多样性，水分子、离子和表面三者之间的相互作用使得上述问题更加复杂。实验上，关键在于如何实现单原子、单分子尺度的表征，并能对其结构和动力学进行原子级调控。前面已经提到，传统的谱学技术空间分辨能力较差，只能得到平均效应，实验数据的归因异常困难，因此受到很大的限制。分子模拟虽然成为在原子尺度上研究水合性质的强大工具，但是结果的可靠性严重依赖于很多因素，如所采用的相互作用势、对长程相互作用合理的处置，以及模拟的时间和尺度等。因此，仍然缺乏一个普遍的物理图像来描述水合作用对离子在界面上输运的影响，而离子水合物的原子结构和输运行为之间的关联仍然有待建立。

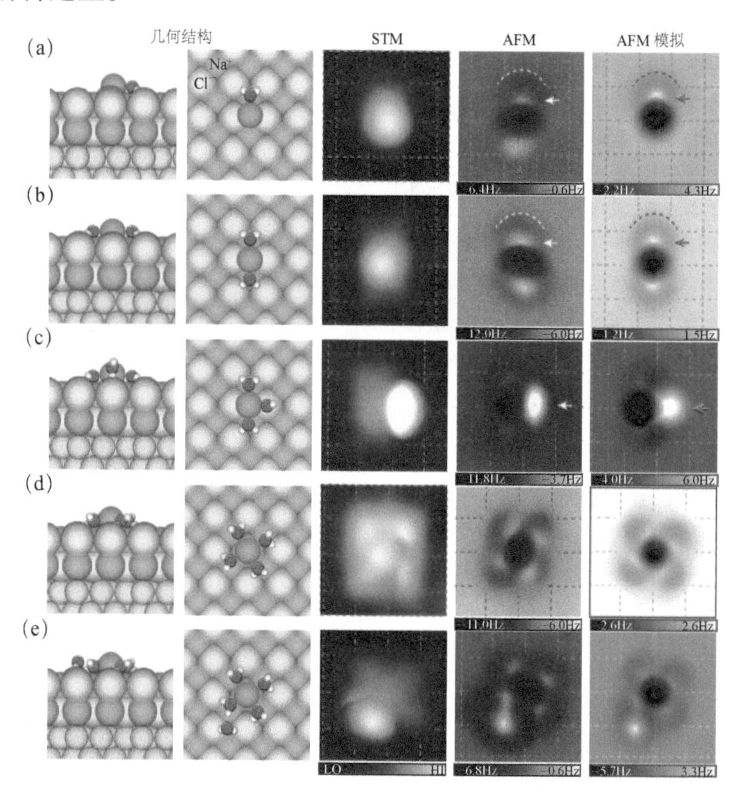

图 4.9.12　Na^+水合物的结构和高分辨 STM/AFM 成像

（a）～（e）$Na^+\cdot nD_2O$（n=1～5）的原子模型（左：侧视图；右：俯视图）、STM、AFM 图（用 CO 针尖获得）和 AFM 模拟图。H、O、Cl、Na 原子分别用白色、红色、蓝绿色和紫色小球表示。水合物中的 Na^+ 离子的颜色被稍微调深，用以区分衬底中的 Na^+离子，图摘自（Peng et al.，2018）

Peng 等（Peng et al.，2018）使用扫描隧道显微镜和 AFM 的联合系统，通过原子分子操纵技术，在 NaCl 表面可控地制备出 Na^+离子水合物团簇（包含 1～5 个水分子），并且结合扫描隧道显微镜、AFM、DFT 计算以及 AFM

模拟，在实空间精确地确定了 NaCl 表面的各种 Na^+离子水合物的原子构型（图 4.9.12）。在此工作中，前面详细描述的非侵扰的 AFM 成像技术扮演着重要的角色。一方面，它可以给出比扫描隧道显微镜图像更高分辨的细节信息。如图 4.9.12 中，AFM 图像中最暗的位点来源于带正电的 Na^+离子，其最近邻的亮点来源于带负电的氧原子（图 4.9.12 中白色箭头所示），而弧线所指示的暗环来源于水分子中的 H 原子。因此，这种亚分子级的成像技术能极大地帮助确定离子水合物的构型。另一方面，它可以有效地避免针尖对离子水合物的扰动。离子水合物不是特别稳定，甚至存在一些亚稳态结构，近距离的成像很容易扰动离子水合物。

为了进一步在低温下研究离子水合物在 NaCl 表面上的动力学输运性质，他们利用非弹性电子隧穿技术，注入“热电子”激发单个离子水合物在 NaCl 表面上的扩散（图 4.9.13（a））。对比各个离子水合物扩散的难易程度，他们发现了一种有趣的幻数效应（图 4.9.13（b））：包含有特定数目水分子的钠离子水合物具有异常高的扩散能力，其迁移率比其他水合物高 1～2 个量级，而且远高于体相离子的迁移率。结合 DFT 计算，他们发现这种幻数效应来源于离子水合物与表面晶格的对称性匹配程度。具体来说，包含一个、两个、四个、五个水分子的离子水合物与 NaCl 衬底的四方对称性晶格更加匹配，因此在衬底上束缚很紧，不容易运动；而含有三个水分子的离子水合物，却很难与四方对称性的 NaCl 衬底匹配，因此会在表面形成很多亚稳态结构，再加上三个水分子很容易围绕钠离子集体旋转，使得离子水合物的扩散势垒大大降低（仅～80meV，图 4.9.13（c）），因此迁移率显著提高。分子动力学模拟结果表明，此幻数效应在很大温度范围内存在（包括室温）（图 4.9.13（d））。此外，值得一提的是，这种动力学幻数效应具有一定的普适性，适用于相当一部分盐离子体，尽管“幻数”值随体系的不同而存在差异。

长期以来，连续介质模型被广泛用来理解水溶液中的离子输运过程，而忽略了离子、水和界面相互作用的微观细节。此工作建立了离子水合物的微观结构和输运性质之间的直接关联，改变了人们对于受限体系中离子输运的传统认识。研究结果表明，有可能通过改变界面晶格的对称性和周期性来控制受限环境如纳米流体中离子的输运，从而达到选择性增强或减弱某种离子输运能力的目的。这对盐溶解、离子电池、电化学、防腐蚀、海水淡化等很多相关的应用领域都具有重要的潜在意义。此工作发展的实验技术开辟了在原子尺度上研究离子水合作用的新道路，有望应用到更多的水合物体系，如蛋白质的水合作用。

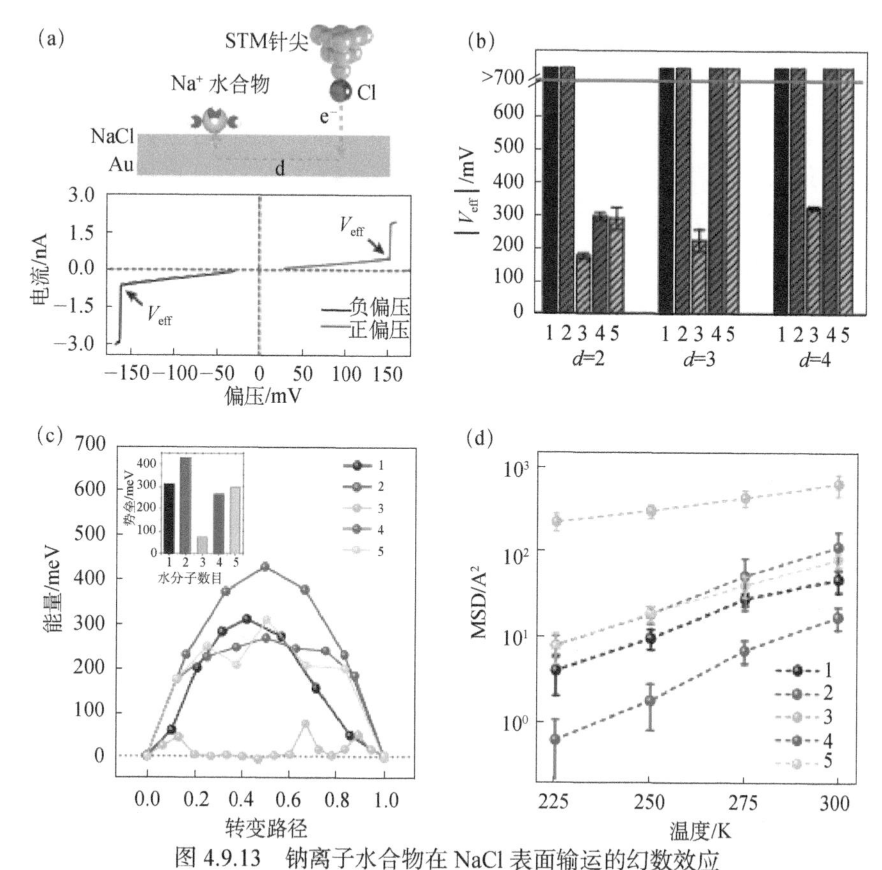

图 4.9.13　钠离子水合物在 NaCl 表面输运的幻数效应

（a）非弹性电子诱导的钠离子水合物扩散的示意图和对应的电流曲线；（b）不同离子水合物在不同针尖横向距离（d=2，3，4 个 NaCl 晶格）下的扩散难易程度 Veff 的比较；（c）DFT 计算得到的不同离子水合物 $Na^+ \cdot nD_2O$（n=1～5）在 NaCl 表面扩散的势垒；（d）分子动力学模拟得到的不同离子水合物在 225～300K 下 1ns 时间内扩散的均方位移，图摘自（Peng et al.，2018）

（5）盐在低温下的溶解。

由于 NaCl 在大气化学、气象、生物和海水纯化等方面扮演着重要的角色（Finlayson-Pitts，2003；Finlayson-Pitts et al.，2000；Nangia et al.，2009；Pegram et al.，2010；Simpson et al.，2007），所以其溶解机制是一个重要的科学问题。虽然人们在理论和实验方面都做了很多努力，但是在微观上理解 NaCl 的溶解仍然处于初期，这主要是因为缺乏原子尺度的认识。此外，考虑到大气条件下冰覆盖的 NaCl 气溶胶颗粒大量存在，理解 NaCl 在冰点以下的溶解也具有重要意义。

Peng 等（Peng et al.，2017）利用低温扫描隧道显微镜，在实空间以原子精度研究了覆盖有水分子的 NaCl 双层岛在低温下的溶解过程。前面已经提到，在 77K 下 NaCl 岛表面被二维冰层完全覆盖（图 4.9.14（a），（b））。系统性的升温实验表明，冰层在 145K 以下仍保持稳定。但是 145K 时冰层中开始出现许多“云”状特征（蓝色箭头，图 4.9.14（c））。这些“云”状特征应该对应于 NaCl 溶解过程中的中间态。继续升温到 155K 导致冰层完全脱附（图 4.9.14（d））。而且，双层 NaCl 岛部分分解，在双层 NaCl 岛边缘和中间分别形成亮边和孔洞。孔洞里面是 Au（111）表面，而亮边是水分子脱附后溶解的双层 NaCl 重新晶化形成三层 NaCl（图 4.9.14（e））。双层 NaCl 岛在没有水分子时可以在室温下稳定，而更高温度会使双层 NaCl 岛转化成三层岛，这表明三层 NaCl 岛比双层 NaCl 岛热力学上更稳定（图 4.9.14（f）），双层 NaCl 岛的形成和稳定是一个纯的动力学效应。水分子和 NaCl 之间的相互作用可以大大降低双层 NaCl 和三层 NaCl 之间的动力学势垒，这促进了低温下双层 NaCl 向三层 NaCl 的转化。此外，由于二维冰中的大多数水分子吸附在 Na^+上方，水分子与 Na^+之间的相互作用比桥位水与 Cl^-之间的相互作用强得多。因此，在低温下，水分子和 NaCl 中的 Na^+的相互作用应该是溶解 NaCl 的主要驱动力。该工作从原子尺度上为低温下盐的溶解提供了清晰的物理图像。考虑到室温下水分子特别容易运动，没有形成类似二维冰那样非常有序的结构，该图像在室温下可能不成立，需要进一步的实验进行验证。

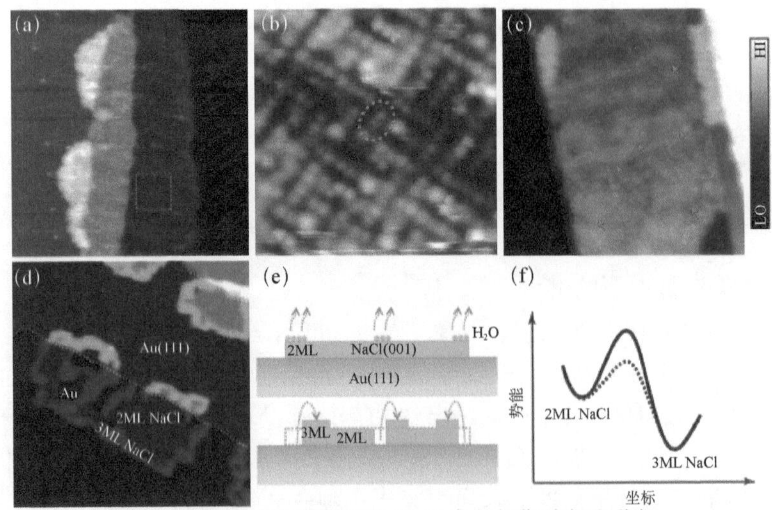

图 4.9.14　二维冰覆盖下的 NaCl 岛的初期溶解和分解

（a）二维冰覆盖下的 NaCl 岛的 STM 图；（b）图（a）中方框部分的放大 STM 图。它展示出成对亮点（其中一个用椭圆虚线标记出来）形成的规则阵列；（c）加热到 145K 持续 20min 后的 STM 图。箭头指示“云”状特征；（d）加热到 155K 持续 20min 后在 77K 下扫描得到的 STM 图。金表面的台阶用白色虚线标出；（e）伴随冰覆盖层脱附的 NaCl 分解示意图；（f）有（虚线）无（实线）水分子两层和三层 NaCl 转换的势垒示意图，图摘自（Peng et al.，2017）

（6）表面水的催化分解。

水在固体表面除了常见的物理吸附外，还可能出现化学吸附，甚至发生分解。由于世界范围内的能源和环境问题，水的催化分解制氢是一个极其重要的课题，引起研究人员的广泛关注。水在大多数金属表面不会发生分解（除了一些催化活性很强的材料，如 Ru 和 Ir 等）。但是如果在表面存在化学吸附的氧原子，则很容易与水反应，使水分子分解产生 OH。这个反应即使在低于 150K 的低温下的许多表面都可以轻易发生，如 Pt（111）（Fisher et al.，1980；Nagasaka et al.，2005）、Cu（110）（Forster et al.，2011；2012）和 Ru（0001）（Clay et al.，2004；Gladys et al.，2005）。反应之后形成混合的 $OH-H_2O$ 氢键网络。然而，由于大部分研究缺乏亚分子级分辨能力，无法准确识别分解和未分解的水分子，因此水分子、水团簇和水层在金属表面的分解吸附仍然存在很大的争论。

除了金属表面外，水还可以在很多金属氧化物表面发生分解，如 TiO_2（Wendt et al.，2006）、铁氧化物（Merte et al.，2012）、$LaAlO_3/SrTiO_3$ 界面（Adhikari et al.，2016）等。氧化物表面的缺陷往往被认为是重要的催化活性位点，然而普通光学手段无法直接证明这一点，尤其是当体系含有多种缺陷时，鉴别哪种缺陷对催化起着关键作用更加具有挑战性。扫描隧道显微镜的原子尺度研究可以提供直接的实验证据，对理解氧化物表面催化机理起到了重要的推动作用。TiO_2 是一种非常重要的光催化材料，水在 TiO_2 上的吸附、扩散和分解，是一个研究热点。在金红石 TiO_2（110）表面，扫描隧道显微镜实验观测表明水分子吸附在 Ti 原子链上，在氧缺陷处很容易发生分解，变成 OH（Dohnalek et al.，2010；Bikondoa et al.，2006；Brookes et al.，2001）。此外，水在相当一部分氧化物表面也可以直接分解，而不需要缺陷的参与。自然界的赤铁矿单晶 α-Fe_2O_3（0001）有多个不同的表面：Fe_2O_3（0001），FeO（111）和 Fe_3O_4（111）。温度高至 235K 时，水只能稳定吸附在 Fe 终止的 Fe_3O_4（111）表面，在温度 235～245K 之间时，水在其表面分解产生 OH（Rim et al.，2012）。

核量子效应在表面水的催化分解中十分重要。最近，研究者利用高分辨 STM/AFM 成像技术以及 X 射线光电子能谱（XPS）技术系统研究了 Pt（111）表面第一层水的氢键网络构型，发现 H_2O 和 D_2O 都可以在低温下（<150K）发生部分分解，形成 OH 和 H_2O（D_2O）混合的六角氢键网络结构（其中 H_2O（D_2O）：OH=5：1）；进一步研究发现，氢核的量子隧穿在氢键

网络的结构重整帮助下促进了低温下 Pt（111）表面水的部分分解。

直到目前，人们对于水在氧化物表面的吸附反应的机理仍然很不清楚，理解也非常片面，缺乏统一的图像，需要进一步研究。

（7）Au 表面二维冰的结构和生长动力学。

与前面所述 NaCl 上二维冰体系的研究不同，通常二维冰体系的研究主要集中在金属衬底表面。与体相冰相近的金属衬底表面，更容易生长出六角对称的冰结构。这可以为研究实际体系下，由固体表面生长出完美的冰晶体过程中，界面冰结构向体相冰结构的过渡过程提供极有价值的数据。因此，研究金属表面二维冰结构成为 STM 研究界面冰体系的一个重要方向。

由于金属衬底上，金属电子对于水分子轨道的相互作用很强，水分子内部的亚分子分辨很难由 STM 获得，因此极大地限制了研究者对金属表面上的二维冰结构等信息进行详细的获得与分析。前面所述的 AFM 高分辨成像技术为这个领域的研究提供了充足的技术积累。

Ma 等（Ma et al.，2020）利用 CO 修饰的 AFM 针尖成功对 Au（111）表面二维冰结构进行了详细的表征，如图 4.9.15 所示。在较大的针尖高度条件（20pm）下，针尖和二维冰结构之间的力主要是高阶的静电力，在这些图像里，可以清晰地分辨出 $\sqrt{3}\times\sqrt{3}$ 的子晶格，见图 4.9.15（a）左图中的红色虚线菱形。在针尖高度相对较小的条件（0pm）下，上述子晶格的亮点和暗点开始分别演化，亮点演化成为具有方向性的亮线，暗点演化为 V 形的特征，见图 4.9.15（a）中图的红色实线。当针尖进一步降低高度（−10pm），进入了以泡利排斥力为主的区域，AFM 图像最终呈现出一种蜂窝状的图像特点，之前的亮暗点都演化为连接两套子晶格位点的亮线，显示出二维冰晶格中的氢键网络骨架结构。

结合理论计算分析，可以得到如图 4.9.15（c）所示的原子结构模型，并得到与实验结果吻合度极高的 AFM 模拟图（图 4.9.15（b））。进一步结合理论模型与模拟图，发现 AFM 图中的亮暗点分别对应于原子结构示意图中的竖直水分子和平躺水分子，在中间高度图中呈现的方向性亮线，正代表了水分子氢键网络中氢键的方向。这为研究冰尤其是二维冰体系中的氢键网络特性提供了重要的手段。

更进一步，Ma 等（Ma et al.，2020）利用上述对于二维冰进行表征的技术手段，详细研究和分析了二维冰在 Au（111）表面生长的动力学过程。在生长二维冰实际过程中，通过降温将生长过程的中间态进行冻结，通过对这

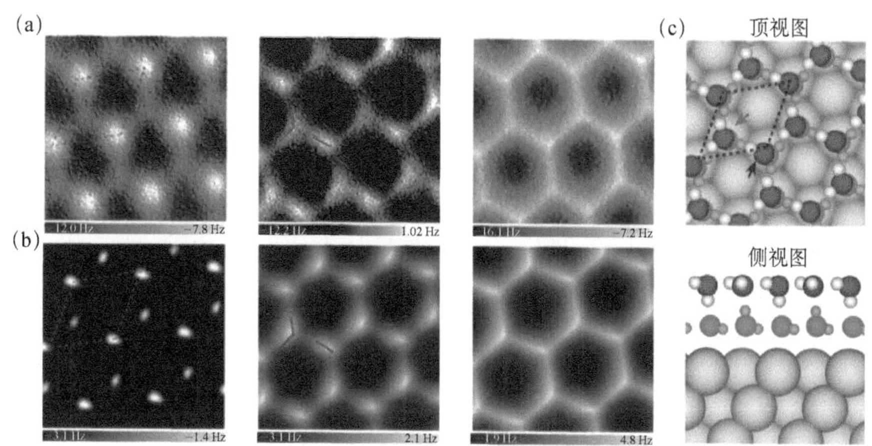

图 4.9.15　二维冰结构变高度 AFM 成像和对应的结构模型

（a）恒高 AFM（Δf）图像，从左到右，针尖的相对高度分别为 20pm，0pm，−10pm；（b）模拟 AFM 图像，从左到右，针尖的相对高度分别为 14Å，13.7Å，13.5Å；图中 $\sqrt{3}\times\sqrt{3}$ 的冰晶格单胞用红色虚线菱形标出，水分子的氢原子指向用红色实线标出；（c）二维冰结构的俯视图和侧视图；Au 原子以及上层水分子的 H 和 O 原子分别用黄色，白色，红色的球表示，底层水分子的 H 和 O 原子分别用淡紫色和紫色，以便与上层水分子区分；侧视图中，只显示了沿 zigzag 方向的一组水分子，以便清晰地展示出上下层构成的水分子对，图摘自（Ma et al.，2020）

些中间态结构、出现次数的研究和分析，从而确定了如图 4.9.16（b）和（c）所示的 zigzag 和 armchair 两种边界不同的生长机理。这是首次对冰生长边界进行结构和动力学的表征，为进一步研究二维冰体系开辟了新的路径。

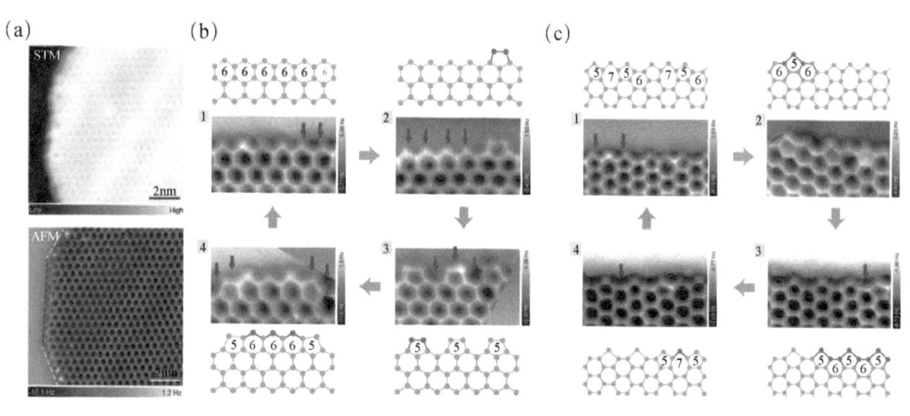

图 4.9.16　利用 STM 和 AFM 对二维冰边界的表征与生长动力学

（a）二维冰边界的恒流 STM 图和恒高 AFM 图；（b），（c）zigzag 和 armchair 边界存在的中间态与生长过程。生长过程按蓝色箭头所指，沿 1-2-3-4-1 的路径循环生长，不断向外延拓，其中，1 图为最稳定的状态。在所有的 AFM 图中，红色箭头代表在这个结构向下一个结构过渡的过程中在所指的位置加入了一个水分子；在所有球-棍模型示意图中，红色的球和棍代表上一张图到这张图过渡的过程中新加入的水分子和新产生的结构，蓝色的球和棍代表已经存在的结构，图摘自（Ma et al.，2020）

4.9.3 近期待解决的重大问题

到目前为止，大部分扫描探针技术研究的界面水体系还比较简单和理想化，这导致表面水的研究还面临着很多问题和挑战。首先，目前大多数高分辨的技术手段都需要超高真空和低温的极端环境，这时候水的结构与常温常压下的液体水具有很大的差别。虽然理解液体水的物理和化学性质对于人类的日常生活和生命活动至关重要，但是液体水的微观成像及动力学研究非常困难，尤其是很难探测局域环境对水的结构和动力学的影响。其次，水中很多动力学过程，如质子转移、能量弛豫、氢键成键和断键等，通常发生在超快的时间尺度（飞秒），而扫描探针技术的时间分辨由于电路带宽的限制只能到微秒。

1）核量子效应

水分子中的氢核量子效应对水的结构、动力学甚至宏观物性都具有显著的影响。核量子效应研究已经成为物理和化学学科交叉的一个新生长点，也是近年来国际上的一个新兴领域，已展现出非凡的生命力和广泛的影响力，为理解和调控水的反常物性开辟了新的途径。但是，核量子效应非常依赖于局域环境，对于不同的体系很难形成统一的微观图像，成为了限制核量子效应领域研究的一个重大问题。

本节中讲述的针尖增强的非弹性电子隧穿谱（IETS）可以对氢核量子效应进行有效的测量和表征，基于 AFM 的高分辨成像技术，可以对冰尤其是二维冰体系中的氢键指向以及氢原子的位置进行亚分子级别的分辨表征。这些技术为研究氢核的性质提供了坚实的技术基础，并在近期出现了 Pt（111）表面水分子分解与核量子效应密切相关等研究成果。这都说明了本节中总结的技术进展在该领域中强大的应用前景。

2）体相冰和无定形冰

由二维冰的研究结果展望开来，现有技术已经可以对二维冰体系进行详细的结构和动力学表征，向研究真实体系中冰在表面的成核生长迈出了重要的一步。为了实现现有理想体系向现实的体系的逐步过渡，目前至少还需要对体相冰以及无定形冰进行进一步的技术发展。

以体相冰体系研究为例，如何对厚度在 10nm 以上的冰层进行高分辨成像是首先需要解决的问题。厚度在 10nm 以上的冰层，基本可以忽略衬底对于最表层水分子的影响，最表层的晶体结构更趋向于体相冰。对该类型的冰层进行变厚度测量，可以直接研究分析在实际生长过程中，由二维冰向三维冰过渡的冰结构转变过程，揭示冰初期成核生长的奥秘。但是，机遇总会伴随着挑战，10nm 以上的冰层基本可以看作绝缘体，STM/AFM 系统由于依赖金属性衬底对针尖的处理以及辅助修饰作用，很难在绝缘体衬底上获得良好的原子分辨。这可能是 AFM 技术未来的一个发展方向。

在二维冰体系的研究中，也出现了一定的无定形冰层。这些无定形冰层是由于温度较低，水分子积聚过快来不及弛豫到能量最低状态而形成的。实际生长过程中，由于环境的影响以及温度的局域涨落，无定形冰层的形成无法避免；无定形冰和晶体冰相之间的转换和晶界连接，也是很有意义的研究方向。

另外，由气体分子和冰晶体组成的可燃冰体系也具有重要的研究意义。在超高真空系统中生长出来的二维冰结构，在理论计算里，通常是高压受限体系中才能得到的结果。这表明，由于表面上的对称性缺失，水分子自发吸附在表面的结构本身可能具有高压受限特性。将气体分子与二维冰体系融合在一起，可能为研究可燃冰结构以及形成的动力学过程提供非常重要的参考价值。

3）固液界面

固液界面是电化学反应和催化反应等发生的重要环境，因此研究固液界面的水分子与其他分子相互作用形成的结构和相关动力学过程具有非常重要的意义。前文中所述的二维冰的研究技术和手段，已经为研究表面周期性含水结构提供了充足的技术积累。而电化学反应中最常见的电极表面的双电层结构就是一个表面周期性结构，也成为此研究方向中的一个重要例证。

简单地向二维冰体系中掺杂离子或者其他分子，观测水分子和离子是否能够形成特定的有序结构，可以为真实体系中电极上的离子或者分子的吸附构型提供参考价值。更进一步，研究掺杂离子的二维冰体系中，离子和水分子的动力学特性，可以为分析和理解实际体系中表面反应的离子转移过程提供重要的参考。

4）生物体系中的水

水占据生物体 70%以上的比例，是生物体中各种物理、化学过程的重要溶剂环境，在蛋白质折叠、离子通道输运等重要过程中也起着至关重要的作用。从原子尺度上研究水分子和生物大分子之间的吸附构型、吸附位点的变化，是研究生物大分子合成、反应机理的必然需求。

同样可以通过表面共沉积生物分子和水分子，形成二维结构，从而研究水分子在生物分子上的最佳吸附位点。更进一步通过电子注入等办法，激发生物分子与水分子之间的相互运动，研究生物分子在水分子环境下的运动过程，为理解实际生物体系中的过程提供借鉴。

4.9.4 可能解决问题的方案

要解决这些问题和挑战，就需要发展新的扫描探针技术，同时也给研究者带来了前所未有的机遇。本节中，作者仅选取其中的三种技术，分析其对现有挑战的可能解决方案。

1）氮缺陷-空位（NV）色心技术

扫描探针显微学（scanning probe microscopy，SPM）的一个固有的问题就是会不可避免地扰动水的结构，不论是隧穿电子还是分子-针尖的相互作用力，这都是一个不可回避的问题。此外，高分辨的扫描隧道显微镜/AFM 测量通常都会需要超高真空的背景环境和低温的工作条件，否则就不能够稳定成像。这些缺点使得 SPM 远不及传统谱学在水科学研究中应用得广泛，例如光谱、中子散射、核磁共振技术。近期，一种新型的利用 NV 作为探针的 SPM 技术提供了一种理想的在室温大气下非侵扰式成像的可能。

自然存在于钻石中的 NV 色心由于其原子级别的尺寸和靠近钻石表面（<10nm），常常被用作纳米尺度的磁力计。它的孤对电子基态是自旋平行的三重态，但是可以通过激光极化并且通过自旋依赖的荧光读出。长的相干时间（0.1～1ms）使得这个固态的量子探测器在大气环境下稳定并且容易被微波序列串相干地调控（Maze et al.，2008）。未知的目标自旋或者是磁场都可以通过磁偶极相互作用被 NV 探测到。这使得对于类似于水中质子的自旋涨落这样极其微弱的信号可以在 5～20nm 的范围内被探测到（Mamin et al.，2013；Staudacher et al.，2013）。同时，激发或者是读取的激光光束的功率是在几十毫瓦这样一个低的量级，加热的效应可以忽略不计。因此，NV-SPM 是最有可能实现对水结构非侵扰成像的工具。

除此以外，NV-SPM 可以和低温超高真空兼容（Schafer-Nolte et al.，2014），也可以在大气和溶液环境下工作。包裹 NV 色心的钻石又是非常惰性的，可以适用于各种恶劣的环境，并且相干时间在一个大的温度范围（4～300K）内变化很小（Thiel et al.，2016）。这是一个合适的连接超高真空和现实条件的实验技术。

最后，NV-SPM 可以在纳米尺度进行核磁共振。这意味着精细的调节微波脉冲序列赋予 NV-SPM 一系列的高分辨率（~10kHz）、高带宽（直流到~3GHz）的谱学的能力。这样就为探测到单个水分子内的质子磁共振信号提供了一种可能（Schmid-Lorch et al.，2015；Tetienne et al.，2016）。

2）超快扫描隧道显微镜

扫描隧道显微镜仪器的电子学带宽通常被限制在 MHz 范围。但是氢键网络的动力学过程通常是在皮秒或者飞秒的量级。这些过程包括质子转移、氢键的形成和断裂、氢键结构中的能量弛豫。这样的时间尺度的差别导致扫描隧道显微镜仅仅能够探测到初态和末态，却不能给出中间态或者过渡态的信息。如果能够将扫描隧道显微镜和超快激光技术结合，就可以同时实现原子级别的空间成像和飞秒级别的时间分辨（Terada et al.，2010；Yoshida et al.，2014）。具体的实验中，有时间延迟的两束激光被聚焦到扫描隧道显微镜中的针尖-样品结上，进而先后激发样品表面的分子。如果分子被激发，会在隧穿电流中引起一个瞬态的改变。进一步，如被第一束激光激发的分子在未弛豫的状态下被第二束激光照射，第二束激光将不会引起电流的变化。改变不同的延迟时间，就可以得到平均隧穿电流的变化。这些电流变化是可以被扫描隧道显微镜电学系统捕捉到的，所以唯一限制时间分辨的是激光脉冲的宽度。

激光结合的扫描隧道显微镜已经成功地被运用到半导体表面，主要集中于研究载流子动力学以及自旋弛豫动力学。如果要运用到水分子体系，需要进一步提高信噪比，并确保水分子在光照下的稳定。除此之外，激光对于扫描隧道显微镜针尖的热扰动是一个棘手的问题。在过去的 10 年内，许多研究组提出了不同的限制或者消除激光的热效应（Cocker et al.，2013；Shigekawa et al.，2005）。综上所述，激光结合的扫描隧道显微镜技术是一个用来研究表（界）面的氢键体系动力学的极有利的工具。在不久的将来，可以预见激光扫描隧道显微镜会成为单分子层面研究超快动力学的强有力手段，并将改变许多对于水-固体界面的认识。

3）高压技术

水的相图非常复杂，在不同的温度和压强下可以得到不同的相。很多的晶体结构是在低温和高压下的亚稳态。低温下的结构中，通常氢键都是有序排列的，随着压强的增大，水分子通过弯曲氢键，形成紧密的环型或者是螺旋形的网络，最终能够得到更高密度的结构（Lyapin et al.，2002）。但是缺乏一种能够局域对于水分子施加压力并能够原位表征的手段。前面提到的具有超高分辨成像能力的非接触式原子力显微镜，如果牺牲部分分辨率，切换成接触模式（contact mode），就可以实现对局域强压下水分子行为的表征，局域氢键网络结构的变化就能够反映在力谱中，也就是说能够看到随着压强的变化悬臂的受力存在突变或者不连续。另外，改变压强变化的速率，也许能得到平衡态以外的一些非平衡条件下的亚稳态。最重要的是，水分子结构的改变对应于能量的变化，力谱中可能会存在能量耗散导致的迟滞效应。利用原子力显微镜的空间分辨，可以在水和固体界面的不同位置进行力谱的探测，进而能够给出特征位置水分子的结构变化，从而帮助分析和理解水和界面之间的相互作用。

如果考虑到水分子间的氢键结构比较弱，难以承受很高的压强，可以利用一些特殊结构将水分子约束在其中，例如一维受限的石墨烯覆盖的水（Bampoulis et al.，2016），二维受限的碳纳米管中的水（Agrawal et al.，2017；Secchi et al.，2016），三维受限的绿宝石中的水（Kolesnikov et al.，2016）。这些结构一定程度上限制了水分子的流动，从而能够实现对于少数水分子体系进行系统的研究。此外，受限体系中的水分子和界面的接触更多，此时，强压下的分子构型强烈依赖于水和界面相互作用。以上两点都可能导致不同以往的亚稳相出现，而它们的观测和表征对于水分子的本身及其与环境相互作用都是极为重要的。

仅仅利用力对于水分子的结构进行表征显得有些不足，可以通过在 AFM 悬臂上镀上金属实现对水分子结构的电学表征。利用这种方法可以验证 Pt（111）表面多层水的铁电性（Su et al.，1998）。与水分子化学结构相似的硫化氢被证实在高压下超导（Drozdov et al.，2015），这种高压诱导的结构和电学性质的变化是否会发生在水分子上引起了人们极大的兴趣。导电悬臂无疑给 AFM 的测量提供了更宽的维度，可以对水分子强压下奇异的电学性质进行系统的测量。

4.9.5 展望和小结

从 20 世纪 90 年代初，扫描探针技术就开始用于界面（尤其是金属表面）水的研究，并且取得了丰硕的成果，大大加深了人们对于界面水的结构和性质的认识。近些年，人们逐渐将扫描探针技术扩展到更为复杂的绝缘体或者半导体表面，更揭示出界面水很多新奇的物理和化学现象。在技术上，扫描探针技术的空间分辨率从单个水分子水平逐渐推向了亚分子级水平，使得在实空间和能量空间获取氢核的信息成为可能，进一步推动了表面水的微观研究.。本节主要总结了扫描探针技术在界面水体系中的进展和应用，从传统 STM、AFM 技术到亚原子分辨的新型探针技术，总结了近十年来取得的科研成果，并详细介绍了包括稳态和亚稳态水团簇、新奇的二维冰结构、水分子团簇中质子的协同隧穿现象、核量子效应对氢键强度的影响、低温下盐的溶解、离子水合物的结构和动力学、各种氧化物表面水的催化分解等最新研究进展。这些研究进展和成果，也为界面水体系的研究提供了进一步的技术积累和理论铺垫。

同时我们也应该意识到，表面水的研究以及扫描探针技术还面临着很多问题和挑战，这些挑战和问题也是给科研者的巨大机遇。只有不断地抓住机遇，迎接挑战，不断发展新型扫描探针技术，才能最终打开界面水研究新的大门，让界面水研究领域始终充满活力、历久弥新。

参考文献

Adhikari S，Garcia-Castro A C，Romero A H，et al. 2016. Charge transfer to $LaAlO_3/SrTiO_3$ interfaces controlled by surface water adsorption and proton hopping. Adv Funct Mater，26（30）：5453-5459.

Agrawal K V，Shimizu S，Drahushuk L W，et al. 2017. Observation of extreme phase transition temperatures of water confined inside isolated carbon nanotubes. Nat Nanotechnol，12（3）：267-273.

Al-Abadleh H A，Grassian V H. 2003. Oxide surfaces as environmental interfaces. Surf Sci Rep，52（3-4）：63-161.

Albrecht T R，Grutter P，Horne D，et al. 1991. Frequency-modulation detection using high-Q cantilevers for enhanced force microscope sensitivity. J Appl Phys，69（2）：668-673.

Arunan E，Desiraju G R，Klein R A，et al. 2011. Definition of the hydrogen bond（IUPAC

Recommendations 2011）. Pure Appl Chem，83（8）：1637-1641.

Auwarter W，Seufert K，Bischoff F，et al. 2012. A surface-anchored molecular four-level conductance switch based on single proton transfer. Nat Nanotechnol，7（1）：41-46.

Bampoulis P，Teernstra V J，Lohse D，et al. 2016. Hydrophobic ice confined between graphene and MoS_2. J Phys Chem C，120（47）：27079-27084.

Benoit M，Marx D & Parrinello M. 1998. Tunnelling and zero-point motion in high-pressure ice. Nature，392（6673）：258-261.

Bikondoa O，Pang C L，Ithnin R，et al. 2006. Direct visualization of defect-mediated dissociation of water on TiO_2（110）. Nat Mater，5（3）：189-192.

Binnig G，Quate C F，Gerber C. 1986. Atomic force microscope. Phys Rev Lett，56（9）：930-933.

Binnig G，Rohrer H，Gerber C，et al. 1983. 7 × 7 reconstruction on Si（111）resolved in real space. Phys Rev Lett，50（2）：120-123.

Bove L E，Klotz S，Paciaroni A，et al. 2009. Anomalous proton dynamics in ice at low temperatures. Phys Rev Lett，103（16）：165901.

Braun J，Glebov A，Graham A P，et al. 1998. Structure and phonons of the ice surface. Phys Rev Lett，80（12）：2638-2641.

Brookes I M，Muryn C A，Thornton G. 2001. Imaging water dissociation on TiO_2（110）. Phys Rev Lett，87（26）：266103.

Brougham D F，Caciuffo R，Horsewill A J. 1999. Coordinated proton tunnelling in a cyclic network of four hydrogen bonds in the solid state. Nature，397（6716）：241-243.

Carrasco J，Hodgson A，Michaelides A. 2012. A molecular perspective of water at metal interfaces. Nat Mater，11（8）：667-674.

Carrasco J，Michaelides A，Forster M，et al. 2009. A one-dimensional ice structure built from pentagons. Nat Mater，8（5）：427-431.

Chen J，Guo J，Meng X Z，et al. 2014. An unconventional bilayer ice structure on a NaCl（001）film. Nat Commun，5（1）：4056.

Clay C，Haq S，Hodgson A. 2004. Intact and dissociative adsorption of water on Ru（0001）. Chem Phys Lett，388（1-3）：89-93.

Cocker T L，Jelic V，Gupta M，et al. 2013. An ultrafast terahertz scanning tunnelling microscope. Nat Photonics，7（8）：620-625.

Cohen-Tanugi D，Grossman J C. 2012. Water desalination across nanoporous graphene. Nano Lett，12（7）：3602-3608.

Doering D L，Madey T E. 1982. The adsorption of water on clean and oxygen-dosed Ru（001）. Surf Sci，123（2-3）：305-337.

Dohnalek Z，Lyubinetsky I，Rousseau R. 2010. Thermally-driven processes on rutile TiO_2（110）-（1 × 1）：A direct view at the atomic scale. Prog Surf Sci，85（5-8）：161-205.

Drechsel-Grau C，Marx D. 2014. Quantum simulation of collective proton tunneling in hexagonal ice crystals. Phys Rev Lett，112（14）：148302.

Drozdov A P，Eremets M I，Troyan I A，et al. 2015. Conventional superconductivity at 203 kelvin at high pressures in the sulfur hydride system. Nature，525（7567）：73.

Ernst J A，Clubb R T，Zhou H X，et al. 1995. Demonstration of positionally disordered water within a protein hydrophobic cavity by NMR. Science，267（5205）：1813-1817.

Ewing G E. 2006. Ambient thin film water on insulator surfaces. Chem Rev，106（4）：1511-1526.

Fang W，Chen J，Rossi M，et al. 2016. Inverse temperature dependence of nuclear quantum effects in DNA base pairs. J Phys Chem Lett，7（11）：2125-2131.

Feng Y X，Wang Z C，Guo J，et al. 2018. The collective and quantum nature of proton transfer in the cyclic water tetramer on NaCl（001）. J Chem Phys，148（10）：102329.

Fester J，Garcia-Melchor M，Walton A S，et al. 2017. Edge reactivity and water-assisted dissociation on cobalt oxide nanoislands. Nat Commun，8：14169.

Finlayson-Pitts B J，Hemminger J C. 2000. Physical chemistry of airborne sea salt particles and their components. J Phys Chem A，104（49）：11463-11477.

Finlayson-Pitts B J. 2003. The tropospheric chemistry of sea salt：A molecular-level view of the chemistry of NaCl and NaBr. Chem Rev，103（12）：4801-4822.

Fisher G B，SextonB A. 1980. Identification of an adsorbed hydroxyl species on the Pt（111）surface. Phys Rev Lett，44（10）：683-686.

Folsch S，Stock A，Henzler M. 1992. Two-dimensional water condensation on the NaCl（100）surface. Surf Sci，264（1-2）：65-72.

Forster M，Raval R，Carrasco J，et al. 2012. Water-hydroxyl phases on an open metal surface：Breaking the ice rules. Chem Sci，3（1）：93-102.

Forster M，Raval R，Hodgson A，et al. 2011. c（2 × 2）water-hydroxyl layer on Cu（110）：A wetting layer stabilized by Bjerrum defects. Phys Rev Lett，106（4）.

Fukuma T，Ueda Y，Yoshioka S，et al. 2010. Atomic-scale distribution of water molecules at the mica-water interface visualized by three-dimensional scanning force microscopy. Phys Rev Lett，104（1）：016101.

Garcia R，Perez R. 2002. Dynamic atomic force microscopy methods. Surf Sci Rep，47（6-8）：197-301.

Gawronski H，Mehlhorn M，Morgenstern K. 2008. Imaging phonon excitation with atomic resolution. Science，319（5865）：930-933.

Giessibl F J. 2003. Advances in atomic force microscopy. Rev Mod Phys，75（3）：949-983.

Gladys M J，Mikkelsen A，Andersen J N，et al. 2005. Water adsorption on O-covered Ru {0001}：Coverage-dependent change from dissociation to molecular adsorption. Chem Phys Lett，414（4-6）：311-315.

Glebov A L，Graham A P，Menzel A. 1999. Vibrational spectroscopy of water molecules on Pt（111）at submonolayer coverages. Surf Sci，427-28：22-26.

Gouaux E，MacKinnon R. 2005. Principles of selective ion transport in channels and pumps. Science，310（5753）：1461-1465.

Gross L，Mohn F，Moll N，et al. 2009. The chemical structure of a molecule resolved by atomic force microscopy. Science，325（5944）：1110-1114.

Guo J，Li X Z，Peng J B，et al. 2017. Atomic-scale investigation of nuclear quantum effects of surface water：Experiments and theory. Prog Surf Sci，92（4）：203-239.

Guo J，Lu J T，Feng Y X，et al. 2016. Nuclear quantum effects of hydrogen bonds probed by tip-enhanced inelastic electron tunneling. Science，352（6283）：321-325.

Guo J，Meng X Z，Chen J，et al. 2014. Real-space imaging of interfacial water with submolecular resolution. Nat Mater，13（2）：184-189.

Guo W，Tian Y，Jiang L. 2013. Asymmetric ion transport through ion-channel-mimetic solid-state nanopores. Accounts Chem Res，46（12）：2834-2846.

Harada Y，Tokushima T，Horikawa Y，et al. 2013. Selective probing of the OH or OD stretch vibration in liquid water using resonant inelastic soft-X-ray scattering. Phys Rev Lett，111（19）：193001.

He Y B，Tilocca A，Dulub O，et al. 2009. Local ordering and electronic signatures of submonolayer water on anatase TiO_2（101）. Nat Mater，8（7）：585-589.

Heinrich A J，Lutz C P，Gupta J A，et al. 2002. Molecule cascades. Science，298（5597）：1381-1387.

Henderson M A. 2002. The interaction of water with solid surfaces：Fundamental aspects revisited. Surf Sci Rep，46（1-8）：1-308.

Herruzo E T，Asakawa H，Fukuma T，et al. 2013. Three-dimensional quantitative force maps in liquid with 10 piconewton，angstrom and sub-minute resolutions. Nanoscale，5（7）：

2678-2685.

Ho W. 2002. Single-molecule chemistry. J Chem Phys，117（24）：11033-11061.

Hodgson A，Haq S. 2009. Water adsorption and the wetting of metal surfaces. Surf Sci Rep，64（9）：381-451.

Horiuchi S，Tokunaga Y，Giovannetti G，et al. 2010. Above-room-temperature ferroelectricity in a single-component molecular crystal. Nature，463（7282）：789-U797.

Hu J，Xiao X D，Salmeron M. 1995b. Scanning polarization force microscopy-A technique for imaging liquids and weakly adsorbed layers. Appl Phys Lett，67（4）：476-478.

Hu J，Xiao X D，Ogletree D F，et al. 1995a. The structure of molecularly thin films of water on mica in humid environments. Surf Sci，344（3）：221-236.

Hu J，Xiao X D，Ogletree D F，et al. 1995c. Imaging the condensation and evaporation of molecularly thin-films of water with nanometer resolution. Science，268（5208）：267-269.

Jaklevic R C，Lambe J. 1966. Molecular vibration spectra by electron tunneling. Phys Rev Lett，17（22）：1139-1140.

Kim Y，Komeda T，Kawai M. 2002. Single-molecule reaction and characterization by vibrational excitation. Phys Rev Lett，89（12）：126104.

Kimura K，Ido S，Oyabu N，et al. 2010. Visualizing water molecule distribution by atomic force microscopy. J Chem Phys，132（19）：194705.

Klimes J，Bowler D R，Michaelides A. 2013. Understanding the role of ions and water molecules in the NaCl dissolution process. J Chem Phys，139（23）：receding p1-10.

Kolesnikov A I，Reiter G F，Choudhury N，et al. 2016. Quantum tunneling of water in beryl：A new state of the water molecule. Phys Rev Lett，116（16）：167802.

Kumagai T，Kaizu M，Okuyama H，et al. 2009. Tunneling dynamics of a hydroxyl group adsorbed on Cu（110）. Phys Rev B，79（3）：035423.

Kumagai T，Okuyama H，Hatta S，et al. 2011. Water clusters on Cu（110）：Chain versus cyclic structures. J Chem Phys，134（2）：211.

Kumagai T，Shiotari A，Okuyama H，et al. 2012. H-atom relay reactions in real space. Nat Mater，11（2）：167-172.

Lechner B A J，Kim Y，Feibelman P J，et al. 2015. Solvation and reaction of ammonia in molecularly thin water films. J Phys Chem C，119（40）：23052-23058.

Li X Z，Walker B，Michaelides A. 2011. Quantum nature of the hydrogen bond. P Natl Acad Sci USA，108（16）：6369-6373.

Liljeroth P，Repp J，Meyer G. 2007. Current-induced hydrogen tautomerization and conductance switching of naphthalocyanine molecules. Science，317（5842）：1203-1206.

Lyapin A G，Stal'gorova O V，Gromnitskaya E L，et al. 2002. Crossover between the thermodynamic and nonequilibrium scenarios of structural transformations of H_2O Ih ice during compression. J Exp Theor Phys+，94（2）：283-292.

Ma R，Cao D，Zhu C，et al. Atomic imaging of the edge structure and growth of a two-dimensional hexagonal ice. Nature，2020，577（7788）：60-63.

Maier S，Salmeron M. 2015. How does water wet a surface? Accounts Chem Res，48（10）：2783-2790.

Maier S，Lechner B A J，Somorjai G A，et al. 2016. Growth and structure of the first layers of ice on Ru（0001）and Pt（111）. J Am Chem Soc，138（9）：3145-3151.

Maier S，Stass I，Cerda J I，et al. 2014. Unveiling the mechanism of water partial dissociation on Ru（0001）. Phys Rev Lett，112（12）：126101.

Maier S，Stass I，Mitsui T，et al. 2012. Adsorbed water-molecule hexagons with unexpected rotations in islands on Ru（0001）and Pd（111）. Phys Rev B，85（15）：4672-4678.

Mamin H J，Kim M，Sherwood M H，et al. 2013. Nanoscale nuclear magnetic resonance with a nitrogen-vacancy spin sensor. Science，339（6119）：557-560.

Masgrau L，Roujeinikova A，Johannissen L O，et al. 2006. Atomic description of an enzyme reaction dominated by proton tunneling. Science，312（5771）：237-241.

Maze J R，Stanwix P L，Hodges J S，et al. 2008. Nanoscale magnetic sensing with an individual electronic spin in diamond. Nature，455（7213）：644-647.

Meng X Z，Guo J，Peng J B，et al. 2015. Direct visualization of concerted proton tunnelling in a water nanocluster. Nat Phys，11（3）：235-239.

Merte L R，Bechstein R，Peng G W，et al. 2014. Water clustering on nanostructured iron oxide films. Nat Commun，5：4193.

Merte L R，Peng G W，Bechstein R，et al. 2012. Water-mediated proton hopping on an iron oxide surface. Science，336（6083）：889-893.

Michaelides A，Morgenstern K. 2007. Ice nanoclusters at hydrophobic metal surfaces. Nat Mater，6（8）：597-601.

Morgenstern K，Nieminen J. 2002. Intermolecular bond length of ice on Ag（111）. Phys Rev Lett，88（6）：066102.

Morgenstern K. 2002. Scanning tunnelling microscopy investigation of water in submonolayer coverage on Ag（111）. Surf Sci，504（1-3）：293-300.

Morrone J A，Lin L，Car R. 2010. Nuclear quantum effects in water. Geochim Cosmochim Ac，74（12）：A728-A728.

Motobayashi K，Matsumoto C，Kim Y，et al. 2008. Vibrational study of water dimers on Pt（111）using a scanning tunneling microscope. Surf Sci，602（20）：3136-3139.

Mu R T，Cantu D C，Glezakou V A，et al. 2015. Deprotonated water dimers：The building blocks of segmented water chains on rutile RuO_2（110）. J Phys Chem C，119（41）：23552-23558.

Mu R T，Cantu D C，Lin X，et al. 2014. Dimerization induced deprotonation of water on RuO_2（110）. J Phys Chem Lett，5（19）：3445-3450.

Mu R T，Zhao Z J，Dohnalek Z，et al. 2017. Structural motifs of water on metal oxide surfaces. Chem Soc Rev，46（7）：1785-1806.

Nagasaka M，Kondoh H，Ohta T. 2005. Water formation reaction on Pt（111）：Role of the proton transfer. J Chem Phys，122（20）：204704.

Nagata Y，Pool R E，Backus E H G，et al. 2012. Nuclear quantum effects affect bond orientation of water at the water-vapor interface. Phys Rev Lett，109（22）：226101.

Nakamura M，Ito M. 2000. Monomer and tetramer water clusters adsorbed on Ru（0001）. Chem Phys Lett，325（1-3）：293-298.

Nangia S，Garrison B J. 2009. Advanced Monte Carlo approach to study evolution of quartz surface during the dissolution process. J Am Chem Soc，131（27）：9538-9546.

Nauta K，Miller R E. 2000. Formation of cyclic water hexamer in liquid helium：The smallest piece of ice. Science，287（5451）：293-295.

Nie S，Bartelt N C，Thurmer K. 2009. Observation of surface self-diffusion on ice. Phys Rev Lett，102（13）：136101.

Nie S，Feibelman P J，Bartelt N C，et al. 2010. Pentagons and heptagons in the first water layer on Pt（111）. Phys Rev Lett，105（2）：026102.1-026102.4.

Paesani F，Voth G A. 2009. The properties of water：Insights from quantum simulations. J Phys Chem B，113（17）：5702-5719.

Pang C L，Sasahara A，Onishi H，et al. 2006. Noncontact atomic force microscopy imaging of water dissociation products on TiO_2（110）. Phys Rev B，74（7）：073411.

Park J M，Cho J H，Kim K S. 2004. Atomic structure and energetics of adsorbed water on the NaCl（001）surface. Phys Rev B，69（23）：233403.

Payandeh J，Scheuer T，Zheng N，et al. 2011. The crystal structure of a voltage-gated sodium channel. Nature，475（7356）：353-U104.

Pegram L M, Wendorff T, Erdmann R, et al. 2010. Why Hofmeister effects of many salts favor protein folding but not DNA helix formation. Prol Natl Acad Sci USA, 107 (17): 7716-7721.

Peng J B, Cao D Y, He Z L, et al. 2018. The effect of hydration number on the interfacial transport of sodium ions. Nature, 557 (7707): 701.

Peng J B, Guo J, Hapala P, et al. 2018. Weakly perturbative imaging of interfacial water with submolecular resolution by atomic force microscopy. Nat Commun, 9 (1): 122.

Peng J B, Guo J, Ma R Z, et al. 2017. Atomic-scale imaging of the dissolution of NaCl islands by water at low temperature. J Phys-Condens Mat, 29 (10): 104001.

Perez C, Muckle M T, Zaleski D P, et al. 2012. Structures of cage, prism, and book isomers of water hexamer from broadband rotational spectroscopy. Science, 336 (6083): 897-901.

Peters S J, Ewing G E. 1997. Water on salt: An infrared study of adsorbed H_2O on NaCl (100) under ambient conditions. J Phys Chem B, 101 (50): 10880-10886.

Richardson J O, Perez C, Lobsiger S, et al. 2016. Concerted hydrogen-bond breaking by quantum tunneling in the water hexamer prism. Science, 351 (6279): 1310-1313.

Rim K T, Eom. D, Chan S W, et al. 2012. Scanning tunneling microscopy and theoretical study of water adsorption on Fe_3O_4: Implications for catalysis. J Am Chem Soc, 134 (46): 18979-18985.

Rossi M J. 2003. Heterogeneous reactions on salts. Chem Rev, 103 (12): 4823-4882.

Rozenberg M, Loewenschuss A, Marcus Y. 2000. An empirical correlation between stretching vibration redshift and hydrogen bond length. Phys Chem Chem Phys, 2 (12): 2699-2702.

Santos S, Verdaguer A. 2016. Imaging water thin films in ambient conditions using atomic force microscopy. Materials, 9 (3): 182.

Schafer-Nolte E, Schlipf L, Ternes M, et al. 2014. Tracking temperature-dependent relaxation times of ferritin nanomagnets with a wideband quantum spectrometer. Phys Rev Lett, 113 (21): 217204.

Schmid-Lorch D, Haberle T, Reinhard F, et al. 2015. Relaxometry and dephasing imaging of superparamagnetic magnetite nanoparticles using a single qubit (vol 15, pg 4942, 2015). Nano Lett, 15 (11): 7780-7780.

Schoch R B, HanJ Y, Renaud P. 2008. Transport phenomena in nanofluidics. Rev Mod Phys, 80 (3): 839-883.

Secchi E, Marbach S, Nigues A, et al. 2016. Massive radius-dependent flow slippage in carbon nanotubes. Nature, 537 (7619): 210-213.

Shigekawa H, Takeuchi O, Aoyama M. 2005. Development of femtosecond time-resolved scanning tunneling microscopy for nanoscale science and technology. Sci Technol Adv Mat, 6 (6): 582-588.

Shimizu T K, Mugarza A, Cerda J I, et al. 2008. Surface species formed by the adsorption and dissociation of water molecules on a Ru (0001) surface containing a small coverage of carbon atoms studied by scanning tunneling microscopy. J Phys Chem C, 112 (19): 7445-7454.

Shin H J, Jung J, Motobayashi K, et al. 2010. State-selective dissociation of a single water molecule on an ultrathin MgO film. Nat Mater, 9 (5): 442-447.

Shiotari A, Sugimoto Y. 2017. Ultrahigh-resolution imaging of water networks by atomic force microscopy. Nat Commun, 8: 14313.

Simpson W R, von Glasow R, Riedel K, et al. 2007. Halogens and their role in polar boundary-layer ozone depletion. Atmos Chem Phys, 7 (16): 4375-4418.

Sipila M, Sarnela N, Jokinen T, et al. 2016. Molecular-scale evidence of aerosol particle formation via sequential addition of HIO_3. Nature, 537 (7621): 532-534.

Soper A K, Benmore C J. 2008. Quantum differences between heavy and light water. Phys Rev Lett, 101 (6): 065502.

Standop S, Redinger A, Morgenstern M, et al. 2010. Molecular structure of the H_2O wetting layer on Pt (111). Phys Rev B, 82 (16): 2635-2645.

Staudacher T, Shi F, Pezzagna S, et al. 2013. Nuclear magnetic resonance spectroscopy on a (5-nanometer) (3) sample volume. Science, 339 (6119): 561-563.

Stipe B C, Rezaei M A, Ho W. 1998. Single-molecule vibrational spectroscopy and microscopy. Science, 280 (5370): 1732-1735.

Su X C, Lianos L, Shen Y R, et al. 1998. Surface-induced ferroelectric ice on Pt (111). Phys Rev Lett, 80 (7): 1533-1536.

Sun T. 2014. An antifreeze protein folds with an interior network of more than 400 semi-clathrate waters (vol 343, pg 795, 2014). Science, 343 (6174): 969-969.

Tatarkhanov M, Ogletree D F, Rose F, et al. 2009. Metal- and hydrogen-bonding competition during water adsorption on Pd (111) and Ru (0001). J Am Chem Soc, 131 (51): 18425-18434.

Terada Y, Yoshida S, Takeuchi O, et al. 2010. Real-space imaging of transient carrier dynamics by nanoscale pump-probe microscopy. Nat Photonics，4（12）：869-874.

Tetienne J P，Lombard A，Simpson D A，et al. 2016. Scanning nanospin ensemble microscope for nanoscale magnetic and thermal imaging. Nano Lett，16（1）：326-333.

Thiel L，Rohner D，Ganzhorn M，et al. 2016. Quantitative nanoscale vortex imaging using a cryogenic quantum magnetometer. Nat Nanotechnol，11（8）：677.

Thiel P A，Madey T E. 1987. The interaction of water with solid-surfaces-fundamental-aspects. Surf Sci Rep，7（6-8）：211-385.

Thurmer K，Nie S. 2013. Formation of hexagonal and cubic ice during low-temperature growth. P Natl Acad Sci USA，110（29）：11757-11762.

Thurmer K，Nie S，Feibelman P J，et al. 2014. Clusters，molecular layers，and 3D crystals of water on Ni（111）. J Chem Phys，141（18）：1478-1510.

Tuckerman M E，Marx D，Klein M L，et al. 1997. On the quantum nature of the shared proton in hydrogen bonds. Science，275（5301）：817-820.

Tulk C A，Benmore C J，Urquidi J，et al. 2002. Structural studies of several distinct metastable forms of amorphous ice. Science，297（5585）：1320-1323.

Ubbelohde A R，Gallagher K J. 1955. Acid-base effects in hydrogen bonds in crystals. Acta Crystallogr，8（2）：71-83.

Verdaguer A，Sacha G M，Bluhm H，et al. 2006. Molecular structure of water at interfaces：Wetting at the nanometer scale. Chem Rev，106（4）：1478-1510.

Voth G A，Chandler D，Miller W H. 1989. Rigorous formulation of quantum transition-state theory and its dynamical corrections. J Chem Phys，91（12）：7749-7760.

Wendt S，Matthiesen J，Schaub R，et al. 2006. Formation and splitting of paired hydroxyl groups on reduced TiO_2（110）. Phys Rev Lett，96（6）：066107.

Whitby M，Quirke N. 2007. Fluid flow in carbon nanotubes and nanopipes. Nat Nanotechnol，2（2）：87-94.

Xu K，Cao P G，Heath J R. 2010. Graphene visualizes the first water adlayers on mica at ambient conditions. Science，329（5996）：1188-1191.

Yang Y，Meng S，Wang E G. 2006. Water adsorption on a NaCl（001）surface：A density functional theory study. Phys Rev B，74（24）：4070-4079.

Yen F，Gao T. 2015. Dielectric anomaly in ice near 20 K：Evidence of macroscopic quantum phenomena. J Phys Chem Lett，6（14）：2822-2825.

Yoshida S，Aizawa Y，Wang Z H，et al. 2014. Probing ultrafast spin dynamics with optical pump-probe scanning tunnelling microscopy. Nat Nanotechnol，9（8）：588-593.

4.10 加气滴灌与界面水研究[②]

杨海军 仵 峰 方海平 胡 钧 侯铮迟

4.10.1 背景介绍

土壤是粮食安全、水安全和更广泛的生态系统安全的基础。我国水资源贫乏，且分布不均。传统农业采用的大水漫灌方式用水量大，还会破坏土壤团粒结构，造成土壤板结、土地盐碱化等土壤退化现象。国务院先后颁布“水十条”和“土十条”应对我国日益严峻的环境问题。要实现国家新增1000 亿斤粮食生产能力，关键在水，最根本的出路在于节水（Han et al., 2016）。发展节水农业正成为国家战略。地下滴灌技术节水效果非常明显，水的有效利用率超过 95%；而且使用加气后的水进行滴灌，还能增加作物产量，提高作物品质。研究发现，加气滴灌对作物生长、产量及品质的影响因素主要有：滴头埋深、滴灌频率、灌水量、作物生育期以及加气设备和方式等；更有研究者尝试从加气滴灌对土壤环境的调节方面解释其对土壤肥力的四大因素（水、肥、气、热）以及营养和矿物质等的影响。但加气滴灌增加作物产量，提高作物品质的机理仍未统一。这可能与以下几个方面密切相关：①土壤中的固（土壤颗粒）、液（土壤水）、气（土壤气体）三相构成了一个矛盾的统一体。土壤中的固相结构是基础，液相和气相结构提供物质和能量的交换通道。土壤中众多的土/水、水/气、土/气、根系/水、微生物/水等界面大大增加了研究的难度。②土壤是高度复杂的多孔介质，其结构在很大的时空尺度上是不均匀的。微观尺度上的土壤功能受其空间结构的强烈控制，影响着宏观尺度上的土壤功能。这一点一直被忽视，而且常常仍然被忽视（Young et al., 1998）。③传统的技术还缺乏足够的灵敏度和分辨率来进行微尺度的数据采集，很难回答各种土壤过程在不同尺度上对其生态功能的重要性（Herrmann et al., 2007）。④加气滴灌会改变土壤结构，其水、气、微生物、营养和矿物质等土壤环境的变化一方面是土壤结构变化的结果，另一方面又会促进土壤结构的变化。加气滴灌与界面水的研究，对于理解加气滴灌增加作物产量、提高作物品质的机理十分关键，需要物理学、化学、

② 本节部分内容来源于《物理学报》，2019，68（1）：019201。

流体力学、农学、植物学、微生物学、工程学等多个学科的科学家一起努力。

1）土壤与节水农业

土壤是地球表面的一层疏松的物质，由各种颗粒状矿物质、有机物质、水分、空气、土壤生物等组成。土壤中的固（土壤颗粒）、液（土壤水）、气（土壤气体）三相构成了一个矛盾的统一体。它们互相联系，互相制约，为作物提供必需的生活条件，是土壤肥力的物质基础。土壤也是我们最宝贵的农业资源之一，但是我们的土壤资源的开采率往往是不可持续的。在过去，作物品种、肥料、杀虫剂、设备和耕作制度的改进导致了生产力的大幅度提高，但往往以破坏环境为代价（Connolly，1998）。现在，越来越多的有识之士认为：土壤是粮食安全、水安全和更广泛的生态系统安全的基础（Lipiec et al.，1991；朱永官 等，2015）。因此，联合国将每年的 12 月 5 日定为世界土壤日，将 2015 年定为国际土壤年，以期引起国际社会关注土壤问题。

我国水资源贫乏，且分布不均。农业是用水大户，用水量约占经济社会用水总量的 60%，部分地区高达 90%以上。传统农业多采用大水漫灌方式进行灌溉。由于大部分水通过蒸发和深层渗漏等形式流失，它的用水量大，亩次灌水量高达 120 多吨，直接导致井灌区地下水储存量减少，华北平原因为超采造成的浅层地下水漏斗超过 2 万平方公里，深层地下水漏斗 7 万平方公里，已经成为世界上最大的地下水漏斗区（李晓明 等，2009）。同时，大水漫灌还会破坏土壤团粒结构，造成土壤板结、土地盐碱化等土壤退化现象。传统耕作采取多次耕翻耙耱，为作物生长营造疏松的土壤耕层环境。然而，由此产生的松散结构易受内部毛细力和外部压实应力的影响而坍塌，同时土壤水力性质也会发生变化（Or and Ghezzehei，2002），导致土壤品质下降（陈强 等，2014）。由于耕作改变了土地的原有状态，也会破坏对地面的保护，导致土壤风吹水蚀加剧，使土壤失去活力。耕作强度愈大，自然本身的保护和营养恢复功能丧失的就愈多。由于土壤水分关系、通风和温度的变化，耕作加速了土壤微生物对有机物的氧化（Rovira et al.，1957）。与耕作相关的团粒破坏暴露了新的土壤表面，改善了微生物获取有机质的途径。与耕作相关的径流增加也可能导致侵蚀土壤中有机质的去除（Dalal et al.，1986）。土壤有机质的减少也会导致较低的团粒稳定性和密闭层的形成（Cook et al.，1992）。耕作过程中，农机和牲畜会压实土壤（Mulholland et al.，1991），导致根系渗透性降低，渗透速率降低，减少植物提取所需的水量，并降低作物产量（Lipiec et al.，1991）。近几十年来，我国机械耕作活动增强，农产品产量大幅度上升，但也留下了河流泛滥、沙尘暴猖獗、土壤退化、作业成本上升的苦果。以土壤退化为例，长期过度耕种导致支撑全国粮食产量四分之一的东北黑土区以 1 厘米/年的速度持续退化（图 4.10.1），土层厚度较开垦初期下降 60～70 厘米（Krumins et al.，2015）；不合理的大水漫灌措施导致黄淮海平原次生盐渍化严重；中南地区红壤贫瘠、酸化，等等，严重影响我国的粮食安全。目前，我国耕地退化面积占耕地总面积的 40%以上（Hartemink and Minasny，2014）。而且水资源已成为制约农业和国民经济发展的瓶颈，寻求在当地水资源环境容量内的农业可持续发展之路已成为国人关注的焦点。国务院先后颁布“水十条”和“土十条”应对我国日益严峻的环境问题。要实现国家新增 1000 亿斤粮食生产能力，关键在水，最根本的出路在于节水（Han et al.，2016）。发展节水农业正成为国家战略。

(a)

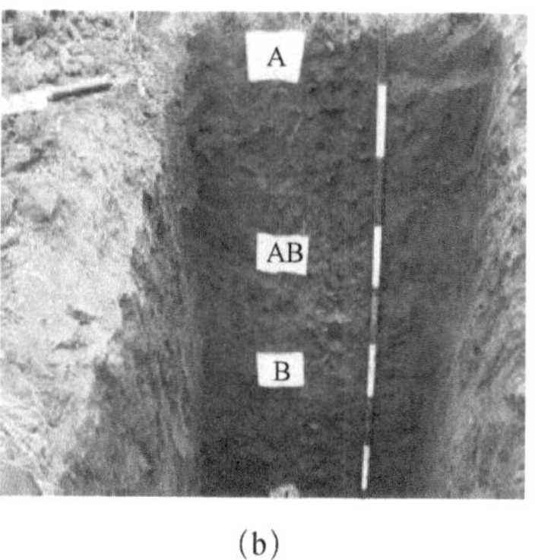

(b)

图 4.10.1 （a）利用 GRACE 卫星测量的华北地区地下水储量变化示意图（2018）和（b）退化中的东北黑土

2）地下滴灌

目前，地下滴灌技术被认为是最节水的灌溉技术之一。它通过塑料管道和滴头将水直接输送到植物根部，有效避免了漫灌中的无效水蒸发和过度灌溉的问题，节水效果明显，水的有效利用率超过 95%；而且还能促进农作物生长；节肥、省工。该技术可以追溯到公元前 1 世纪（西汉末年），我国现存最早的一部农学专著《氾胜之书》记载用埋在土里的陶罐进行灌溉。直到 1964 年，以色列 Simcha Blass 父子采用塑料滴头进行灌溉，现代滴灌系统基本成型（Li et al.，2014）。采用滴灌技术以后，以色列农业用水总量 30 年来一直稳定在 13 亿立方米，农业产出却翻了 5 番，灌溉面积从 16.5 亿平方米增加到 22 亿～25 亿平方米，耕地从 16.5 亿平方米增加到 44 亿平方米（Geisseler et al.，2014）。近 20 年来滴灌技术在全世界范围内以平均每年 33%的速度增长，总面积已达到 5650 万亩（黎安，2011）。我国滴灌面积现已达到近百万 hm^2，增长速度已经位于世界前列，主要分布在新疆和内蒙古等缺水地区，预计到 2020 年完全有可能达到或接近 160 万 hm^2（Zhang，2015）。

滴灌还是一种有效的盐碱地复垦方法。Kang Yue-hu 等人将滴灌技术用于盐碱地复垦中。结果表明，在玉米栽培和滴灌后，土壤物理环境和养分状况均得到改善，有利于微生物的活性和植物的生长（Tan et al.，2009）。若能采用加气滴灌，将有可能提高盐碱地土壤修复效率。

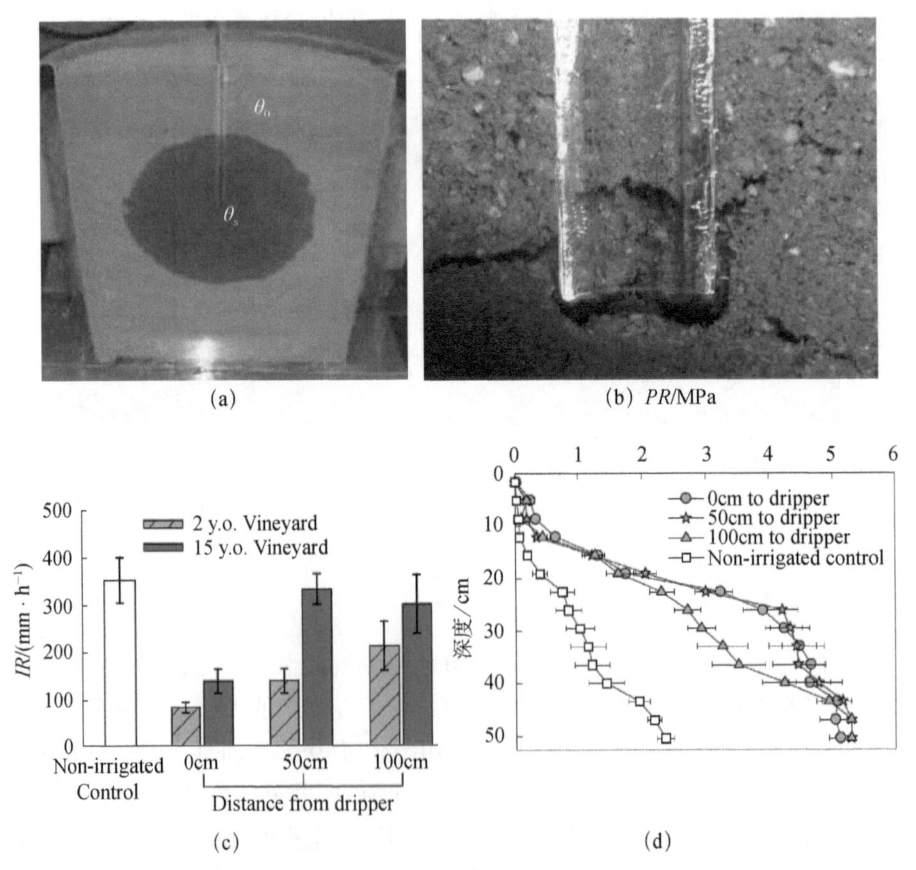

图 4.10.2　滴灌产生的（a）湿球、（b）裂缝和空穴（Sinobas and Rodríguez，2012）；有无滴灌的土壤（c）地表稳态入渗速率和（d）抗穿透性能比较（Currie，2006）

以往人们认为地下滴灌能较好地保持土壤结构，因此，研究方向主要集中在滴头设计、毛管埋深与间距以及灌溉制度等技术方面（程先军 等，1999）。但是越来越多的研究发现：滴头附近的土壤会产生空穴、土壤强度（抗穿透性）增加以及通透性降低等现象（图 4.10.2）（Currie，2006；Sinobas and Rodríguez，2012）。这些土壤物理性质的变化会导致滴头附近产生水涝，并限制作物根系进入滴灌湿球获取水和养分的能力，影响作物生长（Currie，2006）。这说明地下滴灌会改变土壤环境，需要对其进行深入研究并改良，以解决滴灌引起的土壤退化问题。同时，由于地下排布的滴灌管线的影响，无法使用传统农业中的耕作方法疏松土壤结构。因此，如何原位修复地下滴灌引起的土壤退化是目前急需解决的问题之一。

3）加气滴灌

在滴灌中使用加气水可能修复因滴灌引起的土壤退化。加气滴灌的好处能在通透性不良（碱化土、重黏土等）的土壤中得以体现（Bhattarai et al.，2006）。在盐碱土中，加气滴灌的西红柿产量增加了 38%。它还能调节农作物生长，提高产量，并改善作物品质。例如，加气滴灌能使番茄的开花时间提前，产量是普通滴灌的 1.5 倍，标准果率提升近一倍（卢泽华，2012）；能使西瓜的产量增加 40%，而且西瓜中的维生素 C 的含量和蛋白质含量也分别提高了 50%和 20%（刘杰，2011）；能促使植物的根更快地吸收养分，使洋葱的生长速度增加 27%（Bagatur，2014）。这与加气滴灌改善土壤中植物根系缺氧问题有关。当土壤中的 O_2 水平相对低并且 CO_2 水平相对高时，有氧呼吸被抑制，从而不利地影响植物生长（Niu et al.，2011a，2011b）。当灌溉水中存在空气泡时，土壤孔隙中的水被空气代替，这可以大大增加土壤的透气性（Niu et al.，2011b），从而改善土壤中的氧气水平，促进植物生长。此外，加气滴灌下的土壤环境更适宜土壤微生物的生命活动，细菌、真菌、放线菌的数量显著高于不加气滴灌。而放线菌菌落数与土壤肥力和有机质转化相关。因此，加气滴灌还有可能提高土壤肥力、促进有机质转化（朱艳 等，2016）。

4.10.2 研究现状

虽然迄今为止加气滴灌中的界面水研究仍未见报道，但人们已经分别从影响加气滴灌效果的因素及其对土壤环境的影响方面对加气滴灌进行了研究。这些研究将有助于分析加气滴灌中界面水的作用机理。

1. 影响加气滴灌效果的因素

1）滴头埋深

作为从普通滴灌发展起来的一种新技术，滴头埋深等因素也同样影响加气滴灌的效果。滴头埋深直接影响水分、养分在土壤中的运移，而水分、养分在土壤中的分布状况极大地影响植物根系的生长与分布及其对水分养分的吸收，从而影响植物整体的生长发育，最终影响到产量。除此之外，地下滴灌滴头的埋深，直接影响水分在土壤深层渗漏，并将养分淋移至深层土壤，既造成损失，又可能导致污染（任杰 等，2007）。

滴头埋深通常由以下几个因素综合决定：一是田间耕作深度，避免因犁翻泥土造成损坏。二是土壤质地。由于不同土壤质地对土壤水分吸力不同，即使在灌溉定额相同的情况下，水分在土壤中运动也不一样，形成的湿润体形状也各有差异，如沙性土壤中，润湿体呈竖椭圆状，黏性土壤中呈现扁平状，这些不同的润湿体影响着滴灌带的埋深和间距。三是作物根系的生长发育。如果毛管埋深太大则不利于作物幼苗生长，但埋深太小又会影响作物生育后期对水分的需求。

李元等人（李元 等，2016）发现，在 15cm 和 40cm 的埋深下，标准加气量（49.4L/m^2）时，2 次测定大棚番茄的净光合速率平均较不加气处理升高 21.4%和 65.0%。埋深为 15cm 时，叶绿素含量、干物质积累量及产量随加气量的升高呈先升高后降低趋势，标准加气量下较不加气处理分别提升 38.0%、55.4%和 59.0%。埋深为 40cm 时，它们随加气量的升高呈持续升高趋势，1.5 倍标准加气量（74.2L/m^2）处理较不加气处理分别提升 33.7%、36.2%和 105.4%。他们还研究铝滴头埋深对大棚甜瓜（陕甜一号）果实形态、产量、品质的影响，发现当埋深为 25cm，每天加气 1 次，品质及果实形态指标最好，产量最高（李元 等，2016）。蔡焕杰等人研究了滴头埋深对温室番茄生长、产量和品质的影响，发现在灌水频率相同的情况下，滴头埋深对番茄生长的影响不大。但相对而言，15cm 的滴头埋深更有利于提高作物的生长量、产量和品质（温改娟 等，2013）。他们还研究了滴头埋深对番茄植株生长、产量和果实品质的影响，发现埋深 15cm 和 25cm 对番茄株高、茎粗和叶面积的影响没有显著性差异（$P<0.05$）（朱艳 等，2017）。

2）加气滴灌频率

滴灌水频率越低，以滴头为中心形成的干燥范围越大，根系受到水分胁迫时间越长。当土体中水分缺乏时，可能会错过作物需水高峰，从而影响到作物的生长和养分吸收。滴灌水频率越高，滴头附近土壤中饱和水的区域越大，可能导致淋洗渗漏，一方面不利于节水，另一方面导致土壤营养成分流失，污染地下水源。因此，滴灌频率需根据作物生长特点和土壤质地等因素加以调节。

蔡焕杰等人在日光温室地下滴灌条件下，采用相同的灌水量，研究不同加气频率（1 天 1 次、2 天 1 次、4 天 1 次）对西瓜全生育期生长发育和产量的影响。结果表明：3 种加气频率在产量上与对照组相比分别提高了 7.3%、18.6%、4.5%，可溶性总糖和可溶性固形物含量提高显著；从西瓜株高、叶面积、叶绿素、总生物量和产量等综合分析，加气频率采用 2 天 1 次最优（刘杰 等，2010）。他们还采用温室小区对照试验，比较加气灌水频率（3 天 1 次、6 天 1 次）对番茄植株生长及果实产量和品质的影响。发现：6 天 1 次加气灌溉番茄株高、茎粗、产量均大于 3 天 1 次加气灌溉处理（温改娟 等，2013）。加气灌溉有利于温室番茄茎粗、株高的生长，并且对番茄的产量和品质均有利。在相同的灌水量条件下，6 天 1 次较 3 天 1 次的加气灌水频率，株高增加了 8.08%，茎粗增加了 6.33%，产量增加了 26.01%（温改娟 等，2014）。乔建磊等人发现加气滴灌可以提高蓝莓叶片 PSⅡ反应中心最大荧光产量（Fm），且不同加气频率对叶片最大荧光 *F*m 值具有显著影响（$P<0.05$）；加气滴灌有利于提高蓝莓叶片 PSⅡ光能捕获效率（F_v'/F_m'），同时提高了叶片实际光化学效率（Yield）和光化学猝灭系数（qP），且加气频率不同，叶片 PSⅡ电子传递活性表现出较大的差异（乔建磊等，2017）。加气滴灌可以有效提高蓝莓叶片叶绿素 a 和叶绿素 b 的含量，且加气频率不同其作用效果也有所不同；但加气处理对蓝莓叶片中叶绿素 a 与叶绿素 b 含量的比值影响不大，在整个试验期间均无显著差异（$P>0.05$）。（乔建磊 等，2017）。在试验设计范围内，水稻单穴最大分蘖数随增氧灌溉频率降低而增加，但是单穴有效穗数和成穗率却大致随着增氧灌溉频率的增加而提高（肖卫华 等，2015）。Fengxin Wang 等人在 2001 年和 2002 年的地表田间试验中，研究了灌溉频率对土壤水分分布、马铃薯根系分布、马铃薯块茎产量和水分利用效率的影响。他们发现滴灌频率对土壤水分分布有一定的影响，这取决于马铃薯生长阶段、土壤深度和灌水器距离。滴灌频率对马铃薯根系生长也有一定影响：频率越高，0～60cm 土层根长密度越高，0～10cm 土层根长密度越低。另外，即使在作物以最高频率灌溉时，马铃薯根系也不受湿润土壤体积的限制。高频灌溉提高马铃薯块茎生长和水分利用效率。在 2001 和 2002 年将灌溉频率从 1 天 1 次减少到 8 天 1 次分别导致 33.4%和 29.1%的产量显著减少（Wang et al.，2006）。

3）灌水量

灌水量对作物产量、品质及水分利用效率的影响不及加气频率和滴灌带埋深（李元 等，2015）。研究表明，对甜瓜的果实形态、品质及产量影响的大小顺序依次为加气频率、滴灌带埋深和灌水控制上限。灌水量控制在田间持水量的 80%时，果实可溶性固形物含量最高，但灌水量为 70%田间持水量时，可溶性总糖、产量、水分利用效率最高（李元 等，2016）。加气灌溉可以对番茄开花时间产生影响。如图 4.10.3 所示，第一层花中，高水加气处理（T_1）平均比对照组提前 2 天开花；第二层花与第三层花的几种加气处理与对照组差别不大。在不同的灌溉水平下，中水更利于提前开花时间；如果灌水量过低，反而延后开花时间（卢泽华 等，2011）。他们进一步系统考察了灌水量对温室番茄生长、产量及品质的影响，发现 K_{cp} 为 1.0 的灌水量处理对番茄的生长、产量、水分利用效率和品质最优（温改娟 等，2014）。

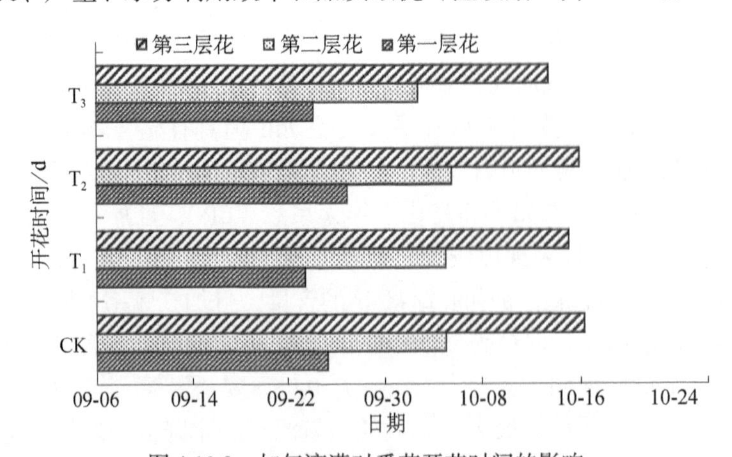

图 4.10.3　加气滴灌对番茄开花时间的影响

T_1、T_2、T_3 分别为高水、低水、中水加气处理，其蒸发皿（作物皿）系数 K_{cp} 分别为 1.2、0.4、0.4。CK 为对照组，其 K_{cp} 为 1.2（卢泽华 等，2011）

加气滴灌的灌水量还会影响土壤的 N_2O 和 CO_2 的排放，（陈慧 等，2016）并影响土壤中微生物（陈慧 等，2018）。但它对土壤中细菌、放线菌数量以及过氧化氢酶和脲酶活性、真菌数量的影响也不及加气频率和滴灌带埋深。当灌水至田间持水量的 80%过氧化氢酶活性最高，放线菌数量最多，灌水至田间持水量的 90%脲酶活性最高，细菌及真菌数量最多（李元 等，2015）。

4）植物生育期

植物在不同的生育期对土壤水分的需求不同。苗期需水量稍少，随着作物的生长而增加，到生长旺期需水量最大，成熟期逐渐减少。因此，在不同的生育期的进行加气滴灌的效果理应不同。

目前，大部分研究是对植物的全生育期进行加气滴灌处理。例如，在日光温室地下滴灌条件下，在西瓜全生育期内向温室小型西瓜根区加气，3 种加气频率（1 天 1 次，2 天 1 次，4 天 1 次）在产量上与普通滴灌相比分别提高了 7.3%、18.6%、4.5%，可溶性总糖和可溶性固形物含量提高显著（刘杰 等，2010）。温室小区试验中，番茄全生育期单株总灌水量为 18.28L 的条件下，加气滴灌对植株生长量及果实产量和品质的影响明显优于普通滴灌（温改娟 等，2013）。在番茄生长后期加气和整个生育期加气均能明显改善番茄的品质，提高果实中的番茄红素、VC、有机酸和可溶性糖的含量，降低硝酸盐的含量（朱艳，2015）。

蔡焕杰等人研究表明，番茄在不同生育时期对根际加气的响应不同，且加气效果不具有叠加性，即单独生育时期加气效果较全生育时期加气处理明显。苗期加气处理可提前首层开花时间；全生育时期加气处理可以提高叶绿素含量 11.1%；开花后加气处理也可提前二、三层开花时间，并增高 14.8%；坐果期加气处理可以促进干物质累积，提高根冠比（表 4.10.1），增粗 5.6%，获得最大产量（卢泽华 等，2012）。

表 4.10.1 不同生育时期加气处理对番茄干物质积累量和根冠比的影响（卢泽华，蔡焕杰 等，2012）

处理	地上部鲜重/g	地上部干重/g	地下部鲜重/g	地下部干重/g	根冠比/%
CK	489.4a	40.3a	48.8c	2.5c	5.1c
T_1	617.7a	41.9a	62.c	3.8c	6.1a
T_2	629.8a	49.2b	74.0b	4.1b	5.6b
T_3	643.0a	43.9a	78.4a	5.3a	6.7a
T_4	590.9a	47.9a	68.4c	3.4c	5.0c
T_5	577.5a	46.4a	77.4a	4.5b	5.8b

注：采用 Duncan's multiple range test 分析，同列不同小写字母表示差异显著（P<0.05，n=3）。

姚帮松等人结果发现，在不同生育期根区通气增氧处理促进根系生长，提高根系活力。根区加气滴灌处理的杂交水稻根总长、根总体积、根总表面积、平均根系直径、根干重和根尖数等特征指标都明显优于对照组，且表征根系活力的氯化三苯基四氮唑（TTC）还原强度随着增氧频率的降低而减弱（肖卫华 等，2016）。

5）加气方式与设备

加气方式与设备决定了灌溉水中氧气的存在形式和气泡大小及分布，从而影响了加气灌溉的效果。研究表明，文丘里、空气压缩机等加气设备均可用于微灌加气技术，但不同的加气设备及其加气运行模式可产生不同效果（南茜 等，2017）。机械加气滴灌和化学溶氧滴灌可在旺长期和现蕾期提高烟草根干重、总根数、主根数。机械加气滴灌根冠比随着烟草的生长呈现接近并递增的趋势；而化学溶氧加气滴灌和常规滴灌烟草根冠比随着烟草的发育呈现逐渐降低的趋势。机械加气滴灌方式可使烟草根系活力达到最优，根系体积扩大，不定根及细根量增多，根系活力增强（张文萍 等，2012）。机械加氧灌溉比化学加氧灌溉更有利于烟草根系的扎深，化学加氧灌溉比机械加氧灌溉更有利于营养物质向地面植株的分配（肖卫华 等，2014）。但化学溶氧滴灌方式总节水效果和增产效果均比机械加气滴灌好。机械加气滴灌可使烟草根系活力达到最优，根系体积扩大，不定根及细根量增多，总耗水量增加；而化学溶氧加气滴灌根系的发育要比冠部的发育慢，可节约部分水（张文萍 等，2013）。加气灌溉能够明显提高温室番茄产量，且文丘里加气法和水气分离加气法处理的温室番茄产量分别比未通气灌溉分别增加了 30%和 5%左右。高水且采用文丘里加气的水分利用效率以及干物质累积量均最大。温室番茄以高水且采用文丘里加气灌溉为宜（尹晓霞 等，2014）。

2. 土壤环境调节

1）加气滴灌与土壤水环境调节

土壤水分是影响陆地-大气相互作用的重要气候变量，是影响降雨-径流过程的重要水文变量，是调节生态系统净交换的重要生态变量，也是制约粮食安全的重要农业变量（Ochsner et al.，2013）。水分既是植物光合作用形成碳水化合物不可或缺的物质，也是构成植物体本身不可缺少的物质；同时也是植物体内输送养分的载体；是农作物生长发育的重要环境因子。植物所需水分主要来自土壤水，植物吸收土壤水受土壤水气状况的影响。以棉花为例，75%的田间持水量下棉花产量最高；过高的土壤水分含量不利于棉花根系生长和棉花质量（饶晓娟 等，2016）。

滴灌最首要解决的就是土壤缺水问题。因此，加气滴灌对土壤的水环境调节至关重要。与普通滴灌不同的是，加气滴灌中，水中加入的气体与土壤之间的相互作用会进一步提高水分利用率，改善作物的产量和品质。雷宏军等人以温室番茄为研究对象，研究循环曝气地下滴灌对番茄生理及品质的影响。结果表明，与普通地下滴灌相比，曝气处理番茄的水分利用效率提高了 20.72%。番茄最大根长增加了 16.75%，根冠质量之比提高了 25.81%。番茄果实前 5 次产量提高了 29.15%，维生素 C 含量提高了 13.25%，可溶性固形物含量提高了 8.62%，糖酸比提高了 22.05%，而总酸含量和硬度分别下降了 15.50%和 11.19%（雷宏军 等，2015）。姚帮松等人研究了加气滴灌对盆栽马铃薯产量和水分利用效率的影响，发现：1 天 3 次和 1 天 1 次的加气滴灌使马铃薯的产量分别增加了 16.05%和 11.23%；株高平均增长了 6.83%；茎粗平均增长了 12.78%；水分利用效率分别提高了 16.07%和 11.22%（陈涛 等，2013）。

2）加气滴灌与土壤气环境调节

水、肥、气、热是保障土壤肥力的四大要素，传统的灌溉方式往往忽视了气这一重要因素。良好的土壤通气性是作物正常生长发育的保证。加氧灌溉通过采用合理的方法改善土壤通气状况，协调土壤四大要素之间的关系，提高土壤肥力，满足作物生长的需要；可提高作物产量、改善作物品质（雷宏军 等，2017）。氧是植物生命活动所必需的营养因子，充足的氧供应才能满足植物正常生长发育的需求（郑小兰 等，2017）。土壤氧气含量是影响土壤呼吸变化的重要因素。研究表明，加气灌溉下土壤含水率略有下降，土壤呼吸速率和土壤氧气含量分别比对照提高了 33.16%和 16.61%。而且加气灌溉明显改善了根区土壤环境，减少了限制土壤呼吸的其他因素（朱艳 等，2016）。番茄生长前期，土壤呼吸与充气孔隙度和氧气含量显著正相关；番茄生长后期，土壤和土壤微生物呼吸与土壤氧气含量显著负相关（$P<0.05$）（朱艳 等，2017）。加气灌溉条件下，温室番茄根区土壤氧气含量、土壤呼吸、温度和植物根系呼吸均有所增大。与不加气相比，土壤和植物根系呼吸显著增大了 25.5%和 38.8%（$P<0.05$），加气滴灌促进了土壤、土壤微生物和植物根系呼吸，有效改善了土壤通气性（朱艳 等，2017）。

以大棚立体种植油麦菜为例，油麦菜株高、叶片数和茎粗与灌溉水中溶氧量正相关。溶氧量为 8mg/L 时，单株鲜质量和干质量最大，分别为 56.25g、10.71g；溶氧量为 1.2mg/L 时，株鲜质量和干质量最小，分别为 42.64g、3.52g（马继梅 等，2017）。土壤水溶解氧也能显著影响水稻的生长。灌水后根区较高的土壤水溶解氧含量一般能够持续 5 天左右，加气灌溉对 0～20cm 土层土壤水溶解氧含量影响显著，对深层土壤影响较小（刘锦涛 等，2015）。已有研究表明，增氧可以提升棉花生长潜力。持续性增氧的水培棉花的根体积、根系总吸收面积、根活性面积、根系生物量、株高、地上部生物量、氮和钾的吸收量的促进作用均达到显著水平，分别比不增氧增加了 194.62%、261.89%、301.73%、57.15%、22.76%、38.03%、35.27%、84.78%，间歇性增氧对根系生物量、株高、地上部分生物量的促进作用显著，分别比不增氧高 30.83%、15.65%、21.19%（饶晓娟 等，2016）。

加气灌溉引起的土壤中氧气含量改变势必会影响土壤微生物活动和作物根系生长，进而影响土壤 CO_2 和 N_2O 的产生和排放。其中，CO_2 是大气中最重要的温室气体，对全球变暖起到重要作用。不同灌溉水平下，夏玉米地土壤 CO_2 排放通量与土壤充水孔隙率呈指数正相关关系，相关性达显著水平（$P<0.05$）。亏缺灌溉在一定程度上抑制了土壤 CO_2 的排放，土壤充水孔隙率低于 50%时，CO_2 排放通量维持在较低水平；但当土壤充水孔隙率高于 50%时，CO_2 排放通量随着土壤充水孔隙率的增加而有大幅度增加（杨凡 等，2017）。温室小区试验中，在番茄的整个生育期，不同加气灌溉模式下土壤 CO_2 排放通量随移植后天数增加总体呈现先增加后减小的趋势，峰值均出现在番茄开花坐果期。加气和充分灌溉处理较对应的不加气和亏缺灌溉处理增加了番茄整个生育期土壤 CO_2 平均排放通量和排放量，但差异不显著（$P>0.05$）。土壤 CO_2 排放通量与土壤充水孔隙率呈负相关，但相关性不显著（$P>0.05$）（陈慧 等，2016）。不同加气灌溉模式下，加气和充分供水处理均增加了秋冬茬温室番茄整个生育期的土壤 N_2O 排放量，以加气充分灌溉最大（120.34mg/m^2），分别是加气亏缺灌溉和不加气亏缺灌溉的 1.89 和 4.21 倍（$P<0.01$）。可见，加气灌溉增加了温室番茄地土壤 N_2O 排放，且在亏缺灌溉条件下，加气灌溉对温室番茄地土壤 N_2O 排放的影响显著。（陈慧 等，2016）充分灌水温室芹菜地 N_2O 排放显著（$P<0.05$）高于亏缺灌溉；施氮显著（$P<0.05$）增加了土壤 N_2O 排放，施氮量 150、200 和 250kg/hm^2 的 N_2O 累积排放量分别是不施氮的 2.30、4.14 和 7.15 倍。灌水和施氮提高芹菜产量的同时，显著增强了土壤 N_2O 排放（杜娅丹 等，2017）。

3）加气滴灌与土壤微生物环境调节

农业生态系统的许多生物多样性都存在于土壤中。土壤生物群的功能对作物生长和质量、土壤和残渣传播的害虫、疾病发生率、养分循环和水分转移的质量以及作物管理系统的可持续性有着直接和间接的重大影响（Roger-Estrade et al.，2010）。土壤微生物在土壤中进行氧化、硝化、氨化、固氮、硫化等过程，促进土壤有机质的分解和养分的转化。它们是土壤中物质转化的动力，土壤酶与微生物细胞一起推动物质转化。由于加气滴灌改变了土壤的水、气、热等环境条件，对土壤微生物的数量和菌落将产生无法避免的影响。加气灌溉下的土壤环境更适宜土壤好氧微生物的生命活动。番茄在各生育期加气时的根区土壤中细菌、真菌数量均明显提高；高水水平和中水水平下加气灌溉处理的细菌、真菌、放线菌的数量也显著高于普通滴灌（朱艳 等，2016）。

在日光温室内，加气滴灌增加了番茄全生育期的土壤硝化细菌数量，平均增加了 2.1%；同时降低了约 9.7%（$P>0.05$）的土壤反硝化细菌数量。增加灌水量，土壤硝化细菌和反硝化细菌数量均逐渐增加（$P>0.05$）（陈慧 等，2018）。牛文全等人发现，加气灌溉对大棚甜瓜根系土壤酶活性、土壤微生物数量均有显著影响。对细菌、放线菌数量影响由大到小依次为加气频率、滴灌带埋深和灌水上限；对过氧化氢酶和脲酶活性、真菌数量影响由大到小依次为滴灌带埋深、加气频率和灌水上限。每天加气 1 次土壤脲酶活性最高，细菌数量也最多；每 2 天加气 1 次土壤过氧化氢酶活性最高，真菌数量最多。灌水至田间持水量的 80%过氧化氢酶活性最高，放线菌数量最多，灌水至田间持水量的 90%脲酶活性最高，细菌及真菌数量最多（李元 等，2015）。

于坤等人研究了单纯根际注气对土壤细菌群落结构的影响。根际注气即可促进与硝化作用相关的亚硝化螺菌属，磷钾代谢相关的假单胞菌属、芽孢杆菌属，抑制与反硝化相关的罗尔斯通菌属，表明加气灌溉能促进植株对氮磷钾的吸收与能提高硝化作用、解磷解钾相关菌群数量有关。根际注气可有效改变细菌群落丰度，但对细菌群落多样性影响较小。注气处理增加了放线菌门和硝化螺旋菌门的丰度，其中在 40～50cm 土层注气处理放线菌门和硝化螺旋菌门分别比未注气高 16.7%与 22.7%，达到极显著水平（赵丰云 等，2017）。

即便是普通滴灌也能恢复盐碱地土壤酶活性。Yao-Hu Kang 等人研究发现，滴灌条件下盐碱地土壤的碱性磷酸酶、脲酶和蔗糖酶活性随栽培年限的增加而增加，分别为 4.5、1.39 和 19.39，分别为 20.25、3.17、61.33μg·g^{-1}·h^{-1}。碱性磷酸酶、脲酶和蔗糖酶活性均随滴头水平距离和垂直距离的增加而降低。滴灌 3 年后，土壤酶活性与土壤环境因子之间的相关性大于未垦地。4～6 年后，土壤酶活性应达到天然羊草草原的水平（Kang et al.，2013）。

4）加气滴灌与土壤营养环境调节

加气滴灌可以改善作物的根系生长环境，从而促进根系对养分的吸收（乔建磊 等，2017）。雷宏军等人研究发现，循环曝气滴灌有效提高了作物氮、磷、钾的吸收效率。其中，郑州黏土和洛阳粉壤土氮素吸收量较常规滴灌分别显著提高了 23.68%和 27.72%（$P<0.05$）。不同土壤作物磷、钾吸收效率均有显著提高（$P<0.05$），其中郑州黏土分别增加了 27.54%和 62.81%，洛阳粉壤土增加了 25.20%和 63.26%，驻马店砂壤土增加了 26.86%和 23.97%（雷宏军 等，2017）。于坤等人通过氮同位素示踪标记表明：注气处理可显著促进葡萄新生部位对硝态氮的吸收，抑制铵态氮的吸收利用。但根际注气并未影响葡萄根系对硝态氮的偏好，宜选择硝态氮作为氮肥来源（赵丰云 等，2018）。

5）加气滴灌与土壤矿物环境调节

土壤矿物占土壤固相物质的绝大多数，一般约占干土重的 95%以上，是土壤最基本的物质成分。土壤矿物质是营养元素的重要来源，构成了土壤的骨骼，影响土壤的质地、孔隙、通气性、透水保水性、供肥保肥性等一系列肥力性状。其中，可溶性矿物在灌溉时能全部或部分溶解淋失，影响电导率和 pH 分布，从而影响滴灌局域的土壤矿物环境。

Yaohu Kang 等人采用田间试验研究了中国东北松嫩平原盐碱地土壤滴灌对种子萌发和星星草生长的影响。结果表明，滴灌对土壤含水量、饱和土壤提取物的电导率（ECe）和 pH 分布有一定的影响，抑制了根区盐分的积累，使种子萌发和萌发。整个土壤剖面的 ECe 和 pH 随着土壤基质势的增加而降低。试验两年后，分蘖数、株高、穗数、长度、地上生物量和覆盖度均显著增加，土壤基质势为 15～20kPa 的生长效果优于其他处理（Liu et al.，2012）。

4.10.3 待解决的重大问题

综上所述，人们已经发现加气滴灌对作物生长、产量及品质的影响因素主要有：滴头埋深、滴灌频率、灌水量、作物生育期以及加气设备和方式，等等；在加气滴灌的土壤环境调节机理方面，研究人员大多考虑了加气滴灌对土壤肥力的四大因素（水、肥、气、热）以及营养和矿物质等的影响，鲜有加气滴灌影响土壤结构的报道。然而，良好的土壤结构和高团粒稳定性对提高土壤肥力、提高农业生产力、提高孔隙度和降低可蚀性具有重要意义（Bronick et al.，2005）。只有准确检测土壤结构，才能正确地评估加气滴灌中的界面水作用，理解加气滴灌对作物生长、产量及品质的促进作用。

土壤结构是指固体和孔隙的大小、形状和排列，孔隙和孔隙的连续性，它们保留/传输液体和有机/无机物质的能力，以及支持根系旺盛生长和发育的能力（Lal，1991），影响生物量、水的储存和过滤、营养物质的储存和回收、碳的储存和生物活动（Rabot et al.，2018）。土壤结构非常重要，许多农艺和环境过程与次级土壤单元（团粒、土壤或土块）的分布及其稳定性有关（Diaz-Zorita et al.，2002）。土壤结构通常表示为团粒的稳定性程度。聚集是粒子重排、絮凝和胶结作用的结果。它是由土壤有机碳（SOC）、生物群、离子桥、黏土和碳酸盐介导的。这些聚集剂的复杂相互作用可以是协同作用或破坏聚集。黏土大小的颗粒通常通过重排和絮凝作用与聚集有关。有机金属化合物和阳离子在粒子之间形成桥梁。有机碳来源于植物、动物和微生物及其分泌物。它通过主要土壤颗粒的结合增强了聚集性。土壤有机质形成稳定团粒的有效性与其分解速率有关，而分解速率又受其对微生物作用的物理和化学保护作用的影响。土壤无机碳（SIC）在干旱和半干旱环境中增加了土壤的团粒，而次生碳酸盐的形成受土壤中的 SOC、Ca^{2+}和 Mg^{2+}的影响。土壤生物释放二氧化碳，形成有机碳，增加原生碳酸盐的溶解，而阳离子增加次生碳酸盐的沉淀。氧化物、磷酸盐和碳酸盐的沉淀增强了聚集。Si^{4+}、Fe^{3+}、Al^{3+}和 Ca^{2+}等阳离子促进了作为一次粒子键合剂的化合物的沉淀。根和菌丝可以将颗粒物缠绕在一起，同时重新组合它们，释放出将颗粒物固定在一起的有机化合物，这一过程对土壤固碳有积极影响。通过管理实践和环境变化，土壤结构可以显著改变。提高生产力和减少土壤破坏的做法会增强聚集和结构发展（Bronick et al.，2005）。由此可见，加气滴灌的过程中，水/气的输入将改变滴头附近的土壤特性，如矿物成分、质地、有机碳浓度、成壤过程、微生物活动、交换离子、养分储备和水分有效性（Kay，1998），从而影响土壤团粒的形成，导致土壤的结构发生变化。而土壤结构的变化又会对土壤条件和环境有重要影响，并影响作物的生长（Bronick et al.，2005）。随着人口和城市化的增加，在保持环境质量的同时提高粮食产量的方法非常重要

（Bronick et al.，2005）。加气滴灌能同时满足以上两点要求，必然将成为未来我国乃至世界节水农业的一个重要发展方向。

土壤结构与许多农艺和环境过程有关，非常复杂（Braunack et al.，1989a；1989b）。例如，土壤结构单元的分布控制着氧气、水的可用性以及耕作造成的苗床中根和芽的渗透阻力（Nasr et al.，1995）。种子–土壤接触、随后的水渗透和发芽都取决于土壤碎片的大小和堆积（Brown et al.，1996）。碎片质量分布的测量与农业土壤中的种子放置、发芽和植物的早期生长最为相关（Reuss et al.，2001）。表面封层的形成也与作物的生长和生产力有关，部分取决于团粒的稳定性。不稳定土壤结构单元的存在有利于土壤颗粒的分离和结壳的形成，这些结壳阻碍了正常的芽伸长和幼苗的形成（Rathore et al.，1983）。土壤结构对土壤水力和溶质运移过程有很大影响。总孔隙度可以从理论上和实验上与孔隙连通性相关，然后与动态特性（如饱和导水率）相关（Giménez et al.，1997）。土壤结构的表征可以根据尺寸、形状和等级，即次级土壤单元的显著性程度定性地进行，并取决于集料间和集料内的黏附性、凝聚力或稳定性。但是表征的结构单元之间的界限没有统一标准，造成了一定程度的混乱（Diaz-Zorita et al.，2002）。而且土壤结构不容易量化，最常用的程序涉及主观判断（Topp et al.，1997）。

此外，土壤是高度复杂的多孔介质，其结构在很大的时空尺度上是不均匀的（Young et al.，1998）。微观尺度上的土壤功能受其空间结构的强烈控制，影响着宏观尺度上的土壤功能。这一点一直被忽视，而且常常仍然被忽视。传统的技术还缺乏足够的灵敏度和分辨率来进行微尺度的数据采集，很难回答各种土壤过程在不同尺度上对其生态功能的重要性（Herrmann et al.，2007）。

4.10.4 建议可能解决问题的方案

1. 跨尺度建立土壤结构库

土壤结构单元的尺寸分布被认为是预测孔隙尺寸分布和土壤持水量的一个重要参数（Nimmo，1997）。非反应性溶质在土壤中的分散取决于孔径分布（Perfect et al.，2001）。除草剂和废弃物的生物降解也与土壤结构有关。土壤微生物过程受土壤结构的直接和间接影响。小孔隙的存在降低了有机物质对分解者的可接近性，导致碳的物理保护和氮矿化的减少（Van Veen et al.，1990）。微生物和土壤中动物的空间分布已被证明部分与团粒的大小分布有关（Jastrow et al.，1991）。土壤中的细菌分布在不同大小的孔隙和土壤团粒中（Hattori et al.，1976）。土壤结构控制对通气量和含水量产生间接影响。土壤可蚀性，即土壤对侵蚀的敏感性，是土壤结构稳定性的一个主要指标。结构稳定性高的地方，土壤对侵蚀过程的敏感性降低，因为结壳的形成和土壤颗粒的分离减少。在土壤结构单元粗糙的情况下，径流和泥沙损失通常会减少（Deizman et al.，1987）。土壤空间结构的研究，在其复杂性方面，需要了解不同层次组织中不同土壤成分之间的相互关系和相互作用（Taina et al.，2008）。土壤结构所涉及的尺度范围是巨大的（Kay，1990），因此不太可能在整个范围内采用单一的试验方法。研究不同土壤过程与团粒粒级之间的关系需要不同的方法（Dexter，1997）。

2. 多种手段研究加气滴灌对土壤结构的影响

近年来，可视化土壤评价方法（VESS）的应用和推广，反映了全球土壤结构评价方法快速、实用、有代表性和经济性的发展趋势：为满足日益增长的全球粮食需求，将更为密集地使用农业土壤，并因此导致这些自然资源的显著结构退化。因此，需要寻求可靠和廉价的土壤结构评估方法；需要在实验室分析基础设施很少或根本没有基础设施的地区评估土壤结构；方便培训顾问、推广工作者和农村生产者，等等。此外，由于 VESS 的有效性和实用性，使用它进行新的研究，还将增加数据库，并允许对 VESS 在监测土壤结构质量方面的有用性进行更详细的评估（Franco et al.，2019）。但是有研究者指出：对某些质地的土壤，缺乏研究土壤含水量对 VESS 标准的影响。一般情况下，剖面方法评估一个领域内特定位置的过程交互作用，探索内在方面和人为影响。SPADE 方法侧重于人为特征，快速提供更广泛区域土壤结构的概要。需要进一步改进现有的方法，对包括纹理影响、农场取样程序和土壤结构进行更全面评估（Emmet-Booth et al.，2016）。

使用树脂或蜡浸渍样品对土壤薄片进行直接观察和图像分析，广泛用于测量空隙和集料的大小、形状和分布（Dexter，1988）。继 Kubiena&Apos 在 20 世纪 70 和 80 年代利用 Foster 的电子显微镜对土壤微观形态和土壤超结构进行开创性研究（Foster，1973）之后，涉及光学显微镜的技术和方法学不断进步（Nunan et al.，2001），扫描（Dathe et al.，2001）和透射电子显微镜（Chenu et al.，2006）、X 射线断层扫描（De Gryze et al.，2006；Feeney et al.，2006；Nunan et al.，2006；Dexter，1979；Perret et al.，1997）及空间统计和建模（Grundmann et al.，2001；Young et al.，2001；Wu et al.，2004；Vogel et al.，2005）等方法都用于表征土壤结构。图像分析法具有描述和量化相对未受干扰状态下土壤基质的优点，但它需要特殊的和复杂的设备和培训。这种方法并没有广泛应用于描述土壤团粒的分布（Diaz-Zorita et al.，2002）。

随着科学技术的发展和大科学装置的大规模建设，图像分析法在表征土壤的结构中起着越来越重要的作用。其中，X 射线断层扫描（CT）技术作为一种无损、无创的技术，已成功地应用于土壤的三维检测，为土壤科学研究提供了新的契机（Pires et al.，2010）。应用 CT 技术对土壤结构元素，特别是孔隙和孔隙网络特征进行描述和定量测量，获得了有价值的信息。在许多研究中，X 射线 CT 已经被用来在功能上和时间上研究土壤的水物理特性；也可采用动态方法评价生物因子对土壤的影响；使用多重 X 射线能级的 CT 鉴别土壤中的矿物（Taina et al.，2008）。对土壤水物理性质的研究表明，X 射线 CT 可以获得准确的结果，特别是对于中粗质土壤（Taina et al.，2008）。X 射线 CT 对表征根系空间变异性和根际过程具有重要意义。随着蚯蚓洞穴系统三维特性量化算法的发展，X 射线 CT 已成为评价蚯蚓群落对土壤性质和过程影响的有力技术。这项技术的一个非常重要的优点是：可以通过连续成像研究土壤过程，而不会在扫描样本中引入实质性干扰，允许在同一样本上重复测量，而不会引起对象的变化，也不需要对正在研究的样本进行任何预处理。另一个重要的事实是，现代扫描仪的发展为分析提供了越来越好的分辨率。重要的是要记住，土壤物理学中使用的大多数传统图像分析技术不允许对原状样品进行调查，以一种或另一种方式破坏其结构，或不允许在同一位置进行第二次测量（Horgan，1998；Li et al.，2004；Cooper et al.，2005）。目前大多数研究都集中在土壤结构的评价上，特别是大孔隙率和密度的研究。由于土壤大孔隙率反映了矿物颗粒和团粒的空间分布以及生物活性，下一步将是土壤团粒的三维定性和定量分析。

我们利用上海光源 X 射线成像线站，对土壤进行断层扫描并数字重构，原位研究加气滴灌前后土壤的结构及其变化情况后发现：加气滴灌后，大孔（红色）的数量明显变少；小孔（蓝色）的密度明显增加，土壤孔隙的连通性增加。这些结构变化将有利于增加土壤的透气性，促进植物的生长（图 4.10.4）。

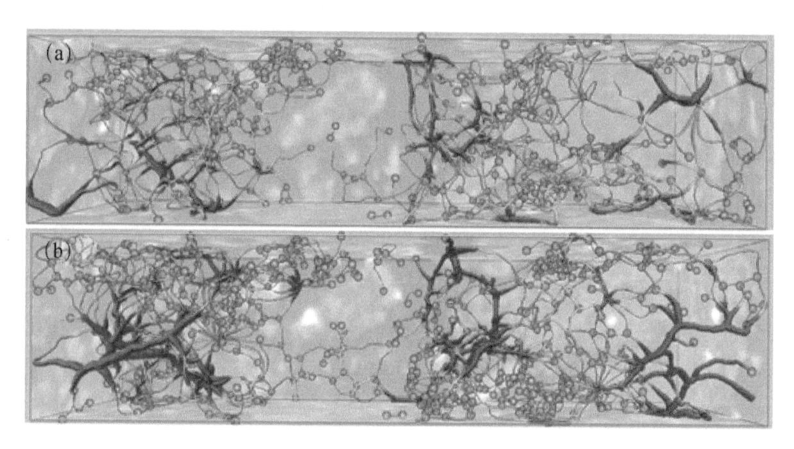

图 4.10.4 加气滴灌前后土壤中孔隙的分布情况
（a）加气滴灌前；（b）加气滴灌后

一般来说，土壤 X 射线 CT 成像的解释与仪器的发展以及 X 射线图像重建和量化算法的改进密切相关，需要针对每种应用类型，给出了相关的扫描参数、CT 图像重建程序、土壤特性量化算法和结果（Taina et al.，2008）。X 射线 CT 图像中可识别土壤矿物成分的定性和定量分析尚处于起步阶段。将这一分析与土壤薄片或浸渍体的微观形貌检测相结合，有助于选择识别单个矿物颗粒的最佳图像处理方法。然而，X 射线 CT 在土壤生物区系研究中的应用，除了血管植物和蚯蚓外，还受到仪器技术的限制。鉴于 X 射线 CT 在土壤研究领域是一项较新的技术，这些不足是可以预料的。此外，由于在 X 射线 CT 图像中难以区分某些特定特征（例如，对比度不足），或者由于可用的图像分辨率而无法检测某些特征，X 射线 CT 的结果在不同的应用领域中是不同的。许多与解释土壤 X 射线 CT 成像相关的问题正在通过改进 X 射线图像采集技术和开发用于图像处理的新方法和算法而得到解决。考虑到土壤 CT 图像中给定体素的衰减值往往是几个特征值的平均值，体素大小的选择会影响对土壤任意区域的解释。从这个意义上说，在给定的观测尺度下，体素大小的标准化将有助于不同研究的比较（Taina et al.，2008）。

磁共振成像（MRI）也是一种三维无创的成像方法，它不但能观察多孔介质（土壤）的结构，还能观察其中的输运过程（Gregory et al.，1999；Herrmann et al.，2002）。Herrmann 等人（Herrmann et al.，2002）使用顺磁示踪剂来检测流动路径，而陈等人（Chen et al.，2002）监测多孔介质中的多相和密度驱动流动。Baumann 等人（Baumann et al.，2000）能够通过扩散成像方法测量流速。Votrubova 等人（Votrubová et al.，2003）利用磁共振成像监测土壤水分入渗。MRI 也被用于测量胶体转运（Baumann et al.，2005）。MRI 也具有一定的局限性，特别是对于具有高含量的顺磁物质和非常小的孔径的土壤。对于这些系统，需要使用单点成像方法，如：T_1 加强的单点斜面图（SPRITE）（Pohlmeier et al.，2008）。

土壤电阻率可被视为许多其他土壤物理性质（即结构、含水量或流体成分）的时空变异性的代表。它已经被广泛应用于地下水勘探、填埋场和溶质运移圈定、通过识别过度压实区域或土层厚度和基岩深度进行农艺管理，以及至少评估土壤水文特性。由于该方法具有非破坏性和非常灵敏的特点，它为描述地下性质提供了一种非常有吸引力的工具（Samouelian et al.，2005）。

另一种间接表征土壤结构的方法是基于施加机械应力后土壤的碎裂。使用图像分析确定的骨料尺寸与使用破碎程序测量的骨料尺寸之间存在正相关关系（Aubertot et al.，1999）。与图像分析相比，用筛分法分割土壤基质和估算次生土壤单元的分布更容易。基于机械破坏后土壤碎片的尺寸分布和稳定性，可以评估土壤结构的破坏程序和相关指标（Diaz-Zorita et al.，2002）。碎片的大小与所施加的机械应力成反比。因此，如果要恢复有关土壤结构的信息，选择适当的破碎程序是至关重要的，而且往往取决于感兴趣的土壤过程。利用模型参数（如对数正态分布函数）来表征碎片质量分布是很有用的。分形理论提供了碎片大小分布和稳定性之间的物理联系。结构稳定性是基于在低应力和高应力前后测得的碎片质量大小之比。因此，对应用应力条件的充分描述对于结构稳定性参数化以及碎片质量分布至关重要（Diaz-Zorita et al.，2002）。

此外，还可以通过测量孔隙空间内空气的液体（汞或水）位移（Dexter and Bird，2001），或通过确定土壤中水分的运动（Wilson et al.，1988），在实验室间接定量土壤结构（Diaz-Zorita et al.，2002）。其他表征土壤结构的方法（Rabot et al.，2018），如土壤剖面描述、堆积密度、保水曲线、气体吸附等将不在本文赘述。

3. 建立模型

土壤结构的改变对作物生长和经济生产力的影响很难进行实验研究（Loch，1994）。土壤特性和作物生产力之间的关系往往很复杂，难以量化。许多试验研究集中在土壤结构的指标上（如艾默生试验）（Emerson，1967）。很难将这些指数的变化与作物产量联系起来。模拟模型有助于我们理解在高度多变的气候条件下土壤行为和作物反应之间的相互作用；结合实验工作，模型有助于解释研究人员无法控制的变量的影响，并整合各种实验测量；模型有助于检验土壤和作物系统各组成部分对输入变量变化的敏感性；模型可用于比较情景分析和模拟土壤类型、管理和气候之间无法通过实验研究的长期相互作用（Connolly，1998）。

目前大多数模型代表了土壤-作物系统中的主要过程，但每个模型都有优缺点。土壤结构和水分平衡的函数表示模型参数化相对简单，适用于评价天气、土壤植物有效水容量和土壤侵蚀对作物生产的影响。与功能模型相比，具有土壤结构和水平衡的机械表示的模型具有更详细的土壤水表示，但在参数化方面需要更大的努力。然而，与功能模型相比，机械模型的参数值通常可以更确定地从测量数据中估计。虽然现有模型目前相当复杂，但仍有进一步模型开发的空间，特别是在土壤结构和水平衡方面。通过模拟更广泛的土壤物理过程，所建立的模型对研究土壤结构具有重要意义。体积密度、土壤强度和骨料稳定性定期测量，作为土壤结构条件的指标，但很少有模型专门模拟这些特性。模型中也没有很好地反映土壤的表面封闭性和团粒稳定性，忽略了土壤物理条件、温度和通气量对根系生长和出苗的影响（Connolly，1998）。

显而易见，在综合考虑了跨尺度的土壤结构、土壤微生物、土壤宏观性能等众多因素后，基于加气滴灌的土壤环境调节机理研究需要更多的研究团队参与合作，所产生的海量的数据将使得模型的建立变得更加困难。此时，采用大数据分析也许是一条可行的解决途径。

模型的建立将分三步进行（Rabot et al.，2018）。第一步，可根据孔隙形态、团粒形态及其拓扑结构，开发土壤结构量化标准化协议。第二步，建立开放存取的“土壤结构库”，将所选指标的信息连同它们的元数据（例如成像技术、采样体积、图像分辨率）、场地和土壤特征（例如土壤类型、纹理、SOM 含量、采样深度等）收集在一起，并补充土壤性质（例如，土壤结构的其他指标、饱和导水率、空气可穿透性等）和加气滴灌的工艺参数。最后，通过该数据库，采用大数据分析，将有可能形成加气滴灌对土壤结构的影响规律，建立加气滴灌中的界面水作用模型。

4.10.5 小结和展望

土壤是粮食安全、水安全和更广泛的生态系统安全的基础。受水土资源的制约，发展节水农业正成为国家战略。传统农业采用大水漫灌方式进行灌溉，用水量大。而且不合理的灌溉和耕作会破坏土壤环境，直接导致华北平原地下水漏斗、东北黑土区持续退化、黄淮平原次生盐渍化严重等问题。地下滴灌技术是最节水的灌溉技术之一，但是它在一定程度上也影响土壤环境。加气滴灌一方面能改善滴灌时作物根系缺氧情况，另一方面能促进土壤微生物生长，提高土壤肥力，而且还能改善土壤结构，修复土壤。

加气滴灌对作物生长、产量及品质的影响因素主要有：滴头埋深、滴灌频率、灌水量、作物生育期以及加气设备和方式，等等。其中，灌水量对作物产量、品质及水分利用效率的影响不及加气频率和滴头埋深。虽然目前大部分研究采用全生育期加气，但是不同生育时期对加气的响应不同，且加气效果不具有叠加性。不同的加气设备及其加气运行模式可产生不同效果。机械加气滴灌可使烟草根系活力达到最优；化学溶氧加气滴灌根系的发育要比冠部的发育慢，可节约部分用水。而温室番茄以高水且采用文丘里加气灌溉为宜。孙景生等人研究发现，地下渗灌较地下滴灌显著提高灌溉水生产效率，且以地下渗灌加气灌溉的水分生产效率最高。加气灌溉结合地下渗灌可以实现温室芹菜节水高产，可能成为加气灌溉的一种新方式（马筱建 等，2018）。

近年来，微纳米气泡也被尝试用于加气滴灌中。吕谋超等人研究发现，微纳米加气灌溉模式下番茄株高、茎粗、单株叶面积增长速度较常规灌溉得到显著提高，表现为苗期、开花期、坐果期番茄生长优势明显。微纳米加气灌溉改变番茄产量分布特征，促进番茄提早成熟，从而获得更大的经济效益。微纳米加气灌溉对番茄 VC 量、可溶性固形物和蛋白质均有不同程度提高，有机酸呈降低趋势，对糖酸比的影响不大（张文正 等，2017）。微纳米气泡加氧质量浓度对水培蔬菜的生长与品质指标影响差异显著。油麦菜、小白菜、小油菜的干质量随加氧质量浓度的升高呈先增加后减少的趋势，而根长随加氧质量浓度的升高呈递增趋势；加氧质量浓度为 10mg/L 时，蔬菜 VC 量较高；加氧质量浓度为 15mg/L 时，干质量和叶片长度均能达到较高水平；加氧质量浓度为 20mg/L 时，蔬菜可溶性糖量较高；加氧质量浓度为 30mg/L 时，蔬菜根系较发达（周云鹏 等，2016）。

污水和微咸水也能用于加气滴灌，微咸水中的 NaCl 介质对氧总传质系数的增幅显著。Hassanli 等人在伊朗南部用城市污水进行了为期 25 个月的滴灌。统计结果表明，0、30、60 和 60～90cm 土层的盐分分别从 8.2、6.8 和 7 的 dS m^{-1} 降低到 1.07、1.12 和 3.5 的 dS m^{-1}。土壤 pH 值在 0～30 和 30～60cm 土层中分别提高 0.8 和 0.6。二十五个月的污水灌溉导致土壤容重略有增加，平均渗透率略有下降（Hassanli et al.，2008）。微咸水中 NaCl 的存在及活性剂添加对提高曝气灌溉的氧传质效率，实现节能高效的灌溉有重要作用。生物降解活性剂 BS1000（醇烷氧基化物质量浓度 0、1、2、4mg/L）的添加促进氧传质过程的发生，提高了曝气水中的溶氧饱和度。随着 BS1000 浓度增加，氧总传质系数逐渐增加，而溶氧饱和度呈现下降的趋势。BS1000 质量浓度在 2mg/L 及以上时，NaCl 介质对氧总传质系数的增幅显著；NaCl 介质对曝气水中的溶氧饱和度起到抑制作用。添加活性剂 BS1000 可使氧总传质系数平均提高 18.85%以上（$P<0.05$）（雷宏军 等，2017）。

在加气滴灌的土壤环境调节机理方面，研究人员大多考虑了加气滴灌对土壤肥力的四大因素（水、肥、气、热）以及营养和矿物质等的影响，并认为，通气提高作物产量和品质的机理是促进作物地上部分光合作用及光合产物的积累运转、促进根系生长发育及对土壤矿质元素吸收和增加土壤微生物群落多样性及酶活性（王帘里 等，2016）。也有研究表明，加气滴灌效果与土质有关，在黏壤土和粉质黏壤土中效果明显，而在砂壤土中效果不明显。在黏质型土壤中，0.1MPa 加气滴灌对作物生长有较好的促进作用（雷宏军 等，2013）。甚至有人在温室小区试验中发现加气灌溉对试验中观测的土壤生境因子的影响不显著（$P>0.05$）。但他们认为土壤生境因子的微小改变可能会大幅改变土壤的环境效应和作物产量及品质（侯会静 等，2016）。

我们认为，加气滴灌能改善土壤结构。而土壤结构的改良会调节土壤的环境，他们相互促进，进一步提高土壤肥力。已有研究表明，灌溉时水分子自上而下渗流过程中，黄土层中微小颗粒、可溶物也随之下迁，形成坡顶至坡脚黄土颗粒粒度、结构特征、可溶物含量截然不同的特征（王健 等，2016）。短时间曝气能很快提高土壤的透气性（雷宏军 等，2017）。曝气后

10min 内棕壤林地土壤的透气性水平分别为 3.7、2 和 1.5 倍，娄土壤分别为 3、2.5 和 2 倍（Niu et al.，2012）。滴头附近的土壤会产生空穴、土壤强度（抗穿透性）增加以及通透性降低等现象（Currie，2006；Sinobas et al.，2012）。这些证据都表明（加气水）滴灌会改变土壤结构。

但由于实验条件的限制，目前绝大部分研究都聚焦在加气滴灌的效果上，加气滴灌对土壤结构的改变少有报道。显微成像技术，尤其是计算机断层扫描技术为研究土壤的内部结构提供了保障。它能分辨出土壤中的孔隙结构及其连通性（Phogat et al.，1989；Grevers et al.，1994；Hu et al.，2014；Zhang et al.，2017），甚至能分辨出土壤孔隙中空气、水和有机质的空间分布（Heijs et al.，1995；Finizola et al.，2009）。这些结构信息将为分析土壤的含水量及分布（Hainsworth et al.，1983；Anderson et al.，1988；Hopmans et al.，1992）、孔隙率和透气性（Beraldo et al.，2014；Katuwal et al.，2015a；Katuwal et al.，2015b）、土壤强度（Peyton et al.，1994；Shi et al.，1999）、土壤中营养物质与矿物质的流动（Hanson et al.，1991；Comina et al.，2011；Marchuk et al.，2012）、土壤微生物的活动（Tollner et al.，1987；Tollner，1991；Thieme et al.，2003；Fischer et al.，2013；Rabot et al.，2015）提供有利的帮助（Baveye et al.，2002；Sleutel et al.，2008；Taina et al.，2008）。近年来，随着研究条件的改善，国内越来越多的研究人员利用该方法研究了各种土壤结构以及长期耕种对土壤结构的影响（Zhou et al.，2012；Wang et al.，2017；Yao et al.，2017；Yu et al.，2017；Zhao et al.，2017；Zhou et al.，2017；Wang et al.，2018；Yang et al.，2018）。

因此，未来 5～10 年内，我们应该立足于加气滴灌对土壤结构的改变，分析和总结出加气滴灌改变土壤结构的规律，在此基础上结合加气水对土壤微生物、土壤宏观性能以及农作物产量和质量的影响规律，深入理解加气滴灌时界面水的关键作用，厘清土壤中固、液、气三相之间的相互作用机制，为确定固液气三相的最佳平衡点以及土壤环境调节和修复机理提供实验支持。该研究将促进地下滴灌技术的发展，有利于降低地下滴灌的成本并提高农作物的产量和质量，为我国的节水农业的发展和推广、土壤的修复和改良提供有力的理论和实验指导，推动我国农业可持续发展。未来滴灌应用范围会更广阔（韩启彪 等，2015）。

参考文献

2018. 重力卫星揭露华北地下水超采：年均亏损 60～80 亿吨. 新京报.

Anderson S H，Gantzer C J，Boone J M，et al. 1988. Rapid nondestructive bulk-density and soil-water content determination by computed-tomography. Soil Science Society of America Journal，52（1）：35-40.

Aubertot J N，Dürr C，Kiêu K，et al. 1999. Characterization of sugar beet seedbed structure. Soil Science Society of America Journal，63（5）：1377-1384.

Bagatur T. 2014. Evaluation of plant growth with aerated irrigation water using venturi pipe part. Arabian Journal for Science and Engineering，39（4）：2525-2533.

Baumann T，Petsch R，Niessner R. 2000. Direct 3D measurement of the flow velocity in porous media using magnetic resonance tomography. Environmental Science & Technology，34（19）：4242-4248.

Baumann T，Werth C J. 2005. Visualization of colloid transport through heterogeneous porous media using magnetic resonance imaging. Colloids and Surfaces A：Physicochemical and Engineering Aspects，265（1）：2-10.

Baveye P，Rogasik H，Wendroth O，et al. 2002. Effect of sampling volume on the measurement of soil physical properties：Simulation with X-ray tomography data. Measurement Science and Technology，13（5）：775-784.

Beraldo J M G，Scannavino F D A，Cruvinel P E. 2014. Application of X-ray computed tomography in the evaluation of soil porosity in soil management systems. Engenharia Agricola，34（6）：1162-1174.

Bhattarai S P，Pendergast L，Midmore D J. 2006. Root aeration improves yield and water use efficiency of tomato in heavy clay and saline soils. Scientia Horticulturae，108（3）：278-288.

Braunack M V，Dexter A R. 1989a. Soil aggregation in the seedbed：A review. ii. Effect of aggregate sizes on plant growth. Soil and Tillage Research，14（3）：281-298.

Braunack M V，Dexter A R. 1989b. Soil aggregation in the seedbed：A review. i. Properties of aggregates and beds of aggregates. Soil and Tillage Research，14（3）：259-279.

Bronick C J，Lal R. 2005. Soil structure and management：A review. Geoderma，124（1-2）：3-22.

Brown A D，Dexter A R，Chamen W C T，et al. 1996. Effect of soil macroporosity and aggregate size on seed-soil contact. Soil and Tillage Research，38（3）：203-216.

Chen Q，Kinzelbach W，Oswald S. 2002. Nuclear magnetic resonance imaging for studies of flow and transport in porous media. Journal of Environmental Quality，31（2）：477-486.

Chenu C，Plante A F. 2006. Clay-sized organo-mineral complexes in a cultivation chronosequence：Revisiting the concept of the 'primary organo-mineral complex'. European Journal of Soil Science，57（4）：596-607.

Comina C，Cosentini R M，Della Vecchia G，et al. 2011. 3D-electrical resistivity tomography monitoring of salt transport in homogeneous and layered soil samples. Acta Geotechnica，6（4）：195-203.

Connolly R D. 1998. Modelling effects of soil structure on the water balance of soil-crop systems：A review. Soil & Tillage Research，48（1-2）：1-19.

Cook G D，So H B，Dalal R C. 1992. Structural degradation of two vertisols under continuous cultivation. Soil and Tillage Research，24（1）：47-64.

Cooper M，Vidal-Torrado P，Chaplot V. 2005. Origin of microaggregates in soils with ferralic horizons. Scientia Agricola，62：256-263.

Currie D R. 2006. Soil physical degradation due to drip irrigation in vineyards：Evidence and implications. Doctor of Philosophy，The University of Adelaide.

Dalal R，Mayer R. 1986. Long term trends in fertility of soils under continuous cultivation and cereal cropping in southern queensland. i. Overall changes in soil properties and trends in winter cereal yields. Soil Research，24（2）：265-279.

Dathe A，Eins S，Niemeyer J，et al. 2001. The surface fractal dimension of the soil-pore interface as measured by image analysis. Geoderma，103（1）：203-229.

De Gryze S，Jassogne L，Six J，et al. 2006. Pore structure changes during decomposition of fresh residue：X-ray tomography analyses. Geoderma，134（1）：82-96.

Deizman M M，Mostaghimi S，Shanholtz V O，et al. 1987. Size distribution of eroded sediment from two tillage systems. Transactions of the American Society of Agricultural Engineers，30（6）：1642-1647.

Dexter A R. 1979. Prediction of soil structures produced by tillage. Journal of Terramechanics，16（3）：117-127.

Dexter A R. 1988. Advances in characterization of soil structure. Soil and Tillage Research，11（3）：199-238.

Dexter A R. 1997. Physical properties of tilled soils. Soil and Tillage Research，43（1）：41-63.

Dexter A R，Bird N R A. 2001. Methods for predicting the optimum and the range of soil water contents for tillage based on the water retention curve. Soil and Tillage Research，57（4）：203-212.

Diaz-Zorita M，Perfect E，Grove J H. 2002. Disruptive methods for assessing soil structure. Soil & Tillage Research，64（1-2）：3-22.

Emerson W. 1967. A classification of soil aggregates based on their coherence in water. Soil Research，5（1）：47-57.

Emmet-Booth J P，Forristal P D，Fenton O，et al. 2016. A review of visual soil evaluation techniques for soil structure. Soil Use and Management，32（4）：623-634.

Feeney D S，Crawford J W，Daniell T，et al. 2006. Three-dimensional microorganization of the soil-root-microbe system. Microbial Ecology，52（1）：151-158.

Finizola A，Aubert M，Revil A，et al. 2009. Importance of structural history in the summit area of stromboli during the 2002-2003 eruptive crisis inferred from temperature，soil CO_2，self-potential，and electrical resistivity tomography. Journal of Volcanology and Geothermal Research，183（3-4）：213-227.

Fischer D，Pagenkemper S，Nellesen J，et al. 2013. Influence of non-invasive X-ray computed tomography（XRCT）on the microbial community structure and function in soil. Journal of Microbiological Methods，93（2）：121-123.

Foster R. 1973. The rhizosphere of wheat roots studied by electron microscopy of ultra-thin sections. Modern Methods in the Study of Microbial Ecology，17：93-102.

Franco H H S，Guimaraes R M L，Tormena C A，et al. 2019. Global applications of the visual evaluation of soil structure method：A systematic review and meta-analysis. Soil & Tillage Research，190：61-69.

Geisseler D，Scow K M. 2014. Long-term effects of mineral fertilizers on soil microorganisms-A review. Soil Biology & Biochemistry，75：54-63.

Giménez D，Perfect E，Rawls W J，et al. 1997. Fractal models for predicting soil hydraulic properties：A review. Engineering Geology，48（3）：161-183.

Gregory P J，Hinsinger P. 1999. New approaches to studying chemical and physical changes in the rhizosphere：An overview. Plant and Soil，211（1）：1-9.

Grevers M C J，Dejong E. 1994. Evaluation of soil-pore continuity using geostatistical analysis on macroporosity in serial sections obtained by computed-tomography scanning. Tomography of Soil-Water-Root Processes，（36）：73-84.

Grundmann G L，Dechesne A，Bartoli F，et al. 2001. Spatial modeling of nitrifier microhabitats in soil. Soil Science Society of America Journal，65（6）：1709-1716.

Hainsworth J M，Aylmore L A G. 1983. The use of computer-assisted tomography to determine spatial-distribution of soil-water content. Australian Journal of Soil Research，21（4）：435-443.

Han L F，Sun K，Jin J，et al. 2016. Some concepts of soil organic carbon characteristics and mineral interaction from a review of literature. Soil Biology & Biochemistry，94：107-121.

Hanson J E，Binning L K，Drieslein R A，et al. 1991. A new method of validating pesticide preferential flow through 3-dimensional imagery of soil pore structure and space using computed-tomography. Preferential Flow：129-141.

Hartemink A E，Minasny B. 2014. Towards digital soil morphometrics. Geoderma，230：305-317.

Hassanli A M，Javan M，Saadat Y. 2008. Reuse of municipal effluent with drip irrigation and evaluation the effect on soil properties in a semi-arid area. Environmental Monitoring and Assessment，144（1-3）：151-158.

Hattori T，Hattori R，McLaren A D. 1976. The physical environment in soil microbiology：An attempt to extend principles of microbiology to soil microorganisms. CRC Critical Reviews in Microbiology，4（4）：423-461.

Heijs A W J，Delange J，Schoute J F T，et al. 1995. Computed-tomography as a tool for nondestructive analysis of flow patterns in macroporous clay soils. Geoderma，64（3-4）：183-196.

Herrmann A M，Ritz K，Nunan N，et al. 2007. Nano-scale secondary ion mass spectrometry-a new analytical tool in biogeochemistry and soil ecology：A review article. Soil Biology & Biochemistry，39（8）：1835-1850.

Herrmann K H，Pohlmeier A，Wiese S，et al. 2002. Three-dimensional nickel ion transport through porous media using magnetic resonance imaging. Journal of Environmental Quality，31（2）：506-514.

Hopmans J W，Vogel T，Koblik P D. 1992. X-ray tomography of soil-water distribution in one-step outflow experiments. Soil Science Society of America Journal，56（2）：355-362.

Horgan G W. 1998. Mathematical morphology for analysing soil structure from images. European Journal of Soil Science，49（2）：161-173.

Hu Y B，Feng J，Yang T，et al. 2014. A new method to characterize the spatial structure of soil macropore networks in effects of cultivation using computed tomography. Hydrological Processes，28（9）：3419-3431.

Jastrow J D，Miller R M. 1991. Methods for assessing the effects of biota on soil structure. Agriculture，Ecosystems & Environment，34（1）：279-303.

Kang Y H，Liu S H，Wan S Q，et al. 2013. Assessment of soil enzyme activities of saline-sodic soil under drip irrigation in the songnen plain. Paddy and Water Environment，11（1-4）：87-95.

Katuwal S，Arthur E，Tuller M，et al. 2015a. Quantification of soil pore network complexity with X-ray computed tomography and gas transport measurements soil physics & hydrology. Soil Science Society of America Journal，79（6）：1577-1589.

Katuwal S，Norgaard T，Moldrup P，et al. 2015b. Linking air and water transport in intact soils to macropore characteristics inferred from X-ray computed tomography. Geoderma，237：9-20.

Kay B D. 1990. Rates of change of soil structure under different cropping systems. Advances in Soil Science 12：Volume 12. B. A. Stewart. New York：Springer 1-52.

Kay B D. 1998. Soil structure and organic carbon：A review. Soil Processes and the Carbon Cycle：169-197.

Krumins J A，Goodey N M and Gallagher F. 2015. Plant-soil interactions in metal contaminated soils. Soil Biology & Biochemistry，80：224-231.

Lal R. 1991. Soil structure and sustainability. Journal of Sustainable Agriculture，1（4）：67-92.

Li D，Velde B，Zhang T. 2004. Observations of pores and aggregates during aggregation in some clay-rich agricultural soils as seen in 2D image analysis. Geoderma，118（3）：191-207.

Li J G，Pu L J，Zhu M，et al. 2014. Evolution of soil properties following reclamation in coastal areas：A review. Geoderma，226：130-139.

Lipiec J，H→ing，kansson I，et al. 1991. Soil physical properties and growth of spring barley as related to the degree of compactness of two soils. Soil and Tillage Research，19（2）：307-317.

Liu S H，Kang Y H，Wan S Q，et al. 2012. Germination and growth of puccinellia tenuiflora in saline-sodic soil under drip irrigation. Agricultural Water Management，109：127-134.

Loch R J. 1994. Effects of fallow management and cropping history on aggregate breakdown under rainfall wetting for a range of queensland soils. Australian Journal of Soil Research，32（5）：1125-1139.

Marchuk A，Rengasamy P，McNeill A，et al. 2012. Nature of the clay-cation bond affects soil structure as verified by X-ray computed tomography. Soil Research，50（8）：638-644.

Mulholland B，Fullen M A. 1991. Cattle trampling and soil compaction on loamy sands. Soil Use and Management，7（4）：189-193.

Nasr H M，Selles F. 1995. Seedling emergence as influenced by aggregate size，bulk density，and penetration resistance of the seedbed. Soil and Tillage Research，34（1）：61-76.

Nimmo J R. 1997. Modeling structural influences on soil water retention. Soil Science Society of America Journal，61（3）：712-719.

Niu W，Guo Q，Zhou X，et al. 2011a. Effect of aeration and soil water redistribution on the air permeability under subsurface drip irrigation. Soil Sci. Soc. Am. J.，76：815-820.

Niu W Q，Guo C，Shao H B，et al. 2011b. Effects of different rhizosphere ventilation treatment on water and nutrients absorption of maize. Afr. J. Biotechnol.，10：949-959.

Niu W Q，Guo Q，Zhou X B，et al. 2012. Effect of aeration and soil water redistribution on the air permeability under subsurface drip irrigation. Soil Science Society of America Journal，76（3）：815-820.

Nunan N，Ritz K，Crabb D，et al. 2001. Quantification of the in situ distribution of soil bacteria by large-scale imaging of thin sections of undisturbed soil. FEMS Microbiology Ecology，37（1）：67-77.

Nunan N，Ritz K，Rivers M，et al. 2006. Investigating microbial micro-habitat structure using X-ray computed tomography. Geoderma，133（3）：398-407.

Ochsner T E，Cosh M H，Cuenca R H，et al. 2013. State of the art in large-scale soil moisture monitoring. Soil Science Society of America Journal，77（6）：1888-1919.

Or D，Ghezzehei T A. 2002. Modeling post-tillage soil structural dynamics：A review. Soil & Tillage Research，64（1-2）：41-59.

Perfect E，Sukop M C. 2001. Models relating solute dispersion to pore space geometry in saturated media：A review. Physical and Chemical Processes of Water and Solute Transport/Retention in Soils. H. M. Selim and D. L. Sparks. Madison，WI，Soil Science Society of America：77-146.

Perret J，Prasher S O，Kantzas A，et al. 1997. 3D visualization of soil macroporosity using X-ray CAT scanning. Canadian Agricultural Engineering，39（4）：249-261.

Peyton R L，Anderson S H，Gantzer C J，et al. 1994. Soil-core breakthrough measured by X-ray computed-tomography. Tomography of Soil-Water-Root Processes，36：59-71.

Phogat V K，Aylmore L A G. 1989. Evaluation of soil structure by using computer-assisted tomography. Australian Journal of Soil Research，27（2）：313-323.

Pires L F, Borges J A R, Bacchi O O S, et al. 2010. Twenty-five years of computed tomography in soil physics: A literature review of the brazilian contribution. Soil & Tillage Research, 110 (2): 197-210.

Pohlmeier A, Oros-Peusquens A, Javaux M, et al. 2008. Changes in soil water content resulting from ricinus root uptake monitored by magnetic resonance imaging. Vadose Zone Journal, 7 (3): 1010-1017.

Rabot E, Lacoste M, Henault C, et al. 2015. Using X-ray computed tomography to describe the dynamics of nitrous oxide emissions during soil drying. Vadose Zone Journal, 14 (8): 1-10.

Rabot E, Wiesmeier M, Schluter S, et al. 2018. Soil structure as an indicator of soil functions: A review. Geoderma, 314: 122-137.

Rathore T R, Ghildyal B P, Sachan R S. 1983. Effect of surface crusting on emergence of soybean (glycine max l. merr) seedlings i. Influence of aggregate size in the seedbed. Soil and Tillage Research, 3 (2): 111-121.

Reuss S A, Buhler D D, Gunsolus J L. 2001. Effects of soil depth and aggregate size on weed seed distribution and viability in a silt loam soil. Applied Soil Ecology, 16 (3): 209-217.

Roger-Estrade J, Anger C, Bertrand M, et al. 2010. Tillage and soil ecology: Partners for sustainable agriculture. Soil & Tillage Research, 111 (1): 33-40.

Rovira A, Greacen E. 1957. The effect of aggregate disruption on the activity of microorganisms in the soil. Australian Journal of Agricultural Research, 8 (6): 659-673.

Samouelian A, Cousin I, Tabbagh A, et al. 2005. Electrical resistivity survey in soil science: A review. Soil & Tillage Research, 83 (2): 173-193.

Shi B, Murakami Y, Wu Z, et al. 1999. Monitoring of internal failure evolution in soils using computerization X-ray tomography. Engineering Geology, 54 (3-4): 321-328.

Sinobas L R, Rodríguez M G. 2012. A Review of Subsurface Drip Irrigation and Its Management, InTech.

Sleutel S, Cnudde V, Masschaele B, et al. 2008. Comparison of different nano- and micro-focus X-ray computed tomography set-ups for the visualization of the soil microstructure and soil organic matter. Computers & Geosciences, 34 (8): 931-938.

Taina I A, Heck R J, Elliot T R. 2008. Application of X-ray computed tomography to soil science: A literature review. Canadian Journal of Soil Science, 88 (1): 1-20.

Tan J L, Kang Y H. 2009. Changes in soil properties under the influences of cropping and drip irrigation during the reclamation of severe salt-affected soils. Agricultural Sciences in

China，8（10）：1228-1237.

Thieme J，Schneider G，Knochel C. 2003. X-ray tomography of a microhabitat of bacteria and other soil colloids with sub-100 nm resolution. Micron，34（6-7）：339-344.

Tollner E W. 1991. X-ray computed-tomography applications in soil ecology studies. Agriculture Ecosystems & Environment，34（1-4）：251-260.

Tollner E W，Verma B P，Cheshire J M. 1987. Observing soil-tool interactions and soil organisms using X-ray computer-tomography. Transactions of the Asae，30（6）：1605-1610.

Topp G C，Reynolds W D，Cook F J，et al. 1997. Chapter 2：Physical attributes of soil quality. Developments in Soil Science. E. G. Gregorich and M. R. Carter，Elsevier，25：21-58.

Van Veen，J A Kuikman P J. 1990. Soil structural aspects of decomposition of organic matter by micro-organisms. Biogeochemistry，11（3）：213-233.

Vogel H J，Tölke J，Schulz V P，et al. 2005. Comparison of a lattice-boltzmann model，a full-morphology model，and a pore network model for determining capillary pressure-saturation relationships. Vadose Zone Journal，4（2）：380-388.

Votrubová J，Císlerová M，Gao Amin M H，et al. 2003. Recurrent ponded infiltration into structured soil：A magnetic resonance imaging study. Water Resources Research，39（12）：1371.

Wang F X，Kang Y H，Liu S P. 2006. Effects of drip irrigation frequency on soil wetting pattern and potato growth in north china plain. Agricultural Water Management，79（3）：248-264.

Wang J M，Guo L L，Bai Z K. 2017. Variations in pore distribution of reconstructed soils induced by opencast mining and land rehabilitation based on computed tomography images. Archives of Agronomy and Soil Science，63（12）：1685-1696.

Wang Y，Li C H，Hu Y Z. 2018. X-ray computed tomography（CT）observations of crack damage evolution in soil-rock mixture during uniaxial deformation. Arabian Journal of Geosciences，11（9）：199.

Wilson G V，Luxmoore R J. 1988. Infiltration，macroporosity，and mesoporosity distributions on two forested watersheds. Soil Science Society of America Journal，52（2）：329-335.

Wu K，Nunan N，Crawford J W，et al. 2004. An efficient markov chain model for the simulation of heterogeneous soil structure. Soil Science Society of America Journal，68（2）：346-351.

Yang Y H，Wu J C，Zhao S W，et al. 2018. Assessment of the responses of soil pore properties to combined soil structure amendments using X-ray computed tomography. Scientific Reports, 8 (1): 695.

Yao X L, Fang L L, Qi J L, et al. 2017. Study on mechanism of freeze-thaw cycles induced changes in soil strength using electrical resistivity and X-ray computed tomography. Journal of Offshore Mechanics and Arctic Engineering-Transactions of the Asme, 139 (2): 021501.1-021501.9.

Young I M, Crawford J W, Rappoldt C. 2001. New methods and models for characterising structural heterogeneity of soil. Soil and Tillage Research, 61 (1): 33-45.

Young I M, Ritz K. 1998. Can there be a contemporary ecological dimension to soil biology without a habitat? Soil Biology and Biochemistry, 30 (10): 1229-1232.

Yu X, Fu Y, Lu S. 2017. Characterization of the pore structure and cementing substances of soil aggregates by a combination of synchrotron radiation X-ray micro-computed tomography and scanning electron microscopy. European Journal of Soil Science, 68 (1): 66-79.

Zhang J. 2015. Description of the present situation and suggestion of drip-irrigation industry development. World Journal of Forestry, 4: 13-18.

Zhang J M, Xu Z M, Li F, et al. 2017. Quantification of 3D macropore networks in forest soils in touzhai valley (yunnan, china) using X-ray computed tomography and image analysis. Journal of Mountain Science, 14 (3): 474-491.

Zhao D, Xu M X, Liu G B, et al. 2017. Quantification of soil aggregate microstructure on abandoned cropland during vegetative succession using synchrotron radiation-based micro-computed tomography. Soil & Tillage Research, 165: 239-246.

Zhou H, Mooney S J, Peng X H. 2017. Bimodal soil pore structure investigated by a combined soil water retention curve and X-ray computed tomography approach. Soil Science Society of America Journal, 81 (6): 1270-1278.

Zhou H, Peng X, Peth S, 2012. Effects of vegetation restoration on soil aggregate microstructure quantified with synchrotron-based micro-computed tomography. Soil & Tillage Research, 124: 17-23.

陈慧，侯会静，蔡焕杰，等. 2016. 加气灌溉温室番茄地土壤 N_2O 排放特征. 农业工程学报，32 (003): 111-117.

陈慧，侯会静，蔡焕杰，等. 2016. 加气灌溉对番茄地土壤 CO_2 排放的调控效应. 中国农业科学，17: 3380-3390.

陈慧，李亮，蔡焕杰，等. 2018. 加气条件下土壤 N_2O 排放对硝化/反硝化细菌数量的响应.

农业机械学报，49（04）：303-311.
陈强，孙涛，宋春雨. 2014. 免耕对土壤物理性状及作物产量影响. 草业科学，31（4）：650-658.
陈涛，姚帮松，肖卫华，等. 2013. 增氧灌溉对马铃薯产量及水分利用效率的影响. 中国农村水利水电，8：70-72.
程先军，许迪，张昊. 1999. 地下滴灌技术发展及应用现状综述. 节水灌溉，4：13-15.
杜娅丹，张倩，崔冰晶，等. 2017. 加气灌溉水氮互作对温室芹菜地 N_2O 排放的影响. 农业工程学报，16：127-134.
韩启彪，冯绍元，曹林来，等. 2015. 滴灌技术与装备进一步发展的思考. 排灌机械工程学报，11：1001-1005.
侯会静，陈慧，蔡焕杰. 2016. 加气灌溉对部分土壤生境因子的影响. 水资源与水工程学报，27（4）：225-228.
雷宏军，胡世国，潘红卫，等. 2017. 土壤通气性与加氧灌溉研究进展. 土壤学报，54（2）：297-308.
雷宏军，刘欢，张振华，等. 2017. NaCl 及生物降解活性剂对曝气灌溉水氧传输特性的影响. 农业工程学报，33（5）：96-101.
雷宏军，杨宏光，冯凯，等. 2017. 循环曝气灌溉条件下小白菜生长及水分与养分利用. 灌溉排水学报，11：13-18.
雷宏军，臧明，张振华，等. 2015. 循环曝气地下滴灌的温室番茄生长与品质. 排灌机械工程学报，33（3）：253-259.
雷宏军，张倩，张振华，等. 2013. 掺气滴灌对温室辣椒生物量及产量的影响. 华北水利水电学院学报，34（6）：29-31.
黎安，等. 2011. 滴灌灌水器实验室堵塞强化试验的水力性能研究. 硕士，华中科技大学.
李晓明，李凯. 2009. 世界上最大地下水漏斗 华北危机怎解？——访“973”项目首席科学家石建省. from http：//scitech.people.com.cn/GB/10580061.html.
李元，牛文全，吕望，等. 2016. 加气灌溉改善大棚番茄光合特性及干物质积累. 农业工程学报，18：125-132.
李元，牛文全，许健，等. 2016. 加气滴灌提高大棚甜瓜品质及灌溉水分利用效率. 农业工程学报，32（1）：147-154.
李元，牛文全，张明智，等. 2015. 加气灌溉对大棚甜瓜土壤酶活性与微生物数量的影响. 农业机械学报，46（8）：121-129.
刘杰，等. 2011. 加气灌溉对温室小型西瓜生长、产量和品质的影响. 硕士，西北农林科技大学.

刘杰，蔡焕杰，张敏，等. 2010. 根区加气对温室小型西瓜形态指标和产量及品质的影响. 节水灌溉，11：24-27.

刘锦涛，黄万勇，杨士红，等. 2015. 加气灌溉模式下稻田土壤水溶解氧的变化规律. 江苏农业科学，2：389-392.

卢泽华. 2012. 不同方式加气灌溉对温室番茄生长及产量的影响. 硕士，西北农林科技大学.

卢泽华，蔡焕杰，王健. 2011. 加气灌溉对温室番茄生长及产量的影响. 节水灌溉，10：67-70.

卢泽华，蔡焕杰，王健，等. 2012. 不同生育时期根际加气对温室番茄生长及产量的影响. 中国农业科学，45（7）：1330-1337.

马继梅，田军仓，张瑞弯. 2017. 不同溶氧量对油麦菜生长、光合指标和产量的影响. 灌溉排水学报，36（7）：60-65.

马筱建，孙景生，刘浩，等. 2018. 不同方式加气灌溉对温室芹菜生长及产量的影响研究. 灌溉排水学报，37（4）：29-33.

南茜，黄修桥，韩启彪，等. 2017. 微灌加气技术研究进展. 中国农村水利水电，07：10-13，17.

乔建磊，张冲，徐佳，等. 2017. 加气滴灌对蓝莓光合生理的影响. 中国农机化学报，38（5）：89-93.

乔建磊，张冲，徐佳，等. 2017. 加气滴灌对日光温室蓝莓叶绿素荧光特性的影响. 灌溉排水学报，12：14-19.

饶晓娟，蒋平安，付彦博，等. 2016. 增氧对水培棉花生长的影响研究. 棉花学报，28（3）：276-282.

任杰，温新明，王振华，等. 2007. 地下滴灌毛管适宜埋深及间距研究进展. 水资源与水工程学报，18（6）：48-51.

王健，侯小强，李小强，等. 2016. 兰州及周边地区灌溉对于黄土滑坡微结构的变化研究. 城市道桥与防洪，9：208-210，228，221.

王帘里，翟国亮. 2016. 通气对土壤肥力质量影响的研究进展. 中国农学通报，32（5）：90-95.

温改娟，蔡焕杰，陈新明，等. 2013. 加气灌溉对温室番茄生长和果实品质的影响. 西北农林科技大学学报（自然科学版），41（4）：113-118，124.

温改娟，蔡焕杰，陈新明，等. 2014. 加气灌溉对温室番茄生长、产量及品质的影响. 干旱地区农业研究，3：83-87.

肖卫华，刘强，姚帮松，等. 2015. 增氧灌溉对杂交水稻分蘖期的影响研究. 江西农业大学学报，37（5）：774-780.

肖卫华，姚帮松，张文萍，等. 2014. 加氧灌溉对烟草生长影响规律的研究. 中国农村水利水电，2：30-32.

肖卫华，姚帮松，张文萍，等. 2016.根区通气增氧对杂交水稻根系及根际土壤微生物的影响研究. 中国农村水利水电，8：41-43.

杨凡，侯会静，蔡焕杰，等. 2017. 不同灌溉水平对夏玉米地土壤 CO_2 排放的影响. 中国农村水利水电，11：98-103.

尹晓霞，蔡焕杰. 2014. 加气灌溉对温室番茄根区土壤环境及产量的影响. 灌溉排水学报，3：33-37.

张文萍，姚帮松，肖卫华，等. 2013. 增氧滴灌对烟草农艺性状的影响研究. 灌溉排水学报，1：142-144.

张文萍，姚帮松，肖卫华，等. 2012. 增氧滴灌对烟草根系发育状况的影响研究. 现代农业科技，23：9-11.

张文正，翟国亮，王晓森，等. 2017. 微纳米加气灌溉对温室番茄生长、产量和品质的影响. 灌溉排水学报，10：24-27.

赵丰云，杨湘，董明明，等. 2017. 加气灌溉改善干旱区葡萄根际土壤化学特性及细菌群落结构. 农业工程学报，22：119-126.

赵丰云，郁松林，孙军利，等. 2018. 加气灌溉对温室葡萄生长及不同形态氮素吸收利用影响. 农业机械学报，1：228-234.

郑小兰，王瑞娇，赵群法，等. 2017. 根际氧含量影响植物生长的生理生态机制研究进展. 植物生态学报，7：805-814.

周云鹏，徐飞鹏，刘秀娟，等. 2016. 微纳米气泡加氧灌溉对水培蔬菜生长与品质的影响. 灌溉排水学报，8：98-100+104.

朱艳. 2015. 加气灌溉的番茄根区土壤环境和产量效应. 西北农林科技大学.

朱艳，蔡焕杰，陈慧，等. 2016. 加气灌溉对土壤中主要微生物数量的影响. 节水灌溉，8：65-75.

朱艳，蔡焕杰，陈慧，等. 2016. 加气灌溉对土壤中主要微生物数量的影响. 节水灌溉，8：65-69，75.

朱艳，蔡焕杰，宋利兵，等. 2017. 加气灌溉对番茄植株生长、产量和果实品质的影响. 农业机械学报，8：199-211.

朱艳，蔡焕杰，宋利兵，等. 2017. 加气灌溉改善温室番茄根区土壤通气性. 农业工程学报，21：163-172.

朱艳，蔡焕杰，宋利兵，等. 2016. 加气灌溉下气候因子和土壤参数对土壤呼吸的影响. 农业机械学报，12：223-232.
朱永官，李刚，张甘霖，等. 2015. 土壤安全：从地球关键带到生态系统服务. 地理学报，70（12）：1859-1869.

4.11 海水淡化

袁 荃 曾 波 刘小平

4.11.1 背景介绍

水资源是全球工业、农业、能源、以及经济增长的基石，是人类生存和经济发展不可缺少的资源[1]。但是，随着人类生活水平的提高和经济的飞速发展，全球正面临着可获取淡水资源和能源紧缺的双重严峻挑战。水资源作为一种人类生产生活最为基础性的资源，其可持续发展是关乎于当今全球社会发展的最为重大战略问题之一。《2015 年联合国世界水资源开发报告》表明，随着经济逐步发展，世界上越来越多的国家，正在面临或即将面临着水资源短缺这一重大问题[2]。自 20 世纪初至今，全世界的淡水资源消耗量增加了六倍左右，与人口增长问题相比，全球消耗淡水量的速度比人口增长的速度高出约两倍，因此，水资源匮乏已经逐步成为当今世界各国都高度关注的核心问题[3]。当然，随着中国经济市场的飞速崛起，水资源短缺也必然是中国正在面临的一个严峻问题，与能源利用、城市化及现代化议题息息相关。水资源匮乏问题已与人口、粮食、能源、环境等问题被列为全球经济发展的优先主题，亟需解决的核心问题，显然还在随着全球性环境污染加重，能源资源短缺等问题愈演愈烈[4, 5]。

根据 2011 年水资源报告显示，全球水的总量为 13.86 亿立方千米，其中有 97.47%被盐化，可直接利用的淡水资源仅占总水量的 2.53%，更为令人惊讶的是，在这些淡水中又有 2/3 以冰川和积雪等固态形式存在，1/3 存在于含水层、潮湿的土壤和空气中，直接使用较为困难。此外，人类生产生活中可利用的淡水资源，主要来源是湖泊淡水、河流水以及浅层地下水，这些淡水的储水量仅占全部淡水资源量的 0.3%，所以人类真正有效利用的淡水资源量每年仅为 9000 立方千米。若将地球上所有的水资源当作为 1 升，则人类真正能够可获取利用的淡水资源大约只有 2 滴。在这极为稀缺的淡水资源中，随地区分配还呈现出极度不均匀，其中 65%的可获得淡水资源集中在不到 10 个国家中，而占世界总人口 40%的 80 个国家中存在严重缺水的问题。目前，全球共有 80 多个干旱半干旱国家，占全球国家总数的二分之一，其中约 15 亿人口面临淡水不足，有 26 个国家的 3 亿人口生活在完全缺水环境中。预计到 2020 年，全世界将有 17.6 亿人口缺水，涉及的国家和地区多达 40 个[6]。经合组织秘书长安赫尔·古里亚在第 26 届世界水周开幕式上表明，预计 2050 年，全世界将有超过 40%的人口将生活在水资源缺乏的压力之下。解决全球淡水资源缺乏问题是人类面临的一个十分严峻迫切的问题，除非能找到某种低耗费且高效的淡水资源增加方法，否则水短缺的问题将随着人口增长和经济发展越发恶化。与世界人均水资源量约 8000 立方米相比，而中国仅为平均量的 1/4，表明中国正处于水资源严重不足的困境中。21 世纪淡水资源正在逐步变成一种宝贵的稀缺资源，水资源已经成为关系到国家经济增长、社会可持续发展以及长治久安的重大战略问题[7]。

我国的水资源总量为 2.8 万亿立方米，世界排名第 6，但我国人口占世界总人口的 22%，而淡水资源仅占世界总量 8%，是全球 28 个贫水国家之一，在世界人均水量的排序中排在第 109 位，因而被联合国认定为世界上 13 个贫水国家之一。国内从 20 世界末期就有 108 个城市出现缺水的问题，200 多个城市地下水位不断下降，近几年全国各地也出现地下水抽取过多，导致地面塌陷的问题。自 1997 年至今，我国年总用水量呈现逐步上升趋势，2013 年用水总量约为 6200 亿立方米，2015 年这一数值上升至 6350 亿立方米，位居全世界第二，这一数值已经逐渐接近我国最严格水资源管理控制目标。由于缺水我国每年遭受的直接经济损失多达 2000 亿，近 6500 万贫困人口中有 90%以上是由缺水直接或间接引起的。根据中华人民共和国国家统计局《中国统计年鉴 2016》显示，天津市人均水资源量仅为 83.6 立方米，而北京市也仅为 124 立方米，上海、山东和江苏等经济发达省市的人均水资源量在全国排在末尾。全国人均淡水资源量为 2039.2 立方米，仅为世界平均水平的 24.8%（世界每年平均人均水资源 8210 立方米），有 17 个城市低于全国平均水平，并且远低于全球人均拥有量水平。预计到 2030 年中国人口将达到 16 亿，届时国人人均水资源量将持续降低。更严峻的是，中国的水资源分布呈现出极不平均的缺点。在中国北方，人口占中国总人口的 40%且耕种面积占全国的 60%，但是其水资源仅占全国的总量 20%，人均水资源量仅为 200 立方米左右。北京作为中国的首都，人口入驻量十分巨大，其 2012 年水资源消耗水平高出总供水量的 70%。我国水资源严重短缺，而且还存在着水资源严重浪费的情况。相比于发达国家用水效率，在农业方面，我国是农业用水大国，农业用水量占全国总用水量约 60%，其他发达国家农业用水比例仅为 50%，欧洲的一些发达国家仅占约四成，并且发达国家的水资源有效利用系数约为 0.8，而我国仅约为发达国家系数的一半，中国灌区用水的方式落后于其他高效用水国家 30～50 年；在工业方面，中国的万元 GDP 用水量比发达国家高出近十倍；此外，发达国家在工业用水的重复使用上已经接近八成，而中国在重复使用方面还需要更多的提升策略。在我国城镇迅速发展的同时，城镇的供水设备建设较为落后，跟不上城镇发展的步伐，再加上居民的节水意识发展不强，导致生活用水浪费现象较为严重。

除此之外，水污染也是我国正面临的一个十分严峻的问题。我国水污染已经呈现出从内陆向近海区域、从地表水向地下水侵蚀的趋势，流域地下水的水质污染情况也在加重。根据以往新闻报道，2004 年，沱江水污染事故爆发，导致近百万居民处于无水使用的状况，造成的直接经济损失就超过 2 亿元；2005 年，松花江地区也出现特大水污染，致使超过百万的居民生活受到严重影响；2007 年，太湖出现水质污染，导致藻类疯狂生长，其他水生物大面积死亡，水体出现严重发臭的情况；2015 年，甘肃省发生矿库尾矿泄露事件，致使嘉陵江及支流长达数百公里河流段中的锑元素严重超标；2016 年也有医药行业被曝出偷排未经处理的污水，致使河流内抗生素浓度超过自然水体内 1 万倍。2016 年检测的 2014 个地下水质取水点，其中优质水仅为 2.9%，良好占比 21.1%，而较差和极差的情况分别占比 56.2%和 19.8%，还有一些地区已经出现了重金属污染和有毒有机物污染。这些一桩桩被报道的事件，无疑是在为人类对于水环境的污染治理敲响警钟，同时也表明水资源缺乏这一问题在中国日益严峻。

伴随着人口不断增加、经济持续快速稳步发展和对生态环境质量要求的逐步提高，水资源不足逐渐发展成为严重制约中国高速发展的瓶颈。[8]目前，我国的水资源管理方式还不够完善，各区域之间缺少协调发展机制，资源调配不合理；水资源的市场管理机制仍需进一步完善，各个地区之间用水竞争十分激烈，资源的配置效率不优。中国沿海缺水城市及海岛地区近些年已经采取多种有效措施解决缺水问题，如跨流域调水、中水回用，甚至过量开采地下水，但仍无法满足人们生产生活日益增长的淡水需求。毫无疑问，水资源短缺已经成为中国乃至全世界寻找可获取淡水资源问题解决方案的驱动力[9]。

为了解决水资源不足的问题，许多国家都建设了大型调水工程，实现水资源再分配，同时拉动供水地区的经济发展，缓解供需矛盾。我国最大的调水工程是南水北调，主要基于“南方水多，北方水少”的想法，用于解决我国北方地区的水资源缺乏问题。然而，不管是南水北调还是国家节水政策、修建基础设施和改善集水和分配系统，或者中水回用工程，都仅仅是使得水资源得到合理的再分配，短暂性地缓解水资源空间分布的问题，并不能增加淡水资源的储备量，更加不能从源头上解决淡水资源缺乏的问题。值得庆幸的是，我国海水资源极其丰富，毗邻东海、渤海、南海以及黄海四大海域，海岸线长达 3.2 万千米，沿海城市有 150 多个，有人居住的岛屿多达 450 个。凭借丰富的海水资源和地理优势，采用先进的技术将海水淡化是解决我国乃至全世界淡水资源不足问题的一大契机。

海水淡化是指从海水中分离盐和纯水的过程，从浓盐海水中直接分离出低盐淡水，或分离出海水中的各种盐都可以达到淡化海水的目的。海水淡化的方法主要可以分成两大类：膜分离法和热分离法[10, 11]。热法水脱盐分离是利用热能蒸发分离淡化海水，主要包括多级闪蒸和多效蒸馏等技术；膜法水脱盐是利用膜材料实现水和盐的分离，以反渗透技术为主，还包括电渗析和膜蒸馏等技术。除此之外，利用其他绿色清洁能源实现水脱盐的技术也越来越受关注，包含太阳能、风能和核能等能源，其中太阳能以其特有的高效环保无污染等特点，在海水淡化技术中逐步成为研究热点。海水淡化目前已经成为了解决淡水资源危机的最重要途径之一，被列为重点领域和优先主题，是提供淡水资源储备量的最有前景的技术和方法之一[12]。2015 年 *MIT Technology Review* 将海水淡化这一技术评选为有望颠覆世界的十大突破性技术之一。因此，海水淡化在解决全世界水资源缺乏问题上有着至关重要的地位[13]。

1954 年，第一座海水淡化工厂起建于美国，这一工厂建设在当时并不被看重，其生产成本巨大，淡水资源收率极低，但是其意味着世界已经开始重视淡水资源不足这一问题，开启海水淡化这一大门。2009 年国家海洋局发布的《海水利用专项规划》指出全世界已经建成海水淡化工厂共 1.3 万多座，其淡水日产量可达 3500 万吨，这些淡水资源中 80%用于人类饮用水，解决了 1 亿多人民的供水问题，但距离完全解决全世界的水资源匮乏问题，这仅仅只是一小步，但是同样也展现出海水淡化产业市场已经开始步入正轨，正处于高速成长期。海水淡化作为解决淡水资源缺乏这一问题最有应用前景的技术，我国十分重视并且出台了许多相关政策扶持这一技术的快步稳定发展。2005 年出台了《海水利用专项规划》，由国家发展改革委牵头，其余十一个部委参与。《国家中长期科学和技术发展规划纲要（2006—2020 年）》中将“海水淡化”列为重点领域及优先主题。2011 年，我国发布的《中国国民经济和社会发展第十二五年规划纲要》中表明需要“大力推进再生水、矿井水、海水淡化和苦咸水利用”。2012 年，《国务院办公厅关于加快发展海水淡化产业的意见》指出，到 2015 年我国海水淡化能力将期望达到日产 220～260 万吨，进一步降低海水淡化的耗能，研发低成本海水淡化技术，海水淡化原材料、设备制造自主创新率达到 70%以上，并且需要建立较为完善的产业链，海水淡化的关键技术、装备、材料研发和制造达到国家先进水平。2015 年，发布的《国家水安全创新工程实施方案（2015—2020 年）》中，提出促进海水淡化科技成果转化为目标之一，针对沿海地区、岛屿、大型海上移动平台等用水的需求，创新改革海水淡化产业商业模式，促进海水淡化技术、工程、服务、资本、政策等集成创新，加大海水淡化技术标准制修订和贯彻实施力度，支撑海水淡化产业发展。2016 年，国家发改委发布的《全国海水利用“十三五”规划》中表明海水淡化技术已经趋于成熟，新技术的研发十分活跃，海水利用产业正向着大型化、环境友好型、低能耗和低成本的目标发展，水资源短缺仍旧是制约我国经济社会发展前进的主要因素之一，明确指出要“以水定产、以水定城”和“推动海水淡化规模化应用”，以此从一定程度上缓解水资源短缺的压力，实现海洋强国建设。由上可知，我国对于海水淡化产业十分重视，在此期间海水淡化产业正处于高速发展的黄金期，许多大规模的海水淡化工程正在陆续建工，对国内海水淡化技术相关的知识产权保护也逐渐出台，展现出极好的发展前景。

4.11.2 国内外发展现状

海水淡化技术经过近一个世纪的发展，已经开始步入技术成熟阶段。从 1980 年至 2010 年，海水淡化产业经历了缓慢增长、快速增长的过程，2010 年至 2016 年海水淡化市场总体持续放缓。根据国际水务市场领先信息平台海水淡化数据库预测，到 2021 年海水淡化项目才能达到顶峰。截至 2017 年，世界上已有 120 多个国家和地区运用海水淡化技术获取海水，建造海水淡化厂 1.9 万余座，淡化水日产量约 5560 万立方米，相当于全球用水量的 0.5%，可以解决 1 亿人的用水问题。海水淡化已经成为日本、美国、以色列、新加坡、西班牙、加勒比海各岛国等国家和地区水资源来源的重要组成部分。大约 50%的海水淡化厂在中东，约 20%在美国，13%在欧洲，12%在亚洲。

根据全球企业增长咨询公司 Frost & Sullivan 2015 年发布的一份市场预测报告显示，因为新建海水淡化项目数量激增，全球海水淡化市场规模将从

2015 年的 117 亿美元增长至 2020 年的 191 亿美元，将实现翻倍增长。到 2020 年，在全球 150 多个国家运行的海水淡化项目将超过 17000 个，项目数量也将实现翻倍。Frost & Sullivan 认为，随着全球许多区域旱情不断加剧，海水淡化将逐渐被更多的具有水资源需求的国家和地区所接受。目前美国、印度、阿联酋、沙特和墨西哥等国正在开发和建设许多海水淡化项目，在其他一些未遭遇旱情的国家和地区海水淡化发展速度相对缓慢。

截至 2016 年，93%的签约海水淡化项目使用膜法技术。据国际水务市场领先信息平台和国际脱盐协会 2016 年联合发布的报告，自 2000 年至 2016 年，膜法海水淡化技术与热法海水淡化技术的使用比例正不断发生改变。在 2000 年至 2009 年，膜法海水淡化项目占总装机容量的 75%，热法海水淡化项目占比为 25%；然而从 2010 至 2014 年，使用膜法海水淡化技术的海水淡化项目占比增长至 88%，仅有 12%的海水淡化项目使用了热法海水淡化技术；从 2014 年至今，高达 93%的海水淡化项目选择使用膜法海水淡化技术，7%的海水淡化项目选择热法海水淡化技术。

目前，沙特阿拉伯是全球海水淡化产量第一的国家，实现了日产淡水量 525 万立方米，国内居民生产生活用水有 70%来自淡化的海水。沙特计划到 2020 年，全国日产淡水量上升至 730 万立方米。在 2017—2018 年间，沙特政府继续向海水淡化领域进行投资，以提高国内淡水资源的供应量。2017 年 12 月，沙特海水淡化公司 SWCC 签署了总价值约为 24 亿美元的合同，旨在提高麦加地区省份的淡水供应。2018 年初，沙特计划投资 5.3 亿美元，耗时 18 个月，在红海沿岸建造九座海水淡化项目，这九座海水淡化项目将全部采用现代科技，日产淡水量将达 24 万立方米。位于沙特的 RAZZOUR 海水淡化厂是世界上最大的多级闪蒸海水淡化厂，同时也是世界上最大的热膜耦合工艺海水淡化厂，日产淡水量可高达 100 万立方米。

阿联酋是第二大海水淡化国家，至 2014 年，阿联酋建成海水淡化厂 30 座，每年淡水生产量高达 3 亿立方米，能够满足国内 98%的居民和工业用水，并且阿联酋建有世界最大低温多效海水淡化厂——Taweelah A1 海水淡化工厂，日产淡水量可达 24 万立方米。2013 年阿联酋在迪拜吉布拉里建成最大规模的的海水淡化工厂，将海水发电和淡化技术集为一体，淡水日产量可达 64 万立方米。

西班牙也是海水淡化产业大国，1964 年西班牙在加纳利群岛的兰扎罗特岛上建造了第一座海水淡化工厂，打开了欧洲步入海水淡化产业的大门。2004 年西班牙政府实施水资源管理和利用措施计划，促使其国内地中海沿岸海水淡化产量急速增长，同时研发新型海水淡化技术，降低了产水能耗和成本，提升了国内企业进军海外市场的竞争力。2013 年，西班牙海水淡化能力达到日产约 300 万立方米，吨水能耗已经下降至每立方米约 3 千瓦时。发展至今，西班牙已经成为了世界五大海水淡化技术产业大国。

美国、澳大利亚和以色列的海水淡化产业也在世界中排名前列。其中，美国正在主要以反渗透技术最为普遍，但因为该技术在海水淡化的过程中需要消耗大量能量，使其成本较高，而面临一大瓶颈。美国政府已经投入大量经费鼓励加强对电渗析、正渗透技术、离子交换等新技术的研发，希望实现低成本高产出的淡化水。美国能源部先进能源研究计划署提出到 2025 年美国有望将每吨淡化水成本降至 0.5 美元，并加快有关研发和产业项目推进。澳大利亚建有全球最大的反渗透海水淡化工程——维多利亚工程，日产淡化水可达 44.4 万立方米。到 2013 年，澳大利亚海水淡化日产淡化水量为 156 万立方米，90%以上用于市政供水，其次为工业、旅游业和军用，未来澳大利亚政府拟将产水量再增加近 8 成。以色列一直被淡水资源缺乏这一问题困扰，政府致力于建设节水型社会，开拓淡水资源获取的新途径。以色列有近七成的饮用水来自淡化海水。以色列目前共有 5 个大型的海水淡化工厂，以及几十个中小型工厂，到 2013 年淡化水年产量达到了 6 亿立方米，预计到 2020 年这一数值将上升到 7.5 亿立方米。在满足了国内用水需求之后，以色列公司目光转向了全球，占据了全世界近一半的海水淡化市场。

20 世纪 50 年代末期，我国开始意识到淡水资源不足这一问题，注意到海水淡化这一技术，随着我国各项针对提升海水淡化能力的政策出台，我国海水淡化技术产业发展迅猛，已经逐步有了自己的技术、装置和工程，一些专利和知识产权也正在建立和完善。因此，我国海水淡化产业的自主体系已经完成了基本建立，并且已经成为国家具有战略性意义的新兴产业，在“十三五”发展期间快步稳定的推进着。国家海洋局公布的《2016 年全国海水利用报告》中指出，截至 2016 年底，全国建成海水淡化工程 131 个，万吨级以上的工程有 36 个，主要分布在沿海的 9 个省市，尤其是淡水资源严重缺乏的沿海城市和海岛，日产水量达到约 119 万吨，并且产能以内年 25%～30%的速度快速增长。淡化海水有近七成用于工业用水，主要集中在北方大规模的工业地区，以天津、山东和河北等钢铁、电力高水耗的产业；其余部分用于居民生产生活用水，主要分布在江浙一带。天津市是我国最早开始施行大规模海水淡化工程的地区，采用了多级闪蒸、反渗透以及低温多效蒸馏三大最主流的海水淡化技术。天津北疆电厂是我国首个大规模海水淡化纳入市政用水的工厂，采用低温多效海水淡化技术，日产水量可达到 6 千立方米，九成水量用于社会供应。山东是我国海水淡化应用规模最广的省份之一，大型的海水淡化项目主要分布在青岛、烟台和威海，以反渗透和低温多效蒸馏技术为主。青岛是山东省日产淡化水能力最强的城市，可达 23 万立方米，占全国总量的近 2 成。浙江也是我国海水淡化工程分布最为广泛的地区之一，截至 2015 年底，浙江已经完工 40 个海水淡化工程，日产水规模为近 21 万立方米。国家发改委也将舟山列为国家首批海水淡化产业发展试点城市，纳入国家海水淡化推进应用示范城市。截至 2019 年，舟山已建成海水淡化厂 17 个，海水淡化项目 26 个，淡化海水日产量为 13.7 万立方米。此外，舟山海水淡化产业还实现了多元发共同发展，除了市政用水服务项目之外，还纳入了临港工业、港口物流、海洋旅游业等多个配套产业工程。

我国海水淡化面临的困难：

（1）海水淡化技术产水量较低，与其他淡水获取方法相竞争下优势较低。

（2）海水淡化技术发展受到局限，目前创新性技术开发较少。

（3）海水淡化工业有待于其他水服务行业相结合，带动其他产业发展。

（4）海水淡化工程较为分散，需要实现工艺整合，实现带头示范的作用。

（5）海水淡化主要分布在沿海地区，实现内陆地区淡水供应困难。

（6）我国具有自主知识产权的海水淡化新技术、新工艺、新设备和新产品开发较少，仍需增强自主建设的大型化、集成化、规模化海水淡化工程能力。

4.11.3 海水淡化方法概述

海水淡化是指将海水分离以获得淡水的过程。典型的海水淡化技术主要分为两大类：基于膜的分离法和基于热的分离法。基于膜分离的方法是以高效膜材料来实现对盐离子或水分子的选择性截留或者渗透过程，以反渗透技术为主，还包括电渗析技术。基于热分离是利用热能对海水蒸发，水分子产生相变之后以达到分离获得淡化水的过程，主要包括多级闪蒸、多效蒸馏和膜蒸馏等技术。目前，海水淡化技术发展工艺面临最大的挑战是，在保证生产成本低廉、环境友好的条件下，达到高淡水生产量是所有技术面临的共同难题。基于膜分离技术面临的一大挑战是同时保证薄膜对淡水兼具高水通量和截盐率。

1. 反渗透法

反渗透海水淡化技术起源于 20 世纪 50 年代，在之后的十年中得到了突破性的进展，在 70 年代就开始应用于工业生产，迅速占据全球海水淡化技术的市场份额。在 20 世纪以前，反渗透的核心技术一直被掌握在外国企业手中，我国直到 20 世纪 90 年代末期才开始慢慢掌握部分反渗透技术。2001 年杭州北斗星膜制品有限公司的问世，标志着我国有了自己的反渗透膜产品，享有完全自主知识产权，开始将高性能复合膜元件投入市场，开始占据一定量的市场份额，成为了世界第四大掌握自主反渗透膜技术的国家。反渗透法是利用半透膜对水分子选择性透过的原理，在海水一侧施加高于渗透压的压力，驱使水分子通过半透膜，以达到盐离子和水分子分离的目的。这种技术的与自然低浓度盐水向高浓度盐水中水分子渗透的方向相反，因而取名为反渗透法。由于此过程中水分子没有发生相变，反渗透法耗能低；反渗透法技术原理清晰明了，设备简单，易于集成，成本较低，因此在工业生产中发展前景最佳，应用至今已经成为发展最广应用最多的海水淡化技术。

反渗透法是目前海水淡化工艺中最有效、应用最广、最节能的技术，其装置的核心是反渗透膜。反渗透膜是决定效率的最关键的部件，一个高效的反渗透膜应该具备以下几个特点：①高选择性，实现水分子和盐离子的有效分离；②高水通量，保证工业生产的效率；③高机械强度和使用寿命，足够支持更高的压力和降低成本；④高稳定性，受 pH、温度等外界因素影响程度小；⑤材料来源广，易于加工且制备成本低。目前最为主要的反渗透膜最大的局限是高水通量和选择性的兼具。目前市场工艺中所采用的主要是高分子材料制备的醋酸纤维素膜、芳香族聚酰肼或聚酰胺膜。薄膜表面的孔径直径一般在 0.5～10nm 之间，离子的透过与膜本身的化学组成有关。高分子材料表面可以功能化修饰各种亲水基团，可以实现极高的选择性（近 100%），海水淡化工程的工作压力为 5.5～8.2MPa，水渗透速率一般在 0.6～$1.2 t m^{-2} \cdot d^{-1} \cdot MPa^{-1}$[14]。但是由于聚合物膜厚度在在微米甚至是厘米级别，取得高机械强度的同时会导致其水通量较低；反渗透法对海水的预处理要求比较严格，半透膜对海水中的颗粒和污染物比较敏感，容易被大颗粒杂质撕裂导致薄膜完整性遭到破坏，减少薄膜的使用寿命而增加了成本；反渗透膜在运行期间各种污染物随着浓度递增导致沉积在半透膜上，对膜造成污染，降低半透膜的水通量和选择性，因此需要定期对膜进行清洗、除垢和消毒，进一步增加了成本投入[15]。因此不断寻求新薄膜材料是反渗透法性能提升的最大目标，实现在较低的驱动力下获得高水通量和选择性。目前科学前沿研究过程中，纳米多孔二维材料由于其特殊的原子薄层，使其水分子渗透阻力极小，可以实现高水通量和高选择性的性能兼具[16-18]。

但是同样因为纳米多孔二维材料的薄层性质，它们的机械强度一般都比较低，难以实现独立自支撑，需要使用其他支撑材料，此外，这类材料的造价通常较高并且难以实现大规模制备，距离工艺应用发展还需要科研人员更多的发展，突破这几个严峻的局限。

2. 电渗析法

1903 年，Morse 和 Pierce 发现将电极分别放置于透析袋内、外侧溶液时，在电流的作用下能够加速去除凝胶中的带电粒子，初步打开了电渗析的大门。1950 年，Juda 设计了具有高选择透过性能的阴离子交换膜和阳离子交换膜，从而开启了电渗析技术向工业应用靠近的基础。自 1954 年起，美国、英国等国家也逐渐开始正式将电渗析技术用于苦咸水淡化的工业研发中。1974 年，日本开创了电渗析海水淡化的先例。1981 年，我国第一套大型电渗析海水淡化站在西沙永兴岛建成并正式投入使用，由国家海洋局第二海洋研究所在有关单位研制建造，可将海水中的盐分含量从 3.5 万毫克/升处理淡化到 500 毫克/升以下，大大降低了海水中盐分含量，每日淡水生产量为 200 吨。1990 年，我国与马尔代夫签署了第一套援外电渗析海水淡化设备的合同，可连续批量地将马首都马累海区含盐量为 3.6 万毫克/升的海水淡化为含盐量在 500 毫克/升的淡水，日淡水产量可达 50 吨，该项工程于 1991 年 12 月通过双方验收交付并正式投入使用。双方均一致表明该工程设计合格、工程质量优异、设备运行正常且淡化水的质量符合马方对淡水的要求。

电渗析技术是在外加支流电场作用下，利用离子交换膜选择性透过不同电荷的离子，使浓盐水中的电解质离子定向跨膜迁移，以此达到分离阴阳离子使浓盐水淡化的目的，是一种电化学分离的过程。在电渗析海水淡化过程中，溶液中阳离子通过阳离子选择性膜向阴极方向迁移，阴离子则通过阴离子选择性膜向阳极方向移动，使淡化隔室中盐分浓度逐步降低，浓盐水隔室中的盐分浓度增加，实现离子溶质和溶剂水的高效分离。

电渗析海水淡化技术具有对海水的预处理要求低、离子分离选择性高、装置设备与工程系统设计灵活、操作维修方便、设备寿命长、水回收率高等优势。因此在 20 世纪 70 年代发展十分迅速，在全世界范围内得到了大规模推广应用，广泛用于海水淡化、海水浓缩、苦咸水脱盐和化工废水处理等领域，并取得了令人满意的经济和社会效益。然而，电渗析法一般只能实现对带电离子的高效分离淡化，难以保证浮游生物、水溶性有机物、细菌、病毒和悬浮物的分离，导致淡水水质较差，不能直接用于居民生活用水。此外，电渗析法耗电量与盐水浓度密切相关，盐水浓度越高耗电量会逐渐增加，因此电渗析法更适用于低盐含量的水处理。实验证明，在含盐量为 2000～5000 毫克/升的苦咸水或海水淡化为含盐量为 500 毫克/升时，在保证淡水质量合格时成本最低。由于海水含盐量较高，使用电渗析技术淡化海水成本较高，在 20 世纪 80 年代开始，电渗析法逐步被能耗更低的反渗透法代替。

3. 多级闪蒸法

多级闪蒸技术是海水淡化工业中较早应用的工艺之一，自 20 世纪 60 年代初，Silver 发明该技术并成功用于海水淡化工业，使得国外在 20 世纪 80 年代之前多采用此技术来获得淡化水。多级闪蒸技术在 1989 年首次引进我国，并且成功应用在天津大港电厂二期海水淡化工程中，其装置均由美国进口，是目前国内唯一一个采用多级闪蒸技术的海水淡化工程。

多级闪蒸法是利用闪蒸原理，将预处理后的海水到达蒸气加热器经过蒸气预热后，加热至 90～115℃后，引入第一闪蒸室。由于第一闪蒸室压力控制在低于饱和蒸汽压条件，使得预加热的海水立即成为过热状态而急剧形成蒸气，蒸气经过除雾器去除杂质后再冷凝即可收集获得淡化水。由于预加热海水急剧由液相转变为气相，会吸收大量热，导致其余海水温度降低，难以继续形成蒸气，而继续以液态水进入下一个闪蒸室内。随后的闪蒸室压力逐渐下降，保证上一闪蒸室流入的加热海水为过热状态，而重复蒸发和冷凝过程。一系列压力逐渐降低的闪蒸室串联之后，就可以分不同阶段得到淡水，达到热能充分高效利用。

由于多级闪蒸过程中不存在固定的海水相变界面，设备结垢较轻，保证了生产过程的长期稳定运行。多级闪蒸对盐水初始浓度不敏感、也不易受到悬浮物影响，并且海水预处理简单，更适用于条件恶劣的海水淡化。多级闪蒸装置便于实现大型化和特大型化，设备简单可靠、使用寿命长，更适合对淡水资源极度需求的地区，尤其是石油资源丰富的中东地区。但是，当前多级闪蒸海水淡化获得 1 吨淡水，大约需要 3.5～4.4 千瓦时的动能消耗，耗能十分巨大。由于操作温度多超过 100℃，设备材料需要采用抗腐蚀性好的不锈钢或者其他合金材料，导致设备投资较高[19, 20]。设备弹性操作较小，一般只能达到设计值的 80%～110%，不适用于产量变化大的工程。

4. 低温多效蒸馏法

低温多效蒸馏法是在低温压汽蒸馏技术的基础上发展起来的技术，在 20 世纪 80 年代后逐渐发展成熟，并正式应用于工业海水淡化。所谓“低温”是指蒸发过程海水的最高蒸馏温度不超过 70℃。低温多效蒸馏法是指将预处理后的海水引入由蒸汽间接加热的腔室中，加热海水产生二次蒸汽，将二次蒸汽引入下一级蒸发器作为加热源，并且冷凝产生淡水。通过控制真空系统来维持每一级的压力逐渐下降，保证海水沸点降低，实现逐级海水蒸发。

低温多效蒸馏法主要优点有海水预处理更为简单；较其他海水淡化技术，低温多效蒸馏装置生产 1 吨水大约需要消耗动能 1.5 千瓦时，热利用效率比多级闪蒸高，且能耗量大大降低；由于操作温度低于 70℃，管壁的结垢倾向更小，设备所采用的材料耐腐蚀性要求较低，大大降低了造价成本；系统的可操作弹性大，可以达到设计值的 40%～110%；处理得到的淡化水均为无氧水；试用于和其他大规模项目结合，比如电厂、钢铁、化工等，甚至是市政。在能源问题日益尖锐的大环境下，低温多效蒸馏法显示出优异的应用前景，同样，这种方法也存在一些缺点：设备设计复杂、体积较大、建造成本仍旧较高。

5. 压汽蒸馏法

压汽蒸馏法是利用蒸发过程中产生的二次蒸汽具有高焓值的性质，利用机械压缩将蒸汽压缩，蒸汽压力提高之后饱和温度再次提高，再返回蒸发腔室中作为加热源进行后续海水蒸发。

在系统散热不多的环境下，压汽蒸馏所需要的能量仅仅是驱动压缩机和水泵的能量，需要能源仅为电能，能源需求单一。利用二次蒸汽压缩，压汽蒸馏法可以减少系统热凝损失，极大程度地提高了系统的热利用效率。与多级闪蒸和多效蒸馏相比，压汽蒸馏不需要额外提供冷却水。操作温度约在 70℃，可以采用较为廉价的材料。一般会与多级闪蒸法和低温多效蒸馏法联合应用，进一步降低能耗和成本。但是由于压汽蒸馏法电能消耗较高，随着

20 世纪以来膜技术的飞速发展，反渗透技术逐渐取代了压汽蒸馏法，目前已经少有采用压汽蒸馏法制备淡化海水的工厂，但压汽蒸馏法对进水水质要求低，可用于处理工业污染严重的废水，未来主要发展潜力在于工业废水等处理领域。

6. 膜蒸馏法

膜蒸馏海水淡化是在 20 世纪 80 年代逐渐发展起来的新型分离技术，是传统热蒸发过程和膜分离技术相结合形成的全新分离过程，以平常蒸馏一样采用气液平衡为基础，依靠蒸发潜热来实现相变，以膜两侧所供给的温差来驱使气相水分子传递，以疏水性微孔膜（孔径 0.1～1μm）作为传递介质[21-23]。在膜蒸馏过程中，薄膜本身不提供分离功能，仅发挥气液相变界面的作用，是一种热量和质量同时传递的过程。借助薄膜的疏水性，大量水溶液难以直接通过孔径，但由于薄膜两侧存在挥发组分蒸汽压差，驱使蒸汽通过孔径，从高压一侧传递到低压一侧，其他组分则被疏水膜阻挡，从而实现了盐水溶液的分离或提纯[24]。

膜蒸馏海水淡化技术较反渗透技术操作压力较小（接近常压），对膜材料和设备机械强度要求降低，抗污染性能更高，对原液预处理要求低，可以处理高盐浓度的水溶液，并且可以设计为潜热回收利用设备，操作温度比传统蒸馏温度低（60～90℃）。但是，该技术在工业应用方面有着极大的局限性，包括水通量极低，难以实现大规模应用，疏水性薄膜材料的选择十分有限，薄膜在处理过程中遭受污染会导致薄膜疏水性能改变，降低淡水质量，还缺少有效的热量回收手段，水相变的潜热设计回收还需要进一步发展。因此，发展至今，该技术尚处于一个发展新阶段，尚未应用于大规模海水淡化工程[25, 26]。

7. 冷冻法

冷冻法海水淡化技术在 20 世纪 50 年代被认为是最有希望的海水淡化技术，是基于无机盐和有机杂质在液相水溶液中的分配系数比固相冰中分配系数大 1～2 个数量级，水溶液中存在无机盐或有机溶质，会降低冰点。将混合盐水溶液降低到冰点以下时，液相水会优先结成有规则对称的六角晶系晶体，而其他无机物或者有机杂质则会留在原液中。一般杂质在液相水中分配系数不同，且液态水能够形成强氢键，故而在液态转变成固态时，为了保证晶体最稳定，水分子会紧密结合而排出杂质。保证在结冰过程中足够缓慢的条件下，冰块内部含盐量极低，之后溶解冰块即可得到淡水。

根据上述原理，冷冻法可分为两大类：即自然冷冻法和人工冷冻法。自然冷冻法顾名思义，表示借助大自然的季节变化，在冬季即可获得冰块，以获取淡水资源。这种方法无能量消耗投入，产量巨大，可以因地制宜实施一定的政策获取淡化水。但该法明显受季节和地区强烈限制的缺陷，并且人为活动导致近海岸地区受污染严重，所获取冰块也会质量较差，在海冰运输过程中也会投入较大，大规模应用十分受限。人工冷冻法又可分为间接法和直接法。间接法就是利用低温冷冻剂与海水间接交换热量，使得液相水转化为固相冰。直接法是直接使冷冻剂与海水接触而结冰。

冷冻法海水淡化的优点被认为是由于冰融化热为 335 千焦/千克，比水汽化所需能量大大降低，因此比蒸馏法所需能量低；由于在低温下操作，对设备腐蚀性降低，可以采用廉价的材料制备设备，并且没有结垢问题的困扰，无需原液的预处理，排出液腐蚀物大大减少，避免了海洋污染。同样，冷冻法也存在着一些缺点，海水冷冻过程比加热过程要困难得多，并且为了避免结晶过程中放热晶体影响，需要增加传热面积，导致设备体积一般较大，操作复杂，投资过高；由于生成固液混合物，在传输过程中溶液堵塞管路，导致设备瘫痪；晶体混合物的分离和洗涤过程也有一定的要求，才能保证出水质量；单一的冷冻法海水淡化一般不能满足居民生产生活的质量要求，仍需要进一步的处理。在上述的局限下，冷冻法海水淡化技术在工业生产方面应用于南北两极侧较多，占有市场份额较低。

4.11.4 新能源海水淡化技术

伴随着全球能源危机的出现，单一利用电能驱动海水淡化工程运转已经满足不了现代工业发展的需求。太阳能、风能、核能等可持续发展利用的新能源的发掘，成了其他工业依赖的必要之举，因此也是海水淡化工业生产全球的发展方式之一。

目前较为成熟的新能源利用是太阳能海水淡化工艺，其次还有风能、地热能、核能等，以其能源储备大、环境友好和可持续发展的优势，逐渐被全世界的国家重视并出台相应的政策去鼓励和研发新技术。

太阳能海水淡化技术主要分为直接法和间接法。直接法就是将集能部分和脱盐部分集合在一起，直接利用太阳辐照热能，加热海水使其汽化相变，以获取淡化水资源，是早期利用太阳能用于海水淡化的方法。间接法是将集能部分和脱盐部分分开，利用太阳能光伏发电技术，将太阳能转化为电能后再继续驱动其他海水淡化工艺，以发展最完善的反渗透为主。太阳能海水淡化技术具有独立运行、不受其他能量条件限制、低能耗绿色可靠，对能源缺乏和环境要求高的地区有着较高的应用价值。利用太阳能的方法所设计的海水淡化技术是未来发展的新方向，但是目前仍存在着很多挑战。虽然太阳能总体辐射在地球的能量很大，但是单位面积内的能流密度却很低，为了获取足够多的能量，一般需要使用太阳能采集系统集中太阳能，增加了太阳能的获取投入。一般太阳集能设备复杂，造价昂贵，成本高，且受地区辐射强度、时间和天气限制，经济成本上仍然不能和传统的海水淡化技术相媲美。

风能海水淡化技术是利用自然界产生的风能，来进行海水淡化供能。风能是由于地球表面空气受热不均和散热不同而形成气压差，驱使空气从高压地区向低压地区形成风，它远超矿物能源，是一种可持续发展的新能源。风能海水淡化法也分为直接法和间接法。直接法是直接利用风能所产生的机械能进行海水淡化过程，包括压汽蒸馏和反渗透法。间接法是利用风力发电机将风能转化为电能后，利用电能进行海水淡化过程。该法是自 1910 年风力发电站的兴起，而带来的新型海水淡化法，大多数情况下是采用间接法进行海水淡化。风能海水淡化法在风能资源丰富的滨海地区或者孤岛有着较大的应用前景，可同时满足供电和供水需求。但这种方法也明显受限于地区因素，由于风速不是一成不变的，风力发电会出现极大的波动，导致电流和电压不稳定，海水淡化系统会出现很大的影响，解决风力发电装置和海水淡化持续稳定供能是利用风能进行海水淡化的关键，也是目前许多研究者正致力于发展的方向。

核能海水淡化技术是随着核能利用而发展起来的工艺，主要是利用核电站或核反应堆来结合海水淡化方法，包括压汽蒸馏、反渗透等。该法可以同时供电和供水，主要关键技术是供能设备与淡化系统的连接方式，在保证无核辐射污染、经济的情况下，达到量产淡水还需要进一步探究。

地热能海水淡化法是借助高达 4000℃的地球地心，将热能持续流向地面，利用地热汽化海水达到海水淡化的目的。这种方法主要集中在地质活动性强的板块边界，即火山、地震、岩浆多发地区，有较大的地区差异。利用打井技术找到上喷的天然热气流，由于气流具有高温高压的特点，可用于后续发电或者热传递，以供给海水淡化技术。

4.11.5 基于膜分离海水淡化材料

基于膜分离的海水淡化技术一直被视为解决水资源短缺的最有效方法之一。自 1980 年以来，随着纳米多孔滤膜的商业化，膜分离净水技术在食品工业、石油工业、造纸制浆工业、电子工业等众多领域均有着广泛的应用[27-29]。一个理想的海水淡化滤膜应该具备以下特征：①优异的机械强度，避免滤膜破损和溶质泄露[30, 31]；②足够薄的厚度，降低水传输阻力，从而增加分离效率[32, 33]；③均一的孔径分布，保证水和盐的有效分离[34, 35]。根据滤膜孔径的大小可以将水处理膜分为反渗透膜（RO）、纳滤膜（NF）、超滤膜（UF）和微滤膜（MF）[36-38]。

在众多滤膜种类中，高分子膜以其优异的性能和成熟的商业化推广成为目前海水淡化和污水处理行业中应用最广的滤膜。然而，这类滤膜在大规模海水淡化的应用中，仍存在许多需要注意的问题。这其中最显著的两个问题是薄膜积垢和能源消耗。薄膜积垢会降低分离效率、影响脱盐产率；较厚的滤膜厚度增大了水的传质阻力，提高了能源消耗。基于高分子膜表面结构改性的研究屡见报道，但上述问题始终无法得到彻底解决。因此，具有较高机械强度和优异稳定性的无机滤膜受到越来越多的关注。一般来说，无机滤膜包括金属氧化膜和碳基膜，且几乎所有的无机滤膜都具有一个共同的结构，包括一个大孔支撑层和一个微孔阻隔层。实际应用中，无机滤膜经常被用于高温、强腐蚀性等有机滤膜无法适应的环境中。其中由碳纳米管（CNT）和氧化石墨烯（GO）等碳基多孔材料合成的无机滤膜被认为是最有前途的薄膜技术，这类薄膜具有良好的渗透性和选择性，在海水淡化过程中展现出优异的性能与较高的净水效率。本章节根据材料的不同，对部分现有海水淡化滤膜的结构和性能进行综述总结。

1. 有机聚合物膜

自 1980 年以来，有机聚合物 RO 和 NF 膜以其优异的性能和低廉的成本占领了全球市场。用于制造渗透膜的聚合物有聚酰胺、醋酸纤维素、二醋酸纤维素、三醋酸纤维素、哌嗪等。以最常见的纤维素基（CA）滤膜为例，这种薄膜的开发和商业化已有超过 60 年的历史。1955 年，Reid 等人[39]以丙酮为溶剂，制备了醋酸纤维素膜。纤维素基滤膜一般通过相转移法制备，即先将乙酸纤维素溶解在有机溶剂或溶剂混合物中形成溶液，然后将溶液涂在平面或管状支架上。最后，将支架浸入非溶剂浴中，聚合物在其中凝固并形成纤维素基薄膜。Reid 通过此法合成的滤膜在海水淡化中拥有较好的选择性，但该膜透水性极低，不能用于实际应用。1963 年，Loeb 等人[40]发明了第一个高效 RO 膜：二醋酸纤维素（CDA）膜。CDA 膜的发明加速了对三乙酸纤维素（CTA）膜的研究，CTA 膜具有稍强化学稳定性和生物稳定性。CA 膜的过滤性能取决于它的乙酰化程度，乙酰化程度越高，选择性越高，透水性越低。CA 膜在 pH 4～6 范围内稳定，但在酸性和碱性溶液中会发生水解反应，降低滤膜选择性。

虽然现有 CA 膜分离性能较好、成本相对较低，但仍有不少基于 CA 膜改性的研究。Chou 课题组[41]发现在 CA 膜表面分散银纳米粒子，可以在保持膜的通透性和选择性的同时，提高膜的生物稳定性。此外，在 CA 膜表面涂覆磷脂聚合物，可以提高膜的耐污能力。Park 课题组[42]通过向 CA 膜中加入 0.1%～1%的多壁碳纳米管，得到了具有更高选择性和更长寿命的海水淡化滤膜。虽然在过去四十年间，有机复合膜（TFC）以其高通透性和截留率逐渐占据市场主导地位，但 CA 膜在耐氯性和适应 pH 范围等性能上仍具有不可替代的优势。

Cadotte 等人[43]在上世纪 70 年代首次发明了有机复合膜。随后，Hoehn 等人[44]研制出的聚酰胺（PA）膜具有良好的水净化性能，但此类 PA 膜耐氯性极差，不能用于实际应用当中。随着复合膜合成技术的发展，人们发现聚酰胺类复合（PA TFC）膜在水脱盐的实际应用中展现出优异的性能。与 CA 膜结构类似，PA TFC 膜由微孔载体和其上的截留层组成，多孔支架具有较大的水通量和较高的机械强度，截留层具有一定的离子分离功能。与只能由线性可溶性聚合物制成的 CA 膜相比，TFC 膜的制备材料更为广泛（线性、交联聚合物均可），因此具有更高的热稳定性。但 TFC 膜的制造成本高于 CA 膜，因为 TFC 膜至少需要两个制备步骤：首先是微孔载体的合成，之后是微孔载体上截留层的合成和沉积。

由于 TFC 膜的结构特殊性，因此对于 TFC 膜的改性研究基本基于两个方面，即微孔载体和截留层。微孔载体在 RO 和 NF 过程中起着提供机械强度的作用，同时为了形成无缺陷的阻挡层，载体表面需要均匀光滑。截留层不仅要求应具有较好的离子选择性，热稳定性与耐污能力同样也是考察截留层的性能指标。Yoon 课题组[45]利用聚丙烯腈（PAN）纳米纤维作为微孔载体制备了 PA TFC 膜。实验结果表明，PAN 复合膜具有比商业纳滤膜高 38%的透水性。Bai 课题组[46]通过对截留层的改性合成，制备得到具有极高盐截留率（Na_2SO_4截留率 98%、$MgSO_4$截留率 97.5%）的 TFC 膜。

2. 金属氧化物膜

与高分子膜相比，无机膜具有更高的化学稳定性和更强的机械性能。金属氧化物如氧化铝、氧化锆和氧化钛形成了一类重要的水脱盐滤膜，并已得到商业化应用。传统金属氧化物膜具有不对称的结构，包括大孔（>50nm）支撑层、介孔（2～5nm）中间层和较薄的选择性（<1nm）顶层。溶胶-凝胶法是制备金属氧化物膜最常用的方法，一般分为 4 个步骤：沉淀、胶化、涂覆和烧结。由于金属氧化物膜制备工艺复杂、前驱体材料昂贵、制造成本高，因此简化合成方法、降低生产成本成为加速此类膜发展和商业化的必由之路。

氧化铝膜是研究最广泛的无机膜之一，其平均孔径为 1～5nm。Wang 课题组[47]制备了 γ-Al_2O_3 中空纤维膜，其平均孔径为 1.61nm，透水性为 17.4LMH/bar。该膜对 Ca^{2+}（84.1%）、Mg^{2+}（85%）、Al^{3+}（90.9%）、Fe^{3+}（97.1%）等多价离子有良好的选择性，但对 NH^{4+}（27.3%）、Na^+（30.7%）等一价离子的截留率极低。其他金属氧化物也可作为制备无机膜的材料，以氧化锌和氧化钛为原料的无机膜屡见报道。Lu 课题组[48]构建的 TiO_2-ZrO_2 薄膜同样具有较高的透水性（40LMH/bar）和较好的多价离子选择性（Co^{2+}（99.6%），Sr^{2+}（99.2%）），但对一价离子截留率仍然较低（Cs^+（75.5%））。随着研究的不断深入，金属氧化物滤膜虽然在性能上取得了显著的提高，但原料成本高、膜厚度较大等缺点阻碍了其在净水领域的商业化。因此，如何构建一个同时具备高强度、高分离效率、孔径分布均一且抗污性能良好的滤膜是目前海水淡化技术的主要发展方向。

3. 碳基薄膜

近年来，有序介孔材料在解决水污染和缺水问题方面引起了越来越多的研究兴趣。这其中碳纳米管、石墨烯等有序介孔碳材料具有比表面积大、结构均匀、孔径可调、原子键强等重要性能，被认为是污水处理的理想材料。理论计算表明，单层纳米孔二维膜具有超快的水渗透速度和优异的选择性分离效率。纳米孔石墨烯膜的实验研究也证明了其在海水淡化中的优异性能。然而，迄今为止的研究通常局限于在微米尺度的石墨烯薄片（10^{-6}～$10^{-8}cm^2$）上进行的理论验证。虽然无缺陷石墨烯具有优异的力学性能，但大面积石墨烯会不可避免地出现晶界，进而严重削弱其力学强度。由于水脱盐过程是溶质离子与水分子在分子水平上的分离，膜的任何轻微撕裂或破损都可能破坏整个水脱盐系统。因此，制备具有足够机械强度的大面积纳米孔二维薄膜，成为碳基薄膜在海水淡化领域面临的最大问题。

鉴于此，Yuan 课题组[49]通过将单层石墨烯纳米筛与碳纳米管薄膜相结合，研制出了大面积石墨烯纳米筛/碳纳米管（GNM/SWNT）复合膜（如图 2 所示），以填补目前高性能滤膜的空白。制备得到的复合膜满足高性能海水淡化滤膜的要求，并展现出巨大的应用前景。研究人员首先将碳纳米管薄膜转移到生长了石墨烯的铜箔表面，将铜箔刻蚀掉之后得到大面积、高机械强度的石墨烯/碳纳米管复合膜。之后，在石墨烯表面生长了一层孔道垂直、孔径分布均一的介孔二氧化硅，使用氧等离子体刻蚀掉介孔氧化硅孔内的石墨烯，用氢氟酸处理去除介孔氧化硅后就得到了孔径分布均一的石墨烯纳米筛/碳纳米管薄膜。通过这种方法制备得到的石墨烯纳米筛/碳纳米管薄膜长度可以达到 10cm 尺度，是现有原子层厚石墨烯滤膜面积的 10^6～10^8 倍。石墨烯纳米筛内部的孔径分布在 0.3～1.2nm，平均孔径为 0.6nm，可以将直径较小的水分子（0.3nm）和较大的盐离子（0.7nm）分离开，孔隙密度高达 $1.0\times10^{12}cm^{-2}$，非常适合作为纳滤膜用于海水淡化。

研究人员首先对 GNM/SWNT 膜的力学性能进行测试，GNM/SWNT 膜的杨氏模量达到 9.7GPa，且兼具优异的机械强度和柔性。与其他滤膜相比，GNM/SWNT 膜在受到同等外力作用下不易变形，因此在过滤过程中不会轻易的破损。GNM/SWNT 薄膜还可以承受 2～10MPa 的压强，在商业过滤中，施加的压力大约是 5MPa，说明薄膜有非常大的潜力应用于实际海水淡化。

为了进一步研究 GNM/SWNT 膜的水脱盐性能，研究人员构建了基于交叉流动的反渗透过滤装置，在浓度为 2000ppm 时，测量膜对 Na_2SO_4、$MgCl_2$、NaCl 和 KCl 溶液的运输行为。GNM/SWNT 膜作为纳滤膜，在不锈钢网（500 目，孔径 30mm）支撑下可承受 2～4Mpa 的压力，在聚碳酸酯轨道蚀刻膜（孔径 0.2mm）支撑下则可承受 8～10Mpa 的压力，这表明 GNM/SWNT 膜的机械强度足以承受典型的商业 RO 工艺。测试得到 GNM/SWNT 膜的截盐率在 85.2%～93.4%之间，其选择性依次为 $Na_2SO_4>MgCl_2>NaCl>KCl$。在 NaCl 溶液中，GNM/SWNT 膜的水渗透率维持在 97.6LMH/bar，而在纯水中则为 110.6LMH/bar，较高的水渗透性可以降低驱动渗透所需的压力，从而提高海水淡化过程的能源利用率。

4. 混合基质膜

混合基质膜（MMM）是目前研究的一个热门领域，是通过将无机填料加入有机基质中制成的。虽然 TFC 膜具有良好的截盐性能，但很难兼顾渗透性和选择性。MMM 的主要优点是将聚合物材料的低制造成本、优异的选择性和高填充密度与无机材料的高稳定性、高机械强度和相结合。Kim 课题组[50]研究了 TiO_2 填料对羧基功能化 TFC 膜性能的影响，发现羧基有助于 TFC 膜表面对二氧化钛的吸附，构建的薄膜具有很好的生物稳定性。这种混合膜表面结构也很稳定，经过 168 小时的实验测试，没有发现明显的二氧化钛流失。不同无机材料的加入还可以调节 RO 膜的表面粗糙度、接触角和水通量。此外，碳基材料与有机材料合成的复合膜是 MMM 的另一种重要类型。Majumder 课题组[51]报道了一种掺杂多壁碳纳米管的聚苯乙烯膜，这种混合基质膜具有极高的水通量。虽然 MMM 膜结合了聚合物膜和无机膜的优点，但由于各种材料界面间结构差异较大，且某些材料彼此之间不溶，因此对于 MMM 膜的研究进展缓慢。此外，大面积 MMM 膜难以制备极大程度上限制了此类膜的商业化应用。

综上所述，由于水资源短缺问题的日益严重，膜分离海水淡化技术近年来受到广泛的研究关注。迄今为止，海水淡化市场主要由两种已商业化的膜占据：CA 膜和 TFC 膜。其中最具代表性的 TS40、TS80、AD-90 等产品早在 30 多年前就已开发出来，由于其制造成本低、截留率高，至今仍未被取代。自 20 世纪 80 年代以来，无机纳滤膜已经在实验室中制得并用于净水研究，且逐步展现出光明的商业化前景。MMM 膜虽然性能优良，但与其他膜相比，其过高的成本限制了它的进一步研究应用。尽管有许多问题需要克服，膜分离技术依然在海水淡化领域展现出极高的应用价值与发展前景。

4.11.6 展望和小结

综上所述，淡水资源缺乏已经成为了全世界共同面临的一大难题，为了解决这一难题，所幸我们拥有广阔的海洋资源，从海水中获取淡水资源是解决淡水资源缺乏问题的唯一有效途径。我国随着经济快步增长，也逐渐重视对淡水资源的获取，出台了一系列开发海水淡化新技术的策略，还建成了大型海水淡化工程以保证居民、工业、农业等供水。海水淡化技术在获取淡水资源发挥了巨大的作用，随着时代的发展已经覆盖了全世界大多数国家或地区，极大程度上缓解了淡水资源缺乏的问题。其中以反渗透应用最广、覆盖面积最大，低温多效蒸馏和多级闪蒸法次之，其他方法因地制宜占有少量市场份额。反渗透、低温多效蒸馏、多级闪蒸是所有工艺中最为成熟的，在未来很长一段时间内仍会作为海水淡化的主流技术存在。目前海水淡化技术存在的局限具体来说，海水淡化属于能源密集型产业，随着能源问题日益尖锐，难以应对日益增加的淡水需求。海水淡化设备初期投资巨大、人力资源大、能耗高、成本巨大，海水淡化工程需要国家投资和政策的倾向，以至于难以实现大规模推广。各种新兴的海水淡化技术虽然普遍耗能降低，但是持续稳定可靠性还需要进一步提高。为了实现海水淡化技术向着低成本、低能耗、高效率、绿色环保可持续的方向发展，极大程度上缓解或者彻底解决全世界淡水资源不足的问题，这是需要全球所有的科研工作者一起努力奋斗的目标。

参考文献

[1] Gewin V. Industry lured by the gains of going green. Nature，2005，436：173.

[2] Shannon M A，Bohn P W，Elimelech M，et al. Science and technology for water purification in the coming decades. Nature，2008，452：301.

[3] Heiranian M，Farimani A B，Aluru N R. Water desalination with a single-layer MoS_2 Nanopore. Nat. Commun.，2015，6：8616.

[4] Abujazar M S S，Fatihah S，Rakmi A R，et al. The effects of design parameters on productivity performance of a solar still for seawater desalination：A review. Desalination，2016，385：178.

[5] Deniz E. Energy and exergy analysis of flat plate solar collector-assisted active solar distillation system. Desalin. Water Treat.，2016，57：24313.

[6] Charcosset C. A review of membrane processes and renewable energies for desalination. Desalination，2009，245：214.

[7] Sharon H，Reddy K S. A review of solar energy driven desalination technologies. Renewable Sustainable Energy Rev.，2015，41：1080.

[8] Zheng X，Chen D，Wang Q，et al. Seawater desalination in China：Retrospect and prospect. Chem. Eng. J.，2014，242：404.

[9] Wang Q，Li N，Bolto B，et al. Desalination by pervaporation：A review. Desalination，2016，387：46.

[10] Gude V G, Nirmalakhandan N. Desalination at low temperatures and low pressures. Desalination, 2009, 244: 239.

[11] Ghaffour N, Missimer T M, Amy G L. Technical review and evaluation of the economics of water desalination: Current and future challenges for better water supply sustainability. Desalination, 2013, 309: 197.

[12] Elimelech M, Phillip W A. The future of seawater desalination: Energy, technology, and the environment. Science, 2011, 333: 712.

[13] Cohen-Tanugi D, Grossman J C. Water desalination across nanoporous graphene. Nano lett., 2012, 12: 3602.

[14] Al-Karaghouli A, Kazmerski L L. Energy consumption and water production cost of conventional and renewable-energy-powered desalination processes. Renewable Sustainable Energy Rev., 2013, 24: 343.

[15] Kayvani A Fard, Rhadfi T, Khraisheh M, et al. Reducing flux decline and fouling of direct contact membrane distillation by utilizing thermal brine from MSF desalination plant. Desalination, 2016, 379: 172.

[16] Mahmoud K A, Mansoor B, Mansour A, et al. Functional graphene nanosheets: The next generation membranes for water desalination. Desalination, 2015, 356: 208.

[17] Lee K P, Arnot T C, Mattia D. Functional graphene nanosheets: The next generation membranes for water desalination. J. Membr. Sci., 2011, 370: 1.

[18] Daer S, Kharraz J, Giwa A, et al. Recent applications of nanomaterials in water desalination: A critical review and future opportunities. Desalination, 2015, 367: 37.

[19] Al-Hamahmy M, Fath H E S, Khanafer K. Techno-economical simulation and study of a novel MSF desalination process. Desalination, 2016, 386: 1.

[20] Nair M, Kumar D. Water desalination and challenges: The Middle East perspective: A review. Desalin. Water Treat., 2013, 51: 2030.

[21] Lee S, Boo C, Elimelech M, et al. Comparison of fouling behavior in forward osmosis (FO) and reverse osmosis (RO). J. Membr. Sci., 2010, 365: 34.

[22] Warsinger D M, Swaminathan J, Guillen-Burrieza E, et al. Scaling and fouling in membrane distillation for desalination applications: A review. Desalination, 2015, 356: 294.

[23] Alkhudhiri A, Darwish N, Hilal N. Membrane distillation: A comprehensive review. Desalination, 2012, 287: 2.

[24] Urtiaga A M, Gorri E D, Ruiz G, et al. Parallelism and differences of pervaporation and

vacuum membrane distillation in the removal of VOCs from aqueous streams. Sep. Purif. Technol., 2001, 22: 327.

[25] Ghalavand Y, Hatamipour M S, Rahimi A. A review on energy consumption of desalination processes. Desalin. Water Treat., 2014, 54: 1526.

[26] Chapman P D, Oliveira T, Livingston A G, et al. Membranes for the dehydration of solvents by pervaporation. Journal of Membrane Science, 2008, 318: 5.

[27] Yamjala K, Nainar M S, Ramisetti N R. Methods for the analysis of azo dyes employed in food industry — A review. Food Chem., 2016, 192: 813.

[28] Hansen É, Rodrigues M A S, Aragão M E, et al. Water and wastewater minimization in a petrochemical industry through mathematical programming. J. Clean. Prod., 2018, 172: 1814.

[29] Lively R P, Sholl D S. From water to organics in membrane separations. Nat. Mater., 2017, 16: 276.

[30] Karan S, Jiang Z, Livingston A G. Sub-10 nm polyamide nanofilms with ultrafast solvent transport for molecular separation. Science, 2015, 348: 1347.

[31] Nair R R, Wu H A, Jayaram P N, et al. Unimpeded permeation of water through helium-leak-tight graphene-based membranes. Science, 2012, 335: 442.

[32] Abraham J, Vasu K S, Williams C D, et al. Tunable sieving of ions using graphene oxide membranes. Nat. Nanotechnol., 2017, 12: 546.

[33] Goh K, Jiang W, Karahan H E, et al. All-carbon nanoarchitectures as high-performance separation membranes with superior stability. Adv. Funct. Mater., 2015, 25: 7348.

[34] Tunuguntla R H, Henley R Y, Yao Y C, et al. Enhanced water permeability and tunable ion selectivity in subnanometer carbon nanotube porins. Science, 2017, 357: 792.

[35] Morelos-Gomez A, Cruz-Silva R, Muramatsu H, et al. Effective NaCl and dye rejection of hybrid graphene oxide/graphene layered membranes. Nat. Nanotechnol., 2017, 12: 1083.

[36] Zhao D, Yu S. A review of recent advance in fouling mitigation of NF/RO membranes in water treatment: Pretreatment, membrane modification, and chemical cleaning. Desalin. Water Treat., 2015, 55: 870.

[37] Mohammad A W, Teow Y H, Ang W L, et al. Nanofiltration membranes review: Recent advances and future prospects. Desalination, 2015, 356: 226.

[38] Ali Z, Al Sunbul Y, Pacheco F, et al. Defect-free highly selective polyamide thin-film composite membranes for desalination and boron removal. J. Membr. Sci., 2019, 578:

85.
[39] Glater J. The early history of reverse osmosis membrane development. Desalination, 1998, 117: 297.
[40] Loeb S, Sourirajan S. Sea water demineralization by means of an osmotic membrane. Adv. Chem. Ser., 1963, 38: 117.
[41] Chou W L, Yu D G, Yang M C. The preparation and characterization of silver-loading cellulose acetate hollow fiber membrane for water treatment. Polym. Adv. Technol., 2015, 16: 600.
[42] Park J, Choi W, Kim S H, et al. Enhancement of chlorine resistance in carbon nanotube based nanocomposite reverse osmosis membranes. Desalin. Water Treat., 2010, 15: 198.
[43] Lau W J, Gray S, Matsuura T, et al. A review on polyamide thin film nanocomposite (TFN) membranes: History, applications, challenges and approaches. Water Res., 2015, 80: 306.
[44] Gohil J M, Suresh A K. Chlorine attack on reverse osmosis membranes: Mechanisms and mitigation strategies. J. Membr. Sci., 2017, 541: 108.
[45] Yoon K, Hsiao B S, Chu B. High flux nanofiltration membranes based on interfacially polymerized polyamide barrier layer on polyacrylonitrile nanofibrous scaffolds. J. Membr. Sci., 2009, 326: 484.
[46] Bai L, Liu Y, Ding A, et al. Fabrication and characterization of thin-film composite (TFC) nanofiltration membranes incorporated with cellulose nanocrystals (CNCs) for enhanced desalination performance and dye removal. Chem. Eng. J., 2018, 358: 1519.
[47] Wang Z, Wei Y M, Xu Z L, et al. Preparation, characterization and solvent resistance of γ-Al_2O_3/α-Al_2O_3 inorganic hollow fiber nanofiltration membrane. J. Membr. Sci., 2016, 503: 69.
[48] Lu Y, Chen T, Chen X, et al. Fabrication of TiO_2-doped ZrO_2 nanofiltration membranes by using a modified colloidal sol-gel process and its application in simulative radioactive effluent. J. Membr. Sci., 2016, 514: 476.
[49] Yang Y B, Yang X D, Liang L, et al. Large-area graphene-nanomesh/carbon-nanotube hybrid membranes for ionic and molecular nanofiltration. Science., 2018, 364: 1057.
[50] Kwak S Y, Kim S H, Kim S S. Hybrid organic/inorganic reverse osmosis (RO) membrane for bactericidal anti-Fouling. 1. Preparation and characterization of TiO_2

nanoparticle self-assembled aromatic polyamide thin-film-composite（TFC）Membrane. Environ. Sci. Technol.，2001，35：2388.

[51] Majumder M，Chopra N，Andrews R，et al. Enhanced flow in carbon nanotubes. Nature，2005，438（7064）：44.

第5章 加强水基础科学研究和学科发展政策建议

孟　胜　曹则贤　杨国桢

水是自然界基本而重要的物质，也是人们研究最多却仍不完全理解的物质。相对于宏观层次上与社会问题密切相关的水资源、水污染、水利用等环境科学与工程研究，关于水的分子层次上的基础科学研究刚刚兴起，目前还不为人们所熟悉。在科研活动中，从分子层次上讨论水及水与各类物质的相互作用的理论和实验研究是当前科学研究的重要前沿，是物理、化学、生物、医学、环境等多学科发展的基础。在实际应用中，不管是在关乎基础民生的水净化方面，还是在作为高科技发展的可再生能源获取和利用方面，水科学基础研究也起着关键作用。目前制约社会发展的一些关键能源、环境、医药等问题，都可以从水基础研究中找到解决方法；然而这些方案投入大规模应用的瓶颈问题是缺乏价格低廉、高效率的材料和器件，亟需从基础科学的层面，特别是水与物质界面相互作用机理的方面寻求突破。

鉴于水基础科学研究事关国家可持续发展战略的顺利实施，是解决水资源利用以及环境、地质、气象、能源、制造等领域中与水相关基础问题的前提，考虑到水科学的复杂性特点和我国目前水科学研究基础薄弱、研究力量与研究内容自发分散的事实，我们提出如下政策建议。

1. 加强对水基础科学研究的重视、支持和宣传

水科学基础研究有重大意义，但在国家战略层面缺乏足够关注，研究尚

处于自发状态，学科体系不完整，缺少对水基础科研活动的系统组织、引导和支持，对水基础科学战略地位、深度和广度缺乏认识。积极布局、加速发展我国水科学的基础研究，对促进我国民生建设，保障国家安全，实现国家中长期科学和技术发展规划纲要目标，提高我国经济、尖端科学、重大工程等方面的发展水平，具有十分重要的战略意义。

地球的清洁水资源面临枯竭的危险。由于全球人口的快速增长，地球环境和水资源面临着巨大压力。水污染是影响环境安全的重要因素之一，它和军事、经济安全一起是国家安全安定的重要组成部分。饮用水安全已经成为影响人类生存与健康的重大问题。世界卫生组织的调查表明，人类疾病 80%与水污染有关。*Nature* 杂志 2008 年报道目前全球 26 亿人口的饮用水缺乏足够的净化处理；12 亿人口缺乏安全的清洁水源；每年 240 多万人死于水污染；平均每天就有 3900 个儿童死于饮用水引起的传染疾病。预计 2030 年，全球将有近半数人口用水高度紧张。基于这些事实，2010 年 7 月 28 日联合国把清洁水资源和生活用水卫生的获取列为基本人权。

这些问题在包括我国在内的发展中国家最为突出。每年因生活污水和工业污染的直接排放而造成的水域污染日益严重。随着工业废水、城乡生活污水、农药、化肥用量的不断增加，许多饮用水源受到污染，水中污染物含量严重超标。由于水质恶化，直接饮用地表水和浅层地下水的城乡居民饮水质量和卫生状况难以保障。当人们赞美我国经济奇迹的时候，水资源短缺等的“软约束”作用日益显现。我国人均水资源仅是世界平均水平的 28%。目前我国年均缺水 500 亿立方米，600 余座城市中约 2/3 存在不同形式的缺水，地下水超采面积达 19 万平方公里。在我国经济建设不断发展的同时，做好环境保护工作防止水体污染，发展先进、可行的饮用水源治理技术，提高饮用水质量，对保护人民健康和发展经济具有重要意义。

目前我们亟需加强对水科学基础性研究的重视和支持。鉴于水基础研究的战略意义和多学科交叉特点，该方面应当有来自于多个渠道的专项研究的资助。比如基金委、科技部、科学院、教育部、环保部等中央部委以及各级地方机构应设立水基础研究的专项经费。在与水应用直接相关的行业中，比如水利、资源、环境、生物、医学、制药等行业，也应积极协调、统筹、参与到水基础科学研究，并把水基础科研活动及其在本行业的应用结合起来，以期强化水利用、水治理等技术性问题中的基础科学研究，提高相关技术性和工程性问题决策的科学性和有效性。

对当前有迫切需求的水科学重大问题的攻关，应尽快组织力量攻关。

2. 组建水科学研究中心

我国目前对水科学基础理论研究和实验技术发展尚无统一的规划和引导，对于水基础科学这种处于战略地位的科学研究仍是放任自流的状态。这种状况对于一般性的基础科学问题和科学发展，暂时可能并无大害，但是对于水这种关系到国计民生、且处于紧迫状态的基础科学问题的解决会带来不利的影响和相当的破坏。通过调查，我们发现相比于美、欧、日、韩等西方发达国家和一些重要邻国，我国科研人员对于水的基础科学问题关心明显不足，研究力量十分薄弱。调查表明，2001～2010 年，国际上有关水科学基础研究的论文数量整体呈现增长趋势，年平均论文数增长率为 4.3%。2001～2010 年水科学基础研究论文发表数量排名靠前的国家分别为美国、德国、日本、英国、中国。其中美国在水科学基础领域研究成果数量约占总量的 38.9%，相当于第 2 名德国的 3.7 倍。中国的论文数量排在第 6 位，只占总量的 7%。

更令人担忧的是，目前有用“水资源”研究发展规划简单代替水基础研究发展规划的倾向，这会造成很大的迷惑和更大的危害。水资源的研究和发展是属于宏观尺度的水科学研究，偏向于工程调节和工程应用，常常不涉及水分子的结构和性质本身，不涉及水与物质作用的机理和机制；或者说水资源研究是利用人类已有的关于水本身的科学知识来从宏观上观察水的分布、变化和调配，为人们的生产生活活动提供服务。但是水资源研究所需要的水科学基本知识从哪里来？当然是从水科学基础研究中来。水科学基础研究不同于水资源开发研究，而前者是为后者提供重要、必要的科学基础的一门科学。

水资源研究的发展常常需要在水基础科学层面产生突破。比如水资源的利用和保持需要水的净化处理，现有的方法常常不足以应付当前大规模工业生产、水资源枯竭等带来的挑战。而要发展新的水净化手段和方法就必需开展水基础科学研究，从分子尺度上理解水同外界物质、周围环境相互作用的机制和变化规律，设计发展新的材料进行水的分解和净化处理等。另外，只有在水的基础科学研究上有了突破，才有可能革新现有水资源水工程处理技术，发明新的污染水处理方法，应对水资源枯竭和水污染所带来的挑战。应该承认一般关于水的工程性研究并不能带来这些根本上的突破和技术革命。

水科学研究对国家之可持续发展的重要性已经为许多国家所认识到，从国家层面统筹协调水科学发展是当前一些国家业已采用的有效做法。一个可资借鉴的例子是，美国 1966 年建立起了水研究基金会（Water Research Foundation），1991 年建立起了国家水研究协会（National Water Research Institute），统筹对水科学研究的资助以及与水科学相关的教育和人才培养工作。哈佛大学前化学系主任 Werner Stumm 教授早在 21 世纪 70 年代就认识到了此问题并身体力行，依靠其在胶体化学和配位化学上的深厚造诣，开展了多年的水化学方面的基础研究，初步建立了水化学的理论体系，并将其领导的 Swiss Federal Institute of Aquatic Science and Technology（EAWAG）建设成为国际上领先的水基础科学研究机构。

据我们所知，目前我国各高校和科研院所已经建立了一些与水问题相关的研究中心，比如北京大学水资源中心、郑州大学水科学研究中心、杭州水处理技术研究开发中心等。这些研究中心的主要力量仍然放在水资源的开发、利用和保护上。目前我国从事水基础科学研究的专门研究机构或平台亟待加强。我们呼吁国家和相关部门重视水基础科学问题的研究，统一规划、引导，加强专业研究力量，制定水科学基础研究的发展战略。比如在学术协调上，应当在中国科学协会或专业学会里组织水基础科学专业委员会，以组织、带领水科研活动，强化和提升我国水科学基础研究的整体水平。

3. 积极推动水科学研究的多学科交叉

水科学是涉及的物理学、化学、材料学、生物学和工程学等众多学科的一门综合性学科。由于科学技术的进步和水环境污染的复杂性，从事水科学研究的科研人员需要具备物理学、化学、生物学、材料学、工程学等多方面的基础知识，才能很好地进行水科学相关的研究工作。这对从事水科学研究人才提出了较高的要求。目前国内外从事水科学研究的人员多半是以给水排水、环境工程或其他相关工程学科为背景。这类学科的人才培养多以解决水污染控制工程中的实际问题为导向，偏重于实践知识的学习和工程应用，而在水科学研究所需的学科基础知识方面有较大的欠缺，缺乏认识、分析和解决水科学基础问题的知识背景，尤其是在物理和化学等基础学科方面的知识相对匮乏。因此，依靠现有模式和学科组织水科学研究，难以开展高水平的研究工作。

当前我国应大力鼓励系统开展以水科学为主线的交叉学科研究。强化对水科学研究之新理论、新方法、新技术与新设备研发的支持，以此为基础引领水的表征（监测）、获取（再生）与利用方面之新技术和新设备的研发。

4. 加强水科学基础研究和应用研究的交流合作

当今局限于水资源的宏观管理和宏观调节的传统水污染治理、清洁水处理的工程应用方法已不能满足新世纪生产生活的需要。目前的方法往往注重大系统上的使用和调配，但是需要相应地配以大量的资金、工程和设施，成本太高；而使用化学法等较简易的方法，则是特别耗时耗力、效果不明显。因此，我们需要大力推进水基础研究和清洁水、清洁能源工业应用项目的结合，并且加强水问题研究上多学科的协作，比如和气候、地理、能源、纳米技术等相关学科的合作，联合各个水基础和应用科学的研究团体，逐步建立从基础研究到实际应用的统一体系，推动我国水科学技术方面的创新和可持续发展。

水的问题涉及人类生活和社会生产的各个方面，在不同层次上有着不同的要求，考虑问题的角度也不一样。我们应该承认，随着认识程度的演化，现时存在着从基础研究到应用研究、从工业工程性生产到综合水资源治理等一系列方面的研究团队和生产团体，涉及物理、化学、生物、地理、卫生、环境、医疗等各个学科。我们建议统筹这些水问题的方方面面，联合从基础到应用和跨多个学科的研究团体，逐步建立从基础到实际应用乃至工业生产的统一体系，促进基础研究、工业应用、水资源治理各环节之间相互交流和良性循环。推动我国水科学技术方面的创新和可持续发展，为切实解决二十一世纪的水问题的挑战提供坚实的专业力量。

比如，当前水污染处理、水催化分解等重大应用问题面临着新的挑战与机遇：那就是基于水界面相互作用的纳米新技术。中国科学院白春礼提出："应充分挖掘纳米科技解决环境污染问题的潜力"。比如许多体系的光催化材料已经存在，很多对可见光有高效吸收的半导体在光催化条件下容易被腐蚀，在太阳光照下高催化效率的稳定光催化材料极少。通过对纳米材料的能带结构设计和纳米材料表面电子传输的控制，发现和制出新一代高效稳定的可见光纳米催化材料势在必行。

5. 建立水科学人才培养体系

水科学研究是一项长期的十分艰巨的任务，一定要放到国家的层面上综合考虑和全面部署。培养水科学研究的未来人才计划需要马上制定和落实。这方面的任务主要是理论模型建立与模拟计算、表面物理分析、材料制备与表征、光学/电子学测量与技术、化学与环境科学等多个领域人才的培养，包括高水平人才的引进、各层次人才梯队的建设、承担大型研究任务队伍的凝练等。目的是培养出包括顶尖领军人才的多学科、多层次人才队伍，推动具有高度导向性的水科学的基础研究，促进我国水环境工程与新能源工业的发展。

尽快启动系统的水科学研究人才的培养计划。开展水科学知识的收集整理、普及以及不同层次之水科学教材的编纂工作，大力加强水基础交叉科学教育体系，培养未来从事水科学研究的高层次人才。考虑到我国水科学研究的人才需求和学科设置的现状，建议选择几所理工科实力雄厚的高校，设立试点，培养未来从事水科学研究的高层次人才。这些学校在物理、化学等学科领域具有很强的研究基础和科研实力。从进入这些大学的物理、化学、生物等基础学科专业的学生中选拔出有志于水科学研究的优秀学生，面向水科学的国际前沿，科学设置高标准的本-硕-博贯通的英才培养计划，加强对水科学前沿知识的教学和研究，强化在水科学方面的自主创新能力和科研能力的培养。

人才培养主要内容包括：①宽理化基础培养的理论和实验教学。面向水科学发展前沿，瞄准国际一流水平，强调前瞻性、先进性和实践性，重点进行水科学核心课程教学的基础上，强化物理、化学和数学学科方面的核心课程，并聘请国内外水科学研究方面的大师和学者来讲授前沿性课程。实验教学环节在加强课程实验的基础上，将完成一系列开放性实验项目和大学生研究计划，重点加强对实践能力的培养和研究素质的训练，使学生在完成完整的水科学实验项目后，基本上具备独立从事水科学研究的基本素质。②高科研素质、创新人才发展的实践教学。实行学生导师制度和实习制度，通过在中国科学院相关研究所从事水科学基础研究和著名水务企业的研究机构（如威立雅水务、苏伊士水务、泰晤士水务、陶氏集团等）从事水科学的实践研究，尽早接触科研、接触优秀的研发团队和人员，帮助学生尽早理解水科学的基础与应用研究对水污染控制新技术、新原理发展的意义与作用，强化对水科学基础与应用研究的认识，帮助学生尽早理解学以致用的重要意义，给予他们在学习阶段更强有力的学术成长动力，以培养水科学领域的创新型复合人才。③以本科教育为基础的本-硕-博水科学研究英才培养体系。通过本科试点班的教育，学生已具备了从事水科学研究的良好素质。在研究生培养阶段，重视学生基础科研能力的提升以及科研精英潜质的培养。引导并鼓励学生瞄准水科学重大科学问题前沿，自主选题，并独立开展水科学方面的科研工作；在高校各院系之间和中国科学院各所之间，尝试采用多导师制，使学生思维接受不同导师的指导，思想上受到不同学术思想与学科知识的碰撞；鼓励研究生到国际上优秀的从事水科学研究的实验室进行短期的访学，拓展其学术视野；引导学生申请、组织并举办小型水科学研究的国际研讨会，不仅可以构建从事水科学研究的年轻学生之间的相关学术网络，而且可以锻炼学生的组织能力，以及承担水科学研究的项目领导能力。

6. 加强水科学的国际合作

水科学方面的挑战是一个全球性问题，其最终解决依赖于全体研究者的合作与交流。由于全球人口的快速增长，地球环境和水资源面临着巨大压力。水污染是影响环境安全的重要因素之一，它和军事、经济安全一起是国家安全安定的重要组成部分。饮用水安全已经成为影响人类生存与健康的重大问题。世界卫生组织的调查表明，人类疾病 80%与水污染有关。*Nature* 杂志 2008 年报道目前全球 26 亿人口的饮用水缺乏足够的净化处理；12 亿人口缺乏安全的清洁水源；每年 240 多万人死于水污染；平均每天就有 3900 个儿童死于饮用水引起的传染疾病。预计 2030 年，全球将有近半数人口用水高度紧张。基于这些事实，2010 年 7 月 28 日联合国把清洁水资源和生活用水卫生的获取列为基本人权。另外，人类社会的进步极大地依赖所使用的能源形式，以及对这些能源的开发利用。近年来人类生产生活活动所产生的能源消耗及对能源的需求呈指数趋势上升。化石能源的大量开采受其有限储量的制约，目前已经呈现出枯竭的态势。能源危机，以及与之密切相关的环境问题，是当前人类面临的最严峻的挑战。寻找新的、可再生的清洁能源，同时不断改善生存条件是基础科学迫切需要解决的最大命题。自然界通过光合作用分解水和 CO_2，为地球上的生物提供了食物和能量。水可以作为一种可再生清洁能源的载体和工作介质，因水分子吸收能量可以分解成氢气和氧气，而氢气燃烧又生成水。这一方面使能源工业的可持续发展成为可能，另一方面使环境保护得到了保障。研究表明，利用太阳能并借助合适的催化剂和器件结构，可以高效率地电解水产生氢气，这为能源工业提供了取之不尽、用之不竭的新资源，同时也是最清洁、最环保、最安全的能源消费途径，因此有希望成为解决能源危机的应对策略。

在我国已经开展的水科学基础研究活动中，大部分研究处于自发状态，现有的零星研究缺乏与国际社会协同的努力，缺乏明确的方向和目标。一般来说，基础科学发展的目标要么在于理解大自然的奥秘，要么在于为潜在的新技术的发展打下基础。我们认为发展水科学基础研究的目的更在于后者，特别是在理解水和物质相互作用的基础上开发水处理新材料方面，争取对关系到重要民生问题的水污染治理、清洁水处理、防冰等人类社会重要问题有所贡献。

开展水基础科学研究的最终目的在于为全球社会和科学的发展服务，构建人类社会命运共同体，解决人类发展过程中所面临的环境和能源挑战。发现研制面向这些重大应用的水科学新知识、水处理新技术，并制定长期的目标规划和每一步的发展任务是目前我国和国际社会的当务之急。

后　记

水科学战略研讨大事记

■2008 年 11 月 4～6 日，以“水科学研究中的若干基础前沿问题”为主题的第 334 次香山科学会议在北京举行。中国科学院物理研究所王恩哥院士，中国科学院上海应用物理所胡钧研究员，中国科学院生态环境中心潘纲研究员，美国加州大学伯克利分校沈元壤教授，香港中文大学萧旭东教授担任会议执行主席。本次会议的目的是从基础科学层面深入探讨水质危机产生的根源，探索有利于解决这些关键问题的研究方向以及具有发展潜力的新方法、新技术和新材料。

■2009 年沈元壤先生写信给时任中国科学院路甬祥院长，基于有关水问题研究的重要性，建议中科院加强水科学研究，制定水科学发展的中长期计划，推动国家水科学研究的发展。稍后路院长委托杨国桢组织中科院的水科学研究，并答应拨款作为组织项目的启动经费。

■2010 年 12 月，中国科学院知识创新工程重要方向项目“水科学基础问题研究计划 Cluster”立项，项目负责人为中国科学院物理研究所杨国桢院士，参加单位包括中国科学院化学研究所、中国科学院上海应用物理研究所、中国科学技术大学、中国科学院理化技术研究所、中国科学院上海硅酸盐研究所，执行期为 2011 年 01 月至 2012 年 12 月。

■2011 年 9 月，中国科学院知识创新工程重要方向项目“水的微观结构、动力学及其应用研究”立项，项目负责人为中国科学院物理研究所曹则贤研究员，参加单位包括中国科学院化学研究所、中国科学院上海应用物理研究所、中国科学技术大学、国家纳米科学中心，执行期为 2012 年 01 月至

2013 年 12 月。

■2012 年 2 月 8 日，中国科学院物理研究所杨国桢代表沈元壤、费昌沛、曹则贤，在国家自然科学基金委员会进行了“水科学若干关键基础问题研究”的 2012 年度基金委重大项目立项答辩，并获得通过。2012 年 6 月 7 日，国家自然科学基金发布 22 个重大项目指南，其中包括“水科学若干关键基础问题研究”重大项目指南。

■2013 年 1 月 7 日，国家自然科学基金“水科学若干关键基础问题研究”重大项目启动会在中国科学院物理研究所召开。项目负责人为中国科学院物理研究所的高鸿钧院士，参与单位包括中国科学院上海应用物理研究所和北京大学，项目执行期为 2013 年 01 月至 2017 年 12 月。

■2013 年 6 月 4～5 日，在中国科学院学术会堂召开了中国科学院学部“水科学基础研究进展”科学与技术前沿论坛。

■2014 年 4 月，中国科学院重点部署项目“微结构中水的行为及其调控”立项，负责人为中国科学院物理研究所曹则贤研究员，参加单位有中国科学院化学研究所、中国科学技术大学、中国科学院上海应用物理研究所、国家纳米科学中心，执行期为 2014 年 06 月至 2017 年 05 月。

■2015 年 1 月 7 日，中国科学院学部学科发展战略研究项目”水科学学科发展战略研究”启动会在中国科学院物理研究所召开。会议由项目负责人杨国桢院士主持，生命科学和医学学部匡廷云院士，化学部朱道本、江雷院士以及来自中科院化学所、物理所、上海应用物理所、文献情报中心，香港科技大学的 10 余位专家参加了本次会议。项目执行期为 2015 年 01 月至 2016 年 12 月。

■2015 年 1 月 24 日，北京大学水科学研究中心启动典礼暨“从分子到全球尺度的水科学”研讨会在北京大学陈守仁国际研究中心成功举办。北京大学水科学研究中心是在整合北京大学现有涉水学科基础上构建的以水为核心的综合研究机构，挂靠工学院及量子材料科学中心，利用物理学院与化学学院在基础水科学前沿研究的优势，结合工学院、城市与环境学院以及环境科学与工程学院在应用性水科学与技术领域的强大力量，进行多学科交叉的创新性水研究。

■2015 年 10 月 19 日，国家自然科学基金“水科学若干关键基础问题研究”重大项目进展讨论会在中国科学院物理研究所召开。会议由项目负责人高鸿钧院士主持，沈元壤（外籍院士）、杨国桢院士、朱道本院士等 20 多位专家学者参会。

■2015 年 10 月 20 日，中国科学院学部学科发展战略研究项目“水科学学科发展战略研究”进展研讨会在中国科学院物理研究所召开。会议由项目负责人杨国桢院士主持，匡廷云院士、沈元壤院士（外籍院士）以及来自中科院化学所、物理所、上海应用物理所、文献情报中心，香港科技大学，复旦大学的 10 余位专家参加了本次会议。

■2016 年 4 月 15 日，中国科学院学部学科发展战略研究项目“水科学学科发展战略研究”研讨会在中国科学院物理研究所召开。会议由项目负责人杨国桢院士主持，来自中科院理化所、物理所、上海应用物理所、文献情报中心，北京大学，中国科学技术大学，复旦大学，国家纳米科学中心的 14 位专家参加了本次会议。

■2016 年 10 月 20～21 日，中国科学院学部学科发展战略研究项目“水科学学科发展战略研究”结题研讨会在中国科学院物理研究所召开。会议由项目负责人杨国桢院士主持，来自美国加州伯克利大学，北京大学，中国科学技术大学，重庆大学，复旦大学，扬州大学，国家纳米科学中心，中科院化学所、理化所、上海应用物理所、物理所及北京医院的 19 位专家参加了本次会议。中科院学部工作局、国家自然科学基金委相关管理人员出席会议。

■2016 年 10 月 21 日，“水基本物理问题”高端论坛在中国科学院物理研究所成功举行。本次论坛由美国加州大学伯克利分校沈元壤院士、中科院物理所杨国桢院士联袂主持，邀请国内从事水科学研究的 7 位专家做主题报告。来自中科院上海应用物理所、理化所、国家纳米科学中心、生态中心、化学所，清华大学，北京大学，中国科学院大学，中国科学技术大学，复旦大学，中国人民大学，北京理工大学等单位的 200 余人参加了论坛。论坛由中国物理学会会刊《物理》编辑部主办，得到中国科协、中国科学院学部等单位的大力支持。

■2017 年 11 月 13 日，国家自然科学基金和中科院联合资助的“水科学及相关交叉学科发展战略研究”项目启动会在中国科学院物理研究所召开。会议由项目负责人杨国桢院士主持，来自美国加州伯克利大学，北京大学，中国科学技术大学，复旦大学，国家纳米科学中心，中科院植物所、理化所、上海应用物理所、物理所、文献情报中心、《物理学报》编辑部及科学出版社的 20 余位专家参加了本次会议。项目执行期为 2018 年 01 月至 2019 年 12 月。

■2018 年 10 月 30 日，国家自然科学基金和中科院联合资助的“水科学及相关交叉学科发展战略研究”项目进展交流会在中国科学院物理研究所召开。会议由项目负责人杨国桢院士主持，来自美国加州伯克利大学，北京大学，清华大学，复旦大学，中国科学技术大学，北京高压科学研究中心，中科院理化所、上海应用物理所、三峡生态环境研究所、物理所、文献情报中心等单位的20余位专家参加了本次会议。

■ 2019 年 4 月 16 日，国家自然科学基金和中科院联合资助的“水科学及相关交叉学科发展战略研究”项目进展交流会在中国科学院物理研究所召开，会议由项目负责人杨国桢院士主持，来自北京大学，中国科学技术大学，北京高压科学研究中心，中科院理化所、上海应用物理所、物理所、文献情报中心、科学出版社等单位的近 20 位专家参加了本次会议。项目组成员撰写的“水科学重大关切问题研究”专题文章在《物理学报》出版（2019年第 68 卷第 1 期）。

■ 2019 年 11 月 11 日，国家自然科学基金和中科院联合资助的“水科学及相关交叉学科发展战略研究”项目研讨会在中国科学院物理研究所召开，会议由项目负责人杨国桢院士主持，来自美国加州伯克利大学，北京大学，清华大学，北京师范大学，复旦大学，中国科学技术大学，南方科技大学，湖南大学，江南大学，中科院理化所、上海应用物理所、上海高等研究院、化学所、物理所、文献情报中心、科学出版社等单位的 30 余位专家参加了本次会议。